水利工程施工安全生产管理

刘学应　王建华　主编

中国水利水电出版社
www.waterpub.com.cn
·北京·

内 容 提 要

本书根据《中华人民共和国安全生产法》《建设工程安全生产管理条例》和水利部《水利水电工程施工企业主要负责人、项目负责人和专职安全生产管理人员安全生产考核管理办法》《水利水电工程施工安全管理导则》等，按照水利部《水利水电施工企业安全生产管理三类人员考核大纲》的要求编写。全书共八章，从水利工程建设安全生产管理的实际出发，不仅系统介绍了水利工程建设相关的安全生产法律法规体系和安全生产基础知识，还详细介绍了水利施工企业安全管理、水利工程施工项目现场安全管理、水利施工安全生产标准化建设、水利工程施工职业健康与环境保护、水利工程施工应急与事故管理、水利工程施工安全技术等内容。

本书既可作为水利施工企业三类人员安全生产继续教育培训和考核参考用书，也可供水利工程建设管理人员和大专院校水利类专业学生参考阅读。

图书在版编目（ＣＩＰ）数据

水利工程施工安全生产管理 / 刘学应，王建华主编
. -- 2版. -- 北京：中国水利水电出版社，2017.9（2023.6重印）
ISBN 978-7-5170-5861-8

Ⅰ．①水… Ⅱ．①刘… ②王… Ⅲ．①水利工程－工
程施工－安全生产 Ⅳ．①TV513

中国版本图书馆CIP数据核字(2017)第224356号

书　　名	水利工程施工安全生产管理 SHUILI GONGCHENG SHIGONG ANQUAN SHENGCHAN GUANLI
作　　者	刘学应　王建华　主编
出版发行	中国水利水电出版社 （北京市海淀区玉渊潭南路1号D座　100038） 网址：www.waterpub.com.cn E-mail：sales@mwr.gov.cn 电话：(010) 68545888（营销中心）
经　　售	北京科水图书销售有限公司 电话：(010) 68545874、63202643 全国各地新华书店和相关出版物销售网点
排　　版	中国水利水电出版社微机排版中心
印　　刷	北京市密东印刷有限公司
规　　格	184mm×260mm　16开本　30.25印张　717千字
版　　次	2017年9月第1版　2023年6月第4次印刷
印　　数	12001—13000册
定　　价	**98.00元**

凡购买我社图书，如有缺页、倒页、脱页的，本社营销中心负责调换

本书编委会

主　　编：刘学应　王建华

副主编：江兴南　郑明平　林万青

编　　写：（按姓氏笔画排序）

　　　　　王玉强　白福青　刘林松　刘建光　孙仲健

　　　　　邹嘉德　张　樑　邵占涛　林万青　林祥志

　　　　　骆　枫　彭秋伟　董邑宁　穆永波

主　　审：严齐斌

副主审：钟建江　金　晖

前　言

中共中央国务院《关于推进安全生产领域改革发展的意见》提出，要牢固树立安全发展新理念，坚持安全第一、预防为主、综合治理的方针，加强领导、改革创新，协调联动、齐抓共管，着力强化企业安全生产主体责任，着力堵塞监督管理漏洞，着力解决不遵守法律法规的问题，依靠严密的责任体系、严格的法治措施、有效的体制机制、有力的基础保障和完善的系统治理，切实增强安全防范治理能力，大力提升我国安全生产整体水平，确保人民群众安康幸福、共享改革发展和社会文明进步成果。水利工程安全生产事关人民群众生命财产安全和社会稳定大局，必须强化红线意识，完善安全生产责任体系，严格落实主体责任，全面构建安全生产长效管理机制，推进参建各方进一步加强安全生产管理。

当前，正处于水利改革发展的重要机遇期，为适应水利工程建设发展的迫切需要，为贯彻落实和严格执行水利工程建设安全生产相关法律法规和规范规定，为提高水利工程建设管理人员尤其是水利施工企业三类人员安全生产管理水平，我们组织相关专家编写了《水利工程建设安全生产管理》一书，既作为水利施工企业三类人员安全生产继续教育培训和考核参考用书，也可供水利工程建设管理人员和大专院校水利类专业学生参考阅读。

本书根据《中华人民共和国安全生产法》《建设工程安全生产管理条例》和水利部《水利水电工程施工企业主要负责人、项目负责人和专职安全生产管理人员安全生产考核管理办法》《水利水电工程施工安全管理导则》等相关法律法规、规范规程、规范性文件的规定，参照水利部《水利水电施工企业安全生产管理三类人员考核大纲》的要求编写。全书共八章，从水利工程建设安全生产管理的实际出发，不仅系统介绍了水利工程建设相关的安全生产法律法规体系和安全生产基础知识，还详细介绍了水利施工企业安全管理、水利工程施工项目现场安全管理、水利施工安全生产标准化建设、水利工程施工职业健康与环境保护、水利工程施工应急与事故管理、水利工程施工安全技术等内容，力求全面、简明和实用。

审定专家对本书编写给予指导和帮助，在此表示衷心感谢。编写中引用了相关参考文献的部分内容，在此谨向相关专家和作者表示衷心感谢。

由于水利工程建设安全生产管理涉及面广，作者在水利工程建设安全管理方面实践经验和理论水平亦有限，书中难免有错误和疏漏之处，敬请同行专家和读者批评指正，对此编者不胜感谢。

编　者

2017 年 8 月

目　　录

第一章　水利工程安全生产法律法规

> 本章主要介绍了目前我国安全生产法律法规的基本概念和水利工程建设安全生产法律法规体系基本框架，重点对水利工程建设安全生产相关的政策、法律法规、规范性文件以及安全生产标准进行介绍。

依法治国是当前我们国家治理的基本方略。其基本内涵是依照法律法规以及相关制度的规定，通过各种途径和形式管理社会事务，逐步实现国家各项工作的制度化、规范化、程序化。在安全生产领域，政府先后采取了一些重大举措加强安全生产工作，颁布实施了《安全生产法》《中华人民共和国职业病防治法》（主席令第52号）《安全生产许可证条例》（国务院令397号）《建设工程安全生产条例》（国务院令393号）《水利工程建设安全生产管理规定》（水利部令26号）等法律法规，为了进一步加强安全生产的重要性，于2016年12月，中共中央国务院印发《中共中央国务院关于推进安全生产领域改革发展的意见》。这些意见、法律法规是水利工程建设安全管理的重要依据，各级水利水电工程的管理人员应该了解水利工程安全生产的法律法规和标准规范，了解政府在推进安全生产提出的一系列改革举措和任务要求，不断提高安全生产的法律意识。

第一节　安全生产法规体系

一、基本概念

1. 安全生产法规

安全生产法规是指调整在生产过程中产生的同劳动者或生产人员的安全与健康以及生产资料和社会财富安全保障有关的各种社会关系的法律规范的总和。

这里所说的安全生产法规是指有关安全生产的法律、条例、规章、规定等各种规范性文件的总称。它可以表现为享有国家立法权的机关制定的法律，也可以表现为国务院及其所属的部、委员会发布的行政法规、决定、规章、规定、办法以及地方政府发布的地方性法规等。

2. 安全生产法律体系

法律体系通常指一个国家全部现行法律规范按照不同的法律部门分类组合而形成的有机联系的统一整体。

安全生产法律体系是指我国全部现行的、不同的安全生产法律规范形成的有机联系的统一整体。

二、安全生产法律体系基本框架

安全生产法律体系是一个包含多种法律形式和法律层次的综合性系统，从法律规范的形式和特点来讲，既包括作为整个安全生产法律法规基础的宪法，也包括行政法律规范、技术性法律规范、程序性法律规范。

我国的安全生产法律体系包括宪法、安全生产法律、安全生产行政法规、安全生产地方性法规（自治条例或单行条例）和安全生产规章。

1. 《中华人民共和国宪法》

《中华人民共和国宪法》是我国安全生产法律体系框架的最高层级，是有关"加强劳动保护，改善劳动条件"等安全生产方面最高法律效力的规定。

2. 安全生产法律

我国的安全生产法律包括《安全生产法》及其平行的专门法律和相关法律。

（1）基础法。《安全生产法》是安全生产的基础法，是综合规范安全生产法律制度的法律，它适用于所有生产经营单位，是我国安全生产法律体系的核心。

（2）专门法。专门安全生产法律是规范某专业领域安全生产法律制度的法律。我国在专业领域的法律有《中华人民共和国消防法》（主席令第6号，简称《消防法》）。

（3）相关法。与安全生产有关的法律是安全生产专门法律以外的其他法律中涵盖有安全生产内容及与安全生产监督执法工作有关的法律，如《中华人民共和国标准化法》《中华人民共和国劳动法》《职业病防治法》《中华人民共和国水法》《中华人民共和国建筑法》等。

3. 安全生产行政法规

安全生产行政法规是由国家最高行政机关——国务院根据宪法和法律制定并批准发布的，是为实施安全生产法律或规范安全生产监督管理制度而制定并颁布的一系列具体规定，是安全生产和监督管理的重要依据，我国已颁布了多部安全生产行政法规，如《建设工程安全生产管理条例》《安全生产许可证条例》《生产安全事故报告和调查处理条例》等。

4. 安全生产地方性法规

安全生产地方性法规是指由有立法权的地方权力机关——地方人民代表大会及其常务委员会和地方人民政府依照法定职权和程序制定和颁布的、施行于本行政区域的安全生产规范性文件；是对国家安全生产法律法规的补充和完善。安全生产地方性法规以解决本地区的安全生产问题为目标，其有较强的针对性和可操作性。例如，浙江省按照本身的安全生产特点出台的《浙江省安全生产条例》等。

5. 安全生产规章

根据《中华人民共和国立法法》（主席令第31号，简称《立法法》）的规定，国务院各部、委员会、中国人民银行、审计署和具有行政管理职能的直属机构，可以根据法律和国务院的行政法规、决定、命令，在本部门的权限范围内，制定规章。各省、自治区、直辖市和较大的市的人民政府，均可以根据法律、行政法规和本省、自治区、直辖市的地方性法规等，制定相关的规章。

安全生产规章分为部门规章和地方政府规章。

三、安全生产法律的划分

安全生产法的分类有不同标准，按照不同标准对安全生产法律所划分的类别不同。

1. 从法的不同层级上可分为上位法和下位法

上位法是指法律地位、法律效力高于其他相关法的立法。下位法相对于上位法而言，是指法律地位、法律效力低于相关上位法的立法。不同的安全生产立法对同一类或者同一个安全生产行为做出不同法律规定的，以上位法的规定为准，适用上位法的规定。上位法没有规定的，可以适用下位法。下位法的数量一般多于上位法。

法的层级不同，其法律地位和法律效力也不同。安全生产法律的法律地位和法律效力高于安全生产行政法规、地方性法规、规章；安全生产行政法规的法律地位和法律效力低于安全生产法律，但高于安全生产地方性法规、安全生产规章；安全生产地方性法规的法律地位和法律效力低于安全生产法律、行政法规，但高于本级和下级地方政府安全生产规章；部门安全生产规章的法律效力低于安全生产法律、行政法规，部门规章之间、部门规章与地方政府规章之间具有同等效力，在各自的权限范围内施行。

2. 从同一层级的法的效力上可分为普通法与特殊法

我国的安全生产法律体系在同一层级的安全生产立法中可分为普通法与特殊法，两者调整对象和适用范围各有侧重，相辅相成、缺一不可。普通法是适用于安全生产领域中普遍存在的基本问题、共性问题的法律规范，如《安全生产法》是安全生产领域的普通法，它所确定的安全生产基本方针原则和基本法律制度普遍适用于生产经营活动的各个领域。特殊法是适用于某些安全生产领域独立存在的特殊性、专业性问题的法律规范，比普通法更专业、更具体、更有可操作性，如《消防法》《道路交通安全法》等。同一层级的安全生产立法对同一类问题的法律适用上，适用特殊法优于普通法的原则。

3. 从法的内容上可分为综合性法和单行法

安全生产法律规范的内容十分丰富。综合性法不受法律规范层级的限制，将各个层级的综合性法律规范看作一个整体，适用于安全生产的主要领域或者某一领域的主要方面。单行法的内容只涉及某一领域或者某一方面的安全生产问题。在一定条件下，综合性法与单行法的区分是相对的、可分的。《安全生产法》属于安全生产领域的综合性法律，其内容涵盖了安全生产领域的主要方面和基本问题。与其相对，《矿山安全法》是单独适用于矿山开采安全生产的单行法律。但就矿山开采安全生产的整体而言，《矿山安全法》又是综合性法，各个矿种开采安全生产的立法则是矿山安全立法的单行法。

第二节 国家关于安全生产的相关通知意见

一、《国务院关于进一步加强企业安全生产工作的通知》

2010 年 7 月 23 日，国务院印发《国务院关于进一步加强企业安全生产工作的通知》（国发〔2010〕23 号，简称《通知》），该通知进一步明确了现阶段安全生产工作的总体要求和目标任务，提出了新形势下加强安全生产工作的一系列政策措施，涵盖企业安全管理、技术保障、产业升级、应急救援、安全监管、安全准入、指导协调、考核监督和责任

追究等多个方面，是指导全国安全生产工作的纲领性文件。

《通知》共9部分、32条，体现了党中央、国务院关于加强安全生产工作的重要决策部署和一系列指示精神，体现了"安全发展，预防为主"的原则要求和安全生产工作标本兼治、重在治本，重心下移、关口前移的总体思路。《通知》总体上主要反映了以下方面。

（一）牢牢把握"三个坚持"

《通知》提出的"三个坚持"：坚持以人为本，牢固树立安全发展的理念，切实转变经济发展方式，把经济发展建立在安全生产有可靠保证的基础上；坚持"安全第一，预防为主，综合治理"的方针，从管理、制度、标准和技术等方面，全面加强企业安全管理；坚持依法依规生产经营，集中整治非法违法行为，强化责任落实和责任追究。这"三个坚持"是指导和推动加强企业安全生产工作的总体要求，必须贯穿安全生产工作的全过程。

（二）紧紧抓住重特大事故多发的8个重点行业领域

煤矿、非煤矿山、交通运输、建筑施工、危险化学品、烟花爆竹、民用爆炸物品、冶金等8个行业领域，事故易发、多发、频发，重特大事故集中、长期以来尚未得到切实有效遏制。当前和今后一个时期，必须从这8个重点行业领域入手，紧抓不放，落实企业安全生产主体责任，强化企业安全管理；落实政府和部门的安全监管责任，推动提升企业安全生产水平。

（三）执行更加严格的综合治理措施

施以更加严格的综合治理措施，明确现阶段的主要任务。《通知》的每一项规定都集中体现了这一要求。进一步加强新形势下企业安全生产工作，切实解决一些长期以来影响和制约安全生产的关键问题、重点和难点问题，就是必须要以更坚定的信念、更大的决心、更强有力的政策措施，通过更加严格的企业安全管理、更加坚实的技术保障、更加有力的安全监管、更加高效的应急救援体系、更高标准的行业准入、更加有力的政策引导、更加注重经济发展方式转变、更加严格的目标考核和责任追究等，形成安全生产长效机制。

《通知》指出要以重特大事故多发的8个重点行业领域为重点，全面加强企业安全生产工作，主要包括以下内容：

（1）要通过更加严格的目标考核和责任追究，采取更加有效的管理手段和政策措施，集中整治非法违法生产行为，坚决遏制重特大事故发生。

（2）要尽快建成完善的国家安全生产应急救援体系，在高危行业强制推行一批安全适用的技术装备和防护设施，最大程度减少事故造成的损失。

（3）要建立更加完善的技术标准体系，促进企业安全生产技术装备全面达到国家和行业标准，提高我国安全生产技术水平。

（4）要进一步调整产业结构，积极推进重点行业的企业重组和矿产资源开发整合，彻底淘汰安全性能低下、危及安全生产的落后产能。

（5）以更加有力的政策引导，形成安全生产长效机制。

（四）突出"十个创新、十个强化"

从现行有关法律法规和规章制度来看，《通知》的一些条文突破了原有的规定，具有明显的创新性；同时在现有政策措施的基础上，对一些规定又作了相应的完善和调整，进一步做了强化和规范。其中，在制度创新方面重点突出以下制度创新：

一是重大隐患治理和重大事故查处督办制度。对重大安全隐患治理实行逐级挂牌督办、公告制度，国家相关部门加强督促检查；对事故查处实行层层挂牌督办，重大事故查处由国务院安委会挂牌督办。

二是领导干部轮流现场带班制度。要求企业负责人和领导班子成员要轮流现场带班，其中煤矿和非煤矿山要有矿领导带班并与工人同时下井、升井。对发生事故而没有领导干部现场带班的，要严肃处理。

三是先进适用技术装备强制推行制度。对安全生产起到重要支撑和促进作用的安全生产技术装备，规定推广应用到位的时限要求，其中煤矿"六大系统"要在 3 年之内完成。逾期未安装的，要依法暂扣安全生产许可证和生产许可证。

四是安全生产长期投入制度。规定企业在制定财务预算中必须确定必要的安全投入，落实地方和企业对国家投入的配套资金，研究提高高危行业安全生产费用提取下限标准并适当扩大范围，加强道路交通事故社会求助基金制度建设，积极稳妥推行安全生产责任保险制度等。

五是企业安全生产信用挂钩联动制度。规定要将安全生产标准化分级评价结果，作为信用评级的重要考核依据；对发生重特大事故或一年内发生 2 次以上较大事故的，一年内严格限制新增项目核准、用地审批、证券融资等，并作为银行贷款的重要参考依据。

六是应急救援基地建设制度。规定先期建设 7 个国家矿山救援队，配备性能先进、机动性强的装备和设备；明确进一步推进 6 个行业领域的国家救援基地和队伍建设。

七是现场紧急撤人避险制度。赋予企业生产现场带班人员、班组长和调度人员在遇到险情时第一时间下达停产撤人命令的直接决策权和指挥权。

八是高危企业安全生产标准核准制度。规定加快制定修订各行业的生产、安全技术和高危行业从业人员资格标准，要把符合安全生产标准要求作为高危行业企业准入的前置条件，严把安全准入关。

九是工伤事故死亡职工一次性赔偿制度。规定提高赔偿标准，对因生产安全事故造成的职工死亡，其一次工亡补助标准调整为按全国上一年度城镇居民人均可支配收入的 20 倍计算。

十是企业负责人职业资格否决制度。规定对重大、特别重大事故负有主要责任的企业，其主要负责人，终身不得担任本行业企业的矿长（厂长、经理）。

在以上规定的同时，《通知》还就十个方面的工作做了完善和强调，具体如下：

一是强化隐患整改效果，要求做到整改措施、责任、资金、时限和预案"五到位"，实行以安全生产专业人员为主导的隐患整改效果评价制度。强调企业要每月进行一次安全生产风险分析，建立预警机制。

二是要求全面开展安全生产标准化达标建设，做到岗位达标、专业达标和企业达标，并强调通过严格生产许可证和安全生产许可证管理，推进达标工作。

三是加强安全生产技术管理和技术装备研发，要求健全机构，配备技术人员，强化企业主要技术负责人技术决策和指挥权；将安全生产关键技术和装备纳入国家科学技术领域支持范围和国家"十二五"规划重点推进。

四是安全生产综合监管、行业管理和司法机关联合执法，严厉打击非法违法生产、经

营和建设，取缔非法企业。

五是强化企业安全生产属地管理，对当地包括中央和省属企业安全生产实行严格的监督检查和管理。

六是积极开展社会监督和舆论监督，维护和落实职工对安全生产的参与权与监督权，鼓励职工监督举报各类安全隐患。

七是严格限定对严重违法违规行为的执法裁量权，规定对企业"三超"（超能力、超强度、超定员）组织生产的、无企业负责人带班下井或该带班而未带班的等，要求按有关规定的上限处罚；对以整合技改名义违规组织生产的、拒不执行监管指令的、违反建设项目"三同时"规定和安全培训有关规定的，要依法加重处罚。

八是进一步加强安全教育培训，鼓励进一步扩大采矿、机电、地质、通风、安全等专业技术和技能人才培养。

九是强化安全生产责任追究，规定要加大重特大事故的考核权重，发生特别重大生产安全事故的，要视情节追究地级及以上政府（部门）领导的责任；加大对发生重大和特别重大事故企业负责人或企业实际控制人以及上级企业主要负责人的责任追究力度；强化打击非法生产的地方责任。

十是强调要结合转变经济发展方式，就加快推进安全发展、强制淘汰落后技术产品、加快产业重组步伐提出了明确要求。这充分体现了安全生产与经济社会发展密不可分、协调推进的要求，通过不断提高生产力发展水平，从根本上促进企业安全生产水平的提高。

特别是在伤事故死亡职工一次性赔偿制度，和以往的法律法规相比，《通知》具有两个突出特点。

一是大幅度提高了赔偿额度。2004 年实施的《工伤保险条例》规定，一次性工亡补助金，按当地 48～60 个月平均工资计算，取全国平均值最高为 15 万元左右。《通知》明确一次性工亡补助金调整为按全国上一年度城镇居民人均可支配收入的 20 倍计算。经测算，按 2009 年度全国平均城镇居民人均可支配收入 17175 元的水平，全国平均一次性工亡补助金为 34.35 万元，比原规定翻一番还多，加上同时实行的葬补助金和供养亲属抚恤金（按供养 2 位亲属测算），三项合计约为 61.8 万元。其中前两项为一次性支出，后一项按工亡职工供养人口长期、按月发放。

二是具有法律效力。目前国务院法制办正在牵头修订《工伤保险条例》，有关条款将与《通知》规定相衔接，确保 2011 年 1 月 1 日公布实施时保持一致，从而保证《通知》新规的法律效力。

《工伤保险条例》将依据不同地区和企业单位的安全生产状况，实行浮动费用率和差别费率，对发生重特大事故或事故多发的企业单位，通过调整缴费比例，促进加强安全生产工作。因此，《通知》规定，既体现了以人为本、关爱生命，维护职工合法权益的精神，同时又是推进不断提高企业安全生产水平的新制度、新举措。

在企业安全生产过程中，对重大、特别重大及以上事故并负有主要责任的企业，《通知》指出其企业主要负责人，终身不得担任本行业企业的矿长（厂长、经理）的规定。这一规定的涵义如下：

一是加重了事故责任人的处罚。《安全生产法》规定，受到刑事处罚或撤职处分的生产经营单位负责人，自刑罚执行完毕或者受处分之日起，五年内不得担任任何生产经营单位的主要负责人。企业负责人对发生的重大、特别重大事故负有不可推卸的领导责任，只要发生了重特大事故，在坚持五年内不得担任"任何生产经营单位"主要负责人这一规定的同时，依照《通知》规定，终身不能担任"本行业企业"的主要领导职务。这是对事故负有主要责任的企业负责人实施更为严厉的行政处罚。

二是严格职业准入。企业需要任用主要负责人如矿长、厂长、经理等，就不得用上述人员，无论是本地区还是跨地区，用了就是违规。

二、《国务院关于坚持科学发展安全发展促进安全生产形势持续稳定好转的意见》

安全生产事关人民群众生命财产安全，事关改革开放、经济发展和社会稳定大局，事关党和政府形象和声誉。为深入贯彻落实科学发展观，实现安全发展，促进全国安全生产形势持续稳定好转，为此，国务院于 2011 年 11 月 26 日，《国务院关于坚持科学发展安全发展促进安全生产形势持续稳定好转的意见》（国发〔2011〕40 号，简称《意见》）是继《决定》（国发〔2004〕32 号）、《通知》（国发〔2010〕23 号）之后，以国务院名义下发的关于安全生产工作的又一重要文件。

1. 四个特点

《意见》共分为 10 个部分、33 条，内容丰富，特色鲜明，其特点可以集中概括为"四个统一"。

（1）继承与创新的统一。《意见》（国发〔2011〕40 号）既重申和延续了《决定》（国发〔2004〕32 号）、《通知》（国发〔2010〕23 号）的基本精神和基本制度，又适应安全生产工作进展状况和现阶段规律特点，创新和发展完善了安全生产工作的方针理念、方式方法和政策措施。

（2）务虚与务实的统一。《意见》（国发〔2011〕40 号）既从理论高度深刻阐述了坚持科学发展安全发展的重大意义，提出一系列理论创新点；又从现实出发，针对目前安全生产领域存在的薄弱环节和突出问题，采取了一系列具有很强的针对性、可操作性的对策举措。

（3）治标与治本的统一。《意见》（国发〔2011〕40 号）既重视解决目前一些地方和单位存在的安全生产责任不落实、监管不严、执法治理不力、违法违规行为屡禁不止等比较浅显易见的突出问题；又注重把加强安全生产与加快经济发展方式转变紧密结合起来，强调要从严格安全生产准入、推进安全生产标准化建设、发挥科技支撑作用、加强产业政策引导等环节入手，努力解决影响制约安全生产的深层次问题，从根本上提高安全保障能力。

（4）宏观与微观的统一。《意见》（国发〔2011〕40 号）突出强调了安全生产法制建设、基础管理、安全文化建设和安全保障能力建设等关键环节的工作，体现出党和政府致力于建立安全生产法治秩序和长效机制、把安全生产纳入依法规范高效运行轨道的决心和意图；对重点行业领域当前必须突出抓好的重点工作，如煤矿瓦斯防治、道路交通领域的长途客运和校车安全、城市地下危险化学品输送管道安全整治等也都做了强调，有助于提高行业领域安全生产工作的针对性和实效性。

2. 六大理论创新点

《意见》（国发〔2011〕40 号）在总结近年来安全生产实践经验的基础上，对安全生

产理论做出了重大创新和发展，主要理论创新点如下：

（1）进一步确立了新时期安全生产工作的重要地位和作用。《意见》（国发〔2011〕40号）明确提出了安全生产的"三个事关"：事关人民群众生命财产安全；事关改革开放、经济发展和社会稳定大局；事关党和政府形象和声誉。其中，事关党和政府形象和声誉，进一步体现了胡锦涛总书记在十七届三中全会上提出的"能否实现安全发展，是对我们党执政能力的重大考验"的重要思想。《意见》还明确提出"必须始终把安全生产摆在经济社会发展重中之重的位置"。这都有助于我们从战略和全局的高度来充分认识安全生产的极端重要性。

（2）进一步阐明了安全发展的深刻内涵。《意见》（国发〔2011〕40号）明确指出，要把安全真正作为发展的前提和基础，使经济社会发展切实建立在安全保障能力不断增强、劳动者生命安全和身体健康得到切实保障的基础之上，确保人民群众平安幸福地享有经济发展和社会进步的成果。对安全发展的内涵作出科学的阐释，有助于在全党全社会进一步凝聚安全发展共识，形成安全发展的合力。

（3）提出衡量安全生产工作的基本标准。《意见》（国发〔2011〕40号）提出，要把坚持科学发展安全发展这一重要思想和理念落实到生产经营建设的每一个环节，使之成为衡量各行业领域、各生产经营单位安全生产工作的基本标准，自觉做到不安全不生产，实现安全与发展的有机统一。这一衡量标准的提出，对于深化安全生产的认识，从根本上提高安全生产水平，提出更高的要求。

（4）进一步确认"事故易发期理论"。《意见》（国发〔2011〕40号）明确提出，我国正处于工业化、城镇化快速发展进程中，处于生产安全事故易发多发的高峰期。这样的表述，体现了中央在对现阶段安全生产规律的清醒认识和准确把握，也体现了实事求是的科学态度。在工业化进程中必然度过一个"事故易发期"，这是所有工业化国家都经历的一个不可逾越的历史阶段。把握这个规律性认识，有助于我们始终保持清醒的头脑，采取更加有力的政策措施，尽量缩短"易发期"进程，实现安全生产状况的根本好转。

（5）提出大力实施安全发展的战略。战略泛指统领性的、全局性的、左右胜败的谋略和对策。把安全发展作为一项战略来实施，这是中央在科学把握现阶段社会特征和安全生产规律基础上，有效应对新情况、新问题而作出的重大决策。《意见》（国发〔2011〕40号）在确认"事故易发期理论"的基础上，明确提出，安全生产工作既要解决长期积累的深层次、结构性和区域性问题，又要应对不断出现的新情况、新问题，根本出路在于坚持科学发展安全发展。为此，《意见》（国发〔2011〕40号）在指导思想中明确提出"大力实施安全发展战略"。

（6）进一步完善了安全生产的宏观思路。《意见》（国发〔2011〕40号）站在大力实施安全发展战略的高度，明确了安全生产工作的指导思想，提出四条基本原则：统筹兼顾、协调发展；依法治安、综合治理；突出预防、落实责任；依靠科技、创新管理。这些原则，既体现了党的安全生产方针的基本要求，又切中安全生产的主要矛盾和问题，具有很强的针对性和指导性，是带有规律性的理论概括。

3. 建立和完善十项制度

《意见》（国发〔2011〕40号）在继承发扬以往各项行之有效对策措施的同时，建立

和完善了下列制度：

（1）安全生产政府行政首长负责制和政府领导班子成员"一岗双责"制度。明确省、市、县级政府主要负责人是安全生产第一责任人，要求定期研究部署安全生产工作，组织解决安全生产重点难点问题。建立健全政府领导班子成员安全生产"一岗双责"制度，做好分管范围内的安全生产工作。

（2）高危行业建设项目审批安全许可前置制度。要求严格执行安全生产许可制度和产业政策，严把行业安全准入关，强化建设项目安全核准，把安全生产条件作为高危行业建设项目审批的前置条件，未通过安全评估的不准立项；未经批准擅自开工建设的，要依法取缔。尤其要求建立完善铁路、公路、水利、核电等重点工程项目的安全风险评估制度。同时，制定和实施高危行业从业人员资格标准。

（3）安全生产全员培训制度。要求企业主要负责人、安全管理人员、特种作业人员一律经严格考核、持证上岗。企业用工要严格按照劳动合同法与职工签订劳动合同，职工必须全部经培训合格后上岗。重点强化高危行业和中小企业一线员工安全培训。完善农民工向产业工人转化过程中的安全教育培训机制。加强地方政府安全生产分管领导干部的安全培训，提高安全管理水平。

（4）加强公路客运和校车安全监管制度。要求修订完善长途客运车辆安全技术标准，逐步淘汰安全性能差的运营车型，禁止客运车辆挂靠运营，研究建立长途客车驾驶人强制休息制度；特别要抓紧完善校车安全法规和标准，依法强化校车安全监管。这些规定和要求，都深刻吸取了一个时期来发生的道路交通重特大事故血的教训，具有很强的现实针对性和事故防范作用。

（5）非煤矿山主要矿种最小开采规模和最低服务年限制度。要求进一步完善矿产资源开发整合常态化管理机制，研究制定充填开采标准和规定，提高矿山企业集约化程度和安全生产水平。

（6）职业危害防护设施"三同时"制度。要求对可能产生职业病危害的建设项目，必须进行严格的职业病危害预评价，未提交预评价报告或预评价报告未经审核同意的，一律不得批准该建设项目；对职业病危害防控措施不到位的企业，要依法责令整改，情节严重的要依法予以关闭。

（7）政府引导带动、各方共同承担的安全生产投入制度。要求探索建立中央、地方、社会和企业共同承担的安全生产长效投入机制，加大对贫困地区和高危行业领域的倾斜，完善有利于安全生产的财政、税收、信贷政策，强化政府投资对安全生产投入的引导和带动作用。

（8）安全生产失信惩戒制度。把安全生产作为企业信用评级的重要参考依据，继续大力推动企业安全生产诚信建设，建立健全各类企业及其从业人员的安全信用体系，依法依规惩处安全生产失信行为。建立健全与企业信誉、项目核准、用地审批、证券融资、银行贷款等方面相挂钩的安全生产约束机制。

（9）安全生产绩效考核奖惩制度。规定把安全生产考核控制指标纳入经济社会发展考核评价指标体系，加大各级领导干部政绩业绩考核中安全生产的权重和考核力度；把安全生产工作纳入社会主义精神文明和党风廉政建设、社会管理综合治理体系之中，制定完善

安全生产奖惩制度，对成效显著的单位和个人要以适当形式予以表扬和奖励，对违法违规、失职渎职的要依法严格追究责任。

（10）安全生产监督制度。要求推进安全生产政务公开，健全行政许可网上申请、受理、审批制度，落实安全生产新闻发布制度和救援工作报道机制，完善隐患、事故举报奖励制度，加强对安全生产工作的社会监督、舆论监督和群众监督。

4. 七项重点建设任务

《意见》（国发〔2011〕40号）在"深化重点行业领域安全专项整治"这一部分，针对煤矿、交通运输、危险化学品、非煤矿山、建筑施工、消防、冶金等行业领域存在的突出问题分别提出明确具体的要求。除此之外，还提出七项具有长远意义的重点建设任务。

（1）安全生产隐患排查治理体系建设。要求充分运用科技和信息手段，建立健全安全生产隐患排查治理体系，强化监测监控、预报预警，及时发现和消除安全隐患。企业要定期进行安全风险评估分析，重大隐患要及时报安全监管监察和行业主管部门备案。特别强调注重发挥注册安全工程师对企业安全状况诊断、评估、整改方面的作用。

（2）企业安全生产标准化建设。要求加强对企业达标创建工作的监督指导，对在规定期限内未实现达标的企业，要依据有关规定暂扣其生产许可证、安全生产许可证，责令停产整顿；对整改逾期仍未达标的，要依法予以关闭。加强安全标准化分级考核评价，将评价结果向银行、证券、保险、担保等主管部门通报。作为企业信用评级的重要参考依据。

（3）应急救援队伍和基地建设。要求抓紧7个国家级、14个区域性矿山应急救援基地建设，加快推进重点行业领域的专业应急救援队伍建设。建立救援队伍社会化服务补偿机制，鼓励和引导社会力量参与应急救援。

（4）专业化的安全监管监察队伍建设。要求建立以岗位职责为基础的能力评价体系，加强在岗人员业务培训，提升监管监察队伍履职能力。进一步充实基层监管力量，改善监管监察装备和条件，创新安全监管监察体制，切实做到严格、公正、廉洁、文明执法。

（5）安全技术创新体系建设。要求整合安全科技优势资源，建立完善以企业为主体、以市场为导向、产学研用相结合的安全技术创新体系，加快推进安全生产关键技术及装备的研发，在事故预防预警、防治控制、抢险处置等方面尽快推出一批具有自主知识产权的科技成果。

（6）安全文化建设。大力倡导"关注安全、关爱生命"的安全文化。要求在中小学广泛普及安全基础教育；全面开展安全生产、应急避险和职业健康知识进企业、进学校、进乡村、进社区、进家庭活动；建设安全文化主题公园、主题街道和安全社区，创建若干安全文化示范企业和安全发展示范城市。

（7）安全产业发展。要求把安全产业纳入国家重点支持的战略产业，积极发展安全装备融资租赁业务，促进企业加快提升安全装备水平。

三、中共中央国务院关于推进安全生产领域改革发展的意见

2016年12月9日，中共中央、国务院以中发〔2016〕32号文件正式印发《中共中央国务院关于推进安全生产领域改革发展的意见》（简称《安全生产领域改革发展的意见》），

并于 12 月 18 日向社会公开发布。

安全生产是关系人民群众生命财产安全的大事，是经济社会协调健康发展的标志，是党和政府对人民利益高度负责的要求。党中央、国务院历来高度重视安全生产工作，《安全生产领域改革发展的意见》是新中国成立后，第一次以中共中央、国务院名义印发的安全生产方面的文件。它的出台实施，充分体现了以习近平同志为核心的党中央对安全生产工作的高度重视，标志着安全生产领域的改革发展进入新阶段。《安全生产领域改革发展的意见》坚持问题导向，着眼制度建设，突出改革创新，明确了提升全社会安全生产整体水平的目标任务，从健全落实责任、改革监管体制、推进安全法治、建立防控体系、强化基础保障等五个方面细化了安全生产领域改革发展的主要方向、时间表、路线图，是当前和今后一个时期指导我国安全生产工作的行动纲领。

《安全生产领域改革发展的意见》确定的安全生产领域改革发展的基本要求和大的方向可概括为坚守一条红线、把握两个导向、坚持五项原则和一系列改革举措。

（一）坚守一条红线

坚守一条红线是践行党的根本宗旨的必然要求，是全面建成小康社会的内在要求，更是做好安全生产工作的基本要求。历史经验教训表明，红线意识是安全发展观的基本要义，什么时候红线意识强、守得严，安全发展观就树的牢、落的实，安全生产形势就平稳可控；反之安全隐患和事故就迭出，人民群众的切身利益就会受到损害。

（二）把握两个导向

一是目标导向。党中央、国务院审时度势，在《安全生产领域改革发展的意见》中提出了到 2020 年实现安全生产总体水平与全面建成小康社会相适应、到 2030 年实现安全生产治理能力和治理体系现代化的目标任务。第一个目标主要解决与全面建成小康社会不适应的问题，全力控制生产安全事故总量，全力遏制重特大事故的频繁发生，使广大人民群众切实感受到安全环境的改善和安全感的提高；第二个目标是在完成第一个的基础上，取得安全生产工作更加稳固、更加本质的进步、实现安全生产法制、体制、机制、制度和手段体系的科学、成熟和现代化。

二是问题导向。《安全生产领域改革发展的意见》聚焦和着力解决以下方面的问题：

（1）一些地方"党政同责、一岗双责、齐抓共管、失职追责"规定不明确、安全生产责任不明晰不落实问题。

（2）安全监管体制不顺、职能交叉、存在监管漏洞和薄弱环节问题。

（3）安全生产法治不彰及法规标准体系不健全、有法不循、执法不严问题。

（4）防范工作不科学不系统不持续和企业主体责任不落实问题。

（5）职业健康监管体系不健全能力不足问题。

（6）应急救援管理体系不完善问题。

（7）安全生产基础薄弱问题。

（8）市场机制不完善激励约束作用不强问题。

（9）公众安全意识淡薄和从业人员安全技能素质偏低问题。《安全生产领域改革发展的意见》明确的改革发展思路和措施，就是基于解决这些矛盾问题而制定的，具有很强的针对性和操作性。

（三）坚持五项原则

一是坚持安全发展。发展是第一要务，安全是提高发展质量和效益的本质要求，要始终坚持生命至上、安全第一，确保经济社会持续健康发展。

二是坚持改革创新。创新是引领发展的第一动力，安全生产工作要与时俱进，必须在理论、制度、体制、机制、科技、文化等方面改革创新。

三是坚持依法监管。必须顺应经济社会发展大势，由系统内部纵向上下式行政管控为主向市场经济条件下依法治理为主转变，着力提升安全生产法治化水平。

四是坚持源头防范。牢固树立事故可防可控观念，坚持谋划在前、预防在先，把安全生产贯穿城乡规划布局、设计、建设、管理和企业生产经营活动的全过程，建立和实施超前防范的制度措施。

五是坚持系统治理。坚持系统论的思想，标本兼治、综合施策、多方发力，充分发挥中国特色社会主义制度优势，在党委政府领导下，实行全社会、全要素、全方位治理，织密齐抓共管、系统治理的安全生产保障网。

（四）一系列改革举措

《安全生产领域改革发展的意见》立足重点，瞄准安全生产领域改革发展重点任务，提出了一系列改革举措。

一是健全完善责任体制。《安全生产领域改革发展的意见》指出，要坚守"发展决不能以牺牲安全为代价"这条不可逾越的红线，构建"党政同责、一岗双责、齐抓共管、失职追责"的安全生产责任体系，党委、政府要发挥各自职能和作用，严格落实企业对本单位安全生产和职业健康工作负的全面主体责任，堵塞监管漏洞，切实消除盲区。

二是改进安全监管体制。《安全生产领域改革发展的意见》明确了矿山、危化品监管体制改革方向，对安全监管部门行政执法机构的地位，充实市、县两级安全生产监管执法人员，强化乡镇（街道）安全监管力量，完善开发区、工业区等功能区的安全监管体制提出了具体要求。同时制定了监管执法装备、执法和应急用车标准，执法经费保障纳入同级财政全额保障范围等一系列措施。

三是严肃安全法治秩序。《安全生产领域改革发展的意见》将无证生产经营建设、拒不整改重大隐患、强令违章冒险作业、拒不执行安全监察执法指令等具有明显的主观故意、极易导致重大生产安全事故的违法行为纳入刑法调整范围，指出要"健全领导干部非法干预安全生产监管执法的记录、通报和责任追究制度"，极大地加强了对安全生产非法违法的惩戒力度，保障了基层执法的严肃性。

四是建立安全防控体系。《安全生产领域改革发展的意见》对安全风险评估论证、安全风险联防联控、重大危险源管理提出要求，提出安全预防工作重点在企业，要实行重大隐患治理情况向负有安全生产监管职责部门和企业职代会"双报告"制度，各级人民政府将职业病防治纳入民生工程及安全生产工作考核体系，严格执行安全生产和职业健康"三同时"制度。

五是有力引导安全基础建设。《安全生产领域改革发展的意见》就推进现代信息技术与安全生产融合的安全生产信息化建设、建立安全生产责任保险制度、将安全知识纳入国民教育和农民工技能培训提出了具体要求，为强化安全基础提供了牢靠保障。

《安全生产领域改革发展的意见》分6个大题，30个二级标题，它的全部内容最终要变成安全生产领域改革发展的具体成果，综合《安全生产领域改革发展的意见》提出的改革任务和工作举措共120项，涉及制度性措施50多项，其中20项尤为突出，具体如下：

（1）明确党政主要负责人是本地区安全生产第一责任人，地方各级安委会主任由政府主要负责人担任。

（2）厘清了安全生产综合监管与行业监管的关系，明确安全监管部门的综合监管职责，切实解决大家一致反映的概念不清、边界模糊的问题。

（3）建立健全企业自我约束、持续改进的安全生产内生机制和生产经营全过程安全责任追溯制度，更加突出强化企业主体责任。

（4）完善安全生产巡查和考核制度，加强对安委会成员单位和下级政府的考核，严格"一票否决"制度，切实解决缺乏有效监管手段的问题。

（5）依托国家煤矿安全监察体制，加强非煤矿山安全监管监察。明确涉及危险化学品各个环节的安全监管法定责任，消除监管空白。对海洋石油安全监管实行政企分开。

（6）将安全监管部门作为政府工作部门和行政执法机构，加强安全生产执法队伍建设，强化行政执法职能。

（7）完善各类功能区安全生产监管体制，明确负责安全生产监督管理的机构，以及港区地方监管和部门监管责任，突破监管力量薄弱的体制性障碍。

（8）改革安全生产应急救援管理体制，强化行政管理职能，解决组织协调能力不够的问题。

（9）坚持管安全生产必须管职业健康，实行一体化监管执法，实现齐抓共管。

（10）强调加强涉及安全生产相关法规一致性审查，避免条款缺失或交叉冲突。

（11）完善安全标准规范制定发布机制，原由卫生计生部门负责的职业危害防治国家标准、原由质检部门负责的安全生产强制性国家标准立项等，改为由安监总局负责。

（12）将生产经营过程中极易导致重大生产安全事故的违法行为列入刑法调整的范围，填补刑法空白。

（13）明确设区的市根据立法法的基本精神，加强安全生产地方性法规建设。

（14）健全领导干部干预安全生产监管执法的记录、通报和责任追究制度，避免以权压法、人情执法。

（15）明确制定监管执法装备及现场执法和应急救援用车配备标准，统一安全生产执法标志标识和制式服装，切实解决基层执法保障和权威性不足的问题。

（16）建立安全监管执法人员依法履行法定职责制度，制定落实权力和责任清单，尽职照单免责、失职照单问责。

（17）建立事故暴露问题整改督办和事故调查处理评估制度，有效避免吸取教训不深刻、整改措施不落实、查处不到位的问题。

（18）建立安全风险评估制度和重大安全风险源头防控制度，明确高危项目审批必须把安全生产作为前置条件，实行重大安全风险"一票否决"，进一步严格安全准入。

（19）改革完善安全生产和职业健康技术服务机构资质管理办法，规范和培育多元化市场服务主体。

（20）取消安全生产风险抵押金制度，在高危行业领域强制实施安全生产责任保险，加快诚信体系建设，建立"黑名单"制度和失信惩戒、守信激励机制。

第三节　安全生产法相关法律法规

水利工程建设安全生产法律、行政法规、部门规章及标准等，是水利工程建设安全生产与监督管理的重要依据。水利工程建设安全生产相关的主要法律清单见表 1-1。

表 1-1　　　　　　　　　　水利工程建设安全生产相关法律清单

序号	安全生产相关法律名称	序号	安全生产相关法律名称
1	《中华人民共和国安全生产法》	10	《中华人民共和国刑法修正案（六）》
2	《中华人民共和国水法》	11	《中华人民共和国工会法》
3	《中华人民共和国职业病防治法》	12	《中华人民共和国水污染防治法》
4	《中华人民共和国特种设备安全法》	13	《中华人民共和国防洪法》
5	《中华人民共和国消防法》	14	《中华人民共和国行政许可法》
6	《中华人民共和国道路交通安全法》	15	《中华人民共和国侵权责任法》
7	《中华人民共和国突发事件应对法》	16	《中华人民共和国行政处罚法》
8	《中华人民共和国劳动法》	17	《中华人民共和国环境保护法》
9	《中华人民共和国劳动合同法》		

一、《中华人民共和国安全生产法》

《安全生产法》是中华人民共和国成立以来第一部全面规范安全生产的专门法律。这部法律于 2002 年 6 月 29 日中华人民共和国第九届全国人民代表大会常务委员会第二十八次会议通过，自 2002 年 11 月 1 日起施行，是我国安全生产的主体法。2014 年 8 月 31 日中华人民共和国第十二届全国人民代表大会常务委员会第十次会议通过了《全国人民代表大会常务委员会关于修改（中华人民共和国安全生产法）的决定》，修改后的《安全生产法》将于 2014 年 12 月 1 日起施行。《安全生产法》的修订标志着安全生产法制建设向前迈出了关键性的一步，对指导和推进安全生产工作将起到十分重要的作用。

（一）主要内容

修改后的《安全生产法》包含 7 章 114 条，其中与水利工程建设安全生产相关的主要内容节选如下：

第一章　总　　则

第一条　为了加强安全生产工作，防止和减少生产安全事故，保障人民群众生命和财产安全，促进经济社会持续健康发展，制定本法。

第二条　在中华人民共和国领域内从事生产经营活动的单位（以下统称生产经营单位）的安全生产，适用本法；有关法律、行政法规对消防安全和道路交通安全、铁路交通安全、水上交通安全、民用航空安全另有规定的，适用其规定。

第三条　安全生产工作应当以人为本,坚持安全发展,坚持安全第一、预防为主、综合治理的方针,强化和落实生产经营单位的主体责任,建立生产经营单位负责、职工参与、政府监管、行业自律和社会监督的机制。

第四条　生产经营单位必须遵守本法和其他有关安全生产的法律法规,加强安全生产管理,建立、健全安全生产责任制和安全生产规章制度,改善安全生产条件,推进安全生产标准化建设,提高安全生产水平,确保安全生产。

第五条　生产经营单位的主要负责人对本单位的安全生产工作全面负责。

第六条　生产经营单位的从业人员有依法获得安全生产保障的权利,并应当依法履行安全生产方面的义务。

第七条　工会依法对安全生产工作进行监督。

第二章　生产经营单位的安全生产保障

第十七条　生产经营单位应当具备本法和有关法律、行政法规和国家标准或者行业标准规定的安全生产条件;不具备安全生产条件的,不得从事生产经营活动。

第十八条　生产经营单位的主要负责人对本单位安全生产工作负有下列职责:

(一)　建立、健全本单位安全生产责任制;

(二)　组织制定本单位安全生产规章制度和操作规程;

(三)　组织制定并实施本单位安全生产教育和培训计划;

(四)　保证本单位安全生产投入的有效实施;

(五)　督促、检查本单位的安全生产工作,及时消除生产安全事故隐患;

(六)　组织制定并实施本单位的生产安全事故应急救援预案;

(七)　及时、如实报告生产安全事故。

第二十条　生产经营单位应当具备的安全生产条件所必需的资金投入,由生产经营单位的决策机构、主要负责人或者个人经营的投资人予以保证,并对由于安全生产所必需的资金投入不足导致的后果承担责任。

第二十一条　矿山、金属冶炼、建筑施工、道路运输单位和危险物品的生产、经营、储存单位,应当设置安全生产管理机构或者配备专职安全生产管理人员。

前款规定以外的其他生产经营单位,从业人员超过一百人的,应当设置安全生产管理机构或者配备专职安全生产管理人员;从业人员在一百人以下的,应当配备专职或者兼职的安全生产管理人员。

第二十五条　生产经营单位应当对从业人员进行安全生产教育和培训,保证从业人员具备必要的安全生产知识,熟悉有关的安全生产规章制度和安全操作规程,掌握本岗位的安全操作技能,了解事故应急处理措施,知悉自身在安全生产方面的权利和义务。未经安全生产教育和培训合格的从业人员,不得上岗作业。

第二十六条　生产经营单位采用新工艺、新技术、新材料或者使用新设备,必须了解、掌握其安全技术特性,采取有效的安全防护措施,并对从业人员进行专门的安全生产教育和培训。

第二十七条　生产经营单位的特种作业人员必须按照国家有关规定经专门的安全作业

培训，取得相应资格，方可上岗作业。

第二十八条　生产经营单位新建、改建、扩建工程项目（以下统称建设项目）的安全设施，必须与主体工程同时设计、同时施工、同时投入生产和使用。安全设施投资应当纳入建设项目概算。

第三十二条　生产经营单位应当在有较大危险因素的生产经营场所和有关设施、设备上，设置明显的安全警示标志。

第三十三条　安全设备的设计、制造、安装、使用、检测、维修、改造和报废，应当符合国家标准或者行业标准。

生产经营单位必须对安全设备进行经常性维护、保养，并定期检测，保证正常运转。维护、保养、检测应当做好记录，并由有关人员签字。

第三十四条　生产经营单位使用的危险物品的容器、运输工具，以及涉及人身安全、危险性较大的海洋石油开采特种设备和矿山井下特种设备，必须按照国家有关规定，由专业生产单位生产，并经具有专业资质的检测、检验机构检测、检验合格，取得安全使用证或者安全标志，方可投入使用。检测、检验机构对检测、检验结果负责。

第三十五条　国家对严重危及生产安全的工艺、设备实行淘汰制度，具体目录由国务院安全生产监督管理部门会同国务院有关部门制定并公布。法律、行政法规对目录的制定另有规定的，适用其规定。

省、自治区、直辖市人民政府可以根据本地区实际情况制定并公布具体目录，对前款规定以外的危及生产安全的工艺、设备予以淘汰。

生产经营单位不得使用应当淘汰的危及生产安全的工艺、设备。

第三十六条　生产、经营、运输、储存、使用危物品或者处置废弃危险物品的，由有关主管部门依照有关法律法规的规定和国家标准或者行业标险准审批并实施监督管理。

生产经营单位生产、经营、运输、储存、使用危险物品或者处置废弃危险物品，必须执行有关法律法规和国家标准或者行业标准，建立专门的安全管理制度，采取可靠的安全措施，接受有关主管部门依法实施的监督管理。

第三十七条　生产经营单位对重大危险源应当登记建档，进行定期检测、评估、监控，并制订应急预案，告知从业人员和相关人员在紧急情况下应当采取的应急措施。

生产经营单位应当按照国家有关规定将本单位重大危险源及有关安全措施、应急措施报有关地方人民政府安全生产监督管理部门和有关部门备案。

第三十八条　生产经营单位应当建立健全生产安全事故隐患排查治理制度，采取技术、管理措施，及时发现并消除事故隐患。事故隐患排查治理情况应当如实记录，并向从业人员通报。

县级以上地方各级人民政府负有安全生产监督管理职责的部门应当建立健全重大事故隐患治理督办制度，督促生产经营单位消除重大事故隐患。

第三十九条　生产、经营、储存、使用危险物品的车间、商店、仓库不得与员工宿舍在同一座建筑物内，并应当与员工宿舍保持安全距离。

生产经营场所和员工宿舍应当设有符合紧急疏散要求、标志明显、保持畅通的出口。禁止锁闭、封堵生产经营场所或者员工宿舍的出口。

第四十条　生产经营单位进行爆破、吊装以及国务院安全生产监督管理部门会同国务院有关部门规定的其他危险作业，应当安排专门人员进行现场安全管理，确保操作规程的遵守和安全措施的落实。

第四十二条　生产经营单位必须为从业人员提供符合国家标准或者行业标准的劳动防护用品，并监督、教育从业人员按照使用规则佩戴、使用。

第四十四条　生产经营单位应当安排用于配备劳动防护用品、进行安全生产培训的经费。

第四十七条　生产经营单位发生生产安全事故时，单位的主要负责人应当立即组织抢救，并不得在事故调查处理期间擅离职守。

第四十八条　生产经营单位必须依法参加工伤保险，为从业人员缴纳保险费。

国家鼓励生产经营单位投保安全生产责任保险。

第三章　从业人员的安全生产权利义务

第四十九条　生产经营单位与从业人员订立的劳动合同，应当载明有关保障从业人员劳动安全、防止职业危害的事项，以及依法为从业人员办理工伤保险的事项。

生产经营单位不得以任何形式与从业人员订立协议，免除或者减轻其对从业人员因生产安全事故伤亡依法应承担的责任。

第五十条　生产经营单位的从业人员有权了解其作业场所和工作岗位存在的危险因素、防范措施及事故应急措施，有权对本单位的安全生产工作提出建议。

第五十一条　从业人员有权对本单位安全生产工作中存在的问题提出批评、检举、控告；有权拒绝违章指挥和强令冒险作业。

生产经营单位不得因从业人员对本单位安全生产工作提出批评、检举、控告或者拒绝违章指挥、强令冒险作业而降低其工资、福利待遇或者解除与其订立的劳动合同。

第五十二条　从业人员发现直接危及人身安全的紧急情况时，有权停止作业或者在采取可能的应急措施后撤离作业场所。

生产经营单位不得因从业人员在前款紧急情况下停止作业或者采取紧急撤离措施而降低其工资、福利待遇或者解除与其订立的劳动合同。

第五十四条　从业人员在作业过程中，应当严格遵守本单位的安全生产规章制度和操作规程，服从管理，正确佩戴和使用劳动防护用品。

第五十五条　从业人员应当接受安全生产教育和培训，掌握本职工作所需的安全生产知识，提高安全生产技能，增强事故预防和应急处理能力。

第四章　安全生产的监督管理

第六十二条　安全生产监督管理部门和其他负有安全生产监督管理职责的部门依法开展安全生产行政执法工作，对生产经营单位执行有关安全生产的法律法规和国家标准或者行业标准的情况进行监督检查，行使以下职权：

（一）进入生产经营单位进行检查，调阅有关资料，向有关单位和人员了解情况；

（二）对检查中发现的安全生产违法行为，当场予以纠正或者要求限期改正；对依法

应当给予行政处罚的行为，依照本法和其他有关法律、行政法规的规定作出行政处罚决定；

（三）对检查中发现的事故隐患，应当责令立即排除；重大事故隐患排除前或者排除过程中无法保证安全的，应当责令从危险区域内撤出作业人员，责令暂时停产停业或者停止使用相关设施、设备；重大事故隐患排除后，经审查同意，方可恢复生产经营和使用；

（四）对有根据认为不符合保障安全生产的国家标准或者行业标准的设施、设备、器材以及违法生产、储存、使用、经营、运输的危险物品予以查封或者扣押，对违法生产、储存、使用、经营危险物品的作业场所予以查封，并依法作出处理决定。

监督检查不得影响被检查单位的正常生产经营活动。

第六十三条　生产经营单位对负有安全生产监督管理职责的部门的监督检查人员（以下统称安全生产监督检查人员）依法履行监督检查职责，应当予以配合，不得拒绝、阻挠。

第六十七条　负有安全生产监督管理职责的部门依法对存在重大事故隐患的生产经营单位作出停产停业、停止施工、停止使用相关设施或者设备的决定，生产经营单位应当依法执行，及时消除事故隐患。生产经营单位拒不执行，有发生生产安全事故的现实危险的，在保证安全的前提下，经本部门主要负责人批准，负有安全生产监督管理职责的部门可以采取通知有关单位停止供电、停止供应民用爆炸物品等措施，强制生产经营单位履行决定。通知应当采用书面形式，有关单位应当予以配合。

第七十一条　任何单位或者个人对事故隐患或者安全生产违法行为，均有权向负有安全生产监督管理职责的部门报告或者举报。

第五章　　生产安全事故的应急救援与调查处理

第七十八条　生产经营单位应当制定本单位生产安全事故应急救援预案，与所在地县级以上地方人民政府组织制定的生产安全事故应急救援预案相衔接，并定期组织演练。

第八十条　生产经营单位发生生产安全事故后，事故现场有关人员应当立即报告本单位负责人。

单位负责人接到事故报告后，应当迅速采取有效措施，组织抢救，防止事故扩大，减少人员伤亡和财产损失，并按照国家有关规定立即如实报告当地负有安全生产监督管理职责的部门，不得隐瞒不报、谎报或者迟报，不得故意破坏事故现场、毁灭有关证据。

第八十四条　生产经营单位发生生产安全事故，经调查确定为责任事故的，除了应当查明事故单位的责任并依法予以追究外，还应当查明对安全生产的有关事项负有审查批准和监督职责的行政部门的责任，对有失职、渎职行为的，依照本法第八十七条的规定追究法律责任。

第八十五条　任何单位和个人不得阻挠和干涉对事故的依法调查处理。

第六章　　法　律　责　任

第九十条　生产经营单位的决策机构、主要负责人或者个人经营的投资人不依照本法规定保证安全生产所必需的资金投入，致使生产经营单位不具备安全生产条件的，责令限

期改正，提供必需的资金；逾期未改正的，责令生产经营单位停产停业整顿。

有前款违法行为，导致发生生产安全事故的，对生产经营单位的主要负责人给予撤职处分，对个人经营的投资人处二万元以上二十万元以下的罚款；构成犯罪的，依照刑法有关规定追究刑事责任。

第九十一条　生产经营单位的主要负责人未履行本法规定的安全生产管理职责的，责令限期改正；逾期未改正的，处二万元以上五万元以下的罚款，责令生产经营单位停产停业整顿。

生产经营单位的主要负责人有前款违法行为，导致发生生产安全事故的，给予撤职处分；构成犯罪的，依照刑法有关规定追究刑事责任。

生产经营单位的主要负责人依照前款规定受刑事处罚或者撤职处分的，自刑罚执行完毕或者受处分之日起，五年内不得担任任何生产经营单位的主要负责人；对重大、特别重大生产安全事故负有责任的，终身不得担任本行业生产经营单位的主要负责人。

第九十二条　生产经营单位的主要负责人未履行本法规定的安全生产管理职责，导致发生生产安全事故的，由安全生产监督管理部门依照下列规定处以罚款：

（一）发生一般事故的，处上一年年收入百分之三十的罚款；

（二）发生较大事故的，处上一年年收入百分之四十的罚款；

（三）发生重大事故的，处上一年年收入百分之六十的罚款；

（四）发生特别重大事故的，处上一年年收入百分之八十的罚款。

第九十三条　生产经营单位的安全生产管理人员未履行本法规定的安全生产管理职责的，责令限期改正；导致发生生产安全事故的，暂停或者撤销其与安全生产有关的资格；构成犯罪的，依照刑法有关规定追究刑事责任。

第九十四条　生产经营单位有下列行为之一的，责令限期改正，可以处五万元以下的罚款；逾期未改正的，责令停产停业整顿，并处五万元以上十万元以下的罚款，对其直接负责的主管人员和其他直接责任人员处一万元以上二万元以下的罚款：

（一）未按照规定设置安全生产管理机构或者配备安全生产管理人员的；

（二）危险物品的生产、经营、储存单位以及矿山、金属冶炼、建筑施工、道路运输单位的主要负责人和安全生产管理人员未按照规定经考核合格的；

（三）未按照规定对从业人员、被派遣劳动者、实习学生进行安全生产教育和培训，或者未按照规定如实告知有关的安全生产事项的；

（四）未如实记录安全生产教育和培训情况的；

（五）未将事故隐患排查治理情况如实记录或者未向从业人员通报的；

（六）未按照规定制定生产安全事故应急救援预案或者未定期组织演练的；

（七）特种作业人员未按照规定经专门的安全作业培训并取得相应资格，上岗作业的。

第九十五条　生产经营单位有下列行为之一的，责令停止建设或者停产停业整顿，限期改正；逾期未改正的，处五十万元以上一百万元以下的罚款，对其直接负责的主管人员和其他直接责任人员处二万元以上五万元以下的罚款；构成犯罪的，依照刑法有关规定追究刑事责任：

（一）未按照规定对矿山、金属冶炼建设项目或者用于生产、储存、装卸危险物品的

建设项目进行安全评价的；

（二）矿山、金属冶炼建设项目或者用于生产、储存、装卸危险物品的建设项目没有安全设施设计或者安全设施设计未按照规定报经有关部门审查同意的；

（三）矿山、金属冶炼建设项目或者用于生产、储存、装卸危险物品的建设项目的施工单位未按照批准的安全设施设计施工的；

（四）矿山、金属冶炼建设项目或者用于生产、储存危险物品的建设项目竣工投入生产或者使用前，安全设施未经验收合格的。

第九十六条　生产经营单位有下列行为之一的，责令限期改正，可以处五万元以下的罚款；逾期未改正的，处五万元以上二十万元以下的罚款，对其直接负责的主管人员和其他直接责任人员处一万元以上二万元以下的罚款；情节严重的，责令停产停业整顿；构成犯罪的，依照刑法有关规定追究刑事责任：

（一）未在有较大危险因素的生产经营场所和有关设施、设备上设置明显的安全警示标志的；

（二）安全设备的安装、使用、检测、改造和报废不符合国家标准或者行业标准的；

（三）未对安全设备进行经常性维护、保养和定期检测的；

（四）未为从业人员提供符合国家标准或者行业标准的劳动防护用品的；

（五）危险物品的容器、运输工具，以及涉及人身安全、危险性较大的海洋石油开采特种设备和矿山井下特种设备未经具有专业资质的机构检测、检验合格，取得安全使用证或者安全标志，投入使用的；

（六）使用应当淘汰的危及生产安全的工艺、设备的。

第九十八条　生产经营单位有下列行为之一的，责令限期改正，可以处十万元以下的罚款；逾期未改正的，责令停产停业整顿，并处十万元以上二十万元以下的罚款，对其直接负责的主管人员和其他直接责任人员处二万元以上五万元以下的罚款；构成犯罪的，依照刑法有关规定追究刑事责任：

（一）生产、经营、运输、储存、使用危险物品或者处置废弃危险物品，未建立专门安全管理制度、未采取可靠的安全措施的；

（二）对重大危险源未登记建档，或者未进行评估、监控，或者未制订应急预案的；

（三）进行爆破、吊装以及国务院安全生产监督管理部门会同国务院有关部门规定的其他危险作业，未安排专门人员进行现场安全管理的；

（四）未建立事故隐患排查治理制度的。

第九十九条　生产经营单位未采取措施消除事故隐患的，责令立即消除或者限期消除；生产经营单位拒不执行的，责令停产停业整顿，并处十万元以上五十万元以下的罚款，对其直接负责的主管人员和其他直接责任人员处二万元以上五万元以下的罚款。

第一百条　生产经营单位将生产经营项目、场所、设备发包或者出租给不具备安全生产条件或者相应资质的单位或者个人的，责令限期改正，没收违法所得；违法所得十万元以上的，并处违法所得二倍以上五倍以下的罚款；没有违法所得或者违法所得不足十万元的，单处或者并处十万元以上二十万元以下的罚款；对其直接负责的主管人员和其他直接责任人员处一万元以上二万元以下的罚款；导致发生生产安全事故给他人造成损害的，与

承包方、承租方承担连带赔偿责任。

生产经营单位未与承包单位、承租单位签订专门的安全生产管理协议或者未在承包合同、租赁合同中明确各自的安全生产管理职责，或者未对承包单位、承租单位的安全生产统一协调、管理的，责令限期改正，可以处五万元以下的罚款，对其直接负责的主管人员和其他直接责任人员可以处一万元以下的罚款；逾期未改正的，责令停产停业整顿。

第一百零一条　两个以上生产经营单位在同一作业区域内进行可能危及对方安全生产的生产经营活动，未签订安全生产管理协议或者未指定专职安全生产管理人员进行安全检查与协调的，责令限期改正，可以处五万元以下的罚款，对其直接负责的主管人员和其他直接责任人员可以处一万元以下的罚款；逾期未改正的，责令停产停业。

第一百零二条　生产经营单位有下列行为之一的，责令限期改正，可以处五万元以下的罚款，对其直接负责的主管人员和其他直接责任人员可以处一万元以下的罚款；逾期未改正的，责令停产停业整顿；构成犯罪的，依照刑法有关规定追究刑事责任：

（一）生产、经营、储存、使用危险物品的车间、商店、仓库与员工宿舍在同一座建筑内，或者与员工宿舍的距离不符合安全要求的；

（二）生产经营场所和员工宿舍未设有符合紧急疏散需要、标志明显、保持畅通的出口，或者锁闭、封堵生产经营场所或者员工宿舍出口的。

第一百零三条　生产经营单位与从业人员订立协议，免除或者减轻其对从业人员因生产安全事故伤亡依法应承担的责任的，该协议无效；对生产经营单位的主要负责人、个人经营的投资人处二万元以上十万元以下的罚款。

第一百零五条　违反本法规定，生产经营单位拒绝、阻碍负有安全生产监督管理职责的部门依法实施监督检查的，责令改正；拒不改正的，处二万元以上二十万元以下的罚款；对其直接负责的主管人员和其他直接责任人员处一万元以上二万元以下的罚款；构成犯罪的，依照刑法有关规定追究刑事责任。

第一百零六条　生产经营单位的主要负责人在本单位发生生产安全事故时，不立即组织抢救或者在事故调查处理期间擅离职守或者逃匿的，给予降级、撤职的处分，并由安全生产监督管理部门处上一年年收入百分之六十至百分之一百的罚款；对逃匿的处十五日以下拘留；构成犯罪的，依照刑法有关规定追究刑事责任。

生产经营单位的主要负责人对生产安全事故隐瞒不报、谎报或者迟报的，依照前款规定处罚。

第一百一十一条　生产经营单位发生生产安全事故造成人员伤亡、他人财产损失的，应当依法承担赔偿责任；拒不承担或者其负责人逃匿的，由人民法院依法强制执行。

生产安全事故的责任人未依法承担赔偿责任，经人民法院依法采取执行措施后，仍不能对受害人给予足额赔偿的，应当继续履行赔偿义务；受害人发现责任人有其他财产的，可以随时请求人民法院执行。

（二）十大亮点

修改后的《安全生产法》，从强化安全生产工作的摆位、进一步落实生产经营单位主体责任，政府安全监管定位和加强基层执法力量、强化安全生产责任追究等4个方面入手，着眼于安全生产现实问题和发展要求，补充完善了相关法律制度规定，主要有以下

亮点：

1. 坚持以人为本，推进安全发展

新法提出安全生产工作应当以人为本，坚持安全发展，充分体现了习近平总书记等中央领导同志近一年来关于安全生产工作一系列重要指示精神，对于坚守发展决不能以牺牲人的生命为代价这条红线，牢固树立以人为本、生命至上的理念，正确处理重大险情和事故应急救援中"保财产"还是"保人命"问题，具有重大现实意义。

2. 完善安全生产方针和工作机制

新法确立了"安全第一、预防为主、综合治理"的安全生产工作"十二字方针"，明确了安全生产的重要地位、主体任务和实现安全生产的根本途径。"安全第一"要求从事生产经营活动必须把安全放在首位，不能以牺牲人的生命、健康为代价换取发展和效益。"预防为主"要求把安全生产工作的重心放在预防上，强化隐患排查治理，打非治违，从源头上控制、预防和减少生产安全事故。"综合治理"要求运用行政、经济、法治、科技等多种手段，充分发挥社会、职工、舆论监督各个方面的作用，抓好安全生产工作。

3. 落实"三个必须"，明确安全监管部门执法地位

按照"三个必须"（管业务必须管安全、管行业必须管安全、管生产经营必须管安全）的要求，新法规定：一是国务院和县级以上地方人民政府应当建立健全安全生产工作协调机制，及时协调、解决安全生产监督管理中存在的重大问题。二是明确国务院和县级以上地方人民政府安全生产监督管理部门实施综合监督管理，有关部门在各自职责范围内对有关行业、领域的安全生产工作实施监督管理，并将其统称负有安全生产监督管理职责的部门。三是明确各级安全生产监督管理部门和其他负有安全生产监督管理职责的部门作为执法部门，依法开展安全生产行政执法工作，对生产经营单位执行法律法规、国家标准或者行业标准的情况进行监督检查。

4. 明确乡镇人民政府以及街道办事处、开发区管理机构安全生产职责

乡镇街道是安全生产工作的重要基础，有必要在立法层面明确其安全生产职责，同时，针对各地经济技术开发区、工业园区的安全监管体制不顺、监管人员配备不足、事故隐患集中、事故多发等突出问题，新法明确：乡、镇人民政府以及街道办事处、开发区管理机构等地方人民政府的派出机关应当按照职责，加强对本行政区域内生产经营单位安全生产状况的监督检查，协助上级人民政府有关部门依法履行安全生产监督管理职责。

5. 进一步强化生产经营单位的安全生产主体责任

新法把明确安全责任、发挥生产经营单位安全生产管理机构和安全生产管理人员作用作为一项重要内容，作出4个方面的重要规定：一是明确委托规定的机构提供安全生产技术、管理服务的，保证安全生产的责任仍然由本单位负责；二是明确生产经营单位的安全生产责任制的内容，规定生产经营单位应当建立相应的机制，加强对安全生产责任制落实情况的监督考核；三是明确生产经营单位的安全生产管理机构以及安全生产管理人员履行的七项职责；四是规定矿山、金属冶炼建设项目和用于生产、储存危险物品的建设项目竣工投入生产或者使用前，由建设单位负责组织对安全设施进行验收。

6. 建立事故预防和应急救援制度

加强事前预防和事故应急救援是安全生产工作的两项重要内容。新法规定：一是生产

经营单位必须建立生产安全事故隐患排查治理制度，采取技术、管理措施及时发现并消除事故隐患，并向从业人员通报隐患排查治理情况。二是政府有关部门要建立健全重大事故隐患治理督办制度，督促生产经营单位消除重大事故隐患。三是对未建立隐患排查治理制度、未采取有效措施消除事故隐患的行为，设定了严格的行政处罚。四是赋予负有安全监管职责的部门对拒不执行执法决定、有发生生产安全事故现实危险的生产经营单位依法采取停电、停供民用爆炸物品等措施，强制生产经营单位履行决定。五是国家建立应急救援基地和应急救援队伍，建立全国统一的应急救援信息系统。生产经营单位应当依法制订应急预案并定期演练。参与事故抢救的部门和单位要服从统一指挥，根据事故救援的需要采取告知、警戒、疏散等措施。

7. 建立安全生产标准化制度

近年来矿山、危险化学品等高危行业企业安全生产标准化取得了显著成效，工贸行业领域的标准化工作正在全面推进，企业本质安全生产水平明显提高。结合多年的实践经验，新法在总则部分明确提出推进安全生产标准化工作，这将对强化安全生产基础建设、促进企业安全生产水平持续提升产生重大而深远的影响。

8. 推行注册安全工程师制度

为解决中小企业安全生产"无人管、不会管"问题，促进安全生产管理人员队伍朝着专业化、职业化方向发展，国家自 2004 年以来连续 10 年实施了全国注册安全工程师执业资格统一考试，21.8 万人取得了资格证书。截至 2013 年 12 月，已有近 15 万人注册并在生产经营单位和安全生产中介服务机构执业。为此新法确立了注册安全工程师制度，并从两个方面加以推进：一是危险物品的生产、储存单位以及矿山、金属冶炼单位应当有注册安全工程师从事安全生产管理工作，鼓励其他生产经营单位聘用注册安全工程师从事安全生产管理工作；二是建立注册安全工程师按专业分类管理制度，授权国务院有关部门制定具体实施办法。

9. 推进安全生产责任保险制度

新法总结近年来的试点经验，通过引入保险机制，促进安全生产，规定国家鼓励生产经营单位投保安全生产责任保险。安全生产责任保险具有其他保险所不具备的特殊功能和优势：一是增加事故救援费用和第三人（事故单位从业人员以外的事故受害人）赔付的资金来源；二是有利于现行安全生产经济政策的完善和发展；三是通过保险费率浮动、引进保险公司参与企业安全管理，可以有效促进企业加强安全生产工作。

10. 加大对安全生产违法行为的责任追究力度

一是规定了事故行政处罚和终身行业禁入。按照两个责任主体、四个事故等级，设立了对生产经营单位及其主要负责人的八项罚款处罚明文，大幅提高对事故责任单位的罚款金额。

二是加大罚款处罚力度。结合各地区经济发展水平、企业规模等实际，新法维持罚款下限基本不变、将罚款上限提高了 2～5 倍，并且大多数罚则不再将限期整改作为前置条件。这反映了"打非治违""重典治乱"的现实需要，强化了对安全生产违法行为的震慑力，也有利于降低执法成本、提高执法效能。

三是建立了严重违法行为公告和通报制度。要求负有安全生产监督管理职责的部门建立安全生产违法行为信息库，如实记录生产经营单位的违法行为信息；对违法行为情节严

重的生产经营单位，应当向社会公告，并通报行业主管部门、投资主管部门、国土资源主管部门、证券监督管理部门和有关金融机构。

（三）《安全生产法》确立的安全生产工作机制

《安全生产法》坚持"十二字方针"，明确要求建立生产经营单位负责、职工参与、政府监管、行业自律、社会监督的机制，进一步明确了各方安全生产职责。其中，生产经营单位负责是根本，职工参与是基础，政府监管是关键，行业自律是发展方向，社会监督是实现预防和减少生产安全事故的重要推动力量。

（1）生产经营单位负责，就是要生产经营单位对本单位的安全生产负责。生产经营单位是安全生产的责任主体，对本单位的安全生产保障负责，新法从多个方面进行了规定，包括生产经营单位应当具备法定的安全生产条件、生产经营单位主要负责人的安全生产职责、安全生产投入、安全生产责任制、安全生产管理机构以及安全生产管理人员的职责及配备、从业人员安全生产教育和培训、安全设施与主体工程"三同时"、安全警示标志、安全设备管理、危险物品安全管理、危险作业和交叉作业安全管理、发包出租的安全管理、事故隐患排查治理、有关从业人员安全管理等 20 个方面。

（2）职工参与，就是要从业人员积极参与本单位的安全生产管理，正确履行相应的权利和义务。要积极参加安全生产教育，提高自我保护意识和安全生产意识。职工有权对本单位的安全生产工作提出建议，对本单位安全生产工作中存在的问题，有权批评检举控告，有权拒绝违章指挥和强令冒险作业。生产经营单位的工会要依法组织职工参加本单位安全生产工作的民主管理和民主监督，维护职工在安全生产方面的合法权益。生产经营单位制定或者修改有关安全生产的规章制度，应当吸取工会的意见。新法设立了从业人员的安全生产权利义务专章。

（3）政府监管，就是要切实履行政府及其监管部门的安全生产监督管理职责。健全完善安全生产综合监管和行业监管相结合的工作机制，强化安全生产监管部门对安全生产工作的综合监管，全面落实行业主管部门的专业监管和行业管理指导职责。各部门要加强协作，形成监管合力，在各级政府统一领导下，严厉打击违法生产、经营等影响安全生产的行为，对拒不执行监管监察指令的生产经营单位，要依法依规从重处罚。新法设立了安全生产的监督管理专章，从多个方面对监督管理的职责进行了规定。

（4）行业自律，主要是指行业协会等行业组织要自我约束。一方面，各个行业都要遵守国家法律法规和政策；另一方面行业组织要通过行规、行约制约本行业生产经营单位的行为。通过行业间的自律，促使生产经营单位能从自身安全生产的需要和保护从业人员生命健康的角度出发，自觉开展安全生产工作，切实履行生产经营单位的法定职责和社会职责。新法规定："有关协会组织依照法律、行政法规和章程，为生产经营单位提供安全生产方面的信息、培训等服务，发挥自律作用，促进生产经营单位加强安全生产管理。"

（5）社会监督，就是要充分发挥社会监督的作用，任何单位和个人都有权对违反安全生产的行为进行检举和控告。

注重发挥新闻媒体的舆论监督作用。有关部门和地区要进一步畅通安全生产的社会监督渠道，设立举报电话，接受人民群众的公开监督。新法规定："任何单位或者个人对事故隐患或者安全生产违法行为，均有权向负有安全生产监督管理职责的部门报告或者举

报。居民委员会、村民委员会发现其所在区域内的生产经营单位存在事故隐患或者安全生产违法行为时，应当向当地人民政府或者有关部门报告。新闻、出版、广播、电影、电视等单位有进行安全生产公益宣传教育的义务，有对违反安全生产法律法规的行为进行舆论监督的权利。"

二、《中华人民共和国职业病防治法》

为预防、控制和消除职业病危害，防治职业病，保护劳动者健康及其相关权益，促进经济发展，根据宪法，制定《中华人民共和国职业病防治法》（简称《职业病防治法》）。《职业病防治法》经 2001 年 10 月 27 日九届全国人大常委会第 24 次会议通过；2011 年 12 月 31 日十一届全国人大常委会第 24 次会议第一次修改。2016 年 7 月 2 日，根据第十二届全国人民代表大会常务委员会第二十一次会议通过关于修改《中华人民共和国职业病防治法》的决定修正。

《职业病防治法》分总则、前期预防、劳动过程中的防护与管理、职业病诊断与职业病病人保障、监督检查、法律责任、附则 7 章 88 条，自 2002 年 5 月 1 日起施行，其中与水利工程建设安全生产相关的主要内容节选如下：

第一章　总　　则

第一条　为了预防、控制和消除职业病危害，防治职业病，保护劳动者健康及其相关权益，促进经济社会发展，根据宪法，制定本法。

第二条　本法适用于中华人民共和国领域内的职业病防治活动。

本法所称职业病，是指企业、事业单位和个体经济组织等用人单位的劳动者在职业活动中，因接触粉尘、放射性物质和其他有毒、有害因素而引起的疾病。

第三条　职业病防治工作坚持预防为主、防治结合的方针，建立用人单位负责、行政机关监管、行业自律、职工参与和社会监督的机制，实行分类管理、综合治理。

第四条　劳动者依法享有职业卫生保护的权利。

用人单位应当为劳动者创造符合国家职业卫生标准和卫生要求的工作环境和条件，并采取措施保障劳动者获得职业卫生保护。

第五条　用人单位应当建立、健全职业病防治责任制，加强对职业病防治的管理，提高职业病防治水平，对本单位产生的职业病危害承担责任。

第六条　用人单位的主要负责人对本单位的职业病防治工作全面负责。

第七条　用人单位必须依法参加工伤保险。

第九条　国家实行职业卫生监督制度。

第十三条　任何单位和个人有权对违反本法的行为进行检举和控告。有关部门收到相关的检举和控告后，应当及时处理。

第二章　前　期　预　防

第十四条　用人单位应当依照法律法规要求，严格遵守国家职业卫生标准，落实职业病预防措施，从源头上控制和消除职业病危害。

第十五条　产生职业病危害的用人单位的设立除应当符合法律、行政法规规定的设立

条件外，其工作场所还应当符合下列职业卫生要求：

（一）职业病危害因素的强度或者浓度符合国家职业卫生标准；

（二）有与职业病危害防护相适应的设施；

（三）生产布局合理，符合有害与无害作业分开的原则；

（四）有配套的更衣间、洗浴间、孕妇休息间等卫生设施；

（五）设备、工具、用具等设施符合保护劳动者生理、心理健康的要求；

（六）法律、行政法规和国务院卫生行政部门、安全生产监督管理部门关于保护劳动者健康的其他要求。

第十六条　国家建立职业病危害项目申报制度。

用人单位工作场所存在职业病目录所列职业病的危害因素的，应当及时、如实向所在地安全生产监督管理部门申报危害项目，接受监督。

第十七条　新建、扩建、改建建设项目和技术改造、技术引进项目（以下统称建设项目）可能产生职业病危害的，建设单位在可行性论证阶段应当进行职业病危害预评价。

医疗机构建设项目可能产生放射性职业病危害的，建设单位应当向卫生行政部门提交放射性职业病危害预评价报告。卫生行政部门应当自收到预评价报告之日起三十日内，作出审核决定并书面通知建设单位。未提交预评价报告或者预评价报告未经卫生行政部门审核同意的，不得开工建设。

职业病危害预评价报告应当对建设项目可能产生的职业病危害因素及其对工作场所和劳动者健康的影响作出评价，确定危害类别和职业病防护措施。

第十八条　建设项目的职业病防护设施所需费用应当纳入建设项目工程预算，并与主体工程同时设计，同时施工，同时投入生产和使用。

建设项目的职业病防护设施设计应当符合国家职业卫生标准和卫生要求；其中，医疗机构放射性职业病危害严重的建设项目的防护设施设计，应当经卫生行政部门审查同意后，方可施工。

建设项目在竣工验收前，建设单位应当进行职业病危害控制效果评价。

医疗机构可能产生放射性职业病危害的建设项目竣工验收时，其放射性职业病防护设施经卫生行政部门验收合格后，方可投入使用；其他建设项目的职业病防护设施应当由建设单位负责依法组织验收，验收合格后，方可投入生产和使用。

第三章　劳动过程中的防护与管理

第二十条　用人单位应当采取下列职业病防治管理措施：

（一）设置或者指定职业卫生管理机构或者组织，配备专职或者兼职的职业卫生管理人员，负责本单位的职业病防治工作；

（二）制定职业病防治计划和实施方案；

（三）建立、健全职业卫生管理制度和操作规程；

（四）建立、健全职业卫生档案和劳动者健康监护档案；

（五）建立、健全工作场所职业病危害因素监测及评价制度；

（六）建立、健全职业病危害事故应急救援预案。

第二十一条　用人单位应当保障职业病防治所需的资金投入，不得挤占、挪用，并对因资金投入不足导致的后果承担责任。

第二十二条　用人单位必须采用有效的职业病防护设施，并为劳动者提供个人使用的职业病防护用品。

用人单位为劳动者个人提供的职业病防护用品必须符合防治职业病的要求；不符合要求的，不得使用。

第二十三条　用人单位应当优先采用有利于防治职业病和保护劳动者健康的新技术、新工艺、新设备、新材料，逐步替代职业病危害严重的技术、工艺、设备、材料。

第二十四条　产生职业病危害的用人单位，应当在醒目位置设置公告栏，公布有关职业病防治的规章制度、操作规程、职业病危害事故应急救援措施和工作场所职业病危害因素检测结果。

对产生严重职业病危害的作业岗位，应当在其醒目位置，设置警示标识和中文警示说明。警示说明应当载明产生职业病危害的种类、后果、预防以及应急救治措施等内容。

第二十五条　对可能发生急性职业损伤的有毒、有害工作场所，用人单位应当设置报警装置，配置现场急救用品、冲洗设备、应急撤离通道和必要的泄险区。

对放射工作场所和放射性同位素的运输、储存，用人单位必须配置防护设备和报警装置，保证接触放射线的工作人员佩戴个人剂量计。

对职业病防护设备、应急救援设施和个人使用的职业病防护用品，用人单位应当进行经常性的维护、检修，定期检测其性能和效果，确保其处于正常状态，不得擅自拆除或者停止使用。

第二十六条　用人单位应当实施由专人负责的职业病危害因素日常监测，并确保监测系统处于正常运行状态。

用人单位应当按照国务院安全生产监督管理部门的规定，定期对工作场所进行职业病危害因素检测、评价。检测、评价结果存入用人单位职业卫生档案，定期向所在地安全生产监督管理部门报告并向劳动者公布。

发现工作场所职业病危害因素不符合国家职业卫生标准和卫生要求时，用人单位应当立即采取相应治理措施，仍然达不到国家职业卫生标准和卫生要求的，必须停止存在职业病危害因素的作业；职业病危害因素经治理后，符合国家职业卫生标准和卫生要求的，方可重新作业。

第二十八条　向用人单位提供可能产生职业病危害的设备的，应当提供中文说明书，并在设备的醒目位置设置警示标识和中文警示说明。警示说明应当载明设备性能、可能产生的职业病危害、安全操作和维护注意事项、职业病防护以及应急救治措施等内容。

第二十九条　向用人单位提供可能产生职业病危害的化学品、放射性同位素和含有放射性物质的材料的，应当提供中文说明书。说明书应当载明产品特性、主要成分、存在的有害因素、可能产生的危害后果、安全使用注意事项、职业病防护以及应急救治措施等内容。

第三十条　任何单位和个人不得生产、经营、进口和使用国家明令禁止使用的可能产生职业病危害的设备或者材料。

第三十一条　任何单位和个人不得将产生职业病危害的作业转移给不具备职业病防护条件的单位和个人。不具备职业病防护条件的单位和个人不得接受产生职业病危害的作业。

第三十二条　用人单位对采用的技术、工艺、设备、材料，应当知悉其产生的职业病危害，对有职业病危害的技术、工艺、设备、材料隐瞒其危害而采用的，对所造成的职业病危害后果承担责任。

第三十三条　用人单位与劳动者订立劳动合同（含聘用合同，下同）时，应当将工作过程中可能产生的职业病危害及其后果、职业病防护措施和待遇等如实告知劳动者，并在劳动合同中写明，不得隐瞒或者欺骗。

劳动者在已订立劳动合同期间因工作岗位或者工作内容变更，从事与所订立劳动合同中未告知的存在职业病危害的作业时，用人单位应当依照前款规定，向劳动者履行如实告知的义务，并协商变更原劳动合同相关条款。

用人单位违反前两款规定的，劳动者有权拒绝从事存在职业病危害的作业，用人单位不得因此解除与劳动者所订立的劳动合同。

第三十四条　用人单位的主要负责人和职业卫生管理人员应当接受职业卫生培训，遵守职业病防治法律法规，依法组织本单位的职业病防治工作。

用人单位应当对劳动者进行上岗前的职业卫生培训和在岗期间的定期职业卫生培训，普及职业卫生知识，督促劳动者遵守职业病防治法律法规、规章和操作规程，指导劳动者正确使用职业病防护设备和个人使用的职业病防护用品。

劳动者应当学习和掌握相关的职业卫生知识，增强职业病防范意识，遵守职业病防治法律法规、规章和操作规程，正确使用、维护职业病防护设备和个人使用的职业病防护用品，发现职业病危害事故隐患应当及时报告。

劳动者不履行前款规定义务的，用人单位应当对其进行教育。

第三十五条　对从事接触职业病危害的作业的劳动者，用人单位应当按照国务院安全生产监督管理部门、卫生行政部门的规定组织上岗前、在岗期间和离岗时的职业健康检查，并将检查结果书面告知劳动者。职业健康检查费用由用人单位承担。

用人单位不得安排未经上岗前职业健康检查的劳动者从事接触职业病危害的作业；不得安排有职业禁忌的劳动者从事其所禁忌的作业；对在职业健康检查中发现有与所从事的职业相关的健康损害的劳动者，应当调离原工作岗位，并妥善安置；对未进行离岗前职业健康检查的劳动者不得解除或者终止与其订立的劳动合同。

第三十六条　用人单位应当为劳动者建立职业健康监护档案，并按照规定的期限妥善保存。

第三十七条　发生或者可能发生急性职业病危害事故时，用人单位应当立即采取应急救援和控制措施，并及时报告所在地安全生产监督管理部门和有关部门。

对遭受或者可能遭受急性职业病危害的劳动者，用人单位应当及时组织救治、进行健康检查和医学观察，所需费用由用人单位承担。

第三十八条　用人单位不得安排未成年工从事接触职业病危害的作业；不得安排孕期、哺乳期的女职工从事对本人和胎儿、婴儿有危害的作业。

第三十九条　劳动者享有下列职业卫生保护权利：

（一）获得职业卫生教育、培训；

（二）获得职业健康检查、职业病诊疗、康复等职业病防治服务；

（三）了解工作场所产生或者可能产生的职业病危害因素、危害后果和应当采取的职业病防护措施；

（四）要求用人单位提供符合防治职业病要求的职业病防护设施和个人使用的职业病防护用品，改善工作条件；

（五）对违反职业病防治法律法规以及危及生命健康的行为提出批评、检举和控告；

（六）拒绝违章指挥和强令进行没有职业病防护措施的作业；

（七）参与用人单位职业卫生工作的民主管理，对职业病防治工作提出意见和建议。

用人单位应当保障劳动者行使前款所列权利。因劳动者依法行使正当权利而降低其工资、福利等待遇或者解除、终止与其订立的劳动合同的，其行为无效。

第四十一条　用人单位按照职业病防治要求，用于预防和治理职业病危害、工作场所卫生检测、健康监护和职业卫生培训等费用，按照国家有关规定，在生产成本中据实列支。

第四章　职业病诊断与职业病病人保障

第四十九条　职业病诊断、鉴定过程中，在确认劳动者职业史、职业病危害接触史时，当事人对劳动关系、工种、工作岗位或者在岗时间有争议的，可以向当地的劳动人事争议仲裁委员会申请仲裁；接到申请的劳动人事争议仲裁委员会应当受理，并在三十日内作出裁决。

当事人在仲裁过程中对自己提出的主张，有责任提供证据。劳动者无法提供由用人单位掌握管理的与仲裁主张有关的证据的，仲裁庭应当要求用人单位在指定期限内提供；用人单位在指定期限内不提供的，应当承担不利后果。

劳动者对仲裁裁决不服的，可以依法向人民法院提起诉讼。

用人单位对仲裁裁决不服的，可以在职业病诊断、鉴定程序结束之日起十五日内依法向人民法院提起诉讼；诉讼期间，劳动者的治疗费用按照职业病待遇规定的途径支付。

第五十条　用人单位和医疗卫生机构发现职业病病人或者疑似职业病病人时，应当及时向所在地卫生行政部门和安全生产监督管理部门报告。确诊为职业病的，用人单位还应当向所在地劳动保障行政部门报告。接到报告的部门应当依法作出处理。

第五十五条　医疗卫生机构发现疑似职业病病人时，应当告知劳动者本人并及时通知用人单位。

用人单位应当及时安排对疑似职业病病人进行诊断；在疑似职业病病人诊断或者医学观察期间，不得解除或者终止与其订立的劳动合同。

疑似职业病病人在诊断、医学观察期间的费用，由用人单位承担。

第五十六条　用人单位应当保障职业病病人依法享受国家规定的职业病待遇。

用人单位应当按照国家有关规定，安排职业病病人进行治疗、康复和定期检查。

用人单位对不适宜继续从事原工作的职业病病人，应当调离原岗位，并妥善安置。

用人单位对从事接触职业病危害的作业的劳动者，应当给予适当岗位津贴。

第五十八条　职业病病人除依法享有工伤保险外，依照有关民事法律，尚有获得赔偿的权利的，有权向用人单位提出赔偿要求。

第六十条　职业病病人变动工作单位，其依法享有的待遇不变。

用人单位在发生分立、合并、解散、破产等情形时，应当对从事接触职业病危害的作业的劳动者进行健康检查，并按照国家有关规定妥善安置职业病病人。

第五章　监　督　检　查

第六十二条　县级以上人民政府职业卫生监督管理部门依照职业病防治法律法规、国家职业卫生标准和卫生要求，依据职责划分，对职业病防治工作进行监督检查。

第六十三条　安全生产监督管理部门履行监督检查职责时，有权采取下列措施：

（一）进入被检查单位和职业病危害现场，了解情况，调查取证；

（二）查阅或者复制与违反职业病防治法律法规的行为有关的资料和采集样品；

（三）责令违反职业病防治法律法规的单位和个人停止违法行为。

第六十六条　职业卫生监督执法人员依法执行职务时，被检查单位应当接受检查并予以支持配合，不得拒绝和阻碍。

第六章　法　律　责　任

第七十一条　用人单位违反本法规定，有下列行为之一的，由安全生产监督管理部门责令限期改正，给予警告，可以并处五万元以上十万元以下的罚款：

（一）未按照规定及时、如实向安全生产监督管理部门申报产生职业病危害的项目的；

（二）未实施由专人负责的职业病危害因素日常监测，或者监测系统不能正常监测的；

（三）订立或者变更劳动合同时，未告知劳动者职业病危害真实情况的；

（四）未按照规定组织职业健康检查、建立职业健康监护档案或者未将检查结果书面告知劳动者的；

（五）未依照本法规定在劳动者离开用人单位时提供职业健康监护档案复印件的。

第七十二条　用人单位违反本法规定，有下列行为之一的，由安全生产监督管理部门给予警告，责令限期改正，逾期不改正的，处五万元以上二十万元以下的罚款；情节严重的，责令停止产生职业病危害的作业，或者提请有关人民政府按照国务院规定的权限责令关闭：

（一）工作场所职业病危害因素的强度或者浓度超过国家职业卫生标准的；

（二）未提供职业病防护设施和个人使用的职业病防护用品，或者提供的职业病防护设施和个人使用的职业病防护用品不符合国家职业卫生标准和卫生要求的；

（三）对职业病防护设备、应急救援设施和个人使用的职业病防护用品未按照规定进行维护、检修、检测，或者不能保持正常运行、使用状态的；

（四）未按照规定对工作场所职业病危害因素进行检测、评价的；

（五）工作场所职业病危害因素经治理仍然达不到国家职业卫生标准和卫生要求时，未停止存在职业病危害因素的作业的；

（六）未按照规定安排职业病病人、疑似职业病病人进行诊治的；

（七）发生或者可能发生急性职业病危害事故时，未立即采取应急救援和控制措施或者未按照规定及时报告的；

（八）未按照规定在产生严重职业病危害的作业岗位醒目位置设置警示标识和中文警示说明的；

（九）拒绝职业卫生监督管理部门监督检查的；

（十）隐瞒、伪造、篡改、毁损职业健康监护档案、工作场所职业病危害因素检测评价结果等相关资料，或者拒不提供职业病诊断、鉴定所需资料的；

（十一）未按照规定承担职业病诊断、鉴定费用和职业病病人的医疗、生活保障费用的。

第七十三条　向用人单位提供可能产生职业病危害的设备、材料，未按照规定提供中文说明书或者设置警示标识和中文警示说明的，由安全生产监督管理部门责令限期改正，给予警告，并处五万元以上二十万元以下的罚款。

第七十四条　用人单位和医疗卫生机构未按照规定报告职业病、疑似职业病的，由有关主管部门依据职责分工责令限期改正，给予警告，可以并处一万元以下的罚款；弄虚作假的，并处二万元以上五万元以下的罚款；对直接负责的主管人员和其他直接责任人员，可以依法给予降级或者撤职的处分。

第七十五条　违反本法规定，有下列情形之一的，由安全生产监督管理部门责令限期治理，并处五万元以上三十万元以下的罚款；情节严重的，责令停止产生职业病危害的作业，或者提请有关人民政府按照国务院规定的权限责令关闭：

（一）隐瞒技术、工艺、设备、材料所产生的职业病危害而采用的；

（二）隐瞒本单位职业卫生真实情况的；

（三）可能发生急性职业损伤的有毒、有害工作场所、放射工作场所或者放射性同位素的运输、贮存不符合本法第二十五条规定的；

（四）使用国家明令禁止使用的可能产生职业病危害的设备或者材料的；

（五）将产生职业病危害的作业转移给没有职业病防护条件的单位和个人，或者没有职业病防护条件的单位和个人接受产生职业病危害的作业的；

（六）擅自拆除、停止使用职业病防护设备或者应急救援设施的；

（七）安排未经职业健康检查的劳动者、有职业禁忌的劳动者、未成年工或者孕期、哺乳期女职工从事接触职业病危害的作业或者禁忌作业的；

（八）违章指挥和强令劳动者进行没有职业病防护措施的作业的。

第七章　附　　则

第八十五条　本法下列用语的含义：

职业病危害，是指对从事职业活动的劳动者可能导致职业病的各种危害。职业病危害因素包括：职业活动中存在的各种有害的化学、物理、生物因素以及在作业过程中产生的其他职业有害因素。

职业禁忌，是指劳动者从事特定职业或者接触特定职业病危害因素时，比一般职业人群更易于遭受职业病危害和罹患职业病或者可能导致原有自身疾病病情加重，或者

在从事作业过程中诱发可能导致对他人生命健康构成危险的疾病的个人特殊生理或者病理状态。

三、《中华人民共和国特种设备安全法》

《中华人民共和国特种设备安全法》（主席令第4号，简称《特种设备安全法》）由中华人民共和国第十二届全国人民代表大会常务委员会第三次会议于2013年6月29日通过，自2014年1月1日起施行，其中与水利工程建设安全生产相关的主要内容节选如下：

第一章　总　　则

第一条　为了加强特种设备安全工作，预防特种设备事故，保障人身和财产安全，促进经济社会发展，制定本法。

第二条　特种设备的生产（包括设计、制造、安装、改造、修理）、经营、使用、检验、检测和特种设备安全的监督管理，适用本法。

本法所称特种设备，是指对人身和财产安全有较大危险性的锅炉、压力容器（含气瓶）、压力管道、电梯、起重机械、客运索道、大型游乐设施、场（厂）内专用机动车辆，以及法律、行政法规规定适用本法的其他特种设备。

国家对特种设备实行目录管理。特种设备目录由国务院负责特种设备安全监督管理的部门制定，报国务院批准后执行。

第三条　特种设备安全工作应当坚持安全第一、预防为主、节能环保、综合治理的原则。

第十二条　任何单位和个人有权向负责特种设备安全监督管理的部门和有关部门举报涉及特种设备安全的违法行为，接到举报的部门应当及时处理。

第二章　生产、经营、使用

第一节　一　般　规　定

第十三条　特种设备生产、经营、使用单位及其主要负责人对其生产、经营、使用的特种设备安全负责。

特种设备生产、经营、使用单位应当按照国家有关规定配备特种设备安全管理人员、检测人员和作业人员，并对其进行必要的安全教育和技能培训。

第十五条　特种设备生产、经营、使用单位对其生产、经营、使用的特种设备应当进行自行检测和维护保养，对国家规定实行检验的特种设备应当及时申报并接受检验。

第四节　使　　用

第三十三条　特种设备使用单位应当在特种设备投入使用前或者投入使用后三十日内，向负责特种设备安全监督管理的部门办理使用登记，取得使用登记证书。登记标志应当置于该特种设备的显著位置。

第三十四条　特种设备使用单位应当建立岗位责任、隐患治理、应急救援等安全管理制度，制定操作规程，保证特种设备安全运行。

第三十五条　特种设备使用单位应当建立特种设备安全技术档案。安全技术档案应当包括以下内容：

（一）特种设备的设计文件、产品质量合格证明、安装及使用维护保养说明、监督检验证明等相关技术资料和文件；

（二）特种设备的定期检验和定期自行检查记录；

（三）特种设备的日常使用状况记录；

（四）特种设备及其附属仪器仪表的维护保养记录；

（五）特种设备的运行故障和事故记录。

第三十七条　特种设备的使用应当具有规定的安全距离、安全防护措施。

与特种设备安全相关的建筑物、附属设施，应当符合有关法律、行政法规的规定。

第三十九条　特种设备使用单位应当对其使用的特种设备进行经常性维护保养和定期自行检查，并作出记录。

特种设备使用单位应当对其使用的特种设备的安全附件、安全保护装置进行定期校验、检修，并作出记录。

第四十条　特种设备使用单位应当按照安全技术规范的要求，在检验合格有效期届满前一个月向特种设备检验机构提出定期检验要求。

特种设备检验机构接到定期检验要求后，应当按照安全技术规范的要求及时进行安全性能检验。特种设备使用单位应当将定期检验标志置于该特种设备的显著位置。

未经定期检验或者检验不合格的特种设备，不得继续使用。

第四十一条　特种设备安全管理人员应当对特种设备使用状况进行经常性检查，发现问题应当立即处理；情况紧急时，可以决定停止使用特种设备并及时报告本单位有关负责人。

特种设备作业人员在作业过程中发现事故隐患或者其他不安全因素，应当立即向特种设备安全管理人员和单位有关负责人报告；特种设备运行不正常时，特种设备作业人员应当按照操作规程采取有效措施保证安全。

第四十二条　特种设备出现故障或者发生异常情况，特种设备使用单位应当对其进行全面检查，消除事故隐患，方可继续使用。

第四十八条　特种设备存在严重事故隐患，无改造、修理价值，或者达到安全技术规范规定的其他报废条件的，特种设备使用单位应当依法履行报废义务，采取必要措施消除该特种设备的使用功能，并向原登记的负责特种设备安全监督管理的部门办理使用登记证书注销手续。

前款规定报废条件以外的特种设备，达到设计使用年限可以继续使用的，应当按照安全技术规范的要求通过检验或者安全评估，并办理使用登记证书变更，方可继续使用。允许继续使用的，应当采取加强检验、检测和维护保养等措施，确保使用安全。

第五章　事故应急救援与调查处理

第七十条　特种设备发生事故后，事故发生单位应当按照应急预案采取措施，组织抢救，防止事故扩大，减少人员伤亡和财产损失，保护事故现场和有关证据，并及时向事故

发生地县级以上人民政府负责特种设备安全监督管理的部门和有关部门报告。

事故相关的单位和人员不得迟报、谎报或者瞒报事故情况，不得隐匿、毁灭有关证据或者故意破坏事故现场。

第七十三条　组织事故调查的部门应当将事故调查报告报本级人民政府，并报上一级人民政府负责特种设备安全监督管理的部门备案。有关部门和单位应当依照法律、行政法规的规定，追究事故责任单位和人员的责任。

事故责任单位应当依法落实整改措施，预防同类事故发生。事故造成损害的，事故责任单位应当依法承担赔偿责任。

第六章　法　律　责　任

第八十三条　违反本法规定，特种设备使用单位有下列行为之一的，责令限期改正；逾期未改正的，责令停止使用有关特种设备，处一万元以上十万元以下罚款：

（一）使用特种设备未按照规定办理使用登记的；

（二）未建立特种设备安全技术档案或者安全技术档案不符合规定要求，或者未依法设置使用登记标志、定期检验标志的；

（三）未对其使用的特种设备进行经常性维护保养和定期自行检查，或者未对其使用的特种设备的安全附件、安全保护装置进行定期校验、检修，并作出记录的；

（四）未按照安全技术规范的要求及时申报并接受检验的；

（五）未按照安全技术规范的要求进行锅炉水（介）质处理的；

（六）未制定特种设备事故应急专项预案的。

第八十四条　违反本法规定，特种设备使用单位有下列行为之一的，责令停止使用有关特种设备，处三万元以上三十万元以下罚款：

（一）使用未取得许可生产，未经检验或者检验不合格的特种设备，或者国家明令淘汰、已经报废的特种设备的；

（二）特种设备出现故障或者发生异常情况，未对其进行全面检查、消除事故隐患，继续使用的；

（三）特种设备存在严重事故隐患，无改造、修理价值，或者达到安全技术规范规定的其他报废条件，未依法履行报废义务，并办理使用登记证书注销手续的。

第八十六条　违反本法规定，特种设备生产、经营、使用单位有下列情形之一的，责令限期改正；逾期未改正的，责令停止使用有关特种设备或者停产停业整顿，处一万元以上五万元以下罚款：

（一）未配备具有相应资格的特种设备安全管理人员、检测人员和作业人员的；

（二）使用未取得相应资格的人员从事特种设备安全管理、检测和作业的；

（三）未对特种设备安全管理人员、检测人员和作业人员进行安全教育和技能培训的。

第八十九条　发生特种设备事故，有下列情形之一的，对单位处五万元以上二十万元以下罚款；对主要负责人处一万元以上五万元以下罚款；主要负责人属于国家工作人员的，并依法给予处分：

（一）发生特种设备事故时，不立即组织抢救或者在事故调查处理期间擅离职守或者

逃匿的；

（二）对特种设备事故迟报、谎报或者瞒报的。

第九十条　发生事故，对负有责任的单位除要求其依法承担相应的赔偿等责任外，依照下列规定处以罚款：

（一）发生一般事故，处十万元以上二十万元以下罚款；

（二）发生较大事故，处二十万元以上五十万元以下罚款；

（三）发生重大事故，处五十万元以上二百万元以下罚款。

第九十一条　对事故发生负有责任的单位的主要负责人未依法履行职责或者负有领导责任的，依照下列规定处以罚款；属于国家工作人员的，并依法给予处分：

（一）发生一般事故，处上一年年收入百分之三十的罚款；

（二）发生较大事故，处上一年年收入百分之四十的罚款；

（三）发生重大事故，处上一年年收入百分之六十的罚款。

第九十二条　违反本法规定，特种设备安全管理人员、检测人员和作业人员不履行岗位职责，违反操作规程和有关安全规章制度，造成事故的，吊销相关人员的资格。

第九十五条　违反本法规定，特种设备生产、经营、使用单位或者检验、检测机构拒不接受负责特种设备安全监督管理的部门依法实施的监督检查的，责令限期改正；逾期未改正的，责令停产停业整顿，处二万元以上二十万元以下罚款。

特种设备生产、经营、使用单位擅自动用、调换、转移、损毁被查封、扣押的特种设备或者其主要部件的，责令改正，处五万元以上二十万元以下罚款；情节严重的，吊销生产许可证，注销特种设备使用登记证书。

四、《中华人民共和国消防法》

《中华人民共和国消防法》（主席令第 6 号）已由中华人民共和国第十一届全国人民代表大会常务委员会第五次会议于 2008 年 10 月 28 日修订通过，修订后的《中华人民共和国消防法》包含总则、火灾预防、消防组织、灭火求援、监督检查、法律责任和附则共74 条，自 2009 年 5 月 1 日起施行，其中与水利工程建设安全生产相关的主要内容节选如下：

第一条　为了预防火灾和减少火灾危害，加强应急救援工作，保护人身、财产安全，维护公共安全，制定本法。

第二条　消防工作贯彻预防为主、防消结合的方针，按照政府统一领导、部门依法监管、单位全面负责、公民积极参与的原则，实行消防安全责任制，建立健全社会化的消防工作网络。

第三条　国务院领导全国的消防工作。地方各级人民政府负责本行政区域内的消防工作。

各级人民政府应当将消防工作纳入国民经济和社会发展计划，保障消防工作与经济社会发展相适应。

第五条　任何单位和个人都有维护消防安全、保护消防设施、预防火灾、报告火警的义务。任何单位和成年人都有参加有组织的灭火工作的义务。

第七条　国家鼓励、支持消防科学研究和技术创新，推广使用先进的消防和应急救援

技术、设备；鼓励、支持社会力量开展消防公益活动。

对在消防工作中有突出贡献的单位和个人，应当按照国家有关规定给予表彰和奖励。

第九条 建设工程的消防设计、施工必须符合国家工程建设消防技术标准。建设、设计、施工、工程监理等单位依法对建设工程的消防设计、施工质量负责。

第十条 按照国家工程建设消防技术标准需要进行消防设计的建设工程，除本法第十一条另有规定的外，建设单位应当自依法取得施工许可之日起七个工作日内，将消防设计文件报公安机关消防机构备案，公安机关消防机构应当进行抽查。

第十二条 依法应当经公安机关消防机构进行消防设计审核的建设工程，未经依法审核或者审核不合格的，负责审批该工程施工许可的部门不得给予施工许可，建设单位、施工单位不得施工；其他建设工程取得施工许可后经依法抽查不合格的，应当停止施工。

第十九条 生产、储存、经营易燃易爆危险品的场所不得与居住场所设置在同一建筑物内，并应当与居住场所保持安全距离。

生产、储存、经营其他物品的场所与居住场所设置在同一建筑物内的，应当符合国家工程建设消防技术标准。

第二十一条 禁止在具有火灾、爆炸危险的场所吸烟、使用明火。因施工等特殊情况需要使用明火作业的，应当按照规定事先办理审批手续，采取相应的消防安全措施；作业人员应当遵守消防安全规定。

进行电焊、气焊等具有火灾危险作业的人员和自动消防系统的操作人员，必须持证上岗，并遵守消防安全操作规程。

第二十二条 生产、储存、装卸易燃易爆危险品的工厂、仓库和专用车站、码头的设置，应当符合消防技术标准。易燃易爆气体和液体的充装站、供应站、调压站，应当设置在符合消防安全要求的位置，并符合防火防爆要求。

已经设置的生产、储存、装卸易燃易爆危险品的工厂、仓库和专用车站、码头，易燃易爆气体和液体的充装站、供应站、调压站，不再符合前款规定的，地方人民政府应当组织、协调有关部门、单位限期解决，消除安全隐患。

第二十三条 生产、储存、运输、销售、使用、销毁易燃易爆危险品，必须执行消防技术标准和管理规定。

进入生产、储存易燃易爆危险品的场所，必须执行消防安全规定。禁止非法携带易燃易爆危险品进入公共场所或者乘坐公共交通工具。

储存可燃物资仓库的管理，必须执行消防技术标准和管理规定。

第四十四条 任何人发现火灾都应当立即报警。任何单位、个人都应当无偿为报警提供便利，不得阻拦报警。严禁谎报火警。

人员密集场所发生火灾，该场所的现场工作人员应当立即组织、引导在场人员疏散。

任何单位发生火灾，必须立即组织力量扑救。邻近单位应当给予支援。

消防队接到火警，必须立即赶赴火灾现场，救助遇险人员，排除险情，扑灭火灾。

第五十九条 违反本法规定，有下列行为之一的，责令改正或者停止施工，并处一万元以上十万元以下罚款：

（一）建设单位要求建筑设计单位或者建筑施工企业降低消防技术标准设计、施工的；

（二）建筑设计单位不按照消防技术标准强制性要求进行消防设计的；

（三）建筑施工企业不按照消防设计文件和消防技术标准施工，降低消防施工质量的；

（四）工程监理单位与建设单位或者建筑施工企业串通，弄虚作假，降低消防施工质量的。

第七十条　被责令停止施工、停止使用、停产停业的，应当在整改后向公安机关消防机构报告，经公安机关消防机构检查合格，方可恢复施工、使用、生产、经营。

当事人逾期不执行停产停业、停止使用、停止施工决定的，由作出决定的公安机关消防机构强制执行。

第四节　水利工程建设安全生产行政法律规章

水利工程建设安全生产行政法规主要有《建设工程安全生产管理条例》《安全生产许可证条例》和《生产安全事故报告和调查处理条例》等。

水利工程建设安全生产部门规章包括水利部、国家安全生产监督管理总局、住房和城乡建设部、卫生部等部门颁布的安全生产、职业健康方面的规章。如《水利工程建设安全生产管理规定》《安全生产事故隐患排查治理暂行规定》《生产经营单位安全培训规定》等。

水利工程建设安全生产机关的行政法律、规章清单等见表1-2。

表1-2　　　　　水利工程建设安全生产相关行政法律、规章清单

序号	安全生产相关行政法规、规章名称	序号	安全生产相关行政法规、规章名称
1	《建设工程安全生产管理条例》	18	《生产安全事故应急预案管理办法》
2	《生产安全事故报告和调查处理条例》	19	《生产安全事故信息报告和处置办法》
3	《安全生产许可证条例》	20	《安全生产培训管理办法》
4	《工伤保险条例》	21	《工作场所职业卫生监督管理规定》
5	《使用有毒物品作业场所劳动保护条例》	22	《职业病危害项目申报办法》
6	《国务院关于特大安全事故行政责任追究的规定》	23	《用人单位职业健康监护监督管理办法》
7	《危险化学品安全管理条例》	24	《建设项目安全设施"三同时"监督管理暂行办法》
8	《民用爆炸物品安全管理条例》	25	《建设项目职业卫生"三同时"监督管理暂行办法》
9	《女职工劳动保护特别规定》	26	《危险化学品登记管理办法》
10	《突发公共卫生事件应急条例》	27	《危险化学品安全使用许可证实施办法》
11	《水利工程建设安全生产管理规定》	28	《特种设备作业人员监督管理办法》
12	《安全生产事故隐患排查治理暂行规定》	29	《建筑施工企业安全生产许可证管理规定》
13	《生产经营单位安全培训规定》	30	《实施工程建设强制性标准监督规定》
14	《特种作业人员安全技术培训考核管理规定》	31	《建筑起重机械安全监督管理规定》
15	《劳动防护用品监督管理规定》	32	《职业健康监护管理办法》
16	《安全生产行政复议规定》	33	《职业病诊断与鉴定管理办法》
17	《安全生产违法行为行政处罚办法》	34	《建设项目职业病危害分类管理办法》

一、《建设工程安全生产管理条例》

《建设工程安全生产管理条例》（国务院令397号）经2003年11月12日国务院第28次常务会议通过，自2004年2月1日起施行。条例共有8章71条，其中与水利工程建设

安全生产相关的主要内容节选如下：

第一章 总 则

第一条 为了加强建设工程安全生产监督管理，保障人民群众生命和财产安全，根据《中华人民共和国建筑法》《中华人民共和国安全生产法》，制定本条例。

第二条 在中华人民共和国境内从事建设工程的新建、扩建、改建和拆除等有关活动及实施对建设工程安全生产的监督管理，必须遵守本条例。

本条例所称建设工程，是指土木工程、建筑工程、线路管道和设备安装工程及装修工程。

第三条 建设工程安全生产管理，坚持安全第一、预防为主的方针。

第四条 建设单位、勘察单位、设计单位、施工单位、工程监理单位及其他与建设工程安全生产有关的单位，必须遵守安全生产法律法规的规定，保证建设工程安全生产，依法承担建设工程安全生产责任。

第二章 建设单位的安全责任

第六条 建设单位应当向施工单位提供施工现场及毗邻区域内供水、排水、供电、供气、供热、通信、广播电视等地下管线资料，气象和水文观测资料，相邻建筑物和构筑物、地下工程的有关资料，并保证资料的真实、准确、完整。

建设单位因建设工程需要，向有关部门或者单位查询前款规定的资料时，有关部门或者单位应当及时提供。

第七条 建设单位不得对勘察、设计、施工、工程监理等单位提出不符合建设工程安全生产法律法规和强制性标准规定的要求，不得压缩合同约定的工期。

第八条 建设单位在编制工程概算时，应当确定建设工程安全作业环境及安全施工措施所需费用。

第九条 建设单位不得明示或者暗示施工单位购买、租赁、使用不符合安全施工要求的安全防护用具、机械设备、施工机具及配件、消防设施和器材。

第四章 施工单位的安全责任

第二十条 施工单位从事建设工程的新建、扩建、改建和拆除等活动，应当具备国家规定的注册资本、专业技术人员、技术装备和安全生产等条件，依法取得相应等级的资质证书，并在其资质等级许可的范围内承揽工程。

第二十一条 施工单位主要负责人依法对本单位的安全生产工作全面负责。施工单位应当建立健全安全生产责任制度和安全生产教育培训制度，制定安全生产规章制度和操作规程，保证本单位安全生产条件所需资金的投入，对所承担的建设工程进行定期和专项安全检查，并做好安全检查记录。

施工单位的项目负责人应当由取得相应执业资格的人员担任，对建设工程项目的安全施工负责，落实安全生产责任制度、安全生产规章制度和操作规程，确保安全生产费用的有效使用，并根据工程的特点组织制定安全施工措施，消除安全事故隐患，及时、如实报

告生产安全事故。

第二十二条　施工单位对列入建设工程概算的安全作业环境及安全施工措施所需费用，应当用于施工安全防护用具及设施的采购和更新、安全施工措施的落实、安全生产条件的改善，不得挪作他用。

第二十三条　施工单位应当设立安全生产管理机构，配备专职安全生产管理人员。

专职安全生产管理人员负责对安全生产进行现场监督检查。发现安全事故隐患，应当及时向项目负责人和安全生产管理机构报告；对违章指挥、违章操作的，应当立即制止。

专职安全生产管理人员的配备办法由国务院建设行政主管部门会同国务院其他有关部门制定。

第二十四条　建设工程实行施工总承包的，由总承包单位对施工现场的安全生产负总责。

总承包单位应当自行完成建设工程主体结构的施工。

总承包单位依法将建设工程分包给其他单位的，分包合同中应当明确各自的安全生产方面的权利、义务。总承包单位和分包单位对分包工程的安全生产承担连带责任。

分包单位应当服从总承包单位的安全生产管理，分包单位不服从管理导致生产安全事故的，由分包单位承担主要责任。

第二十五条　垂直运输机械作业人员、安装拆卸工、爆破作业人员、起重信号工、登高架设作业人员等特种作业人员，必须按照国家有关规定经过专门的安全作业培训，并取得特种作业操作资格证书后，方可上岗作业。

第二十六条　施工单位应当在施工组织设计中编制安全技术措施和施工现场临时用电方案，对下列达到一定规模的危险性较大的分部分项工程编制专项施工方案，并附具安全验算结果，经施工单位技术负责人、总监理工程师签字后实施，由专职安全生产管理人员进行现场监督：

（一）基坑支护与降水工程；

（二）土方开挖工程；

（三）模板工程；

（四）起重吊装工程；

（五）脚手架工程；

（六）拆除、爆破工程；

（七）国务院建设行政主管部门或者其他有关部门规定的其他危险性较大的工程。

对前款所列工程中涉及深基坑、地下暗挖工程、高大模板工程的专项施工方案，施工单位还应当组织专家进行论证、审查。

第二十七条　建设工程施工前，施工单位负责项目管理的技术人员应当对有关安全施工的技术要求向施工作业班组、作业人员作出详细说明，并由双方签字确认。

第二十八条　施工单位应当在施工现场入口处、施工起重机械、临时用电设施、脚手架、出入通道口、楼梯口、电梯井口、孔洞口、桥梁口、隧道口、基坑边沿、爆破物及有害危险气体和液体存放处等危险部位，设置明显的安全警示标志。安全警示标志必须符合国家标准。

施工单位应当根据不同施工阶段和周围环境及季节、气候的变化，在施工现场采取相应的安全施工措施。施工现场暂时停止施工的，施工单位应当做好现场防护，所需费用由责任方承担，或者按照合同约定执行。

第二十九条　施工单位应当将施工现场的办公、生活区与作业区分开设置，并保持安全距离；办公、生活区的选址应当符合安全性要求。职工的膳食、饮水、休息场所等应当符合卫生标准。施工单位不得在尚未竣工的建筑物内设置员工集体宿舍。

施工现场临时搭建的建筑物应当符合安全使用要求。施工现场使用的装配式活动房屋应当具有产品合格证。

第三十条　施工单位对因建设工程施工可能造成损害的毗邻建筑物、构筑物和地下管线等，应当采取专项防护措施。

施工单位应当遵守有关环境保护法律法规的规定，在施工现场采取措施，防止或者减少粉尘、废气、废水、固体废物、噪声、振动和施工照明对人和环境的危害和污染。

在城市市区内的建设工程，施工单位应当对施工现场实行封闭围挡。

第三十一条　施工单位应当在施工现场建立消防安全责任制度，确定消防安全责任人，制定用火、用电、使用易燃易爆材料等各项消防安全管理制度和操作规程，设置消防通道、消防水源，配备消防设施和灭火器材，并在施工现场入口处设置明显标志。

第三十二条　施工单位应当向作业人员提供安全防护用具和安全防护服装，并书面告知危险岗位的操作规程和违章操作的危害。

作业人员有权对施工现场的作业条件、作业程序和作业方式中存在的安全问题提出批评、检举和控告，有权拒绝违章指挥和强令冒险作业。

在施工中发生危及人身安全的紧急情况时，作业人员有权立即停止作业或者在采取必要的应急措施后撤离危险区域。

第三十三条　作业人员应当遵守安全施工的强制性标准、规章制度和操作规程，正确使用安全防护用具、机械设备等。

第三十四条　施工单位采购、租赁的安全防护用具、机械设备、施工机具及配件，应当具有生产（制造）许可证、产品合格证，并在进入施工现场前进行查验。

施工现场的安全防护用具、机械设备、施工机具及配件必须由专人管理，定期进行检查、维修和保养，建立相应的资料档案，并按照国家有关规定及时报废。

第三十五条　施工单位在使用施工起重机械和整体提升脚手架、模板等自升式架设设施前，应当组织有关单位进行验收，也可以委托具有相应资质的检验检测机构进行验收；使用承租的机械设备和施工机具及配件的，由施工总承包单位、分包单位、出租单位和安装单位共同进行验收。验收合格的方可使用。

施工单位应当自施工起重机械和整体提升脚手架、模板等自升式架设设施验收合格之日起 30 日内，向建设行政主管部门或者其他有关部门登记。登记标志应当置于或者附着于该设备的显著位置。

第三十六条　施工单位的主要负责人、项目负责人、专职安全生产管理人员应当经建设行政主管部门或者其他有关部门考核合格后方可任职。

施工单位应当对管理人员和作业人员每年至少进行一次安全生产教育培训，其教育培

训情况记入个人工作档案。安全生产教育培训考核不合格的人员，不得上岗。

第三十七条 作业人员进入新的岗位或者新的施工现场前，应当接受安全生产教育培训。未经教育培训或者教育培训考核不合格的人员，不得上岗作业。

施工单位在采用新技术、新工艺、新设备、新材料时，应当对作业人员进行相应的安全生产教育培训。

第三十八条 施工单位应当为施工现场从事危险作业的人员办理意外伤害保险。

意外伤害保险费由施工单位支付。实行施工总承包的，由总承包单位支付意外伤害保险费。意外伤害保险期限自建设工程开工之日起至竣工验收合格止。

第六章 生产安全事故的应急救援和调查处理

第四十八条 施工单位应当制定本单位生产安全事故应急救援预案，建立应急救援组织或者配备应急救援人员，配备必要的应急救援器材、设备，并定期组织演练。

第四十九条 施工单位应当根据建设工程施工的特点、范围，对施工现场易发生重大事故的部位、环节进行监控，制定施工现场生产安全事故应急救援预案。实行施工总承包的，由总承包单位统一组织编制建设工程生产安全事故应急救援预案，工程总承包单位和分包单位按照应急救援预案，各自建立应急救援组织或者配备应急救援人员，配备救援器材、设备，并定期组织演练。

第五十条 施工单位发生生产安全事故，应当按照国家有关伤亡事故报告和调查处理的规定，及时、如实地向负责安全生产监督管理的部门、建设行政主管部门或者其他有关部门报告；特种设备发生事故的，还应当同时向特种设备安全监督管理部门报告。接到报告的部门应当按照国家有关规定，如实上报。

实行施工总承包的建设工程，由总承包单位负责上报事故。

第五十一条 发生生产安全事故后，施工单位应当采取措施防止事故扩大，保护事故现场。需要移动现场物品时，应当做出标记和书面记录，妥善保管有关证物。

第七章 法 律 责 任

第五十八条 注册执业人员未执行法律法规和工程建设强制性标准的，责令停止执业3个月以上1年以下；情节严重的，吊销执业资格证书，5年内不予注册；造成重大安全事故的，终身不予注册；构成犯罪的，依照刑法有关规定追究刑事责任。

第六十二条 违反本条例的规定，施工单位有下列行为之一的，责令限期改正；逾期未改正的，责令停业整顿，依照《中华人民共和国安全生产法》的有关规定处以罚款；造成重大安全事故，构成犯罪的，对直接责任人员，依照刑法有关规定追究刑事责任：

（一）未设立安全生产管理机构、配备专职安全生产管理人员或者分部分项工程施工时无专职安全生产管理人员现场监督的；

（二）施工单位的主要负责人、项目负责人、专职安全生产管理人员、作业人员或者特种作业人员，未经安全教育培训或者经考核不合格即从事相关工作的；

（三）未在施工现场的危险部位设置明显的安全警示标志，或者未按照国家有关规定在施工现场设置消防通道、消防水源、配备消防设施和灭火器材的；

（四）未向作业人员提供安全防护用具和安全防护服装的；

（五）未按照规定在施工起重机械和整体提升脚手架、模板等自升式架设设施验收合格后登记的；

（六）使用国家明令淘汰、禁止使用的危及施工安全的工艺、设备、材料的。

第六十三条　违反本条例的规定，施工单位挪用列入建设工程概算的安全生产作业环境及安全施工措施所需费用的，责令限期改正，处挪用费用20％以上50％以下的罚款；造成损失的，依法承担赔偿责任。

第六十四条　违反本条例的规定，施工单位有下列行为之一的，责令限期改正；逾期未改正的，责令停业整顿，并处5万元以上10万元以下的罚款；造成重大安全事故，构成犯罪的，对直接责任人员，依照刑法有关规定追究刑事责任：

（一）施工前未对有关安全施工的技术要求作出详细说明的；

（二）未根据不同施工阶段和周围环境及季节、气候的变化，在施工现场采取相应的安全施工措施，或者在城市市区内的建设工程的施工现场未实行封闭围挡的；

（三）在尚未竣工的建筑物内设置员工集体宿舍的；

（四）施工现场临时搭建的建筑物不符合安全使用要求的；

（五）未对因建设工程施工可能造成损害的毗邻建筑物、构筑物和地下管线等采取专项防护措施的。

施工单位有前款规定第（四）项、第（五）项行为，造成损失的，依法承担赔偿责任。

第六十五条　违反本条例的规定，施工单位有下列行为之一的，责令限期改正；逾期未改正的，责令停业整顿，并处10万元以上30万元以下的罚款；情节严重的，降低资质等级，直至吊销资质证书；造成重大安全事故，构成犯罪的，对直接责任人员，依照刑法有关规定追究刑事责任；造成损失的，依法承担赔偿责任：

（一）安全防护用具、机械设备、施工机具及配件在进入施工现场前未经查验或者查验不合格即投入使用的；

（二）使用未经验收或者验收不合格的施工起重机械和整体提升脚手架、模板等自升式架设设施的；

（三）委托不具有相应资质的单位承担施工现场安装、拆卸施工起重机械和整体提升脚手架、模板等自升式架设设施的；

（四）在施工组织设计中未编制安全技术措施、施工现场临时用电方案或者专项施工方案的。

第六十六条　违反本条例的规定，施工单位的主要负责人、项目负责人未履行安全生产管理职责的，责令限期改正；逾期未改正的，责令施工单位停业整顿；造成重大安全事故、重大伤亡事故或者其他严重后果，构成犯罪的，依照刑法有关规定追究刑事责任。

作业人员不服管理、违反规章制度和操作规程冒险作业造成重大伤亡事故或者其他严重后果，构成犯罪的，依照刑法有关规定追究刑事责任。

施工单位的主要负责人、项目负责人有前款违法行为，尚不够刑事处罚的，处2万元以上20万元以下的罚款或者按照管理权限给予撤职处分；自刑罚执行完毕或者受处分之

日起，5年内不得担任任何施工单位的主要负责人、项目负责人。

第六十七条 施工单位取得资质证书后，降低安全生产条件的，责令限期改正；经整改仍未达到与其资质等级相适应的安全生产条件的，责令停业整顿，降低其资质等级直至吊销资质证书。

二、《生产安全事故报告和调查处理条例》

《生产安全事故报告和调查处理条例》（国务院令第493号）于2007年3月28日国务院第172次常务会议通过，2007年6月1日起施行。条例共6章46条，其中与水利工程建设安全生产相关的主要内容节选如下：

第一章 总 则

第一条 为了规范生产安全事故的报告和调查处理，落实生产安全事故责任追究制度，防止和减少生产安全事故，根据《中华人民共和国安全生产法》和有关法律，制定本条例。

第二条 生产经营活动中发生的造成人身伤亡或者直接经济损失的生产安全事故的报告和调查处理，适用本条例；环境污染事故、核设施事故、国防科研生产事故的报告和调查处理不适用本条例。

第三条 根据生产安全事故（以下简称事故）造成的人员伤亡或者直接经济损失，事故一般分为以下等级：

（一）特别重大事故，是指造成30人以上死亡，或者100人以上重伤（包括急性工业中毒，下同），或者1亿元以上直接经济损失的事故；

（二）重大事故，是指造成10人以上30人以下死亡，或者50人以上100人以下重伤，或者5000万元以上1亿元以下直接经济损失的事故；

（三）较大事故，是指造成3人以上10人以下死亡，或者10人以上50人以下重伤，或者1000万元以上5000万元以下直接经济损失的事故；

（四）一般事故，是指造成3人以下死亡，或者10人以下重伤，或者1000万元以下直接经济损失的事故。

国务院安全生产监督管理部门可以会同国务院有关部门，制定事故等级划分的补充性规定。

本条第一款所称的"以上"包括本数，所称的"以下"不包括本数。

第四条 事故报告应当及时、准确、完整，任何单位和个人对事故不得迟报、漏报、谎报或者瞒报。

事故调查处理应当坚持实事求是、尊重科学的原则，及时、准确地查清事故经过、事故原因和事故损失，查明事故性质，认定事故责任，总结事故教训，提出整改措施，并对事故责任者依法追究责任。

第七条 任何单位和个人不得阻挠和干涉对事故的报告和依法调查处理。

第八条 对事故报告和调查处理中的违法行为，任何单位和个人有权向安全生产监督管理部门、监察机关或者其他有关部门举报，接到举报的部门应当依法及时处理。

第二章 事故报告

第九条 事故发生后，事故现场有关人员应当立即向本单位负责人报告；单位负责人接到报告后，应当于1小时内向事故发生地县级以上人民政府安全生产监督管理部门和负有安全生产监督管理职责的有关部门报告。

情况紧急时，事故现场有关人员可以直接向事故发生地县级以上人民政府安全生产监督管理部门和负有安全生产监督管理职责的有关部门报告。

第十二条 报告事故应当包括下列内容：

（一）事故发生单位概况；

（二）事故发生的时间、地点以及事故现场情况；

（三）事故的简要经过；

（四）事故已经造成或者可能造成的伤亡人数（包括下落不明的人数）和初步估计的直接经济损失；

（五）已经采取的措施；

（六）其他应当报告的情况。

第十三条 事故报告后出现新情况的，应当及时补报。

自事故发生之日起30日内，事故造成的伤亡人数发生变化的，应当及时补报。道路交通事故、火灾事故自发生之日起7日内，事故造成的伤亡人数发生变化的，应当及时补报。

第十四条 事故发生单位负责人接到事故报告后，应当立即启动事故相应应急预案，或者采取有效措施，组织抢救，防止事故扩大，减少人员伤亡和财产损失。

第十五条 事故发生地有关地方人民政府、安全生产监督管理部门和负有安全生产监督管理职责的有关部门接到事故报告后，其负责人应当立即赶赴事故现场，组织事故救援。

第十六条 事故发生后，有关单位和人员应当妥善保护事故现场以及相关证据，任何单位和个人不得破坏事故现场、毁灭相关证据。

因抢救人员、防止事故扩大以及疏通交通等原因，需要移动事故现场物件的，应当做出标志，绘制现场简图并做出书面记录，妥善保存现场重要痕迹、物证。

第十七条 事故发生地公安机关根据事故的情况，对涉嫌犯罪的，应当依法立案侦查，采取强制措施和侦查措施。犯罪嫌疑人逃匿的，公安机关应当迅速追捕归案。

第五章 法律责任

第三十五条 事故发生单位主要负责人有下列行为之一的，处上一年年收入40%至80%的罚款；属于国家工作人员的，并依法给予处分；构成犯罪的，依法追究刑事责任：

（一）不立即组织事故抢救的；

（二）迟报或者漏报事故的；

（三）在事故调查处理期间擅离职守的。

第三十六条 事故发生单位及其有关人员有下列行为之一的，对事故发生单位处100

万元以上 500 万元以下的罚款；对主要负责人、直接负责的主管人员和其他直接责任人员处上一年年收入 60% 至 100% 的罚款；属于国家工作人员的，并依法给予处分；构成违反治安管理行为的，由公安机关依法给予治安管理处罚；构成犯罪的，依法追究刑事责任：

（一）谎报或者瞒报事故的；

（二）伪造或者故意破坏事故现场的；

（三）转移、隐匿资金、财产，或者销毁有关证据、资料的；

（四）拒绝接受调查或者拒绝提供有关情况和资料的；

（五）在事故调查中作伪证或者指使他人作伪证的；

（六）事故发生后逃匿的。

第三十七条　事故发生单位对事故发生负有责任的，依照下列规定处以罚款：

（一）发生一般事故的，处 10 万元以上 20 万元以下的罚款；

（二）发生较大事故的，处 20 万元以上 50 万元以下的罚款；

（三）发生重大事故的，处 50 万元以上 200 万元以下的罚款；

（四）发生特别重大事故的，处 200 万元以上 500 万元以下的罚款。

第三十八条　事故发生单位主要负责人未依法履行安全生产管理职责，导致事故发生的，依照下列规定处以罚款；属于国家工作人员的，并依法给予处分；构成犯罪的，依法追究刑事责任：

（一）发生一般事故的，处上一年年收入 30% 的罚款；

（二）发生较大事故的，处上一年年收入 40% 的罚款；

（三）发生重大事故的，处上一年年收入 60% 的罚款；

（四）发生特别重大事故的，处上一年年收入 80% 的罚款。

第四十条　事故发生单位对事故发生负有责任的，由有关部门依法暂扣或者吊销其有关证照；对事故发生单位负有事故责任的有关人员，依法暂停或者撤销其与安全生产有关的执业资格、岗位证书；事故发生单位主要负责人受到刑事处罚或者撤职处分的，自刑罚执行完毕或者受处分之日起，5 年内不得担任任何生产经营单位的主要负责人。

三、《生产安全事故应急预案管理办法》

2016 年 4 月 15 日，《生产安全事故应急预案管理办法》（国家安全生产监督管理总局令第 88 号）经国家安全生产监督管理总局第 13 次局长办公会议审议通过修订，自 2016 年 7 月 1 日起施行。修订后的《生产安全事故应急预案管理办法》包含 7 章 48 条。其中，与水利工程建设安全生产相关的主要内容节选如下：

第一章　总　　则

第一条　为规范生产安全事故应急预案管理工作，迅速有效处置生产安全事故，依据《中华人民共和国突发事件应对法》《中华人民共和国安全生产法》等法律和《突发事件应急预案管理办法》（国办发〔2013〕101 号），制定本办法。

第二条　生产安全事故应急预案（简称应急预案）的编制、评审、公布、备案、宣传、教育、培训、演练、评估、修订及监督管理工作，适用本办法。

第三条　应急预案的管理实行属地为主、分级负责、分类指导、综合协调、动态管理的原则。

第五条　生产经营单位主要负责人负责组织编制和实施本单位的应急预案，并对应急预案的真实性和实用性负责；各分管负责人应当按照职责分工落实应急预案规定的职责。

第六条　生产经营单位应急预案分为综合应急预案、专项应急预案和现场处置方案。

综合应急预案，是指生产经营单位为应对各种生产安全事故而制定的综合性工作方案，是本单位应对生产安全事故的总体工作程序、措施和应急预案体系的总纲。

专项应急预案，是指生产经营单位为应对某一种或者多种类型生产安全事故，或者针对重要生产设施、重大危险源、重大活动防止生产安全事故而制定的专项性工作方案。

现场处置方案，是指生产经营单位根据不同生产安全事故类型，针对具体场所、装置或者设施所制定的应急处置措施。

第二章　应急预案的编制

第七条　应急预案的编制应当遵循以人为本、依法依规、符合实际、注重实效的原则，以应急处置为核心，明确应急职责、规范应急程序、细化保障措施。

第八条　应急预案的编制应当符合下列基本要求：

（一）有关法律法规、规章和标准的规定；

（二）本地区、本部门、本单位的安全生产实际情况；

（三）本地区、本部门、本单位的危险性分析情况；

（四）应急组织和人员的职责分工明确，并有具体的落实措施；

（五）有明确、具体的应急程序和处置措施，并与其应急能力相适应；

（六）有明确的应急保障措施，满足本地区、本部门、本单位的应急工作需要；

（七）应急预案基本要素齐全、完整，应急预案附件提供的信息准确；

（八）应急预案内容与相关应急预案相互衔接。

第九条　编制应急预案应当成立编制工作小组，由本单位有关负责人任组长，吸收与应急预案有关的职能部门和单位的人员，以及有现场处置经验的人员参加。

第十条　编制应急预案前，编制单位应当进行事故风险评估和应急资源调查。

事故风险评估，是指针对不同事故种类及特点，识别存在的危险危害因素，分析事故可能产生的直接后果以及次生、衍生后果，评估各种后果的危害程度和影响范围，提出防范和控制事故风险措施的过程。

应急资源调查，是指全面调查本地区、本单位第一时间可以调用的应急资源状况和合作区域内可以请求援助的应急资源状况，并结合事故风险评估结论制定应急措施的过程。

第十二条　生产经营单位应当根据有关法律法规、规章和相关标准，结合本单位组织管理体系、生产规模和可能发生的事故特点，确立本单位的应急预案体系，编制相应的应急预案，并体现自救互救和先期处置等特点。

第十三条　生产经营单位风险种类多、可能发生多种类型事故的，应当组织编制综合应急预案。

综合应急预案应当规定应急组织机构及其职责、应急预案体系、事故风险描述、预警

及信息报告、应急响应、保障措施、应急预案管理等内容。

第十四条　对于某一种或者多种类型的事故风险，生产经营单位可以编制相应的专项应急预案，或将专项应急预案并入综合应急预案。

专项应急预案应当规定应急指挥机构与职责、处置程序和措施等内容。

第十五条　对于危险性较大的场所、装置或者设施，生产经营单位应当编制现场处置方案。

现场处置方案应当规定应急工作职责、应急处置措施和注意事项等内容。

事故风险单一、危险性小的生产经营单位，可以只编制现场处置方案。

第十六条　生产经营单位应急预案应当包括向上级应急管理机构报告的内容、应急组织机构和人员的联系方式、应急物资储备清单等附件信息。附件信息发生变化时，应当及时更新，确保准确有效。

第十七条　生产经营单位组织应急预案编制过程中，应当根据法律法规、规章的规定或者实际需要，征求相关应急救援队伍、公民、法人或其他组织的意见。

第十八条　生产经营单位编制的各类应急预案之间应当相互衔接，并与相关人民政府及其部门、应急救援队伍和涉及的其他单位的应急预案相衔接。

第十九条　生产经营单位应当在编制应急预案的基础上，针对工作场所、岗位的特点，编制简明、实用、有效的应急处置卡。

应急处置卡应当规定重点岗位、人员的应急处置程序和措施，以及相关联络人员和联系方式，便于从业人员携带。

第三章　应急预案的评审、公布和备案

第二十一条　矿山、金属冶炼、建筑施工企业和易燃易爆物品、危险化学品的生产、经营（带储存设施的，下同）、储存企业，以及使用危险化学品达到国家规定数量的化工企业、烟花爆竹生产、批发经营企业和中型规模以上的其他生产经营单位，应当对本单位编制的应急预案进行评审，并形成书面评审纪要。

前款规定以外的其他生产经营单位应当对本单位编制的应急预案进行论证。

第二十二条　参加应急预案评审的人员应当包括有关安全生产及应急管理方面的专家。

评审人员与所评审应急预案的生产经营单位有利害关系的，应当回避。

第二十四条　生产经营单位的应急预案经评审或者论证后，由本单位主要负责人签署公布，并及时发放到本单位有关部门、岗位和相关应急救援队伍。

事故风险可能影响周边其他单位、人员的，生产经营单位应当将有关事故风险的性质、影响范围和应急防范措施告知周边的其他单位和人员。

第二十六条　生产经营单位应当在应急预案公布之日起 20 个工作日内，按照分级属地原则，向安全生产监督管理部门和有关部门进行告知性备案。

中央企业总部（上市公司）的应急预案，报国务院主管的负有安全生产监督管理职责的部门备案，并抄送国家安全生产监督管理总局；其所属单位的应急预案报所在地的省、自治区、直辖市或者设区的市级人民政府主管的负有安全生产监督管理职责的部门备案，

并抄送同级安全生产监督管理部门。

前款规定以外的非煤矿山、金属冶炼和危险化学品生产、经营、储存企业，以及使用危险化学品达到国家规定数量的化工企业、烟花爆竹生产、批发经营企业的应急预案，按照隶属关系报所在地县级以上地方人民政府安全生产监督管理部门备案；其他生产经营单位应急预案的备案，由省、自治区、直辖市人民政府负有安全生产监督管理职责的部门确定。

第二十七条　生产经营单位申报应急预案备案，应当提交下列材料：

（一）应急预案备案申报表；

（二）应急预案评审或者论证意见；

（三）应急预案文本及电子文档；

（四）风险评估结果和应急资源调查清单。

第二十八条　受理备案登记的负有安全生产监督管理职责的部门应当在5个工作日内对应急预案材料进行核对，材料齐全的，应当予以备案并出具应急预案备案登记表；材料不齐全的，不予备案并一次性告知需要补齐的材料。逾期不予备案又不说明理由的，视为已经备案。

对于实行安全生产许可的生产经营单位，已经进行应急预案备案的，在申请安全生产许可证时，可以不提供相应的应急预案，仅提供应急预案备案登记表。

第二十九条　各级安全生产监督管理部门应当建立应急预案备案登记建档制度，指导、督促生产经营单位做好应急预案的备案登记工作。

第四章　应 急 预 案 的 实 施

第三十一条　各级安全生产监督管理部门应当将本部门应急预案的培训纳入安全生产培训工作计划，并组织实施本行政区域内重点生产经营单位的应急预案培训工作。

生产经营单位应当组织开展本单位的应急预案、应急知识、自救互救和避险逃生技能的培训活动，使有关人员了解应急预案内容，熟悉应急职责、应急处置程序和措施。

应急培训的时间、地点、内容、师资、参加人员和考核结果等情况应当如实记入本单位的安全生产教育和培训档案。

第三十三条　生产经营单位应当制定本单位的应急预案演练计划，根据本单位的事故风险特点，每年至少组织一次综合应急预案演练或者专项应急预案演练，每半年至少组织一次现场处置方案演练。

第三十四条　应急预案演练结束后，应急预案演练组织单位应当对应急预案演练效果进行评估，撰写应急预案演练评估报告，分析存在的问题，并对应急预案提出修订意见。

第三十五条　应急预案编制单位应当建立应急预案定期评估制度，对预案内容的针对性和实用性进行分析，并对应急预案是否需要修订作出结论。

矿山、金属冶炼、建筑施工企业和易燃易爆物品、危险化学品等危险物品的生产、经营、储存企业、使用危险化学品达到国家规定数量的化工企业、烟花爆竹生产、批发经营企业和中型规模以上的其他生产经营单位，应当每三年进行一次应急预案评估。

应急预案评估可以邀请相关专业机构或者有关专家、有实际应急救援工作经验的人员参加，必要时可以委托安全生产技术服务机构实施。

第三十六条　有下列情形之一的，应急预案应当及时修订并归档：

（一）依据的法律法规、规章、标准及上位预案中的有关规定发生重大变化的；

（二）应急指挥机构及其职责发生调整的；

（三）面临的事故风险发生重大变化的；

（四）重要应急资源发生重大变化的；

（五）预案中的其他重要信息发生变化的；

（六）在应急演练和事故应急救援中发现问题需要修订的；

（七）编制单位认为应当修订的其他情况。

第三十八条　生产经营单位应当按照应急预案的规定，落实应急指挥体系、应急救援队伍、应急物资及装备，建立应急物资、装备配备及其使用档案，并对应急物资、装备进行定期检测和维护，使其处于适用状态。

第三十九条　生产经营单位发生事故时，应当第一时间启动应急响应，组织有关力量进行救援，并按照规定将事故信息及应急响应启动情况报告安全生产监督管理部门和其他负有安全生产监督管理职责的部门。

第四十条　生产安全事故应急处置和应急救援结束后，事故发生单位应当对应急预案实施情况进行总结评估。

第五章　监　督　管　理

第四十一条　各级安全生产监督管理部门和煤矿安全监察机构应当将生产经营单位应急预案工作纳入年度监督检查计划，明确检查的重点内容和标准，并严格按照计划开展执法检查。

第四十三条　对于在应急预案管理工作中做出显著成绩的单位和人员，安全生产监督管理部门、生产经营单位可以给予表彰和奖励。

第六章　法　律　责　任

第四十四条　生产经营单位有下列情形之一的，由县级以上安全生产监督管理部门依照《中华人民共和国安全生产法》第九十四条的规定，责令限期改正，可以处 5 万元以下罚款；逾期未改正的，责令停产停业整顿，并处 5 万元以上 10 万元以下罚款，对直接负责的主管人员和其他直接责任人员处 1 万元以上 2 万元以下的罚款：

（一）未按照规定编制应急预案的；

（二）未按照规定定期组织应急预案演练的。

第四十五条　生产经营单位有下列情形之一的，由县级以上安全生产监督管理部门责令限期改正，可以处 1 万元以上 3 万元以下罚款：

（一）在应急预案编制前未按照规定开展风险评估和应急资源调查的；

（二）未按照规定开展应急预案评审或者论证的；

（三）未按照规定进行应急预案备案的；

（四）事故风险可能影响周边单位、人员的，未将事故风险的性质、影响范围和应急

防范措施告知周边单位和人员的;

（五）未按照规定开展应急预案评估的;

（六）未按照规定进行应急预案修订并重新备案的;

（七）未落实应急预案规定的应急物资及装备的。

四、《安全生产许可证条例》

《安全生产许可证条例》（国务院令第 397 号）经国务院第 34 次常务会议通过，自 2004 年 1 月 13 日起施行。2014 年 7 月 29 日修正施行，其中与水利工程建设安全生产相关的主要内容节选如下:

第一章　总　则

第一条　为了严格规范安全生产条件，进一步加强安全生产监督管理，防止和减少生产安全事故，根据《中华人民共和国安全生产法》的有关规定，制定本条例。

第二条　国家对矿山企业、建筑施工企业和危险化学品、烟花爆竹、民用爆炸物品生产企业（以下统称企业）实行安全生产许可制度。

企业未取得安全生产许可证的，不得从事生产活动。

第六条　企业取得安全生产许可证，应当具备下列安全生产条件:

（一）建立、健全安全生产责任制，制定完备的安全生产规章制度和操作规程;

（二）安全投入符合安全生产要求;

（三）设置安全生产管理机构，配备专职安全生产管理人员;

（四）主要负责人和安全生产管理人员经考核合格;

（五）特种作业人员经有关业务主管部门考核合格，取得特种作业操作资格证书;

（六）从业人员经安全生产教育和培训合格;

（七）依法参加工伤保险，为从业人员缴纳保险费;

（八）厂房、作业场所和安全设施、设备、工艺符合有关安全生产法律法规、标准和规程的要求;

（九）有职业危害防治措施，并为从业人员配备符合国家标准或者行业标准的劳动防护用品;

（十）依法进行安全评价;

（十一）有重大危险源检测、评估、监控措施和应急预案;

（十二）有生产安全事故应急救援预案、应急救援组织或者应急救援人员，配备必要的应急救援器材、设备;

（十三）法律法规规定的其他条件。

第七条　企业进行生产前，应当依照本条例的规定向安全生产许可证颁发管理机关申请领取安全生产许可证，并提供本条例第六条规定的相关文件、资料。安全生产许可证颁发管理机关应当自收到申请之日起 45 日内审查完毕，经审查符合本条例规定的安全生产条件的，颁发安全生产许可证;不符合本条例规定的安全生产条件的，不予颁发安全生产许可证，书面通知企业并说明理由。

第九条　安全生产许可证的有效期为 3 年。安全生产许可证有效期满需要延期的，企业应当于期满前 3 个月向原安全生产许可证颁发管理机关办理延期手续。

企业在安全生产许可证有效期内，严格遵守有关安全生产的法律法规，未发生死亡事故的，安全生产许可证有效期届满时，经原安全生产许可证颁发管理机关同意，不再审查，安全生产许可证有效期延期 3 年。

第十三条　企业不得转让、冒用安全生产许可证或者使用伪造的安全生产许可证。

第十四条　企业取得安全生产许可证后，不得降低安全生产条件，并应当加强日常安全生产管理，接受安全生产许可证颁发管理机关的监督检查。

第十九条　违反本条例规定，未取得安全生产许可证擅自进行生产的，责令停止生产，没收违法所得，并处 10 万元以上 50 万元以下的罚款；造成重大事故或者其他严重后果，构成犯罪的，依法追究刑事责任。

第二十条　违反本条例规定，安全生产许可证有效期满未办理延期手续，继续进行生产的，责令停止生产，限期补办延期手续，没收违法所得，并处 5 万元以上 10 万元以下的罚款；逾期仍不办理延期手续，继续进行生产的，依照本条例第十九条的规定处罚。

第二十一条　违反本条例规定，转让安全生产许可证的，没收违法所得，处 10 万元以上 50 万元以下的罚款，并吊销其安全生产许可证；构成犯罪的，依法追究刑事责任；接受转让的，依照本条例第十九条的规定处罚。

冒用安全生产许可证或者使用伪造的安全生产许可证的，依照本条例第十九条的规定处罚。

五、《水利工程建设安全生产管理规定》

《水利工程建设安全生产管理规定》（水利部令第 26 号）于 2005 年 6 月 22 日水利部部务会议审议通过施行。2014 年 8 月 19 日，根据《水利部关于废止和修改部分规章的决定》（水利部令第 46 号）修正。共包含 7 章 42 条，其中与水利工程建设安全生产相关的主要内容节选如下：

第一章　总　　则

第一条　为了加强水利工程建设安全生产监督管理，明确安全生产责任，防止和减少安全生产事故，保障人民群众生命和财产安全，根据《中华人民共和国安全生产法》、《建设工程安全生产管理条例》等法律法规，结合水利工程的特点，制定本规定。

第二条　本规定适用于水利工程的新建、扩建、改建、加固和拆除等活动及水利工程建设安全生产的监督管理。

前款所称水利工程，是指防洪、除涝、灌溉、水力发电、供水、围垦等（包括配套与附属工程）各类水利工程。

第三条　水利工程建设安全生产管理，坚持安全第一，预防为主的方针。

第四条　发生生产安全事故，必须查清事故原因，查明事故责任，落实整改措施，做好事故处理工作，并依法追究有关人员的责任。

第五条　项目法人（或者建设单位，下同）、勘察（测）单位、设计单位、施工单位、

建设监理单位及其他与水利工程建设安全生产有关的单位，必须遵守安全生产法律法规和本规定，保证水利工程建设安全生产，依法承担水利工程建设安全生产责任。

第二章　项目法人的安全责任

第六条　项目法人在对施工投标单位进行资格审查时，应当对投标单位的主要负责人、项目负责人以及专职安全生产管理人员是否经水行政主管部门安全生产考核合格进行审查。有关人员未经考核合格的，不得认定投标单位的投标资格。

第七条　项目法人应当向施工单位提供施工现场及施工可能影响的毗邻区域内供水、排水、供电、供气、供热、通讯、广播电视等地下管线资料，气象和水文观测资料，拟建工程可能影响的相邻建筑物和构筑物、地下工程的有关资料，并保证有关资料的真实、准确、完整，满足有关技术规范的要求。对可能影响施工报价的资料，应当在招标时提供。

第八条　项目法人不得调减或挪用批准概算中所确定的水利工程建设有关安全作业环境及安全施工措施等所需费用。工程承包合同中应当明确安全作业环境及安全施工措施所需费用。

第九条　项目法人应当组织编制保证安全生产的措施方案，并自工程开工之日起15个工作日内报有管辖权的水行政主管部门、流域管理机构或者其委托的水利工程建设安全生产监督机构（以下简称安全生产监督机构）备案。建设过程中安全生产的情况发生变化时，应当及时对保证安全生产的措施方案进行调整，并报原备案机关。

保证安全生产的措施方案应当根据有关法律法规、强制性标准和技术规范的要求并结合工程的具体情况编制，应当包括以下内容：

（一）项目概况；

（二）编制依据；

（三）安全生产管理机构及相关负责人；

（四）安全生产的有关规章制度制定情况；

（五）安全生产管理人员及特种作业人员持证上岗情况等；

（六）生产安全事故的应急救援预案；

（七）工程度汛方案、措施；

（八）其他有关事项。

第十条　项目法人在水利工程开工前，应当就落实保证安全生产的措施进行全面系统的布置，明确施工单位的安全生产责任。

第十一条　项目法人应当将水利工程中的拆除工程和爆破工程发包给具有相应水利水电工程施工资质等级的施工单位。

项目法人应当在拆除工程或者爆破工程施工15日前，将下列资料报送水行政主管部门、流域管理机构或者其委托的安全生产监督机构备案：

（一）施工单位资质等级证明；

（二）拟拆除或拟爆破的工程及可能危及毗邻建筑物的说明；

（三）施工组织方案；

（四）堆放、清除废弃物的措施；

（五）生产安全事故的应急救援预案。

第三章　勘察（测）、设计、建设监理及其他有关单位的安全责任

第十二条　勘察（测）单位应当按照法律法规和工程建设强制性标准进行勘察（测），提供的勘察（测）文件必须真实、准确，满足水利工程建设安全生产的需要。

勘察（测）单位在勘察（测）作业时，应当严格执行操作规程，采取措施保证各类管线、设施和周边建筑物、构筑物的安全。

勘察（测）单位和有关勘察（测）人员应当对其勘察（测）成果负责。

第十三条　设计单位应当按照法律法规和工程建设强制性标准进行设计，并考虑项目周边环境对施工安全的影响，防止因设计不合理导致生产安全事故的发生。

设计单位应当考虑施工安全操作和防护的需要，对涉及施工安全的重点部位和环节在设计文件中注明，并对防范生产安全事故提出指导意见。

采用新结构、新材料、新工艺以及特殊结构的水利工程，设计单位应当在设计中提出保障施工作业人员安全和预防生产安全事故的措施建议。

设计单位和有关设计人员应当对其设计成果负责。

设计单位应当参与与设计有关的生产安全事故分析，并承担相应的责任。

第十四条　建设监理单位和监理人员应当按照法律法规和工程建设强制性标准实施监理，并对水利工程建设安全生产承担监理责任。

建设监理单位应当审查施工组织设计中的安全技术措施或者专项施工方案是否符合工程建设强制性标准。

建设监理单位在实施监理过程中，发现存在生产安全事故隐患的，应当要求施工单位整改；对情况严重的，应当要求施工单位暂时停止施工，并及时向水行政主管部门、流域管理机构或者其委托的安全生产监督机构以及项目法人报告。

第十五条　为水利工程提供机械设备和配件的单位，应当按照安全施工的要求提供机械设备和配件，配备齐全有效的保险、限位等安全设施和装置，提供有关安全操作的说明，保证其提供的机械设备和配件等产品的质量和安全性能达到国家有关技术标准。

第四章　施工单位的安全责任

第十六条　施工单位从事水利工程的新建、扩建、改建、加固和拆除等活动，应当具备国家规定的注册资本、专业技术人员、技术装备和安全生产等条件，依法取得相应等级的资质证书，并在其资质等级许可的范围内承揽工程。

第十七条　施工单位应当依法取得安全生产许可证后，方可从事水利工程施工活动。

第十八条　施工单位主要负责人依法对本单位的安全生产工作全面负责。施工单位应当建立健全安全生产责任制度和安全生产教育培训制度，制定安全生产规章制度和操作规程，保证本单位建立和完善安全生产条件所需资金的投入，对所承担的水利工程进行定期和专项安全检查，并做好安全检查记录。

施工单位的项目负责人应当由取得相应执业资格的人员担任，对水利工程建设项目的安全施工负责，落实安全生产责任制度、安全生产规章制度和操作规程，确保安全生产费用的有效使用，并根据工程的特点组织制定安全施工措施，消除安全事故隐患，及时、如实报告生产安全事故。

第十九条　施工单位在工程报价中应当包含工程施工的安全作业环境及安全施工措施所需费用。对列入建设工程概算的上述费用，应当用于施工安全防护用具及设施的采购和更新、安全施工措施的落实、安全生产条件的改善，不得挪作他用。

第二十条　施工单位应当设立安全生产管理机构，按照国家有关规定配备专职安全生产管理人员。施工现场必须有专职安全生产管理人员。

专职安全生产管理人员负责对安全生产进行现场监督检查。发现生产安全事故隐患，应当及时向项目负责人和安全生产管理机构报告；对违章指挥、违章操作的，应当立即制止。

第二十一条　施工单位在建设有度汛要求的水利工程时，应当根据项目法人编制的工程度汛方案、措施制定相应的度汛方案，报项目法人批准；涉及防汛调度或者影响其他工程、设施度汛安全的，由项目法人报有管辖权的防汛指挥机构批准。

第二十二条　垂直运输机械作业人员、安装拆卸工、爆破作业人员、起重信号工、登高架设作业人员等特种作业人员，必须按照国家有关规定经过专门的安全作业培训，并取得特种作业操作资格证书后，方可上岗作业。

第二十三条　施工单位应当在施工组织设计中编制安全技术措施和施工现场临时用电方案，对下列达到一定规模的危险性较大的工程应当编制专项施工方案，并附具安全验算结果，经施工单位技术负责人签字以及总监理工程师核签后实施，由专职安全生产管理人员进行现场监督：

（一）基坑支护与降水工程；

（二）土方和石方开挖工程；

（三）模板工程；

（四）起重吊装工程；

（五）脚手架工程；

（六）拆除、爆破工程；

（七）围堰工程；

（八）其他危险性较大的工程。

对前款所列工程中涉及高边坡、深基坑、地下暗挖工程、高大模板工程的专项施工方案，施工单位还应当组织专家进行论证、审查。

第二十四条　施工单位在使用施工起重机械和整体提升脚手架、模板等自升式架设设施前，应当组织有关单位进行验收，也可以委托具有相应资质的检验检测机构进行验收；使用承租的机械设备和施工机具及配件的，由施工总承包单位、分包单位、出租单位和安装单位共同进行验收。验收合格的方可使用。

第二十五条　施工单位的主要负责人、项目负责人、专职安全生产管理人员应当经水行政主管部门安全生产考核合格后方可任职。

施工单位应当对管理人员和作业人员每年至少进行一次安全生产教育培训，其教育培训情况记入个人工作档案。安全生产教育培训考核不合格的人员，不得上岗。

施工单位在采用新技术、新工艺、新设备、新材料时，应当对作业人员进行相应的安全生产教育培训。

第六章　生产安全事故的应急救援和调查处理

第三十四条　各级地方人民政府水行政主管部门应当根据本级人民政府的要求，制定本行政区域内水利工程建设特大生产安全事故应急救援预案，并报上一级人民政府水行政主管部门备案。流域管理机构应当编制所管辖的水利工程建设特大生产安全事故应急救援预案，并报水利部备案。

第三十五条　项目法人应当组织制定本建设项目的生产安全事故应急救援预案，并定期组织演练。应急救援预案应当包括紧急救援的组织机构、人员配备、物资准备、人员财产救援措施、事故分析与报告等方面的方案。

第三十六条　施工单位应当根据水利工程施工的特点和范围，对施工现场易发生重大事故的部位、环节进行监控，制定施工现场生产安全事故应急救援预案。实行施工总承包的，由总承包单位统一组织编制水利工程建设生产安全事故应急救援预案，工程总承包单位和分包单位按照应急救援预案，各自建立应急救援组织或者配备应急救援人员，配备救援器材、设备，并定期组织演练。

第三十七条　施工单位发生生产安全事故，应当按照国家有关伤亡事故报告和调查处理的规定，及时、如实地向负责安全生产监督管理的部门以及水行政主管部门或者流域管理机构报告；特种设备发生事故的，还应当同时向特种设备安全监督管理部门报告。接到报告的部门应当按照国家有关规定，如实上报。

实行施工总承包的建设工程，由总承包单位负责上报事故。

发生生产安全事故，项目法人及其他有关单位应当及时、如实地向负责安全生产监督管理的部门以及水行政主管部门或者流域管理机构报告。

第三十八条　发生生产安全事故后，有关单位应当采取措施防止事故扩大，保护事故现场。需要移动现场物品时，应当做出标记和书面记录，妥善保管有关证物。

第三十九条　水利工程建设生产安全事故的调查、对事故责任单位和责任人的处罚与处理，按照有关法律法规的规定执行。

六、《安全生产事故隐患排查治理暂行规定》

《安全生产事故隐患排查治理暂行规定》经 2007 年 12 月 22 日国家安全生产监督管理总局局长办公会议审议通过，自 2008 年 2 月 1 日起施行。共包含 5 章 32 条，其中与水利工程建设安全生产相关的主要内容节选如下：

第一章　总　　则

第一条　为了建立安全生产事故隐患排查治理长效机制，强化安全生产主体责任，加强事故隐患监督管理，防止和减少事故，保障人民群众生命财产安全，根据安全生产法等

法律、行政法规，制定本规定。

第二条　生产经营单位安全生产事故隐患排查治理和安全生产监督管理部门、煤矿安全监察机构（以下统称安全监管监察部门）实施监管监察，适用本规定。

有关法律、行政法规对安全生产事故隐患排查治理另有规定的，依照其规定。

第三条　本规定所称安全生产事故隐患（以下简称事故隐患），是指生产经营单位违反安全生产法律法规、规章、标准、规程和安全生产管理制度的规定，或者因其他因素在生产经营活动中存在可能导致事故发生的物的危险状态、人的不安全行为和管理上的缺陷。

事故隐患分为一般事故隐患和重大事故隐患。一般事故隐患，是指危害和整改难度较小，发现后能够立即整改排除的隐患。重大事故隐患，是指危害和整改难度较大，应当全部或者局部停产停业，并经过一定时间整改治理方能排除的隐患，或者因外部因素影响致使生产经营单位自身难以排除的隐患。

第四条　生产经营单位应当建立健全事故隐患排查治理制度。

生产经营单位主要负责人对本单位事故隐患排查治理工作全面负责。

第二章　生产经营单位的职责

第七条　生产经营单位应当依照法律法规、规章、标准和规程的要求从事生产经营活动。严禁非法从事生产经营活动。

第八条　生产经营单位是事故隐患排查、治理和防控的责任主体。

生产经营单位应当建立健全事故隐患排查治理和建档监控等制度，逐级建立并落实从主要负责人到每个从业人员的隐患排查治理和监控责任制。

第九条　生产经营单位应当保证事故隐患排查治理所需的资金，建立资金使用专项制度。

第十条　生产经营单位应当定期组织安全生产管理人员、工程技术人员和其他相关人员排查本单位的事故隐患。对排查出的事故隐患，应当按照事故隐患的等级进行登记，建立事故隐患信息档案，并按照职责分工实施监控治理。

第十一条　生产经营单位应当建立事故隐患报告和举报奖励制度，鼓励、发动职工发现和排除事故隐患，鼓励社会公众举报。对发现、排除和举报事故隐患的有功人员，应当给予物质奖励和表彰。

第十二条　生产经营单位将生产经营项目、场所、设备发包、出租的，应当与承包、承租单位签订安全生产管理协议，并在协议中明确各方对事故隐患排查、治理和防控的管理职责。生产经营单位对承包、承租单位的事故隐患排查治理负有统一协调和监督管理的职责。

第十三条　安全监管监察部门和有关部门的监督检查人员依法履行事故隐患监督检查职责时，生产经营单位应当积极配合，不得拒绝和阻挠。

第十四条　生产经营单位应当每季、每年对本单位事故隐患排查治理情况进行统计分析，并分别于下一季度15日前和下一年1月31日前向安全监管监察部门和有关部门报送书面统计分析表。统计分析表应当由生产经营单位主要负责人签字。

对于重大事故隐患，生产经营单位除依照前款规定报送外，应当及时向安全监管监察部门和有关部门报告。重大事故隐患报告内容应当包括：

（一）隐患的现状及其产生原因；

（二）隐患的危害程度和整改难易程度分析；

（三）隐患的治理方案。

第十五条　对于一般事故隐患，由生产经营单位（车间、分厂、区队等）负责人或者有关人员立即组织整改。

对于重大事故隐患，由生产经营单位主要负责人组织制定并实施事故隐患治理方案。重大事故隐患治理方案应当包括以下内容：

（一）治理的目标和任务；

（二）采取的方法和措施；

（三）经费和物资的落实；

（四）负责治理的机构和人员；

（五）治理的时限和要求；

（六）安全措施和应急预案。

第十六条　生产经营单位在事故隐患治理过程中，应当采取相应的安全防范措施，防止事故发生。事故隐患排除前或者排除过程中无法保证安全的，应当从危险区域内撤出作业人员，并疏散可能危及的其他人员，设置警戒标志，暂时停产停业或者停止使用；对暂时难以停产或者停止使用的相关生产储存装置、设施、设备，应当加强维护和保养，防止事故发生。

第十七条　生产经营单位应当加强对自然灾害的预防。对于因自然灾害可能导致事故灾难的隐患，应当按照有关法律法规、标准和本规定的要求排查治理，采取可靠的预防措施，制订应急预案。在接到有关自然灾害预报时，应当及时向下属单位发出预警通知；发生自然灾害可能危及生产经营单位和人员安全的情况时，应当采取撤离人员、停止作业、加强监测等安全措施，并及时向当地人民政府及其有关部门报告。

第十八条　地方人民政府或者安全监管监察部门及有关部门挂牌督办并责令全部或者局部停产停业治理的重大事故隐患，治理工作结束后，有条件的生产经营单位应当组织本单位的技术人员和专家对重大事故隐患的治理情况进行评估；其他生产经营单位应当委托具备相应资质的安全评价机构对重大事故隐患的治理情况进行评估。经治理后符合安全生产条件的，生产经营单位应当向安全监管监察部门和有关部门提出恢复生产的书面申请，经安全监管监察部门和有关部门审查同意后，方可恢复生产经营。申请报告应当包括治理方案的内容、项目和安全评价机构出具的评价报告等。

第三章　监　督　管　理

第二十一条　已经取得安全生产许可证的生产经营单位，在其被挂牌督办的重大事故隐患治理结束前，安全监管监察部门应当加强监督检查。必要时，可以提请原许可证颁发机关依法暂扣其安全生产许可证。

第四章 罚 则

第二十五条 生产经营单位及其主要负责人未履行事故隐患排查治理职责，导致发生生产安全事故的，依法给予行政处罚。

第二十六条 生产经营单位违反本规定，有下列行为之一的，由安全监管监察部门给予警告，并处三万元以下的罚款：

（一）未建立安全生产事故隐患排查治理等各项制度的；

（二）未按规定上报事故隐患排查治理统计分析表的；

（三）未制定事故隐患治理方案的；

（四）重大事故隐患不报或者未及时报告的；

（五）未对事故隐患进行排查治理擅自生产经营的；

（六）整改不合格或者未经安全监管监察部门审查同意擅自恢复生产经营的。

第二十八条 生产经营单位事故隐患排查治理过程中违反有关安全生产法律法规、规章、标准和规程规定的，依法给予行政处罚。

七、《生产经营单位安全培训规定》

《生产经营单位安全培训规定》（国家安监总局令第 3 号）于 2005 年 12 月 28 日国家安全生产监督管理总局局长办公会议审议通过，自 2006 年 3 月 1 日起施行。2013 年 8 月 19 日国家安监总局令第 63 号进行第一次修改，2015 年 5 月 29 日国家安全监管总局令第 80 号进行了第二次修正。修正后的《生产经营单位安全培训规定》包含 7 章 34 条，其中与水利工程建设安全生产相关的主要内容节选如下：

第一章 总 则

第一条 为加强和规范生产经营单位安全培训工作，提高从业人员安全素质，防范伤亡事故，减轻职业危害，根据安全生产法和有关法律、行政法规，制定本规定。

第二条 工矿商贸生产经营单位（以下简称生产经营单位）从业人员的安全培训，适用本规定。

第三条 生产经营单位负责本单位从业人员安全培训工作。

生产经营单位应当按照安全生产法和有关法律、行政法规和本规定，建立健全安全培训工作制度。

第四条 生产经营单位应当进行安全培训的从业人员包括主要负责人、安全生产管理人员、特种作业人员和其他从业人员。

生产经营单位使用被派遣劳动者的，应当将被派遣劳动者纳入本单位从业人员统一管理，对被派遣劳动者进行岗位安全操作规程和安全操作技能的教育和培训。劳务派遣单位应当对被派遣劳动者进行必要的安全生产教育和培训。

生产经营单位接收中等职业学校、高等学校学生实习的，应当对实习学生进行相应的安全生产教育和培训，提供必要的劳动防护用品。学校应当协助生产经营单位对实习学生进行安全生产教育和培训。

生产经营单位从业人员应当接受安全培训，熟悉有关安全生产规章制度和安全操作规程，具备必要的安全生产知识，掌握本岗位的安全操作技能，了解事故应急处理措施，知悉自身在安全生产方面的权利和义务。

未经安全生产培训合格的从业人员，不得上岗作业。

第二章　主要负责人、安全生产管理人员的安全培训

第六条　生产经营单位主要负责人和安全生产管理人员应当接受安全培训，具备与所从事的生产经营活动相适应的安全生产知识和管理能力。

第七条　生产经营单位主要负责人安全培训应当包括下列内容：

（一）国家安全生产方针、政策和有关安全生产的法律法规、规章及标准；

（二）安全生产管理基本知识、安全生产技术、安全生产专业知识；

（三）重大危险源管理、重大事故防范、应急管理和救援组织以及事故调查处理的有关规定；

（四）职业危害及其预防措施；

（五）国内外先进的安全生产管理经验；

（六）典型事故和应急救援案例分析；

（七）其他需要培训的内容。

第八条　生产经营单位安全生产管理人员安全培训应当包括下列内容：

（一）国家安全生产方针、政策和有关安全生产的法律法规、规章及标准；

（二）安全生产管理、安全生产技术、职业卫生等知识；

（三）伤亡事故统计、报告及职业危害的调查处理方法；

（四）应急管理、应急预案编制以及应急处置的内容和要求；

（五）国内外先进的安全生产管理经验；

（六）典型事故和应急救援案例分析；

（七）其他需要培训的内容。

第九条　生产经营单位主要负责人和安全生产管理人员初次安全培训时间不得少于32学时。每年再培训时间不得少于12学时。

煤矿、非煤矿山、危险化学品、烟花爆竹、金属冶炼等生产经营单位主要负责人和安全生产管理人员初次安全培训时间不得少于48学时，每年再培训时间不得少于16学时。

第十条　生产经营单位主要负责人和安全生产管理人员的安全培训必须依照安全生产监管监察部门制定的安全培训大纲实施。

非煤矿山、危险化学品、烟花爆竹、金属冶炼等生产经营单位主要负责人和安全生产管理人员的安全培训大纲及考核标准由国家安全生产监督管理总局统一制定。

煤矿主要负责人和安全生产管理人员的安全培训大纲及考核标准由国家煤矿安全监察局制定。

煤矿、非煤矿山、危险化学品、烟花爆竹、金属冶炼以外的其他生产经营单位主要负责人和安全管理人员的安全培训大纲及考核标准，由省、自治区、直辖市安全生产监督管理部门制定。

第三章 其他从业人员的安全培训

第十三条 生产经营单位新上岗的从业人员，岗前安全培训时间不得少于24学时。

第十五条 车间（工段、区、队）级岗前安全培训内容应当包括：

（一）工作环境及危险因素；

（二）所从事工种可能遭受的职业伤害和伤亡事故；

（三）所从事工种的安全职责、操作技能及强制性标准；

（四）自救互救、急救方法、疏散和现场紧急情况的处理；

（五）安全设备设施、个人防护用品的使用和维护；

（六）本车间（工段、区、队）安全生产状况及规章制度；

（七）预防事故和职业危害的措施及应注意的安全事项；

（八）有关事故案例；

（九）其他需要培训的内容。

第十六条 班组级岗前安全培训内容应当包括：

（一）岗位安全操作规程；

（二）岗位之间工作衔接配合的安全与职业卫生事项；

（三）有关事故案例；

（四）其他需要培训的内容。

第十七条 从业人员在本生产经营单位内调整工作岗位或离岗一年以上重新上岗时，应当重新接受车间（工段、区、队）和班组级的安全培训。

生产经营单位采用新工艺、新技术、新材料或者使用新设备时，应当对有关从业人员重新进行有针对性的安全培训。

第十八条 生产经营单位的特种作业人员，必须按照国家有关法律法规的规定接受专门的安全培训，经考核合格，取得特种作业操作资格证书后，方可上岗作业。

特种作业人员的范围和培训考核管理办法，另行规定。

第四章 安全培训的组织实施

第十九条 生产经营单位从业人员的安全培训工作，由生产经营单位组织实施。

生产经营单位应当坚持以考促学、以讲促学，确保全体从业人员熟练掌握岗位安全生产知识和技能；煤矿、非煤矿山、危险化学品、烟花爆竹、金属冶炼等生产经营单位还应当完善和落实师傅带徒弟制度。

第二十条 具备安全培训条件的生产经营单位，应当以自主培训为主；可以委托具备安全培训条件的机构，对从业人员进行安全培训。

不具备安全培训条件的生产经营单位，应当委托具备安全培训条件的机构，对从业人员进行安全培训。

生产经营单位委托其他机构进行安全培训的，保证安全培训的责任仍由本单位负责。

第二十一条 生产经营单位应当将安全培训工作纳入本单位年度工作计划。保证本单位安全培训工作所需资金。

生产经营单位的主要负责人负责组织制定并实施本单位安全培训计划。

第二十二条　生产经营单位应当建立健全从业人员安全生产教育和培训档案，由生产经营单位的安全生产管理机构以及安全生产管理人员详细、准确记录培训的时间、内容、参加人员以及考核结果等情况。

第二十三条　生产经营单位安排从业人员进行安全培训期间，应当支付工资和必要的费用。

第三十条　生产经营单位有下列行为之一的，由安全生产监管监察部门责令其限期改正，可以处 5 万元以下的罚款；逾期未改正的，责令停产停业整顿，并处 5 万元以上 10 万元以下的罚款，对其直接负责的主管人员和其他直接责任人员处 1 万元以上 2 万元以下的罚款：

（一）煤矿、非煤矿山、危险化学品、烟花爆竹、金属冶炼等生产经营单位主要负责人和安全管理人员未按照规定经考核合格的；

（二）未按照规定对从业人员、被派遣劳动者、实习学生进行安全生产教育和培训或者未如实告知其有关安全生产事项的；

（三）未如实记录安全生产教育和培训情况的；

（四）特种作业人员未按照规定经专门的安全技术培训并取得特种作业人员操作资格证书，上岗作业的。

县级以上地方人民政府负责煤矿安全生产监督管理的部门发现煤矿未按照本规定对井下作业人员进行安全培训的，责令限期改正，处 10 万元以上 50 万元以下的罚款；逾期未改正的，责令停产停业整顿。

煤矿安全监察机构发现煤矿特种作业人员无证上岗作业的，责令限期改正，处 10 万元以上 50 万元以下的罚款；逾期未改正的，责令停产停业整顿。

第七章　附　　则

第三十二条　生产经营单位主要负责人是指有限责任公司或者股份有限公司的董事长、总经理，其他生产经营单位的厂长、经理、（矿务局）局长、矿长（含实际控制人）等。

生产经营单位安全生产管理人员是指生产经营单位分管安全生产的负责人、安全生产管理机构负责人及其管理人员，以及未设安全生产管理机构的生产经营单位专、兼职安全生产管理人员等。

生产经营单位其他从业人员是指除主要负责人、安全生产管理人员和特种作业人员以外，该单位从事生产经营活动的所有人员，包括其他负责人、其他管理人员、技术人员和各岗位的工人以及临时聘用的人员。

八、《特种作业人员安全技术培训考核管理规定》

《特种作业人员安全技术培训考核管理规定》已经 2010 年 4 月 26 日国家安全生产监督管理总局局长办公会议审议通过，自 2010 年 7 月 1 日起施行。根据 2013 年 8 月 29 日国家安全监管总局令第 63 号第一次修正，根据 2015 年 5 月 29 日国家安全监管总局令第

80 号第二次修正。修正后的《特种作业人员安全技术培训考核管理规定》包含 7 章 44 条，其中与水利工程建设安全生产相关的主要内容节选如下：

第一章　总　　则

第一条　为了规范特种作业人员的安全技术培训考核工作，提高特种作业人员的安全技术水平，防止和减少伤亡事故，根据《安全生产法》《行政许可法》等有关法律、行政法规，制定本规定。

第二条　生产经营单位特种作业人员的安全技术培训、考核、发证、复审及其监督管理工作，适用本规定。

有关法律、行政法规和国务院对有关特种作业人员管理另有规定的，从其规定。

第三条　本规定所称特种作业，是指容易发生事故，对操作者本人、他人的安全健康及设备、设施的安全可能造成重大危害的作业。特种作业的范围由特种作业目录规定。

本规定所称特种作业人员，是指直接从事特种作业的从业人员。

第四条　特种作业人员应当符合下列条件：

（一）年满 18 周岁，且不超过国家法定退休年龄；

（二）经社区或者县级以上医疗机构体检健康合格，并无妨碍从事相应特种作业的器质性心脏病、癫痫病、美尼尔氏症、眩晕症、癔病、震颤麻痹症、精神病、痴呆症以及其他疾病和生理缺陷；

（三）具有初中及以上文化程度；

（四）具备必要的安全技术知识与技能；

（五）相应特种作业规定的其他条件。

危险化学品特种作业人员除符合前款第一项、第二项、第四项和第五项规定的条件外，应当具备高中或者相当于高中及以上文化程度。

第五条　特种作业人员必须经专门的安全技术培训并考核合格，取得《中华人民共和国特种作业操作证》（以下简称特种作业操作证）后，方可上岗作业。

第六条　特种作业人员的安全技术培训、考核、发证、复审工作实行统一监管、分级实施、教考分离的原则。

第二章　培　　训

第九条　特种作业人员应当接受与其所从事的特种作业相应的安全技术理论培训和实际操作培训。

已经取得职业高中、技工学校及中专以上学历的毕业生从事与其所学专业相应的特种作业，持学历证明经考核发证机关同意，可以免予相关专业的培训。

第十条　对特种作业人员的安全技术培训，具备安全培训条件的生产经营单位应当以自主培训为主，也可以委托具备安全培训条件的机构进行培训。

不具备安全培训条件的生产经营单位，应当委托具备安全培训条件的机构进行培训。

生产经营单位委托其他机构进行特种作业人员安全技术培训的，保证安全技术培训的

责任仍由本单位负责。

第十九条　特种作业操作证有效期为 6 年，在全国范围内有效。

特种作业操作证由安全监管总局统一式样、标准及编号。

第二十条　特种作业操作证遗失的，应当向原考核发证机关提出书面申请，经原考核发证机关审查同意后，予以补发。

特种作业操作证所记载的信息发生变化或者损毁的，应当向原考核发证机关提出书面申请，经原考核发证机关审查确认后，予以更换或者更新。

第四章　复　　审

第二十一条　特种作业操作证每 3 年复审 1 次。

特种作业人员在特种作业操作证有效期内，连续从事本工种 10 年以上，严格遵守有关安全生产法律法规的，经原考核发证机关或者从业所在地考核发证机关同意，特种作业操作证的复审时间可以延长至每 6 年 1 次。

第二十二条　特种作业操作证需要复审的，应当在期满前 60 日内，由申请人或者申请人的用人单位向原考核发证机关或者从业所在地考核发证机关提出申请，并提交下列材料：

（一）社区或者县级以上医疗机构出具的健康证明；

（二）从事特种作业的情况；

（三）安全培训考试合格记录。

特种作业操作证有效期届满需要延期换证的，应当按照前款的规定申请延期复审。

第二十三条　特种作业操作证申请复审或者延期复审前，特种作业人员应当参加必要的安全培训并考试合格。

安全培训时间不少于 8 个学时，主要培训法律法规、标准、事故案例和有关新工艺、新技术、新装备等知识。

第二十五条　特种作业人员有下列情形之一的，复审或者延期复审不予通过：

（一）健康体检不合格的；

（二）违章操作造成严重后果或者有 2 次以上违章行为，并经查证确实的；

（三）有安全生产违法行为，并给予行政处罚的；

（四）拒绝、阻碍安全生产监管监察部门监督检查的；

（五）未按规定参加安全培训，或者考试不合格的；

（六）具有本规定第三十条、第三十一条规定情形的。

第二十六条　特种作业操作证复审或者延期复审符合本规定第二十五条第二项、第三项、第四项、第五项情形的，按照本规定经重新安全培训考试合格后，再办理复审或者延期复审手续。

再复审、延期复审仍不合格，或者未按期复审的，特种作业操作证失效。

第三十条　有下列情形之一的，考核发证机关应当撤销特种作业操作证：

（一）超过特种作业操作证有效期未延期复审的；

（二）特种作业人员的身体条件已不适合继续从事特种作业的；

（三）对发生生产安全事故负有责任的；

（四）特种作业操作证记载虚假信息的；

（五）以欺骗、贿赂等不正当手段取得特种作业操作证的。

特种作业人员违反前款第四项、第五项规定的，3 年内不得再次申请特种作业操作证。

第三十二条　离开特种作业岗位 6 个月以上的特种作业人员，应当重新进行实际操作考试，经确认合格后方可上岗作业。

第三十五条　特种作业人员在劳动合同期满后变动工作单位的，原工作单位不得以任何理由扣押其特种作业操作证。

跨省、自治区、直辖市从业的特种作业人员应当接受从业所在地考核发证机关的监督管理。

第三十六条　生产经营单位不得印制、伪造、倒卖特种作业操作证，或者使用非法印制、伪造、倒卖的特种作业操作证。

特种作业人员不得伪造、涂改、转借、转让、冒用特种作业操作证或者使用伪造的特种作业操作证。

第六章　罚　　则

第三十八条　生产经营单位未建立健全特种作业人员档案的，给予警告，并处 1 万元以下的罚款。

第三十九条　生产经营单位使用未取得特种作业操作证的特种作业人员上岗作业的，责令限期改正，可以处 5 万元以下的罚款；逾期未改正的，责令停产停业整顿，并处 5 万元以上 10 万元以下的罚款，对直接负责的主管人员和其他直接责任人员处 1 万元以上 2 万元以下的罚款。

第四十条　生产经营单位非法印制、伪造、倒卖特种作业操作证，或者使用非法印制、伪造、倒卖的特种作业操作证的，给予警告，并处 1 万元以上 3 万元以下的罚款；构成犯罪的，依法追究刑事责任。

第五节　水利工程建设安全生产规范性文件

水利工程建设安全生产规范性文件也是水利工程建设活动中保证安全生产的依据之一，对水利工程建设安全生产工作的开展具有重要的指导意义。

规范性文件是指由国务院所属各部委制定，或由各省、自治区、直辖市政府以及各厅（局）、委员会等政府管理部门制定，对某方面或某项工作进行规范的文件，一般以"通知""规定""决定"等文件形式出现。规范性文件是安全生产法律体系的重要补充。例如：目前，在水利工程建设过程中，《关于进一步加强水利安全生产监督管理工作的意见》（水人教〔2006〕593 号）《关于加强小水电站安全监管工作的通知》（水电〔2009〕585 号）《关于进一步加强企业安全生产规范化建设，严格落实企业安全生产主体责任的指导意见》（安监总办〔2010〕139 号）《关于印发〈水利水电工程施工企业主要负责人、项目负责人和专职安全生产管理人员安全生产考核管理办法〉的通知》（水安监〔2011〕374 号）等。

水利工程建设安全生产相关规范性文件清单见表1-3。

表1-3　　　　　　　　　　水利工程建设安全生产相关规范性文件清单

序号	安全生产相关规范性文件名称
1	《国务院安委会关于深入开展企业安全生产标准化建设的指导意见》
2	《国务院安委会关于进一步加强安全培训工作的决定》
3	《国务院安委会办公室关于印发工贸行业企业安全生产标准化建设和安全生产事故排查治理体系建设实施指南的通知》
4	《关于印发水利行业开展安全生产标准化建设实施方案的通知》
5	《水利安全生产标准化评审管理暂行办法》
6	《水利部关于进一步加强水利安全培训工作的实施意见》
7	《关于印发水利工程建设安全生产监督检查导则的通知》
8	《水利水电工程施工企业主要负责人、项目负责人和专职安全生产管理人员安全生产考核管理办法》
9	《关于印发水利安全生产"三项行动"实施方案的通知》
10	《关于贯彻落实〈中共中央国务院关于加快水利改革发展的决定〉加强水利安全生产工作的实施意见》
11	《关于贯彻落实〈国务院关于坚持科学发展安全发展促进安全生产形势持续稳定好转的意见〉进一步加强水利安全生产工作的实施意见》
12	《关于做好水利安全生产隐患排查治理信息统计和报送工作的通知》
13	《水利安全生产标准化评审管理暂行办法实施细则》
14	《关于完善水利行业生产安全事故统计快报和月报制度的通知》
15	《关于进一步加强水利水电施工企业主要负责人、项目负责人和专职安全生产管理人员安全生产考核工作的通知》
16	《水利部办公厅关于印发〈水利水电建设项目安全预评价指导意见〉和〈水利水电建设项目安全验收评价指导意见〉的通知》
17	《关于开展水利安全生产检查和安全生产领域"打非治违"等专项行动重点督查的通知》
18	《关于开展水利安全生产领域"打非治违"专项行动的通知》
19	《关于开展水利行业严厉打击非法违法生产经营建设行为专项行动的通知》
20	《关于切实做好当前水利安全生产工作的通知》
21	《关于进一步加强水利安全生产工作的紧急通知》
22	《水利部关于印发〈水利工程建设领域预防施工起重机械脚手架等坍塌事故专项整治工作方案〉的通知》
23	《关于建立水利建设工程安全生产条件市场准入制度的通知》
24	《加强水利工程建设招标投标、建设实施和质量安全管理工作指导意见》
25	《关于印发〈水利工程建设重大质量与安全事故紧急预案〉的通知》
26	《关于进一步加强水利安全生产监督管理工作的意见》
27	《水利水电建设项目安全评价管理办法（试行）》
28	《关于印发〈企业安全生产费用提取和使用管理办法〉的通知》

一、《水利安全生产标准化评审管理暂行办法》

2013年4月10日水利部发布了关于印发《水利安全生产标准化评审管理暂行办法》

的通知，对评审工作的基本要求，评审程序以及评审等级等作出了明确规定，指导评审相关工作的开展和管理。

第一章　总　　则

第一条　为进一步落实水利生产经营单位安全生产主体责任，规范水利安全生产标准化评审工作，根据《国务院关于进一步加强企业安全生产工作的通知》（国发〔2010〕23号）、《国务院安委会关于深入开展企业安全生产标准化建设的指导意见》（安委〔2011〕4号）和《水利行业深入开展安全生产标准化建设实施方案》（水安监〔2011〕346号），制定本办法。

第二条　本办法适用于水利部部属水利生产经营单位，以及申请一级的非部属水利生产经营单位安全生产标准化评审。

水利生产经营单位是指水利工程项目法人、从事水利水电工程施工的企业和水利工程管理单位。其中水利工程项目法人为施工工期2年以上的大中型水利工程项目法人。小型水利工程项目法人和施工工期2年以下的大中型水利工程项目法人不参加安全生产标准化评审，但应按照安全生产标准化评审标准开展安全生产标准化建设工作。

第四条　水利安全生产标准化等级分为一级、二级和三级，依据评审得分确定，评审满分为100分。具体标准为：

（一）一级：评审得分90分以上（含），且各一级评审项目得分不低于应得分的70%；

（二）二级：评审得分80分以上（含），且各一级评审项目得分不低于应得分的70%；

（三）三级：评审得分70分以上（含），且各一级评审项目得分不低于应得分的60%；

（四）不达标：评审得分低于70分，或任何一项一级评审项目得分低于应得分的60%。

第六条　水利安全生产标准化评审程序：

（一）水利生产经营单位依照《评审标准》进行自主评定；

（二）水利生产经营单位根据自主评定结果向水利部提出评审申请；

（三）经审核符合条件的，由水利部认可的评审机构开展评审；

（四）水利部安全生产标准化评审委员会审定，由水利部公告、颁证授牌。

第二章　单位自评和申请

第九条　水利生产经营单位应按照《评审标准》组织开展安全生产标准化建设，自主开展等级评定，形成自评报告。自评报告内容应包括：单位概况及安全管理状况、基本条件的符合情况、自主评定工作开展情况、自主评定结果、发现的主要问题、整改计划及措施、整改完成情况等。

水利生产经营单位在策划、实施安全生产标准化工作和自主开展安全生产标准化等级评定时，可以聘请专业技术咨询机构提供支持。

第十条　水利生产经营单位根据自主评定结果，按照下列规定提出评审书面申请，申请材料包括申请表和自评报告：

（一）部属水利生产经营单位经上级主管单位审核同意后，向水利部提出评审申请；

（二）地方水利生产经营单位申请水利安全生产标准化一级的，经所在地省级水行政主管部门审核同意后，向水利部提出评审申请；

（三）上述两款规定以外的水利生产经营单位申请水利安全生产标准化一级的，经上级主管单位审核同意后，向水利部提出评审申请。

第十一条　申请水利安全生产标准化评审的单位应具备以下条件：

（一）设立有安全生产行政许可的，应依法取得国家规定的相应安全生产行政许可；

（二）水利工程项目法人所管辖的建设项目、水利水电施工企业在评审期（申请等级评审之日前1年）内，未发生较大及以上生产安全事故，不存在非法违法生产经营建设行为，重大事故隐患已治理达到安全生产要求；

（三）水利工程管理单位在评审期内，未发生造成人员死亡、重伤3人以上或直接经济损失超过100万元以上的生产安全事故，不存在非法违法生产经营建设行为，重大事故隐患已治理达到安全生产要求。

第十七条　水利生产经营单位取得水利安全生产标准化等级证书后，每年应对本单位安全生产标准化的情况至少进行一次自我评审，并形成报告，及时发现和解决生产经营中的安全问题，持续改进，不断提高安全生产水平。

第十八条　安全生产标准化等级证书有效期为3年。有效期满需要延期的，须于期满前3个月，向水利部提出延期申请。

水利生产经营单位在安全生产标准化等级证书有效期内，完成年度自我评审，保持绩效，持续改进安全生产标准化工作，经评审机构复评，水利部审定，符合延期条件的，可延期3年。

第十九条　取得水利安全生产标准化等级证书的单位，在证书有效期内发生下列行为之一的，由水利部撤销其安全生产标准化等级，并予以公告：

（一）在评审过程中弄虚作假、申请材料不真实的；

（二）不接受检查的；

（三）迟报、漏报、谎报、瞒报生产安全事故的；

（四）水利工程项目法人所管辖建设项目、水利水电施工企业发生较大及以上生产安全事故后，水利工程管理单位发生造成人员死亡、重伤3人以上或经济损失超过100万元以上的生产安全事故后，在半年内申请复评不合格的；

（五）水利工程项目法人所管辖建设项目、水利水电施工企业复评合格后再次发生较大及以上生产安全事故的；水利工程管理单位复评合格后再次发生造成人员死亡、重伤3人以上或经济损失超过100万元以上的生产安全事故的。

第二十条　被撤销水利安全生产标准化等级的单位，自撤销之日起，须按降低至少一个等级重新申请评审；且自撤销之日起满1年后，方可申请被降低前的等级评审。

第二十一条　水利安全生产标准化三级单位构成撤销等级条件的，责令限期整改。整改期满，经评审符合三级单位要求的，予以公告。整改期限不得超过1年。

二、《水利安全生产标准化评审管理暂行办法实施细则》

第一章　总　　则

第一条　根据《水利安全生产标准化评审管理暂行办法》（水安监〔2013〕189号，以下简称《办法》），制定本细则。

第二条　本细则适用于水利部部属水利生产经营单位一、二、三级安全生产标准化评审和非部属水利生产经营单位一级安全生产标准化评审，水利生产经营单位需具有独立法人资格。

第二章　单 位 申 请

第三条　水利安全生产标准化评审实行网上申报。水利生产经营单位须根据自主评定结果登录水利安全监督网（http：//aqjd.mwr.gov.cn）"水利安全生产标准化评审管理系统"，按照《办法》第十条的规定，经上级主管单位或所在地省级水行政主管部门审核同意后，提交水利部安全生产标准化委员会办公室。

其中，审核单位为非水利部直属单位或省级水行政主管部门的，须以纸质材料进行审核，审核通过后，登陆"水利安全生产标准化评审管理系统"进行申报。

第四条　水利部安全生产标准化评审委员会办公室自收到申请材料之日起，5个工作日内完成材料审核。主要审核：

（一）水利生产经营单位是否符合申请条件；

（二）自评报告是否符合要求，内容是否完整。

对符合申请条件且材料合格的水利生产经营单位，通知其开展评审机构评审；对符合申请条件但材料不完整或存在疑问的，要求其补充相关材料或说明有关情况；对不符合申请条件的，退回申请材料。

第三章　评 审 机 构 评 审

第五条　通过水利部审核的水利生产经营单位，应委托水利部认可的评审机构开展评审。评审所需费用根据评审工作量等实际情况，参照国家相关收费标准，由承担评审的机构与委托单位双方协商，合理确定。

第十条　被评审单位所管辖的项目或工程数量超过3个时，应抽查不少于3个项目或工程现场。

项目法人须抽查开工一年后的在建水利工程项目；施工企业须抽查现场作业量相对较大时期的水利水电工程项目。

第十四条　取得水利安全生产标准化等级证书的单位每年年底应对安全生产标准化情况进行自评，形成报告，于次年1月31日前通过"水利安全生产标准化评审管理系统"报送水利部安全生产标准化评审委员会办公室。

三、《关于完善水利行业生产安全事故统计快报和月报制度的通知》

为加强水利安全生产体制机制建设，做好水利生产安全事故统计分析和预防应对工

作，水利部办公厅依据《生产安全事故报告和调查处理条例》（国务院令第 393 号），制定《关于完善水利行业生产安全事故统计快报和月报制度的通知》（办安监〔2009〕112 号）。主要规定如下：

1. 事故统计报告范围

（1）事故快报范围。各级水行政主管部门、水利企事业单位在生产经营活动中以及其负责安全生产监管的水利水电在建、已建工程等生产经营活动中发生的特别重大、重大、较大和造成人员死亡的一般事故以及非超标准洪水溃坝等严重危及公共安全、社会影响重大的涉险事故。

（2）事故月报范围。各级水行政主管部门、水利企事业单位在生产经营活动中以及其负责安全生产监管的水利水电在建、已建工程等生产经营活动中发生的造成人员死亡、重伤（包括急性工业中毒）或者直接经济损失在 100 万元以上的生产安全事故。

2. 事故统计报告内容

（1）事故快报内容。主要包括：①事故发生的时间（年、月、日、时、分）、地点〔省（自治区、直辖市）、市（地）、县（市）、乡（镇）〕；②发生事故单位的名称、主管部门和参建单位资质等级情况；③事故的简要经过及原因初步分析；④事故已经造成和可能造成的伤亡人数（死亡、失踪、被困、轻伤、重伤、急性工业中毒等），初步估计事故造成的直接经济损失；⑤事故抢救进展情况和采取的措施；⑥其他应报告的有关情况。

（2）事故月报内容。按照《水利行业生产安全事故月报表》的内容填写水利生产安全事故基本情况，包括事故发生的时间和单位名称、单位类型、事故死亡和重伤人数（包括急性工业中毒）、事故类别、事故原因、直接经济损失和事故简要情况等。

3. 事故统计报告时限

（1）事故快报时限。发生快报范围内的事故后，事故现场有关人员应立即报告本单位负责人。事故单位负责人接到事故报告后，应在 1 小时之内向上级主管单位以及事故发生地县级以上水行政主管部门报告。有关水行政主管部门接到报告后，立即报告上级水行政主管部门，每级上报的时间不得超过 2 小时。情况紧急时，事故现场有关人员可以直接向事故发生地县级以上水行政主管部门报告。有关单位和水行政主管部门也可以越级上报。部直属单位和各省（自治区、直辖市）水行政主管部门接到事故报告后，要在 2 小时内报送至水利部安全监督司（非工作时间报水利部总值班室）。对事故情况暂时不清的，可先报送事故概况，及时跟踪并将新情况续报。自事故发生之日起 30 日内（道路交通事故、火灾事故自发生之日起 7 日内），事故造成的伤亡人数发生变化或直接经济损失发生变动。应当重新确定事故等级并及时补报。

（2）事故月报时限和方式。部直属单位，各省（自治区、直辖市）和计划单列市水行政主管部门于每月 6 日前，将上月本地区、本单位《水利行业生产安全事故月报表》以传真和电子邮件的方式报送水利部安全监督司。事故月报实行零报告制度，当月无生产安全事故也要按时报告。

四、《水利安全生产信息报告和处置规则》

为规范水利安全生产信息报告和处置工作，根据《安全生产法》和《生产安全事故报

告和调查处理条例》，水利部制定了《水利安全生产信息报告和处置规则》。

水利安全生产信息包括水利生产经营单位、水行政主管部门及所管在建、运行工程的基本信息、隐患信息和事故信息等。基本信息、隐患信息和事故信息等通过水利安全生产信息上报系统（简称信息系统）报送。

（一）基本信息

（1）基本信息内容。基本信息主要包括水行政主管部门和水利生产经营单位（简称单位）基本信息以及水利工程基本信息。

1）单位基本信息包括单位类型、名称、所在行政区划、单位规格、经费来源、所属水行政主管部门，主要负责人、分管安全负责、安全生产联系人信息，经纬度等。

2）工程基本信息包括工程名称、工程状态、工程类别、所属行政区划、所属单位、所属水行政主管部门，相关建设、设计、施工、监理、验收等单位信息，工程类别特性参数，政府安全负责人、水行政主管部门安全负责人信息，工程主要责任人、分管安全负责人信息，经纬度等。

（2）地方各级水行政主管部门、水利工程建设项目法人、水利工程管理单位、水文测验单位、勘测设计科研单位、由水利部门投资成立或管理水利工程的企业、有独立办公场所的水利事业单位或社团、乡镇水利管理单位等，应向上级水行政主管部门申请注册，并填报单位安全生产信息。

（3）水库、水电站、农村小水电、水闸、泵站、堤防、引调水工程、灌区工程、淤地坝、农村供水工程等10类工程，所有规模以上工程（按2011年水利普查确定的规模）应在信息系统填报工程安全生产信息。

（4）基本信息应在2011年水利普查数据基础上填报。符合报告规定的新成立或组建的单位应及时向上级水行政主管部门申请注册，并按规定报告有关安全信息。在建工程由项目法人负责填报安全生产信息，运行工程由工程管理单位负责填报安全生产信息。新开工建设工程，项目法人应及时到信息系统增补工程安全生产信息。

（5）各单位（项目法人）负责填报本单位（工程）安全生产责任人〔包括单位（工程）主要负责人、分管安全生产负责人〕信息，并在每年1月31日前将单位安全生产责任人信息报送主管部门。各流域管理机构、地方各级水行政主管部门负责填报工程基本信息中的政府、行业监管负责人（包括政府安全生产监管负责人、行业安全生产综合监管负责人、行业安全生产专业监管负责人）信息，并在每年1月31日前将政府、行业监管负责人信息，在互联网上公布，供公众监督，同时报送上级水行政主管部门。责任人信息变动时，应及时到信息系统进行变更。

（二）隐患信息

（1）隐患信息内容。隐患信息报告主要包括隐患基本信息、整改方案信息、整改进展信息、整改完成情况信息等四类信息。

1）隐患基本信息包括隐患名称、隐患情况、隐患所在工程、隐患级别、隐患类型、排查单位、排查人员、排查日期等。

2）整改方案信息包括治理目标和任务、安全防范应急预案、整改措施、整改责任单位、责任人、资金落实情况、计划完成日期等。

3）整改进展信息包括阶段性整改进展情况、填报时间人员等。

4）整改完成情况包括实际完成日期、治理责任单位验收情况、验收责任人等。

5）隐患应按水库建设与运行、水电站建设与运行、农村水电站及配套电网建设与运行、水闸建设与运行、泵站建设与运行、堤防建设与运行、引调水建设与运行、灌溉排水工程建设与运行、淤地坝建设与运行、河道采砂、水文测验、水利工程勘测设计、水利科学研究实验与检验、后勤服务、综合经营、其他隐患等类型填报。

（2）各单位负责填报本单位的隐患信息，项目法人、运行管理单位负责填报工程隐患信息。各单位要实时填报隐患信息，发现隐患应及时登入信息系统，制定并录入整改方案信息，随时将隐患整改进展情况录入信息系统，隐患治理完成要及时填报完成情况信息。

（3）重大事故隐患须经单位（项目法人）主要负责人签字并形成电子扫描件后，通过信息系统上报。

（4）由水行政主管部门或有关单位组织的检查、督查、巡查、稽查中发现的隐患，由各单位（项目法人）及时登录信息系统，并按规定报告隐患相关信息。

（5）隐患信息除通过信息系统报告外，还应依据有关法规规定，向有关政府及相关部门报告。

（6）省级水行政主管部门每月 6 日前将上月本辖区隐患排查治理情况进行汇总并通过信息系统报送水利部安全监督司。隐患月报实行"零报告"制度，本月无新增隐患也要上报。

（7）隐患信息报告应当及时、准确和完整。任何单位和个人对隐患信息不得迟报、漏报、谎报和瞒报。

（三）事故信息

（1）事故信息包括以下内容：

1）水利生产安全事故信息，包括生产安全事故和较大涉险事故信息。

2）水利生产安全事故信息报告，包括：事故文字报告、电话快报、事故月报和事故调查处理情况报告。

3）文字报告，包括：事故发生单位概况；事故发生时间、地点以及事故现场情况；事故的简要经过；事故已经造成或者可能造成的伤亡人数（包括下落不明、涉险的人数）和初步估计的直接经济损失；已经采取的措施；其他应当报告的情况。文字报告按《水利安全生产信息报告和处置规则》附件 1 的格式填报。

4）电话快报，包括：事故发生单位的名称、地址、性质；事故发生的时间、地点；事故已经造成或者可能造成的伤亡人数（包括下落不明、涉险的人数）。

5）事故月报，包括：事故发生时间、事故单位名称、单位类型、事故工程、事故类别、事故等级、死亡人数、重伤人数、直接经济损失、事故原因、事故简要情况等。事故月报按《水利安全生产信息报告和处置规则》附件 2 的格式填报。

6）事故调查处理情况报告，包括：负责事故调查的人民政府批复的事故调查报告、事故责任人处理情况等。

7）水利生产安全事故等级划分，按《生产安全事故报告和调查处理条例》第三条执行。

8）较大涉险事故，包括：涉险 10 人及以上的事故；造成 3 人及以上被困或者下落不明的事故；紧急疏散人员 500 人及以上的事故；危及重要场所和设施安全（电站、重要水利设施、危化品库、油气田和车站、码头、港口、机场及其他人员密集场所等）的事故；其他较大涉险事故。

9）事故信息除通过信息系统报告外，还应依据有关法规规定，向有关政府及相关部门报告。

（2）事故发生单位按以下时限和方式报告事故信息：

事故发生后，事故现场有关人员应当立即向本单位负责人电话报告；单位负责人接到报告后，在 1h 内向主管单位和事故发生地县级以上水行政主管部门电话报告。其中，水利工程建设项目事故发生单位应立即向项目法人（项目部）负责人报告，项目法人（项目部）负责人应于 1h 内向主管单位和事故发生地县级以上水行政主管部门报告。

部直属单位或者其下属单位（以下统称部直属单位）发生的生产安全事故信息，在报告主管单位同时，应于 1h 内向事故发生地县级以上水行政主管部门报告。

（3）水行政主管部门按以下时限和方式报告事故信息：

水行政主管部门接到事故发生单位的事故信息报告后，对特别重大、重大、较大和造成人员死亡的一般事故以及较大涉险事故信息，应当逐级上报至水利部。逐级上报事故情况，每级上报的时间不得超过 2h。

部直属单位发生的生产安全事故信息，应当逐级报告水利部。每级上报的时间不得超过 2h。

情况紧急时，事故现场有关人员可以直接向事故发生地县级以上水行政主管部门报告，水行政主管部门也可以越级上报。

（4）水行政主管部门按以下时限和方式电话快报事故信息：

发生人员死亡的一般事故的，县级以上水行政主管部门接到报告后，在逐级上报的同时，应当在 1h 内电话快报省级水行政主管部门，随后补报事故文字报告。省级水行政主管部门接到报告后，应当在 1h 内电话快报水利部，随后补报事故文字报告。

发生特别重大、重大、较大事故的，县级以上水行政主管部门接到报告后，在逐级上报的同时，应当在 1h 内电话快报省级水行政主管部门和水利部，随后补报事故文字报告。

部直属单位发生特别重大、重大、较大事故、人员死亡的一般事故的，在逐级上报的同时，应当在 1 小时内电话快报水利部，随后补报事故文字报告。

（5）对于不能立即认定为生产安全事故的，应当先按照本办法规定的信息报告内容、时限和方式报告，其后根据负责事故调查的人民政府批复的事故调查报告，及时补报有关事故定性和调查处理结果。

（6）事故报告后出现新情况，或事故发生之日起 30 日内（道路交通、火灾事故自发生之日起 7 日内）人员伤亡情况发生变化的，应当在变化当日及时补报。

（7）事故月报按以下时限和方式报告：

水利生产经营单位、部直属单位应当通过信息系统将上月本单位发生的造成人员死亡、重伤（包括急性工业中毒）或者直接经济损失在 100 万以上的水利生产安全事故和较

大涉险事故情况逐级上报至水利部。省级水行政主管部门、部直属单位须于每月 6 日前，将事故月报通过信息系统报水利部安全监督司。

事故月报实行"零报告"制度，当月无生产安全事故也要按时报告。

（8）水利生产安全事故和较大涉险事故的信息报告应当及时、准确和完整。任何单位和个人对事故不得迟报、漏报、谎报和瞒报。

（9）2009 年水利部办公厅《关于完善水利行业生产安全事故快报和月报制度的通知》（办安监〔2009〕112 号）废止。

（四）信息处置

1. 基本信息

（1）上级水行政主管部门应对下级单位和工程基本信息进行审核，对信息缺项和错误的，应督促填报单位及时补齐、修正。

（2）各级水行政主管部门应督促本辖区的单位注册、单位和工程信息录入，每年对单位和工程情况进行复核，确保辖区内水利生产经营单位和规模以上工程 100％纳入信息系统管理范围。

（3）各级水行政主管部门充分利用信息系统安全生产信息，在开展安全生产检查督查时，全面采用"不发通知、不打招呼、不听汇报、不要陪同接待、直奔基层、直插现场"的"四不两直"检查方式，及时发现安全生产隐患和非法违法生产情况，促进安全隐患的整改和安全管理的加强，切实提升安全检查质量。

2. 隐患信息

（1）各单位应当每月向从业人员通报事故隐患信息排查情况、整改方案、"五落实"情况、治理进展等情况。

（2）各级水行政主管部门应对上报的重大隐患信息进行督办跟踪，督促有关单位消除重大事故隐患。

（3）各级水行政主管部门应定期对隐患信息汇总统计，分析隐患整改率、重大隐患整改情况及存在的问题等，对本地区安全生产形势以及单位或工程安全状况进行判断分析，并提出相应的工作措施，确保安全生产。

3. 事故信息

（1）接到事故报告后，相关水行政主管部门应当立即启动生产安全事故应急预案，研究制定并组织实施相关处置措施，根据需要派出工作组或专家组，做好或协助做好事故处置有关工作。

（2）接到事故报告后，相关水行政主管部门应当派员赶赴事故现场：发生特别重大事故的，水利部负责人立即赶赴事故现场；发生重大事故的，水利部相关司局和省级水行政主管部门负责人立即赶赴事故现场；发生较大事故的，省级水行政主管部门和市级水行政主管部门负责人立即赶赴事故现场；发生人员死亡一般事故和较大涉险事故的，市级水行政主管部门负责人立即赶赴事故现场。发生其他一般事故的，县级水行政主管部门负责人立即赶赴事故现场。

部直属单位发生人员死亡生产安全事故或较大涉险事故的，事故责任单位负责人应当立即赶赴事故现场。水利部负责人或者相关司局负责人根据事故等级赶赴事故现场。

发生较大事故、一般事故和较大涉险事故，上级水行政主管部门认为必要的，可以派员赶赴事故现场。

（3）赶赴事故现场人员应当做好以下工作：指导和协助事故现场开展事故抢救、应急救援等工作；负责与有关部门的协调沟通；及时报告事故情况、事态发展、救援工作进展等有关情况。

（4）有关水行政主管部门依法参与或配合事故救援和调查处理工作。水利部对重大、较大事故处理进行跟踪督导，督促负责事故调查的地方人民政府按照"四不放过"原则严肃追究相关责任单位和责任人责任，将事故处理到位。相关水行政主管部门应当将负责事故调查的人民政府批复的事故调查报告逐级上报至水利部。

（5）各级水行政主管部门应当建立事故信息报告处置制度和内部流程，并向社会公布值班电话，受理事故信息报告和举报。

五、《关于做好水利安全生产隐患排查治理信息统计和报送工作的通知》

《关于做好水利安全生产隐患排查治理信息统计和报送工作的通知》（水安办〔2010〕73号）指出，各单位要高度重视隐患排查治理信息统计和报送工作，加强组织领导，明确责任，落实负责信息统计和报送工作人员，结合本地区、本单位实际层层建立信息报送制度。要按照本通知要求，认真统计隐患排查治理信息，编报工作总结材料，完整、准确、及时地反映隐患排查治理工作情况。

（1）建立信息统计月报制度。各单位要及时、准确、全面掌握本地区、本单位水利安全生产隐患排查治理进展情况，每月对隐患排查治理工作情况（包括安全生产执法行动情况）进行统计分析，认真组织填报《水利安全生产隐患排查治理情况统计表》《水利安全生产执法行动情况统计表》（可在水利部网站安全监督栏目下载）。自2010年4月起，每月结束后5日内传真和电子邮件方式报送水利部安全监督司。

（2）做好季度总结通报工作。各单位要在组织、指导、督促本地区、本单位开展水利安全生产隐患排查治理工作的同时，建立隐患排查治理季度总结通报制度，认真总结隐患排查治理工作经验、有效做法和存在的问题，提出下一阶段工作安排及有关建议，每季度进行通报，并于每季度结束后5～13日内将隐患排查治理总结材料和《水利重大安全生产隐患登记表》报送水利部安全监督司。水利部每季度将对各地区、各单位隐患排查治理工作情况予以通报。

第六节　水利工程建设安全生产的相关标准

一、基本概念

（一）技术标准

技术标准是指重复性的技术事项在一定范围内的统一规定，是为在科学技术范围内获得最佳秩序，对科技活动或其结果规定共同的和重复使用的规则、导则或特性的文件，该文件经协商一致制定并经一个公认机构批准，以科学技术和实践经验的综合成果为基础，以促进最佳社会效益为目的。技术标准包括的范围涉及除政治、道德、法律以外的国民经济和社会发展的各个领域。

（二）水利安全生产技术标准

水利安全生产技术标准，是指为在水利安全生产领域获得最佳秩序，由国家标准化主管机关、国务院水行政主管部门或者地方政府制定、审批和发布的，从技术控制的角度来规范和约束水利安全生产活动的文件。

（三）法律规范与技术标准

法律规范和技术标准的性质和内容虽不相同，但两者的目标指向是一致的，因此，两者相互联系、相辅相成。法律规范为规范和加强安全生产管理提供法律依据，而技术标准为法律规范的施行提供重要的技术支撑。在我国制定的许多安全生产方面的法规中将安全生产标准作为生产经营单位必须执行的技术规范而载入法律。

二、安全生产标准分类

（一）按照约束等级划分

安全生产标准分为国家标准、行业标准、地方标准和企业标准，安全生产标准对生产经营单位的安全生产均具有约束力。

1. 国家标准

安全生产国家标准是指国家标准化行政主管部门依照《中华人民共和国标准化法》（简称《标准化法》）制定的在全国范围内适用的安全生产技术规范。国家标准分为强制性标准和推荐性标准，强制性标准代号为"GB"，推荐性标准代号为"GB/T"。国家标准的编号由国家标准代号、国家标准发布顺序号及国家标准发布的年号组成，如《危险化学品重大危险源辨识》（GB 18218—2009）、《企业安全生产标准化基本规范》（GB/T 33000—2016）等。

2. 行业标准

安全生产行业标准是在某个行业范围内统一的，没有国家标准的技术要求，由国务院有关部门和直属机构依照《标准化法》制定的在安全生产领域内适用的安全生产技术规范。行业标准需报国务院标准化行政主管部门备案。行业标准代号如水利行业标准（SL）、建筑工业行业标准（JGJ）、安全标准（AQ）等。行业标准是对国家标准的补充，分为强制性标准和推荐性标准。如《水利水电工程施工安全管理导则》（SL 721—2015）、《水利水电起重机械安全规程》（SL 425—2008）、《施工现场临时用电安全技术规范》（JGJ 46—2005）、《企业安全生产标准化基本规范》（AQ/T 9006—2010）。行业标准对同一事项的技术要求，其严格程度可以高于国家标准但不得与其相抵触。

3. 地方标准

地方标准是指对没有国家标准和行业标准而又需要在省、自治区、直辖市范围内统一的工业产品的安全、卫生要求，可以制定地方标准。地方标准由省、自治区、直辖市标准化行政主管部门制定，并报国务院标准化行政主管部门和国务院有关行政主管部门备案，在公布国家标准或者行业标准之后，该地方标准即应废止。

安全生产地方标准在本行政区域内是强制性标准，如《农村水电站管理规范》（DB33/T 2008—2016）、《河道建设规范》（DB33/T 614—2016）、《电力企业安全生产管理规范（火力、水力发电厂部分）》（DB33/T 787—2010）和《起重机械维护保养管理规范》（DB33/T 834—2011）等。

4. 企业标准

安全生产企业标准是对企业范围内需要协调、统一的技术要求，管理要求和工作要求所制定的标准。企业标准由企业制定，由企业法人代表或法人代表授权的主管领导批准、发布。企业标准一般以"Q"作为企业标准的开头。国家鼓励企业制定严于国家标准或者行业标准的企业标准。在企业内部适用。

（二）按照是否具有强制力划分

依据标准在执行过程中的是否具有强制力，分为强制性标准和推荐性标准。

1. 强制性标准

强制性标准是国家通过法律的形式明确要求对于一些标准所规定的技术内容和要求必须执行，不允许以任何理由或方式加以违反、变更，这样的标准称之为强制性标准，包括强制性的国家标准、行业标准和地方标准。对违反强制性标准的，国家将依法追究当事人法律责任。

2. 推荐性标准

推荐性标准是指国家鼓励自愿采用的具有指导作用而又不宜强制执行的标准，即标准所规定的技术内容和要求具有普遍的指导作用，允许使用单位结合自己的实际情况，灵活加以选用。

三、水利工程建设安全生产标准

水利工程建设安全生产标准是水利工程建设的重要依据，对水利工程建设的安全生产具有重大的指导意义，它不仅包括水利行业标准，还包括其他行业安全生产有关标准。目前，我国共有国家标准 25700 余项，其中安全类技术标准 1200 余项。由安全、劳动、电力、建筑、环境保护、道路交通、特种设备、危险化学品、消防等主管部门发布有关安全生产标准 100 余项。水利行业共制定了超过 800 项行业技术标准，与水利工程安全生产直接相关的标准共有 20 余项。

其中《水利水电工程施工通用安全技术规程》（SL 398—2007）、《水利水电工程土建施工安全技术规程》（SL 399—2007）、《水利水电工程金属结构与机电设备安装安全技术规程》（SL 400—2007）、《水利水电工程施工作业人员安全操作规程》（SL 401—2007），上述 4 个标准在内容上各有侧重、互为补充，形成一个相对完整的水利水电工程建筑安装安全技术标准体系。在处理解决具体问题时，4 个标准应相互配套使用。

除此之外，还有《水利水电起重机械安全规程》（SI 425—2008）、《企业安全生产标准化基本规范》（AQ/T 9006—2010）等为水利工程建设安全生产管理最主要的技术标准。

（一）《水利水电工程施工通用安全技术规程》

1. 总体要求

（1）目的。《水利水电工程施工通用安全技术规程》（SL 398—2007）是为了贯彻执行《安全生产法》《建设工程安全生产管理条例》（国务院令第 393 号）等有关的法律法规和标准，规范我国水利工程建设的安全生产工作，防止工程过程的人身伤害和财产损失而制定。

（2）适用范围。本标准规定了水利水电工程施工的通用安全技术要求。适用于大中

型水利水电工程施工安全技术管理、安全防护与安全施工，小型水利水电工程可参照执行。

2. 主要内容

本标准针对水利水电工程的特点和施工现状，明确了水利工程建设施工过程安全技术工作的基本要求和基本规定，共包括 11 章 65 节。

本标准涉及范围及主要内容包括：总则，术语，施工现场，施工用电、供水、供风及通信，安全防护设施，大型施工设备安装与运行，起重与运输，爆破器材与爆破作业，焊接与气割，锅炉及压力容器，危险物品管理。

（二）《水利水电工程土建施工安全技术规程》

《水利水电工程土建施工安全技术规程》（SL 399—2007）是依据《安全生产法》《建筑法》和《建设工程安全生产管理条例》（国务院令第 393 号）等有关安全生产的法律法规和标准，结合水利水电工程实际，规范水利工程建设的安全生产工作，防止和减少施工过程的人身伤害和财产损失而制定的。

1. 总体要求目的和适用范围

（1）目的。SL 399—2007 的目的是为了贯彻执行《安全生产法》《建筑法》《建设工程安全生产管理条例》（国务院令第 393 号），保证从事水利水电工程土建施工全体员工的安全和工程的安全。

（2）适用范围。SL 399—2007 规定了水利水电工程土建施工的安全技术要求，适用于大中型水利水电工程土建施工中的安全技术管理、安全防护与安全施工，小型水利水电工程及其他土建工程也可参照执行。

2. 主要内容

SL 399—2007 共 13 章 65 节，涉及范围及主要内容包括：总则，术语和定义，土石方工程，地基与基础工程，砂石料生产工程，混凝土工程，沥青混凝土。砌石工程，堤防工程，疏浚与吹填工程，渠道、水闸与泵站工程，房屋建筑工程，拆除工程。

（三）《水利水电工程金属结构与机电设备安装安全技术规程》

《水利水电工程金属结构与机电设备安装安全技术规程》（SL 400—2007）是依据《安全生产法》《建设工程安全生产管理条例》（国务院令第 393 号）等安全生产有关的法律法规，结合水利工程建设特点，对水电水利工程现场金属结构制作、安装和水轮发电机组及电气设备的安装的安全技术要求作了规定。

1. 总体要求

（1）目的。本标准的目的是为贯彻执行国家"安全第一、预防为主"的方针，坚持"以人为本"，实施安全生产全过程控制，保护从事金属结构制造、安装和机电设备安全全体员工的安全、健康。

（2）适用范围。本标准适用于大中型水电水利工程现场金属结构制作、安装和水轮发电机组及电气设备安装工程的安全技术管理、安全防护与安全施工。小型水电水利工程现场金属结构制作、安装和水轮发电机组及电气设备的安装工程可参照执行。

2. 主要内容

本标准共包括 18 章 104 节。本标准涉及范围及主要内容包括：总则，术语，基本

规定，金属结构制作，闸门安装，启闭机安装，升船机安装，引水钢管安装，其他金属结构安装，施工脚手架及平台，金属防腐涂装，水轮机安装，发电机安装，辅助设备安装，电气设备安装。水轮发电机组启动试运行，桥式起重机安装，施工用具及专用工具。

（四）《水利水电工程施工作业人员安全操作规程》

《水利水电工程施工作业人员安全操作规程》（SL 401—2007）是以《安全生产法》《建设工程安全生产管理条例》（国务院令第 393 号）等一系列国家安全生产的法律法规为依据，并遵照水利水电工程施工现行安全技术规程及相关施工机械设备运行、保养规程的要求进行编制的。

1. 总体要求

（1）目的。本标准的目的是为了贯彻执行国家"安全第一、预防为主"的安全生产方针，并进行综合治理，坚持"以人为本"的安全理念，规范水利水电工程施工现场作业人员的安全、文明施工行为，以控制各类事故的发生，确保施工人员的安全、健康，确保安全生产。

（2）适用范围。本标准适用于大中型水利水电工程施工现场作业人员安全技术管理、安全防护与安全、文明施工。小型水利水电工程可参照执行。

2. 主要内容

本标准规定了参加水利水电工程施工作业人员安全、文明施工行为。本标准共有 11 章 73 节。本标准在章节设置上，采用按工程项目分类，按工序进行编制。本标准涉及范围及主要内容包括：总则，基本规定，施工供风、供水、用电，起重、运输各工种，土石方工程，地基与基础工程，砂石料工程，混凝土工程，金属结构与机电设备安装，监测及试验，主要辅助工种。

（五）《水利水电起重机械安全规程》

《水利水电起重机械安全规程》（SL 425—2008）是水利部于 2008 年 7 月 7 日第 15 号水利行业标准公告公布的，自 2008 年 10 月 7 日起实施。

1. 总体要求

（1）目的。本标准的目的是为了规范水利水电起重机械在设计、制造、安装适用、维修、检验、报废与管理等方面的安全技术要求，以适用水利水电起重机械的安全管理。

（2）适用范围。本标准适用于水利水电工程永久性或建设用的塔式起重机、门座起重机、缆索起重机、桥式起重机、门式起重机及升船机。各种启闭机、拦污栅前的清污机可参照执行。不适用于流动式起重机及浮式起重机。

2. 主要内容

SL 425—2008 规定了水利水电起重机械在设计、制造、安装、适用、维修、检验、报废及管理等方面的安全技术要求，共包括 10 章和 3 个附录，主要内容包括：范围，规范性引用文件，整机，金属结构，机构及零部件，安全防护装置，电气系统，安装，拆卸与维修，试验检验，使用与管理。

（六）《企业安全生产标准化基本规范》

2010 年国务院印发了《关于进一步加强企业安全生产工作的通知》（国发〔2010〕23

号），要求企业全面、深入地开展以岗位达标、专业达标和企业达标为内容的安全生产标准化建设；安全生产监管监察部门、负有安全生产监管职责的有关部门和行业管理部门要按职责分工对当地企业包括中央、省属企业实行严格的安全生产监督检查和管理，组织对企业安全生产状况进行安全标准化分级考核评价。2010 年 4 月 15 日，国家安全生产监督管理总局发布了《企业安全生产标准化基本规范》（AQ/T 9006—2010），自 2010 年 6 月 1 日起实施。

1. 总体要求

（1）目的。《基本规范》（AQ/T 9006—2010）的实施是为了进一步落实安全生产的主体责任，全面推进企业标准化工作，使企业的安全生产工作有据可依，有章可循，并对各行业已开展的安全生产标准化工作，在形式要求、基本内容、考评办法等方面予以相对一致的规定，进一步规范各项工作的开展。

（2）适用范围。AQ/T 9006—2010 适用于工矿企业开展安全生产标准化工作以及对标准化工作的咨询、服务和评审；其他企业和生产经营单位可参照执行。有关行业制定安全生产标准化标准应满足本标准的要求；已经制定行业安全生产标准化标准的，优先适用行业安全生产标准化标准。

（3）安全生产标准化定义。"安全生产标准化"是指通过建立安全生产责任制，制定安全管理制度和操作规程，排查治理隐患和监控重大危险源，建立预防机制，规范生产行为，使各生产环节符合有关安全生产法律法规和标准规范的要求，人、机、物、环处于良好的生产状态，并持续改进，不断加强企业安全生产规范化建设。

这一定义涵盖了企业安全生产工作的全局，是企业开展安全生产工作的基本要求和衡量尺度，也是企业加强安全管理的重要方法和手段。

2. 主要内容

AQ/T 9006—2010 共分为范围、规范性引用文件、术语和定义、一般要求、核心要求等 5 章。在核心要求一章，对企业安全生产工作的目标、组织机构和职责、安全生产投入、安全管理制度、人员教育培训、设备设施运行管理、作业安全管理、隐患排查和治理、重大危险源监控、职业健康、应急救援、事故的报告和调查处理、绩效评定和持续改进等方面的内容作了具体规定。AQ/T 9006—2010 整体体现了下列几个特点。

（1）采用了国际通用的策划（Plan）、实施（Do）、检查（Check）、改进（Act）动态循环的 PD—CA 现代安全管理模式。通过企业自我检查、自我纠正、自我完善这一动态循环的管理模式，能够更好地促进企业安全绩效的持续改进和安全生产长效机制的建立。

（2）对各行业、各领域具有广泛适用性。AQ/T 9006—2010 总结归纳了煤矿、危险化学品、金属非金属矿山、烟花爆竹、冶金、机械等已经颁布的行业安全生产标准化标准中的共性内容，提出了企业安全生产管理的共性基本要求，既适应各行业安全生产工作的开展，又避免了自成体系的局面。

（3）有利于进一步促进安全生产法律法规的贯彻落实。安全生产法律法规对安全生产工作提出了原则要求，设定了各项法律制度。AQ/T 9006—2010 是对这些相关法律制度内容的具体化和系统化，并通过运行使之成为企业的生产行为规范，从而更好地促进安全

生产法律法规的贯彻落实。

水利工程建设安全生产相关标准清单见表1-4。

表1-4　　　　　　　　　水利工程建设安全生产相关标准清单

序号	安全生产相关标准名称	序号	安全生产相关标准名称
1	《水利水电工程劳动安全与工业卫生设计规范》	28	《生产过程安全卫生要求总则》
2	《安全网》	29	《生产过程危险和有害因素分类与代码》
3	《安全带》	30	《继电保护和安全自动装置技术规程》
4	《安全帽》	31	《场（厂）内机动车辆安全检验技术要求》
5	《个体防护装备防护鞋》	32	《用电安全导则》
6	《个体防护装备安全鞋》	33	《水利水电工程施工通用安全技术规程》
7	《安全色》	34	《水利水电工程土建施工安全技术规程》
8	《安全标志及其使用导则》	35	《水利水电工程金属结构与机电设备安装安全技术规程》
9	《消防安全标志》	36	《水利水电工程施工作业人员安全操作规程》
10	《消防安全标志设置要求》	37	《水利水电起重机械安全规程》
11	《焊接与切割安全》	38	《危险化学品重大危险源安全监控通用技术规范》
12	《危险化学品重大危险源辨识》	39	《企业安全生产标准化基本规范》
13	《爆破安全规程》	40	《生产经营单位生产安全事故应急预案编制导则》
14	《起重机械安全规程　第1部分　总则》	41	《生产安全事故应急演练指南》
15	《自动喷水灭火系统施工及验收规范》	42	《企业安全文化建设导则》
16	《气体灭火系统施工及验收规范》	43	《企业安全文化建设评价准则》
17	《泡沫灭火系统施工及验收规范》	44	《建筑机械使用安全技术规程》
18	《火灾自动报警系统施工及验收规范》	45	《施工现场临时用电安全技术规范》
19	《施工企业安全生产管理规范》	46	《建筑施工安全检查标准》
20	《建设工程施工现场供用电安全规范》	47	《建筑施工高处作业安全技术规范》
21	《建设工程施工现场消防安全技术规范》	48	《建筑施工扣件式钢管脚手架安全技术规范》
22	《带式输送机安全规范》	49	《建筑拆除工程安全技术规范》
23	《塔式起重机安全规程》	50	《建筑施工模板安全技术规范》
24	《吊笼有垂直导向的人货两用施工升降机》	51	《建筑施工碗扣式钢管脚手架安全技术规范》
25	《安全防范工程技术规范》	52	《建筑施工作业劳动防护用品配备及使用标准》
26	《国家电气设备安全技术规范》	53	《建筑施工塔式起重机安装、使用、拆卸安全技术规程》
27	《企业职工伤亡事故分类》	54	《建筑施工升降机安装、使用、拆卸安全技术规程》

第七节　浙江省安全生产相关法规

为了更好地执行国家和行业在水利水电建筑安全生产领域的法律法规和标准规范，浙江省结合实际水利水电建筑过程中的实际情况，依据国家法律法规，制定相应的法律法规、实施细则等，使得国家和行业在水利水电建筑安全生产领域的法律法规得到更好地

执行。

近年来，为保障浙江省区域内水利建筑安全生产，结合实际情况，制定实施的水利水电建筑安全生产领域的法律法规有《浙江省安全生产条例》（浙江省人民代表大会常务委员会第 45 号公告）、《浙江省消防条例》（浙江省人民代表大会常务委员会公告第 40 号）、《〈浙江省安全生产条例〉行政处罚裁量标准（试行）》（浙安监管法规〔2016〕109 号）。

一、《浙江省安全生产条例》

《浙江省安全生产条例》于 2016 年 7 月 29 日经浙江省第十二届人民代表大会常务委员会第三十一次会议修订通过，修订后的《浙江省安全生产条例》自 2016 年 8 月 1 日起施行。《浙江省安全生产条例》包含 5 章 51 条，其中与水利工程建设安全生产相关的主要内容节选如下：

第一章　总　　则

第一条　为了加强安全生产工作，防止和减少生产安全事故，保障人民群众生命和财产安全，促进经济社会持续健康发展，维护社会稳定，根据《中华人民共和国安全生产法》（以下简称安全生产法）和有关法律、行政法规，结合本省实际，制定本条例。

第二条　在本省行政区域内从事生产经营活动的单位（含个体工商户，以下统称生产经营单位）的安全生产以及相关监督管理，适用本条例。

有关法律法规对消防安全、道路交通安全、铁路交通安全、水上交通安全、民用航空安全、建设工程安全、油气管道安全以及核与辐射安全、特种设备安全等另有规定的，适用其规定，有关法律法规未规定的，适用本条例。

第三条　生产经营单位应当加强安全生产管理，建立健全安全生产标准化运行体系，提高安全生产水平。

生产经营单位是本单位安全生产的责任主体，其主要负责人对本单位的安全生产工作全面负责，其他负责人对职责范围内的安全生产工作负责。

第二章　生产经营单位的安全生产保障

第九条　生产经营单位应当具备法律法规和有关国家标准、行业标准、地方标准规定的安全生产条件；不得使用国家和省公布的应当淘汰的危及生产安全的工艺、设备、材料、技术。

第十条　生产经营单位的主要负责人应当履行下列职责：

（一）安全生产法和其他法律法规规定的职责；

（二）督促落实本单位安全生产规章制度和操作规程；

（三）督办本单位事故隐患治理；

（四）定期组织或者参与生产安全事故应急救援演练；

（五）每年向职工大会、职工代表大会、股东会或者股东大会报告本单位安全生产情况，接受工会、从业人员、股东对安全生产工作的监督。

第十一条　矿山、金属冶炼、建筑施工、船舶修造或者拆解、道路运输单位，危险物

品的生产、经营、储存单位，以及使用危险化学品数量构成重大危险源的生产单位，应当按照下列规定设置安全生产管理机构或者配备专职安全生产管理人员：

（一）从业人员三百人以上的，应当设置安全生产管理机构，并按照不低于从业人员百分之一的比例配备专职安全生产管理人员；

（二）从业人员一百人以上不足三百人的，应当设置安全生产管理机构，并配备三名以上专职安全生产管理人员；

（三）从业人员五十人以上不足一百人的，应当设置安全生产管理机构，并配备两名以上专职安全生产管理人员；

（四）从业人员不足五十人的，应当配备专职安全生产管理人员。

前款规定以外的其他生产经营单位，从业人员三百人以上的，应当设置安全生产管理机构，并配备两名以上专职安全生产管理人员；从业人员一百人以上不足三百人的，应当配备专职安全生产管理人员；从业人员不足一百人的，应当配备专职或者兼职安全生产管理人员。

国家有关行业管理部门的规定严于本条例规定的，从其规定。

第十二条　生产经营单位的安全生产管理机构以及安全生产管理人员应当履行下列职责：

（一）安全生产法和其他法律法规规定的职责；

（二）参与本单位生产工艺、技术的安全风险评估和设备的安全性能检测；

（三）督促落实本单位危险作业、可燃爆作业场所的安全管理措施；

（四）对本单位的生产安全事故进行统计、分析。

生产经营单位的安全生产管理机构以及安全生产管理人员应当及时将履职情况报告本单位有关负责人。

第十三条　矿山、金属冶炼、建筑施工、道路运输单位，危险物品的生产、经营、储存单位，以及使用危险化学品数量构成重大危险源的生产单位，其主要负责人和安全生产管理人员，应当自任职之日起六个月内，由主管的负有安全生产监督管理职责的部门对其安全生产知识和管理能力考核合格。法律、行政法规规定的考核时间少于本条例规定的，从其规定。考核不得收费。

负有安全生产监督管理职责的部门对生产经营单位的主要负责人和安全生产管理人员进行培训的，不得收费。鼓励采用现代信息技术手段开展远程培训活动。

省级负有安全生产监督管理职责的部门应当按照分级分类管理的原则，协调考核和培训计划，避免重复考核和培训。

第十四条　生产经营单位应当对从业人员（包括被派遣劳动者）进行安全生产教育和培训。从业人员应当接受生产经营单位组织的安全生产教育和培训，未经安全生产教育和培训合格的，不得上岗作业。

离岗六个月以上或者换岗的从业人员，上岗前应当重新进行安全生产教育和培训。

生产经营单位应当建立从业人员安全生产教育和培训档案，如实记录安全生产教育和培训的时间、内容、参加人员以及考核结果等情况。安全生产教育和培训记录由从业人员本人核对并签名。记录保存期限不得少于三年。

第十五条　生产经营单位应当建立健全生产安全事故隐患排查治理制度，及时发现并消除事故隐患。事故隐患排查治理情况应当通过文字、图像等方式如实记录，并向从业人员通报。记录保存期限不得少于三年。

构成重大事故隐患的，生产经营单位应当编制治理方案，明确治理的目标和任务、采取的方法和措施、经费和装备物资的落实、负责整改的机构和人员、治理的时限和要求、相应的安全措施和应急预案等内容。

第十六条　生产经营单位应当对重大危险源登记建档并落实下列措施：

（一）制定并执行重大危险源安全管理规章制度；

（二）制定安全操作规程和应急措施并对相关从业人员进行培训；

（三）定期对有关场所进行风险辨识和安全评估；

（四）对重大危险源进行实时监测监控并建立预警预报机制，定期对安全设备和安全监测监控系统进行检验、检测以及维护保养，确保正常运行；

（五）在重大危险源所在场所明显位置设置安全警示标志，载明重大危险源危险物质、数量、危险危害特性、应急措施等内容。

生产经营单位应当按照国家和省有关规定将本单位重大危险源以及有关安全措施、应急措施报所在地县（市、区）安全生产监督管理部门和有关行业主管部门备案。备案的重大危险源经安全评价或者安全评估不再构成重大危险源的，生产经营单位应当报原备案部门核销。

第十七条　矿山、金属冶炼建设项目和用于生产、储存、装卸危险物品的建设项目，其安全设施应当按照批准的安全设施设计施工，并由建设单位负责验收。安全设施未经验收或者经验收不合格的，建设项目不得投入生产或者使用。

安全生产监督管理部门应当依法加强对建设单位验收活动和验收结果的监督核查。

本条第一款规定的建设项目投入生产或者使用，相关生产经营单位依法需要取得安全生产经营许可的，由实施安全生产经营许可的部门在实施相关安全生产经营许可时，查验经验收的安全设施是否符合安全生产法律法规、标准和规程的要求。

第十八条　生产经营单位进行爆破、吊装、动火、有限空间作业和国家规定的其他危险作业，以及临近高压输电线路、输油（气）管线作业，应当安排专门人员进行现场安全管理，并落实下列措施：

（一）作业前完成作业现场危险危害因素辨识分析、安全防护措施落实以及相关内部审签手续；

（二）确认作业人员具备上岗资质或者技能，身体状况和劳动防护用品配备符合安全作业要求；

（三）告知作业人员危险危害因素、安全作业要求和应急措施；

（四）发现直接危及人身安全的紧急情况时，采取应急措施，停止作业并撤出作业人员；

（五）执行国家和省其他有关危险作业的规定和本单位的危险作业管理制度。

第十九条　生产经营单位在生产经营过程中使用或者产生可燃爆的粉尘、气体、液体等爆炸性危险物质的，应当保证作业场所的建筑物、构筑物、电气设备以及通风除尘、防

静电、防爆等安全设施，符合国家相关防燃爆标准要求，并落实下列措施：

（一）执行爆炸性危险作业场所安全管理制度；

（二）按照国家标准、行业标准定期对电气设备和通风除尘、防静电、防爆等安全设施进行检测和维护保养；

（三）按照规定控制作业场所爆炸性危险物质的存放数量；

（四）按照国家标准、行业标准定期清理可燃爆粉尘；

（五）对作业人员进行安全操作规程和应急措施培训。

第二十一条　取得不带储存设施危险化学品经营许可证的单位，不得将危险化学品储存在供货单位和用户单位符合安全条件的专用仓库、专用场地或者专用储存室之外的场所。危险化学品商店内只能存放民用小包装的危险化学品。

第三章　安全生产监督管理

第二十五条　负有安全生产监督管理职责的部门对检查中发现的事故隐患，应当责令立即排除；重大事故隐患排除前或者排除过程中无法保证安全的，应当责令生产经营单位从危险区域内撤出作业人员，责令暂时停产停业或者停止使用相应设施、设备。

重大事故隐患排除后，由生产经营单位组织有关专业技术人员或者委托安全生产技术、管理服务机构对整改情况进行验收，形成验收报告。

责令暂时停产停业或者停止使用相应设施、设备的部门，应当指派两名以上行政执法人员进行现场检查，对验收报告的实质内容予以核实。验收报告经负有安全生产监督管理职责的部门审查同意后，生产经营单位方可恢复生产经营或者使用相应设施、设备。

第二十六条　省安全生产监督管理部门应当会同公安、交通运输、港口、环境保护、质量技术监督、海关、出入境检验检疫等部门建立危险化学品安全管理信息系统，对危险化学品生产、经营、运输、储存、使用、处置等进行全过程信息化管理。

生产经营单位应当及时将危险化学品信息录入危险化学品安全管理信息系统，并保证信息的真实、准确、完整。设区的市、县（市、区）人民政府负有安全生产监督管理职责的部门应当对录入的危险化学品信息予以核实、维护。危险化学品信息应当对各有关部门、专业应急救援队伍公开，实现信息共享。

第三十九条　事故发生单位应当及时按照县级以上人民政府批复的事故调查报告全面落实防范和整改措施，对本单位负有事故责任的人员进行处理，并按照国家和省有关规定将落实情况报告负责事故调查的人民政府和负有安全生产监督管理职责的部门。

负有安全生产监督管理职责的部门负责对事故发生单位落实防范和整改措施以及对负有事故责任的人员处理的情况进行监督检查。

第四章　法　律　责　任

第四十条　违反本条例规定的行为，法律、行政法规已有法律责任规定的，从其规定。

第四十一条　生产经营单位的主要负责人未履行本条例第十条第二项至第五项规定的安全生产管理职责的，责令限期改正；逾期未改正的，处二万元以上五万元以下罚款，责

令生产经营单位停产停业整顿。

第四十二条　生产经营单位未依照本条例第十一条规定设置安全生产管理机构、配备安全生产管理人员，或者违反本条例第十四条、第十五条规定，记录保存期限少于三年的，责令限期改正，可以处五万元以下罚款；逾期未改正的，责令停产停业整顿，并处五万元以上十万元以下罚款，对其直接负责的主管人员和其他直接责任人员处一万元以上二万元以下罚款。

第四十三条　生产经营单位的安全生产管理人员未履行本条例第十二条第一款第二项至第四项规定的安全生产管理职责的，责令限期改正；导致发生生产安全事故的，暂停或者撤销其与安全生产有关的资格。

第四十四条　生产经营单位违反本条例第十八条第一项、第四项、第五项或者第十九条第一项、第三项、第四项规定的，责令限期改正，可以处二万元以上十万元以下罚款；逾期未改正的，责令停产停业整顿，并处十万元以上二十万元以下罚款，对其直接负责的主管人员和其他直接责任人员处二万元以上五万元以下罚款。

第四十五条　取得不带储存设施危险化学品经营许可证的单位，违反本条例第二十一条规定储存危险化学品的，责令限期改正，处五万元以上十万元以下罚款；逾期未改正的，责令停产停业整顿；情节严重的，吊销危险化学品经营许可证。

第四十七条　生产经营单位经停产停业整顿仍不具备法律法规和有关国家标准、行业标准、地方标准规定的安全生产条件的，由负有安全生产监督管理职责的部门报请县级以上人民政府按照国家规定的权限决定予以关闭；有关部门应当依法吊销其有关证照。

第五章　附　　则

第五十条　本条例下列用语的含义：

危险物品，是指易燃易爆物品、危险化学品、放射性物品等能够危及人身安全和财产安全的物品。

重大危险源，是指长期或者临时生产、搬运、使用或者储存危险物品，且危险物品的数量等于或者超过临界量的单元（包括场所和设施）。

重大事故隐患，是指危害和整改难度较大，应当全部或者局部停产停业，并经过一定时间整改治理方能排除的隐患，或者因外部因素影响致使生产经营单位自身难以排除的隐患。

在此次修订的《浙江省安全生产条例》（简称《条例》）中，能紧密结合浙江实际，加强体制机制创新，力求解决"十三五"乃至更长时期内浙江省安全领域存在的突出问题，体现了新形势下浙江省安全生产工作的新要求。《条例》修订重点如下：

（1）进一步理顺安全生产监督管理体制。《条例》对政府和有关部门以及相关负责人的安全生产职责作了规定。一是增加了安全生产委员会的协调职责，规定安全生产委员会应当依照法律法规以及谁主管、谁负责，谁审批、谁负责的原则，明确成员单位安全生产工作的具体任务和职责分工，报本级人民政府批准后执行。二是细化了安全生产行政首长负责制和领导班子成员"一岗双责"制度，分别规定了政府和部门的主要负责人、分管安全生产工作的负责人以及其他分管负责人的职责。三是充实了综合监管的内容，规定安监

部门发现其他负有安全生产监管职责的部门未依法履行职责时的相应督促和处理机制。四是增加了上级人民政府在安全生产事故调查方面的监督职责，明确了上级人民政府责令限期改正、撤销事故调查报告的职责。

（2）进一步确定企业安全生产管理机构和管理人员。根据浙江省实际，《条例》对生产经营单位设置安全生产管理机构、配备安全生产管理人员的要求作了明确。主要是区分矿山、金属冶炼、建筑施工、船舶修造拆解、道路运输、危险物品生产经营储存等高危行业生产经营单位和一般生产经营单位，结合从业人员数量，分别规定了安全生产管理机构设置和安全生产管理人员配备数量要求。同时，对于违反上述机构和人员设置规定的，还设定了责令限期改正、罚款、责令停产停业整顿等针对单位和相关人员的处罚。

（3）进一步规范危险化学品储存管理。一是鉴于危险化学品经营单位取得的经营许可证分为带储存设施许可和不带储存设施许可两类，在实践中，取得不带储存设施许可的经营单位将危险化学品储存在不符合安全条件场所的现象时有发生，产生了较多事故隐患。《条例》明确规定，取得不带储存设施危险化学品经营许可证的单位，不得将危险化学品储存在供货单位和用户单位符合安全条件的专用仓库、专用场地或者专用储存室之外的场所，并设置相应的法律责任。二是为了解决依法扣押危险物品的储存问题，《条例》规定，负有安全生产监督管理职责的部门依法扣押的危险物品，应当储存在符合安全条件的专用仓库、专用场地或者专用储存室内。并对各市、县（市）区专用储存场所的设置做了明确规定。

（4）进一步明确安全距离控制和规划管控要求。为了保障安全生产，城乡规划主管部门应当将危险物品的生产、储存场所与人员密集场所之间的安全距离作为规划审查的重要内容。《条例》规定，危险物品的生产、储存场所与居民区（楼）、学校、医院、车站、码头、商场、集贸市场等人员密集场所之间的安全距离，应当符合国家和省有关规定。安全距离不符合国家和省有关规定的，县级以上人民政府应当采取措施，消除事故隐患。制定、修改控制性详细规划和乡、村庄规划，应当对国家和省规定的安全距离予以明确；控制性详细规划和乡、村庄规划未作明确的，城乡规划主管部门核发前款规定场所的相关规划许可时，应当征求负有安全生产监督管理职责部门的意见。

（5）进一步厘清港区内危险化学品安全监管职责。当前，港区内危险化学的安全监管是社会各界关注的热点之一，为了避免职责交叉和职责缺位，根据国家有关规定，结合浙江省部分沿海市、县的经验，《条例》明确了安监部门负责下列建设项目建设及运营的监督管理：港区内生产危险化学品、使用危险化学品生产的建设项目以及与该建设项目整体立项的储存建设项目；与港区外生产危险化学品的建设项目、使用危险化学品生产的建设项目通过管线相连，且与该建设项目整体立项的储存建设项目；对上述规定的储存建设项目单独改建、扩建的项目；从事油品销售活动的加油站。港口管理部门负责港区内仅与码头相连的危险化学品储存建设项目以及专门为港口企业的装卸设备、车辆供应油品的加油站建设及运营的监督管理。

（6）进一步完善建设项目安全设施竣工验收的有关规定。《条例》在《安全生产法》关于建设项目竣工验收规定基础上，增加规定，矿山、金属冶炼建设项目和用于生产、储存、装卸危险物品的建设项目投入生产或者使用，相关生产经营单位依法需要取得安全生

产经营许可的，由实施安全生产经营许可的部门在实施相关安全生产经营许可时，查验安全设施验收结果。并明确了安监部门对建设单位验收活动和验收结果的监督核查职责。

（7）进一步细化生产安全事故应急救援与调查处理规定。《条例》规定，县级以上人民政府应当组织有关部门制定本行政区域内生产安全事故应急救援预案，建立应急救援体系。县级以上人民政府及其负有安全生产监督管理职责的部门应当在矿山、危险化学品、城市轨道交通运营等重点行业、领域单独建立，或者依托有条件的生产经营单位、社会组织共同建立应急救援基地或者专业应急救援队伍。在事故调查方面，《条例》针对调查报告所存在的包庇、袒护责任人员现象，规定了相应改正机制，并明确了相应的法律责任规定。

（8）进一步发挥安全生产培训和考核的基础性作用。《条例》规定：一是矿山、金属冶炼、建筑施工、道路运输单位，危险物品的生产、经营、储存单位，以及使用危险化学品数量构成重大危险源的生产单位，其主要负责人和安全生产管理人员，应当自任职之日起六个月内，由主管的负有安全生产监督管理职责的部门对其安全生产知识和管理能力考核合格。二是负有安全生产监督管理职责的部门对生产经营单位的主要负责人和安全生产管理人员进行培训的，不得收费，鼓励采用现代信息技术手段开展远程培训活动。三是生产经营单位应当对从业人员（包括被派遣劳动者）进行安全生产教育和培训。从业人员应当接受生产经营单位组织的安全生产教育和培训，未经安全生产教育和培训合格的，不得上岗作业。离岗六个月以上或者换岗的从业人员，上岗前应当重新进行安全生产教育和培训。四是生产经营单位的安全生产教育和培训记录保存期限不得少于三年。

（9）进一步提升危险化学品安全管理信息化水平。为了进一步提升危险化学品管理的信息化水平，为事故预防和应急救援提供信息支持，《条例》规定，省安全生产监督管理部门应当会同公安、交通运输、港口、环境保护、质量技术监督、海关、出入境检验检疫等部门建立危险化学品安全管理信息系统，对危险化学品生产、经营、运输、储存、使用、处置等进行全过程信息化管理。生产经营单位应当及时将危险化学品信息录入危险化学品安全管理信息系统，并保证信息的真实、准确、完整。设区的市、县（市、区）人民政府负有安全生产监督管理职责的部门应当对录入的危险化学品信息予以核实、维护。危险化学品信息应当对各有关部门、专业应急救援队伍公开，实现信息共享。

（10）进一步健全生产安全事故隐患排查制度。《条例》规定，生产经营单位应当建立健全生产安全事故隐患排查治理制度，及时发现并消除事故隐患。事故隐患排查治理情况应当通过文字、图像等方式如实记录，并向从业人员通报。记录保存期限不得少于三年。负有安全生产监督管理职责的部门对检查中发现的事故隐患，应当责令立即排除；重大事故隐患排除前或者排除过程中无法保证安全的，应当责令生产经营单位从危险区域内撤出作业人员，责令暂时停产停业或者停止使用相应设施、设备。同时，《条例》也明确了乡（镇）人民政府以及街道办事处、开发区（园区）管理机构等地方人民政府的派出机关（机构）在事故隐患排查方面的职责。

（11）进一步明确了特种场所和特种作业的有关规定。《条例》规定，生产经营单位进行爆破、吊装、动火、有限空间作业和国家规定的其他危险作业，以及临近高压输电线路、输油（气）管线作业，应当安排专门人员进行现场安全管理，并落实下列措施：作业

前完成作业现场危险危害因素辨识分析、安全防护措施落实以及相关内部审签手续；确认作业人员具备上岗资质或者技能，身体状况和劳动防护用品配备符合安全作业要求；告知作业人员危险危害因素、安全作业要求和应急措施；发现直接危及人身安全的紧急情况时，采取应急措施，停止作业并撤出作业人员；执行国家和省其他有关危险作业的规定和本单位的危险作业管理制度。

生产经营单位在生产经营过程中使用或者产生可燃爆的粉尘、气体、液体等爆炸性危险物质的，应当保证作业场所的建筑物、构筑物、电气设备以及通风除尘、防静电、防爆等安全设施，符合国家相关防燃爆标准要求，并落实下列措施：执行爆炸性危险作业场所安全管理制度；按照国家标准、行业标准定期对电气设备和通风除尘、防静电、防爆等安全设施进行检测和维护保养；按照规定控制作业场所爆炸性危险物质的存放数量；按照国家标准、行业标准定期清理可燃爆粉尘；对作业人员进行安全操作规程和应急措施培训。

（12）进一步强化安全生产信用制度的功能。《条例》规定，负有安全生产监督管理职责的部门应当建立安全生产违法行为通报制度，在有关媒体上公布生产经营单位及其主要负责人、安全生产服务机构的重大违法行为及处理情况，并将有关情况记入该单位信用信息。安全生产监督管理部门应当会同其他负有安全生产监督管理职责的部门以及金融监督管理机构、有关金融机构等单位推进安全生产信用信息分类管理和信息资源共享，对生产经营单位安全生产违法失信行为实施协同监管、联合惩戒。

（13）进一步发挥安全生产责任保险的作用。通过引入保险机制，让企业真正回归市场主体的核心，有效促进企业加强安全生产工作，同时有助于减轻政府负担，维护社会稳定。

《条例》规定，县级以上人民政府应当采取措施，鼓励、引导矿山、危险物品、建筑施工、交通运输、海上作业等危险性较大领域的生产经营单位投保安全生产责任保险；鼓励其他生产经营单位投保安全生产责任保险。安全生产责任保险的保险费计入生产经营单位的成本。

（14）进一步规范安全生产中介机构的行为。充分发挥中介机构的作用对于我们建立健全安全生产体系具有重要作用，但安全生产中介机构的行为仍亟待规范。《条例》针对承担安全评价、认证、检测、检验的机构及其从业人员，在原来基础上增加了有关出具存在重大疏漏的报告、证明等材料；擅自更改、简化法律法规或者国家标准、行业标准规定的相关程序或者内容；未经现场勘查开展安全评价活动等，进行规范，并明确了相应的责任。

二、《浙江省消防条例》

《浙江省消防条例》于 2016 年 5 月 27 日经浙江省第十二届人民代表大会常务委员会第二十九次会议修订通过，修订后的《浙江省消防条例》自 2016 年 7 月 1 日起施行。修订后的《浙江省消防条例》包含 8 章 64 条，其中与水利工程建设安全生产相关的主要内容节选如下：

第一章　总　　则

第一条　为了预防火灾和减少火灾危害，加强应急救援工作，保护人身、财产安全，

维护公共安全，根据《中华人民共和国消防法》（以下简称消防法）和其他有关法律、行政法规，结合本省实际，制定本条例。

第二条　本省行政区域内的消防工作和相关应急救援工作，适用本条例。

法律法规对消防工作及其监督管理另有规定的，从其规定。

第四条　单位应当加强消防安全管理，建立健全消防安全责任制和消防安全规章制度，落实消防安全的主体责任。

单位的主要负责人是本单位的消防安全责任人，应当对本单位的消防安全全面负责，落实消防安全工作所需经费和人员，组织实施各项消防安全制度。

第五条　公民应当遵守消防法律法规，学习防火、灭火常识以及逃生技能，安全用火、用电、用气，增强自防自救互救能力。

任何单位和个人发现消防安全违法行为和消防设施不能正常使用等情形，有权进行投诉、举报。

第六条　鼓励、支持运用大数据、物联网、云计算等先进技术，推进智慧消防建设。

鼓励、支持社会力量开展消防公益活动和消防宣传、火灾预防等志愿服务活动。鼓励单位和个人捐资用于消防设施和消防装备建设。

第二章　消　防　职　责

第十三条　消防安全重点单位应当按照消防安全标准实行规范化管理，除履行消防法规定的职责外，还应当履行下列消防安全职责：

（一）落实岗位消防安全责任，定期开展防火检查；

（二）将每日防火巡查记录存档，存档期限不得少于一年；

（三）立即消除巡查、检查发现的火灾隐患；确实不能立即消除的，应当制定整改方案，明确整改时限和措施。

消防安全重点单位应当按照规定组织开展消防安全评估，评估结果应当报当地公安机关消防机构备案。消防安全评估发现的问题，消防安全重点单位应当及时整改。

消防安全评估办法由省公安机关会同有关部门制定，报省人民政府批准后施行。

第三章　火　灾　预　防

第二十一条　对不符合消防规划的建设项目，城乡规划主管部门不得核发建设用地规划许可证和建设工程规划许可证。

依法应当进行消防设计审核的建设工程，未经依法审核或者经审核不合格的，建设主管部门不得核发施工许可证。

依法应当进行消防验收的建设工程，未经消防验收或者消防验收不合格的，禁止投入使用；其他建设工程经依法抽查不合格的，应当停止使用。

第二十三条　建设单位不得擅自修改经公安机关消防机构审核合格的建设工程消防设计；确需修改的，应当重新申请消防设计审核。

建设单位不得擅自修改已报公安机关消防机构备案的建设工程消防设计；确需修改的，应当自修改之日起七个工作日内重新报公安机关消防机构备案。

第二十四条 任何单位和个人不得擅自改变经公安机关消防机构验收合格或者备案的建筑物、场所的使用性质；确需改变的，应当向公安机关消防机构重新申请消防验收或者备案。

建筑物的外墙装修装饰、建筑屋面使用以及广告牌的设置，不得影响防火、逃生和灭火救援。

第二十五条 公众聚集场所应当确定消防安全管理人和消防安全疏散引导员，开展防火巡查，确保安全出口和疏散通道畅通；并通过视频、在醒目位置张贴图片等方式，提示安全出口和疏散路线。

第二十九条 生产、储存、经营易燃易爆危险品的场所不得与居住场所设置在同一建筑物内，并应当与居住场所保持安全距离。

生产、储存、经营其他物品的场所确需与居住场所设置在同一建筑物内的，应当按照国家消防安全技术要求，采取防火分隔措施，设置疏散、火灾自动报警等设施，加强用火用电管理，确保场所消防安全；对有条件的场所，推广使用自动灭火设施。

第三十一条 建设工程施工现场的消防安全由施工单位负责。施工单位应当按照消防技术标准和消防安全规定，建立健全施工现场消防安全制度，落实消防安全措施，设置与施工进度相适应的消防设施、器材，保持消防车通道畅通，加强用火用电管理，消除火灾隐患。

第四章 宣 传 教 育 培 训

第四十条 单位应当按照国家有关规定开展消防安全宣传教育培训工作和有针对性的应急疏散演练，提高本单位人员预防火灾、扑救初起火灾、疏散逃生自救等能力。

消防安全重点单位应当每半年至少组织开展一次灭火和应急疏散演练。学校及其他教育机构应当定期对师生开展消防安全、用火用电知识和火场自救互救、逃生常识的教育，每学年至少组织开展一次应急疏散演练。

消防安全管理人员应当了解与本单位有关的消防规定、标准等知识，经过必要的消防安全培训。鼓励消防安全管理人员取得注册消防工程师资格。

第五章 消防组织和灭火救援

第四十七条 任何单位发生火灾，必须立即疏散人员并组织力量扑救，向实施火灾扑救的消防队提供火灾现场的相关信息。

火灾扑灭后，发生火灾的单位和有关人员应当按照公安机关消防机构的要求保护现场，接受事故调查，如实提供与火灾有关的情况。未经公安机关消防机构同意，任何人不得擅自进入火灾现场，不得擅自清理、移动火灾现场物品。

第六章 监 督 检 查

第五十三条 乡（镇）人民政府、街道办事处组织开展消防安全专项治理和消防安全检查时，有权进入有关单位和场所进行检查，调阅有关资料，向有关单位和人员了解情况；对检查中发现的消防安全违法行为或者火灾隐患，应当责令立即改正或者责令限期采取措施消除。

有关单位和个人应当对乡（镇）人民政府、街道办事处的消防安全专项治理和消防安全检查工作予以配合。

习　　题

一、单项选择题

1. 制定《中华人民共和国安全生产法》为了加强安全生产工作，（　　）生产安全事故。

A. 防止　　　　　　B. 防止和减少　　　C. 预防　　　　　　D. 减少

2.《中华人民共和国安全生产法》规定：安全生产工作应当（　　），坚持安全发展。

A. 全民参与　　　　B. 安全为主　　　　C. 以人为本　　　　D. 经济为主

3.《中华人民共和国安全生产法》规定：安全生产工作应当强化和落实（　　）的主体责任。

A. 建设单位　　　　B. 生产经营单位　　C. 施工单位　　　　D. 以上都是

4.《中华人民共和国安全生产法》规定：（　　）必须加强安全生产管理，建立、健全安全生产责任制和安全生产规章制度，改善安全生产条件，推进安全生产标准化建设，提高安全生产水平，确保安全生产。

A. 生产经营单位　　B. 建设单位　　　　C. 施工单位　　　　D. 以上都是

5.《中华人民共和国安全生产法》规定：生产经营单位必须加强（　　）。

A. 经济成本管理　　　　　　　　　　　B. 安全生产管理

C. 工程项目现场管理　　　　　　　　　D. 施工人员管理

6.《中华人民共和国安全生产法》规定：（　　）的主要负责人对本单位的安全生产工作全面负责。

A. 建设单位　　　　B. 生产经营单位　　C. 施工单位　　　　D. 以上都是

7.《中华人民共和国安全生产法》规定：生产经营单位的（　　）对本单位的安全生产工作全面负责。

A. 法人　　　　　　B. 安全负责人　　　C. 主要负责人　　　D. 技术负责人

8.《中华人民共和国安全生产法》规定：生产经营单位的主要负责人对本单位的（　　）工作全面负责。

A. 工程建设　　　　B. 工程成本控制　　C. 安全生产　　　　D. 施工进度

9.《中华人民共和国安全生产法》规定：生产经营单位的（　　）有依法获得安全生产保障的权利，并应当依法履行安全生产方面的义务。

A. 技术负责人　　　B. 安全负责人　　　C. 主要负责人　　　D. 从业人员

10.《中华人民共和国安全生产法》规定：生产经营单位制定或者修改有关安全生产的规章制度，应当听取（　　）的意见。

A. 单位领导　　　　B. 安全负责人　　　C. 工会　　　　　　D. 技术负责人

11.《中华人民共和国安全生产法》规定：国务院和（　　）应当根据国民经济和社会发展规划制定安全生产规划，并组织实施。安全生产规划应当与城乡规划相衔接。

A. 县级地方各级人民政府　　　　　B. 县级地方各级人民政府建设部门

C. 县级以上地方各级人民政府　　　D. 县级以上地方各级人民政府建设部门

12.《中华人民共和国安全生产法》规定：（　　）对本行政区域内安全生产工作实施综合监督管理。

A. 县级地方各级人民政府

B. 县级地方各级人民政府建设部门

C. 县级以上地方各级人民政府

D. 县级以上地方各级人民政府安全生产监督管理部门

13.《中华人民共和国安全生产法》规定：（　　）应当按照保障安全生产的要求，依法及时制定有关的国家标准或者行业标准，并根据科技进步和经济发展适时修订。

A. 国务院有关部门

B. 省级人民政府建设部门

C. 县级以上地方各级人民政府

D. 县级以上地方各级人民政府安全生产监督管理部门

14.《中华人民共和国安全生产法》规定：有关协会组织（　　）依照法律、行政法规和章程，为生产经营单位提供安全生产方面的信息、培训等服务，发挥自律作用，促进生产经营单位加强安全生产管理。

A. 县级地方各级人民政府　　　　　B. 县级地方各级人民政府建设部门

C. 县级以上地方各级人民政府　　　D. 有关协会组织

15.《中华人民共和国安全生产法》规定：生产经营单位委托规定的机构提供安全生产技术、管理服务的，保证安全生产的责任由（　　）负责。

A. 本单位　　　　　　　　　　　　B. 委托的机构

C. 县级以上地方各级人民政府　　　D. 县级地方各级人民政府建设部门

16.《中华人民共和国安全生产法》规定：国家实行生产安全事故责任（　　）制度。

A. 落实　　　　　B. 追究　　　　　C. 分解　　　　　D. 入刑

17.《中华人民共和国安全生产法》规定：生产经营单位应当具备的安全生产条件所必需的（　　）。

A. 经营场所　　　B. 资金投入　　　C. 管理人员　　　D. 所需设备

18. 危险物品的生产、储存单位以及矿山、金属冶炼单位应当有（　　）从事安全生产管理工作。

A. 专职安全管理人员　　　　　　　B. 注册安全工程师

C. 兼职安全管理人员　　　　　　　D. 专门人员

19.《中华人民共和国安全生产法》规定：特种作业人员的范围由（A）安全生产监督管理部门会同国务院有关部门确定。

A. 国务院　　　　B. 省级　　　　　C. 地市级　　　　D. 县级

20.《中华人民共和国安全生产法》规定：矿山、金属冶炼建设项目和用于生产、储存、装卸危险物品的建设项目的（　　）必须按照批准的安全设施设计施工，并对安全设施的工程质量负责。

A．建设单位　　　　　B．设计单位　　　　　C．施工单位　　　　　D．监理单位

21.《中华人民共和国安全生产法》规定：矿山、金属冶炼建设项目和用于生产、储存危险物品的建设项目竣工投入生产或者使用前，应当由（　　）负责组织对安全设施进行验收。

A．建设单位　　　　　B．设计单位　　　　　C．施工单位　　　　　D．监理单位

22.《中华人民共和国安全生产法》规定：生产经营单位应当在有较大危险因素的生产经营场所和有关设施、设备上，设置明显的（　　）。

A．安全指示标志　　B．安全警示标志　　C．指示标志　　　　D．警示标志

23.《中华人民共和国安全生产法》规定：国家对严重危及生产安全的工艺、设备实行（　　）制度。

A．取缔　　　　　　B．淘汰　　　　　　C．分级管理　　　　D．登记

24.《中华人民共和国安全生产法》规定：生产经营单位对重大危险源应当（　　）。

A．隔离　　　　　　B．封闭　　　　　　C．登记建档　　　　D．标识

25.《中华人民共和国安全生产法》规定：生产经营单位事故隐患排查治理情况应当如实记录，并向（　　）通报。

A．单位领导　　　　B．技术负责人　　　C．安全负责人　　　D．从业人员

26.《中华人民共和国安全生产法》规定：（　　）负有安全生产监督管理职责的部门应当建立健全重大事故隐患治理督办制度，督促生产经营单位消除重大事故隐患。

A．国务院有关部门

B．省级人民政府建设部门

C．县级以上地方各级人民政府

D．县级以上地方各级人民政府安全生产监督管理部门

27.《中华人民共和国安全生产法》规定：生产、经营、储存、使用危险物品的车间、商店、仓库不得与员工宿舍在同一座建筑物内，并应当与员工宿舍保持（　　）。

A．一定距离　　　　B．规定距离　　　　C．安全距离　　　　D．需要距离

28.《中华人民共和国安全生产法》规定：生产经营单位应当安排用于配备劳动防护用品、进行安全生产培训的（　　）。

A．时间　　　　　　B．机会　　　　　　C．经费　　　　　　D．场所

29.《中华人民共和国安全生产法》规定：生产经营单位发生生产安全事故时，单位的（　　）应当立即组织抢救，并不得在事故调查处理期间擅离职守。

A．单位领导　　　　B．技术负责人　　　C．安全负责人　　　D．主要负责人

30.《中华人民共和国安全生产法》规定：生产经营单位必须依法参加工伤保险，为从业人员缴纳（　　）。

A．公积金　　　　　B．医疗保险　　　　C．保险费　　　　　D．住房补贴

31.《中华人民共和国安全生产法》规定：因（　　）受到损害的从业人员，除依法享有工伤保险外，依照有关民事法律享有获得赔偿的权利的，有权向本单位提出赔偿要求。

A．外出培训　　　　　　　　　　　　　B．生产安全事故

C. 上班途中交通事故　　　　　　　D. 意外事故

32.《中华人民共和国安全生产法》规定：从业人员应当接受安全生产教育和培训，掌握本职工作所需的安全生产知识，（　　），增强事故预防和应急处理能力。

A. 提高安全生产技能　　　　　　　B. 增强安全意识

C. 接受安全培训　　　　　　　　　D. 参加安全会议

33.《中华人民共和国安全生产法》规定：从业人员发现事故隐患或者其他不安全因素，应当立即向现场安全生产管理人员或者（　　）报告；接到报告的人员应当及时予以处理。

A. 本单位法人　　　　　　　　　　B. 本单位负责人

C. 本单位技术负责人　　　　　　　D. 本单位安全负责人

34.《中华人民共和国安全生产法》规定：（　　）有权对建设项目的安全设施与主体工程同时设计、同时施工、同时投入生产和使用进行监督，提出意见。

A. 建设单位　　　B. 质检部门　　　C. 监理单位　　　D. 工会

35.《中华人民共和国安全生产法》规定：工会发现危及从业人员生命安全的情况时，有权向生产经营单位建议组织从业人员撤离危险场所，（　　）必须立即作出处理。

A. 建设单位　　　B. 质检部门　　　C. 监理单位　　　D. 生产经营单位

36.《中华人民共和国安全生产法》规定：（　　）对本行政区域内容易发生重大生产安全事故的生产经营单位进行严格检查。

A. 县级以上地方各级人民政府

B. 县级地方各级人民政府

C. 县级地方各级人民政府建设主管部门

D. 县级以上地方各级人民政府建设主管部门

37.《中华人民共和国安全生产法》规定：安全生产监督管理部门应当按照（　　）监督管理的要求，制定安全生产年度监督检查计划。

A. 分类　　　　　B. 分级　　　　　C. 分类分级　　　D. 分类分级分属性

38.《中华人民共和国安全生产法》规定：负有安全生产监督管理职责的部门依照前款规定采取停止供电措施，除有危及生产安全的紧急情形外，应当提前（　　）小时通知生产经营单位。

A. 6　　　　　　　B. 8　　　　　　　C. 12　　　　　　D. 24

39.《中华人民共和国安全生产法》规定：生产经营单位发生生产安全事故后，事故现场有关人员应当立即报告（　　）。

A. 本单位法人　　　　　　　　　　B. 本单位负责人

C. 本单位技术负责人　　　　　　　D. 本单位安全负责人

40.《中华人民共和国安全生产法》规定：事故发生单位应当及时全面落实整改措施，（　　）应当加强监督检查。

A. 县级以上地方各级人民政府建设主管部门

B. 负有安全生产监督管理职责的部门

C. 县级地方各级人民政府建设主管部门

D. 县级以上地方各级人民政府

41.《中华人民共和国安全生产法》规定：承担安全评价、认证、检测、检验工作的机构，出具虚假证明的，没收违法所得；违法所得在十万元以上的，并处违法所得（　　）以下的罚款。

A. 两倍　　　　　　　　　　　　B. 两倍以上至五倍以下

C. 三倍　　　　　　　　　　　　D. 三倍至五倍

42.《中华人民共和国安全生产法》规定：生产经营单位的主要负责人未履行本法规定的安全生产管理职责，对重大、特别重大生产安全事故负有责任的，终身（　　）不得担任本行业生产经营单位的主要负责人。

A. 两年　　　　　B. 五年　　　　　C. 十年　　　　　D. 终身

43.《中共中央国务院关于推进安全生产领域改革发展的意见》的基本原则中指出：贯彻以人民为中心的发展思想，始终把人的生命安全放在首位，正确处理（　　）的关系。

A. 经济与发展　　　　　　　　　B. 安全与发展

C. 安全与经济　　　　　　　　　D. 安全、经济和发展

44.《中共中央国务院关于推进安全生产领域改革发展的意见》中指出：取消安全生产风险抵押金制度，建立健全安全生产责任（　　）制度。

A. 管理　　　　　B. 问责　　　　　C. 保险　　　　　D. 终身

45.《中共中央国务院关于推进安全生产领域改革发展的意见》中指出：落实企业安全生产费用提取管理使用制度，建立企业增加安全投入的（　　）机制。

A. 递增约束　　　B. 核算约束　　　C. 激励约束　　　D. 预留预支

46.《中共中央国务院关于推进安全生产领域改革发展的意见》中指出：严格执行安全生产和职业健康（　　）制度。

A. 二同时　　　　B. 三同时　　　　C. 双报告　　　　D. 三报告

47.《中共中央国务院关于推进安全生产领域改革发展的意见》中指出：高危项目审批必须把安全生产作为前置条件，城乡规划布局、设计、建设、管理等各项工作必须以安全为前提，实行重大安全风险（　　）。

A. 领导决策　　　B. 领导批准　　　C. 一票否决　　　D. 领导报告

48.《浙江省安全生产条例》自 2016 年（　　）起施行。

A. 7 月 29 日　　B. 8 月 29 日　　C. 7 月 1 日　　D. 8 月 1 日

49.《浙江省安全生产条例》中规定（　　）应当加强安全生产管理，建立健全安全生产标准化运行体系，提高安全生产水平。

A. 建设单位　　　B. 施工单位　　　C. 监理单位　　　D. 生产经营单位

50.《浙江省安全生产条例》中规定生产经营单位是本单位安全生产的责任主体，（　　）对本单位的安全生产工作全面负责。

A. 本单位法人　　　　　　　　　B. 本单位主要负责人

C. 本单位技术负责人　　　　　　D. 本单位安全负责人

51.《浙江省安全生产条例》中规定各级人民政府的（　　）对本行政区域内的安全生产工作全面负责。

A. 主要负责人

B. 安全生产监督管理职责的部门的主要负责人

C. 其他分管负责人

D. 分管安全生产工作的负责人

52. 《浙江省安全生产条例》中规定（　　）对本行政区域内有关行业、领域的安全生产工作全面负责。

A. 政府主要负责人

B. 负有安全生产监督管理职责的部门的主要负责人

C. 其他分管负责人

D. 分管安全生产工作的负责人

53. 《浙江省安全生产条例》中规定每年（　　）为安全生产宣传月，各级人民政府和有关部门应当集中开展安全生产宣传教育活动。

A. 三月　　　　　　B. 四月　　　　　　C. 五月　　　　　　D. 六月

54. 《浙江省安全生产条例》中规定矿山、金属冶炼、建筑施工、船舶修造或者拆解、道路运输单位，危险物品的生产、经营、储存单位，以及使用危险化学品数量构成重大危险源的生产单位，（　　）。

A. 从业人员三百人以上的，应当设置安全生产管理机构，并按照不低于从业人员百分之一的比例配备专职安全生产管理人员

B. 一百人以上不足三百人的，应当设置安全生产管理机构，并按照不低于从业人员百分之一的比例配备专职安全生产管理人员

C. 从业人员三百人以上的，应当设置安全生产管理机构，并按照不低于从业人员百分之二的比例配备专职安全生产管理人员

D. 一百人以上不足三百人的，应当设置安全生产管理机构，并按照不低于从业人员百分之二的比例配备专职安全生产管理人员

55. 《浙江省安全生产条例》中规定矿山、金属冶炼、建筑施工、船舶修造或者拆解、道路运输单位，危险物品的生产、经营、储存单位，以及使用危险化学品数量构成重大危险源的生产单位，（　　）。

A. 从业人员三百人以上的，应当设置安全生产管理机构，并配备三名以上专职安全生产管理人员

B. 从业人员一百人以上不足三百人的，应当设置安全生产管理机构，并配备三名以上专职安全生产管理人员

C. 从业人员三百人以上的，应当设置安全生产管理机构，并配备五名以上专职安全生产管理人员

D. 从业人员一百人以上不足三百人的，应当设置安全生产管理机构，并配备五名以上专职安全生产管理人员

56. 《浙江省安全生产条例》中规定矿山、金属冶炼、建筑施工、船舶修造或者拆解、道路运输单位，危险物品的生产、经营、储存单位，以及使用危险化学品数量构成重大危险源的生产单位，（　　）。

A. 从业人员一百人以上的，应当设置安全生产管理机构，并配备两名以上专职安全生产管理人员

B. 从业人员一百人以上的，应当设置安全生产管理机构，并配备三名以上专职安全生产管理人员

C. 从业人员五十人以上不足一百人的，应当设置安全生产管理机构，并配备两名以上专职安全生产管理人员

D. 从业人员五十人以上不足一百人的，应当设置安全生产管理机构，并配备三名以上专职安全生产管理人员

57.《浙江省安全生产条例》中规定矿山、金属冶炼、建筑施工、船舶修造或者拆解、道路运输单位，危险物品的生产、经营、储存单位，以及使用危险化学品数量构成重大危险源的生产单位，（　　　）。

A. 从业人员不足五十人的，应当配备专职安全生产管理人员

B. 从业人员不足一百人的，应当配备专职安全生产管理人员

C. 从业人员不足五十人的，应当配备兼职安全生产管理人员

D. 从业人员不足一百人的，应当配备兼职安全生产管理人员

58.《浙江省安全生产条例》中规定矿山、金属冶炼、建筑施工、道路运输单位，危险物品的生产、经营、储存单位，以及使用危险化学品数量构成重大危险源的生产单位，其主要负责人和安全生产管理人员，应当自任职之日起（　　　）个月内，由主管的负有安全生产监督管理职责的部门对其安全生产知识和管理能力考核合格。

A. 三　　　　　　B. 四　　　　　　C. 五　　　　　　D. 六

59.《浙江省安全生产条例》中规定安全生产教育和培训记录由从业人员本人核对并签名。记录保存期限不得少于（　　　）年。

A. 四　　　　　　B. 三　　　　　　C. 二　　　　　　D. 一

60.《浙江省安全生产条例》中规定生产经营单位应当建立健全生产安全事故隐患排查治理制度，及时发现并消除事故隐患。事故隐患排查治理情况应当通过文字、图像等方式如实记录，并向从业人员通报。记录保存期限不得少于（　　　）年。

A. 一　　　　　　B. 二　　　　　　C. 三　　　　　　D. 四

61.《浙江省安全生产条例》中规定矿山、金属冶炼建设项目和用于生产、储存、装卸危险物品的建设项目，其安全设施应当按照批准的安全设施设计施工，并由（　　　）负责验收。

A. 建设单位　　　B. 监理单位　　　C. 施工单位　　　D. 质检部门

62.《浙江省安全生产条例》中规定重大事故隐患排除后，由（　　　）组织有关专业技术人员或者委托安全生产技术、管理服务机构对整改情况进行验收，形成验收报告。

A. 建设单位　　　B. 生产经营单位　　C. 施工单位　　　D. 质检部门

63.《浙江省安全生产条例》中规定责令暂时停产停业或者停止使用相应设施、设备的部门，应当指派（　　　）名以上行政执法人员进行现场检查，对验收报告的实质内容予以核实。

A. 1　　　　　　B. 2　　　　　　C. 3　　　　　　D. 4

64.《浙江省安全生产条例》中规定因土地利用总体规划或者城乡规划修改、区域产业结构调整等因素，需要修改危险物品行业（　　）规划的，县级以上人民政府应当及时组织修改。

A. 经济发展　　　　B. 安全发展　　　　C. 土地使用　　　　D. 商业布置

65.《浙江省安全生产条例》中的重大事故隐患，是指（　　）。

A. 危害和整改难度较大，应当全部或者局部停产停业，并经过一定时间整改治理方能排除的隐患，或者因外部因素影响致使生产经营单位自身难以排除的隐患

B. 危害和整改难度较大，应当全部或者局部停产停业，并经过很长时间整改治理方能排除的隐患，或者因外部因素影响致使生产经营单位自身难以排除的隐患

C. 危害和整改难度较大，应当局部停产停业，并经过一定时间整改治理方能排除的隐患，或者因外部因素影响致使生产经营单位自身难以排除的隐患

D. 危害和整改难度较大，应当全部停产停业，并经过一定时间整改治理方能排除的隐患，或者因外部因素影响致使生产经营单位自身难以排除的隐患

二、多项选择题

1. 制定《中华人民共和国安全生产法》为了（　　）。

A. 加强安全生产工作　　　　　　B. 防止和减少生产安全事故

C. 保障人民群众生命和财产安全　　D. 促进经济社会持续健康发展

2.《中华人民共和国安全生产法》规定：安全生产工作坚持（　　）的方针。

A. 统一管理　　　B. 安全第一　　　C. 预防为主　　　D. 综合治理

3.《中华人民共和国安全生产法》规定：安全生产工作应当建立（　　）的机制。

A. 生产经营单位负责　　　　　　B. 职工参与

C. 政府监管　　　　　　　　　　D. 行业自律和社会监督

4.《中华人民共和国安全生产法》规定：生产经营单位必须加强安全生产管理，建立、健全（　　），改善安全生产条件，推进安全生产标准化建设，提高安全生产水平，确保安全生产。

A. 安全生产规章制度　　　　　　B. 安全生产责任制

C. 安全生产规章教育制度　　　　D. 安全生产领导负责制

5.《中华人民共和国安全生产法》规定：生产经营单位必须（　　）确保安全生产。

A. 加强安全生产管理　　　　　　B. 改善安全生产条件

C. 推进安全生产标准化建设　　　D. 提高安全生产水平

6.《中华人民共和国安全生产法》规定：生产经营单位的从业人员应当依法（　　）。

A. 获得安全生产保障的权利　　　B. 获得劳动报酬的权利

C. 履行安全生产方面的义务　　　D. 履行单位的劳动协议的义务

7.《中华人民共和国安全生产法》规定：生产经营单位的工会依法组织职工参加本单位安全生产工作的（　　），维护职工在安全生产方面的合法权益。

A. 民主管理　　　B. 民主监督　　　C. 现场检查　　　D. 临时抽查

8.《中华人民共和国安全生产法》规定：国家（　　）安全生产科学技术研究和安全生产先进技术的推广应用，提高安全生产水平。

A. 推广　　　　　　　B. 鼓励　　　　　　C. 支持　　　　　　D. 奖励

9.《中华人民共和国安全生产法》规定：国家对在（　　）等方面取得显著成绩的单位和个人，给予奖励。

A. 改善安全生产条件　　　　　　　　B. 防止生产安全事故

C. 提供安全资金　　　　　　　　　　D. 参加抢险救护

10.《中华人民共和国安全生产法》规定：生产经营单位的主要负责人对本单位安全生产工作负有下列职责（　　）。

A. 建立、健全本单位安全生产责任制

B. 组织制定本单位安全生产规章制度和操作规程

C. 组织制定并实施本单位安全生产教育和培训计划

D. 督促、检查本单位的安全生产工作，及时消除生产安全事故隐患

11.《浙江省安全生产条例》中规定：生产经营单位应当及时将危险化学品信息录入危险化学品安全管理信息系统，并保证信息的（　　）。

A. 真实　　　　　　　B. 准确　　　　　　C. 原始　　　　　　D. 完整

12.《浙江省安全生产条例》中规定：承担安全评价、认证、检测、检验的机构及其从业人员不得有下列行为（　　）。

A. 出具虚假的报告、证明等材料

B. 出具存在重大疏漏的报告、证明等材料

C. 泄露委托人的技术秘密或者业务秘密

D. 擅自更改、简化法律法规或者国家标准、行业标准规定的相关程序或者内容

13.《中华人民共和国安全生产法》规定：生产经营单位的安全生产责任制应当明确各岗位的（　　）等内容。

A. 责任人员　　　　　B. 责任范围　　　　C. 考核标准　　　　D. 管理目标

14.《中华人民共和国安全生产法》规定：生产经营单位应当（　　）。

A. 建立相应的机制

B. 明确管理目标

C. 加强对安全生产责任制落实情况的监督考核

D. 保证安全生产责任制的落实。

15.《中华人民共和国安全生产法》规定：生产经营单位的安全生产管理机构以及安全生产管理人员履行下列职责（　　）。

A. 组织或者参与拟订本单位安全生产规章制度、操作规程和生产安全事故应急救援预案

B. 督促落实本单位重大危险源的安全管理措施

C. 组织或者参与本单位应急救援演练

D. 检查本项目现场的安全生产状况，及时排查生产安全事故隐患，提出改进安全生产管理的建议

16.《中华人民共和国安全生产法》规定：生产经营单位作出涉及安全生产的经营决策，应当听取（　　）的意见。

A. 单位领导   B. 安全生产管理机构

C. 安全生产管理人员   D. 单位技术负责人

17. 《中华人民共和国安全生产法》规定：生产经营单位的（　　）必须具备与本单位所从事的生产经营活动相应的安全生产知识和管理能力。

A. 单位领导   B. 主要负责人

C. 安全生产管理人员   D. 技术负责人

18. 《中华人民共和国安全生产法》规定：生产经营单位新建、改建、扩建工程项目的安全设施，必须与主体工程（　　）。

A. 同时设计   B. 同时施工

C. 同时验收   D. 同时投入生产和使用

19. 《中华人民共和国安全生产法》规定：生产经营单位必须为从业人员提供符合（　　）的劳动防护用品。

A. 国家标准   B. 行业标准   C. 企业标准   D. 生产经营需要

20. 《中华人民共和国安全生产法》规定：生产经营单位与从业人员订立的劳动合同，应当载明有关（　　）的事项，以及依法为从业人员办理工伤保险的事项。

A. 保障从业人员劳动安全   B. 防止职业危害

C. 经营安全隐患   D. 经营安全责任

21. 《中华人民共和国安全生产法》规定：生产经营单位的从业人员有权了解（　　）。

A. 其作业场所和工作岗位存在的危险因素

B. 防范措施及事故应急措施

C. 工作范围内安全情况

D. 安全制度教育培训

22. 《中华人民共和国安全生产法》规定：从业人员有权对本单位安全生产工作中存在的问题提出（　　）；有权拒绝违章指挥和强令冒险作业。

A. 批评   B. 检举   C. 控告   D. 申诉

23. 《中华人民共和国安全生产法》规定：从业人员在作业过程中，应当严格遵守本单位的安全生产规章制度和操作规程，服从管理，正确（　　）劳动防护用品。

A. 佩戴   B. 携带   C. 使用   D. 交接

24. 《中华人民共和国安全生产法》规定：负有安全生产监督管理职责的部门对涉及安全生产的事项进行（　　），不得收取费用。

A. 审查   B. 检查   C. 验收   D. 备案

25. 《中华人民共和国安全生产法》规定：安全生产监督检查人员应当（　　）。

A. 忠于职守   B. 坚持原则   C. 秉公执法   D. 灵活处理

26. 《中华人民共和国安全生产法》规定：安全生产监督检查人员应当将检查的时间、地点、内容、发现的问题及其处理情况，作出书面记录，并由（　　）的负责人签字。

A. 记录人员   B. 施工人员   C. 检查人员   D. 被检查单位

27. 《中华人民共和国安全生产法》规定：负有安全生产监督管理职责的部门依法对

存在重大事故隐患的生产经营单位作出（　　　）相关设施或者设备的决定，生产经营单位应当依法执行，及时消除事故隐患。

    A. 停产　　　　　　　B. 停业　　　　　　　C. 停止施工　　　　　D. 停止使用

28.《中华人民共和国安全生产法》规定：承担安全（　　　）的机构应当具备国家规定的资质条件。

    A. 评价　　　　　　　B. 认证　　　　　　　C. 检测　　　　　　　D. 检验

29.《中华人民共和国安全生产法》规定：安全生产事故调查处理应当按照（　　　）的原则。

    A. 科学严谨　　　　　B. 依法依规　　　　　C. 实事求是　　　　　D. 注重实效

30.《中华人民共和国安全生产法》规定：生产经营单位的主要负责人未履行本法规定的安全生产管理职责，导致发生生产安全事故的，由安全生产监督管理部门依照（　　　）规定处以罚款。

    A. 发生一般事故的，处上一年年收入百分之三十的罚款

    B. 发生较大事故的，处上一年年收入百分之四十的罚款

    C. 发生重大事故的，处上一年年收入百分之六十的罚款

    D. 发生特别重大事故的，处上一年年收入百分之八十的罚款

31.《中共中央国务院关于推进安全生产领域改革发展的意见》的指导思想中指出要着力（　　　）。

    A. 强化企业安全生产主体责任　　　　　B. 堵塞监督管理漏洞

    C. 解决不遵守法律法规的问题　　　　　D. 普及企业安全生产意识

32.《中共中央国务院关于推进安全生产领域改革发展的意见》指出要坚持改革创新。不断推进安全生产理论创新、制度创新、体制机制创新、科技创新和文化创新，要（　　　）。

    A. 增强企业内生动力　　　　　　　　　B. 激发全社会创新活力

    C. 破解安全生产难题　　　　　　　　　D. 推动安全生产与经济社会协调发展

33.《中共中央国务院关于推进安全生产领域改革发展的意见》关于健全落实安全生产责任制，要明确地方党委和政府领导责任，也要（　　　）。

    A. 明确部门监管责任　　　　　　　　　B. 严格落实企业主体责任

    C. 健全责任考核机制　　　　　　　　　D. 严格责任追究制度

34. 企业实行全员安全生产责任制度，（　　　）和安全生产第一责任人。

    A. 法定代表人　　　B. 安全负责人　　　C. 实际控制人　　　D. 技术负责人

35.《中共中央国务院关于推进安全生产领域改革发展的意见》关于改革安全监管监察体制中指出要（　　　）。

    A. 完善监督管理体制　　　　　　　　　B. 改革重点行业领域安全监管监察体制

    C. 进一步完善地方监管执法体制　　　　D. 健全应急救援管理体制

36.《中共中央国务院关于推进安全生产领域改革发展的意见》中指出：制定生产安全事故隐患（　　　）和治理标准。

    A. 分级　　　　　　　B. 分类　　　　　　　C. 排查　　　　　　　D. 摸排

37.《中共中央国务院关于推进安全生产领域改革发展的意见》中指出：加强监管执法（　　）建设，确保规范高效监管执法。

A. 制度化　　　　　B. 年轻化　　　　　C. 标准化　　　　　D. 信息化

38.《中共中央国务院关于推进安全生产领域改革发展的意见》中指出：完善安全生产（　　）公开制度，加强社会监督和舆论监督，保证执法严明、有错必纠。

A. 执法程序　　　　B. 执法纠错　　　　C. 执法信息　　　　D. 执法依据

39.《浙江省安全生产条例》中规定县级以上人民政府安全生产委员会应当协调、解决安全生产监督管理重大问题，并依照法律法规以及（　　）的原则，明确成员单位安全生产工作具体任务和职责分工，报本级人民政府批准后执行。

A. 谁主管、谁负责　　　　　　　　B. 谁申请、谁负责
C. 谁审批、谁负责　　　　　　　　D. 谁备案、谁负责

40.《浙江省安全生产条例》中规定：生产经营单位的主要负责人应当履行下列（　　）职责。

A. 安全生产法和其他法律法规规定的职责

B. 督促落实本单位安全生产规章制度和操作规程

C. 督办本单位事故隐患治理

D. 定期组织或者参与生产安全事故应急救援演练

41.《浙江省安全生产条例》中规定：负有安全生产监督管理职责的部门应当根据各自职责，除了对被举报、投诉的生产经营单位重点检查外，对（　　）生产经营单位和场所也要进行重点检查。

A. 矿山、危险物品、油气管道、建筑施工、交通运输、船舶修造或者拆解、海上作业等危险性较大领域的生产经营单位

B. 人员密集的生产经营场所

C. 与居住场所在同一建筑物内的生产经营场所

D. 发生过生产安全事故、一年内因安全生产违法行为受过两次以上行政处罚或者有其他安全生产不良记录的生产经营单位

42.《浙江省安全生产条例》中规定：重大事故隐患排除后，由生产经营单位组织有关专业技术人员或者委托（　　）对整改情况进行验收，形成验收报告

A. 安全生产技术　　B. 生产技术　　　　C. 管理服务机构　　D. 服务机构

三、判断题

1.《全国人民代表大会常务委员会关于修改〈中华人民共和国安全生产法〉的决定》已由中华人民共和国第十二届全国人民代表大会常务委员会第十次会议通过。（　　）

2. 修订后的《中华人民共和国安全生产法》自2014年8月31日起施行。（　　）

改正：修订后的《中华人民共和国安全生产法》自2014年12月1日起施行。

3. 修订后的《中华人民共和国安全生产法》自2014年12月1日起施行。（　　）

4. 修订的《中华人民共和国安全生产法》的决定于2014年12月1日通过，自2014年12月1日起施行。（　　）

5.《中华人民共和国安全生产法》规定：安全生产工作应当强化和落实建设单位的主

体责任。（　　　）

6. 工会依法对安全生产工作进行监督。（　　　）

7. 安全生产规划应当与城乡规划相衔接。（　　　）

8. 乡、镇人民政府以及街道办事处、开发区管理机构等地方人民政府应当加强对安全生产工作的领导，支持、督促各有关部门依法履行安全生产监督管理职责，建立健全安全生产工作协调机制，及时协调、解决安全生产监督管理中存在的重大问题。（　　　）

9. 县级以上地方各级人民政府应当按照职责，加强对本行政区域内生产经营单位安全生产状况的监督检查，协助上级人民政府有关部门依法履行安全生产监督管理职责。（　　　）

10. 国务院安全生产监督管理部门依照《中华人民共和国安全生产法》规定，对全国安全生产工作实施综合监督管理。（　　　）

11. 《中华人民共和国安全生产法》规定：生产经营单位必须执行依法制定的保障安全生产的国家标准。（　　　）

12. 《中华人民共和国安全生产法》规定：不具备安全生产条件的，不得从事生产经营活动。（　　　）

13. 生产经营单位应当具备的安全生产条件所必需的经营场所，由生产经营单位的决策机构、主要负责人或者个人经营的投资人予以保证。（　　　）

14. 有关生产经营单位应当按照规定提取和使用安全生产费用，专门用于改善安全生产条件。（　　　）

15. 矿山、金属冶炼、建筑施工、道路运输单位和危险物品的生产、经营、储存单位，应当设置安全生产管理机构。（　　　）

16. 除矿山、金属冶炼、建筑施工、道路运输单位和危险物品的其他从事生产、经营、储存单位，从业人员超过30人的，应当设置安全生产管理机构或者配备专职安全生产管理人员。（　　　）

17. 建筑施工单位从业人员在100人以下的，应当配备专职或者兼职的安全生产管理人员。（　　　）

18. 生产经营单位不得因安全生产管理人员依法履行职责而降低其工资、福利等待遇或者解除与其订立的劳动合同。（　　　）

19. 未经安全生产教育和培训合格的从业人员，不得上岗作业。（　　　）

20. 生产经营单位的特种作业人员必须按照国家有关规定经专门的安全作业培训，取得相应资格，方可上岗作业。（　　　）

21. 生产经营单位不得使用应当淘汰的危及生产安全的工艺、设备。（　　　）

22. 禁止锁闭、封堵生产经营场所或者员工宿舍的出口。（　　　）

23. 生产经营单位不得将生产经营项目、场所、设备发包或者出租给不具备安全生产条件或者相应资质的单位或者个人。（　　　）

24. 国家要求生产经营单位投保安全生产责任保险。（　　　）

25. 生产经营单位的从业人员有权对本单位的安全生产工作提出建议。（　　　）

26. 从业人员发现直接危及人身安全的紧急情况时，有权停止作业或者在采取可能的

应急措施后撤离作业场所。（　　）

27. 工会发现危及从业人员生命安全的情况时，有权向生产经营单位建议组织从业人员撤离危险场所。（　　）

28.《中华人民共和国安全生产法》规定：监督检查不得影响被检查单位的正常生产经营活动。（　　）

29. 任何单位或者个人对事故隐患或者安全生产违法行为，均有权向负有安全生产监督管理职责的部门报告或者举报。（　　）

30. 任何单位和个人都应当支持、配合事故抢救，并提供一切便利条件。（　　）

31. 任何单位和个人不得阻挠和干涉对事故的依法调查处理。（　　）

32. 县级以上地方各级人民政府安全生产监督管理部门应当定期统计分析本行政区域内发生生产安全事故的情况，为维护社会稳定，不得向社会公布。（　　）

33. 生产经营单位的主要负责人未履行本法规定的安全生产管理职责，受刑事处罚或者撤职处分的，终身不得担任本行业生产经营单位的主要负责人。（　　）

34.《中共中央　国务院关于推进安全生产领域改革发展的意见》指出到 2030 年，安全生产监管体制机制基本成熟，法律制度基本完善，全国生产安全事故总量明显减少，职业病危害防治取得积极进展，重特大生产安全事故频发势头得到有效遏制，安全生产整体水平与全面建成小康社会目标相适应。（　　）

35. 党政主要负责人是本地区安全生产第一责任人。（　　）

36. 把安全知识普及纳入国民教育，建立完善中小学安全教育和高危行业职业安全教育体系。（　　）

37.《浙江省安全生产条例》中规定离岗 3 个月以上或者换岗的从业人员，上岗前应当重新进行安全生产教育和培训。（　　）

38.《浙江省安全生产条例》中规定安全生产教育和培训记录由从业人员本人核对并签名。（　　）

39.《浙江省安全生产条例》中规定安全生产教育和培训记录保存期限不得少于 1 年。（　　）

40.《浙江省安全生产条例》中规定安全设施未经验收或者经验收不合格的，建设项目不得投入生产或者使用。（　　）

第 二 章　安 全 生 产 基 础 知 识

本章介绍了安全、安全生产、安全施工技术与安全生产管理等基本概念，阐述了水利安全生产监督管理的基本任务。介绍了本质安全与危险源的相关知识，以及危险源和事故隐患之间的关系，同时简要介绍了国内外安全管理相关的基础理论。本章节内容可为水利施工企业进行安全生产管理提供基础理论知识与基本方法。

第一节　安全生产的基本概念

一、安全与安全生产管理

（一）安全

安全，泛指没有危险、不出事故的状态。安全系统工程的观点认为，安全是生产系统中人员免遭不可承受风险伤害的状态。无论是安全还是危险都是相对的。当危险性低于某种程度时，人们就认为是安全的。安全性 S 与危险性 D 互为补数，即 $S=1-D$，见图 2-1。

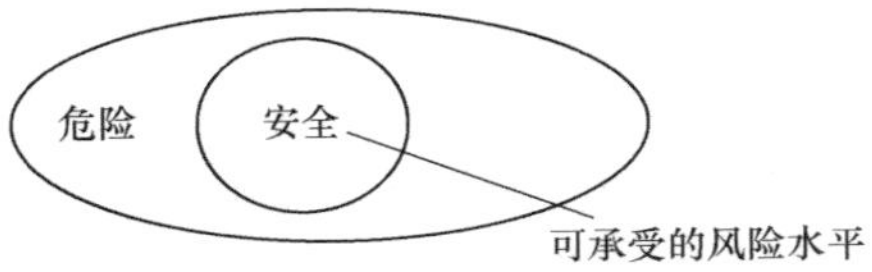

图 2-1　安全与危险关系示意图

（二）安全生产

安全生产，是指在社会生产活动中，通过人、机、物料、环境的和谐运作，使生产过程中潜在的各种事故风险和伤害因素始终处于有效控制状态，切实保护劳动者的生命安全和身体健康。

安全生产管理，就是针对人们在生产过程中的安全问题，运用有效的资源，发挥人们的智慧，通过人们的努力，进行有关决策、计划、组织和控制等活动，实现生产过程中人与机器设备、物料、环境的和谐，达到安全生产的目标。

安全生产管理的基本对象是企业的员工，涉及企业中的所有人员、设备设施、物料、环境、财务、信息等各个方面。

安全生产管理的目标是，减少和控制危害，减少和控制事故，尽量避免生产过程中由于事故所造成的人身伤害、财产损失、环境污染以及其他损失。

企业的安全管理主要有以下工作内容：

（1）认真贯彻国家和地方安全生产管理工作的法律法规和方针政策、安全技术标准规范，建立企业内部标准化安全生产管理体系，包括建立安全生产管理机构、明确职责权限，建立和落实安全生产责任制度、安全教育培训等其他安全管理制度。

（2）运用企业安全管理原理，监督指导所属单位建立现场安全管理机构、落实安全生产责任制，配备安全管理人员，建立安全教育培训等其他安全管理制度，实行工程施工安全管理和控制。

（3）认真进行安全生产检查，实行自检、互检和专项检查相结合的方法，组织开展各项检查活动；专职安全生产管理人员还应当加强生产过程中的安全检查工作，做好安全验收工作。

（4）制定企业安全生产管理制度，对安全检查中发现的人、机、环境方面的安全问题应及时进行处理，保证不留安全隐患。

（5）监督所属单位安全管理机构做好现场的安全文明生产管理、职业危害管理、劳动保护管理、现场消防安全管理以及季节性安全管理。

（6）组织落实企业级安全生产教育工作；做好企业内部安全生产责任考核工作；监督所属单位做好企业级、车间级和班组级的安全教育。

（7）建立企业职业健康管理制度，将职业健康管理纳入企业管理中。

（8）做好安全事故的调查与处理工作，做好事故统计资料。

（9）组织制定并有效实施安全度汛措施。

（10）建立安全生产费用保障和使用管理制度，并有效实施。

（三）水利施工安全技术

根据《建筑施工安全技术统一规范》（GB 50870—2013），水利施工安全技术分为安全分析技术、安全控制技术、监测预警技术、应急救援技术及其他安全技术等五类。

为了主动、有效地预防事故，首先必须充分分析和了解、认识事故发生的致因因素（即导致事故发生的原因因素），运用工程技术手段消除事故发生的致因因素，实现生产工艺和机械设备等生产条件的本质安全。

安全分析技术包括危害辨识、风险评价、失效分析、事故统计分析、安全作业空间分析以及安全评价技术等；安全控制技术包括安全专项施工技术、线控、保险、防护技术等；监测预警技术包括安全检测、安全信息、安全监控、预警提示技术等；应急救援技术包括应急响应技术、专项救援技术、医疗救护技术等；其他安全技术包括安全卫生、安全心理、个体防护技术等。水利工程施工应根据工程施工特点和所处环境综合采用相应的安全技术。

水利建筑施工企业应建立健全建筑施工安全技术保证体系，并有相应的建筑施工安全技术标准。工程建设开工前应结合工程特点编制建筑施工安全技术规划，确定施工安全目标。规划内容应覆盖施工生产的全过程。

（四）事故与安全生产事故

事故是在人们生产、生活活动过程中突然发生的、违反人们意志的、迫使活动暂时或永久停止的、可能造成人员伤害、财产损失或环境污染的事件。

安全生产事故是指在生产经营活动过程中发生的一个或一系列非计划的（即意外的）可导致人员伤亡、设备损坏、财产损失以及环境危害的事件，即生产经营活动中发生的造成人身伤亡或者直接经济损失的事件。

二、安全生产监督管理

（一）水利安全生产监督管理

政府主管部门的安全生产监督管理，是为了达到安全生产目标，在党和政府的组织领

导下所进行的系统性管理活动。

水利安全生产监督管理是指水行政主管部门按照管理权限开展安全生产监督管理的活动。

（1）水利安全生产监督管理应当做到全方位、全过程，实现综合监管与专业监管相结合，全覆盖、零容忍的监管。全方位，即各领域全面覆盖；全过程，包含各环节、各时段监管。如水利工程安全监管全过程是指对水利工程规划、设计、建设、运行四个阶段及逻辑关联的安全生产工作进行监督管理。

（2）水利行业的安全生产监督管理的一般监督管理方式，可分为事前、事中和事后监管。根据水利行业特点具体表述为事故预防、应急管理和事故管理。事故预防是水利安全生产监督管理的重点和主要任务。

（二）水利安全生产监督管理任务

水利安全生产监督管理具体任务为：

（1）法律规章制度落实情况。

（2）水利安全生产责任制落实情况。

（3）水利安全生产市场准入和标准化建设。

（4）监督检查和隐患排查治理督导。

（5）水利安全生产教育培训。

（6）水利安全生产行政执法。

（7）水利安全生产应急管理。

（8）水利职业危害监控。

（9）水利安全生产监督管理考核等。

安全生产管理与安全生产监督管理工作目标一致，安全生产管理与安全生产监督管理区别在于：安全生产监督管理是政府行政行为，主体是各级政府，客体（对象）是生产经营单位。当然，也包括上级政府对下级政府安全工作进行的监督管理。安全生产管理是生产经营单位的管理行为，主体是生产经营单位，客体是本单位的人、事和物。

第二节　本质安全与危险源

一、本质安全

（一）设备本质安全

本质安全是指通过设计等手段使生产设备或生产系统本身具有安全性，即使在失误操作或发生故障的情况下也不会造成事故。

本质安全具体包括两方面的内容：

失误——安全功能。操作者即使操作失误，也不会发生事故或伤害，或者说设备、设施和技术工艺本身具有自动防止人的不安全行为的功能。

故障——安全功能。设备、设施或生产工艺发生故障或损坏时，还能暂时维持正常工作或自动转变为安全状态。

这两种安全功能应该是设备、设施和技术工艺本身固有的，而不是事后补偿的。

（二）本质安全型企业

本质安全型企业，是指与生产安全有关的各个基本要素，如人员素质、技术设备、生产作业环境、制度流程（简称人、机、环、管）等，能够从根本上保证安全可靠的企业。包括：

（1）人的本质安全化。

（2）物（机）的本质安全化。

（3）环境的本质安全化。

（4）管理的本质安全化。

1. 人的本质安全

采用多媒体安全教育、作业行为规范化、现场安全可视化等手段，提高人员安全素质。

2. 物的本质安全

通过规范的施工机械（车辆）管理方法与信息化手段，提高机械设备的安全性。

3. 管理的本质安全

建立本质安全管理体系、信息化平台，全面提高安全管理水平，实现管理"零"缺陷。

4. 环境的本质安全

通过安全设施标准化、危险源辨识与控制标准化，达到作业环境的安全可靠。

二、危险源

（一）危险源概述

危险源是指可能造成人员伤害、职业病、财产损失、作业环境破坏、生产中断的根源或状态。

危险源可以是一种环境、一种状态的载体，也可以是可能产生不期望后果的人或物。危险源是自身属性，不可消除，不会因为外界因素而改变，是客观存在的。

危险源的实质是具有潜在危险的源点或部位，是爆发事故的源头，是能量、危险物质集中的核心，是能量传出来或爆发的地方。危险源存在于确定的系统中。

危险源的潜在危险性是指一旦触发事故，可能带来的危害程度或损失大小，或者说危险源可能释放的能量强度或危险物质量的大小。

危险源存在的条件是指危险源所处的物理、化学状态和约束条件状态。例如，物质的压力、温度、化学稳定性，盛装压力容器的坚固性，周围环境障碍物等情况。

触发因素：虽然不属于危险源的固有属性，但它是危险源转化为事故的外因，而且每一类型的危险源都有相应的敏感触发因素。如易燃易爆物质，热能是其敏感的触发因素，又如压力容器，压力升高是其敏感触发因素。因此，一定的危险源总是与相应的触发因素相关联。在触发因素的作用下，危险源转化为危险状态，继而转化为事故。

（二）危险有害因素

危险有害因素是危险源固有的因素。

危险因素是指能对人造成伤亡或对物造成突发性损害的因素。

有害因素是指能影响人的身体健康、导致疾病或对物造成慢性损害的因素。

通常情况下，两者不加以区分，统称为危险有害因素。应当指出的是危险有害因素是潜在的可能性因素，如果失去控制而成为现实存在，则会成为隐患或事故。

（三）危险源与事故隐患

根据危险有害因素的大小，将危险源分为一般危险源和重大危险源。水利水电工程施工重大危险源是指可能导致人员死亡、严重伤害、财产严重损失、环境严重破坏或这些情况组合的根源或状态。

系统安全理论认为，事故隐患泛指生产系统中可导致事故发生的人的不安全行为、物的不安全状态和管理上的缺陷。

事故隐患是由外界因素如人、物、环境等导致的，是可以被消除的。事故的预防，从某种意义讲，就是事故隐患的控制和消除。

事故隐患是指作业场所、设备及设施的不安全状态，人的不安全行为和管理上的缺陷。它的实质是有危险的、不安全的、有缺陷的状态，这种状态可在人或物上表现出来，如人走路不稳、路面太滑都是导致摔倒致伤的隐患；也可在管理的程序、内容或方式上表现出来，如检查不到位、制度的不健全、人员培训不到位等。

《安全生产事故隐患排查治理暂行规定》（安监总局 16 号令）将安全生产事故隐患定义为生产经营单位违反安全生产法律法规、规章、标准、规程和安全生产管理制度的规定，或者因其他因素在生产经营活动中存在可能导致事故发生的物的危险状态、人的不安全行为和管理上的缺陷。

根据危害程度和整改难易程度的大小，事故隐患又可分为一般事故隐患和重大事故隐患。

一般事故隐患危害和整改难度较小，发现后能够立即整改排除的隐患。

重大事故隐患危害和整改难度较大，应当全部或者局部停产停业，并经过一定时间整改治理方能排除的隐患，或者因外部因素影响致使生产经营单位自身难以排除的隐患。

重大事故隐患是可能导致重大人身伤亡或者重大经济损失的事故隐患。所以，加强对重大事故隐患的控制管理，对于预防重特大安全事故具有重要的意义。

知识链接

根据《水利工程生产安全事故重大隐患判定标准导则》（征求意见稿）：重大隐患是指危害或整改难度较大，需要全部或者局部暂定施工或停止运行，且消除事故隐患所需的时间，运行管理工程在 180 天以上，建设工程在 30 天以上。

（四）危险源和事故隐患之间的联系

一般来说，危险源可能存在事故隐患，也可能不存在事故隐患，对于存在事故隐患的危险源一定要及时加以整改和治理，否则随时都可能导致事故。

实际工作中，对事故隐患的排查和治理总是与一定的危险源联系在一起，因为没有危险的隐患也就谈不上要去控制它。而对危险源的控制，实际就是防止其出现事故隐患或消除其存在的事故隐患。所以，两者之间存在很大的联系。

危险源控制有效就不会形成隐患，也就不会发生事故。但是，如果出现不安全的状态

或行为，危险源就处于失控的状态，也就是形成了隐患。隐患是引发能量意外释放的条件，是发生事故的直接原因。因此来说，危险源包含事故风险的根源和控制状态，危险源不一定是隐患，而隐患必然是危险源。危险源属自然常态，隐患属不正常状态。

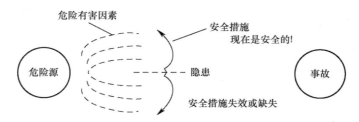

图 2-2　危险源、隐患、事故之间关系

危险源客观存在一定的危险有害因素，是可能导致事故发生的根源或状态。当控制危险源的安全措施失效或缺失时，在触发因素的作用下，这些危险有害因素就会发展成为事故隐患，如不进行有效的隐患排查与控制，就很容易发生事故。危险源、隐患、事故之间关系，见图 2-2。

（五）水利施工现场危险源特征

水利施工现场安全事故的危险源主要有如下 6 个特征：

（1）客观实在性。施工生产活动中的危险源是客观存在的，它不以人的主观意识为转移。无论人们是否愿意承认，它都会实实在在的存在，而一旦主观条件具备，它就会由潜在的危险性发生质的变化而转变为安全事故。

（2）高度的不确定性。由于水利施工项目具有规模大、工期长、系统复杂等特点，加之危险源自身也随着施工现场条件的变化而呈现不同的特征，这使得对各种危险源在施工过程中的发展变化规律难以做到精确的把握与预测，导致危险隐患产生不同程度的不确定性。这种不确定性很难用常规性方法进行识别，其后的发展和可能涉及的影响也很难用一定量化的计算方法来加以指导。尤其是事故一旦发生，处理不妥可能会造成危险事态的扩大甚至产生更加严重的后果。

（3）隐蔽性。危险源在施工生产过程中存在的状态具有一定的隐蔽性。造成这一现象主要有两方面的原因：一是因为危险源在施工过程中没有明显地暴露在表面，而是潜伏在施工过程中的各个环节中，具有较强的潜在性；二是并不是所有危险源都一定会导致事故的发生，但是，只要有潜在危险源的存在，就不能彻底排除发生安全事故的可能性。

（4）突发性。不仅危险源的存在状态具有隐蔽性，而且引发危险源安全事故的触发因素也具有很强的随机性。实际上，任何一种系统都具有因果连锁的内部特性，较小的危险源也有可能诱发重大的危险隐患从而造成重大的安全事故。同时，这种隐蔽性使得危险源从潜在到爆发的这一过程具有很大的不可预见性，可预警的时间非常短，突发性极强。

（5）复杂多变性。危险源的复杂性是由于实际施工作业情况的复杂性决定的。每次作业即使任务相同，但由于施工技术人员、作业的施工地点、使用的机械工具、所采取的施

工方法以及工序有所不同，可能存在的危险源也会相差各异。一般地，相同的危险源也有可能存在于不同的施工阶段、工序和作业过程中。

（6）连带性。即危险源的连锁反应。一个系统内的各个危险源之间并不是孤立存在的，假设某个危险源引发产生安全事故，这些安全事故很可能又是其他危险源的触发因素，造成危险源的连锁反应。

第三节 安全管理相关基础理论

一、多米诺骨牌理论

骨牌玩法，源于中国宋代。当时的骨牌由牛骨、象牙制作。现在流行的推倒骨牌玩法是由意大利传教士多米诺从中国引进并创造的。现在的骨牌大多是木制和合成塑料制品。

在多米诺骨牌系列中，一颗骨牌被碰倒了，则将发生连锁反应，其余的几颗骨牌将相继被碰倒，见图 2-3。

在一个相互联系的系统中，一个很小的初始能量就可能产生一连串的递增性的连锁反应。

该理论告诉大家，一个最小的力量能够引起的或许只是察觉不到的渐变。但是，它所引发的却可能是翻天覆地的变化。

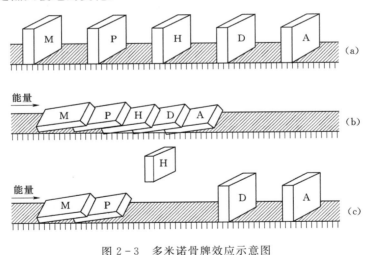

图 2-3 多米诺骨牌效应示意图

二、海因里希事故因果连锁理论

海因里希，美国著名安全工程师。1936 年首次提出事故因果连锁理论，用来阐述导致伤亡事故各种原因因素间及各因素与伤害间的关系。

1. 海因里希事故因果连锁理论的内容

伤亡事故的发生不是一个孤立的事件，是 5 个相互作用的原因因素按一定顺序、互为因果、依次发生的结果，即伤亡事故与 5 个原因因素相互之间具有连锁关系。

2．事故因果连锁过程中的5个相互作用的原因因素

（1）M——遗传及社会环境。遗传及社会环境是造成人的缺点的原因。

遗传因素可能使人具有鲁莽、固执、粗心、贪婪、易过激、神经质、暴躁、轻率等性格上的先天缺陷、缺点，对于安全来说属于不良的性格。

社会环境可能妨碍人的安全素质教育、培养、训练，使人缺乏安全生产知识和技能，助长不良性格等后天不足的发展。

遗传及社会环境因素是因果链上最基本的因素。

（2）P——人的缺点。人的缺点，是产生人的不安全行为，或造成机、物、环境的不安全状态，或导致管理失误（错误或缺陷）的直接原因。

（3）H——人的不安全行为，或机、物、环境的不安全状态，或管理失误（错误或缺陷）。人的不安全行为，或机、物、环境的不安全状态，或管理失误（错误或缺陷），是指那些曾经引起过事故，可能再次引起事故的行为或状态，它们是造成事故的直接原因。人的不安全行为是造成事故的主要原因。

（4）D——事故。事故是由于物体、物质、人或环境的作用或反作用，使人员受到或可能受到伤害的、出乎意料的、失去控制的事件。

（5）A——伤亡。即直接由事故产生的人身伤亡。

3．伤亡事故连锁构成

（1）人员伤亡的发生，是事故的结果。

（2）事故发生的原因，是由于人的不安全行为，或机、物、环境的不安全状态，或管理失误（错误或缺陷）。

（3）人的不安全行为，或机、物、环境的不安全状态，或管理失误（错误或缺陷），是由人的缺点造成的。

（4）人的缺点，是由先天的遗传因素，或不良社会环境诱发造成的。

4．海因里希事故因果连锁理论要点

（1）伤亡事故就像一组多米诺骨牌系列，5个相互作用的原因因素可以用5块多米诺骨牌来形象地描述，如果第一块骨牌倒下（即第一个原因出现），则发生连锁反应，后面的骨牌会相继被碰倒（相继发生）。

（2）事故发生的顺序。人本身→按人的意志进行动作→潜在危险→发生事故→伤亡。

事故发生的最初原因是人本身的素质，即生理、心理上的缺陷，或知识、意识、技能方面的问题。按这种人的意志进行动作，将出现管理、设计、制造、操作、维护等错误。

潜在危险，由个人的动作引起人的不安全行为，或机、物、环境的不安全状态，或管理失误（错误或缺陷）。发生事故，则是在一定条件下，由这些潜在危险引起的。伤亡、伤害，则是事故发生的后果。

（3）如果移去因果连锁中的任意一块骨牌，则连锁被破坏，事故过程被中止。企业安全工作的中心就是要移去中间的骨牌（H），即防止人的不安全行为，消除机、物、环境的不安全状态，避免管理失误（错误或缺陷），中断事故连锁的进程，进而避免事故的发生，达到控制事故的目的。

（4）通过改善社会环境，造就一个人人重视安全的社会环境和企业环境，使人具有更好的安全意识，加强培训，使人具有较好的安全技能，或者加强应急抢救措施，也都能在不同程度上起到移去事故连锁中的某一骨牌的作用（或效果），使事故得到预防和控制。

海因里希把造成人的不安全行为，机、物、环境的不安全状态，管理失误（错误或缺陷）的主要原因归结为4个方面：

1）不正确的态度。个别员工忽视安全，甚至故意采取不安全行为。

2）技术、知识不足。缺乏安全生产知识，缺少经验或操作技术不熟练。

3）身体不适，生理状态或健康状况不佳。听力、视力不良，疾病，反应迟钝，醉酒或其他生理机能障碍。

4）工作环境不良。工作场所照明、温度、湿度不适宜，通风不良，强烈的噪声、振动，物料堆放杂乱，作业空间狭小，设备、工具缺陷等，以及操作规程不合适、没有安全规程，其他妨碍贯彻安全规程的事物。

针对这4个方面的原因，海因里希提出了避免产生人的不安全行为，机、物、环境的不安全状态，管理失误（错误或缺陷）的4种对策：①工程技术方面的改进；②说服教育；③人事调整；④惩戒。

后人在此基础上，经过创新发展，提出了3E原则：

知识链接

安全管理3E原则：造成人的不安全行为，机、物、环境的不安全状态，管理失误（错误或缺陷）的主要原因可归纳为4个方面。即：技术原因；教育原因；身体和态度的原因；管理的原因。针对这4个方面的原因，可以采取三种防止对策，即工程技术对策；教育对策和法制对策。①1E——工程技术对策，运用工程技术手段消除生产工艺、生产设施、机械设备等不安全因素，改善作业环境条件，完善防护与报警装置，实现生产条件的安全和卫生；②2E——教育对策，提供各种层次的、各种形式和内容的教育培训，使员工牢固树立"安全第一"的思想，掌握安全生产所必需的知识和技能；③3E——法制对策，利用法律法规、规程、标准以及规章制度等必要的强制手段约束人们的行为，从而达到消除不重视安全以及"三违"等现象的目的。

一般来讲，在选择安全对策时，应该首先考虑工程技术措施，然后是教育培训。

实际工作中，应该针对不安全行为，不安全状态，管理失误（错误或缺陷）的产生原因，灵活地采取对策。即使在采取了工程技术措施，减少、控制了不安全因素的情况下，仍然要通过教育培训和法制手段来规范人的行为，避免不安全行为和管理失误（错误或缺陷）的发生。

三、博德事故因果连锁理论

博德事故因果连锁理论也称现代事故因果连锁理论，或管理失误论。

该理论是在海因里希事故因果连锁理论的基础上提出的。伤亡事故的发生也是5个相互作用的原因因素按一定顺序互为因果依次发生的结果，即伤亡事故与5个原因因素相互之间具有连锁关系。

1. 管理失误（错误或缺陷）——事故根本原因

管理失误（错误或缺陷），主要是控制不足。事故因果连锁中最重要的因素是安全管

理。安全管理中的控制是指损失控制，包括对人的不安全行为，机、物、环境的不安全状态的控制。它是安全生产管理工作的核心。在安全管理中，安全管理系统要随着生产的发展变化而不断调整完善。只有这样，才能防止事故的发生。

安全管理系统要素包括：企业领导者制定的安全政策、决策、生产及安全的目标、安全生产责任制，安全管理人员的配备，责任与职权范围的划分及考核评价，员工的选择、教育培训、安排、指导及监督，企业资源的利用，信息传递，机械、设备、装置的设计、制造、采购、维修、保养，材料的采购、使用，操作规程，各种事故隐患、环境危害、危险源的检测、监测以及及时治理等。

2. 个人原因与工作条件——事故的间接原因

这方面的原因是由于管理失误（错误或缺陷）造成的。为了从根本上预防事故，必须查明事故的间接原因，并采取针对性对策。

个人原因包括生理或心理有问题、缺乏安全知识或技能、行为动机不正确等因素。

工作条件方面的原因包括：安全操作规程不健全或执行不到位，机械、设备、装置、材料不合格或存在异常以及错误的使用方法，作业环境恶劣等。

3. 不安全行为和不安全状态——事故的直接原因

人的不安全行为、机、物、环境的不安全状态是事故的直接原因。这种原因是安全管理中必须重点加以追究和立即整改的原因。直接原因只是一种表面现象，其背后的深层次原因就是管理上的失误（错误或缺陷）。

4. 事故

事故是最终导致人员身体损伤、死亡，财物损失，不希望的事件。

这里的事故被看作是人体或物体与超过其承受阈值的能量接触，或人体与妨碍正常生理活动的物质的接触。因此，防止事故就是防止接触。

可以通过对装置、材料、工艺等的改进来防止能量的释放，或者通过训练提高操作者识别和回避危险的能力，佩带个人防护用具等来防止接触。

5. 伤亡——损失

伤亡，包括了死亡、工伤、职业病，以及对人员精神方面、神经方面或全身性的不利影响。人员伤害及财物损坏统称为损失。

在许多情况下，可以采取恰当的措施，使事故造成的损失最大限度地减小。例如，对受伤人员进行迅速正确地抢救，对设备进行抢修以及平时对有关人员进行应急训练等。

博德事故因果连锁理论的要点如下：

（1）事故根本原因是管理失误（错误或缺陷）。管理失误（错误或缺陷）是导致间接原因存在的原因，间接原因的存在又导致直接原因的存在，最终导致事故发生。

（2）事故的间接原因包括个人因素与工作条件。

（3）事故的直接原因是人的不安全行为，或机、物、环境的不安全状态。

（4）尽管遗传因素和人员成长的社会环境对人员的行为有一定的影响，却不是影响人员行为的主要因素。

知识链接

冰 山 理 论

　　造成死亡事故与严重伤害、未遂事件、不安全行为形成一个像冰山一样的三角形，一个暴露出来的严重事故必定有成千上万的不安全行为掩藏其后，就像浮在水面的冰山只是冰山整体的一小部分，而冰山隐藏在水下看不见的部分，却庞大的多。

海 因 里 希 法 则

　　是美国著名安全工程师海因里希提出的 300：29：1 法则。这个法则意思是说，当一个企业有 300 个隐患或违章，必然要发生 29 起轻伤或故障，在这 29 起轻伤事故或故障当中，必然包含有一起重伤、死亡或重大事故。

　　这一法则完全可以用于企业的安全管理上，即在一件重大的事故背后必有 29 件"轻度"的事故，还有 300 件潜在的隐患。可怕的是对潜在性事故毫无觉察，或是麻木不仁，结果导致无法挽回的损失。了解海因里希法则的目的，是通过对事故成因的分析，让人们少走弯路，把事故消灭在萌芽状态。

法则的警示：

　　（1）要消除一起重大伤亡事故，必须提前防控 29 起轻伤事故或轻度故障，治理 300 个事故隐患或违章。在安全生产中，哪怕提前治理了 299 个事故隐患或违章，但只要有一个被忽视，就有可能诱发重大伤亡事故。

　　（2）事故的发生都是有原因的，都是事故隐患或违章的量的积累结果，都是多种不安全因素长期作用的结果和多个安全漏洞的叠加。如果总是存在隐患或违章行为，事故终究是会发生的。侥幸和麻痹是事故的根源。要想避免一起重大事故，就必须及时发现、消灭事故隐患或违章，控制轻伤事故或轻度故障。

　　（3）伤亡事故虽有偶然性，但是个人不安全行为，机、物、环境的不安全状态，管理失误（错误或缺陷）在事故发生之前已暴露过许多次，如果在事故发生之前，抓住时机，及时治理和消除，许多重大伤亡事故是完全可以避免的。

　　（4）再好的技术，再完美的规章，在实际操作层面，也无法取代人自身的素质

1

死亡及重伤害事故

29

轻伤害事故

300

无伤害及未遂事故

大量隐患　不安全状态　不安全行为

和责任心。

（5）安全生产是可以控制的，安全事故是可以有效预防和避免的。

法则的启示：

（1）在安全管理中，要把工作重点从"事后处理"和"事后问责"转移到"事前预防"和"事中监督"上来。

（2）要及时根除管理的缺陷和责任的缺失。必须强调安全责任制，努力提高管理者自身素质。注重抓好各项规章制度的落实，规范执行操作规程。

（3）既要抓好宏观和总体安全，更要抓小、抓早、抓细节、抓过程。一旦发现事故隐患，要及时报告、及时排除和治理。

（4）解决问题要举一反三，不能只是就事论事。在处理事故时，不仅要重视对事故本身进行总结，"有针对性"地开展安全大检查，更要对同类问题的事故隐患、苗头、征兆进行排查处理。

法则的应用：

应用海因里希法则培养个人的良好习惯。培养员工的良好习惯，不是一蹴而就，要经过艰苦的努力才能成功。培养一个良好习惯，必须经过 29 次重大改进或纠正，每次改进和纠正之后，需要做 300 次的重复动作。

也就是说，为了培养员工一个良好的安全习惯，需要进行多次反复的改进和完善，而每一次改进和完善之后，又要经过无数次重复动作训练和严格认真地落实。

PDCA 循 环

PDCA 模式，也叫戴明模式：计划（Plan）、执行（Do）、检查（Check）和行动（Action）。

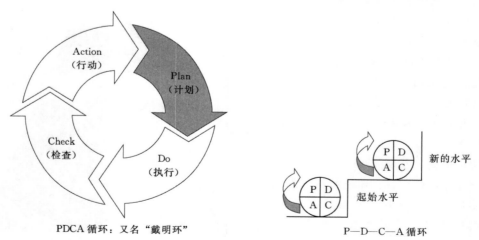

PDCA 循环：又名"戴明环"　　　　　P—D—C—A 循环

即规划出管理活动要达到的目的和遵循的原则；实现目标并在实施过程中体现以上原则；检查和发现问题，及时采取纠正措施，保证实施与实现过程不会偏离原有目标和原则；实现过程与结果的改进提高。

木 桶 原 理

水桶看着挺高，盛水一半不到，此理连着生产，可知安全重要。要最大限度地增加木桶容量，发挥木桶的效用，就必须着力解决好"短木板"的补短问题。

木桶原理的启示：

（1）安全生产工作中要牢固树立安全生产无小事的理念，把工作的重点放在"短木板"的补短上，注重查找工作中的薄弱环节，注重从细微之处发现问题，从点滴工作入手，从小事做起，抓大不放小，抓小以促大，堵塞安全生产工作漏洞，实现长效安全。

（2）对"三违"现象和行为要及时制止纠正，筑牢安全生产的职业素质防线。要重视抓好能力建设，对技术技能差的职工，要重点补课，以筑牢班组安全生产的技术能力防线。要重视抓好设备和工艺流程的硬件建设，对跑冒滴漏现象和安全生产隐患，要果断地在第一时间内彻底解决，筑牢安全生产的物质基础防线。要加强制度机制建设，对职工的安全工作表现，定期进行检查考核，对表现突出的要及时表扬和奖励，发生安全生产事故的要严肃追究责任，做到不回避，不手软，不搞下不为例，筑牢安全生产的制度防线。

（3）安全生产中存在的思想、纪律、能力、设施等"短木板"现象，虽然只表现在个别人、个别时间和个别地方，且带有偶然性，但它们的存在如同定时炸弹随时威胁着职工的生命和国家财产安全，直接影响到企业的整体安全工作水平。对这样的安全生产的"短木板"能修补的要立即修补，不能修补的必须果断更新。只有如此，才会促使"短木板"变长，使安全生产的"木桶"的存水量达到最大值，将安全生产提高到新水平。

思　考　题

1. 常见的危险源分析方法有哪些？请根据自己遇到的工程实际提出自己的分析方法，并说明分析思路。

2. 安全事故的分析有直接原因、间接原因，有事故的主要原因和次要原因，请结合如下背景，绘制相应的事故分析图。

事故是由于人的不安全行为，机、物、环境的不安全状态，管理失实（错误或缺陷），三大主要因素作用的结果。公式为：

人的不安全行为（三违）＋机、物、环境的不安全状态（隐患）＋管理失实＝事故。

从事故发生时间上来考量，事故原因分为直接原因和间接原因。

从对事故发生所起作用的大小来考量，事故原因分为主要原因和次要原因。

在事故原因分析中，应从直接原因开始，查找间接原因，直到全部原因。

3. 人不安全行为、物不安全状态的表现如下，请结合《生产过程危险和危害因素分类与代码》（GB/T 13861—2009）进行分析。

4. 请根据如下背景并结合自己的实际工程案例，谈谈如何提高安全生产管理能力。

习　　题

一、单项选择题

1. "安全" 就是（　　）。

A. 不发生事故

B. 不发生伤亡事故

C. 不存在发生事故的危险

D. 生产系统中人员免遭不可承受风险伤害的状态

2. 安全生产管理，就是针对人们在生产过程中的安全问题，运用有效的资源，发挥人们的智慧，通过人们的努力，进行有关（　　）等活动，实现生产过程中人与机器设备、物料、环境和谐，达到安全生产的目标。

A. 决策、计划、组织和控制　　　　　　B. 计划、组织、控制和反馈

C. 决策、计划、实施和改进　　　　　　D. 计划、实施、评价和改进

3. 安全生产管理的目标是减少和控制危害，减少和控制事故，尽量避免生产过程中由于（　　）所造成的人身伤害、财产损失、环境污染以及其他损失。

A. 管理不善　　　　B. 危险　　　　C. 事故　　　　D. 违章

4. 下列对 "本质安全" 理解不正确的是（　　）。

A. 设备或设施含有内在的防止发生事故的功能

B. 安全生产管理预防为主的根本体现

C. 包括设备本身固有的失误安全和故障安全功能

D. 可以是事后采取完善措施而补偿的

5. 下列关于危险源与事故隐患关系的说法正确的是（　　）。

A. 事故隐患一定是危险源　　　　　　B. 危险源一定是事故隐患

C. 重大危险源一定是事故隐患　　　　D. 重大事故隐患一定是重大危险源

6. 长期地或者临时地生产、搬运、使用或者储存危险物品，且危险物品的数量等于或者超过临界量的单元（包括场所或设施）称为（　　）。

A. 危险源　　　　B. 重大危险源　　　　C. 事故隐患　　　　D. 危险、有害因素

二、多项选择题

1. 水利水电工程施工重大危险源是指可能导致（　　）或这些情况组合的根源或状态。

A. 人员伤亡　　　　　　　　　　　　B. 严重伤害

C. 财产严重损失　　　　　　　　　　D. 环境严重破坏

E. 严重影响工程进度

2. 建筑施工安全技术分为（　　）及其他安全技术等 5 类。

A. 具体安全分析技术　　　　　　　　B. 安全控制技术

C. 监测预警技术   D. 急救援技术

E. 特定安全

3. 安全生产的目的包括（   ）。

A. 防止和减少生产安全事故   B. 保障人民群众生命和财产安全

C. 促进经济发展   D. 减少项目成本

E. 加快项目进度

4. 安全生产管理的目标是（   ），尽量避免生产过程中由于事故所造成的（   ）、财产损失、环境污染以及其他损失。

A. 减少和控制危害   B. 减少和控制事故

C. 人身伤害   D. 人员伤亡

E. 环境破坏

5. 安全控制技术包括（   ）。

A. 安全专项施工技术   B. 线控

C. 保险   D. 防护技术

E. 安全信息

6. 本质安全型企业，是指与生产安全有关的各个基本要素，能够根本上保证安全可靠的企业，主要包括（   ）。

A. 人的本质安全化   B. 物（机）的本质安全化

C. 环境的本质安全化   D. 管理的本质安全化

E. 材料设备的本质安全化

三、判断题

1. 安全性（S）与危险性（D）互为倒数。（   ）

2. 安全生产管理的基本对象是企业的员工，涉及企业中的所有人员、设备设施、物料、环境、财务、信息等各个方面。（   ）

3. 建立企业职业健康管理制度，将职业健康管理纳入企业管理中。（   ）

4. 企业应建立安全生产费用保障和使用管理制度，并适度实施。（   ）

5. 安全分析技术包括危害辨识、风险评价、失效分析、事故统计分析、安全作业空间分析以及安全评价技术等。（   ）

6. 工程建设开工后应结合工程特点编制建筑施工安全技术规划，确定施工安全目标。（   ）

7. 水利安全生产监督管理是指水行政主管部门按照管理权限开展安全生产监督管理的活动。（   ）

8. 安全生产监督管理是政府行政行为，主体是生产经营单位，也包括上级政府对下级政府安全工作进行的监督管理。（   ）

9. 本质安全是指通过设计等手段使生产设备或生产系统本身具有安全性，即使在失误操作或发生故障的情况下也不会造成事故。（   ）

10. 危险源是指可能造成人员伤害、职业病、财产损失、作业环境破坏、生产中断的根源或状态。（   ）

11. PDCA 模式，也叫戴明模式：规划、实施、检查和改进。（　　　）

12. 海因里希把造成人的不安全行为，机、物、环境的不安全状态，管理失误（错误或缺陷）的主要原因归结为不正确的态度、技术、知识不足、身体不适，生理状态或健康状况不佳和工作环境不良。（　　　）

13. 安全管理 3E 原则为工程技术对策、教育对策、环境对策。（　　　）

14. 水利安全生产监督管理应当做到全方位、全过程，实现综合监管与专业监管相结合，全覆盖、零容忍的监管。（　　　）

15. 生产安全事故是指在生产经营活动过程中发生的一个或一系列非计划的（即意外的）可导致人员伤亡、设备损坏、财产损失以及环境危害的事件，即生产经营活动中发生的造成人身伤亡的事件。（　　　）

第三章　水利施工企业安全管理

本章结合水利施工企业特点，主要从企业层面，对企业安全管理责任界定、安全生产目标管理、管理机构设置与管理人员配备、安全管理规章制度制定、责任制和岗位职责落实、安全生产检查与教育培训、费用管理、企业安全文化建设等内容进行了系统梳理和阐述，提出了企业安全生产管理的相关规定、基本要求、主要方法及注意事项，为水利施工企业组织开展安全生产管理活动提供指导与参考。

第一节　企业安全管理责任

安全生产管理责任是因生产经营活动而产生的责任，是企业责任的一种，同时也蕴含于其他企业责任之中。简单来讲，安全生产管理责任是指企业必须为其在生产经营过程中所发生的安全问题承担管理责任，主要包括安全生产经济责任、安全生产法律责任、安全生产道德责任和安全生产生态责任。安全生产管理责任不是一种单纯的责任，而是一系列过程责任的总和，其内涵蕴含于各种企业责任之中。企业只有在承担安全生产管理责任的前提下，才能更好地承担其他责任和义务。

落实安全生产管理责任的意义主要有：一是落实我国安全生产方针和有关安全生产法律法规和政策的具体落实；二是通过明确责任使各类人员真正重视安全生产工作，对预防事故和减少损失、进行事故调查和处理、建立和谐社会等均具有重要作用。

水利施工企业是水利工程安全生产管理最主要的责任主体之一，是我国水利工程建设安全生产管理体系中最重要的组成部分。根据《建设工程安全生产管理条例》《水利工程建设安全生产管理规定》等的规定，水利施工企业主要承担以下安全管理责任：

（1）资质与许可证管理。水利施工企业从事水利工程的新建、扩建、改建、加固和拆除等活动，应当具备国家规定的注册资本、专业技术人员、技术装备和安全生产等条件，依法取得相应等级的资质证书，并在其资质等级许可的范围内承揽工程。

水利施工企业应当依法取得安全生产许可证后，方可从事水利工程施工活动。

（2）目标责任制与规章制度管理。水利施工企业单位主要负责人依法对本单位的安全生产工作全面负责。水利施工企业应当建立健全安全生产责任制度和安全生产教育培训制度，制定安全生产规章制度和操作规程，保证本单位建立和完善安全生产条件所需资金的投入，对所承担的水利工程进行定期和专项安全检查，并做好安全检查记录。

水利施工企业的项目负责人应当由取得相应执业资格的人员担任，对水利工程建设项

目的安全施工负责，落实安全生产责任制度、安全生产规章制度和操作规程，确保安全生产费用的有效使用，并根据工程的特点组织制定安全施工措施，消除安全事故隐患，及时、如实报告生产安全事故。

（3）总承包管理。水利工程实行施工总承包，由总承包单位对施工现场的安全生产负总责。总承包单位应当自行完成建设工程主体结构的施工。总承包单位依法将建设工程分包给其他单位的，分包合同中应当明确各自的安全生产方面的权利、义务。总承包单位和分包单位对分包工程的安全生产承担连带责任。分包单位应当服从总承包单位的安全生产管理，分包单位不服从管理导致生产安全事故的，由分包单位承担主要责任。

（4）安全生产费用管理。水利施工企业在工程报价中应当包含工程施工的安全作业环境及安全施工措施所需费用。对列入建设工程概算的上述费用，应当用于施工安全防护用具及设施的采购和更新、安全施工措施的落实、安全生产条件的改善，不得挪作他用。

（5）管理机构与人员管理。水利施工企业应当设立安全生产管理机构，按照国家有关规定配备专职安全生产管理人员。施工现场必须有专职安全生产管理人员，专职安全生产管理人员负责对安全生产进行现场监督检查。发现安全事故隐患，应当及时向项目负责人和安全生产管理机构报告；对违章指挥、违章操作的，应当立即制止。

（6）隐患排查治理与度汛安全管理。水利施工企业是事故隐患排查、治理和防控的责任主体，应当建立健全事故隐患排查治理相关规章制度，逐级建立并落实从主要负责人到每个从业人员的隐患排查治理和监控责任体系，组织做好隐患治理工作。

水利施工企业在建设有度汛要求的水利工程时，应当根据项目法人编制的工程度汛方案、措施制定相应的度汛方案，报项目法人批准；涉及防汛调度或者影响其他工程、设施度汛安全的，由项目法人报有管辖权的防汛指挥机构批准。

（7）特种人员管理。水利施工企业聘用的垂直运输机械作业人员、安装拆卸工、爆破作业人员、起重信号工、登高架设作业人员等特种作业人员，必须按照国家有关规定经过专门的安全作业培训，并取得特种作业操作资格证书后，方可上岗作业。

（8）安全技术管理。水利施工企业应当在施工组织设计中编制安全技术措施和施工现场临时用电方案，对达到一定规模的危险性较大的工程应当编制专项施工方案，并附具安全验算结果，经企业技术负责人签字以及总监理工程师核签后实施，由专职安全生产管理人员进行现场监督。必要时，企业还应当组织专家进行专项论证、审查。

（9）设施设备管理。水利施工企业在使用施工起重机械和整体提升脚手架、模板等自升式架设设施前，应当组织有关单位进行验收，也可以委托具有相应资质的检验检测机构进行验收；使用承租的机械设备和施工机具及配件的，由施工总承包单位、分包单位、出租单位和安装单位共同进行验收，验收合格的方可使用。

（10）教育培训管理。水利施工企业的主要负责人、项目负责人、专职安全生产管理人员应当经水行政主管部门安全生产考核合格后方可任职。企业应当对管理人员和作业人员每年至少进行一次安全生产教育培训，其教育培训情况记入个人工作档案。安全生产教育培训考核不合格的人员，不得上岗。在采用新技术、新工艺、新设备、新材料时，应当对作业人员进行相应的安全生产教育培训。

（11）应急与事故管理。水利施工企业应当根据水利工程施工的特点和范围，对施工

现场易发生重大事故的部位、环节进行监控，制定施工现场生产安全事故应急救援预案。实行施工总承包的，由总承包单位统一组织编制水利工程建设生产安全事故应急救援预案，工程总承包单位和分包单位按照应急预案，各自建立应急救援组织或者配备应急救援人员，配备救援器材、设备，并定期组织演练。

水利施工企业发生生产安全事故，应当按照国家有关伤亡事故报告和调查处理的规定及时、如实地向负责安全生产监督管理的部门以及水行政主管部门或者流域管理机构报告；特种设备发生事故的，还应当同时向特种设备安全监督管理部门报告。实行施工总承包的，由总承包单位负责上报事故。发生生产安全事故后，企业应当采取措施防止事故扩大，保护事故现场。需要移动现场物品时，应当做出标记和书面记录，妥善保管有关证物。

第二节　安全生产目标管理

安全目标管理是目标管理在安全管理方面的重要应用，是指企业从上到下围绕企业安全生产总目标，层层分解，确定行动方针，安排安全工作进度，制定实施有效的组织措施，并对安全成果严格考核的一种管理制度。安全目标管理是企业安全生产管理的重要环节，是根据企业安全生产工作目标来控制企业安全生产的一种民主的科学有效的管理方法，是我国施工企业实行安全管理的一项重要内容。

安全目标管理的实施过程分为4个阶段，即目标的制定、目标的分解、目标的实施与目标的评价考核。

知识链接

目标管理理论是由现代管理大师彼得·德鲁克根据目标设置理论提出的目标激励方案，是在泰罗的科学管理和行为科学管理理论的基础上，形成的一套管理制度，其基础是目标理论中的目标设置理论。目标管理是参与管理的一种基本形式，强调"自我控制"，责任明确，分工合理，主张效益优先，通过组织群体共同参与具体的可行的能够客观衡量的目标来达到最终目的。

一、安全生产目标的制定

水利施工企业应建立安全生产目标管理制度，制定包括人员伤亡、机械设备安全、交通安全等控制目标，安全生产隐患治理目标，以及环境与职业健康目标等在内的安全生产总目标和年度目标，做好目标具体指标的制定、分解、实施、考核等环节工作。实施具体项目的施工单位应根据相关法律法规和施工合同约定，结合本工程项目安全生产实际，组织制定项目安全生产总体目标和年度目标。

1. 目标制定原则

水利施工企业应结合企业生产经营特点，科学分析，按如下原则制定：

（1）突出重点，分清主次。安全生产目标制定不能面面俱到，应突出事故伤亡率、财产损失额、隐患治理率等重要指标，同时注意次要目标对重点目标的有效配合。

（2）安全目标具有综合性、先进性和适用性。制定的安全管理目标，既要保证上级下

达指标的完成，又要考虑企业各部门、各项目部及每个职工的承担能力，使各方都能接受并努力完成。一般来说，制定的目标要略高于实际的能力与水平，使之经过努力可以完成，但不能高不可攀、不切实际，也不能低而不费力，容易达到。

（3）目标的预期结果具体化、定量化。利于同期比较，易于检查、评价与考核。

（4）坚持目标与保证目标实现措施的统一性。为使目标管理更具有科学性、针对性和有效性，在制定目标时必须有保证目标实现的措施，使措施为目标服务。

2. 目标制定依据

安全生产目标应尽可能量化，便于考核。目标制定时应考虑下列因素：

（1）国家的有关法律法规、规章、制度和标准的规定及合同约定。

（2）水利行业安全生产监督管理部门的要求。

（3）水利行业安全技术水平和项目特点。

（4）本企业中长期安全生产管理规划和本企业的经济技术条件与安全生产工作现状。

（5）采用的工艺与设施设备状况等。

3. 目标主要内容

安全生产目标应经单位主要负责人审批，并以文件的形式发布，安全生产目标应主要包括但不限于下列内容：

（1）生产安全事故控制目标。

（2）安全生产投入目标。

（3）安全生产教育培训目标。

（4）安全生产事故隐患排查治理目标。

（5）重大危险源监控目标。

（6）应急管理目标。

（7）文明施工管理目标。

（8）人员、机械、设备、交通、消防、环境和职业健康等方面的安全管理控制指标等。

二、安全生产目标的分解与实施

水利施工企业应制定安全生产目标管理计划，其主要内容应包括安全生产目标值、保证措施、完成时间和责任人等。水利施工企业应加强内部目标管理，实行分级管理，应逐级分解到各管理层、职能部门及相关人员，逐级签订安全生产目标责任书。

水利施工企业针对具体项目的安全生产目标管理计划，应经监理单位审核，项目法人同意，由项目法人与施工单位签订安全生产目标责任书。工程建设情况发生重大变化，致使目标管理难以按计划实施的，应及时报告，并根据实际情况，调整目标管理计划，并重新备案或报批。

1. 安全生产目标的实施保障

安全生产目标是由上而下层层分解，实施保障是由下而上层层保证。水利水电施工企业各级组织和人员应采取以下保证措施保障安全生产目标的落实：

（1）宣传教育。应落实宣传教育的具体内容、时间安排、参加人员，采取有效的办法切实增强各级主体的责任意识，使安全生产目标深入人心。

（2）监督检查。企业应当对安全生产目标的落实情况进行有效的监督、指导、协调和控制，责任制的各级主体应定期深入下级部门，了解和检查目标完成情况，及时纠偏、调整安全生产目标实施计划，交换工作意见，并进行必要的具体指导。

（3）自我管理。安全目标的实施还需要依靠各级组织和员工的自我管理、自我控制，各部门各级人员的共同努力和协作配合，通过有效的协调消除各阶段、各部门间的矛盾，保证目标按计划顺利进行。

（4）考核评比。安全生产目标的实施必须与经济挂钩，企业应当在检查的基础上定期组织目标达标考核和安全评比活动，奖优惩劣，提高员工参与安全管理积极性。

2. 安全生产目标管理过程的注意事项

水利施工企业在安全目标管理过程中应当重点注意以下几点：

（1）要加强各级人员对安全目标管理的认识。企业管理层尤其是主要负责人对安全目标管理要有深刻的认识，要深入调查研究，结合本单位实际情况，制定企业的总目标，并参加全过程的管理，负责对目标实施进行指挥、协调；要加强对中层和基层干部的思想教育，提高他们对安全目标管理重要性的认识和组织协调能力，这是总目标实现的重要保证；还要加强对员工的宣传教育，普及安全目标管理的基本知识与方法，充分发挥员工在目标管理中的作用。

（2）企业要有完善的系统的安全基础工作。企业安全基础工作的水平，直接关系着安全目标制定的科学性、先进性和客观性。制定可行的目标管理指标和保证措施，需要企业有完善的安全管理基础资料和监测数据。

（3）安全目标管理需要全员参与。安全目标管理是以目标责任者为主的自主管理，是通过目标的层层分解、措施的层层落实来实现的。将目标落实到每个人身上，渗透到每个环节，使每个员工在安全管理上都承担一定目标责任。因此，必须充分发动群众，将企业的全体员工科学地组织起来，实行全员、全过程、全方位参与，才能保证安全目标的有效实施。

（4）安全目标管理需要责、权、利相结合。实施安全目标管理时要明确员工在目标管理中的职责，没有职责的责任制只是流于形式。同时，要根据目标责任大小和完成任务的需要赋予他们在日常管理上的权力，还要给予他们应得的利益，责、权、利的有机结合才能调动广大员工的积极性和持久性。

（5）安全目标管理要与其他安全管理方法相结合。安全目标管理是综合性很强的科学管理方法，它是企业安全管理的"纲"，是一定时期内企业安全管理的集中体现。在实现安全目标过程中，要依靠和发挥各种安全管理方法的作用，如制定安全技术措施计划、开展安全教育和安全检查等。只有两者有机结合，才能使企业的安全管理工作做得更好。

三、安全生产目标的评价与考核

安全生产目标评价与考核是对实际取得的目标成果作出的客观评价，对达到目标的应给予奖励，对未达到目标的应给予惩罚，从而使先进受到鼓舞，落后得到激励，进一步调动全体员工追求更高目标的积极性。通过考评还可以总结经验和教训，发扬优势，解决存在的问题，明确前进的方向，为改进下个周期安全生产目标管理提供依据，打下基础。

水利施工企业应制订安全生产目标考核管理办法，至少每季度一次对本单位安全生产

目标的完成情况进行自查和评估，涉及施工项目的自查报告应当报监理单位和项目法人备案。水利施工企业至少在年中和年终对安全生产目标完成情况进行考核，并根据考核结果，按照考核管理办法进行奖惩。

第三节　安全生产管理机构与人员配备

《安全生产法》第十九条对生产经营单位安全生产管理机构的设置和安全生产管理人员的配备原则作出了明确规定："矿山、建筑施工企业和危险物品的生产、经营、储存单位，应当设置安全生产管理机构或者配备专职安全生产管理人员。"《建设工程安全生产管理条例》第二十三条也对施工企业设立安全生产管理机构和配备专职安全生产管理人员提出了明确规定："施工单位应当设置安全生产管理机构，配备专职安全生产管理人员。"

一、安全生产管理机构设置及职责

安全生产管理机构是企业中专门负责安全生产监督管理的内设机构，水利施工企业应当成立安全生产领导小组，设置安全生产管理机构，在企业主要负责人的领导下开展本企业的安全生产管理工作。

1. 安全生产领导小组

水利施工企业安全生产领导小组（或安全生产管理委员会）由企业主要负责人、分管安全生产的副总经理、技术负责人、相关部门主要负责人等组成，至少每季度召开一次会议，总结分析本单位的安全生产情况，评估本单位存在的风险，研究解决安全生产工作中的重大问题，决策企业安全生产的重大事项，并形成会议纪要，及时通报相关各方。

水利施工企业安全生产领导小组应主要履行下列职责：

（1）贯彻国家有关法律法规、规章、制度和标准，建立、完善施工安全管理制度。

（2）组织制订安全生产目标管理计划，建立健全项目安全生产责任制。

（3）部署安全生产管理工作，决定安全生产重大事项，协调解决安全生产重大问题。

（4）组织编制施工组织设计、专项施工方案、安全技术措施计划、事故应急救援预案和安全生产费用使用计划等。

（5）组织安全生产绩效考核等。

2. 安全生产管理部门

水利施工企业安全管理部门一般由分管安全生产的企业副总经理直接分管，承担企业安全生产管理日常工作。安全生产管理机构应定期召开例会，通报企业安全生产情况，分析存在的问题，提出解决方案和建议，会议应形成会议纪要，及时通报相关各方。

水利施工企业安全生产管理部门应主要履行下列职责：

（1）贯彻国家有关法律法规、规章、制度和标准。

（2）组织或参与拟订安全生产规章制度、操作规程和生产安全事故应急救援预案，制定安全生产费用使用计划，编制施工组织设计、专项施工方案、安全技术措施计划，检查安全技术交底工作。

（3）组织重大危险源监控和生产安全事故隐患排查治理，提出改进安全生产管理的建议。

（4）负责安全生产教育培训和管理工作，如实记录安全生产教育和培训情况。

（5）组织事故应急救援预案的演练工作。

（6）组织或参与安全防护设施、设施设备、危险性较大的单项工程验收。

（7）制止和纠正违章指挥、违章作业和违反劳动纪律的行为。

（8）负责项目安全生产管理资料的收集、整理、归档，按时上报各种安全生产报表和材料。

（9）统计、分析和报告生产安全事故，配合事故的调查和处理等。

二、安全生产管理人员配备及职责

安全生产管理人员是指在企业中从事安全生产管理工作的专职或兼职人员。水利施工企业专职安全生产管理人员是指经水行政主管部门安全生产考核合格取得安全生产考核合格证书，并在水利施工企业及其项目从事安全生产管理工作的专职人员。

1. 人员配备

根据《建筑施工企业安全生产管理机构设置及专职安全生产管理人员配备办法》（建质〔2008〕91号）的规定，施工企业安全生产管理机构专职安全生产管理人员的配备应满足下列要求，并应根据企业经营规模、设备管理和生产需要予以增加：

（1）建筑施工总承包资质序列企业：特级资质不少于6人；一级资质不少于4人；二级和二级以下资质企业不少于3人。

（2）建筑施工专业承包资质序列企业：一级资质不少于3人；二级和二级以下资质企业不少于2人。

（3）建筑施工劳务分包资质序列企业：不少于2人。

（4）建筑施工企业的分公司、区域公司等较大的分支机构应依据实际生产情况配备不少于2人的专职安全生产管理人员。

2. 人员职责

水利施工企业专职安全生产管理人员在施工现场检查过程中具有以下职责。

（1）查阅在建项目安全生产有关资料，核实有关情况。

（2）检查危险性较大工程安全专项施工方案落实情况。

（3）监督项目专职安全生产管理人员履责情况。

（4）监督作业人员安全防护用品的配备及使用情况。

（5）对发现的安全生产违章违规行为或安全隐患，有权当场予以纠正或作出处理决定。

（6）对不符合安全生产条件的设施、设备、器材，有权当场作出查封的处理决定。

（7）对施工现场存在的重大安全隐患有权越级报告或直接向建设主管部门报告。

（8）企业明确的其他安全生产管理职责。

三、施工现场管理机构设置及人员配备

1. 安全生产领导小组

水利施工企业应当在水利工程项目实施时组建安全生产领导小组，安全生产领导小组由项目经理、项目技术负责人、专职安全生产管理人员、班组长等组成。项目安全生产领

导小组具有以下职责：

（1）贯彻落实国家有关安全生产法律法规和标准。

（2）组织制定项目安全生产管理制度并监督实施。

（3）编制项目生产安全事故应急救援预案并组织演练。

（4）保证项目安全生产费用的有效使用。

（5）组织编制危险性较大工程安全专项施工方案。

（6）开展项目安全教育培训。

（7）组织实施项目安全检查和隐患排查。

（8）建立项目安全生产管理档案。

（9）及时、如实报告安全生产事故。

2. 项目负责人

施工现场的项目负责人应由取得相应执业资格的人员担任，对水利工程项目的安全施工负责，落实安全生产责任制度、安全生产规章制度和安全操作规程，确保安全生产费用的有效使用，并根据工程特点组织制定安全施工措施，消除安全事故隐患，及时、如实报告安全生产事故。

3. 项目专职安全生产管理人员

施工现场的项目专职安全生产管理人员负责对项目安全生产进行现场监督检查，发现安全事故隐患并及时向项目负责人和安全生产管理机构报告；对违章指挥、违章操作立即制止。项目专职安全生产管理人员具有以下主要职责：

（1）负责施工现场安全生产日常检查并做好检查记录。

（2）现场监督危险性较大工程安全专项施工方案实施情况。

（3）对作业人员违规违章行为有权予以纠正或查处。

（4）对施工现场存在的安全隐患有权责令立即整改。

（5）对于发现的重大安全隐患，有权向企业安全生产管理机构报告。

（6）依法报告生产安全事故情况。

水利施工企业应当实行项目专职安全生产管理人员委派制度，受委派的专职安全生产管理人员应当定期将项目安全生产管理情况报告企业安全生产管理机构。

施工单位应每周由项目部负责人主持召开一次安全生产例会，分析现场安全生产形势，研究解决安全生产问题。各部门负责人、各班组长、分包单位现场负责人等参加会议。会议应形成详细记录，并形成会议纪要。

参照《建筑施工企业安全生产管理机构设置及专职安全生产管理人员配备办法》（建质〔2008〕91号）的规定，项目专职安全生产管理人员配备应当满足下列要求：

（1）总承包建筑工程、装修工程按照建筑面积配备，其中，1万平方米以下的工程不少于1人；1万～5万平方米的工程不少于2人；5万平方米及以上的工程不少于3人，且按专业配备专职安全生产管理人员。总承包土木工程、线路管道、设备安装工程按照工程合同价配备，其中，5000万元以下的工程不少于1人；5000万～1亿元的工程不少于2人；1亿元及以上的工程不少于3人，且按专业配备专职安全生产管理人员。

（2）专业分包单位应当配置至少1人，并根据所承担的分部分项工程的工程量和施工

危险程度增加。劳务分包单位施工人员在 50 人以下的，应当配备 1 名专职安全生产管理人员；50～200 人的，应当配备 2 名专职安全生产管理人员；200 人及以上的，应当配备 3 名及以上专职安全生产管理人员，并根据所承担的分部分项工程施工危险实际情况增加，且不得少于工程施工人员总人数的 5‰。

（3）采用新技术、新工艺、新材料或致害因素多、施工作业难度大的工程项目，项目专职安全生产管理人员的数量应当根据施工实际情况，增加配备。

（4）施工作业班组可以设置兼职安全巡查员，对本班组的作业场所进行安全监督检查。

知识链接

水利施工企业安全生产组织体系建设

水利施工企业应当建立完整的安全生产组织体系，包括管理层、相关职能部门及专职安全生产管理机构、相关岗位及专兼职安全管理人员等，并应明确各自的安全生产责任。建议企业至少设置下列部门（或岗位）：

（1）技术管理部门（或岗位）负责安全生产的技术保障和改进。

（2）施工管理部门（或岗位）负责生产计划、布置、实施的安全管理。

（3）材料管理部门（或岗位）负责安全生产物资及劳动防护用品的安全管理。

（4）动力设备管理部门（或岗位）负责施工临时用电及机具设备的安全管理。

（5）专职安全生产管理机构（或岗位）负责安全生产其他日常管理工作。

第四节 安全生产规章制度

一、安全生产规章制度

安全生产规章制度是指水利施工企业依据国家有关法律法规、国家和行业标准，结合水利工程施工安全生产实际，以企业名义颁发的有关安全生产的规范性文件。一般包括规程、标准、规定、措施、办法、制度、指导意见等。

安全生产规章制度是水利施工企业贯彻国家有关安全生产法律法规、国家和行业标准，贯彻国家安全生产方针政策的行动指南，是水利施工企业有效防范安全风险，保障从业人员安全健康、财产安全、公共安全，加强安全生产管理的重要措施。

（一）建立健全安全生产规章制度的必要性

建立健全安全生产规章制度是水利施工企业的法定责任。企业是安全生产的责任主体，《安全生产法》第四条规定"生产经营单位必须遵守本法和其他有关安全生产的法律法规，加强安全生产管理，建立、健全安全生产责任制度，完善安全生产条件，确保安全生产。"《突发事件应对法》第二十二条规定"所有单位应当建立健全安全管理制度，定期检查本单位各项安全防范措施的落实情况，及时消除事故隐患。"因此，建立健全安全生产规章制度是国家有关安全生产法律法规明确的生产经营位的法定责任。

建立健全安全生产规章制度是水利施工企业安全生产的重要保障。安全风险来自于生

产经营过程，只要生产经营活动在进行，安全风险就客观存在。客观上需要企业对施工过程中的机械设备、人员操作进行系统分析、评价，制定出一系列的操作规程和安全控制措施，以保障生产经营工作有序、安全地运行，将安全风险降到最低。

建立健全安全生产规章制度是水利施工企业保护从业人员安全与健康的重要手段。国家有关保护从业人员安全与健康的法律法规、国家和行业标准的具体实施，只有通过企业的安全生产规章制度才能体现出来，才能使从业人员明确自己的权利和义务。同时，也为从业人员遵章守纪提供了标准和依据。

（二）安全生产规章制度建设的依据与原则

安全生产规章制度是以安全生产法律法规、国家和行业标准、地方政府的法规和标准为依据。水利施工企业安全生产规章制度是一系列法律法规在企业生产经营过程具体贯彻落实的体现。

安全生产规章制度建设必须按照"安全第一，预防为主，综合治理"的要求，坚持主要负责人负责、系统性、规范化和标准化等原则。安全第一，要求企业必须把安全生产放在各项工作的首位，正确处理好安全生产与工程进度、经济效益的关系；预防为主，就是要求企业的安全生产管理工作要以危险有害因素的辨识、评价和控制为基础，建立安全生产规章制度，通过制度的实施达到规范人员行为，消除不安全状态，实现安全生产的目标；综合治理，就是要求在管理上综合采取组织措施、技术措施，落实责任，各负其责，齐抓共管。

主要负责人负责的原则。《中华人民共和国安全生产法》规定"建立、健全本单位安全生产责任制，组织制定本单安全生产规章制度和操作规程，是生产经营单位的主要负责人的职责"。安全生产规章制的建设和实施，涉及生产经营单位的各个环节和全体人员，只有主要负责人负责，才能有效调动和使用企业的所有资源，才能协调好各方关系，规章制度的落实才能够得到保证。

系统性原则。安全风险来自于生产经营活动过程之中，因此，安全生产规章制度的建设应按照安全系统工程的原理，涵盖生产经营的全过程、全员、全方位。

规范化和标准化原则。施工企业安全生产规章制度的建设应实现规范化和标准化管理，以确保安全生产规章制度建设的严密、完整、有序，建立完整的安全生产规章制度体系，建立安全生产规章制度起草、审核、发布、教育培训、执行、反馈、持续改进的组织管理程序，做到目的明确、流程清晰、具有可操作性。

（三）水利施工企业安全生产规章制度体系

目前我国还没有明确的安全生产规章制度分类标准。从广义上讲，安全生产规章制度应包括安全管理和安全技术两个方面的内容。在长期的安全生产实践过程中，许多水利施工企业按照自身的习惯和传统，形成了具有行业特色的安全生产规章制度体系。

1. 综合安全管理制度

包括但不限于安全生产目标管理制度、安全生产责任制度、安全生产考核奖惩制度、安全管理定期例行工作制度、安全设施和费用管理制度、安全技术措施审查制度、技术交底制度、分包（供）方管理制度、重大危险源管理制度、危险物品使用管理制度、危险性较大的单项工程管理制度、隐患排查和治理制度、事故调查报告处理制度、应急管理制

度、消防安全管理制度、社会治安管理制度、安全生产档案管理制度等。

2. 人员安全管理制度

包括但不限于安全教育培训制度、人身意外伤害保险管理制度、劳保用品发放使用和管理制度、安全工器具使用管理制度、用工管理制度、特种作业及特殊危险作业管理制度、岗位安全规范、职业健康管理制度、现场作业安全管理制度等。

3. 设施设备安全管理制度

包括但不限于生产设备设施安全管理制度、定期巡视检查制度、定期检测检验制度、定期维护检修制度、安全操作规程。

4. 环境安全管理制度

包括但不限于安全标准管理制度、作业环境管理制度、职业卫生与健康管理制度等。

（四）安全生产规章制度的管理

（1）起草。一般由企业安全生产管理部门或相关职能部门负责起草，起草前应对目的、适用范围、主管部门、解释部门及实施日期等给予明确，同时还应做好相关资料的准备和收集工作。

规章制度编制应做到目的明确、条理清楚、结构严谨、用词准确、文字简明、标点符号正确。水利施工企业安全生产规章制度应至少包含：①适用范围；②具体内容和要求；③责任人（部门）的职责与权限；④基本工作程序及标准；⑤考核与奖惩措施。

（2）会签或公开征求意见。起草的规章制度，应通过正式渠道征得相关职能部门或员工的意见和建议，以利于规章制度颁布后的贯彻落实。当意见不能取得一致时，应由安全生产领导小组组织讨论，统一认识，达成一致。

（3）审核。制度签发前，应进行审核。一是由企业负责法律事务的部门进行合规性审查；二是专业技术性较强的规章制度应邀请相关专家进行评审；三是安全奖惩等涉及全员性的制度，应经过职工代表大会或职工代表审议。

（4）签发。技术规程、安全操作规程等技术性较强的安全生产规章制度，一般由企业主管生产的领导或总工程师签发，涉及全局性的综合管理制度应由企业的主要负责人签发。

（5）发布。应采用固定的方式进行发布，如红头文件式、内部办公网络等。发布的范围应涵盖应执行的部门、人员，有些特殊的制度还须正式送达相关人员，并由接收人员签字。

（6）培训。新颁布的安全生产规章制度、修订的安全生产规章制度，应组织进行培训，安全操作规程类规章制度还应组织相关人员进行考试。

（7）反馈。应定期检查安全生产规章制度执行中存在的问题，建立信息反馈渠道，及时掌握安全生产规章制度的执行效果。

（8）持续改进。水利施工企业应将适用的安全生产法律法规、规章制度、标准清单和企业安全生产管理制度、安全操作规程（手册）分门别类印制成册或制订电子文档配发给单位各部门和各岗位，组织全体从业人员学习，并做好学习记录。企业安全生产管理部门应每年至少一次组织对本单位执行安全生产法律法规、规章制度、标准清单和企业安全管理制度、安全操作规程（手册）情况进行检查评估，评估报告应当报企业法人和企业安全

生产领导小组审阅。对安全操作规程，除每年进行审查和修订外，每 3～5 年应进行一次全面修订，并重新发布。企业应根据检查评估结论，对本单位制订的安全生产管理制度实行动态管理，及时进行修订、备案和重新编印。

二、安全生产责任制

《安全生产法》明确规定：生产经营单位必须建立、健全安全生产责任制。

安全生产责任制主要是指企业的各级领导、职能部门和在一定岗位上的劳动者个人对安全生产工作应负责任的一种制度，也是企业的一项基本管理制度。安全生产责任制度的实施是对已有安全生产制度的再落实管理，无论是政府还是企业，在实施安全生产责任制之前要考虑实施的环境、实施的对象，选择不同的方法，应用不同的方式，对具体的安全生产过程进行全方位、全过程的分解，确定不同生产行为过程的负责人，制定清晰明确的责任制度和责任评价制度，保障安全生产主体责任的落实，是所有安全生产规章制度的核心。

1. 安全生产责任制的制定原则

水利施工企业应建立健全以主要负责人为核心的安全生产责任制，明确各级负责人、各职能部门和各岗位的责任人员、责任范围和考核标准。安全生产责任制的制定应当遵循以下原则：

（1）法制性原则。企业安全生产责任制度的建立要遵循国家安全生产方面的法律法规，同时也要遵循一些地方性的安全生产法律法规。

（2）科学性原则。科学性原则就是在制定企业安全生产责任制度时，要有根有据，使制定的制度与本企业、本项目、本工序的生产实际相符合，而不是简单地仅凭自己的经验体会去制订。

（3）民主性原则。责任制度是规范劳动者行为，并为行为负责。企业安全生产责任制度的内容要从企业实际出发，广泛听取劳动者意见，集思广益、综合分析，能反映全体劳动者的客观意愿。企业责任制度要本着公开的精神，使得全体劳动者都知道规章制度，特别是应清晰知道自己所承担的责任，这是民主原则的重要体现，也是实现民主的有效方式和途径。

（4）有效性原则。包括两个方面：一是制度本身能对防止事故有效；二是制度执行有效。要保证制度的有效性必须做到内容规定明确，与实际相符，制度具有操作性。

2. 安全生产责任制的制定程序

水利施工企业安全生产责任制的制定一般参照以下程序：

（1）确定主体责任制度管理机构。水利施工企业应当设立专门的安全生产管理部门负责安全生产责任制的制定和管理工作。

（2）资料收集和分析。将企业生产活动进行分解，确定安全生产任务和安全生产目标。

（3）安全生产责任制度的编写。成立编写组，根据安全生产任务和安全生产目标，提出主体责任制度的整体架构，确定责任清单，编写制度初稿。

（4）讨论修改与审议审定。安全生产责任制度应当经充分讨论，也可聘请外部专家进行专题咨询和评审，讨论由企业安全生产管理部门组织，讨论修改后应提交企业安全生产

领导小组审议或提交企业董事会、总经理办公会议等决策机构审定。审定后应当及时发布。

安全生产责任制度的建立程序主要体现在制度编写前准备、制度编写和制度执行反馈后修改后等环节，而对于具体的细节问题，企业可根据实际进行调整，以期达到最佳效果。

水利施工企业在编写责任制度时还应注意以下几点：

（1）首先要明确岗位职责，在什么岗位应该有哪些工作内容，然后再根据作业内容融入与之有关联的安全生产责任。

（2）要概括国家、地方的法律法规、行业和企业标准。

（3）有制度必须有检查，有检查必须有结果，有结果必须有奖惩。

（4）责任人必须签字并签署日期，要让责任人了解自己承担的是什么角色，应该承担什么责任和义务。

（5）最重要最困难的是落实责任制。

3. 安全生产责任制体系

水利施工企业应当建立完整的安全生产责任制体系，范围覆盖本企业所有组织、管理部门和岗位，纵向到底，横向到边，其主要包括两个方面：一是纵向方面，应涵盖各级人员；二是横向方面，应涵盖各职能部门。

各级人员主要包括公司总经理、分管安全生产工作副总经理、总工程师（技术负责人）、工程项目部经理、工长、施工员、专职安全管理人员、工程项目技术负责人、工程项目安全管理人员、班组长、操作人员等。各级部门主要包括工程管理部门、财务部门、安全生产管理部门、人力资源管理部门、质检部门、生产技术管理部门、机械设备管理部门、消防保卫管理部门、工会、分包单位等。安全生产责任制体系架构见图3-1。

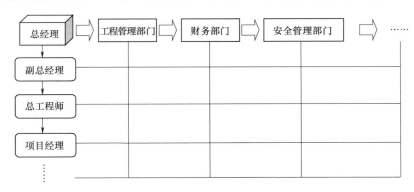

图3-1　安全生产责任制体系架构

4. 安全生产责任制的执行与考评

水利施工企业建立安全生产责任制的同时，要结合企业实际建立健全各项配套制度，特别要发挥工会的监督作用，保证安全生产责任制真正得到落实。要建立安全生产监督检查制度，强化日常的监督检查工作；要建立有效的考评奖惩制度，对责任制落实情况进行考核与奖惩；要建立严格的责任追究制度，完善问责机制，确保责任制的真正落实到位。

　　水利施工企业安全生产责任制应以文件形式印发，企业安全管理部门应每季度对安全生产责任制落实情况进行检查、考核，记录在案；应定期组织对相关安全生产责任制的适宜性进行评估，根据评估结论，及时更新和调整责任制内容，保证安全生产责任制的及时有效性。更新后的安全生产责制应按规定进行备案，并以文件形式重新印发。

三、安全管理人员安全管理职责

1. 企业主要负责人

　　水利施工企业主要负责人是安全生产第一责任人，对全企业的安全生产工作全面负责，必须保证本企业安全生产和企业员工在工作中的安全、健康和生产过程的顺利进行。水利施工企业主要负责人应履行下列安全管理职责：

　　（1）贯彻执行国家法律法规、规章、制度和标准，建立健全安全生产责任制，组织制定安全生产管理制度、安全生产目标计划、生产安全事故应急救援预案。

　　（2）保证安全生产费用的足额投人和有效使用。

　　（3）组织安全教育和培训；依法为从业人员办理保险。

　　（4）组织编制、落实安全技术措施和专项施工方案。

　　（5）组织危险性较大的单项土程、重大事故隐患治理和特种设备验收。

　　（6）组织事故应急救援演练。

　　（7）组织安全生产检查，制定隐患整改措施并监督落实。

　　（8）及时、如实报告安全生产事故，组织生产安全事故现场保护和抢救工作，组织、配合事故的调查等。

2. 企业技术负责人

　　水利施工企业技术负责人主要负责项目施工安全技术管理工作，其应履行下列安全管理职责：

　　（1）组织施工组织设计、专项工程施工方案、重大事故隐患治理方案的编制和审查。

　　（2）参与制定安全生产管理规章制度和安全生产目标管理计划。

　　（3）组织工程安全技术交底。

　　（4）组织事故隐患排查、治理。

　　（5）组织项目施工安全重大危险源的识别、控制和管理。

　　（6）参与或配合安全生产事故的调查等。

3. 项目负责人

　　水利施工企业项目负责人是施工现场安全生产的第一责任人，对施工现场的安全生产全面负责。水利施工企业项目负责人主要有下列安全生产职责：

　　（1）依据项目规模特点，建立安全生产管理体系，制定本项目安全生产管理具体办法和要求，按有关规定配备专职安全管理人员，落实安全生产管理责任，并组织监督、检查安全管理工作实施情况。

　　（2）组织制定具体的施工现场安全施工费用计划，确保安全生产费用的有效使用。

　　（3）负责组织项目主管、安全副经理、总工程师、安监人员落实施工组织设计、施工方案及其安全技术措施，监督单元工程施工中安全施工措施的实施。

（4）项目开工前，对施工现场形象进行规划、管理，达到安全文明工地标准。

（5）负责组织对本项目全体人员进行安全生产法律法规、规章制度以及安全防护知识与技能的培训教育。

（6）负责组织项目各专业人员进行危险源辨识，做好预防预控，制定文明安全施工计划并贯彻执行；负责组织安全生产和文明施工定期与不定期检查，评估安全管理绩效，研究分析并及时解决存在的问题；同时，接受上级机关对施工现场安全文明施工的检查，对检查中发现的事故隐患和提出的问题，定人、定时间、定措施予以整改，及时反馈整改意见，并采取预防措施避免重复发生。

（7）负责组织制定安全文明施工方面的奖惩制度，并组织实施。

（8）负责组织监督分包单位在其资质等级许可的范围内承揽业务，并根据有关规定以及合同约定对其实施安全管理。

（9）组织制定安全生产事故的应急救援预案。

（10）及时、如实报告生产安全事故，组织抢救，作好现场保护工作，积极配合有关部门调查事故原因，提出预防事故重复发生和防止事故危害扩延的措施。

4. 专职安全生产管理人员

水利施工企业专职安全生产管理人员应履行下列安全管理职责：

（1）组织或参与制定安全生产各项规章制度、操作规程和安全生产事故应急救援预案。

（2）协助企业主要负责人签订安全生产目标责任书，并进行考核。

（3）参与编制施工组织设计和专项施工方案，制定并监督落实重大危险源安全管理和重大事故隐患治理措施。

（4）协助项目负责人开展安全教育培训、考核。

（5）负责安全生产日常检查，建立安全生产管理台账。

（6）制止和纠正违章指挥、强令冒险作业和违反劳动纪律的行为。

（7）编制安全生产费用使用计划并监督落实。

（8）参与或监督班前安全活动和安全技术交底。

（9）参与事故应急救援演练。

（10）参与安全设施设备、危险性较大的单项工程、重大事故隐患治理验收。

（11）及时报告安全生产事故，配合调查处理。

（12）负责安全生产管理资料收集、整理和归档等。

5. 班组长

班组长应履行下列安全管理职责：

（1）执行国家法律法规、规章、制度、标准和安全操作规程，掌握班组人员的健康状况。

（2）组织学习安全操作规程，监督个人劳动保护用品的正确使用。

（3）负责安全技术交底和班前教育。

（4）检查作业现场安全生产状况，及时发现纠正问题。

（5）组织实施安全防护、危险源管理和事故隐患治理等。

四、企业安全操作规程管理

1. 企业安全操作规程的编制

根据《水利水电施工企业安全生产标准化评审标准（试行）》（水安监〔2013〕189号）的要求，水利施工企业应根据国家安全生产方针政策法规及本企业的安全生产规章制度，结合岗位、工种特点，引用或编制齐全、完善、适用的岗位安全操作规程，发放到相关班组、岗位，并对员工进行培训和考核。

安全操作规程一般应包括下列内容：

（1）操作必须遵循的程序和方法。

（2）操作过程中有可能出现的危及安全的异常现象及紧急处理方法。

（3）操作过程中应经常检查的部位、部件及检查验证是否处于安全稳定状态的方法。

（4）对作业人员无法处理的问题的报告方法。

（5）禁止作业人员出现的不安全行为。

（6）非本岗人员禁止出现的不安全行为。

（7）停止作业后的维护和保养方法等。

2. 企业安全操作规程的执行

安全操作规程是保护从业人员安全与健康的重要手段，也为从业人员遵章守纪、规范操作提供标准和依据。安全操作规程的执行主要落实在宣传贯彻、严格执行、评估修订、监督检查等环节。

（1）加强宣传贯彻。水利施工企业必须加大对安全操作规程的宣传力度，通过大力宣传贯彻和教育培训，使员工掌握安全操作规程的要领，熟悉规程的各项规定。

（2）重在落实与执行。安全操作规程一旦编制下发，要始终保持规程的严肃性，保证正确的规定和指令安排得到有效执行。

（3）注重监督检查与评估修订。水利施工企业应当定期对安全操作规程的执行情况进行监督检查与评估，并根据检查反馈的问题和评估情况，对规程进行及时修订，确保有效性和适用性。

第五节 安全生产检查

安全生产检查是水利施工企业安全生产管理的重要内容，其工作重点是有效辨识安全生产管理工作中存在的问题、漏洞，检查生产现场安全防护设施、作业环境是否存在不安全状态，现场作业人员的行为是否符合安全规范，以及设备、系统运行状况是否符合现场规程的要求等。通过安全检查，不断堵塞管理漏洞，改善劳动作业环境，规范作业人员行为，保证设备系统安全与可靠运行，最终实现安全生产的目的。

一、安全生产检查的类型

1. 安全生产定期检查

定期检查一般是由水利施工企业统一组织实施，通过有计划、有组织、有目的的形式来实现。检查周期的确定应根据企业的规模、性质以及地区气候、地理环境等确定。定期

检查具有组织规模大、检查范围广、有深度、能及时发现并解决问题等特点，可与重大危险源评估、现状安全评价等工作结合开展。

2. 经常性安全生产检查

经常性检查是由水利施工企业的安全生产管理部门组织进行的日常检查，包括交接班检查、班中检查、特殊检查等几种形式。包括企业领导、安全生产管理部门和专职安全管理人员对施工作业情况的巡视或抽查等，经常性检查一般应制定检查路线、检查项目、检查标准，并设置专用的检查记录本。

3. 季节性及节假日前后安全生产检查

由水利施工企业统一组织，检查内容和范围则根据季节变化，按事故发生的规律对易发的潜在危险，突出重点进行检查。检查内容主要包括冬季防冻保温、防火、防煤气中毒，夏季防暑降温、防汛、防雷电等检查。近几年，国家对五一、十一、元旦、春节等重要的节假日和社会影响较大的重要会议、重要活动等均会提出明确的检查要求，水利施工企业应当特别重视。

4. 安全生产专业（项）检查

安全生产专业（项）检查是对某个专业（项）问题或在施工中存在的普遍性安全问题进行的单项定性或定量检查，内容包括对危险性较大的在用设备、设施，作业场所环境条件的管理性或监督性定量检测检验等。专业（项）检查具有较强的针对性和专业要求，有时需要结合专业机构或专家咨询进行，用于检查难度较大的项目。

5. 综合性安全生产检查

综合性安全生产检查一般是由上级主管部门或地方政府负有安全生产监督管理职责的部门组织的对施工企业或施工项目开展的安全检查，其检查方式、内容由检查组织部门根据检查目的具体确定。

6. 职工代表不定期对安全生产的巡查

《中华人民共和国工会法》和《中华人民共和国安全生产法》规定，生产经营单位的工会应定期或不定期组织职工代表进行安全生产检查，这体现了安全生产管理群防群治的基本理念，巡查往往被大多数水利施工企业所忽视。职工代表不定期巡查重点检查国家安全生产方针、法规的贯彻执行情况，各级人员安全生产责任制和规章制度的落实情况，从业人员安全生产权利的保障情况，生产现场的安全状况等。

二、安全生产检查内容

安全生产检查包括检查软件系统和硬件系统两部分。软件系统主要是查思想、查意识、查制度、查管理、查事故处理、查隐患、查整改。硬件系统主要是查生产设备、查辅助设施、查安全设施、查作业环境。

安全生产检查对象确定应本着突出重点的原则进行确定。对于危险性大、易发事故、事故危害大的生产系统、部位、装置、设备等应加强检查。一般应重点检查：

（1）易造成重大损失的易燃易爆危险物品、剧毒品、锅炉、压力容器、起重设备、运输设备、冶炼设备、电气设备、冲压机械、高处作业和易发生工伤、火灾、爆炸等事故的设备、工种、场所及其作业人员。

（2）易造成职业中毒或职业病的尘毒产生点及岗位作业人员。

（3）直接管理的重要危险点和有害点的部门及其负责人。

对非矿山企业，国家有关规定要求强制性检查的项目有：锅炉、压力容器、压力管道、高压医用氧舱、起重机、电梯、自动扶梯、施工升降机、简易升降机、防爆电器、厂内机动车辆、客运索道、游艺机及游乐设施等；作业场所的粉尘、噪声、振动、辐射、高温低温、有毒物质的浓度等。对矿山企业要求强制性检查的项目有：矿井风量、风质、风速及井下温度、湿度、噪声；瓦斯、粉尘；矿山放射性物质及其他有毒有害物质；露天矿山边坡；尾矿坝；提升、运输、装载、通风、排水、瓦斯抽放、压缩空气和起重设备；各种防爆电器、电器安全保护装置；矿灯、钢丝绳等；瓦斯、粉尘及其他有毒有害物质检测仪器、仪表；自救器；救护设备；安全帽；防尘口罩或面罩；防护服、防护鞋；防噪声耳塞、耳罩。

水利施工企业安全生产检查应当包括以下内容：

（1）检查企业安全生产责任制订及落实情况。

（2）检查项目经理部是否定期组织内部安全检查、召开内部安全工作会议。

（3）检查企业内部安全检查的记录是否齐全、有效。

（4）检查企业安全文明施工责任区域管理情况，包括：施工区域封闭管理情况；施工区域标志情况（责任人、危险源、控制措施）；施工区域电源箱按行业安全标准配置情况；施工区域安全标志牌挂设情况；施工区域存在事故隐患、违章违规、安全设施不完善情况；施工区域防护设施齐全有效情况；施工区域文明施工情况等。

（5）检查企业各种使用中和库存的工器具是否经过检验并标识。

（6）检查企业各种使用中的中小型机械是否定期进行了检查，对发现的问题是否进行整改，记录是否齐全。

（7）检查施工区域作业人员是否按规程要求正确施工，是否按要求正确使用个人安全防护品。

（8）检查随机抽查施工人员是否进行入场教育。

（9）检查施工项目在施工前是否编制了安全技术措施。

（10）检查作业前是否进行全员交底。

（11）检查企业所属作业人员对作业内容是否了解哪些危险源和如何进行预防。

（12）检查施工作业过程中，是否按交底内容和安全技术措施的要求进行。

（13）各类废弃物是否分类，处理是否符合当地法规要求，污水处理是否符合当地法规要求，是否制定并执行防污染措施。

三、常用安全生产检查方法

1. 常规检查法

常规检查法是由安全管理人员作为检查工作的主体，到作业场所现场，通过感观或辅助一定的简单工具、仪表等，对作业人员的行为、作业场所的环境条件、生产设备设施等进行的定性检查。安全检查人员通过这一手段，及时发现现场存在的不安全隐患并采取措施予以消除，纠正施工人员的不安全行为。常规检查法主要依靠安全检查人员的经验和能力，检查的结果直接受安全检查人员个人素质的影响。

2. 安全检查表法

为使安全检查工作更加规范，将个人的行为对检查结果的影响减少到最小，常采用安全检查表法。安全检查表一般由水利施工企业安全生产管理部门制定，提交企业安全生产领导小组讨论确定。安全检查表一般包括检查项目、检查内容、检查标准、检查结果及评价等内容。

安全检查表应符合国家有关法律法规、水利施工企业现行有效的有关标准、规程、管理制度的要求，结合企业安全管理文化、理念、反事故技术措施和安全措施计划、季节性、地理、气候特点等。

3. 仪器检查及数据分析法

随着科技进步，水利施工企业的安全生产管理手段也在不断改进，有些企业投入了在线监测监控设施，对施工项目进行在线监视和系统记录，利用大数据分析设备、系统的运行状况变化趋势，进而分析，实行动态监控。对没有在线数据检测系统的机器、设备、系统，则借助仪器检查法来进行定量化的检验与测量。仪器检查及数据分析法将成为安全常态化管理的新趋势。

四、安全生产检查工作程序

1. 安全检查准备

（1）确定检查对象、目的、任务。

（2）查阅、掌握有关法规、标准、规程的要求。

（3）了解检查对象的工艺流程、生产情况、可能出现危险和危害的情况。

（4）制定检查计划，安排检查内容、方法、步骤。

（5）编写安全检查表或检查提纲。

（6）准备必要的检测工具、仪器、书写表格或记录本。

（7）挑选和训练检查人员并进行必要的分工等。

2. 安全检查实施

安全检查实施就是通过访谈、查阅文件和记录、现场观察、仪器测量的方式获取信息。

（1）访谈。通过与有关人员谈话来检查安全意识和规章制度执行情况等。

（2）查阅文件和记录。检查设计文件作业规程、安全措施、责任制度、操作规程等是否齐全有效；查阅相应记录，判断上述文件是否被执行。

（3）现场观察。对作业现场的生产设备、安全防护设施、作业环境、人员操作等进行观察，寻找不安全因素、事故隐患、事故征兆等。

（4）仪器测量。利用一定的检测检验仪器设备，对在用的设施、设备、器材状况及作业环境条件等进行测量，以发现隐患。

3. 综合分析后提出检查结论和意见

经现场检查和数据分析后，检查人员应对检查情况进行综合分析，提出检查结论和意见。施工企业自行组织的各类安全检查，应由企业安全管理部门会同有关部门对检查结果进行综合分析；对于上级主管部门或地方政府负有安全生产监督管理职责的部门组织的安全检查，应经过统一研究得出检查意见或结论。

五、整改落实与反馈

针对检查发现的问题，水利施工企业应根据问题性质的不同，提出立即整改、限期整改等措施要求，制定整改计划并积极落实整改。水利施工企业自行组织的安全检查，由企业安全管理部门会同有关部门共同制定整改措施计划并组织实施。对于上级主管部门或地方政府负有安全生产监督管理职责的部门组织的安全检查，检查组应提出书面的整改要求，由施工企业制定整改措施计划。

水利施工企业自行组织的安全检查，在整改措施计划完成后，企业安全管理部门应组织有关人员进行验收。对于上级主管部门或地方政府负有安全生产监督职责的部门组织的安全检查，在整改措施完成后，应及时上报整改完成情况，申请复查或验收。

对安全检查中经常发现的问题或反复发现的问题，水利施工企业应从规章制度的健全和完善、从业人员的安全教育培训、设备系统的更新改造、加强现场检查和监督等环节入手，做到持续改进，不断提高安全生产管理水平，防范安全生产事故的发生。

知识链接

PCDA 计划循环法

PDCA 计划循环法，是美国管理学专家戴明首先提出来的，又称为"戴明循环管理法"。20 世纪 50 年代初传入日本，70 年代后期传入中国，开始运用于全面质量管理，现已推广运用到全面计划管理，它适用于各行各业的计划管理和质量管理，并逐步推广应用到安全生产管理。PDCA 是英文 Plan（计划）、Do（执行）、Check（检查）、Act（改进）四个英文单词的第一个字母的缩写。它的基本原理是：任何一项工作，首先有个设想，根据设想提出一个计划；然后按计划规定去执行、检查和总结；最后通过工作循环，一步一步地提高水平，把工作越做越好。

具体详见本书第二章。

第六节　安全教育培训

加强对水利工程施工企业从业人员的安全教育培训，提高从业人员对作业风险的辨识、控制、处置和避险自救能力，提高从业人员安全意识和综合素质，是防止产生不安全行为，减少人为失误的重要途径。《安全生产法》第二十条规定："生产经营单位的主要负责人和安全生产管理人员必须具备与本单位所从事的生产经营活动相应的安全生产知识和管理能力。危险物品的生产、经营、储存单位以及矿山、建筑施工单位的主要负责人和安全生产管理人员，应当由有关主管部门对其安全生产知识和管理能力考核合格后方可任职。"第二十一条规定："生产经营单位应当对从业人员进行安全生产教育和培训，保证从业人员具备必要的安全生产知识，熟悉有关的安全生产规章制度和安全操作规程，掌握本岗位的安全操作技能。未经安全生产教育和培训合格的从业人员，不得上岗作业。"第二十二条规定："生产经营单位采用新工艺、新技术、新材料或者使用新设备，必须了解、掌握其安全技术特性，采取有效的安全防护措施，并对从业人员进行专门的安全教育和培

训。"第二十三条规定："生产经营单位的特种作业人员必须按照国家有关规定经专门的安全作业培训，取得特种作业操作资格证书，方可上岗作业。特种作业人员的范围由国务院负责，安全生产监督管理的部门会同国务院有关部门确定。"第三十六条规定："生产经营单位应当教育和督促从业人员严格执行本单位的安全生产规章制度和安全操作规程，并向从业人员如实告知作业场所和工作岗位存在的危险因素、防范措施以及事故应急措施。"第五十条规定："从业人员应当接受安全生产教育和培训，掌握本职工作所需的安全生产知识，提高安全生产技能，增强事故预防和应急处理能力。"

为确保《中华人民共和国安全生产法》关于安全生产教育培训的要求得到有效贯彻，原国家安全生产监督管理局（国家煤矿安全监察局）陆续颁布了一系列政策、规章。如《关于生产经营单位主要负责人、安全生产管理人员及其他从业人员安全生产培训考核工作的意见》（安监管人字〔2002〕123 号）、《关于特种作业人员安全技术培训考核工作的意见》（〔2002〕124 号）、《安全生产培训管理办法》（国家安监局令第 20 号）。2006 年，国家安全监管总局发布了《生产经营单位安全培训规定》（国家安监总局令第 3 号），对各类人员的安全培训内容、培训时间、考核以及安全培训机构的资质管理等做出了具体规定。

为保障安全教育培训工作的落实，水利施工企业应当建立安全生产教育培训制度，明确安全生产教育培训的对象与内容、组织与管理、检查与考核等要求，定期对从业人员进行安全生产教育和培训，保证从业人员具备必要的安全生产知识，熟悉安全生产有关法律法规、规章、制度和标准，掌握本岗位的安全操作技能。

一、安全管理人员的安全教育培训

水利施工企业的主要负责人、项目负责人、专职安全生产管理人员必须取得省级以上水行政主管部门颁发的安全生产考核合格证书，方可参与水利工程投标，从事施工管理工作。水利施工企业的主要负责人、项目负责人、专职安全生产管理人员应具备与本企业所从事的生产经营活动相适应的安全生产知识、管理能力与资格，每年按规定进行再培训。根据水利部水利行业标准《水利水电工程施工安全管理导则》（SL 721—2015）的规定，水利施工企业的主要负责人、项目负责人每年接受安全生产教育培训的时间不得少于 30 学时，专职安全生产管理人员每年接受安全生产教育培训的时间不得少于 40 学时，其他安全生产管理人员每年接受安全生产教育培训的时间不得少于 20 学时。《水利水电工程施工企业主要负责人、项目负责人和专职安全生产管理人员安全生产考核管理办法》（水利部水安监〔2011〕374 号）第十六条规定："安全生产管理三类人员在考核合格证书的每一个有效期内，应当至少参加一次由原发证机关组织的，不低于 8 学时的安全生产继续教育；发证机关应及时对安全生产继续教育情况进行建档、备案。"

（一）企业主要负责人的安全教育培训

1.初次培训的主要内容

（1）国家安全生产方针、政策和有关安全生产的法律法规、规章及标准。

（2）安全生产管理基本知识、安全生产技术、安全生产专业知识。

（3）重大危险源管理、重大事故防范、应急管理和救援组织以及事故调查处理的有关规定。

（4）职业危害及其预防措施。

（5）国内外先进的安全生产管理经验。

（6）典型事故和应急救援案例分析。

（7）其他需要培训的内容。

2. 再培训内容

对已经取得上岗资格证书的企业主要负责人，应定期进行再培训。再培训的主要内容是新知识、新技术和新颁布的政策、法规；有关安全生产的法律法规、规章、规程、标准和政策；安全生产的新技术、新知识；安全生产管理经验；典型事故案例。

（二）安全生产管理人员的安全教育培训

1. 初次培训的主要内容

（1）国家安全生产方针、政策和有关安全生产的法律法规、规章及标准。

（2）安全生产管理、安全生产技术、职业卫生等知识。

（3）伤亡事故统计、报告及职业危害防范、调查处理方法。

（4）危险源管理、专项方案及应急预案编制、应急管理、事故管理知识。

（5）国内外先进的安全生产管理经验。

（6）典型事故和应急救援案例分析。

（7）其他需要培训的内容。

2. 再培训的主要内容

对已经取得上岗资格证书的专职安全生产管理人员，应定期进行再培训。再培训的主要内容是新知识、新技术和新颁布的政策、法规；有关安全生产的法律法规、规章、规程、标准和政策；安全生产的新技术、新知识；安全生产管理经验；典型事故案例。

二、其他从业人员、相关方的安全教育培训

（一）特种作业人员安全教育培训

特种作业是指容易发生事故，对操作者本人、他人的安全健康及设备、设施的安全可能造成重大危害的作业。直接从事特种作业的从业人员称为特种作业人员，特种作业的范围包括电工作业、焊接与热切割作业、高处作业、制冷与空调作业及安全监管总局认定的其他作业。

根据《特种作业人员安全技术培训考核管理规定》（国家安全生产监督管理总局第30号令）的规定，特种作业人员必须经专门的安全技术培训并考核合格，取得《中华人民共和国特种作业操作证》后，方可上岗作业。特种作业人员的安全技术培训、考核、发证、复审工作实行"统一监管、分级实施、教考分离"的原则。特种作业人员应当接受与其所从事的特种作业相应的安全技术理论培训和实际操作培训。跨省（自治区、直辖市）从业的特种作业人员，可以在户籍所在地或者从业所在地参加培训。

从事特种作业人员安全技术培训的机构（统称培训机构），必须按照有关规定取得安全生产培训资质证书后，方可从事特种作业人员的安全技术培训。培训机构应当按照安全监管总局、煤矿安监局制定的特种作业人员培训大纲进行特种作业人员的安全技术培训。

特种作业操作证有效期为6年，在全国范围内有效。特种作业操作证由安全监管总局统一式样、标准及编号。特种作业操作证每3年复审1次。特种作业人员在特种作业操作

证有效期内，连续从事本工种 10 年以上，严格遵守有关安全生产法律法规的，经原考核发证机关或者从业所在地考核发证机关同意，特种作业操作证的复审时间可以延长至每 6 年 1 次。

特种作业操作证申请复审或者延期复审前，特种作业人员应当参加必要的安全培训并考试合格。安全培训时间不少于 8 学时，主要培训法律法规、标准、事故案例和有关新工艺、新技术、新装备等知识。再复审、延期复审仍不合格，或者未按期复审的，特种作业操作证失效。

特种作业人员离岗 3 个月以上重新上岗的，应经实际操作考核合格。

根据住房和城乡建设部《关于印发〈建筑施工特种作业人员管理规定〉的通知》（建质〔2008〕75 号）的规定，建筑施工特种作业人员（包括建筑电工、建筑架子工、建筑起重信号司索工、建筑起重机械司机、建筑起重机械安装拆卸工、高处作业吊篮安装拆卸工等）必须经建设主管部门考核合格，取得建筑施工特种作业人员操作资格证书，方可上岗从事相应作业。特种作业资格证书有效期为 2 年；有效期满需要延期的，建筑施工特种作业人员应当于期满前 3 个月内向原考核发证机关申请办理延期复核手续；延期复核合格的，资格证书有效期延期 2 年。

建筑施工特种作业人员应当参加年度安全教育培训或者继续教育，每年不得少于 24 小时。

（二）新员工三级安全教育

三级安全教育是指公司、项目、班组的安全教育，是我国多年积累、总结并形成的一套行之有效的安全教育培训方法，一般由企业的安全、教育、劳动、技术等部门配合组织进行。

公司级安全生产教育培训是新人入职教育的一个重要内容，其重点是国家和地方有关安全生产法律法规、规章、制度、标准、企业安全管理制度和劳动纪律、从业人员安全生产权利和义务等；教育培训的时间不得少于 15 学时。

项目级安全生产教育培训是在从业人员工作岗位、工作内容基本确定后进行，由项目或公司部门一级组织，培训重点是工地安全生产管理制度、安全职责和劳动纪律、个人防护用品的使用和维护、现场作业环境特点、不安全因素的识别和处理、事故防范等；教育培训的时间不得少于 15 学时。

班组级安全生产教育培训是在从业人员工作岗位确定后，由班组组织，除班组长、班组技术员、安全员对其进行安全教育培训外，自我学习是重点。我国传统的师傅带徒弟的方式，也是搞好班组安全教育培训的一种重要方法。进入班组的新从业人员，都应有具体的跟班学习、实习期，实习期间不得安排单独上岗作业。实习期满，通过安全规程、业务技能考试合格方可独立上岗作业。班组安全教育培训的重点是本工种的安全操作规程和技能、劳动纪律、安全作业与职业卫生要求、作业质量与安全标准、岗位之间的衔接配合注意事项、危险点识别、事故防范和紧急避险方法等；教育培训时间不得少于 20 学时。

新员工工作一段时间后，为加深其对三级安全教育的感性和理性认识，也为了使其适应现场变化，必须进行安全继续教育，培训内容可从原来的三级安全教育内容中有重点地选择，并进行考核，不合格者不得上岗。

（三）转岗或离岗安全教育

从业人员调整工作岗位后，由于岗位工作特点、要求不同，应重新进行新岗位安全教育培训，并经考试合格后方可上岗作业。

由于工作需要或其他原因离开岗位1年后，重新上岗作业应重新进行安全教育培训，经考试合格后，方可上岗作业。一般情况下，作业岗位安全风险较大，技能要求较高的岗位，时间间隔可缩短，由企业自行规定。

调整工作岗位和离岗后重新上岗的安全教育培训工作，原则上应由班组级组织。

待岗、转岗的职工，上岗前必须经过安全生产教育培训，培训时间不得少于20学时。

（四）"五新"教育培训

在新工艺、新技术、新材料、新设备、新流程投入使用前，应对有关管理、操作人员进行有针对性的安全技术和操作技能培训。

（五）岗位安全教育培训

水利施工企业应每年对全体从业人员进行安全生产教育培训，培训时间不得少于20学时。岗位安全教育培训，是指对连续在水利施工企业相关岗位工作的从业人员的安全培训，主要包括日常安全教育培训、定期安全考试和专题安全教育培训3个方面。

日常安全教育培训工作，主要以部门、班组为单位组织开展，重点是安全操作规程的学习培训、安全生产规章制度的学习培训、作业岗位安全风险辨识培训、事故案例教育等。日常安全教育培训工作形式多样，内容丰富，如班前会、班后会、安全日活动等。

定期安全考试，是指水利施工企业组织的定期安全工作规程、规章制度、事故案例的学习和培训，学习培训的方式较为灵活，但考试统一组织。定期安全考试不合格者，应下岗接受培训，考试合格后方可上岗作业。

专题安全教育培训，是指针对某一具体问题进行专门的培训工作，针对性强，效果比较突出，通常开展的内容有三新安全教育培训、法律法规及规章制度培训、事故案例培训、安全知识竞赛比武等。

在安全生产的具体实践过程中，水利施工企业还可采取其他许多宣传教育培训方式方法，如警句、格言上墙活动，利用电视、报纸、橱窗等进行安全教育，利用漫画解释安全生产规章制度，在曾经发生过生产安全事故的现场点设置警示牌，组织事故回顾展览等。

水利施工企业还应以国家组织开展的"全国安全生产月"活动为契机，结合企业的性质与安全生产实际，开展内容丰富、灵活多样、具有针对性的各种安全教育培训活动，提高各级人员的安全生产意识和综合素质。

三、安全教育培训组织管理

水利施工企业每年至少应对管理人员和作业人员进行一次安全生产教育培训，并经考试确认其能力符合岗位要求，其教育培训情况记入个人工作档案。安全生产教育培训考核不合格的人员不得上岗。水利施工企业应及时统计、汇总从业人员的安全生产教育培训和资格认定等相关记录，定期对从业人员持证上岗情况进行审核、检查。

水利施工企业应将安全生产教育培训工作纳入本单位年度工作计划，并保证安全生产

教育培训工作所需的费用。企业安排从业人员进行安全生产教育培训期间，应支付工资和必要的费用。

第七节 安全生产费用

一、安全生产投入的法律法规依据与责任主体

《安全生产法》第十条规定："生产经营单位应当具备的安全生产条件所必需的资金投入，由生产经营单位的决策机构、主要负责人或者个人经营的投资人予以保证，并对由于安全生产所必需的资金投入不足导致的后果承担责任。"

《建设工程安全生产管理条例》第二十一条规定："施工单位主要负责人应保证本单位安全生产条件所需资金的投入。"第二十二条规定："施工单位对列入建设工程概算的安全作业环境及安全施工措施所需费用，应当用于施工安全防护用具及设施的采购和更新、安全施工措施的落实、安全生产条件的改善，不得挪作他用。"

《国务院关于进一步加强安全生产工作的决定》（国发〔2004〕2号）明确："建立企业提取安全费用制度。为保证安全生产所需资金投入，形成企业安全生产投入的长效机制，借鉴煤矿提取安全费用的经验，在条件成熟后，逐步建立对高危行业生产企业提取安全费用制度。企业安全费用的提取，要根据地区和行业的特点，分别确定提取标准，由企业自行提取，专户储存，专项用于安全生产。"《企业安全生产标准化基本规范》（AQ/T 9006—2010）提到，企业应建立安全生产投入保障制度，完善和改进安全生产条件，按规定提取安全费用，专项用于安全生产，并建立安全费用台账。

《水利工程建设安全生产管理规定》第十八条第一款规定："施工单位主要负责人应保证本单位建立和完善安全生产条件所需资金的投入。"第二款规定："施工单位的项目负责人应确保安全生产费用的有效使用。"第十九条规定："施工单位在工程报价中应当包含工程施工的安全作业环境及安全施工措施所需费用。对列入建设工程概算的上述费用，应当用于施工安全防护用具及设施的采购和更新、安全施工措施的落实、安全生产条件的改善，不得挪作他用。"

2012年2月14日，国家财政部、安全生产监督管理总局联合印发《企业安全生产费用提取和使用管理办法》（财企〔2012〕16号），进一步规范了煤矿、非煤矿山、危险化学品、烟花爆竹、建筑施工、道路交通等行业生产经营单位安全生产费用提取、使用、监督制度，对建立企业安全生产投入长效机制、加强安全生产费用管理、保障企业安全生产资金投入、维护企业、职工以及社会公共利益发挥了重要作用。

水利施工企业必须安排适当的资金，用于企业改善安全设施，进行安全教育培训，更新安全技术装备、器材、仪器、仪表及其他安全生产设备设施，以保证企业达到法律法规、标准规定的安全生产条件，并对于由安全生产所必需的资金投入不足导致的后果承担责任。

安全生产投入资金具体由谁来保证，应根据企业的性质而定。一般来说，股份制企业、合资企业等安全生产投入资金由董事会予以保证；一般国有企业由厂长或者经理予以保证；个体工商户等个体经济组织由投资人予以保证。上述保证人承担由于安全生产所必

需的资金投入不足而导致事故后果的法律责任。

企业安全生产投入是一项长期性的工作，安全生产设施的投入必须有一个治本的总体规划，有计划、有步骤、有重点地进行，要克服盲目无序投入的现象。因此，企业要切实加强安全生产投入资金的管理，要制定安全生产费用提取和使用计划，并纳入企业全面预算。

二、安全生产费用的提取

水利工程施工企业安全生产费用提取标准为建筑安装工程造价的 2.0%，提取的安全费用列入工程造价，施工企业在竞标时，不得删减，不得列入标外管理。总包单位应当将安全费用按比例直接支付分包单位并监督使用，分包单位不再重复提取。

《浙江省水利水电工程设计概（预）算编制规定（2010）补充文件》规定：项目安全施工费包括文明施工费和施工安全费两项，安全施工费提取按设计提供的本工程文明施工措施和标准化工地建设内容、施工安全作业环境和安全防护措施等列项计算，并不小于按费率计算的安全施工费；当设计未提供具体安全文明施工的项目和费用时，安全施工费按建筑安装工作量的 2% 计取；在工程招标阶段，安全施工费不得低于规定费率计取，不得作为竞争性费用，且实行标外管理。

水利施工企业在上述标准基础上，根据安全生产实际需要，可适当提高安全费用提取标准。

三、安全生产费用的使用

水利工程施工企业应当制定安全费用管理制度，明确安全费用使用、管理的程序、职责及权限等，按规定及时、足额使用。安全生产费用应当按照以下范围使用：

（1）完善、改造和维护安全防护设施设备支出（不含"三同时"要求初期投入的安全设施），包括施工现场临时用电系统、洞口、临边、机械设备、高处作业防护、交叉作业防护、防火、防爆、防尘、防毒、防雷、防台风、防地质灾害、地下工程有害气体监测、通风、临时安全防护等设施设备支出。

（2）配备、维护、保养应急救援器材、设备支出和应急演练支出。

（3）开展重大危险源和事故隐患评估、监控和整改支出。

（4）安全生产检查、评价（不包括新建、改建、扩建项目安全评价）、咨询和标准化建设支出。

（5）配备和更新现场作业人员安全防护用品支出。

（6）安全生产宣传、教育、培训支出。

（7）安全生产适用的新技术、新标准、新工艺、新装备的推广应用支出。

（8）安全设施及特种设备检测检验支出。

（9）安全生产信息化建设及相关设备支出。

（10）其他与安全生产相关的支出。

项目安全施工费则主要包括施工现场文明施工费和施工安全费两部分：

1. 文明施工费

文明施工费指施工现场文明施工所需要的各项费用。一般包括：

（1）"六牌一图"（概况、名单、安全、文明、消防、重大危险源标示牌，总平面图）。

（2）现场标牌设置（安全警示标志、文明标识、宣传标语等）。

（3）临时围护设施（围墙、围挡、彩条布围栏等）。

（4）场容场貌整洁（清扫、清洗、绿化等）。

（5）现场地面整治。

2. 施工安全费

施工安全费指施工现场安全施工所需要的各项费用，一般包括：

（1）现场安全作业环境和安全防护措施及用具、装备。包括安全网、高处作业临边防护栏杆、深基坑（槽）临边护栏、通道井架升降机防护棚、洞口水平隔离防护、施工用电安全措施、起重设备防护措施、防台措施等。

（2）特殊安全作业防护用品、救生设施、防毒面具、有毒气体检测仪器等。

（3）安全设施及特种设备的监测、监控，如起重设备安全检测、监控，基坑支护变形监测，钢管及扣件检测，现场远程视频监控系统。

（4）安全生产适用的新技术、新标准、新工艺、新装备的推广应用。

（5）安全警示，包括安全警示标志，警示灯等。

（6）安全保卫，包括门楼、岗亭、值班设施等。

（7）消防设施，包括灭火器、消防水泵、水枪、水带、消防箱、消防立管、防雷装置等消防器材和设施。

（8）安全生产检查，如检查、会议、台账资料等所需费用。

（9）安全措施方案编制。重大危险源和事故隐患分析、评估、监控和整改。

（10）应急演练，应急救援器材配备、维护、保养。

（11）安全文明标准化工地建设的申报、检查、验收、资料整编等费用。

（12）安全生产教育、培训，包括师资、教材、设施、建档等所需费用。

水利施工企业应当将安全费用优先用于满足安全生产监督管理部门及行业主管部门对企业安全生产提出的整改措施或者达到安全生产标准所需的支出。

水利施工企业提取的安全费用应当专户核算，按规定范围安排使用，不得挤占、挪用。年度结余资金结转下年度使用，当年计提安全费用不足的，超出部分按正常成本费用渠道列支。主要承担安全管理责任的集团公司经过履行内部决策程序，可以对所属企业提取的安全费用按照一定比例集中管理，统筹使用。

四、安全生产费用的管理

（1）水利施工企业应当制定安全生产费用保障制度，明确提取、使用、管理的程序、职责及权限，按规定提取和使用安全费用。

（2）水利施工企业应当加强安全费用管理，编制年度安全费用提取和使用计划，纳入企业财务预算。企业年度安全费用使用计划和上一年安全费用的提取、使用情况应按照管理权限报同级财政部门、安全生产监督管理部门和行业主管部门备案。企业应当每半年组织财务、安全管理等相关专家对安全生产费用使用落实情况进行专项检查，及时发现问题及时落实整改。

（3）水利施工企业提取的安全费用应专项支出专门核算，实行月度统计、年度汇总制

度，应当建立安全费用使用台账，动态反映安全生产费用使用情况。

（4）水利施工企业在建设项目开工前应编制项目安全生产措施计划和安全生产费用使用计划，经监理单位审核，报项目法人同意后执行。

（5）总承包单位实行分包的，分包合同中应明确分包工程的安全生产费用，总承包单位对安全生产费用的使用负总责，分包单位对所分包工程的安全生产负直接责任，总承包单位应定期监督检查评价分包单位施工现场安全生产费用使用情况。

第八节 安 全 文 化 建 设

安全文化作为安全生产的第一要素，是安全生产的核心，也是安全生产的灵魂。企业安全文化指企业为了安全生产所创造的文化，是安全价值观和安全行为准则的总和，是保护员工身心健康、尊重员工生命、实现员工价值的文化，是得到企业每个员工自觉接受、认同并自觉遵守的共同安全价值观。企业安全文化体现为每一个人、每一个单位、每一个群体对安全的态度、思维及采取的行为方式。特别在当前市场经济发展的社会主义初级阶段，探索新的应对方法树立新的理念，是非常必要的。据调查统计分析，80％的事故都是由于人的不安全因素而引发的，只要提高劳动者的科技文化素质是可以避免的。因此，不难理解，可以利用文化的力量，利用文化的导向、凝聚、辐射和同化等功能，引导全体企业员工采用科学的方法从事安全生产活动。利用文化的约束功能，通过形成有效的规章制度的约束，引导员工严格遵守安全规章制度，通过道德规范的约束，创造团结友爱、相互信任、共同保障安全的和睦气氛，形成凝聚力和信任力。利用文化的激励功能，使每个人能明白自己的存在和行为的价值，实现自我价值。

一、企业安全文化的定义与内容

根据英国安全健康委员会下的定义，企业安全文化是指个人和集体的价值观、态度、能力和行为方式的综合产物。《企业安全文化建设导则》（AQ/T 9004—2008）也给出了企业安全文化的定义：被企业组织的员工群体所共享的安全价值观、态度、道德和行为规范的统一体。企业安全文化是企业在长期安全生产和经营活动中，逐步形成的，或有意识塑造的为全体员工接受、遵循的，具有企业特色的安全价值观、安全思想和意识、安全作风和态度、安全管理机制及行为规范，安全生产和奋斗目标，为保护员工身心安全与健康而创造的安全、舒适的生产和生活环境和条件，是企业安全物质因素和安全精神因素的总和。

由此可见，安全文化的内容十分丰富，主要包括以下层次：

第一层次，是处于表层的安全行为文化和安全物质文化，如企业的安全文明生产环境与秩序。

第二层次，是处于中间层的安全制度文化，包括企业内部的组织机构、管理网络、部门分工和安全生产法规与制度建设等。

第三层次，是处于深层的安全观念文化。

必须引起注意的是，企业安全文化的形成与企业文化、企业主要负责人的思维方式和行为方式密切相关。

二、企业安全文化的基本特征与主要功能

（一）基本特征

良好的企业安全文化是指企业的安全生产观念、安全生产管理、安全生产行为等文化都能够得到良好的体现，整个企业的安全文化氛围和谐良好，具有以下特征：

（1）企业安全文化与企业文化目标是基本一致的，着重于"以人为本"的基本理念，注重人性化管理。企业安全文化对员工有很强的潜移默化的作用，能影响人的思维，改善人们的心智模式，改变人的行为。

（2）更强调企业的安全形象、安全奋斗目标、安全激励精神、安全价值现和安全生产及产品安全质量、企业安全风貌及信誉效应等，是企业凝聚力的体现，对员工有很强的吸引力和无形的约束作用，能激发员工产生强烈的责任感。

（3）企业层面上的决策层、领导层、执行层等要具有先进的安全生产观念文化、安全生产管理文化、安全生产行为文化。企业下属的部门层面要具有良好的安全生产观念文化、安全生产管理文化、安全生产行为文化及安全生产物态文化。

（二）主要功能

（1）导向功能。企业安全文化所提出的价值观为企业的安全管理决策活动提供了为企业大多数职工所认同的价值取向，它们能将价值观内化为个人的价值观，将企业目标"内化"为自己的行为目标，使个体的目标、价值观、理想与企业的目标、价值观、理想有了一致性和同一性。

（2）凝聚功能。当企业安全文化所提出的价值观被企业职工内化为个体的价值观和具体目标后就会产生一种积极而强大的群体意识，将每个职工紧密地联系在一起，形成了强大的凝聚力和向心力。

（3）激励功能。企业安全文化所提出的价值观向员工展示了工作的意义，员工在理解工作的意义后，会产生更大的工作动力，这一点已为大量的心理学研究所证实。一方面用企业的宏观理想和目标激励职工奋发向上；另一方面也为职工个体指明了成功的标准，使其有了具体的奋斗目标。

（4）辐射和同化功能。企业安全文化一旦在一定的群体中形成，便会对周围群体产生强大的影响作用，迅速向周边辐射。企业安全文化还会保持一个企业稳定的、独特的风格和活力，同化一批又一批新来者，使他们接受这种文化并继续保持与传播，使企业安全文化的生命力得以持久。

三、企业安全文化建设模式

（一）安全承诺

水利施工企业应建立包括安全价值观、安全愿景、安全使命和安全目标等在内的安全生产承诺。安全承诺应符合下列要求：①切合企业特点和实际，反映共同安全志向；②明确安全问题在组织内部具有最高优先权；③声明所有与企业安全有关的重要活动都必须追求卓越；④含义清晰明了，并被全体员工和相关方所知晓和理解。

企业的领导者应对安全承诺做出有形的表率，应让各级管理者和员工切身感受到领导者对安全承诺的实践。领导者应做到：①提供安全工作的领导力，坚持保守决策，以有形

的方式表达对安全的关注；②在安全生产上真正投入时间和资源；③制定安全发展的战略规划以推动安全承诺的实施；④接受培训，在与企业相关的安全事务上具有必要的能力；⑤授权组织的各级管理者和员工参与安全生产工作，积极质疑安全问题；⑥安排对安全实践或实施过程的定期审查；⑦与相关方进行沟通和合作。

企业的各级管理者应对安全承诺的实施起到示范和推进作用，形成严谨的制度化工作方法，营造有益于安全的工作氛围，培育重视安全的工作态度。各级管理者应做到：①清晰界定全体员工的岗位安全责任；②确保所有与安全相关的活动均采用了安全的工作方法；③确保全体员工充分理解并胜任所承担的工作；④鼓励和肯定在安全方面的良好态度，注重从差错中学习和获益；⑤在追求卓越的安全绩效、质疑安全问题方面以身作则；⑥接受培训，在推进和辅导员工改进安全绩效上具有必要的能力；⑦保持与相关方的交流合作，促进组织部门之间的沟通与协作。

企业的员工应充分理解和接受企业的安全承诺，并结合岗位工作任务实践这种安全承诺。每个员工应做到：①在本职工作上始终采取安全的方法；②对任何与安全相关的工作保持质疑的态度；③对任何安全异常和事件保持警觉并主动报告；④接受培训，在岗位工作中具有改进安全绩效的能力；⑤管理者和其他员工进行必要的沟通。

（二）行为规范与程序

水利施工企业内部的行为规范是企业安全承诺的具体体现和安全文化建设的基础要求。企业应确保拥有能够达到和维持安全绩效的管理系统，建立清晰界定的组织结构和安全职责体系，有效控制全体员工的行为。企业行为规范的建立和执行应做到：①体现企业的安全承诺；②明确各级各岗位人员在安全生产工作中的职责与权限；③细化有关安全生产的各项规章制度和操作程序；④行为规范的执行者参与规范系统的建立，熟知自己在组织中的安全角色和责任；⑤由正式文件予以发布；⑥引导员工理解和接受建立行为规范的必要性，知晓由于不遵守规范所引发的潜在不利后果；⑦通过各级管理者或被授权者观测员工行为，实施有效监控和缺陷纠正；⑧广泛听取员工意见，建立持续改进机制。

程序是行为规范的重要组成部分。企业应建立必要的程序，以实现对与安全相关的所有活动进行有效控制的目的。程序的建立和执行应做到：①识别并说明主要的风险，简单易懂，便于实际操作；②程序的使用者（必要时包括承包商）参与程序的制定和改进过程，并应清楚理解不遵守程序可导致的潜在不利后果；③由正式文件予以发布；④通过强化培训，向员工阐明在程序中给出特殊要求的原因；⑤对程序的有效执行保持警觉，即使在生产经营压力很大时，也不能容忍走捷径和违反程序；⑥鼓励员工对程序的执行保持质疑的态度，必要时采取更加保守的行动并寻求帮助。

（三）安全行为激励

企业在审查和评估自身安全绩效时，除使用事故发生率等消极指标外，还应使用指在对安全绩效给予直接认可的积极指标。员工应该受到鼓励，在任何时间和地点，挑战所遇到的潜在不安全实践，并识别所存在的安全缺陷。对员工所识别的安全缺陷，企业应给予及时处理和反馈。

企业应建立员工安全绩效评估系统，建立将安全绩效与工作业绩相结合的奖励制度。审慎对待员工的差错，应避免过多关注错误本身，而应以吸取经验教训为目的。应仔细权衡惩罚措施，避免因处罚而导致员工隐瞒错误。企业宜在组织内部树立安全榜样或典范，发挥安全行为和安全态度的示范作用。

（四）安全信息传播与沟通

企业应建立安全信息传播系统，综合利用各种传播途径和方式，提高传播效果。企业应优化安全信息的传播内容，将组织内部有关安全的经验、实践和概念作为传播内容的组成部分。企业应就安全事项建立良好的沟通程序，确保企业与政府监管机构和相关方、各级管理者与员工、员工相互之间的沟通。沟通应满足以下要求：一是确认有关安全事项的信息已经发送，并被接受方所接收和理解；二是涉及安全事件的沟通信息应真实、开放；三是每个员工都应认识到沟通对安全的重要性，从他人处获取信息和向他人传递信息。

（五）自主学习与改进

企业应建立有效的安全学习模式，实现动态发展的安全学习过程，保证安全绩效的持续改进。企业应建立正式的岗位适任资格评估和培训系统，确保全体员工充分胜任所承担的工作。应制定人员聘任和选拔程序，保证员工具有岗位适任要求的初始条件；安排必要的培训及定期复训，评估培训效果；培训内容除有关安全知识和技能外，还应包括对严格遵守安全规范的理解，以及个人安全职责的重要意义和因理解偏差或缺乏严谨而产生失误的后果；除借助外部培训机构外，应选拔、训练和聘任内部培训教师，使其成为企业安全文化建设过程的知识和信息传播者。

企业应将与安全相关的任何事件，尤其是人员失误或组织错误事件，当做能够从中汲取经验教训的宝贵机会，从而改进行为规范和程序，获得新的知识和能力。应鼓励员工对安全问题予以关注，进行团队协作，利用既有知识和能力加强辨识和分析，从而进一步改进，对改进措施提出建议，并在可控条件下授权员工自主改进。经验教训、改进机会和改进过程的信息宜编写到企业内部培训课程或宣传教育活动的内容中，使员工广泛知晓。

（六）安全事务参与

全体员工都应认识到自己负有对自身和同事安全做出贡献的重要责任。员工对安全事务的参与是落实这种责任的最佳途径。企业组织应根据自身的特点和需要确定员工参与的形式。员工参与的方式可包括但不局限于以下类型：一是建立在信任和免责备基础上的微小差错员工报告机制；二是成立员工安全改进小组，给予必要的授权、辅导和交流；三是定期召开有员工代表参加的安全会议，讨论安全绩效和改进行动；四是开展岗位风险预见性分析和不安全行为或不安全状态的自查自评活动。

所有承包商对企业的安全绩效改进均可做出贡献。企业应建立让承包商参与安全事务和改进过程的机制，将与承包商有关的政策纳入安全文化建设的范畴；应加强与承包商的沟通和交流，必要时给予培训，使承包商清楚企业的要求和标准；应让承包商参与工作准备、风险分析和经验反馈等活动；倾听承包商对企业生产经营过程中所存在的安全改进机会的意见。

（七）审核与评估

企业应对自身安全文化建设情况进行定期的全面审核，审核内容包括：领导者应定期组织各级管理者评审企业安全文化建设过程的有效性和安全绩效结果；领导者应根据审核结果确定并落实整改不符合、不安全实践和安全缺陷的优先次序，并识别新的改进机会；

必要时，应鼓励相关方实施这些优先次序和改进机会，以确保其安全绩效与企业协调一致。在安全文化建设过程中及审核时，应采用有效的安全文化评估方法，关注安全绩效下滑的前兆，给予及时的控制和改进。

企业安全文化建设的总体模式见图3-2。

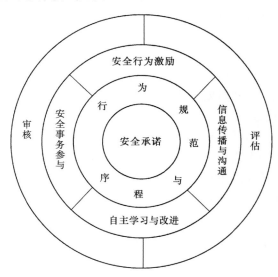

图3-2　企业安全文化建设的总体模式

四、企业安全文化建设规划

根据《水利水电施工企业安全生产标准化评审标准（试行）》（水安监〔2013〕189号）的规定，水利施工企业应当制定企业安全生产文化建设规划和计划。企业安全文化建设规划主要包括企业安全文化建设现状分析、安全文化建设目标、实施安全文化建设的各项措施、评估和总结实施成效等内容。

（一）现状分析

通过现场环境布置调研、资料查阅、行为观察、问卷调查、职工沟通等方式对安全文化建设现状进行评估，分析企业当前安全文化建设存在的问题和不足，提出解决办法。

（二）制定建设目标

在安全文化建设现状分析的基础上，结合企业实际情况及未来的战略规划，制定安全文化建设总体目标，明确不同阶段具体的工作任务与工作目标。

（三）具体实施措施

根据安全文化建设目标，有针对性地提出实施安全文化建设的各项措施和工作方法，并提出保障措施（包括组织保障、制度保障、人员保障、经费保障、宣传保障等）。

（四）评估与总结

企业应对安全文化建设情况进行深入解析和全面评估，总结安全文化建设的先进经验，提出可进一步提升的方面，实现安全文化建设的持续完善和改进。

水利施工企业安全文化应当由企业主负责人组织制定本企业安全文化建设规划和阶段性实施计划。

五、企业安全文化建设评价

安全文化评价的目的是为了了解企业安全文化现状或企业安全文化建设效果，采用系统化测评行为，得出定性或定量的分析结论。《企业安全文化建设评价准则》（AQ/T 9005—2009）给出了企业安全文化评价的要素、指标、减分指标、计算方法等。

（一）评价指标

1. 基础特征

企业状态特征、企业文化特征、企业形象特征、企业员工特征、企业技术特征、监管环境、经营环境、文化环境。

2. 安全承诺

安全承诺内容、安全承诺表述、安全承诺传播、安全承诺认同。

3. 安全管理

安全权责、管理机构、制度执行、管理效果。

4. 安全环境

安全指引、安全防护、环境感受。

5. 安全培训与学习

重要性体现、充分性体现、有效性体现。

6. 安全信息传播

信息资源、信息系统、效能体现。

7. 安全行为激励

激励机制、激励方式、激励效果。

8. 安全事务参与

安全会议与活动、安全报告、安全建议、沟通交流。

9. 决策层行为

公开承诺、责任履行、自我完善。

10. 管理层行为

责任履行、指导下属、自我完善

11. 员工层行为

安全态度、知识技能、行为习惯、团队合作。

（二）减分指标

死亡事故、重伤事故、违章记录。

（三）评价程序

1. 建立评价组织机构与评价实施机构

企业开展安全文化评价工作时，首先应成立评价组织机构，并由其确定评价工作的实施机构。实施评价时，由评价组织机构负责确定评价工作人员并成立评价工作组。必要时可选聘有关咨询专家或咨询专家组。咨询专家（组）的工作任务和工作要求由评价组织机构明确。

评价工作人员应具备以下基本条件：熟悉企业安全文化评价相关业务，有较强的综合分析判断能力与沟通能力；具有较丰富的企业安全文化建设与实施专业知识；坚持原则、

秉公办事。评价项目负责人应有丰富的企业安全文化建设经验，熟悉评价指标及评价模型。

2. 制定《评价工作实施方案》

评价实施机构应参照本标准制定《评价工作实施方案》。方案中应包括所用评价方法、评价样本、访谈提纲、测评问卷、实施计划等内容，并应报送评价组织机构批准。

3. 下达《评价通知书》

在实施评价前，由评价组织机构向选定的样本单位下达《评价通知书》。《评价通知书》中应当明确：评价的目的、用途、要求，应提供的资料及对所提供资料应负的责任，以及其他需要在《评价通知书》中明确的事项。

4. 调研、收集与核实基础资料

资料收集可以采取访谈、问卷调查、召开座谈会、专家现场观测、查阅有关资料和档案等形式进行。评价人员要对评价基础数据和基础资料进行认真检查、整理，确保评价基础资料的系统性和完整性。评价工作人员应对接触的资料内容履行保密义务。

5. 数据统计分析

对调研结构和基础数据核实无误后，可借助相关统计软件进行数据统计，然后根据本标准建立的数学模型和实际选用的调研分析方法，对统计数据进行分析。

6. 撰写评价报告并反馈意见

统计分析完成后，评价工作组应该按照规范的格式，撰写《企业安全文化建设评价报告》，报告评价结果。评价报告提出后，应反馈相关部门征求意见并作必要修改与完善。

7. 评价工作总结

评价项目完成后，评价工作组要进行评价工作总结，将工作背景、实施过程、存在的问题和建议等形成书面报告，报送评价组织机构，并建立好评价工作档案。

第九节 各级组织和岗位安全生产职责

以某企业各级组织和岗位安全生产职责为例。

一、各级管理人员安全生产职责

（一）企业主要负责人

（1）贯彻执行国家和地方有关安全生产的方针政策和法规、规范。

（2）掌握本企业安全生产动态，定期研究安全工作。

（3）组织制定安全工作目标、规划实施计划。

（4）组织制定和完善各项安全生产规章制度及奖惩办法。

（5）建立健全安全生产责任制，并领导、组织考核工作。

（6）建立健全安全生产管理体系，保证安全生产投入。

（7）督促、检查安全生产工作，及时消除生产安全事故隐患。

（8）组织制定并实施生产安全事故应急救援预案。

（9）及时、如实报告生产安全事故；配合事故调查，监督防范措施的制定和落实，防止事故重复发生。

（二）企业主管安全生产负责人

（1）组织落实安全生产责任制和安全生产管理制度，对安全生产工作负直接领导责任。

（2）组织实施安全工作规划及实施计划，实现安全目标。

（3）领导、组织安全生产宣传教育工作。

（4）确定安全生产考核指标。

（5）领导、组织安全生产检查。

（6）领导、组织对分包（供）方的安全生产主体资格考核与审查。

（7）认真听取、采纳安全生产的合理化建议，保证安全生产管理体系的正常运转。

（8）发生生产安全事故时，组织实施生产安全事故应急救援。

（三）企业技术负责人（总工程师）

（1）贯彻执行国家和上级的安全生产方针、政策，在本企业施工安全生产中负技术领导责任。

（2）审批施工组织设计和专项施工方案（措施）时，审查其安全技术措施，作出决定性意见。

（3）领导开展安全技术攻关活动，并组织技术鉴定和验收。

（4）新材料、新技术、新工艺、新设备使用前，组织审查其使用和实施过程中的安全性，组织编制或审定相应的操作规程。

（5）参加生产安全事故的调查和分析，从技术上分析事故原因，制定整改防范措施。

（四）企业总会计师

（1）组织落实本企业财务工作的安全生产责任制，认真执行安全生产奖惩规定。

（2）组织编制年度财务计划的同时，编制安全生产费用投入计划，保证经费到位和合理开支。

（3）监督、检查安全生产费用的使用情况。

（五）项目经理

（1）对承包项目工程生产经营过程中的安全生产负全面领导责任。

（2）贯彻落实安全生产方针、政策、法规和各项规章制度，结合项目工程特点及施工全过程的情况，制定本项目工程各项安全生产管理办法或提出要求，并监督其实施。

（3）在组织项目工程业务承包，聘用业务人员时，必须本着安全工作只能加强的原则，根据工程特点确定安全工作的管理体制和人员，并明确各业务承包人的安全责任和考核指标，支持、指导安全管理人员的工作。

（4）健全和完善用工管理手续，录用外包队必须及时向有关部门申报，严格执行用工制度与管理，适时组织上岗安全教育，要对外包队的健康与安全负责，加强劳动保护工作。

（5）组织落实施工组织设计中的安全技术措施，组织并监督项目工程施工中安全技术交底制度和设备、设施验收制度的实施。

（6）领导、组织施工现场定期的安全生产检查，发现施工生产中不安全问题，组织制定措施，及时解决。对上级提出的安全生产与管理方面的问题，要定时、定人、定措施予

以解决。

（7）发生事故，要做好现场保护与抢救工作，及时上报。组织、配合事故的调查，认真落实制定的防范措施，吸取事故教训。

（六）项目技术负责人

（1）对项目工程生产经营中的安全生产负技术责任。

（2）贯彻、落实安全生产方针、政策、严格执行安全技术规程、规范、标准，结合项目工程特点，主持项目工程的安全技术交底。

（3）参加或组织编制施工组织设计。编制、审查施工方案时，要制定、审查安全技术措施，保证其可行性与针对性，并随时检查、监督、落实。

（4）主持制定技术措施计划和季节性施工方案的同时，制定相应的安全技术措施并监督执行，及时解决执行中出现的问题。

（5）项目工程采用新材料、新技术、新工艺、新设备，要及时上报，经批准后方可实施，同时要组织上岗人员的安全技术培训、教育，认真执行相应的安全技术措施与安全操作工艺、要求，预防施工中因化学物品引起的火灾、中毒或其他新工艺实施中可能造成的事故。

（6）主持安全防护设施和设备的验收，发现设备、设施的不正常情况后及时采取措施，严格控制不符合标准要求的防护设备、设施投入使用。

（7）参加安全生产检查，对施工中存在的不安全因素，从技术方面提出整改意见和办法并予以消除。

（8）参加、配合因工伤亡及重大未遂事故的调查，从技术上分析事故原因，提出防范措施、意见。

（七）分包单位负责人

（1）认真执行安全生产的各项法规、规定、规章制度及安全操作规程，合理安排班组人员工作，对本队人员在生产中的安全和健康负责。

（2）按制度严格履行各项劳务用工手续，做好本队人员的岗位安全培训。经常组织学习安全操作规程，监督本队人员遵守劳动、安全纪律，做到不违章指挥，制止违章作业。

（3）必须保持本队人员的相对稳定。人员变更，须事先向有关部门申报，批准后新来人员应按规定办理各种手续，并经入场和上岗安全教育后方准上岗。

（4）根据上级的交底向本队各工种进行详细的书面安全交底，针对当天任务、作业环境等情况，做好班前安全讲话，监督其执行情况，发现问题，及时纠正、解决。

（5）定期和不定期组织、检查本队人员作业现场安全生产状况，发现问题，及时纠正，重大隐患应立即上报有关领导。

（6）发生因工伤亡及未遂事故，保护好现场，做好伤者抢救工作，并立即上报有关部门。

（八）项目专职安全生产管理人员

（1）负责施工现场安全生产日常检查并做好检查记录。

（2）现场监督危险性较大工程安全专项施工方案实施情况。

（3）对作业人员违规违章行为有权予以纠正或查处。

（4）对施工现场存在的安全隐患有权责令立即整改。

（5）对于发现的重大安全隐患，有权向企业安全生产管理机构报告。

（6）依法报告生产安全事故情况。

（九）班组长

（1）严格执行安全生产规章制度，拒绝违章指挥，杜绝违章作业。合理安排班组人员工作，对本班组人员在生产中的安全和健康负责。

（2）经常组织班组人员学习安全技术操作规程，监督班组人员正确使用防护用品。

（3）认真落实安全技术交底，做好班前讲话。

（4）经常检查班组作业现场安全生产状况，发现问题及时解决并上报有关领导。

（5）认真做好新工人的岗位教育。

（6）发生因工伤亡及未遂事故，保护好现场，立即上报有关领导。

二、企业职能部门安全生产职责

（一）安全管理部门

（1）宣传和贯彻国家有关安全生产法律法规和标准。

（2）编制并适时更新安全生产管理制度并监督实施。

（3）组织或参与企业生产安全事故应急救援预案的编制及演练。

（4）组织开展安全教育培训与交流。

（5）协调配备项目专职安全生产管理人员。

（6）制定企业安全生产检查计划并组织实施。

（7）监督在建项目安全生产费用的使用。

（8）参与危险性较大工程安全专项施工方案专家论证会。

（9）通报在建项目违规违章查处情况。

（10）组织开展安全生产评优评先表彰工作。

（11）建立企业在建项目安全生产管理档案。

（12）考核评价分包企业安全生产业绩及项目安全生产管理情况。

（13）参加生产安全事故的调查和处理工作。

（二）工程管理部门

（1）在计划、布置、检查、总结、评比生产工作时同步进行安全管理工作，对改善劳动条件、预防伤亡事故的项目必须视同生产任务，纳入生产计划时应优先安排。

（2）在检查生产计划实施情况同时，要检查安全措施项目的执行情况，对施工中重要安全防护设施、设备的实施工作要纳入计划，列为正式工序，给予时间保证。

（3）协调配置安全生产所需的各项资源。

（4）在生产任务与安全保障发生矛盾时，必须优先解决安全工作的实施。

（5）参加安全生产检查和生产安全事故的调查、处理。

（三）技术管理部门

（1）贯彻执行国家和上级有关安全技术及安全操作规程或规定，保证施工生产中安全技术措施的制定和实施。

（2）在编制和审查施工组织设计和专项施工方案的过程中，要在每个环节中贯穿安全技术措施，对确定后的方案，若有变更应及时组织修订。

（3）检查施工组织设计和施工方案中安全措施的实施情况，对施工中涉及安全方面的技术性问题，提出解决办法。

（4）按规定组织危险性较大的部分项工程的专项施工方案编制专家的论证工作。

（5）组织安全防护设备、设施的安全验收。

（6）新技术、新材料、新工艺使用前，制定相应的安全技术措施和安全操作规程；对改善劳动条件，减轻笨重体力劳动、消除噪声等方面的治理进行研究解决。

（7）参加生产安全事故和重大未遂事故中技术性问题的调查，分析事故技术原因，从技术上提出防范措施。

（四）设施设备管理部门

（1）负责本企业机械动力设施设备的安全管理、监督检查。

（2）对相关特种作业人员定期培训、考核。

（3）参与组织编制机械设备施工组织设计，参与机械设备施工方案的会审。

（4）分析生产安全事故涉及设备原因，提出防范措施。

（五）劳务管理部门

（1）对职工（含外包队工）进行定期的教育考核，将安全技术知识列为工人培训、考工、评级内容之一，对招收新工人（含外包队工）要组织入厂教育和资格审查，保证提供的人员具有一定的安全生产素质。

（2）严格执行国家、地方特种作业人员上岗作业的有关规定，适时组织特种作业人员的培训工作，并向安全部门或主管领导通报情况。

（3）认真落实国家和地方有关劳动保护的法规，严格执行有关人员的劳动保护待遇，并监督实施情况。

（4）参加生产安全事故的调查，从用工方面分析事故原因，认真执行对事故责任者的处理意见。

（六）物资管理部门

（1）贯彻执行国家或有关行业的技术标准、规范，制定物资管理制度和易燃易爆、剧毒物品的采购、发放、使用、管理制度，并监督执行。

（2）确保购置（租赁）的各类安全物资、劳动保护用品符合国家或有关行业的技术标准、规范的要求。

（3）组织开展安全物资抽样试验、检修工作。

（4）参加安全生产检查。

（七）人力资源部门

（1）审查安全管理人员资格，足额配备安全管理人员，开发、培养安全管理力量。

（2）将安全教育纳入职工培训教育计划，配合开展安全教育培训。

（3）落实特殊岗位人员的劳动保护待遇。

（4）负责职工和建设工程施工人员的工伤保险工作。

（5）依法实行工时、休息、休假制度，对女职工和未成年职工实行特殊劳动保护。

（6）参加工伤生产安全事故的调查，认真执行对事故责任者的处理。

（八）财务管理部门

（1）及时提取安全技术措施经费、劳动保护经费及其他安全生产所需经费，保证专款专用。

（2）协助安全主管部门办理安全奖、罚款手续。

（九）保卫消防部门

（1）贯彻执行国家及地方有关消防保卫的法规、规定。

（2）制定消防保卫工作计划和消防安全管理制度，并监督检查执行情况。

（3）参加施工组织设计、方案的审核，提出具体建议并监督实施。

（4）组织开展消防安全教育，会同有关部门对特种作业人员进行消防安全考核。

（5）组织开展消防安全检查，排除火灾隐患。

（6）负责调查火灾事故的原因，提出处理意见。

（十）行政卫生部门

（1）对职工进行体格普查和对特种作业人员身体定期检查。

（2）监测有毒有害作业场所的尘毒浓度，做好职业病预防工作。

（3）正确使用防暑降温费用，保证清凉饮料的供应与卫生。

（4）负责本企业食堂（含现场临时食堂）的饮食卫生工作。

（5）督促施工现场救护队组建，组织救护队成员的业务培训工作。

（6）负责流行性疾病和食物中毒事故的调查与处理，提出防范措施。

思　考　题

1. 企业主要承担哪些安全管理责任？

2. 企业安全生产目标制定的原则、依据与主要内容有哪些？

3. 企业安全生产管理部门应主要履行哪些职责？

4. 企业安全生产管理机构设置及专职安全生产管理人员配备要求？

5. 企业专职安全生产管理人员在施工现场检查时应履行哪些职责？

6. 企业安全生产规章制度建设依据与原则？

7. 企业安全生产责任制的制定原则、程序、主要内容？

8. 企业主要负责人、项目负责人、专职安全生产管理人员的安全管理职责？

9. 企业安全生产检查的类型、内容与常用检查方法？

10. 企业三类人员安全教育培训时间要求与主要内容？

11. 企业安全生产费用提取标准与使用范围？水利工程项目安全施工费使用范围？

12. 企业安全文化的基本特征与主要功能？企业安全文化建设模式？

习　　题

一、单项选择题

1. 水利工程实行施工总承包的，由（　　　）对施工现场的安全生产负总责。

A. 项目法人　　　　　B. 项目总承包单位　　　　C. 监理单位　　　　D. 设计单位

2. 企业安全生产目标应经（　　　）审批，并以文件的形式发布。

A. 单位主要负责人　　　　　　　　　　B. 单位技术负责人

C. 单位分管安全生产负责人　　　　　　D. 安全管理部门负责人

3. 水利施工企业应当成立安全生产领导小组，设置安全生产管理机构，在（　　　）的领导下开展本企业的安全生产管理工作。

A. 企业主要负责人　　　　　　　　　　B. 企业技术负责人

C. 企业安全生产分管负责人　　　　　　D. 企业安全管理部门负责人

4. 建筑施工总承包资质序列企业安全生产管理机构专职安全生产管理人员配备应满足下列要求：特级资质不少于（　　　）人，一级资质不少于（　　　）人；二级和二级以下资质企业不少于（　　　）人。

A. 6，3，2　　　　　B. 5，4，3　　　　　C. 6，5，4　　　　　D. 6，4，3

5. 水利施工企业应当建立健全以（　　　）为核心的安全生产责任制。

A. 企业主要负责人　　　　　　　　　　B. 企业技术负责人

C. 项目经理　　　　　　　　　　　　　D. 主要部门负责人

6. 根据水利部相关规定，水利施工企业主要负责人、项目负责人每年接受安全生产教育培训的时间不得少于（　　　）学时。

A. 40　　　　　　　B. 30　　　　　　　C. 20　　　　　　　D. 15

7. 根据水利部相关规定，水利施工企业专职安全生产管理人员每年接受安全生产教育培训的时间不得少于（　　　）学时。

A. 40　　　　　　　B. 30　　　　　　　C. 20　　　　　　　D. 15

8. 根据水利部相关规定，安全生产管理三类人员在考核合格证书的每一个有效期内，应当至少参加一次由（　　　）组织的，不低于（　　　）学时的安全生产继续教育。

A. 安全生产主管机关，32　　　　　　B. 原发证机关，32

C. 安全生产主管机关，8　　　　　　　D. 原发证机关，8

9. 水利施工企业应至少每（　　　）对管理人员和作业人员进行一次安全生产教育培训，并经考试确认其能力符合岗位要求，其教育培训情况记入个人工作档案。

A. 年　　　　　　　B. 半年　　　　　　C. 季度　　　　　　D. 月

10. 水利工程施工安全生产费用提取标准为建筑安装工程造价的（　　　）。

A. 2.5%　　　　　　B. 2.0%　　　　　　C. 1.5%　　　　　　D. 1.0%

二、多项选择题

1. 针对具体项目的安全生产目标管理计划，需要的主要流程是（　　　）。

A. 经监理单位审校　　　　B. 设计单位复核　　　　C. 项目法人同意

D. 由项目法人与施工单位签订安全生产目标责任书　　　E. 报安监部门备案

2. 水利施工企业安全生产领导小组由（　　　）等组成，至少每季度召开一次会议。

A. 企业主要负责人　　　B. 分管安全生产的副总经理

C. 企业技术负责人　　　D. 相关部门主要负责人　　　E. 安全生产管理员

3. 施工单位应建立的安全生产管理制度包括（　　　）。

A. 安全生产责任制度　　　　　　B. 企业薪酬分配制度

C. 安全生产费用管理制度　　　　D. 危险性较大的单项工程管理制度

E. 消防安全管理制度

4. 水利施工企业应当建立完整的安全生产责任制体系，主要包括（　　　）。

A. 范围覆盖本企业所有组织、管理部门和岗位，纵向到底，横向到边

B. 纵向方面，应涵盖各级组织与各级人员

C. 纵向方面，应涵盖各职能管理部门

D. 横向方面，应涵盖各级组织与各级人员

E. 横向方面，应涵盖各职能管理部门

5. 持有 A 证的水利施工企业主要负责人应履行下列安全管理职责（　　　）。

A. 贯彻执行国家法律法规、规章制度和标准

B. 建立健全安全生产责任制

C. 组织施工组织设计的编制和审查

D. 组织事故应急救援演练

E. 组织工程安全技术交底

6. 持有 B 证的项目负责人应履行下列安全管理职责（　　　）。

A. 根据项目特点，建立安全生产管理体系

B. 组织制定具体的施工现场安全施工费用计划

C. 组织制定安全生产事故的应急救援预案

D. 及时、如实报告安全生产事故

E. 建立安全生产管理台账

7. 持有 C 证的专职安全生产管理人员应履行下列安全管理职责（　　　）。

A. 组织工程专项施工方案的编制和审查

B. 协助项目负责人开展安全教育培训、考核

C. 制止、纠正违章指挥和违反劳动纪律的行为

D. 监督班前安全活动和安全技术交底

E. 负责安全生产管理资料收集、整理和归档

8. 安全生产检查对象应本着突出重点的原则确定，对于（　　　）的生产系统、部位、装置、设备等应加强检查。

A. 经常使用　　　　　　B. 危险性大　　　　　　C. 易发事故

D. 事故危害大　　　　　E. 不经常使用

9. 三级安全教育是指（　　　）的安全教育。

A. 上级主管部门　　　　B. 项目法人　　　　　　C. 公司

D. 项目部　　　　　　　E. 班组

10. 生产经营单位应当具备的安全生产条件所必需的资金投入，由（　　　）予以保证，并对由于安全生产所必需的资金投入不足导致的后果承担责任。

A. 安全生产监督管理部门

B. 生产经营单位的决策机构

C. 生产经营单位的主要负责人

D. 个人经营的投资人

E. 企业工会组织

三、判断题

1. 总承包单位依法将建设工程分包给其他单位的，分包合同中应当明确各自的安全生产方面的权利、义务。分包单位不需要对分包工程的安全生产承担责任。（　　）

2. 水利施工企业应当成立安全生产领导小组，设置安全生产管理机构，配备专职安全生产管理人员，并报项目法人备案。（　　）

3. 施工单位应每月由项目部负责人主持召开一次安全生产例会，分析现场安全生产形势，研究解决安全生产问题；各部门负责人、各班组长、分包单位现场负责人等参加会议；会议应形成详细记录，并形成会议纪要。（　　）

4. 水利施工企业对本单位安全生产法律法规、规章、制度、标准、操作规程和安全生产管理制度的执行情况，每年至少应组织一次检查评估。（　　）

5. 水利施工企业安全生产责任制应以文件形式印发，应每半年对责任制落实情况进行检查、考核，记录在案。（　　）

6. 由施工企业统一组织的安全生产经常性检查一般应预先制定检查路线、检查项目、检查标准，并设置专用的检查记录本。（　　）

7. 对已经取得上岗资格的企业主要负责人和专职安全生产管理人员，不需要定期进行再培训。（　　）

8. 特种作业人员离岗 6 个月后重新上岗的，应经实际操作考核合格。（　　）

9. 施工单位对列入建设工程概算的安全作业环境及安全施工措施费用，应当用于施工安全防护用具及设施的采购和更新、安全施工措施的落实、安全生产条件的改善，也可适当挪作他用。（　　）

10. 在工程招标阶段，安全施工费不得低于规定费率计取，可以作为竞争性费用，实行标外管理。（　　）

第四章　水利工程施工项目现场安全管理

　　本章系统梳理了现行行业规程、规范对施工现场主要作业生产安全管理内容的基本标准和要求。本章主要内容包括：现场布置；施工道路及交通；消防安全管理；防洪度汛管理；事故隐患排查和治理；重大危险源管理；危险性较大的单项工程管理；安全生产检查；安全生产档案管理等。这些基本要求，对施工现场全过程、全方位的安全管理具有很强的政策规范依据和现实指导意义。

第一节　现　场　布　置

　　施工现场的布置是文明施工和安全生产的重要部分，是现代施工的一个重要的标志，也是施工企业一项基础性的管理工作。现场布置与安全生产是相辅相成的，是避免工作交叉，实现施工现场安全有序的重要基础工作。

一、基本规定

　　根据《水利水电工程施工通用安全技术规程》（SL 398—2007），水利工程施工现场的布置有以下基本要求：

　　（1）施工生产区宜实行封闭管理。主要进出口处应设有明显的施工警示标志和安全文明生产规定、禁令，与施工无关人员、设备不应进入封闭作业区。在危险作业场所应设有事故报警及紧急疏散通道设施。

　　（2）进入施工生产区域的人员应遵守施工现场安全文明生产管理规定，正确穿戴使用防护用品和佩戴标志。

　　（3）施工生产现场应设有专（兼）职安全人员进行安全检查，及时督促整改隐患，纠正违章行为。

　　（4）爆破、高边坡、隧洞、水上（下）、高处、多层交叉施工、大件运输、大型施工设备安装及拆除等危险作业应有专项安全技术措施，并应设专人进行安全监护。

　　（5）施工设施的设置应符合防汛、防火、防砸、防风、防雷及职业卫生等要求。

　　（6）设备、原材料、半成品、成品等应分类存放、标志清晰、稳固整齐，并保持通道畅通。

　　（7）作业场所应保持整洁、无积水；排水管、沟应保持畅通，施工作业面应做到工完场清。

　　（8）施工现场的井、洞、坑、沟、口等危险处应设置明显的警示标志，并应采取加盖板或设置围栏等防护措施。

（9）临水、临空、临边等部位应设置高度不低于1.2m的安全防护栏杆，下部有防护要求时还应设置高度不低于0.2m的挡脚板。

（10）施工生产现场临时的机动车道路，宽度不宜小于3.0m，人行通道宽度不宜小于0.8m，做好道路日常清扫、保养和维修。

（11）交通频繁的施工道路、交叉路口应按规定设置警示标志或信号指示灯；开挖、弃渣场地应设专人指挥。

（12）爆破作业应统一指挥，统一信号，专人警戒并划定安全警戒区。爆破后应经爆破人员检查，确认安全后，其他人员方能进入现场。洞挖、通风不良的狭窄场所，应在通风排烟、恢复照明及安全处理后，方可进行其他作业。

（13）脚手架、排架平台等施工设施的搭设应符合安全要求，经验收合格后，方可投入使用。

（14）上下层垂直立体作业应有隔离防护设施，或错开作业时间，并应有专人监护。

（15）高边坡作业前应处理边坡危石和不稳定体，并应在作业面上方设置防护设施。

（16）隧洞作业应保持照明、通风良好、排水畅通，应采取必要的安全措施。

（17）施工现场电气设备应绝缘可靠，线路敷设整齐，应按规定设置接地线。开关板应设有防雨罩，闸刀、接线盒应完好并装漏电保护器。

（18）施工照明及线路，应遵守下列规定：

1）露天施工现场宜采用高效能的照明设备。

2）施工现场及作业地点，应有足够的照明，主要通道应装设路灯。

3）在存放易燃易爆物品场所或有瓦斯的巷道内，照明设备应符合防爆要求。

（19）施工生产区应按消防的有关规定，设置相应消防池、消防栓、水管等消防器材，并保持消防通道畅通。

（20）施工生产中使用明火和易燃物品时应做好相应防火措施。存放和使用易燃易爆物品的场所严禁明火和吸烟。

（21）大型拆除工作，应遵守下列规定：

1）拆除项目开工前，应制定专项安全技术措施，确定施工范围和警戒范围，进行封闭管理，并应有专人指挥和专人安全监护。

2）拆除作业开始前，应对风、水、电等动力管线妥善移设、防护或切断。

3）拆除作业应自上而下进行，严禁多层或内外同时进行拆除。

二、施工现场的布置要求

根据《水利水电工程施工通用安全技术规程》（SL 398—2007），水利工程施工现场的布置还有以下规定：

（1）现场施工总体规划布置应遵循合理使用场地、有利施工、便于管理等基本原则。分区布置，应满足防洪、防火等安全要求及环境保护要求。

（2）生产、生活、办公区和危险化学品仓库的布置，应遵守下列规定：

1）与工程施工顺序和施工方法相适应。

2）选址地质稳定，不受洪水、滑坡、泥石流、塌方及危石等威胁。

3）交通道路畅通，区域道路宜避免与施工主干线交叉。

4）生产车间，生活、办公房屋，仓库的间距应符合防火安全要求。

5）危险化学品仓库应远离其他区布置。

（3）施工区内起重设施、施工机械、移动式电焊机及工具房、水泵房、空压机房、电工值班房等布置应符合安全、卫生、环境保护要求。

（4）混凝土、砂石料等辅助生产系统和制作加工维修厂、车间的布置，应符合以下要求：

1）单独布置，基础稳固，交通方便、畅通。

2）应设置处理废水、粉尘等污染的设施。

3）应减少因施工生产产生的噪声对生活区、办公区的干扰。

（5）生产区仓库、堆料场布置应符合以下要求：

1）单独设置并靠近所服务的对象区域，进出交通畅通。

2）存放易燃易爆、有毒等危险物品的仓储场所应符合有关安全的要求。

3）应有消防通道和消防设施。

（6）生产区大型施工机械与车辆停放场的布置应与施工生产相适应，要求场地平整、排水畅通、基础稳固，并应满足消防安全要求。

（7）弃渣场布置应满足环境保护、水土保持和安全防护的要求。

（8）生活区应遵守下列规定：

1）噪声应符合表 4-1 规定。生产性噪声传播至非噪声作业地点噪声声级的限值见表 4-1。

表 4-1　　　　　　　　生产性噪声传播至非噪声作业地点噪声声级的限值

地点名称	卫生限值/[dB(A)]	等效限值/[dB(A)]
噪声车间办公室	75	
非噪声车间办公室	60	不超过 55
会议室	60	
计算机、精密加工室	70	

2）大气环境质量不应低于 GB 3095 三级标准。

3）生活饮用水符合国家饮用水标准。

（9）各区域应根据人群分布状况修建公共厕所或设置移动式公共厕所。

（10）各区域应有合理排水系统，沟、管、网排水畅通。

（11）有关单位宜设立医疗急救中心（站），医疗急救中心（站）宜布置在生活区内。施工现场应设立现场救护站。

三、其他要求

根据《水利水电工程施工组织设计规范》（SL 303—2004），水利工程施工现场的布置有以下要求：

（1）主要施工工厂设施和临时设施的布置应考虑施工期洪水的影响。防洪标准应根据工程规模、工期长短、河流水文特性等情况，分析不同标准洪水对其危害程度，在 5～20

年重现期范围内酌情采用。防洪标准低于 5 年或高于 20 年，应有充分论证。

（2）工程附近场地狭窄、施工布置困难时，可采取下列措施：

1）适当利用库区场地，布置前期施工临时建筑工程。

2）充分利用山坡进行小台阶式布置。

3）提高临时房屋建筑层数和适当缩小间距。

4）重复利用场地。

5）利用弃渣填平洼地或冲沟作为施工场地。

（3）施工总布置应做好土石方挖填平衡，统筹规划堆渣、弃渣场地；弃渣处理应符合环境保护及水土保持要求。

（4）下列地点不应设置施工临时设施：

1）严重不良地质区或滑坡体危害区。

2）泥石流、山洪、沙暴或雪崩可能危害区。

3）重点保护文物、古迹、名胜区或自然保护区。

4）与重要资源开发有干扰的区域。

5）受爆破或其他因素影响严重的区域。

（5）设在河道沿岸的主要施工场地应满足本节第 1 条所规定的防洪标准采取防护措施，论证场地防护范围。

（6）施工场地排水应遵守下列规定：

1）确定场内冲沟、小溪的洪水流量，合理选择排洪或拦蓄措施。

2）相邻场地宜减少相对高差、避免形成洼地积水；台阶式布置的高差较大时，设挡护和排水设施。

3）排水系统完善、畅通、衔接合理。

4）污水、废水处理满足排放要求。

四、特种材料仓库的布置要求

（1）火工材料、油料等特种材料仓库应根据《建筑设计防火规范》（GB 50016—2006）、《水电工程设计防火规范》（GB 50872—2014）和《水利水电工程劳动安全与工业卫生设计规范》（GB 50706—2013）等标准的有关规定布置。

第二节　施 工 道 路 及 交 通

根据《水利水电工程施工通用安全技术规程》（SL 398—2007），水利工程施工现场的施工道路及交通有以下规定：

（1）永久性机动车辆道路、桥梁、隧道，应按照《公路工程技术标准》（JTG 801—2003）的有关规定，并考虑施工运输的安全要求进行设计修建。

（2）铁路专用线应按国家有关规定进行设计、布置、建设。

（3）施工生产区内机动车辆临时道路，应符合下列规定：

1）道路纵坡不宜大于 8％，进入基坑等特殊部位的个别短距离地段最大纵坡不应超过 15％；道路最小转弯半径不应小于 15m；路面宽度不应小于施工车辆宽度的 1.5 倍，

且双车道路面宽度不宜小于7.0m，单车道不宜小于4.0m。单车道应在可视范围内设有会车位置。

2）路基基础及边坡保持稳定。

3）在急弯、陡坡等危险路段及叉路、涵洞口应设有相应警示标志。

4）悬崖陡坡、路边临空边缘除应设有警示标志外还应设有安全墩、挡墙等安全防护设施。

5）路面应经常清扫、维护和保养并应做好排水设施，不应占用有效路面。

（4）交通繁忙的路口和危险地段应有专人指挥或监护。

（5）施工现场的轨道机车道路，应遵守下列规定：

1）基础稳固，边坡保持稳定。

2）纵坡应小于3％。

3）机车轨道的端部应设有钢轨车挡，其高度不低于机车轮的半径，并设有红色警示灯。

4）机车轨道的外侧应设有宽度不小于0.6m的人行通道，人行通道临空高度大于2.0m时，边缘应设置防护栏杆。

5）机车轨道、现场公路、人行通道等的交叉路口应设置明显的警示标志或设专人值班监护。

6）设有专用的机车检修轨道。

7）通信联系的信号齐全可靠。

（6）施工现场临时性桥梁应根据桥梁的用途、承重载荷和相应技术规范进行设计修建，并符合以下要求：

1）宽度应不小于施工车辆最大宽度的1.5倍。

2）人行道宽度应不小于1.0m，并应设置防护栏杆。

（7）施工现场架设临时性跨越沟槽的便桥和边桥栈桥，应符合以下要求：

1）基础稳固、平坦畅通。

2）人行便桥、栈桥宽度不应小于1.2m。

3）手推车便桥、栈桥宽度不应小于1.5m。

4）机动翻斗车便桥、栈桥，应根据荷载进行设计施工，其最小宽度不应小于2.5m。

5）设有防护栏杆。

（8）施工现场的各种桥梁、便桥上不应堆放设备及材料等物品，应及时维护、保养，定期进行检查。

（9）施工交通隧道，应符合以下要求：

1）隧道在平面上宜布置为直线。

2）机车交通隧道的高度应满足机车以及装运货物设施总高度的要求，宽度不应小于车体宽度与人行通道宽度之和的1.2倍。

3）汽车交通隧道洞内单线路基宽度应不小于3.0m，双线路基宽度应不小于5.0m。

4）洞口应有防护设施，洞内不良地质条件洞段应进行支护。

5）长度100m以上的隧道内应设有照明设施。

6）应设有排水沟，排水畅通。

7）隧道内斗车路基的纵坡不宜超过 1.0%。

（10）施工现场工作面、固定生产设备及设施处所等应设置人行通道，并应符合以下要求：

1）基础牢固、通道无障碍、有防滑措施并设置护栏，无积水。

2）宽度不应小于 0.6m。

3）危险地段应设置警示标志或警戒线。

第三节　消防安全管理

根据《水利水电工程施工通用安全技术规程》（SL 398—2007）及《水利水电工程施工安全管理导则》（SL 721—2015）等有关规程规范，消防安全管理应遵循以下规定：

一、一般规定

（1）水利水电工程消防设计、施工必须符合国家工程建设消防技术标准。各参建单位依法对建设工程的消防设计、施工质量负责。

（2）各参建单位的主要负责人是本单位的消防安全第一责任人。各参建单位应履行下列消防安全职责：

1）制定消防安全制度、消防安全操作规程、灭火和应急疏散预案，落实消防安全责任制。

2）按标准配置消防设施、器材，设置消防安全标志。

3）定期组织对消防设施进行全面检测。

4）开展消防宣传教育。

5）组织消防检查。

6）组织消防演练。

7）组织或配合消防安全事故调查处理等。

（3）施工单位应制定油料、炸药、木材等易燃易爆危险物品的采购、运输、储存、使用、回收、销毁的消防措施和管理制度。

（4）各参建单位的宿舍、办公室、休息室建筑构件的燃烧性能等级应为 A 级；室内严禁存放易燃易爆物品，严禁乱拉电线，未经许可不得使用电炉；利用电热设施的车间、办公室及宿舍，电热设施应有专人负责管理。

（5）使用过的油布、棉纱等易燃物品应及时回收，妥善保管或处置。挥发性的易燃物质，不应装在开口容器或放在普通仓库内；盛装过挥发油剂及易燃物质的空容器，应及时退库；施工现场设备的包装材料和其他废弃物应及时回收、清理；存放和使用易燃易爆物品的场所严禁明火和吸烟。

（6）机电设备安装中搭设的防尘棚、临时工棚及设备防尘覆盖膜等，应选用防火阻燃材料。

（7）施工生产中使用明火和易燃物品时，应做好相应防火措施，遵守施工生产作业区与建筑物之间防火安全距离的有关规定。施工区域需要使用明火时，应将使用区进行防火

分隔，清除动火区域内的易燃、可燃物。

（8）施工单位使用明火或进行电（气）焊作业时，应落实防火措施，特殊部位应办理动火作业票。

（9）水利水电工程应按照国家有关规定进行消防验收、备案。

（10）各单位应建立、健全各级消防责任制和管理制度，组建专职或义务消防队，并配备相应的消防设备，做好日常防火安全巡视检查，及时消除火灾隐患，经常开展消防宣传教育活动和灭火、应急疏散救护的演练。

（11）施工现场的平面布置图、施工方法和施工技术均应符合消防安全要求。现场道路应畅通，夜间应设照明，并有值班巡逻。

（12）根据施工生产防火安全需要，应配备相应的消防器材和设备，存放在明显易于取用的位置。消防器材及设备附近，严禁堆放其他物品。

（13）消防器材设备，应妥善管理，定期检验，及时更换过期器材，消防汽车、消防栓等设备器材不应挪作他用。

（14）根据施工生产防火安全的需要，合理布置消防通道和各种防火标志，消防通道应保持通畅，宽度不应小于 3.5m。

（15）宿舍、办公室、休息室内严禁存放易燃易爆物品、未经许可不得使用电炉。利用电热的车间、办公室及宿舍，电热设施应有专人负责管理。

（16）挥发性的易燃物质，不应装在开口容器及放在普通仓库内。装过挥发油剂及易燃物质的空容器，应及时退库。

（17）闪点在 45℃ 以下的桶装、罐装易燃液体不应露天存放，存放处应有防护栅栏，通风良好。

（18）施工区域需要使用明火时，应将使用区进行防火分隔，清除动火区域内的易燃、可燃物，配置消防器材，并应有专人监护。

（19）油料、炸药、木材等常用的易燃易爆危险品存放使用场所、仓库，应有严格的防火措施和相应的消防设施，严禁使用明火和吸烟。

（20）易燃易爆危险物品的采购、运输、储存、使用、回收、销毁应有相应的防火消防措施和管理制度。

（21）施工生产作业区与建筑物之间的防火安全距离，应遵守下列规定：

1）用火作业区距所建的建筑物和其他区域不应小于 25m。

2）仓库区、易燃、可燃材料堆积场距所建的建筑物和其他区域不应小于 20m。

3）易燃品集中站距所建的建筑物和其他区域不应小于 30m。

（22）不准在高压架空线下搭设临时性建筑或堆放可燃物品。

（23）焊、割作业点与氧气瓶、电石桶和乙炔发生器等的距离不得少于 10m，与易燃易爆物品的距离不得少于 30m。

（24）乙炔发生器与氧气瓶之间的距离，存放时应大于 5m，使用时应大于 10m。

（25）施工现场的焊、割作业，必须符合防火要求，严格执行"十不准"规定：

1）焊工必须持证上岗，无证者不准进行焊、割作业。

2）属一级、二级、三级动火范围的焊、割作业，未办理动火审批手续，不准进行

焊割。

3) 焊工不了解焊、割现场周围情况，不得进行焊、割作业。

4) 焊工不了解焊件内部是否有易燃易爆物品时，不得进行焊、割作业。

5) 各种装过可燃气体、易燃液体和有毒物质的容器，未经彻底清洗，或未排除危险之前，不准进行焊、割作业。

6) 用可燃材料作绝热层、保冷层、隔声、隔热设备的部位，或火星能飞溅到的地方，在未采取切实可靠的安全措施前，不准进行焊、割作业。

7) 有压力或密闭的管道、容器，不准进行焊、割作业。

8) 焊、割部位附近有易燃易爆物品，在未作清理或未采取有效的安全防护措施前，不准进行焊、割作业。

9) 附近有与明火作业相抵触的工种作业时，不准进行焊、割作业。

10) 与外单位相连的部位，在没有弄清有无险情，或明知存在危险而未采取有效措施之前，不准进行焊、割作业。

(26) 焊接与气割的基本规定：

1) 本规定适用于焊条电弧焊、埋弧焊、二氧化碳气体保护焊、手工钨极氩弧焊（其他气体保护焊的安全规定可以参照二氧化碳气体保护焊及手工钨极氩弧焊的有关条款）、碳弧气刨、气焊与气割安全操作。

2) 凡从事焊接与气割的工作人员，应熟知本标准及有关安全知识，并经过专业培训考核取得操作证，持证上岗。

3) 从事焊接与气割的工作人员应严格遵守各项规章制度，作业时不应擅离职守，进入岗位应按规定穿戴劳动防护用品。

4) 焊接和气割的场所，应设有消防设施，并保证其处于完好状态。焊工应熟练掌握其使用方法，能够正确使用。

5) 凡有液体压力、气体压力及带电的设备和容器、管道，无可靠安全保障措施禁止焊割。

6) 对贮存过易燃易爆及有毒容器、管道进行焊接与切割时，要将易燃物和有毒气体放尽，用水冲洗干净，打开全部管道窗、孔，保持良好通风，方可进行焊接和切割，容器外要有专人监护，定时轮换休息。密封的容器、管道不应焊割。

7) 禁止在油漆未干的结构和其他物体上进行焊接和切割。禁止在混凝土地面上直接进行切割。

8) 严禁在贮存易燃易爆的液体、气体、车辆、容器等的库区内从事焊、割作业。

9) 在距焊接作业点火源 10m 以内，在高空作业下方和火星所涉及范围内，应彻底清除有机灰尘、木材木屑、棉纱棉布、汽油、油漆等易燃物品。如有不能撤离的易燃物品，应采取可靠的安全措施隔绝火星与易燃物接触。对填有可燃物的隔层，在未拆除前不应施焊。

10) 焊接大件须有人辅助时，动作应协调一致，工件应放平垫稳。

11) 在金属容器内进行工作时应有专人监护，要保证容器内通风良好，并应设置防尘设施。

12）在潮湿地方、金属容器和箱型结构内作业，焊工应穿干燥的工作服和绝缘胶鞋，身体不应与被焊接件接触，脚下应垫绝缘垫。

13）在金属容器中进行气焊和气割工作时，焊割炬应在容器外点火调试，并严禁使用漏燃气的焊割炬、管、带，以防止逸出的可燃混合气遇明火爆炸。

14）严禁将行灯变压器及焊机调压器带入金属容器内。

15）焊接和气割的工作场所光线应保持充足。工作行灯电压不应超过36V，在金属容器或潮湿地点工作行灯电压不应超过12V。

16）风力超过5级时禁止在露天进行焊接或气割。风力5级以下、3级以上时应搭设挡风屏，以防止火星飞溅引起火灾。

17）离地面1.5m以上进行工作应设置脚手架或专用作业平台，并应设有1m高防护栏杆，脚下所用垫物要牢固可靠。

18）工作结束后应拉下焊机闸刀，切断电源。对于气割（气焊）作业则应解除氧气、乙炔瓶（乙炔发生器）的工作状态。要仔细检查工作场地周围，确认无火源后方可离开现场。

19）使用风动工具时，先检查风管接头是否牢固，选用的工具是否完好无损。

20）禁止通过使用管道、设备、容器、钢轨、脚手架、钢丝绳等作为临时接地线（接零线）的通路。

21）高空焊割作业时，还应遵守下列规定：

a. 高空焊割作业须设监护人，焊接电源开关应设在监护人近旁。

b. 焊割作业坠落点场面上，至少10m以内不应存放可燃或易燃易爆物品。

c. 高空焊割作业人员应戴好符合规定的安全帽，应使用符合标准规定的防火安全带，安全带应高挂低用，固定可靠。

d. 露天下雪、下雨或有5级大风时严禁高处焊接作业。

二、重点部位、重点工种消防管理要求

（1）加油站、油库的消防管理应遵守下列规定：

1）独立建筑，与其他设施、建筑之间的防火安全距离不应小于50m。

2）周围应设有高度不低于2.0m的围墙、栅栏。

3）库区内道路应为环形车道，路宽应不小于3.5m，应设有专门消防通道，保持畅通。

4）罐体应装有呼吸阀、阻火器等防火安全装置。

5）应安装覆盖库（站）区的避雷装置，且应定期检测，其接地电阻不应大于100Ω。

6）罐体、管道应设防静电接地装置，接地网、线用40mm×4mm扁钢或直径10mm圆钢埋设，且应定期检测，其接地电阻不应大于30Ω。

7）主要位置应设置醒目的禁火警示标志及安全防火规定标志。

8）应配备相应数量的泡沫、干粉灭火器和砂土等灭火器材。

9）应使用防爆型动力和照明电器设备。

10）库区内严禁一切火源，严禁吸烟及使用手机。

11）工作人员应熟悉使用灭火器材和消防常识。

12）运输使用的油罐车应密封，并有防静电设施。

（2）木材加工厂（场、车间）应遵守下列规定：

1）独立建筑，与周围其他设施、建筑之间的安全防火距离不应小于20m。

2）安全消防通道保持畅通。

3）原材料、半成品、成品堆放整齐有序，并留有足够的通道，保持畅通。

4）木屑、刨花、边角料等弃物及时清除，严禁置留在场内，保持场内整洁。

5）设有10m³以上的消防水池、消防栓及相应数量的灭火器材。

6）作业场所内禁止使用明火和吸烟。

7）明显位置设置醒目的禁火警示标志及安全防火规定标志。

（3）氧气、乙炔气瓶的使用应遵守下列规定：

1）气瓶应放置在通风良好的场所，不应靠近热源和电气设备，与其他易燃易爆物品或火源的距离一般不应小于10m（高处作业时与垂直地面处的平行距离）。使用过程中，乙炔瓶应放置在通风良好的场所，与氧气瓶的距离不应少于5m。

2）露天使用氧气、乙炔气时，冬季应防止冻结，夏季应防止阳光直接曝晒。氧气、乙炔气瓶阀冬季冻结时，可用热水或水蒸气加热解冻，严禁用火焰烘烤和用钢材一类器具猛击，更不应猛拧减压表的调节螺丝，以防氧气、乙炔气大量冲出而造成事故。

3）氧气瓶严禁沾染油脂，检查气瓶口是否有漏气时可用肥皂水涂在瓶口上试验，严禁用烟头或明火试验。

4）氧气、乙炔气瓶如果漏气应立即搬到室外，并远离火源。搬动时手不可接触气瓶嘴。

5）开氧气、乙炔气阀时，工作人员应站在阀门连接的侧面，并缓慢开放，不应面对减压表，以防发生意外事故。使用完毕后应立即将瓶嘴的保护罩旋紧。

6）氧气瓶中的氧气不允许全部用完至少应留有0.1～0.2MPa的剩余压力，乙炔瓶内气体也不应用尽，应保持0.05MPa的余压。

7）乙炔瓶在使用、运输和储存时，环境温度不宜超过40℃；超过时应采取有效的降温措施。

8）乙炔瓶应保持直立放置，使用时要注意固定，并应有防止倾倒的措施，严禁卧放使用。卧放的气瓶竖起来后需待20min后方可输气。

9）工作地点不固定且移动较频繁时，应装在专用小车上；同时使用乙炔瓶和氧气瓶时，应保持一定安全距离。

10）严禁铜、银、汞等及其制品与乙炔产生接触，使用铜合金器具时含铜量应低于70%。

11）氧气、乙炔气瓶在使用过程中应按照《气瓶安全监察规程》（质技监局锅发〔2000〕250号）和劳动部《溶解乙炔气瓶监察规程》（劳锅字〔1993〕4号）的规定，定期检验。过期、未检验的气瓶严禁继续使用。

（4）回火防止器的使用应遵守下列规定：

1）应采用干式回火防止器。

2）回火防止器应垂直放置，其工作压力应与使用压力相适应。

3）干式回火防止器的阻火元件应经常清洗以保持气路畅通；多次回火后，应更换阻

火元件。

4）一个回火防止器应只供一把割炬或焊炬使用，不应合用。当一个乙炔发生器向多个割炬或焊炬供气时，除应装总的回火防止器外，每个工作岗位都须安装岗位式回火防止器。

5）禁止使用无水封、漏气的、逆止阀失灵的回火防止器。

6）回火防止器应经常清除污物防止堵塞，以免失去安全作用。

7）回火器上的防爆膜（胶皮或铝合金片）被回火气体冲破后，应按原规格更换，严禁用其他非标准材料代替。

（5）焊割炬的使用应遵守下列规定：

1）工作前应检查焊、割枪各连接处的严密性及其嘴子有无堵塞现象，禁止用纯铜丝（紫铜）清理嘴孔。

2）焊、割枪点火前应检查其喷射能力，是否漏气，同时检查焊嘴和割嘴是否畅通；无喷射能力不应使用，应及时修理。

3）不应使用小焊枪焊接厚的金属，也不应使用小嘴子割枪切割较厚的金属。

4）严禁在氧气和乙炔阀门同时开启时用手或其他物体堵住焊、割枪嘴子的出气口，以防止氧气倒流入乙炔管或气瓶而引起爆炸。

5）焊、割枪的内外部及送气管内均不允许沾染油脂，以防止氧气遇到油类燃烧爆炸。

6）焊、割枪严禁对人点火，严禁将燃烧着的焊枪随意摆放，用毕及时熄灭火焰。

7）焊枪熄火时应先关闭乙炔阀，后关氧气阀；割枪则应先关高压氧气阀，后关乙炔阀和氧气阀以免回火。

8）焊、割枪点火时须先开氧气，再开乙炔，点燃后再调节火焰；遇不能点燃而出现爆声时应立即关闭阀门并进行检查和通畅嘴子后再点，严禁强行硬点以防爆炸；焊、割时间过久，枪嘴发烫出现连续爆炸声并有停火现象时，应立即关闭乙炔再关氧气，将枪嘴浸冷水疏通后再点燃工作，作业完毕熄火后应将枪吊挂或侧放，禁止将枪嘴对着地面摆放，以免引起阻塞而再用时发生回火爆炸。

9）阀门不灵活、关闭不严或手柄破损的一律不应使用。

10）工作人员佩配戴有色眼镜，以防飞溅火花灼伤眼睛。

（6）氧气、乙炔气集中供气系统的设计与安装应遵守下列规定：

1）大中型生产厂区的氧气与乙炔气宜采用集中汇流排供气，设置氧气、乙炔气集中供气系统。主要包括供气间（气体库房）、管路系统等，其设计与安装的防护装置、检修保养、建筑防火均应符合 GB 50030、GB 50031、GBJ 16 等的有关规定。

2）氧气供气间可与乙炔供气间的布置、设置应符合下列规定：

a. 氧气供气间可与乙炔供气间布置在同一座建筑物内，但应以无门、窗、洞的防火墙隔开，且不应设在地下室或半地下室内。

b. 氧气、乙炔供气间应设围墙或栅栏并悬挂明显标志。围墙距离有爆炸物的库房的安全距离应符合相关规定。

c. 供气间与明火或散发火花地点的距离不应小于 10m，供气间内不应有地沟、暗道。供气间内严禁动用明火、电炉或照明取暖，并应备有足够的消防设备。

d. 氧气、乙炔汇流排应有导除静电的接地装置。

e. 供气间应设置气瓶的装卸平台，平台的高度应视运输工具确定，一般高出室外地坪 0.4～1.1m；平台的宽度不宜小于 2m。室外装卸平台应搭设雨篷。

f. 供气间应有良好的自然通风、降温和除尘等设施，并要保证运输通道畅通。

g. 供气间内严禁存放有毒物质及易燃易爆物品；空瓶和实瓶应分开放置，并有明显标志，应设有防止气瓶倾倒的设施。

h. 氧气与乙炔供气间的气瓶、管道的各种阀门打开和关闭时应缓慢进行。

i. 供气间应设专人负责管理，并建立严格的安全运行操作规程、维护保养制度、防火规程和进出登记制度等，无关人员不应随便进入。

3）氧气、乙炔气集中供气系统运行管理应遵守下列规定：

a. 系统投入正式运行前，应由主管部门组织按照本规范以及 GB 50030、GB 50031、GBJ 16 等的有关规定，进行全面检查验收，确认合格后，方可交付使用。

b. 作业人员应熟知有关专业知识及相关安全操作规定，并经培训考核合格方可上岗。

c. 乙炔供气间的设施、消防器材应定期做检查。

d. 供气间严禁氧气、乙炔瓶混放，并严禁存放易燃物品，照明应使用防爆灯。

e. 作业人员应随时检查压力情况，发现漏气立即停止供气。

f. 作业人员工作时不应离开工作岗位，严禁吸烟。

g. 检查乙炔间管道，应在乙炔气瓶与管道连接的阀门关严和管内的乙炔排尽后进行。

h. 禁止在室内用电炉或明火取暖。

i. 作业人员应严禁让粘有油、脂的手套、棉丝和工具同氧气瓶、瓶阀、减压器管路等接触。

j. 作业人员应认真做好当班供气运行记录。

（7）易燃物品的使用管理应遵守下列规定：

1）储存易燃物品的仓库应执行审批制度的有关规定，并遵守下列规定：

a. 库房建筑宜采用单层建筑；应采用防火材料建筑；库房应有足够的安全出口，不宜少于两个；所有门窗应向外开。

b. 库房内不宜安装电器设备，如需安装时，应根据易燃物品性质，安装防爆或密封式的电器及照明设备，并按规定设防护隔墙。

c. 仓库位置宜选择在有天然屏障的地区，或设在地下、半地下，宜选在生活区和生产区年主导风向的下风侧。

d. 不应设在人口集中的地方，与周围建筑物间，应留有足够的防火间距。

e. 应设置消防车通道和与储存易燃物品性质相适应的消防设施；库房地面应采用不易打出火花的材料。

f. 易燃液体库房，应设置防止液体流散的设施。

g. 易燃液体的地上或半地下储罐应按有关规定设置防火堤。

2）储存易燃物品的库房，应按照 GBJ 16 有关建筑物的耐火等级和储存物品的火灾危险性分类的规定来确定，其层数、面积应符合表 4-2 的要求，与相邻建筑物的防火间距不应小于表 4-3 的规定。库房的耐火等级层数和面积见表 4-2，库房与相邻建筑物的防火间距见表 4-3。

表 4 – 2 库房的耐火等级层数和面积

储存物品类别		耐火等级	最多允许层数	最大允许占地面积/m²	
				每座库房	防火墙隔间
甲类	3 项、4 项、5 项、6 项	一级	1	180	60
		一级、二级	1	750	250
乙类	1 项、2 项、3 项	一级、二级	1	1000	205
		三级	1	500	250

表 4 – 3 库房与相邻建筑物的防火间距 单位：m

储存物品类别		贮量 /t	相邻建筑物名称			
			民用建筑	其他建筑的耐火等级		
				一级、二级	三级	四级
甲类	1 项、2 项、3 项	≤5	30	15	20	25
		>5	40	20	25	30
	4 项、5 项、6 项	≤5	25	12	15	20
		>5	30	15	20	25

注 1. 两库相邻两面的外墙为非燃烧体且无门窗、洞口、无外露的燃烧体屋檐，其防火间距可按本表减少 25%。
　　2. 甲类物品库房与明火或散发火花地点的防火间距，不应小于 30m。
　　3. 甲类物品库房之间的防火间距，不应小于 20m。
　　4. 甲类物品库房与重要公共建筑物的防火间距，不宜小于 50m。

　　3）易燃、可燃液体的储罐区、堆场与建筑物的防火间距不应小于表 4 – 4 的规定。

　　4）易燃、可燃液体储罐之间的防火间距不应小于表 4 – 5 的规定。

表 4 – 4 易燃、可燃液体的储罐区、堆场与建筑物的防火间距 单位：m

名称	一个罐区堆场总储量 /m³	耐火等级		
		一级、二级	三级	四级
易燃液体	1～50	12	15	20
	51～200	15	20	25
	201～1000	20	25	30
	1001～5000	25	30	40
可燃液体	5～250	12	15	20
	251～1000	15	20	25
	1001～5000	20	25	30
	5001～25000	25	30	40

注 1. 易燃、可燃液体的储罐区设防火堤时，防火堤外侧基脚线至建筑物的距离不应小于 10m。
　　2. 易燃、可燃液体的储罐区、堆场与甲类物品库房以及民用建筑的防火间距，应按本表的规定增加 25%，并不应小于 25m；与明火或散发火花地点的防火间距，应按本表四级建筑物的规定增加 25%。
　　3. 储罐区之间的防火间距不应小于本表相应储量四级建筑物的较大值。储罐区设防火堤时，堤外侧基脚线之间的距离不应小于 10m。
　　4. 计算一个储罐区的总贮量时，应按照 1m³ 的易燃等于 5m³ 的可燃体折量。

表 4 - 5　　　　　　　　　　　易燃、可燃液体储罐之间防火间距

名　　称	储　罐　型　式		
	地　上	半地下	地　下
易燃液体	D	$0.75D$	$0.5D$
可燃液体	$0.75D$	$0.5D$	$0.4D$

注　1. "D" 为相邻贮罐中较大罐的直径，单位为 m。
　　2. 不同液体、不同储罐型式之间的防火间距，应采用本表规定的较大值。

5）易燃、可燃液体储罐，如储量不超过表 4 - 6 的规定，可成组布置。组内储罐的布置不应超过两行，易燃液储罐之间的距离不应小于相邻较大罐的半径。储罐组之间的距离，应按与储罐组总储量相同的单罐考虑。

表 4 - 6　　　　　　　易燃、可燃液体储罐成组布置的限量　　　　　　　单位：m³

名　　称		单罐最大储量	一组罐的最大储量
易燃液体		50	300
可燃液体	闪点≤120℃	250	1500
	闪点＞120℃	500	2000

6）易燃、可燃液体设置的防火堤内空间容积不应小于储罐地上部分储量的一半，且不小于最大罐的地上部分储量。防火堤内侧基脚线至储罐外壁的距离，不应小于储罐的半径。防火堤的高度宜为 1～1.6m。

7）易燃、可燃液体储罐与其泵房、装卸设备的防火间距不应小于表 4 - 7 的规定。

表 4 - 7　　　　易燃、可燃液体储罐与其泵房、装卸设备的防火间距　　　　单位：m

名　　称	项　　目		
	泵房	铁路装卸设备	汽车装卸设备
易燃液体	15	20	15
可燃液体	10	12	10

注　1. 泵房、装卸设备与防火堤外侧基脚线的距离不应小于 5m。
　　2. 装卸设备与建筑物的防火间距不宜小于 15m。

8）可燃、助燃气体储罐，其防火间距应根据 GBJ 16 有关章程执行。

9）液化石油气储罐或储区与建筑物、堆场的防火间距不应小于表 4 - 8 的规定。

表 4 - 8　　　　液化石油气储罐（区）与建筑物、堆场的防火间距　　　　单位：m

名　　称	总　容　积			
	1～30	31～200	201～500	＞500
防火或散发火花的地点，民用建筑	40	50	60	70
易燃液体储罐	35	45	55	65
可燃液体储罐	30	35	45	55
易燃材料堆场	30	40	50	60

续表

名　称		总　容　积			
		1～30	31～200	201～500	＞500
其他建筑耐火等级	一级、二级	18	20	25	20
	三级	20	25	30	40
	四级	25	30	40	50

注　1. 容积超过 1000m² 的单罐或超过 5000m² 的罐区，与建筑物的防火间距，应按本表的规定增加 25%。

　　2. 储罐之间的防火间距，不宜小于相邻较大罐的半径，单罐容积或储罐总容积超过 2500m³ 时，应分组布置。组与组之间的防火间距不宜小于 20m；组内储罐的布置不应超过两行。

　　3. 气瓶库的总储量不超过 10m³ 时，与建筑物的防火间距不应小于 10m，超过时不应小于 15m，其四周宜设置非燃烧体的实体围墙。

　　4. 气瓶库与主要道路的间距不应小于 10m，与次要道路不应小于 5m。

10）易燃、可燃材料的露天、半露天堆场、储罐、库房与铁路、道路的防火间距不应小于表 4-9 的规定。

表 4-9　　　　　堆场，储罐、库房与铁路、道路的防火间距　　　　　单位：m

名　称	厂外铁路（中心线）	厂内铁路（中心线）	场外道路（路边）	场内道路（路边）	
				主要	次要
甲类物品库房	40	30	20	10	5
易燃材料堆场	30	20	15	10	5
可燃液体储罐	30	20	15	10	5
易燃液体储罐	35	25	20	15	10
可燃，助燃气体储罐	25	20	15	10	5
液化石油气储罐	45	35	25	15	10

注　1. 与架空电力线的防火间距，不应小于电杆高度的 1.5 倍。

　　2. 厂内铁路装卸线与甲类物品装卸站台库房的防火间距，可不受本表规定的限制。

11）易燃物品的储存应符合下列规定：

a. 应分类存放在专门仓库内。与一般物品以及性质互相抵触和灭火方法不同的易燃、可燃物品，应分库储存，并标明储存物品名称、性质和灭火方法。

b. 堆存时，堆垛不应过高、过密，堆垛之间，以及堆垛与堤墙之间，应留有一定间距，通道和通风口，主要通道的宽度不应小于 2m，每个仓库应规定储存限额。

c. 遇水燃烧，爆炸和怕冻、易燃、可燃的物品，不应存放在潮湿、露天、低温和容易积水的地点。库房应有防潮、保温等措施。

d. 受阳光照射容易燃烧、爆炸的易燃、可燃物品，不应在露天或高温的地方存放。应存放在温度较低、通风良好的场所，并应设专人定时测温，必要时采取降温及隔热措施。

e. 包装容器应当牢固、密封，发现破损、残缺、变形、渗漏和物品变质、分解等情况时，应立即进行安全处理。

f. 在入库前，应有专人负责检查，对可能带有火险隐患的易燃、可燃物品，应另行存放，经检查确认无危险后，方可入库。

g. 性质不稳定、容易分解和变质以及混有杂质而容易引起燃烧、爆炸的易燃、可燃物品，应经常进行检查、测温、化验，防止燃烧、爆炸。

h. 储存易燃、可燃物品的库房、露天堆垛、贮罐规定的安全距离内，严禁进行试验、分装、封焊、维修、动用明火等可能引起火灾的作业和活动。

i. 库房内不应设办公室、休息室，不应住人，不应用可燃材料搭建货架；仓库区应严禁烟火。

j. 库房不宜采暖，如储存物品需防冻时，可用暖气采暖；散热器与易燃、可燃物品堆垛应保持安全距离。

k. 对散落的易燃、可燃物品应及时清除出库。

l. 易燃、可燃液体储罐的金属外壳应接地，防止静电效应起火，接地电阻应不大于 10Ω。

12）易燃物品装卸与运输应符合下列要求：

a. 易燃物品装卸，应轻拿轻放，严防振动、撞击、摩擦、重压、倾置、倾覆。严禁使用能产生火花的工具，工作时严禁穿带钉子的鞋；在可能产生静电的容器上，应装设可靠的接地装置。

b. 易燃物品与其他物品以及性质相抵触和灭火方法不同的易燃物品，不应同一车船混装运输；怕热、怕冻、怕潮的易燃物品运输时，应采取相应的隔热、保温、防潮等措施。

c. 运输易燃物品时，应事先进行检查，发现包装、容器不牢固、破损或渗漏等不安全因素时，应采取安全措施后，方可启运。

d. 装运易燃物品的车船，不应同时载运旅客，严禁携带易燃品搭乘载客车船。

e. 运输易燃物品的车辆，应避开人员稠密的地区装卸和通行。途中停歇时，应远离机关、工厂、桥梁、仓库等场所，并指定专人看管，严禁在附近动火、吸烟，禁止无关人员接近。

f. 运输易燃物品的车船，应备有与所装物品灭火方法相适应的消防器材，并应经常检查。

g. 车船运输易燃物品，严禁超载、超高、超速行驶。编队行进时，前后车船之间应保持一定的安全距离；应有专人押运，车船上应用帆布盖严，应设有警示标志。

h. 油品运输槽车改变运输品种时，应对槽罐进行彻底的清理后，方可使用。

i. 装卸作业结束后，应对作业场所进行检查，对散落、渗漏在车船或地上的易燃物品，应及时清除干净，妥善处理后方可离开作业场所。

j. 各种机动车辆在装卸易燃物品时，排气管的一侧严禁靠近易燃物品，各种车辆进入易燃物品库时，应戴防火罩或有防止打出火花的安全装置，并且严禁在库区、库房内停放、加油和修理。

k. 运输易燃物时，还应遵守《危险化学品管理条例》（国务院令〔2002〕第 344 号）第四章危险化学品的运输的有关规定。

13）易燃物品的使用应符合下列要求：

a. 使用易燃物品，应有安全防护措施和安全用具，建立和执行安全技术操作规程和各种安全管理制度，严格用火管理制度。

b. 易燃易爆物品进库、出库、领用，应有严格的制度。

c. 使用易燃物品应指定专人管理。

d. 使用易燃物品时，应加强对电源、火源的管理，作业场所应备足相应的消防器材，严禁烟火。

e. 遇水燃烧、爆炸的易燃物品，使用时应防潮、防水。

f. 怕晒的易燃物品，使用时应采取防晒、降温、隔热等措施。

g. 怕冻的易燃物品，使用时应保温、防冻。

h. 性质不稳定、容易分解和变质以及性质互相抵触和灭火方法不同的易燃物品应经常检查，分类存放，发现可疑情况时，及时进行安全处理。

i. 作业结束后，应及时将散落、渗漏的易燃物品清除干净。

（8）油库管理的使用管理应遵守下列规定：

1）应根据实际情况，建立油库安全管理制度、用火管理制度、外来人员登记制度、岗位责任制和具体实施办法。

2）油库员工应懂得所接触油品的基本知识，熟悉油库管理制度和油库设备技术操作规程。

3）在油库与其周围不应使用明火；因特殊情况需要用火作业的，应当按照用火管理制度办理用火证，用火证审批人应亲自到现场检查，防火措施落实后，方可批准。危险区应指定专人防火，防火人有权根据情况变化停止用火。用火人接到用火证后，要逐项检查防火措施，全部落实后方可用火。

4）油罐防静电应遵守下列规定：

a. 地面立式金属罐的接地装置技术要求要符合规定。其电阻值不应大于 10Ω。油库中其他部位的静电接地装置的电阻值不应大于 100Ω。

b. 油罐汽车应保持有效长度的接地拖链，在装卸油前先接好静电接地线。使用非导电胶管输油时，要用导线将胶管两端的金属法兰进行跨接。

5）油品入库的管理应遵守下列规定：

a. 油库接到发货方的启运通知和交通运输部门的车、船到达预报后应做好接收准备。

b. 车、船到达后，应按照启运通知核对到货凭证及车号等。

c. 卸收铁路罐车油品时，应收净底部余油。遇有雷雨、大雪、大风沙天气时，应暂时停止接卸。卸收船装油品时，轻油应注水冲舱，粘油要进行刮抽。

d. 卸收和输转油品时，指定专人巡视输油管线；连续作业时，要办理好交接班手续。

e. 油品卸收完毕后，要及时办理入库手续，做好登记、统计工作。

6）罐装油品的储存保管应遵守下列规定：

a. 油罐应逐个建立分户保管账，及时准确记载油品的收、发、存数量，做到账货相符。

b. 油罐储油不应超过安全容量。

c. 对不同品种不同规格的油品，应实行专罐储存。

7）桶装油品的储存保管应遵守下列规定：

a. 保管要求：①应执行夏秋、冬春季定量灌装标准，并做到标记清晰、桶盖拧紧、无渗漏；②对不同品种、规格、包装的油品，应实行分类堆码，建立货堆卡片，逐月盘点数量，定期检验质量，做到货、卡相符；③润滑脂类，变压器油、电容器油、汽轮机油、听装油品及工业用汽油等应入库保管，不应露天存放。

b. 库内堆垛要求：①油桶应立放，宜双行并列，桶身紧靠；②油品闪点在28℃以下的，不应超过2层；闪点在28～45℃的，不应超过3层，闪点在45℃以上的，不应超过4层；③桶装库的主通道宽度不应小于1.8m，垛与垛的间距不应小于1m，垛与墙的间距不应小于0.25～0.5m。

c. 露天堆垛要求：①堆放场地应坚实平整，高出周围地面0.2m，四周有排水设施；②卧放时应做到：双行并列，底层加垫，桶口朝外，大口向上，垛高不超过3层；放时要做到：下部加垫，桶身与地面成75°角，大口向上；③堆垛长度不应超过25m，宽度不应超过15m，堆垛内排与排的间距，不应小于1m；垛与垛的间距，不应小于3m；④汽、煤油要斜放，不应卧放。润滑油要卧放，立放时应加以遮盖。

8）油罐应符合下列规定：

a. 罐体应符合下列规定：①无严重变形，无渗漏；②罐体倾斜度不超过1％（最大限度不超过5cm）；③油漆完好，保温层无脱落。

b. 附件应符合下列规定：①呼吸阀、量油口齐全有效，通风管、加热盘管不堵、不漏；②升降管灵活，排污阀畅通，扶梯牢固，静电接地装置良好；③油罐进、出口阀门无渗漏，各部螺栓齐全、紧固。

9）油罐出现下列问题时应及时进行维修：

a. 圈板纵横焊缝、底、圈板的角焊缝，发现裂纹或渗漏者。

b. 圈板凹陷、起鼓、折皱的允许偏差值超过规定者。

c. 罐体倾斜超过规定者。

d. 油罐与附件连接处垫片损坏者。

e. 投产5年以上的油罐，应结合清洗检查底板锈蚀程度，其中4mm的底板余厚小于2.5mm、4mm以上的底板余厚小于3mm或顶板折裂腐蚀严重者。

f. 直接埋入地下的油罐每年应挖开3～5处进行检查，发现防腐失效和渗漏者。

10）管线和阀门的检查与维修应遵守下列规定：

a. 新安装和大修后的管线，输油前要用水，以工作压力的1.5倍进行强度试验。使用中的管线每1～2年进行一次强度试验。

b. 地上管线和管沟、管线及支架，应经常检修，清除杂草杂物，排除积水，保持整洁。

c. 直接埋入地下的管线，埋置时间达5年，每年应在低洼、潮湿地方，挖开数处检查，发现防腐层失效和渗漏者，应及时维修。

d. 油罐区、油泵房、装卸油栈台、码头、付油区和输油管线上的主要常用阀门，应每年检修一次，其他部位的阀门应每2年检修一次，平时加强保养。

e. 应及时拆除废弃不用的管线，地下管线拆除有困难时，应与使用中的管线断开。

f. 地上管线的防锈漆，应经常保持完好。油泵房和装卸作业区的管线、阀门，应按照油品的种类，涂刷不同颜色的油漆：汽油为红色，煤油为黄色，柴油为灰色。

11）油泵房的管理应遵守下列规定：

a. 油泵房建筑应符合石油库设计规范要求。

b. 地下、半地下轻油泵房应加强通风，油蒸汽浓度不应大于 1.58％（体积）。

c. 油泵及管线应做到技术状态良好，不渗不漏，附件、仪表齐全，安装符合规定，维修保养好。

d. 电气设备及安装应符合相应的技术规定。

e. 作业、运行、交接班应记录完整。

f. 司泵工应坚守工作岗位，严格遵守操作规程。

g. 新泵和经过大修的泵应进行试运转，管线、附件应进行水压试验。

12）油库安全用电应遵守下列规定：

a. 油罐区、收发油作业区、轻油泵库、轻黏油合用泵房、轻油灌油间等的电气设备，应符合下列规定：①电动机应为防爆、隔爆型；②开关、接线盒、启动器、变压器、配电装置应为防爆、隔爆型；③电气仪表、照明用具、通信电器宜选用防爆、隔爆型或安全火花型。

b. 润滑油装卸、储存、输转、灌装场所的电气设备，应符合下列规定：①电动机、通信电气应为封闭式；②电器和仪表、配电装置应为保护型；③轻油装卸、输转、灌装、储存场所及用于运输的车、船，应使用固定式防爆照明用具，油库应使用防爆式手电筒。

13）油库的电气设备应根据石油库设计规范和电器设备安装规定进行安装。

14）油库消防器材的配置与管理应遵守下列规定：

a. 灭火器材的配置：①加油站油罐库罐区，应配置石棉被、推车式泡沫灭火机、干粉灭火器及相关灭火设备；②各油库、加油站应根据实际情况制订应急求援预案，成立应急组织机构。消防器材摆放的位置、品名、数量应绘成平面图并加强管理，不应随便移动和挪作他用。

b. 消防供水系统的管理和检修：①消防水池要经常存满水，池内不应有水草杂物；②地下供水管线要常年充水，主干线阀门要常开。地下管线每隔 2～3 年，要局部挖开检查，每半年应冲洗一次管线；③消防水管线（包括消火栓），每年要做一次耐压试验，试验压力应不低于工作压力的 1.5 倍；④每天巡回检查消火栓。每月做一次消火栓出水试验。距消火栓 5m 范围内，严禁堆放杂物；⑤固定水泵要常年充水，每天做一次试运转，消防车要每天发动试车并按规定进行检查、养护；⑥消防水带要盘卷整齐，存放在干燥的专用箱里，防止受潮霉烂。每半年对全部水带按额定压力做一次耐压试验，持续 5min，不漏水者合格。使用后的水带要晾干收好。

c. 消防泡沫系统的管理和检修：①灭火剂的保管：空气泡沫液应储存于温度在 5～40℃的室内，禁止靠近一切热源，每年检查一次泡沫液沉淀状况。化学泡沫粉应储存在干燥通风的室内，防止潮结。酸碱粉（甲、乙粉）要分别存放，堆高不应超过 1.5m，每半年将储粉容器颠倒放置一次。灭火剂每半年抽验一次质量，发现问题及时处理；②对化学泡沫发生器的进出口，每年做一次压差测定；空气泡沫混合器，每半年做一次检查校验；化学泡沫室和空气泡沫产生器的空气滤网，应经常刷洗，保持不堵不烂，隔封玻璃要保持

完好；③各种泡沫枪、钩管、升降架等，使用后都应擦净、加油，每季进行一次全面检查；④泡沫管线，每半年用清水冲洗一次；每年进行一次分段试压，试验压力应不小于1.18MPa，5min无渗漏；⑤各种灭火机，应避免曝晒、火烤，冬季应有防冻措施，应定期换药，每隔1～2年进行一次筒体耐压试验，发现问题及时维修。

15）油库环境管理应遵守下列规定：

a. 油库清洗容器的污水，油罐的积水等，应有油水分离、沉淀处理等净化设施，污水的排放，应遵守当地环境保护规定，失效的泡沫液（粉）等，应集中处理。

b. 油库排水系统，应有控制设施，严加管理，防止发生事故油品流出库外。

c. 清洗油罐及其他容器的油渣、泥渣，可作为燃料，或进行深埋等其他处理。

d. 油库应有绿化规划，多种树木、花草，美化环境，净化水源，调剂空气，应创造条件，回收油气，防止污染。

（9）电焊工工作时应遵守下列规定：

1）电焊工在操作前，要严格检验所用工具（包括电焊机设备、线路敷设、电缆线的接点等），使用的工具均应符合标准，保持完好状态。

2）电焊机应有单独开关，装在防火、防雨的闸箱内，电焊机应设防雨棚（罩）。开关的保险丝容量应为该机的1.5倍。保险丝不准用铜丝或铁丝代替。

3）焊制部位必须与氧气瓶、乙炔瓶、乙炔发生器及各种易燃、可燃材料隔离，两瓶之间距离不得小于5m，与明火之间距离不得小于10m。

4）电焊机必须设有专用接地线，直接放在焊件上，接地线不准接在建筑物、机械设备、各种管道、避雷引下线和金属架上借路使用，防止接触火花，造成起火事故。

5）电焊机一次、二次线应用线鼻子压接牢固，同时应加装防护罩，防止松动、短路放弧，引燃可燃物。

6）严格执行防火规定和操作规程，操作时采取相应的防火措施，与看火人员密切配合，防止引起火灾。

（10）气焊工工作时应遵守下列规定：

1）乙炔发生器、乙炔瓶、氧气瓶和焊割具的安全设施必须齐全有效。

2）乙炔发生器旁严禁一切火源。夜间添加电石时，应使用防爆电筒照明，禁止用明火照明。

3）乙炔发生器、乙炔瓶和氧气瓶不准放在高低压架空线路下或变压器旁。

4）乙炔瓶、氧气瓶应直立使用，禁止平放卧倒使用。油脂或沾油物品，不要接触氧气瓶、导管及其零部件。

5）乙炔瓶、氧气瓶严禁曝晒、撞击，防止受热膨胀。乙炔发生器、回火阻止器以及导管发生冻结时，只允许用蒸汽、热水解冻，严禁使用火烤或金属敲打。

6）乙炔瓶、氧气瓶开启阀门时，应缓慢，防止升压过速产生高温、火花引起爆炸和火灾。

7）测定导管及其分配装置是否漏气，应用气体探测仪或用肥皂水测试，严禁用明火测试。

8）操作乙炔发生器和电石桶时，应使用不产生火花的工具。乙炔发生器上不能装有

纯铜配件。浮桶式发生器上不准堆压其他物品。

9）乙炔发生器的水不能含油脂，避免油脂与氧气接触发生反应，引起燃烧或爆炸。

10）防爆膜失效后，应按规定的规格型号更换，严禁任意更换，禁止用胶皮等代替防爆膜。

11）瓶内气体不能用尽，必须留有余气。

12）作业结束，应将乙炔发生器内的电石、污水及其残渣清除干净，倾倒到指定的安全地点，并排除内腔和其他部位的气体。

（11）电工作业时应遵守下列规定：

1）电工应经过专门培训，掌握安装与维修的安全技术，并经过考试合格后，方准独立操作。

2）施工现场临设线路、电气设备的安装与维修应执行《施工现场临时用电安全技术规范》（JGJ 46—2005）。

3）新设、增设的电气设备，必须由主管部门或人员检查合格后，方可通电使用。

4）各种电气设备或线路，不应超过安全负荷，并用牢靠、绝缘良好和安装合格的保险设备，严禁用铜丝、铁丝等代替保险丝。

5）放置及使用易燃液体、气体的场所，应采用防爆型电气设备及照明灯具。

6）定期检查电气设备的绝缘电阻是否符合"不低于 $1kΩ/V$（如对地 $220V$ 绝缘电阻应不低于 $0.22MΩ$）"的规定，发现隐患，应及时排除。

7）不可用纸、布或其他可燃材料做无骨架的灯罩，灯泡距可燃物应保持一定距离。

第四节　防洪度汛管理

根据《水利水电工程施工通用安全技术规程》（SL 398—2007）及《水利水电工程施工安全管理导则》（SL 721—2015）等有关规程规范，防洪度汛管理应遵循以下规定：

一、一般规定

（1）项目法人应根据工程情况和工程度汛需要，组织制定工程度汛方案和超标准洪水应急预案，报有管辖权的防汛指挥机构批准或备案。

（2）项目法人应和有关参建单位签订安全度汛目标责任书，明确各参建单位防汛度汛责任，并组织成立有各参建单位参加的工程防汛机构，负责工程安全度汛工作。

（3）设计单位应于汛前提出工程度汛标准、工程形象面貌及度汛要求。

（4）施工单位应按批准的度汛方案和超标准洪水应急预案，制订防汛度汛及抢险措施，报项目法人批准，并按批准的措施落实防汛抢险队伍和防汛器材、设备等物质准备工作，做好汛期值班，保证汛情、工情、险情信息渠道畅通。

（5）项目法人应做好汛期水情预报工作，准确提供水文气象信息，预测洪峰流量及到来时间和过程，及时通告各单位。

（6）项目法人在汛前应组织有关参建单位，对生活、办公、施工区域内进行全面检查，对围堰、子堤、人员聚集区等重点防洪度汛部位和有可能诱发山体滑坡、垮塌和泥石流等灾害的区域、施工作业点进行安全评估，制定和落实防范措施。

（7）防汛期间，施工单位应组织专人对围堰、子堤、人员聚集区等重点防汛部位巡视检查，观察水情变化，发现险情，及时进行抢险加固或组织撤离。

（8）防汛期间，超标洪水来临前，施工淹没危险区的施工人员及施工机械设备，应及时组织撤离到安全地点。

（9）施工单位在汛期应加强与上级主管部门和地方政府防汛部门的联系，听从统一防汛指挥。

（10）洪水期间，如发生主流改道，航标漂流移位、熄灭等情况，施工运输船舶应避洪停泊于安全地点。

（11）施工单位在堤防工程防汛抢险时，应遵循前堵后导、强身固脚、减载平压、缓流消浪的原则。

（12）防汛期间，施工单位在抢险时应安排专人进行安全监视，确保抢险人员的安全。

（13）台风来临前由项目部组织一次安全检查。塔吊、施工电梯、井架等施工机械，要采取加固措施。塔吊吊钩收到最高位置，吊臂处于自由旋转状态。在建工程作业面和脚手架上的各种材料应堆放、绑扎固定，以防止被风吹落伤人。施工临时用电除保证生活照明外，其余供电一律切断电源。做好工地现场围墙和工人宿舍生活区安全检查，疏通排水沟，保证现场排水畅通。台风、暴雨后，应进行安全检查，重点是施工用电、临时设施、脚手架、大型机械设备，发现隐患，及时排除。

二、度汛方案的主要内容

度汛方案应包括防汛度汛指挥机构设置、度汛工程形象、汛期施工情况、防汛度汛工作重点、人员、设备、物资准备和安全度汛措施，以及雨情、水情、汛情的获取方式和通信保障方式等内容。防汛度汛指挥机构应由项目法人、监理单位、施工单位、设计单位主要负责人组成。

三、超标准洪水应急预案的主要内容

超标准洪水应急预案应包括超标准洪水可能导致的险情预测、应急抢险指挥机构设置、应急抢险措施、应急队伍准备及应急演练等内容。

四、防汛检查的内容

1. 建立防汛组织体系与落实责任

（1）防汛组织体系。成立防汛领导小组，下设防汛办公室和抗洪抢险队（每个施工项目经理部均应设立）。

（2）明确防汛任务。根据建设工程所在地实际情况，明确防汛标准、计划、重点和措施。

（3）落实防汛责任。业主、设计、监理、施工等单位的防汛责任明确，分工协作，配合有力。各级防汛工作岗位责任制明确。

2. 检查防汛工作规章制度情况

（1）上级有关部门的防汛文件齐备。

（2）防汛领导小组、防汛办公室及抗洪抢险队工作制度健全。

（3）汛前检查及消缺管理制度完善，针对性、可操作性强。

（4）建立汛期值班、巡视、联系、通报、汇报制度，相关记录齐全，具有可追溯性。

（5）建立灾情（损失）统计与报告制度。

（6）建立汛期通信管理制度，确保信息传递及时、迅速，24h畅通。

（7）建立防汛物资管理制度，做到防汛物资与工程建设物资的相互匹配，在汛期应保证相关物资的可靠储备，确保汛情发生时相关物资及时到位。

（8）防汛工作奖惩办法和总结报告制度。

（9）制定防汛工作手册。手册中应明确防汛工作职责、工作程序、应急措施内容。

（10）上述制度、手册应根据工程建设所在地的实际情况制定，及时修编。

3. 检查建设工程度汛措施及预案

（1）江河堤坝等地区钻孔作业，要密切关注孔内水位变化，并备有必要的压孔物资（如砂袋等），严防管涌等事故的发生。

（2）江（河）滩中施工作业，应事先制定水位暴涨时人员、物资安全撤离的措施。

（3）山区施工作业，应事先制定严防泥石流伤害的技术和管理措施。

（4）现场临时帐篷等设施避免搭建在低洼处，实行双人值班，配备可靠的通信工具。

（5）检查在超标准暴雨情况下，保护建设工程成品（半成品）、机具设备和人员疏散的预案。预案应按规定报上级单位审批或备案。

（6）检查工程建设进度是否达到度汛要求，如达不到要求应制定相应的应急预案。

4. 生活及办公区域防汛

（1）工程项目部及材料库应设在具有自然防汛能力的地点，建筑物及构筑物具有防淹没、防冲刷、防倒塌措施。

（2）生活及办公区域的排水设备与设施应可靠。

（3）低洼地的防水淹措施和水淹后的人员转移安置方案。

（4）项目部防汛图（包括排水、挡水设备设施、物资储备、备用电源等）。

（5）防汛组织网络图（包括指挥系统、抢修抢险系统、电话联络等）。

5. 防汛物资与后勤保障检查

（1）防汛抢险物资和设备储备充足，台账明晰，专项保管。

（2）防汛交通、通信工具应确保处于完好状态。

（3）有必要的生活物资和医药储备。

6. 与地方防汛部门的联系和协调检查

（1）按照管理权限接受防汛指挥部门的调度指挥，落实地方政府的防汛部署，积极向有关部门汇报有关防汛问题。

（2）加强与气象、水文部门的联系，掌握气象和水情信息。

7. 防汛管理及程序

（1）每年汛前建设单位组织对本工程的防汛工作进行全面检查。

（2）项目法人对所属建设工程进行汛前安全检查，发现影响安全度汛的问题应限期整改，检查结果应及时报上级主管部门。

（3）上级部门根据情况对有关基建工程的防汛准备工作进行抽查。

第五节　事故隐患排查和治理

根据《水利水电工程施工安全管理导则》（SL 721—2015）等有关规程规范，事故隐患排查和治理应遵循以下规定：

一、生产安全事故隐患排查

（1）各参建单位是事故隐患排查的责任主体。各参建单位应建立健全事故隐患排查制度，逐级建立并落实从主要负责人到每个从业人员的事故隐患排查责任制。

（2）项目法人应组织有关参建单位制订项目事故隐患排查制度，主要内容包括隐患排查目的、内容、方法、频次和要求等。施工单位应根据项目法人事故隐患排查制度，制订本单位的事故隐患排查制度。各参建单位主要负责人对本单位的事故隐患排查治理工作全面负责。任何单位和个人发现重大事故隐患，均有权向项目主管部门和安全生产监督机构报告。

（3）各参建单位应根据事故隐患排查制度开展事故隐患排查，排查前应制订排查方案，明确排查的目的、范围和方法。各参建单位应采用定期综合检查、专项检查、季节性检查、节假日检查和日常检查等方式，开展隐患排查。对排查出的事故隐患，组织单位应及时书面通知有关单位，定人、定时、定措施进行整改，并按照事故隐患的等级建立事故隐患信息台账。

（4）项目法人应至少每月组织一次安全生产综合检查，施工单位应至少每两月自行组织一次安全生产综合检查。

（5）项目法人、施工单位应分别建立事故隐患报告和举报奖励制度，鼓励、发动职工发现和排除事故隐患，鼓励社会公众举报。对发现、排除和举报事故隐患的有功人员，应给予物质奖励和表彰。

（6）对于重大事故隐患，应及时向项目主管部门、安全监管监察部门和有关部门报告。重大事故隐患报告应包括下列内容：

1）隐患的现状及其产生原因。

2）隐患的危害程度和整改难易程度分析。

3）隐患的治理方案等。

二、生产安全事故隐患治理

（1）各参建单位应建立健全事故隐患治理和建档监控等制度，逐级建立并落实隐患治理和监控责任制。

（2）各参建单位对于危害和整改难度较小，发现后能够立即整改排除的一般事故隐患，应立即组织整改。

（3）重大事故隐患治理方案应由施工单位主要负责人组织制订，经监理单位审核，报项目法人同意后实施。项目法人应将重大事故隐患治理方案报项目主管部门和安全生产监督机构备案。

（4）重大事故隐患治理方案应包括下列内容：

　　1）重大事故隐患描述。

　　2）治理的目标和任务。

　　3）采取的方法和措施。

　　4）经费和物资的落实。

　　5）负责治理的机构和人员。

　　6）治理的时限和要求。

　　7）安全措施和应急预案等。

　　（5）责任单位在事故隐患治理过程中，应采取相应的安全防范措施，防止事故发生。事故隐患排除前或者排除过程中无法保证安全的，应从危险区域内撤出作业人员，并疏散可能危及的其他人员，设置警戒标志，暂时停止施工或者停止使用。对暂时难以停止施工或者停止使用的储存装置、设施、设备，应加强维护和保养，防止事故发生。

　　（6）事故隐患治理完成后，项目法人应组织对重大事故隐患治理情况进行验收和效果评估，并签署意见，报项目主管部门和安全生产监督机构备案；隐患排查组织单位应负责对一般安全隐患治理情况进行复查，并在隐患整改通知单上签署明确意见。

　　（7）有关参建单位应按月、季、年对隐患排查治理情况进行统计分析，形成书面报告，经单位主要负责人签字后，报项目法人。项目法人应于每月5日前、每季第一个月的15日前和次年1月31日前，将上月、季、年隐患排查治理统计分析情况报项目主管部门、安全生产监督机构。

　　（8）各参建单位应加强对自然灾害的预防。对于因自然灾害可能导致的事故隐患，应按照有关法律法规、规章、制度和标准的要求排查治理，采取可靠的预防措施，制定应急预案。各参建单位在接到有关自然灾害预报时，应及时发出预警通知；发生可能危及参建单位和人员安全的情况时，应采取撤离人员、停止作业、加强监测等安全措施，并及时向项目主管部门和安全生产监督机构报告。

　　（9）地方人民政府或有关部门挂牌督办并责令全部或者局部停止施工的重大事故隐患，治理工作结束后，责任单位应组织本单位的技术人员和专家对治理情况进行评估。经治理后符合安全生产条件的，项目法人应向有关部门提出恢复施工的书面申请，经审查同意后，方可恢复施工。申请报告应包括治理方案的内容、效果和评估意见等。

第六节　重大危险源管理

　　根据《水利水电工程施工安全管理导则》（SL 721—2015）及《水电水利工程施工重大危险源辨识及评价导则》（DL/T 5274—2012）等有关规程规范，重大危险源管理应遵循以下规定：

一、基本概念

　　1. 危险源

　　危险源指可能导致人身伤害、健康损害、财产损失、环境破坏或这些情况组合的根源或状态。

2. 危险源辨识

危险源辨识指识别危险源的存在并确定其特性的过程。

3. 重大危险源

重大危险源指可能导致人员死亡、严重伤害、财产严重损失、环境严重破坏或这些情况组合的根源或状态。

二、危险源辨识、评价与控制

水利水电工程建设项目现场安全管理实质就是危险源辨识、评价与控制管理，即控制和减少施工现场的施工危险源，做好事故预防措施，实现安全生产目标。危险源管理主要包括危险源辨识、评价、控制、更新 4 个基本步骤，见图 4-1。

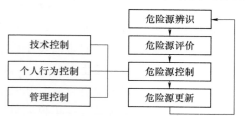

图 4-1　危险源管理基本步骤图

（一）危险源辨识

危险源辨识是发现、识别系统中的危险源。它是危险源控制的基础，只有正确辨识了危险源，才能有的放矢地考虑如何控制危险源。常用的危险源辨识方法有询问交谈、问卷调查、现场观察等，见表 4-10。

表 4-10　　　　　　　　　　危险源辨识方法

方法	具体操作
询问交谈	与有丰富工作经验的老员工询问、交谈，可初步分析现场存在的一类、二类危险源
问卷调查	通过事先准备好的一系列问题，通过到现场察看及与作业人员交流沟通的方式，来获取危险源信息
现场观察	通过对作业环境的现场观察，可发现存在的危险源。从事现场观察的人员，要求具有安全技术知识并掌握了职业健康安全法规、标准
查阅有关记录	查阅企业的事故、职业病的相关记录，可从中发现存在的危险源
获取外部信息	从有关类似工程、文献资料、专家咨询等方面获取有关危险源信息，加以分析研究，可辨识出工程存在的危险源
工作任务分析	通过分析现场作业人员作业任务中所涉及的危害，可以对危险源进行辨识
安全检查表	运用已编制好的安全检查表，对工程现场进行系统的安全检查，可辨识出存在的危险源
危险与可操作性研究	它是一种对工艺过程中的危险藏实行严格审查和控制的技术，通过指导语句和标准格式寻找工艺偏差，以辨识工程所存在的危险源，并确定控制危险源风险的对策
事件树分析	从初始原因事件起，分析各环节事件"成功（正常）"或"失败（失效）"的发展变化过程，并预测各种可能结果的方法
故障树分析	根据系统可能发生的或已经发生的事故结果，去寻找与事故发生有关的原因和规律
相关标准规范	依据《危险化学品重大危险源辨识》（GB 18218—2009）的要求，根据危险化学品储存量和临界值进行危险化学品重大危隐源的辨识

（二）危险源评价

依据危险源辨识结果，采用作业条件危险性评价法（LEC 法）半定量计算每一种危险源所带来的风险，确定危险源等级。

作业条件危险性评价法用与系统风险有关的3种因素之积来评价操作人员伤亡风险大小。这3种因素是发生事故可能性（L）、人员暴露于危险环境中的频繁程度（E）和一旦发生事故可能造成的后果（C）。

根据工程项目实际，依据《危险化学品重大危险源监督管理暂行规定》（国家安监总局令第40号）、《水电水利工程施工重大危险源辨识及评价导则》（DL/T 5724—2012）确定重大危险源等级。

（三）危险源控制

对危险源的控制主要有技术控制、个人行为控制和管理控制3种方法，见表4-11。

表4-11　　　　　　　　　　　　　危 险 源 的 控 制 方 法

控制途径	定　　义	举　　例
技术控制	采用技术措施对危险源进行控制	消除、控制、防护、隔离、监控、保留和转移等
个人行为控制	控制人为失误，减少人的不安全行为	加强教育培训，提高人的安全意识、操作技能等
管理控制	通过加强完善管理措施控制危险源	建立危险源管理制度和档案、明确责任人和控制措施、定期检查，设置安全警示标牌等

（四）危险源更新

在下列情况下，各有关单位应及时重新组织危险源的辨识与评价，更新危险源信息：

（1）管理评审有要求时。

（2）当安全生产法律法规、标准规范及其他要求发生变化时（包括新颁发、修订、替代、废止等情况）。

（3）工程现场施工发生重大调整和变化时。

（4）采用新设备、新技术、新工艺、新材料前。

（5）相关方的抱怨明显增多时。

（6）发现危险源辨识有遗漏时。

（7）发生重大及以上生产安全事故后等。

三、重大危险源辨识与评价

（1）水利水电工程施工的重大危险源应主要从下列几方面考虑：

1）高边坡作业：①土方边坡高度大于30m或地质缺陷部位的开挖作业；②石方边坡高度大于50m或滑坡地段的开挖作业。

2）深基坑工程：①开挖深度超过3m（含）的深基坑作业；②开挖深度虽未超过3m，但地质条件、周围环境和地下管线复杂，或影响毗邻建（构）筑物安全的深基坑作业。

3）洞挖工程：①断面大于20m²或单洞长度大于50m以及地质缺陷部位开挖；②不能及时支护的部位；地应力大于20MPa或大于岩石强度的1/5或埋深大于500m部位的作业；③洞室临近相互贯通时的作业；当某一工作面爆破作业时，相邻洞室的施工作业。

4）模板工程及支撑体系：①工具式模板工程：包括滑模、爬模、飞模工程；②混凝土模板支撑工程：搭设高度5m及以上；搭设跨度10m及以上；施工总荷载10kN/m²及以上；集中线荷载15kN/m及以上；③承重支撑体系：用于钢结构安装等满堂支撑体系。

5）起重吊装及安装拆卸工程：①采用非常规起重设备、方法，且单件起吊重量在

10kN 及以上的起重吊装工程；②采用起重机械进行安装的工程；③起重机械设备自身的安装、拆卸作业。

6）脚手架工程：①搭设高度 24m 以上的落地式钢管脚手架工程；②附着式整体和分片提升脚手架工程；③悬挑式脚手架工程；④吊篮脚手架工程；⑤自制卸料平台、移动操作平台工程；⑥新型及异型脚手架工程。

7）拆除、爆破工程：①围堰拆除作业；爆破拆除作业；②可能影响行人、交通、电力设施、通信设施或其他建（构）筑物安全的拆除作业；③文物保护建筑、优秀历史建筑或历史文化风貌区控制范围的拆除作业。

8）储存、生产和供给易燃易爆危险品的设施、设备及易燃易爆危险品的储运，主要分布于工程项目的施工场所：①油库（储量：汽油 20t 及以上；柴油 50t 及以上）；②炸药库（储量：炸药 1t）；③压力容器（压力不小于 0.1MPa 和体积不小于 100m³）；④锅炉（额定蒸发量 1.0t/h 及以上）；⑤重件、超大件运输。

9）人员集中区域及突发事件：①人员集中区域（场所、设施）的活动；②可能发生火灾事故的居住区、办公区、重要设施、重要场所等。

10）其他：①开挖深度超过 16m 的人工挖孔桩工程；②地下暗挖、顶管作业、水下作业工程及存在上下交叉的作业；③截流工程、围堰工程；④变电站、变压器；⑤采用新技术、新工艺、新材料、新设备及尚无相关技术标准的危险性较大的单项工程；⑥其他特殊情况下可能造成生产安全事故的作业活动、大型设备、设施和场所等。

（2）水利水电工程施工重大危险源应按发生事故的后果分为下列级别：

1）可能造成特别重大安全事故的危险源为一级重大危险源。

2）可能造成重大安全事故的危险源为二级重大危险源。

3）可能造成较大安全事故的危险源为三级重大危险源。

4）可能造成一般安全事故的危险源为四级重大危险源。

（3）项目法人应在开工前，组织各参建单位共同研究制订项目重大危险源管理制度，明确重大危险源辨识、评价和控制的职责、方法、范围、流程等要求。施工单位应根据项目重大危险源管理制度制订相应管理办法，并报监理单位、项目法人备案。

（4）施工单位应在开工前，对施工现场危险设施或场所组织进行重大危险源辨识，并将辨识成果及时报监理单位和项目法人。

（5）项目法人应在开工前，组织参建单位本项目危险设施或场所进行重大危险源辨识，并确定危险等级。

（6）项目法人应报请项目主管部门组织专家组或委托具有相应安全评价资质的中介机构，对辨识出的重大危险源进行安全评估，并形成评估报告。

（7）安全评估报告应包括下列内容：

1）安全评估的主要依据。

2）重大危险源的基本情况。

3）危险、有害因素的辨识与分析。

4）发生事故的可能性、类型及严重程度。

5）可能影响的周边单位和人员。

6）重大危险源等级评估。

7）安全管理和技术措施。

8）评估结论与建议等。

（8）评价结论。

1）应简要地列出对主要危险、有害因素的评价结果，指出应重点防范的重大危险、有害因素，明确重要的安全对策措施。

2）对于招投标阶段的预评价，还应对投标人的施工方法及安全措施等作出是否满足有关安全生产法律法规和技术标准要求的结论。

3）对于施工期综合评价，还应对施工方法与辅助系统、安全管理等作出是否满足有关安全生产法律法规和技术标准要求，以及安全管理模式是否适应安全生产要求的结论。

（9）安全评价报告的评审按有关法规规定进行。

（10）项目法人应将重大危险源辨识和安全评估的结果印发各参建单位，并报项目主管部门、安全生产监督机构及有关部门备案。

（11）项目法人、施工单位应针对重大危险源制订防控措施，并应登记建档。项目法人或监理单位应组织相关参建单位对重大危险源防控措施进行验收。

（12）重大危险源评价规定与方法。

1）水电水利工程施工重大危险源评价，宜选用安全检查表法、预先危险性分析法、作业条件危险性评价法（LEC）、作业条件—管理因子危险性评价法（LECM）或层次分析法。

2）不同阶段、层次应采用相应的评价方法，必要时可采用不同评价方法相互验证。

3）应对辨识及评价出的重大危险源依据事故可能造成的人员伤亡数量及财产损失情况进行分级，可按以下标准分为4级：

a. 一级重大危险源：可能造成30人以上（含30人）死亡，或者100人以上重伤，或者1亿元以上直接经济损失的危险源。

b. 二级重大危险源：可能造成10～29人死亡，或者50～99人重伤，或者5000万元以上1亿元以下直接经济损失的危险源。

c. 三级重大危险源：可能造成3～9人死亡，或者10～49人重伤，或者1000万元以上5000万元以下直接经济损失的危险源。

d. 四级重大危险源：可能造成3人以下死亡，或者10人以下重伤，或者1000万元以下直接经济损失的危险源。

4）每一阶段的危险源辨识及评价完成时均应编写并提交报告。

5）水电水利工程施工重大危险源评价，按层次可划分为总体评价、分部评价及专项评价。

6）水电水利工程施工重大危险源评价，按阶段可划分为预评价、施工期评价。

7）预评价对象有物质仓储区，设施，场所，危险环境，待开工的施工作业。

8）预评价应对以下内容进行评价：①规划的施工道路、办公及生活场所、施工作业场所可能遭遇的地质、洪水等自然灾害；②可能存在有毒、有害气体的地下开挖作业环境；③规划的危险化学品仓库；④施工地段的不良地质情况；⑤待开工的单位工程或标段。

9）施工期评价对象有生产、施工作业。

10）施工期评价内容如下：①应按《水利水电工程施工重大危险源辨识及评价导则》（DL/T 5274—2012）第4.2.2条的规定分类进行分部评价；②应对大型设备吊装、爆破作业、大型模板施工、大型脚手架、深基坑等高风险作业进行专项评价。

四、重大危险源监控和管理

（1）项目法人、施工单位应建立、完善重大危险源安全管理制度，并保证其得到有效落实。

（2）施工单位应按照国家有关规定，定期对重大危险源的安全设施和安全监测监控系统进行检测、检验，并进行经常性维护、保养，保证安全设施和安全监测监控系统有效、可靠运行。维护、保养、检测应做好记录，并由有关人员签字。

（3）相关参建单位应明确重大危险源管理的责任部门和责任人，对重大危险源的安全状况进行定期检查、评估和监控，并做好记录。

（4）项目法人、施工单位应组织对重大危险源的管理人员进行培训，使其了解重大危险源的危险特性，熟悉重大危险源安全管理规章制度，掌握安全操作技能和应急措施。

（5）施工单位应在重大危险源现场设置明显的安全警示标志和警示牌。警示牌内容应包括危险源名称、地点、责任人员、可能的事故类型、控制措施等。

（6）项目法人、施工单位应组织制订建设项目重大危险源事故应急预案，建立应急救援组织或配备应急救援人员、必要的防护装备及应急救援器材、设备、物资，并保障其完好和方便使用。

（7）项目法人应将重大危险源可能发生的事故后果和应急措施等信息，以适当方式告知可能受影响的单位、区域及人员。

（8）对可能导致一般或较大安全事故的险情，项目法人、监理、施工等知情单位应按照项目管理权限立即报告项目主管部门、安全生产监督机构。

（9）对可能导致重大安全事故的险情，项目法人、监理、施工等知情单位应按项目管理权限立即报告项目主管部门、安全生产监督机构和工程所在地人民政府，必要时可越级上报至水利部工程建设事故应急指挥部办公室。对可能造成重大洪水灾害的险情，项目法人、监理、施工等知情单位应立即报告工程所在地防汛指挥部，必要时可越级上报至国家防汛抗旱总指挥部办公室。

（10）各参建单位应根据施工进展加强重大危险源的日常监督检查，对危险源实施动态的辨识、评价和控制。

第七节　危险性较大的单项工程管理

根据《水利水电工程施工安全管理导则》（SL 721—2015）等有关规程规范，危险性较大的单项工程管理应遵循以下规定：

一、基本概念

（一）危险性较大的单项工程

危险性较大的单项工程指在施工过程中存在的、可能导致作业人员群死、群伤或者造

成重大不良社会影响的单项工程。

1. 达到一定规模危险性较大的单项工程

（1）基坑支护、降水工程。开挖深度超过3～5m或虽未超过3m但地质条件或周边环境复杂的基坑（槽）支护、降水工程。

（2）土方和石方开挖工程。开挖深度达到3～5m的基坑（槽）的土方和石方开挖工程。

（3）模板工程及支撑体系。

1）大模板等工具式模板工程。包括大模板、滑模、爬模、飞模等工程。

2）混凝土模板支撑工程。搭设高度5～8m；搭设跨度10～18m；施工总荷10～15kN/m²；集中线荷载15～20kN/m；高度大于支撑水平投影宽度且相对独无联系构件的混凝土模板支撑工程。

3）承重支撑体系。用于钢结构安装等满堂支撑体系。

（4）起重吊装及安装拆除工程。

1）采用非常规起重设备、方法，且单件起吊重量在10～100kN的起重吊装工程。

2）采用起重机械进行安装的工程。

3）起重机械设备自身的安装、拆卸。

（5）脚手架工程。

1）搭设高度24～50m的落地式钢管脚手架工程。

2）附着式整体和分片提升脚手架工程。

3）悬挑式脚手架工程。

4）吊篮脚手架工程。

5）自制卸料平台、移动操作平台工程。

6）新型及异型脚手架工程。

（6）拆除、爆破工程。

（7）围堰工程。

（8）水上作业工程。

（9）沉井工程。

（10）临时用电工程。

（11）其他危险性较大的工程。

2. 超过一定规模的危险性较大的单项工程

（1）深基坑工程。

1）开挖深度超过5m（含）的基坑（槽）的土方开挖、支护、降水工程。

2）开挖深度虽未超过5m，但地质条件、周围环境和地下管线复杂，或影响毗邻建（构）筑物安全的基坑（槽）的土方开挖、支护、降水工程。

（2）模板工程及其支撑体系。

1）工具式模板工程，包括滑模、爬模、飞模工程等。

2）混凝土模板支撑工程：搭设高度8m及以上；搭设跨度18m及以上，施工总荷载15kN/m²及以上；集中线荷载20kN/m及以上。

3）承重支撑体系：用于钢结构安装等满堂支撑体系，承受单点集中荷载 700kg 以上。

（3）起重吊装及安装拆卸工程。

1）采用非常规起重设备、方法，且单件起吊重量在 100kN 及以上的起重吊装工程。

2）起重量 300kN 及以上的起重设备安装工程；高度 200m 及以上内爬起重设备的拆除工程。

（4）脚手架工程。

1）搭设高度 50m 及以上落地式钢管脚手架工程。

2）提升高度 150m 及以上附着式整体和分片提升脚手架工程。

3）架体高度 20m 及以上悬挑式脚手架工程。

（5）拆除、爆破工程。

1）采用爆破拆除的工程。

2）可能影响行人、交通、电力设施、通信设施或其他建筑物、构筑物安全的拆除工程。

3）文物保护建筑、优秀历史建筑或历史文化风貌区控制范围的拆除工程。

（6）其他。

1）开挖深度超过 16m 的人工挖孔桩工程。

2）地下暗挖工程、顶管工程、水下作业工程。

3）采用新技术、新工艺、新材料、新设备及尚无相关技术标准的危险性较大的单项工程。

（二）危险性较大的单项工程专项施工方案

施工单位在编制施工组织设计的基础上，针对危险性较大的单项工程应单独编制安全技术措施文件。

二、一般规定

（1）项目法人在办理安全监督手续时，应当提供危险性较大的单项工程清单和安全生产管理措施。

（2）项目法人及监理单位应建立危险性较大的单项工程验收制度；施工单位应建立危险性较大的单项工程管理制度。

（3）监理单位应编制危险性较大的单项工程监理规划和实施细则，制定工作流程、方法和措施。

（4）施工单位应当在施工前，对达到一定规模的危险性较大的单项工程编制专项施工方案；对于超过一定规模的危险性较大的单项工程，施工单位应当组织专家对专项施工方案进行审查论证。

（5）施工单位的施工组织设计应包含危险性较大的单项工程安全技术措施及其专项施工方案。

（6）专项施工方案应由施工单位技术负责人组织施工技术、安全、质量等部门的专业技术人员进行审核。经审核合格的，应由施工单位技术负责人签字确认。实行分包的，应由总承包单位和分包单位技术负责人共同签字确认。无需专家论证的专项施工方案，经施

工单位审核后应报监理单位，由项目总监理工程师审核签字，并报项目法人备案。

（7）施工单位应根据审查论证报告修改完善专项施工方案，经施工单位技术负责人、总监理工程师、项目法人单位负责人审核签字后，方可组织实施。

（8）施工单位应严格按照批准的专项施工方案组织施工，不得擅自修改、调整专项施工方案。

因设计、结构、外部环境等因素发生变化确需修改的，修改后的专施工方案应当重新审核。对于超过一定规模的危险性较大的单项工程的专项施工方案，施工单位应重新组织专家进行论证。

三、专项施工方案的编制与审查

（一）编制原则

专项施工方案是施工组织设计不可缺少的组成部分，它应是施工组织设计的细化、完善、补充，且自成体系。专项施工方案的编制，必须考虑现场的实际情况、施工特点及周围作业环境，措施要有针对性，凡施工过程中可能发生的危险因素及建筑物周围外部的不利因素等，都必须从技术上采取具体且有效的措施予以预防。专项施工方案应重点突出单项工程的特点、安全技术的要求、特殊质量的要求，重视质量技术与安全技术的统一。

（二）专项施工方案内容

（1）工程概况。危险性较大的单项工程概况、施工平面布置、施工要求和技术保证条件等。

（2）编制依据。相关法律法规、规章、制度、标准及图纸（国标图集）、施工组织设计等。

（3）施工计划。包括施工进度计划、材料与设备计划等。

（4）施工工艺技术。技术参数、工艺流程、施工方法、质量标准、检查验收等。

（5）施工安全保证措施。组织保障、技术措施、应急预案、监测监控等。

（6）劳动力计划。专职安全生产管理人员、特种作业人员等。

（7）设计计算书及相关图纸等。

（三）专项施工方案编制中应注意的事项

（1）编制专项施工方案应将安全和质量相互联系、有机结合；临时安全措施构建的建（构）筑物与永久结构交叉部分的相互影响统一分析，防止荷载、支撑变化造成的安全、质量事故。

（2）安全措施形成的临时建（构）筑物必须建立相关力学模型，进行局部和整体的强度、刚度、稳定性验算。

（3）相互关联的危险性较大工程应系统分析，重点对交叉部分的危险源进行分析，采取相应措施。

（四）专项施工方案标题与封面格式

（1）标题："××工程××专项施工方案"，并标注"按专家论证审查报告修订"字样。

（2）封面内容包括：编制、审查、审批3个栏目，分别由施工单位编制人签字，施工单位负责人审核签字，施工单位技术负责人审批签字。

（五）审查论证

（1）审查论证会应有下列人员参加：

1）专家组成员。

2）项目法人单位负责人或技术负责人。

3）监理单位总监理工程师及相关人员。

4）施工单位分管安全的负责人、技术负责人、项目负责人、项目技术负责人、专项方案编制人员、项目专职安全生产管理人员。

5）勘察、设计单位项目技术负责人及相关人员等。

（2）专家组成员应当由 5 名及以上符合相关专业要求的专家组成。各参建单位人员不得以专家身份参加审查论证会。

（3）专家组成员应具备下列基本条件：

1）诚实守信、作风正派、学术严谨。

2）从事相关专业工作 15 年以上或具有丰富的专业经验。

3）具有高级专业技术职称。

（4）审查论证会应就下列主要内容进行审查论证，并提交论证报告。审查论证报告应对审查论证的内容提出明确的意见，并经专家组成员签字。

1）专项施工方案是否完整、可行，质量、安全标准是否符合工程建设标准强制性条文规定。

2）计算书是否符合有关标准规定。

3）施工的基本条件是否满足现场实际等。

四、专项施工方案的实施、检查与验收

（1）监理、施工单位应指定专人对专项施工方案实施情况进行旁站监督。发现未按专项施工方案施工的，应要求其立即整改；存在危及人身安全紧急情况的，施工单位应立即组织作业人员撤离危险区域。

总监理工程师、施工单位技术负责人应定期对专项施工方案实施情况进行巡查。

（2）危险性较大的单项工程合成后，监理单位或施工单位应组织有关人员进行验收。验收合格的，经施工单位技术负责人及总监理工程师签字后，方可进行后续工程施工。

（3）监理单位发现未按专项施工方案实施的，应责令整改；施工单位拒不整改的，应及时向项目法人报告；如有必要，可直接向有关主管部门报告。

项目法人接到监理单位报告后，应立即责令施工单位停工整改；施工单位仍不停工整改的，项目法人应及时向有关主管部门和安全生产监督机构报告。

五、危险性较大的单项工程的安全保证措施

（1）为规避危险性较大的单项工程的安全风险，施工单位不仅要从法律法规及规程规范的要求出发，编制专项施工方案还应从内部管理入手，加强安全观念教育，建立安全管理体系，完善安全管理制度，从而保证施工人员在生产过程中的安全与健康，严防各类事故发生，以安全促生产。

（2）建立安全管理体系，通过安全设施、设备与安全装置，安全检测和监测，安全操

作程序，防护用品等，技术硬件的投入，实现技术系统措施的本质安全化。

（3）危险性较大的分部分项工程，施工单位各级领导要牢固树立"安全第一、预防为主"的思想，坚决贯彻"管生产必须管安全"的原则，把安全生产作为头等大事来抓，并认真落实"安全生产、文明施工"的规定。

（4）建立健全并全面贯彻安全管理制度和各岗位安全责任制，根据工程性质、特点、成立三级安全管理机构。

（5）项目部安全领导小组，每周召开一次会议，部署各项安全管理工作和改善安全技术措施，具体检查各部门存在安全隐患问题提出改进安全技术问题，落实安全生产责任制和严格控制工人按安全规程作业，确保施工安全生产。安全值日员，每天检查工人上、下班是否佩戴安全帽和个人防护用品，对工人操作面进行安全检查，保证工人按安全操作规程作业，及时检查安全存在问题，消除安全隐患。

（6）安全技术要有针对性，现场的各种施工材料，须按施工平面图进行布置，现场的安全、卫生、防水设施要齐全有效。

（7）要切实保证职工在安全条件下进行作业，施工在搭设的各种脚手架等临时设施，均要符合国家规程和标准，在施工现场安装的机电要保持良好的技术状态，严禁带"病"运转。

（8）加强对职工的安全技术教育，坚持制止违章指挥和违章作业，凡进入施工现场的人员，须戴安全帽，高空作业应系好安全带，施工现场的危险部位要设置安全色标、标语或宣传画，随时提醒职工注意安全。

（9）严肃对待施工现场发生的已遂、未遂事故，把一般事故当做重大事故来抓，未遂事故当成已遂事故来抓。对查出的事故、隐患，要做到"三定一落实"，并要做到抓一个典型，教育一批的效果。

（10）建立安全生产管理制度，通过监督检查等管理方式，保障技术条件和环境达标，以及人员的行为规范和安全生产的目的。改善安全技术措施，具体检查各部门存在安全隐患问题提出改进安全技术问题，落实安全生产责任制和严格控制工人按安全规程作业，确保施工安全生产。

1）危险性较大的单项工程应建立安全生产责任制。施工单位各级领导，在管理生产的同时，必须负责管理安全工作，逐级建立安全责任制，使落实安全生产的各项规章制度成为全体职工的自觉行动。

2）建立安全技术措施计划，包括改善劳动条件，防止伤亡事故，预防职业病和职业中毒为目的各项技术组织措施，创造一个良好的安全生产环境。

3）建立严格的劳力管理制度。新入场的工人接受入场安全教育后方可上岗操作。特种作业人员全部持证上岗。

（11）建立安全生产教育、培训制度，通过对全员进行安全培训教育，提高全员的安全素质，包括意识、知识、技能、态度、观念等安全综合素质。执行安全技术交底、监督、检查、整改隐患等管理方法，保障技术条件和环境达标，人的行为规范，实现安全生产的目的。

1）建立安全生产教育制度，对新进场工人进行三级安全教育，上岗安全教育，特殊

工种安全技术教育（如架子工、机械操作工等工种的考核教育），变换工种必须进行交换工种教育方可上岗。工地建立职工三级教育登记卡和特殊作业，变换工种作业登记卡，卡中必须有工人概况、考核内容、批准上岗的工人签字，进行经常性的安全生产活动教育。

2）实行逐级安全技术交底履行签字手续，开工前由分公司技术负责人将工程概况、施工方法、安全技术措施等情况问题向项目负责人、施工员及全体职工进行详细交底，分部分项工程由工长、施工员向参加施工的全体成员进行有针对性的安全技术交底。

3）建立安全生产的定期检查制度。施工单位在施工生产时，为了及时发现事故隐患，堵塞事故漏洞，防患于未然，须建立安全检查制度。项目部每周定期进行一次，班组每日上班领导检查。要以自查为主，互查为辅。以查思想、查制度、查执行、查隐患、查整改、查闭环为主要内容。要结合季节特点，开展防雷电、防坍塌、防高处堕落、防中毒等"五防"检查，安全检查要贯彻领导与群众相结合的原则，做到边检边改并做好检查记录。

4）存在隐患严格按"三定一落实"整改反馈。

5）根据工地实际情况建立班前安全活动制度，对危险性较大的单项工程，施工现场的安全生产要及时进行讲评，强调注意事项，表扬安全生产中的好人好事，并做好班前安全活动记录。

6）施工用电、搅拌机、钢筋机械等在中型机械及脚手架、卸料平台要挂安全网、洞口临国防护设施等，安装或搭设好后及时组织有关人员验收，验收合格方准投入使用。

7）建立伤亡事故的调查和处理制度调查处理伤亡事故，要做到"三不放过"，即事故原因分析不清不放过，事故责任者和群众没有受到教育不放过，没有防范措施不放过，对事故和责任者要严肃处理。对于那些玩忽职守，不顾工人死活，强迫工人违章冒险作业而造成伤亡事故的领导，一定要给予纪律处分，严重的应依法惩办。

第八节　安全生产检查

根据《建筑施工安全检查标准》（JGJ 59—2011）等有关规程规范，对施工现场的安全生产检查应遵循以下规定：

一、基本概念

1. 保证项目

检查评定项目中，对施工人员生命、设备设施及环境安全起关键性作用的项目。

2. 一般项目

检查评定项目中，除保证项目以外的其他项目。

二、安全管理检查评定

（1）安全管理检查评定保证项目应包括安全生产责任制、施工组织设计及专项施工方案、安全技术交底、安全检查、安全教育、应急救援。一般项目应包括分包单位安全管理、持证上岗、生产安全事故处理、安全标志。

（2）安全管理保证项目的检查评定应符合下列规定：

1）安全生产责任制。

a. 工程项目部应建立以项目经理为第一责任人的各级管理人员安全生产责任制。

b. 安全生产责任制应经责任人签字确认。

c. 工程项目部应有各工种安全技术操作规程。

d. 工程项目部应按规定配备专职安全员。

e. 对实行经济承包的工程项目，承包合同中应有安全生产考核指标。

f. 工程项目部应制定安全生产资金保障制度。

g. 按安全生产资金保障制度，应编制安全资金使用计划，并应按计划实施。

h. 工程项目部应制定以伤亡事故控制、现场安全达标、文明施工为主要内容的安全生产管理目标。

i. 按安全生产管理目标和项目管理人员的安全生产责任制，应进行安全生产责任目标分解。

j. 应建立对安全生产责任制和责任目标的考核制度。

k. 按考核制度，应对项目管理人员定期进行考核。

2）施工组织设计及专项施工方案。

a. 工程项目部在施工前应编制施工组织设计，施工组织设计应针对工程特点、施工工艺制定安全技术措施。

b. 危险性较大的分部分项工程应按规定编制安全专项施工方案，专项施工方案应有针对性，并按有关规定进行设计计算。

c. 超过一定规模危险性较大的分部分项工程，施工单位应组织专家对专项施工方案进行论证。

d. 施工组织设计、专项施工方案，应由有关部门审核，施工单位技术负责人、监理单位项目总监批准。

e. 工程项目部应按施工组织设计、专项施工方案组织实施。

3）安全技术交底。

a. 施工负责人在分派生产任务时，应对相关管理人员、施工作业人员进行书面安全技术交底。

b. 安全技术交底应按施工工序、施工部位、施工栋号分部分项进行。

c. 安全技术交底应结合施工作业场所状况、特点、工序，对危险因素、施工方案、规范标准、操作规程和应急措施进行交底。

d. 安全技术交底应由交底人、被交底人、专职安全员进行签字确认。

4）安全检查。

a. 工程项目部应建立安全检查制度。

b. 安全检查应由项目负责人组织，专职安全员及相关专业人员参加，定期进行并填写检查记录。

c. 对检查中发现的事故隐患应下达隐患整改通知单，定人、定时间、定措施进行整改。重大事故隐患整改后，应由相关部门组织复查。

5）安全教育。

a. 工程项目部应建立安全教育培训制度。

b. 当施工人员入场时，工程项目部应组织进行以国家安全法律法规、企业安全制度、施工现场安全管理规定及各工种安全技术操作规程为主要内容的三级安全教育培训和考核。

c. 当施工人员变换工种或采用新技术、新工艺、新设备、新材料施工时，应进行安全教育培训。

d. 施工管理人员、专职安全员每年度应进行安全教育培训和考核。

6）应急救援。

a. 工程项目部应针对工程特点，进行重大危险源的辨识；应制定防触电、防坍塌、防高处坠落、防起重及机械伤害、防火灾、防物体打击等主要内容的专项应急救援预案，并对施工现场易发生重大安全事故的部位、环节进行监控。

b. 施工现场应建立应急救援组织，培训、配备应急救援人员，定期组织员工进行应急救援演练。

c. 按应急救援预案要求，应配备应急救援器材和设备。

（3）安全管理一般项目的检查评定应符合下列规定：

1）分包单位安全管理。

a. 总包单位应对承揽分包工程的分包单位进行资质、安全生产许可证和相关人员安全生产资格的审查。

b. 当总包单位与分包单位签订分包合同时，应签订安全生产协议书，明确双方的安全责任。

c. 分包单位应按规定建立安全机构，配备专职安全员。

2）持证上岗。

a. 从事建筑施工的项目经理、专职安全员和特种作业人员，必须经行业主管部门培训考核合格，取得相应资格证书，方可上岗作业。

b. 项目经理、专职安全员和特种作业人员应持证上岗。

3）生产安全事故处理。

a. 当施工现场发生生产安全事故时，施工单位应按规定及时报告。

b. 施工单位应按规定对生产安全事故进行调查分析，制定防范措施。

c. 应依法为施工作业人员办理保险。

4）安全标志。

a. 施工现场入口处及主要施工区域、危险部位应设置相应的安全警示标志牌。

b. 施工现场应绘制安全标志布置图。

c. 应根据工程部位和现场设施的变化，调整安全标志牌设置。

d. 施工现场应设置重大危险源标志牌。

三、文明施工检查

（1）文明施工检查评定应符合现行国家标准《建筑施工现场环境与卫生标准》（JGJ 146—2013）和《施工现场临时建筑物技术规范》（JGJ/T 188—2009）的规定。

（2）文明施工检查评定保证项目应包括现场围挡、封闭管理、施工场地、材料管理、现场办公与住宿、现场防火。一般项目应包括综合治理、公示标牌、生活设施、社区

服务。

（3）文明施工保证项目的检查评定应符合下列规定：

1）现场围挡。

a. 市区主要路段的工地应设置高度不小于 2.5m 的封闭围挡。

b. 一般路段的工地应设置高度不小于 1.8m 的封闭围挡。

c. 围挡应坚固、稳定、整洁、美观。

2）封闭管理。

a. 施工现场进出口应设置大门，并应设置门卫值班室。

b. 应建立门卫值守管理制度，并应配备门卫值守人员。

c. 施工人员进入施工现场应佩戴工作卡。

d. 施工现场出入口应标有企业名称或标志，并应设置车辆冲洗设施。

3）施工场地。

a. 施工现场的主要道路及材料加工区地面应进行硬化处理。

b. 施工现场道路应畅通，路面应平整坚实。

c. 施工现场应有防止扬尘措施。

d. 施工现场应设置排水设施，且排水通畅无积水。

e. 施工现场应有防止泥浆、污水、废水污染环境的措施。

f. 施工现场应设置专门的吸烟处，严禁随意吸烟。

g. 温暖季节应有绿化布置。

4）材料管理。

a. 建筑材料、构件、料具应按总平面布局进行码放。

b. 材料应码放整齐，并应标明名称、规格等。

c. 施工现场材料码放应采取防火、防锈蚀、防雨等措施。

d. 建筑物内施工垃圾的清运，应采用器具或管道运输，严禁随意抛掷。

e. 易燃易爆物品应分类储藏在专用库房内，并应制定防火措施。

5）现场办公与住宿。

a. 施工作业、材料存放区与办公、生活区应划分清晰，并应采取相应的隔离措施。

b. 在建工程内以及伙房、库房等不得兼作宿舍。

c. 宿舍、办公用房的防火等级应符合规范要求。

d. 宿舍应设置可开启式窗户，床铺不得超过 2 层，通道宽度不应小于 0.9m。

e. 宿舍内住宿人员人均面积不应小于 $2.5m^2$，且不得超过 16 人。

f. 冬季宿舍内应有采暖和防一氧化碳中毒措施。

g. 夏季宿舍内应有防暑降温和防蚊蝇措施。

h. 生活用品应摆放整齐，环境卫生应良好。

6）现场防火。

a. 施工现场应建立消防安全管理制度，制定消防措施。

b. 施工现场临时用房和作业场所的防火设计应符合规范要求。

c. 施工现场应设置消防通道、消防水源，并应符合规范要求。

d. 施工现场灭火器材应保证可靠有效，布局配置应符合规范要求。

e. 明火作业应履行动火审批手续，配备动火监护人员。

（4）文明施工一般项目的检查评定应符合下列规定：

1）综合治理。

a. 生活区内应设置供作业人员学习和娱乐的场所。

b. 施工现场应建立治安保卫制度，责任分解落实到人。

c. 施工现场应制定治安防范措施。

2）公示标牌。

a. 大门口处应设置公示标牌，主要内容应包括工程概况牌、消防保卫牌、安全生产牌、文明施工牌、管理人员名单及监督电话牌、施工现场总平面图。

b. 标牌应规范、整齐、统一。

c. 施工现场应有安全标语。

d. 应有宣传栏、读报栏、黑板报。

3）生活设施。

a. 建立卫生责任制度并落实到人。

b. 食堂与厕所、垃圾站、有毒有害场所等污染源的距离应符合规范要求。

c. 食堂必须有卫生许可证，炊事人员必须持身体健康证上岗。

d. 食堂使用的燃气罐应单独设置存放间，存放间应通风良好，并严禁存放其他物品。

e. 食堂的卫生环境应良好，且应配备必要的排风、冷藏、消毒、防鼠、防蚊蝇等设施。

f. 厕所内的设施数量和布局应符合规范要求。

g. 厕所必须符合卫生要求。

h. 必须保证现场人员卫生饮水。

i. 应设置淋浴室，且能满足现场人员需求。

j. 生活垃圾应装入密闭式容器内，并应及时清理。

4）社区服务。

a. 夜间施工前，必须经批准后方可进行施工。

b. 施工现场严禁焚烧各类废弃物。

c. 施工现场应制定防粉尘、防噪声、防光污染等措施。

d. 制定施工不扰民措施。

四、典型作业项目检查

1. 扣件式钢管脚手架

（1）扣件式钢管脚手架检查评定应符合现行行业标准《建筑施工扣件式钢管脚手架安全技术规范》（JGJ 130）的规定。

（2）扣件式钢管脚手架检查评定保证项目应包括施工方案、立杆基础、架体与建筑结构拉结、杆件间距与剪刀撑、脚手板与防护栏杆、交底与验收。一般项目应包括横向水平杆设置、杆件连接、层间防护、构配件材质、通道。

（3）扣件式钢管脚手架保证项目的检查评定应符合下列规定：

1) 施工方案：①架体搭设应编制专项施工方案，结构设计应进行计算，并按规定进行审核、审批；②当架体搭设超过规范允许高度时，应组织专家对专项施工方案进行论证。

2) 立杆基础：①立杆基础应按方案要求平整、夯实，并应采取排水措施，立杆底部设置的垫板、底座应符合规范要求；②架体应在距立杆底端高度不大于 200mm 处设置纵、横向扫地杆，并应用直角扣件固定在立杆上，横向扫地杆应设置在纵向扫地杆的下方。

3) 架体与建筑结构拉结：①架体与建筑结构拉结应符合规范要求；②连墙件应从架体底层第一步纵向水平杆处开始设置，当该处设置有困难时应采取其他可靠措施固定；③对搭设高度超过 24m 的双排脚手架，应采用刚性连墙件与建筑结构可靠拉结。

4) 杆件间距与剪刀撑：①架体立杆、纵向水平杆、横向水平杆间距应符合设计和规范要求；②纵向剪刀撑及横向斜撑的设置应符合规范要求；③剪刀撑杆件的接长、剪刀撑斜杆与架体杆件的固定应符合规范要求。

5) 脚手板与防护栏杆：①脚手板材质、规格应符合规范要求，铺板应严密、牢靠；②架体外侧应采用密目式安全网封闭，网间连接应严密；③作业层应按规范要求设置防护栏杆；④作业层外侧应设置高度不小于 180mm 的挡脚板。

6) 交底与验收：①架体搭设前应进行安全技术交底，并应有文字记录；②当架体分段搭设、分段使用时，应进行分段验收；③搭设完毕应办理验收手续，验收应有量化内容并经责任人签字确认。

（4）扣件式钢管脚手架一般项目的检查评定应符合下列规定：

1) 横向水平杆设置：①横向水平杆应设置在纵向水平杆与立杆相交的主节点处，两端应与纵向水平杆固定；②作业层应按铺设脚手板的需要增加设置横向水平杆；③单排脚手架横向水平杆插入墙内不应小于 180mm。

2) 杆件连接：①纵向水平杆杆件宜采用对接，若采用搭接，其搭接长度不应小于 1m，且固定应符合规范要求；②立杆除顶层顶步外，不得采用搭接；③杆件对接扣件应交错布置，并符合规范要求；④扣件紧固力矩不应小于 40N·m，且不应大于 65N·m。

3) 层间防护：①作业层脚手板下应采用安全平网兜底，以下每隔 10m 应采用安全平网封闭；②作业层里排架体与建筑物之间应采用脚手板或安全平网封闭。

4) 构配件材质：①钢管直径、壁厚、材质应符合规范要求；②钢管弯曲、变形、锈蚀应在规范允许范围内；③扣件应进行复试且技术性能符合规范要求。

5) 通道：①架体应设置供人员上下的专用通道；②专用通道的设置应符合规范要求。

2. 满堂脚手架

（1）满堂脚手架检查评定应符合现行行业标准《建筑施工扣件式钢管脚手架安全技术规范》（JGJ 130）、《建筑施工门式钢管脚手架安全技术规范》（JGJ 128）、《建筑施工碗扣式钢管脚手架安全技术规程》（JGJ 166）和《建筑施工承插型盘扣式钢管支架安全技术规程》（JGJ 231）的规定。

（2）满堂脚手架检查评定保证项目应包括施工方案、架体基础、架体稳定、杆件锁件、脚手板、交底与验收。一般项目应包括架体防护、构配件材质、荷载、通道。

（3）满堂脚手架保证项目的检查评定应符合下列规定：

1）施工方案：①架体搭设应编制专项施工方案，结构设计应进行计算；②专项施工方案应按规定进行审核、审批。

2）架体基础：①架体基础应按方案要求平整、夯实，并应采取排水措施；②架体底部应按规范要求设置垫板和底座，垫板规格应符合规范要求；③架体扫地杆设置应符合规范要求。

3）架体稳定：①架体四周与中部应按规范要求设置竖向剪刀撑或专用斜杆；②架体应按规范要求设置水平剪刀撑或水平斜杆；③当架体高宽比大于规范规定时，应按规范要求与建筑结构拉结或采取增加架体宽度、设置钢丝绳张拉固定等稳定措施。

4）杆件锁件：①架体立杆件间距、水平杆步距应符合设计和规范要求；②杆件的接长应符合规范要求；③架体搭设应牢固，杆件节点应按规范要求进行紧固。

5）脚手板：①作业层脚手板应满铺、铺稳、铺牢；②脚手板的材质、规格应符合规范要求；③挂扣式钢脚手板的挂扣应完全挂扣在水平杆上，挂钩处应处于锁住状态。

6）交底与验收：①架体搭设前应进行安全技术交底，并应有文字记录；②架体分段搭设、分段使用时，应进行分段验收；③搭设完毕应办理验收手续，验收应有量化内容并经责任人签字确认。

（4）满堂脚手架一般项目的检查评定应符合下列规定：

1）架体防护：①作业层应按规范要求设置防护栏杆；②作业层外侧应设置高度不小于180mm的挡脚板；③作业层脚手板下应采用安全平网兜底，以下每隔10m应采用安全平网封闭。

2）构配件材质：①架体构配件的规格、型号、材质应符合规范要求；②杆件的弯曲、变形和锈蚀应在规范允许范围内。

3）荷载：①架体上的施工荷载应符合设计和规范要求；②施工均布荷载、集中荷载应在设计允许范围内。

4）通道：①架体应设置供人员上下的专用通道；②专用通道的设置应符合规范要求。

3. 基坑工程

（1）基坑工程安全检查评定应符合现行国家标准《建筑基坑工程监测技术规范》（GB 50497）和现行行业标准《建筑基坑支护技术规程》（JGJ 120）、《建筑施工土石方工程安全技术规范》（JGJ 180）的规定。

（2）基坑工程检查评定保证项目应包括施工方案、基坑支护、降排水、基坑开挖、坑边荷载、安全防护。一般项目应包括基坑监测、支撑拆除、作业环境、应急预案。

（3）基坑工程保证项目的检查评定应符合下列规定：

1）施工方案：①基坑工程施工应编制专项施工方案，开挖深度超过3m或虽未超过3m但地质条件和周边环境复杂的基坑土方开挖、支护、降水工程，应单独编制专项施工方案；②专项施工方案应按规定进行审核、审批；③开挖深度超过5m的基坑土方开挖、支护、降水工程或开挖深度虽未超过5m但地质条件、周围环境复杂的基坑土方开挖、支护、降水工程专项施工方案，应组织专家进行论证；④当基坑周边环境或施工条件发生变化时，专项施工方案应重新进行审核、审批。

2）基坑支护：①人工开挖的狭窄基槽，开挖深度较大并存在边坡塌方危险时，应采取支护措施；②地质条件良好、土质均匀且无地下水的自然放坡的坡率应符合规范要求；③基坑支护结构应符合设计要求；④基坑支护结构水平位移应在设计允许范围内。

3）降排水：①当基坑开挖深度范围内有地下水时，应采取有效的降排水措施；②基坑边沿周围地面应设排水沟；放坡开挖时，应对坡顶、坡面、坡脚采取降排水措施；③基坑底四周应按专项施工方案设排水沟和集水井，并应及时排除积水。

4）基坑开挖：①基坑支护结构必须在达到设计要求的强度后，方可开挖下层土方，严禁提前开挖和超挖；②基坑开挖应按设计和施工方案的要求，分层、分段、均衡开挖；③基坑开挖应采取措施防止碰撞支护结构、工程桩或扰动基底原状土土层；④当采用机械在软土场地作业时，应采取铺设渣土或砂石等硬化措施。

5）坑边荷载：①基坑边堆置土、料具等荷载应在基坑支护设计允许范围内；②施工机械与基坑边沿的安全距离应符合设计要求。

6）安全防护：①开挖深度超过 2m 及以上的基坑周边必须安装防护栏杆，防护栏杆的安装应符合规范要求；②基坑内应设置供施工人员上下的专用梯道；梯道应设置扶手栏杆，梯道的宽度不应小于 1m，梯道搭设应符合规范要求；③降水井口应设置防护盖板或围拦，并应设置明显的警示标志。

（4）基坑工程一般项目的检查评定应符合下列规定：

1）基坑监测：①基坑开挖前应编制监测方案，并应明确监测项目、监测报警值、监测方法和监测点的布置、监测周期等内容；②监测的时间间隔应根据施工进度确定，当监测结果变化速率较大时，应加密观测次数；③基坑开挖监测工程中，应根据设计要求提交阶段性监测报告。

2）支撑拆除：①基坑支撑结构的拆除方式、拆除顺序应符合专项施工方案的要求；②当采用机械拆除时，施工荷载应小于支撑结构承载能力；③人工拆除时，应按规定设置防护设施；④当采用爆破拆除、静力破碎等拆除方式时，必须符合国家现行相关规范的要求。

3）作业环境：①基坑内土方机械、施工人员的安全距离应符合规范要求；②上下垂直作业应按规定采取有效的防护措施；③在电力、通信、燃气、上下水等管线 2m 范围内挖土时，应采取安全保护措施，并应设专人监护；④施工作业区域应采光良好，当光线较弱时应设置有足够照度的光源。

4）应急预案：①基坑工程应按规范要求结合工程施工过程中可能出现的支护变形、漏水等影响基坑工程安全的不利因素制定应急预案；②应急组织机构应健全，应急的物资、材料、工具、机具等品种、规格、数量应满足应急的需要，并应符合应急预案的要求。

4. 模板支架

（1）模板支架安全检查评定应符合现行行业标准《建筑施工模板安全技术规范》（JGJ 162）、《建筑施工扣件式钢管脚手架安全技术规范》（JGJ 130）、《建筑施工门式钢管脚手架安全技术规范》（JGJ 128）、《建筑施工碗扣式钢管脚手架安全技术规范》（JGJ 166）和《建筑施工承插型盘扣式钢管支架安全技术规程》（JGJ 231）的规定。

（2）模板支架检查评定保证项目应包括施工方案、支架基础、支架构造、支架稳定、施工荷载、交底与验收。一般项目应包括杆件连接、底座与托撑、构配件材质、支架拆除。

（3）模板支架保证项目的检查评定应符合下列规定：

1）施工方案：①模板支架搭设应编制专项施工方案，结构设计应进行计算，并应按规定进行审核、审批；②模板支架搭设高度8m及以上；跨度18m及以上，施工总荷载15kN/m² 及以上；集中线荷载20kN/m² 及以上的专项施工方案，应按规定组织专家论证。

2）支架基础：①基础应坚实、平整，承载力应符合设计要求，并应能承受支架上部全部荷载；②支架底部应按规范要求设置底座、垫板，垫板规格应符合规范要求；③支架底部纵、横向扫地杆的设置应符合规范要求；④基础应采取排水设施，并应排水畅通；⑤当支架设在楼面结构上时，应对楼面结构强度进行验算，必要时应对楼面结构采取加固措施。

3）支架构造：①立杆间距应符合设计和规范要求；②水平杆步距应符合设计和规范要求，水平杆应按规范要求连续设置；③竖向、水平剪刀撑或专用斜杆、水平斜杆的设置应符合规范要求。

4）支架稳定：①当支架高宽比大于规定值时，应按规定设置连墙杆或采用增加架体宽度的加强措施；②立杆伸出顶层水平杆中心线至支撑点的长度应符合规范要求；③浇筑混凝土时应对架体基础沉降、架体变形进行监控，基础沉降、架体变形应在规定允许范围内。

5）施工荷载：①施工均布荷载、集中荷载应在设计允许范围内；②当浇筑混凝土时，应对混凝土堆积高度进行控制。

6）交底与验收：①支架搭设、拆除前应进行交底，并应有交底记录；②支架搭设完毕，应按规定组织验收，验收应有量化内容并经责任人签字确认。

（4）模板支架一般项目的检查评定应符合下列规定：

1）杆件连接：①立杆应采用对接、套接或承插式连接方式，并应符合规范要求；②水平杆的连接应符合规范要求；③当剪刀撑斜杆采用搭接时，搭接长度不应小于1m；④杆件各连接点的紧固应符合规范要求。

2）底座与托撑：①可调底座、托撑螺杆直径应与立杆内径匹配，配合间隙应符合规范要求；②螺杆旋入螺母内长度不应小于5倍的螺距。

3）构配件材质：①钢管壁厚应符合规范要求；②构配件规格、型号、材质应符合规范要求；③杆件弯曲、变形、锈蚀量应在规范允许范围内。

4）支架拆除：①支架拆除前结构的混凝土强度应达到设计要求；②支架拆除前应设置警戒区，并应设专人监护。

5. 高处作业

（1）高处作业检查评定应符合现行国家标准《安全网》（GB 5725）、《安全帽》（GB 2118）、《安全带》（GB 6095）和现行行业标准《建筑施工高处作业安全技术规范》（JGJ 80）的规定。

（2）高处作业检查评定项目应包括安全帽、安全网、安全带、临边防护、洞口防护、通道口防护、攀登作业、悬空作业、移动式操作平台、悬挑式物料钢平台。

（3）高处作业的检查评定应符合下列规定：

1）安全帽：①进入施工现场的人员必须正确佩戴安全帽；②安全帽的质量应符合规范要求。

2）安全网：①在建工程外脚手架的外侧应采用密目式安全网进行封闭；②安全网的质量应符合规范要求。

3）安全带：①高处作业人员应按规定系挂安全带；②安全带的系挂应符合规范要求；③安全带的质量应符合规范要求。

4）临边防护：①作业面边沿应设置连续的临边防护设施；②临边防护设施的构造、强度应符合规范要求；③临边防护设施宜定型化、工具式，杆件的规格及连接固定方式应符合规范要求。

5）洞口防护：①在建工程的预留洞口、楼梯口、电梯井口等孔洞应采取防护措施；②防护措施、设施应符合规范要求；③防护设施宜定型化、工具式；④电梯井内每隔 2 层且不大于 10m 应设置安全平网防护。

6）通道口防护：①通道口防护应严密、牢固；②防护棚两侧应采取封闭措施；③防护棚宽度应大于通道口宽度，长度应符合规范要求；④当建筑物高度超过 24m 时，通道口防护顶棚应采用双层防护；⑤防护棚的材质应符合规范要求。

7）攀登作业：①梯脚底部应坚实，不得垫高使用；②折梯使用时上部夹角宜为 35°～45°，并应设有可靠的拉撑装置；③梯子的材质和制作质量应符合规范要求。

8）悬空作业：①悬空作业处应设置防护栏杆或采取其他可靠的安全措施；②悬空作业所使用的索具、吊具等应经验收合格后方可使用；③悬空作业人员应系挂安全带、佩带工具袋。

9）移动式操作平台：①操作平台应按规定进行设计计算；②移动式操作平台轮子与平台连接应牢固、可靠，立柱底端距地面高度不得大于 80mm；③操作平台应按设计和规范要求进行组装，铺板应严密；④操作平台四周应按规范要求设置防护栏杆，并应设置登高扶梯；⑤操作平台的材质应符合规范要求。

10）悬挑式物料钢平台：①悬挑式物料钢平台的制作、安装应编制专项施工方案，并应进行设计计算；②悬挑式物料钢平台的下部支撑系统或上部拉结点，应设置在建筑结构上；③斜拉杆或钢丝绳应按规范要求在平台两侧各设置前后两道；④钢平台两侧必须安装固定的防护栏杆，并应在平台明显处设置荷载限定标牌；⑤钢平台台面、钢平台与建筑结构间铺板应严密、牢固。

6. 施工用电

（1）施工用电检查评定应符合《建设工程施工现场供用电安全规范》（GB 50194）和《施工现场临时用电安全技术规范》（JGJ 46）的规定。

（2）施工用电检查评定的保证项目应包括外电防护、接地与接零保护系统、配电线路、配电箱与开关箱。一般项目应包括配电室与配电装置、现场照明、用电档案。

（3）施工用电保证项目的检查评定应符合下列规定：

1）外电防护：①外电线路与在建工程及脚手架、起重机械、场内机动车道的安全距离应符合规范要求；②当安全距离不符合规范要求时，必须采取隔离防护措施，并应悬挂明显的警示标志；③防护设施与外电线路的安全距离应符合规范要求，并应坚固、稳定；④外电架空线路正下方不得进行施工、建造临时设施或堆放材料物品。

2）接地与接零保护系统：①施工现场专用的电源中性点直接接地的低压配电系统应采用 TN－S 接零保护系统；②施工现场配电系统不得同时采用两种保护系统；③保护零线应由工作接地线、总配电箱电源侧零线或总漏电保护器电源零线处引出，电气设备的金属外壳必须与保护零线连接；④保护零线应单独敷设，线路上严禁装设开关或熔断器，严禁通过工作电流；⑤保护零线应采用绝缘导线，规格和颜色标记应符合规范要求；⑥保护零线应在总配电箱处、配电系统的中间处和末端处作重复接地；⑦接地装置的接地线应采用 2 根及以上导体，在不同点与接地体做电气连接。接地体应采用角钢、钢管或光面圆钢；⑧工作接地电阻不得大于 4Ω，重复接地电阻不得大于 10Ω；⑨施工现场起重机、物料提升机、施工升降机、脚手架应按规范要求采取防雷措施，防雷装置的冲击接地电阻值不得大于 30Ω；⑩做防雷接地机械上的电气设备，保护零线必须同时做重复接地。

3）配电线路：①线路及接头应保证机械强度和绝缘强度；②线路应设短路、过载保护，导线截面应满足线路负荷电流；③线路的设施、材料及相序排列、挡距、与邻近线路或固定物的距离应符合规范要求；④电缆应采用架空或埋地敷设并应符合规范要求，严禁沿地面明设或沿脚手架、树木等敷设；⑤电缆中必须包含全部工作芯线和用作保护零线的芯线，并应按规定接用；⑥室内明敷主干线距地面高度不得小于 2.5m。

4）配电箱与开关箱：①施工现场配电系统应采用三级配电、二级漏电保护系统，用电设备必须有各自专用的开关箱；②箱体结构、箱内电器设置及使用应符合规范要求；③配电箱必须分设工作零线端子板和保护零线端子板，保护零线、工作零线必须通过各自的端子板连接；④总配电箱与开关箱应安装漏电保护器，漏电保护器参数应匹配并灵敏可靠；⑤箱体应设置系统接线图和分路标记，并应有门、锁及防雨措施；⑥箱体安装位置、高度及周边通道应符合规范要求；⑦分配箱与开关箱间的距离不应超过 30m，开关箱与用电设备间的距离不应超过 3m。

（4）施工用电一般项目的检查评定应符合下列规定：

1）配电室与配电装置：①配电室的建筑耐火等级不应低于三级，配电室应配置适用于电气火灾的灭火器材；②配电室、配电装置的布设应符合规范要求；③配电装置中的仪表、电器元件设置应符合规范要求；④备用发电机组应与外电线路进行连锁；⑤配电室应采取防止风雨和小动物侵入的措施；⑥配电室应设置警示标志、工地供电平面图和系统图。

2）现场照明：①照明用电应与动力用电分设；②特殊场所和手持照明灯应采用安全电压供电；③照明变压器应采用双绕组安全隔离变压器；④灯具金属外壳应接保护零线；⑤灯具与地面、易燃物间的距离应符合规范要求；⑥照明线路和安全电压线路的架设应符合规范要求；⑦施工现场应按规范要求配备应急照明。

3）用电档案：①总包单位与分包单位应签订临时用电管理协议，明确各方相关责任；②施工现场应制定专项用电施工组织设计、外电防护专项方案；③专项用电施工组织设

计、外电防护专项方案应履行审批程序，实施后应由相关部门组织验收；④用电各项记录应按规定填写，记录应真实有效；⑤用电档案资料应齐全，并应设专人管理。

7. 塔式起重机

（1）塔式起重机检查评定应符合《塔式起重机安全规程》（GB 5144）和《建筑施工塔式起重机安装、使用、拆卸安全技术规程》（JGJ 196）的规定。

（2）塔式起重机检查评定保证项目应包括载荷限制装置、行程限位装置、保护装置、吊钩、滑轮、卷筒与钢丝绳、多塔作业、安拆、验收与使用。一般项目应包括附着、基础与轨道、结构设施、电气安全。

（3）塔式起重机保证项目的检查评定应符合下列规定：

1）载荷限制装置：①应安装起重量限制器并应灵敏可靠。当起重量大于相应挡位的额定值并小于该额定值的 110% 时，应切断上升方向的电源，但机构可作下降方向的运动；②应安装起重力矩限制器并应灵敏可靠。当起重力矩大于相应工况下的额定值并小于该额定值的 110%，应切断上升和幅度增大方向的电源，但机构可作下降和减小幅度方向的运动。

2）行程限位装置：①应安装起升高度限位器，起升高度限位器的安全越程应符合规范要求，并应灵敏可靠；②小车变幅的塔式起重机应安装小车行程开关，动臂变幅的塔式起重机应安装臂架幅度限制开关，并应灵敏可靠；③回转部分不设集电器的塔式起重机应安装回转限位器，并应灵敏可靠；④行走式塔式起重机应安装行走限位器，并应灵敏可靠。

3）保护装置：①小车变幅的塔式起重机应安装断绳保护及断轴保护装置，并应符合规范要求；②行走及小车变幅的轨道行程末端应安装缓冲器及止挡装置，并应符合规范要求；③起重臂根部铰点高度大于 50m 的塔式起重机应安装风速仪，并应灵敏可靠；④当塔式起重机顶部高度大于 30m 且高于周围建筑物时，应安装障碍指示灯。

4）吊钩、滑轮、卷筒与钢丝绳：①吊钩应安装钢丝绳防脱钩装置并应完好可靠，吊钩的磨损、变形应在规定允许范围内；②滑轮、卷筒应安装钢丝绳防脱装置并应完好可靠，滑轮、卷筒的磨损应在规定允许范围内；③钢丝绳的磨损、变形、锈蚀应在规定允许范围内，钢丝绳的规格、固定、缠绕应符合说明书及规范要求。

5）多塔作业：①多塔作业应制定专项施工方案并经过审批；②任意两台塔式起重机之间的最小架设距离应符合规范要求。

6）安拆、验收与使用：①安装、拆卸单位应具有起重设备安装工程专业承包资质和安全生产许可证；②安装、拆卸应制定专项施工方案，并经过审核、审批；③安装完毕应履行验收程序，验收表格应由责任人签字确认；④安装、拆卸作业人员及司机、指挥应持证上岗；⑤塔式起重机作业前应按规定进行例行检查，并应填写检查记录；⑥实行多班作业，应按规定填写交接班记录。

（4）塔式起重机一般项目的检查评定应符合下列规定：

1）附着装置：①当塔式起重机高度超过产品说明书规定时，应安装附着装置，附着装置安装应符合产品说明书及规范要求；②当附着装置的水平距离不能满足产品说明书要求时，应进行设计计算和审批；③安装内爬式塔式起重机的建筑承载结构应进行承载力验

算；④附着前和附着后塔身垂直度应符合规范要求。

2）基础与轨道：①塔式起重机基础应按产品说明书及有关规定进行设计、检测和验收；②基础应设置排水措施；③路基箱或枕木铺设应符合产品说明书及规范要求；④轨道铺设应符合产品说明书及规范要求。

3）结构设施：①主要结构构件的变形、锈蚀应在规范允许范围内；②平台、走道、梯子、护栏的设置应符合规范要求；③高强螺栓、销轴、紧固件的紧固、连接应符合规范要求，高强螺栓应使用力矩扳手或专用工具紧固。

4）电气安全：①塔式起重机应采用 TN－S 接零保护系统供电；②塔式起重机与架空线路的安全距离或防护措施应符合规范要求；③塔式起重机应安装避雷接地装置，并应符合规范要求；④电缆的使用及固定应符合规范要求。

8．起重吊装

（1）起重吊装检查评定应符合《起重机械安全规程》（GB 6067）的规定。

（2）起重吊装检查评定保证项目应包括施工方案、起重机械、钢丝绳与地锚、索具、作业环境、作业人员。一般项目应包括起重吊装、高处作业、构件码放、警戒监护。

（3）起重吊装保证项目的检查评定应符合下列规定：

1）施工方案：①起重吊装作业应编制专项施工方案，并按规定进行审核、审批；②超规模的起重吊装作业，应组织专家对专项施工方案进行论证。

2）起重机械：①起重机械应按规定安装荷载限制器及行程限位装置；②荷载限制器、行程限位装置应灵敏可靠；③起重拔杆组装应符合设计要求；④起重拔杆组装后应进行验收，并应由责任人签字确认。

3）钢丝绳与地锚：①钢丝绳磨损、断丝、变形、锈蚀应在规范允许范围内；②钢丝绳规格应符合起重机产品说明书要求；③吊钩、卷筒、滑轮磨损应在规范允许范围内；④吊钩、卷筒、滑轮应安装钢丝绳防脱装置；⑤起重拔杆的缆风绳、地锚设置应符合设计要求。

4）索具：①当采用编结连接时，编结长度不应小于 15 倍的绳径，且不应小于300mm；②当采用绳夹连接时，绳夹规格应与钢丝绳相匹配，绳夹数量、间距应符合规范要求；③索具安全系数应符合规范要求；④吊索规格应互相匹配，机械性能应符合设计要求。

5）作业环境：①起重机行走作业处地面承载能力应符合产品说明书要求；②起重机与架空线路安全距离应符合规范要求。

6）作业人员：①起重机司机应持证上岗，操作证应与操作机型相符；②起重机作业应设专职信号指挥和司索人员，一人不得同时兼顾信号指挥和司索作业；③作业前应按规定进行安全技术交底，并应有交底记录。

（4）起重吊装一般项目的检查评定应符合下列规定：

1）起重吊装：①当多台起重机同时起吊一个构件时，单台起重机所承受的荷载应符合专项施工方案要求；②吊索系挂点应符合专项施工方案要求；③起重机作业时，任何人不应停留在起重臂下方，被吊物不应从人的正上方通过；④起重机不应采用吊具载运人员；⑤当吊运易散落物件时，应使用专用吊笼。

2）高处作业：①应按规定设置高处作业平台；②平台强度、护栏高度应符合规范要求；③爬梯的强度、构造应符合规范要求；④应设置可靠的安全带悬挂点，并应高挂低用。

3）构件码放：①构件码放荷载应在作业面承载能力允许范围内；②构件码放高度应在规定允许范围内；③大型构件码放应有保证稳定的措施。

4）警戒监护：①应按规定设置作业警戒区；②警戒区应设专人监护。

9. 施工机具

（1）施工机具检查评定应符合《建筑机械使用安全技术规程》（JGJ 33）和《施工现场机械设备检查技术规程》（JGJ 160）的规定。

（2）施工机具检查评定项目应包括平创、圆盘锯、手持电动工具、钢筋机械、电焊机、搅拌机、气瓶、翻斗车、潜水泵、振捣器、桩工机械。

（3）施工机具的检查评定应符合下列规定：

1）平创：①平创安装完毕应按规定履行验收程序，并应经责任人签字确认；②平创应设置护手及防护罩等安全装置；③保护零线应单独设置，并应安装漏电保护装置；④平创应按规定设置作业棚，并应具有防雨、防晒等功能；⑤不得使用同台电机驱动多种刃具、钻具的多功能木工机具。

2）圆盘锯：①圆盘锯安装完毕应按规定履行验收程序，并应经责任人签字确认；②圆盘锯应设置防护罩、分料器、防护挡板等安全装置；③保护零线应单独设置，并应安装漏电保护装置；④圆盘锯应按规定设置作业棚，并应具有防雨、防晒等功能；⑤不得使用同台电机驱动多种刃具、钻具的多功能木工机具。

3）手持电动工具：①Ⅰ类手持电动工具应单独设置保护零线，并应安装漏电保护装置；②使用Ⅰ类手持电动工具应按规定戴绝缘手套、穿绝缘鞋；③手持电动工具的电源线应保持出厂时的状态，不得接长使用。

4）钢筋机械：①钢筋机械安装完毕应按规定履行验收程序，并应经责任人签字确认；②保护零线应单独设置，并应安装漏电保护装置；③钢筋加工区应搭设作业棚，并应具有防雨、防晒等功能；④对焊机作业应设置防火花飞溅的隔离设施；⑤钢筋冷拉作业应按规定设置防护栏；⑥机械传动部位应设置防护罩。

5）电焊机：①电焊机安装完毕应按规定履行验收程序，并应经责任人签字确认；②保护零线应单独设置，并应安装漏电保护装置；③电焊机应设置二次空载降压保护装置；④电焊机一次线长度不得超过 5m，并应穿管保护；⑤二次线应采用防水橡皮护套铜芯软电缆；⑥电焊机应设置防雨罩，接线柱应设置防护罩。

6）搅拌机：①搅拌机安装完毕应按规定履行验收程序，并应经责任人签字确认；②保护零线应单独设置，并应安装漏电保护装置；③离合器、制动器应灵敏有效，料斗钢丝绳的磨损、锈蚀、变形量应在规定允许范围内；④料斗应设置安全挂钩或止挡装置，传动部位应设置防护罩；⑤搅拌机应按规定设置作业棚，并应具有防雨、防晒等功能。

7）气瓶：①气瓶使用时必须安装减压器，乙炔瓶应安装回火防止器，并应灵敏可靠；②气瓶间安全距离不应小于 5m，与明火安全距离不应小于 10m；③气瓶应设置防振圈、防护帽，并应按规定存放。

8）翻斗车：①翻斗车制动、转向装置应灵敏可靠；②司机应经专门培训，持证上岗，行车时车斗内不得载人。

9）潜水泵：①保护零线应单独设置，并应安装漏电保护装置；②负荷线应采用专用防水橡皮电缆，不得有接头。

10）振捣器：①振捣器作业时应使用移动配电箱，电缆线长度不应超过30m；②保护零线应单独设置，并应安装漏电保护装置；③操作人员应按规定戴绝缘手套、穿绝缘鞋。

11）桩工机械：①桩工机械安装完毕应按规定履行验收程序，并应经责任人签字确认；②作业前应编制专项方案，并应对作业人员进行安全技术交底；③桩工机械应按规定安装安全装置，并应灵敏可靠；④机械作业区域地面承载力应符合机械说明书要求；⑤机械与输电线路安全距离应符合《施工现场临时用电安全技术规范》（JGJ 46）的规定。

第九节　安全生产档案管理

根据《水利水电工程施工安全管理导则》（SL 721—2015）等有关规程规范，安全生产档案管理应遵循以下规定：

一、一般规定

（1）各参建单位应将安全生产档案管理纳入日常工作，明确管理部门、人员及岗位职责，健全制度，安排经费，确保安全生产档案管理正常开展。

（2）项目法人在签订有关合同、协议时，应对安全生产档案的收集、整理、移交提出明确要求。检查施工安全时，应同时检查安全生产档案的收集、整理情况。进行技术鉴定、阶段验收和竣工验收时，应同时审查、验收安全生产档案的内容与质量，并作出评价。

（3）项目法人对安全生产档案管理工作负总责，应做好自身安全生产档案的收集、整理、归档工作，并加强对各参建单位安全生产档案管理工作的监督、检查和指导。

（4）专业技术人员和管理人员是归档工作的直接责任人，应做好安全生产文件材料的收集、整理、归档工作。如遇工作变动，应做好安全生产档案资料的交接工作。

（5）监理单位应对施工单位提交的安全生产档案材料履行审核签字手续。凡施工单位未按规定要求提交安全生产档案的，不得通过验收。

（6）项目法人、监理单位、施工单位的安全生产档案目录详见 SL 721—2015 附录 B～附录 D。

各参建单位施工安全管理常用表格格式应采用 SL 721—2015 附录 E 所列的施工安全管理表格。

二、施工单位安全生产档案目录

1. 相关文件、证件及人员信息

（1）主管部门、项目法人、监理单位的安全生产文件。

（2）施工单位及相关单位印发的安全生产文件。

（3）企业法人资质证书、营业执照、安全生产许可证。

（4）主要负责人、项目负责人、安全生产管理人员安全考核合格证，特种作业人员操作资格证。

（5）分包企业资质证书、营业执照、安全生产许可证。

（6）人身意外伤害保险及工伤保险证明。

（7）安全防护用品允许使用相关证明。

（8）机械设备允许使用相关证明。

（9）安全生产管理人员登记表。

（10）特种作业人员登记表。

（11）现场施工人员登记表。

（12）安全生产档案审核表。

（13）其他文件及证件等。

2．安全生产目标管理

（1）安全生产目标及相关文件。

（2）安全生产目标管理计划及相关文件。

（3）安全生产目标责任书。

（4）安全生产目标考核办法。

（5）安全生产目标完成情况自查报告。

（6）安全生产目标考核结果等。

3．安全生产管理机构和职责

（1）项目部安全生产管理组织网络。

（2）安全生产领导小组组建文件。

（3）安全生产会议记录、纪要。

（4）安全生产责任制。

（5）安全生产责任制的考核结果等。

4．施工现场安全生产管理制度

（1）施工单位的安全生产管理制度。

（2）适用的安全生产法律法规、规章、制度和标准清单。

（3）施工现场各工种安全技术操作规程。

（4）施工现场各机械设备安全操作规程。

（5）安全生产管理制度的学习记录。

（6）安全生产管理制度的检查评估报告。

（7）安全生产管理制度执行情况的检查意见及整改报告等。

5．安全生产费用管理

（1）安全生产费用使用计划。

（2）安全生产费用使用台账。

（3）安全生产费用检查意见及整改报告等。

6．安全技术措施和专项施工方案

（1）施工组织设计（含安全技术措施专篇）。

（2）危险性较大的单项工程汇总表。

（3）专项施工方案及相关审查、论证记录。

（4）安全技术交底记录。

（5）工程度汛方案、超标准洪水应急预案及演练记录。

（6）安全度汛目标责任书。

（7）消防设施平面布置图。

（8）施工现场消防安全检查记录等。

7. 安全生产教育培训

（1）安全生产教育培训计划。

（2）安全生产管理人员、特种作业人员教育培训记录。

（3）三级安全教育培训记录。

（4）日常安全教育培训记录。

（5）班组班前安全活动记录。

（6）安全生产教育汇总表。

（7）外来人员安全教育记录等。

8. 设施设备安全管理

（1）设施设备管理台账。

（2）劳动保护用品采购及发放台账。

（3）设施设备进场验收资料。

（4）特种作业人员进场审核材料。

（5）设施设备运行记录。

（6）设施设备检查记录。

（7）设施设备检修、维修记录等。

9. 作业安全管理

（1）安全标志台账。

（2）安全设施管理台账。

（3）动火作业审批表。

（4）危险作业审批台账。

（5）危险性较大作业安全许可审批表。

（6）相关方安全管理登记表等。

10. 事故隐患排查治理

（1）各级主管部门、项目法人、监理单位安全检查的记录、意见和整改报告等。

（2）施工单位隐患排查的记录、整改通知、整改结果等。

（3）事故隐患排查、治理台账。

（4）事故隐患排查治理情况统计分析月报表。

（5）重大事故隐患报告。

（6）重大事故隐患治理方案及治理结果。

（7）重大事故隐患治理验收及评估意见等。

11. 重大危险源管理

（1）重大危险源辨识记录及相关文件。

（2）重大危险源安全评估报告。

（3）重大危险源管理台账。

（4）重大危险源管理的责任单位、责任部门、责任人。

（5）重大危险源检查记录。

（6）重大危险源监控、检测记录等。

12. 职业卫生与环境保护

（1）有毒、有害作业场所管理台账。

（2）职业危害告知单。

（3）从业人员健康监护档案。

（4）职业危害场所检测计划、检测结果。

（5）接触职业危害因素作业人员登记表。

（6）职业危害防治设备、器材登记表。

（7）职业危害及治理情况有关资料。

（8）作业场所及周边环境监测、治理资料等。

13. 应急管理

（1）施工现场安全事故应急救援预案、专项应急预案、应急处置方案及演练情况。

（2）生产安全事故快报。

（3）安全生产月报。

（4）生产安全事故档案等。

知识链接

1. 重大危险源的评价方法可按《水电水利工程施工重大危险源辨识及评价导则》（DL/T 5274）有关要求和方法进行。

2. 危险性较大的分部分项工程安全管理可参考住房和城乡建设部《关于印发起重机械、基坑工程等五项危险性较大的分部分项工程施工安全要点的通知》（建安办函〔2017〕12 号）及《关于进一步加强危险性较大的分部分项工程安全管理的通知》（建办质〔2017〕39 号）。

思 考 题

1. 施工总布置时，施工照明及线路，应遵守哪些规定？

2. 施工总布置时，生产区仓库、堆料场布置怎么布置才更有利于安全控制与管理？

3. 施工生产区内机动车辆临时道路应注意哪些方面？

4. 专项施工方案的内容？

5. 防汛方案的内容主要有哪些？

6. 专项施工方案的审查论证有哪些具体要求？

习　题

一、单项选择题

1. 临水、临空、临边等部位应设置高度不低于（　　）m 的安全防护栏杆，下部有防护要求时还应设置高度不低于（　　）m 的挡脚板。

A. 1.1，0.15　　　　B. 1.2，0.15　　　　C. 1.1，0.2　　　　D. 1.2，0.2

2. 防洪标准应根据工程规模、工期长短、河流水文特性等情况，分析不同标准洪水对其危害程度，在（　　）年重现期范围内酌情采用。

A. 5～10　　　　B. 5～20　　　　C. 5～30　　　　D. 10～20

3. 施工生产区内机动车辆临时道路纵坡不宜大于（　　）

A. 6%　　　　B. 7%　　　　C. 8%　　　　D. 9%

4. 施工现场临时性桥梁应根据桥梁的用途、承重载荷和相应技术规范进行设计修建，并符合以下要求：①宽度应不小于施工车辆最大宽度的（　　）倍；②人行道宽度应不小于（　　）m，并应设置防护栏杆。

A. 1.2，0.8　　　　B. 1.2，1.0　　　　C. 1.5，0.8　　　　D. 1.5，1.0

5. 各参建单位的宿舍、办公室、休息室建筑构件的燃烧性能等级应为（　　）级。

A. A　　　　B. B　　　　C. C　　　　D. D

6. 焊制部位必须与氧气瓶、乙炔瓶、乙炔发生器及各种易燃、可燃材料隔离，两瓶之间距离不得小于（　　）m，与明火之间距离不得小于（　　）m。

A. 3，8　　　　B. 5，8　　　　C. 3，10　　　　D. 5，10

7. 应按批准的度汛方案和超标准洪水应急预案，制订防汛度汛及抢险措施，报批准，并按批准的措施落实防汛抢险队伍和防汛器材、设备等物质准备工作，做好汛期值班，保证汛情、工情、险情信息渠道畅通。

A. 施工单位，监理单位

B. 施工单位，项目法人

C. 施工单位，有管辖权的防汛指挥机构

D. 项目法人，有管辖权的防汛指挥机构

8. 防汛期间，应组织专人对围堰、子堤、人员聚集区等重点防汛部位巡视检查，观察水情变化，发现险情，及时进行抢险加固或组织撤离。

A. 施工单位　　　B. 监理单位　　　C. 项目法人　　　D. 水行政主管部门

9. 项目法人应至少每（　　）组织一次安全生产综合检查，施工单位应至少每（　　）自行组织一次安全生产综合检查。

A. 旬，周　　　B. 月，旬　　　C. 月，月　　　D. 月，两月

10. 事故隐患治理完成后，（　　）应组织对重大事故隐患治理情况进行验收和效果评估，并签署意见，报项目主管部门和安全生产监督机构备案。

A. 施工单位　　　B. 监理单位　　　C. 项目法人　　　D. 水行政主管部门

11. 下列哪项属于水利水电工程施工重大危险源的作业内容？（　　）

A. 土方边坡高度大于 20m 或地质缺陷部位的开挖作业

B. 石方边坡高度大于 50m 或滑坡地段的开挖作业

C. 开挖深度超过 5m（含）的深基坑作业

D. 开挖深度虽未超过 5m，但地质条件、周围环境和地下管线复杂，或影响毗邻建（构）筑物安全的深基坑作业

12. 下列不是一级重大危险源判别标准的是（　　　）。

A. 可能造成 30 人以上（含 30 人）死亡

B. 100 人以上重伤

C. 5000 万元以上 1 亿元以下直接经济损失

D. 1 亿元以上直接经济损失

13. 专项施工方案的审查论证时，专家组成员应从事相关专业工作（　　　）年以上或具有丰富的专业经验。

A. 8　　　　　　　　B. 10　　　　　　　　C. 12　　　　　　　　D. 15

14. 经审核合格的专项施工方案，应由施工单位（　　　）签字确认。

A. 项目经理　　　B. 项目技术负责人　　　C. 负责人　　　D. 技术负责人

15. 下列哪项内容不属于安全管理检查评定的保证项目。（　　　）

A. 安全生产责任制　　　　　　　B. 施工组织设计及专项施工方案

C. 安全技术交底　　　　　　　　D. 安全标志

16. 扣件式脚手架扣件紧固力矩不应小于（　　　）N·m，且不应大于（　　　）N·m。

A. 40，60　　　　B. 45，60　　　　C. 40，65　　　　D. 45，65

17. （　　　）对安全生产档案管理工作负总责。

A. 施工单位　　　B. 监理单位　　　C. 项目法人　　　D. 监督单位

二、多项选择题

1. 在生产、生活、办公区和危险化学品仓库布置时，应遵守下列规定：（　　　）。

A. 与工程施工顺序和施工方法相适应

B. 选址地质稳定，不受洪水、滑坡、泥石流、塌方及危石等威胁

C. 交通道路畅通，区域道路宜避免与施工主干线交叉

D. 生产车间，生活、办公房屋，仓库的间距应符合防火安全要求

E. 危险化学品仓库应远离其他区布置

2. 工程附近场地狭窄、施工布置困难时，可采取下列措施：（　　　）。

A. 适当利用库区场地，布置前期施工临时建筑工程

B. 充分利用山坡进行小台阶式布置

C. 提高临时房屋建筑层数和适当缩小间距

D. 危险化学品仓库可以靠近其他区布置

E. 利用弃渣填平洼地或冲沟作为施工场地

3. 施工生产区内机动车辆临时道路应符合下列规定：（　　　）。

A. 道路纵坡不宜大于 8%

B. 进入基坑等特殊部位的个别短距离地段最大纵坡不应超过 15%

C. 道路最小转弯半径不应小于 15m

D. 路面宽度不应小于施工车辆宽度的 1.5 倍，且双车道路面宽度不宜小于 7.0m

E. 单车道不宜小于 3.0m

4. 施工交通隧道，应符合以下要求：（　　　）。

A. 机车交通隧道的高度应满足机车以及装运货物设施总高度的要求，宽度不应小于车体宽度与人行通道宽度之和的 1.5 倍

B. 汽车交通隧道洞内单线路基宽度应不小于 3.0m，双线路基宽度应不小于 5.0m

C. 洞口应有防护设施，洞内不良地质条件洞段应进行支护

D. 长度 100m 以上的隧道内应设有照明设施

E. 隧道内斗车路基的纵坡不宜超过 1.0%

5. 施工现场的焊、割作业，必须符合防火要求，严格执行"十不准"规定，下列哪几项属于"十不准"规定？（　　　）

A. 焊工必须持证上岗，无证者不准进行焊、割作业

B. 属一级、二级、三级动火范围的焊、割作业，未办理动火审批手续，不准进行焊割

C. 焊工不了解焊件内部是否有易燃易爆物品时，不得进行焊、割作业

D. 有压力或密闭的管道、容器，不准进行焊、割作业

E. 焊、割部位附近有易燃易爆物品，在未作清理或未采取有效的安全防护措施前，不准进行焊、割作业

6. 氧气、乙炔气瓶的使用应遵守下列规定：（　　　）。

A. 气瓶应放置在通风良好的场所，不应靠近热源和电气设备，与其他易燃易爆物品或火源的距离一般不应小于 10m（高处作业时与垂直地面处的平行距离）

B. 使用过程中，乙炔瓶应放置在通风良好的场所，与氧气瓶的距离不应小于 5m

C. 氧气瓶中的氧气不允许全部用完至少应留有 0.1～0.2MPa 的剩余压力，乙炔瓶内气体也不应用尽，应保持 0.05MPa 的余压

D. 乙炔瓶在使用、运输和储存时，环境温度不宜超过 80℃；超过时应采取有效的降温措施

E. 乙炔瓶应保持直立放置，使用时要注意固定，并应有防止倾倒的措施，严禁卧放使用。卧放的气瓶竖起来后需待 20min 后方可输气

7. 项目法人应和有关参建单位签订安全度汛目标责任书，明确各参建单位防汛度汛责任，并组织成立有（　　　）参加的工程防汛机构，负责工程安全度汛工作。

A. 施工单位　　　　　　　　　　　B. 监理单位

C. 设计单位　　　　　　　　　　　D. 项目法人

E. 水行政主管部门

8. 项目法人在汛前应组织有关参建单位，对生活、办公、施工区域内进行全面检查，对（　　　）进行安全评估，制订和落实防范措施。

A. 围堰

B. 子堤

C. 人员聚集区

D. 有可能诱发山体滑坡、垮塌和泥石流等灾害的区域

E. 施工作业点

9. 事故隐患是生产经营单位违反安全生产法律法规、规章、标准和安全生产管理制度的规定，或者因其他因素在生产经营活动中存在的可能导致不安全事件或事故发生的（　　）。

A. 物的不安全状态　　　　　　　　B. 人的不安全行为

C. 环境的不安全因素和生产工艺　　D. 管理上的缺陷

E. 制度上的不到位

10. 项目法人应将重大事故隐患治理方案报（　　）备案。

A. 县级以上人民政府　　　　　　　B. 项目主管部门

C. 安全生产监督机构　　　　　　　D. 县级以上水行政主管部门

E. 市级以上人民政府

11. 水利水电工程施工的重大危险源应主要从下列几方面考虑：（　　）。

A. 石方边坡高度大于 50m 的高边坡作业

B. 开挖深度超过 3m（含）的深基坑作业

C. 搭设高度 5m 以上的混凝土模板支撑工程

D. 隧洞开挖及衬砌支护工程

E. 搭设高度 24m 以上的落地式钢管脚手架工程

12. 重大危险源依据事故可能造成的人员伤亡数量及财产损失情况进行分级，下列分级描述正确的是：（　　）。

A. 一级重大危险源：可能造成 30 人以上（含 30 人）死亡的危险源

B. 二级重大危险源：可能造成 50～99 人重伤的危险源

C. 三级重大危险源：可能造成 1000 万元以上 5000 万元以下直接经济损失的危险源

D. 四级重大危险源：可能造成 3 人以下死亡，或者 30 人以下重伤的危险源

E. 四级重大危险源：可能造成 1000 万元以下直接经济损失的危险源

13. 专项施工方案审查论证的专家组成员应具备下列基本条件：（　　）。

A. 诚实守信、作风正派、学术严谨

B. 从事相关专业工作 12 年以上

C. 具有丰富的专业经验

D. 具有中级及以上专业技术职称

E. 具有高级专业技术职称

14. 下列哪些选项为达到一定规模危险性较大的单项工程？（　　）

A. 开挖深度超过 3～5m 的基坑（槽）支护、降水工程

B. 开挖深度达到 3～5m 的基坑（槽）的土方和石方开挖工程

C. 搭设高度 5～10m 的混凝土模板支撑工程

D. 采用起重机械进行安装的工程

E. 悬挑式脚手架工程

15. 安全管理检查评定保证项目应包括：（　　　）。

A. 安全生产责任制

B. 施工组织设计及专项施工方案

C. 安全技术交底

D. 安全检查和安全教育

E. 生产安全事故处理和安全标志

16. 安全检查的内容包括软件系统和硬件系统，具体主要是（　　　）。

A. 查思想

B. 查管理

C. 查隐患

D. 查整改

E. 查事故处理

三、判断题

1. 施工生产现场临时的机动车道路，宽度不宜小于 3.0m。（　　　）

2. 拆除作业应自上而下进行，严禁多层或内外同时进行拆除。（　　　）

3. 机车轨道的外侧应设有宽度不小于 0.6m 的人行通道，人行通道临空高度大于 2.0m 时，边缘应设置防护栏杆。（　　　）

4. 汽车交通隧道洞内单线路基宽度应不小于 3.0m，双线路基宽度应不小于 5.0m。（　　　）

5. 风力超过 5 级时禁止在露天进行焊接或气割。（　　　）

6. 乙炔瓶内气体不能用尽，必须留有余气。（　　　）

7. 设计单位应于汛前提出工程度汛标准、工程形象面貌及度汛要求。（　　　）

8. 项目法人应根据工程情况和工程度汛需要，组织制定工程度汛方案和超标准洪水应急预案，报有管辖权的防汛指挥机构批准或备案。（　　　）

9. 事故隐患包括可能导致不安全事件或事故发生的物的不安全状态、人的不安全行为、环境的不安全因素和生产工艺、管理上的缺陷。（　　　）

10. 事故隐患分为一般事故隐患和重大事故隐患。（　　　）

11. 土方边坡高度大于 30m 或地质缺陷部位的开挖作业属于重大危险源辨识和评价的范围。（　　　）

12. 水利水电工程施工重大危险源应按发生事故的后果分为 4 级。（　　　）

13. 混凝土模板支撑工程中施工总荷载 15kN/m² 及以上的为超过一定规模危险性较大的单项工程。（　　　）

14. 危险性较大的单项工程验收合格的，经施工单位技术负责人及总监理工程师签字后，方可进行后续工程施工。（　　　）

15. 超过一定规模危险性较大的分部分项工程，施工单位应组织专家对专项施工方案进行论证。（　　　）

16. 文明施工检查评定保证项目应包括现场围挡、封闭管理、施工场地、材料管理、现场办公与住宿、现场防火。（　　　）

四、问答题

1. 浙东某排涝工程，主体项目为排涝泵站，设计流量 $30m^3/s$，规模中型，为市重点工程。围堰采用土石结构，设计标准为非汛期 5 年一遇，堰高 5m，基础采用高喷墙防渗，堰体设黏土防渗心墙，迎水面抛石防冲。泵站基坑需开挖，开挖深度 6m，地质条件一般，为砂砾石基础。

根据该工程概况，请回答以下问题：

（1）围堰施工、基坑开挖需要编制专项施工方案吗？或需要组织召开专家审查论证会吗？为什么？

（2）如由你编制专项施工方案，请列出方案的主要章节目录内容。

2. 某水利枢纽溢洪道建设工程项目，某一天，按施工进度计划要求正在搭设扣件式钢管脚手架。安全员检查巡视时发现新购进的扣件表面粗糙，商标模糊，有的已显锈迹。便向架子工询问。工人说，有的扣件螺栓滑丝，有的扣件一拧小盖口就裂了。安全员对此批扣件的质量产生了怀疑。

根据该工程概况，请回答以下问题：

（1）该项目的脚手架工程存在着安全隐患，那么事故隐患该如何处理？

（2）为防止安全事故的发生，请问安全员应如何处理此事？

（3）施工安全技术措施包括哪些方面的内容？

3. 某小型水电站的地下厂房内有一电气设备，该设备一次电源线长度为 10.5m；接处没有用橡皮包布包扎，绝缘处磨损，电源线裸露；安装在该设备上的漏电开关内的拉杆脱落，漏电开关失灵。某工程公司在该地下室施工中，付某等 3 名抹灰工将该电气设备移至新操作点，移动过程中付某触电死亡。

第五章　水利施工安全生产标准化建设

　　本章的编写秉持"以人为本，安全第一，质量至上，文明有序"的管理理念，范围涵盖施工企业安全生产标准化建设及水利工程施工现场安全生产标准化建设，主要内容包括：标准化概论；相关法规、政策，即标准化建设的主要法规、国家方针政策等；施工企业安全生产标准化建设，即施工企业安全生产目标、组织机构与职责、安全生产投入、法律法规与安全管理制度、教育培训、职业健康、绩效评定和持续改进等；水利工程施工现场安全生产标准化建设，即水利工程施工现场安全体系、建设管理、安全生产、文明施工、施工设备管理、施工作业安全、隐患排查和治理、重大危险源监控、环境保护、水土保持与职业卫生等方面。安全生产标准化建设着力落实施工企业的安全生产主体责任，强化风险管理和过程控制，注重绩效管理和持续改进，符合安全生产管理的基本规律和现代安全管理的发展方向。

第一节　标 准 化 概 论

　　标准化问题由来已久。经济全球化的今天，标准化更是国家治理和国家间开展经济、贸易、文化、技术等交流的重要规则和手段。在经济全球化和现代市场经济条件下，标准是企业和产品通向市场的通行证，标准就是制高点、就是话语权、就是控制权，故有"得标准者得天下""一流企业卖标准、二流企业卖品牌、三流企业卖产品"之说。

　　国家主席习近平无论主政浙江工作，还是主政中央工作；无论在有关批示讲话中，还是在各地考察中；无论就经济问题，还是就社会问题，或就党的建设问题等，多次论及标准化，提出了许多富有创建性的理论观点和工作要求，形成系统、完整的标准化思想，对推进国家治理体系和治理能力现代化建设，促进经济持续健康发展和社会全面进步，具有重要的理论和实践意义。

一、实施标准化的重大意义

　　作为施工企业的管理者、现场组织者，必须充分认识深入开展企业安全生产标准化建设的重要意义。

　　（1）安全生产标准化建设是落实企业安全生产主体责任的必要途径。国家有关安全生产法律法规和规定明确要求，要严格企业安全管理，全面开展安全达标。企业是安全生产的责任主体，也是安全生产标准化建设的主体，要通过加强企业每个岗位和环节的安全生产标准化建设，不断提高安全管理水平，促进企业安全生产主体责任落实到位。

　　（2）安全生产标准化建设是强化企业安全生产基础工作的长效制度。安全生产标准化

建设涵盖了增强人员安全素质、提高装备设施水平、改善作业环境、强化岗位责任落实等各个方面，是一项长期的、基础性的系统工程，有利于全面促进企业提高安全生产保障水平。

（3）安全生产标准化建设是政府实施安全生产分类指导、分级监管的重要依据。实施安全生产标准化建设考评，将企业划分为不同等级，能够客观真实地反映出各地区企业安全生产状况和不同安全生产水平的企业数量，为加强安全监管提供有效的基础数据。

（4）安全生产标准化建设是有效防范事故发生的重要手段。深入开展安全生产标准化建设，能够进一步规范从业人员的安全行为，提高机械化和信息化水平，促进现场各类隐患的排查治理，推进安全生产长效机制建设，有效防范和坚决遏制事故发生，促进全国安全生产状况持续稳定好转。

二、水利工程标准化的推广

"十三五"期间，全国水利投资超过"十二五"投资，浙江省确保完成水利投资3000亿元。由于水利建设项目点多、线长、面广，任务十分繁重，在建水利工程安全生产工作任务十分艰巨、形势严峻，同时新《中华人民共和国安全生产法》的实施，也对施工企业的安全生产及政府监督管理提出了更高的要求。目前浙江省全面推行的水利工程标准化管理，是落实"标准强省"战略、巩固"五水共治"成果的一项重要举措，也是对政府公共管理和服务标准化的具体实践。通过抓水利工程标准化管理规范各个管理环节，将水利工程运行事故发生率降到最低，让水利工程运行更加安全可靠，真正发挥效益，最大程度保障人民群众生命财产安全。水利工程安全文明标准化工地创建工作，为水利工程标准化管理中的重要组成部分，可以有效配合水利工程标准化管理的实施，不断提高在建水利工程安全生产管理水平，保证水利事业本身的健康持续发展。

第二节 相关法规、政策

一、国务院关于印发《深化标准化工作改革方案》的通知

为落实《中共中央关于全面深化改革若干重大问题的决定》《国务院机构改革和职能转变方案》和《国务院关于促进市场公平竞争维护市场正常秩序的若干意见》（国发〔2014〕20号）关于深化标准化工作改革、加强技术标准体系建设的有关要求，制定本改革方案。

（一）改革的必要性和紧迫性

党中央、国务院高度重视标准化工作，2001年成立国家标准化管理委员会，强化标准化工作的统一管理。在各部门、各地方共同努力下，我国标准化事业得到快速发展。截至目前，国家标准、行业标准和地方标准总数达到10万项，覆盖第一产业、第二产业、第三产业和社会事业各领域的标准体系基本形成。我国相继成为国际标准化组织（ISO）、国际电工委员会（IEC）常任理事国及国际电信联盟（ITU）理事国，我国专家担任ISO主席、IEC副主席、ITU秘书长等一系列重要职务，主导制定国际标准的数量逐年增加。标准化在保障产品质量安全、促进产业转型升级和经济提质增效、服务外交外贸等方面起

着越来越重要的作用。但是，从我国经济社会发展日益增长的需求来看，现行标准体系和标准化管理体制已不能适应社会主义市场经济发展的需要，甚至在一定程度上影响了经济社会发展。

一是标准缺失老化滞后，难以满足经济提质增效升级的需求。现代农业和服务业标准仍然很少，社会管理和公共服务标准刚刚起步，即使在标准相对完备的工业领域，标准缺失现象也不同程度存在。特别是当前节能降耗、新型城镇化、信息化和工业化融合、电子商务、商贸物流等领域对标准的需求十分旺盛，但标准供给仍有较大缺口。我国国家标准制定周期平均为3年，远远落后于产业快速发展的需要。标准更新速度缓慢，"标龄"高出德、美、英、日等发达国家1倍以上。标准整体水平不高，难以支撑经济转型升级。我国主导制定的国际标准仅占国际标准总数的0.5%，"中国标准"在国际上认可度不高。

二是标准交叉重复矛盾，不利于统一市场体系的建立。标准是生产经营活动的依据，是重要的市场规则，必须增强统一性和权威性。目前，现行国家标准、行业标准、地方标准中仅名称相同的就有近2000项，有些标准技术指标不一致甚至冲突，既造成企业执行标准困难，也造成政府部门制定标准的资源浪费和执法尺度不一。特别是强制性标准涉及健康安全环保，但是制定主体多，28个部门和31个省（区、市）制定发布强制性行业标准和地方标准；数量庞大，强制性国家、行业、地方三级标准万余项，缺乏强有力的组织协调，交叉重复矛盾难以避免。

三是标准体系不够合理，不适应社会主义市场经济发展的要求。国家标准、行业标准、地方标准均由政府主导制定，且70%为一般性产品和服务标准，这些标准中许多应由市场主体遵循市场规律制定。而国际上通行的团体标准在我国没有法律地位，市场自主制定、快速反映需求的标准不能有效供给。即使是企业自己制定、内部使用的企业标准，也要到政府部门履行备案甚至审查性备案，企业能动性受到抑制，缺乏创新和竞争力。

四是标准化协调推进机制不完善，制约了标准化管理效能提升。标准反映各方共同利益，各类标准之间需要衔接配套。很多标准技术面广、产业链长，特别是一些标准涉及部门多，相关方立场不一致，协调难度大，由于缺乏权威、高效的标准化协调推进机制，越重要的标准越"难产"。有的标准实施效果不明显，相关配套政策措施不到位，尚未形成多部门协同推动标准实施的工作格局。

造成这些问题的根本原因是现行标准体系和标准化管理体制是20世纪80年代确立的，政府与市场的角色错位，市场主体活力未能充分发挥，既阻碍了标准化工作的有效开展，又影响了标准化作用的发挥，必须切实转变政府标准化管理职能，深化标准化工作改革。

（二）改革的总体要求

标准化工作改革，要紧紧围绕使市场在资源配置中起决定性作用和更好发挥政府作用，着力解决标准体系不完善、管理体制不顺畅、与社会主义市场经济发展不适应问题，改革标准体系和标准化管理体制，改进标准制定工作机制，强化标准的实施与监督，更好发挥标准化在推进国家治理体系和治理能力现代化中的基础性、战略性作用，促进经济持续健康发展和社会全面进步。

1. 改革的基本原则

（1）坚持简政放权、放管结合。把该放的放开放到位，培育发展团体标准，放开搞活企业标准，激发市场主体活力；把该管的管住管好，强化强制性标准管理，保证公益类推荐性标准的基本供给。

（2）坚持国际接轨、适合国情。借鉴发达国家标准化管理的先进经验和做法，结合我国发展实际，建立完善具有中国特色的标准体系和标准化管理体制。

（3）坚持统一管理、分工负责。既发挥好国务院标准化主管部门的综合协调职责，又充分发挥国务院各部门在相关领域内标准制定、实施及监督的作用。

（4）坚持依法行政、统筹推进。加快标准化法治建设，做好标准化重大改革与标准化法律法规修改完善的有机衔接；合理统筹改革优先领域、关键环节和实施步骤，通过市场自主制定标准的增量带动现行标准的存量改革。

2. 改革的总体目标

建立政府主导制定的标准与市场自主制定的标准协同发展、协调配套的新型标准体系，健全统一协调、运行高效、政府与市场共治的标准化管理体制，形成政府引导、市场驱动、社会参与、协同推进的标准化工作格局，有效支撑统一市场体系建设，让标准成为对质量的"硬约束"，推动中国经济迈向中高端水平。

（三）改革措施

通过改革，把政府单一供给的现行标准体系，转变为由政府主导制定的标准和市场自主制定的标准共同构成的新型标准体系。政府主导制定的标准由6类整合精简为4类，分别是强制性国家标准和推荐性国家标准、推荐性行业标准、推荐性地方标准；市场自主制定的标准分为团体标准和企业标准。政府主导制定的标准侧重于保基本，市场自主制定的标准侧重于提高竞争力。同时建立完善与新型标准体系配套的标准化管理体制。

1. 建立高效权威的标准化统筹协调机制

建立由国务院领导同志为召集人、各有关部门负责同志组成的国务院标准化协调推进机制，统筹标准化重大改革，研究标准化重大政策，对跨部门跨领域、存在重大争议标准的制定和实施进行协调。国务院标准化协调推进机制日常工作由国务院标准化主管部门承担。

2. 整合精简强制性标准

在标准体系上，逐步将现行强制性国家标准、行业标准和地方标准整合为强制性国家标准。在标准范围上，将强制性国家标准严格限定在保障人身健康和生命财产安全、国家安全、生态环境安全和满足社会经济管理基本要求的范围之内。在标准管理上，国务院各有关部门负责强制性国家标准项目提出、组织起草、征求意见、技术审查、组织实施和监督；国务院标准化主管部门负责强制性国家标准的统一立项和编号，并按照世界贸易组织规则开展对外通报；强制性国家标准由国务院批准发布或授权批准发布。强化依据强制性国家标准开展监督检查和行政执法。免费向社会公开强制性国家标准文本。建立强制性国家标准实施情况统计分析报告制度。

法律法规对标准制定另有规定的，按现行法律法规执行。环境保护、工程建设、医药卫生强制性国家标准、强制性行业标准和强制性地方标准，按现有模式管理。安全生产、公安、税务标准暂按现有模式管理。核、航天等涉及国家安全和秘密的军工领域行业标

准，由国务院国防科技工业主管部门负责管理。

3. 优化完善推荐性标准

在标准体系上，进一步优化推荐性国家标准、行业标准、地方标准体系结构，推动向政府职责范围内的公益类标准过渡，逐步缩减现有推荐性标准的数量和规模。在标准范围上，合理界定各层级、各领域推荐性标准的制定范围，推荐性国家标准重点制定基础通用、与强制性国家标准配套的标准；推荐性行业标准重点制定本行业领域的重要产品、工程技术、服务和行业管理标准；推荐性地方标准可制定满足地方自然条件、民族风俗习惯的特殊技术要求。在标准管理上，国务院标准化主管部门、国务院各有关部门和地方政府标准化主管部门分别负责统筹管理推荐性国家标准、行业标准和地方标准制修订工作。充分运用信息化手段，建立制修订全过程信息公开和共享平台，强化制修订流程中的信息共享、社会监督和自查自纠，有效避免推荐性国家标准、行业标准、地方标准在立项、制定过程中的交叉重复矛盾。简化制修订程序，提高审批效率，缩短制修订周期。推动免费向社会公开公益类推荐性标准文本。建立标准实施信息反馈和评估机制，及时开展标准复审和维护更新，有效解决标准缺失滞后老化问题。加强标准化技术委员会管理，提高广泛性、代表性，保证标准制定的科学性、公正性。

4. 培育发展团体标准

在标准制定主体上，鼓励具备相应能力的学会、协会、商会、联合会等社会组织和产业技术联盟协调相关市场主体共同制定满足市场和创新需要的标准，供市场自愿选用，增加标准的有效供给。在标准管理上，对团体标准不设行政许可，由社会组织和产业技术联盟自主制定发布，通过市场竞争优胜劣汰。国务院标准化主管部门会同国务院有关部门制定团体标准发展指导意见和标准化良好行为规范，对团体标准进行必要的规范、引导和监督。在工作推进上，选择市场化程度高、技术创新活跃、产品类标准较多的领域，先行开展团体标准试点工作。支持专利融入团体标准，推动技术进步。

5. 放开搞活企业标准

企业根据需要自主制定、实施企业标准。鼓励企业制定高于国家标准、行业标准、地方标准，具有竞争力的企业标准。建立企业产品和服务标准自我声明公开和监督制度，逐步取消政府对企业产品标准的备案管理，落实企业标准化主体责任。鼓励标准化专业机构对企业公开的标准开展比对和评价，强化社会监督。

6. 提高标准国际化水平

鼓励社会组织和产业技术联盟、企业积极参与国际标准化活动，争取承担更多国际标准组织技术机构和领导职务，增强话语权。加大国际标准跟踪、评估和转化力度，加强中国标准外文版翻译出版工作，推动与主要贸易国之间的标准互认，推进优势、特色领域标准国际化，创建中国标准品牌。结合海外工程承包、重大装备设备出口和对外援建，推广中国标准，以中国标准"走出去"带动我国产品、技术、装备、服务"走出去"。进一步放宽外资企业参与中国标准的制定。

（四）组织实施

坚持整体推进与分步实施相结合，按照逐步调整、不断完善的方法，协同有序推进各项改革任务。标准化工作改革分 3 个阶段实施。

1. 第一阶段（2015—2016 年），积极推进改革试点工作

——加快推进《中华人民共和国标准化法》修订工作，提出法律修正案，确保改革于法有据。修订完善相关规章制度。（2016 年 6 月底前完成）

——国务院标准化主管部门会同国务院各有关部门及地方政府标准化主管部门，对现行国家标准、行业标准、地方标准进行全面清理，集中开展滞后老化标准的复审和修订，解决标准缺失、矛盾交叉等问题。（2016 年 12 月底前完成）

——优化标准立项和审批程序，缩短标准制定周期。改进推荐性行业和地方标准备案制度，加强标准制定和实施后评估。（2016 年 12 月底前完成）

——按照强制性标准制定原则和范围，对不再适用的强制性标准予以废止，对不宜强制的转化为推荐性标准。（2015 年 12 月底前完成）

——开展标准实施效果评价，建立强制性标准实施情况统计分析报告制度。强化监督检查和行政执法，严肃查处违法违规行为。（2016 年 12 月底前完成）

——选择具备标准化能力的社会组织和产业技术联盟，在市场化程度高、技术创新活跃、产品类标准较多的领域开展团体标准试点工作，制定团体标准发展指导意见和标准化良好行为规范。（2015 年 12 月底前完成）

——开展企业产品和服务标准自我声明公开和监督制度改革试点。企业自我声明公开标准的，视同完成备案。（2015 年 12 月底前完成）

——建立国务院标准化协调推进机制，制定相关制度文件。建立标准制修订全过程信息公开和共享平台。（2015 年 12 月底前完成）

——主导和参与制定国际标准数量达到年度国际标准制定总数的 50%。（2016 年完成）

2. 第二阶段（2017—2018 年），稳妥推进向新型标准体系过渡

——确有必要强制的现行强制性行业标准、地方标准，逐步整合上升为强制性国家标准。（2017 年完成）

——进一步明晰推荐性标准制定范围，厘清各类标准间的关系，逐步向政府职责范围内的公益类标准过渡。（2018 年完成）

——培育若干具有一定知名度和影响力的团体标准制定机构，制定一批满足市场和创新需要的团体标准。建立团体标准的评价和监督机制。（2017 年完成）

——企业产品和服务标准自我声明公开和监督制度基本完善并全面实施。（2017 年完成）

——国际国内标准水平一致性程度显著提高，主要消费品领域与国际标准一致性程度达到 95% 以上。（2018 年完成）

3. 第三阶段（2019—2020 年），基本建成结构合理、衔接配套、覆盖全面、适应经济社会发展需求的新型标准体系

——理顺并建立协同、权威的强制性国家标准管理体制。（2020 年完成）

——政府主导制定的推荐性标准限定在公益类范围，形成协调配套、简化高效的推荐性标准管理体制。（2020 年完成）

——市场自主制定的团体标准、企业标准发展较为成熟，更好满足市场竞争、创新发展的需求。（2020 年完成）

——参与国际标准化治理能力进一步增强，承担国际标准组织技术机构和领导职务数

量显著增多，与主要贸易伙伴国家标准互认数量大幅增加，我国标准国际影响力不断提升，迈入世界标准强国行列。（2020年完成）

二、《水利行业深入开展安全生产标准化建设实施方案》

为深入贯彻落实《中共中央国务院关于加快水利改革发展的决定》（中发〔2011〕1号，简称中央一号文件）和《国务院关于进一步加强企业安全生产工作的通知》（国发〔2010〕23号），根据《国务院安委会关于深入开展企业安全生产标准化建设的指导意见》（安委〔2011〕4号，简称《指导意见》）精神，结合水利实际，制定水利行业深入开展安全生产标准化建设实施方案。

（一）总体要求

以科学发展观为统领，牢固树立以人为本、安全发展的理念，坚持"安全第一、预防为主、综合治理"的方针，大力推进水利安全生产法规规章和技术标准的贯彻实施，进一步规范水利生产经营单位安全生产行为，落实安全生产主体责任，强化安全基础管理，促进水利施工企业市场行为的标准化、施工现场安全防护的标准化、工程建设和运行管理单位安全生产工作的规范化，推动全员、全方位、全过程安全管理。通过统筹规划、分类指导、分步实施、稳步推进，逐步实现水利工程建设和运行管理安全生产工作的标准化，促进水利安全生产形势持续稳定向好，确保国家和人民群众生命财产安全，为实现水利跨越式发展提供坚实的安全生产保障。

（二）目标任务

在水利生产经营单位推行标准化管理，实现岗位达标、专业达标和单位达标，进一步提高水利生产经营单位的安全生产管理水平和事故防范能力。水利工程项目法人、水利系统施工企业、大中型水利工程管理单位要在2013年年底前实现达标；小型水利工程管理单位、农村水电企业要在2015年年底前实现达标。通过开展达标考评验收，不断完善工作机制，将安全生产标准化建设纳入水利工程建设和运行管理全过程，有效提高水利生产经营单位本质安全水平。

（三）实施方法

1. 制定标准，建立机制

按照水利行业安全生产标准化建设要求，水利部要在2011年年底前完成水利施工企业和水利工程管理单位安全生产标准化评定标准、水利施工现场安全生产标准化评定标准、水利行业安全生产标准化建设考评办法的制定工作，完成农村水电站安全管理分类及年检办法的修订工作。省级水行政主管部门根据国务院安委会《指导意见》和本实施方案，制定本地区水利安全生产标准化建设工作方案和考评细则，并将工作方案于2011年7月31日前报水利部备案。通过建立和完善水利生产经营单位安全生产标准化建设考评机制，实现安全生产标准化建设的动态化、规范化和制度化管理。

2. 对照检查，整改提高

各水利生产经营单位制定安全生产标准化建设实施计划，落实各项工作措施，从安全生产组织机构、安全投入、规章制度、教育培训、装备设施、现场管理、隐患排查治理、重大危险源监控、职业健康、应急管理以及事故报告、绩效评定等方面，严格对应评定标准要求，深入开展自检自查，规范安全生产行为，建立安全生产标准建设基础档案，加强动态管理，通过加强本单位各个岗位和环节的安全生产标准化建设，不断提高安全管理水平，促进安全生产主体责任落实到位。

各级水行政部门要加强对安全生产标准化建设工作的指导和督促检查，对评为安全生产标准化一级单位的重点抓巩固、二级单位着力抓提升、三级单位督促抓改进，对不达标的限期抓整改。对问题集中、整改难度大的单位，组织专业技术人员进行"会诊"，提出具体办法和措施，集中力量，重点解决；对存在重大隐患的单位，责令限期整改，并跟踪督办，做到隐患排查治理的措施、责任、资金、时限和预案"五到位"。对发生较大以上生产安全事故、存在非法违法生产建设经营行为、重大隐患限期整改仍达不到安全要求，以及未按规定要求开展安全生产标准化建设且在规定限期内未及时整改的，取消其安全生产标准化达标参评资格。

3. 严格考评，促进达标

按照分级管理和"谁主管、谁负责"的原则，水利部负责直属单位和直属工程项目以及水利行业安全生产标准化一级单位的评审、公告、授牌等工作；地方水利生产经营单位的安全生产标准化二级、三级达标考评的具体办法，由省级水行政主管部门制定并组织实施，考评结果报送水利部备案。有关水行政主管部门在水利生产经营单位的安全生产标准化创建中不得收取费用并严格达标等级考评，明确专业达标最低等级为单位达标等级，有一个专业不达标则该单位不达标。

地方水行政主管部门结合自身实际，对本地区水利安全生产标准化建设工作作出具体安排，积极推进，成熟一批、考评一批、公告一批、授牌一批。对在规定时间内经整改仍不具备最低安全生产标准化等级的单位，要督促整顿达标。水利部将适时组织对各地水利行业安全生产标准化建设工作的检查。

（四）工作要求

1. 高度重视，加强领导

开展水利安全生产标准化建设工作是加强水利安全生产工作的一项基础性、长期性的工作，是新形势下安全生产工作方式方法的创新和发展。各级水行政主管部门充分认识开展水利安全生产标准化建设的重要意义，切实增强推动水利安全生产标准化建设的自觉性和主动性，确保标准化建设工作取得实效。进一步落实农村水电安全监管主体责任，实现安全监管全覆盖。水利生产经营单位是安全生产标准化建设工作的责任主体，要坚持高标准、严要求，全面落实安全生产法规规章和标准规范，加大投入，规范管理，加快实现安全管理和施工生产现场达标。各地各单位认真做好水利安全生产标准化工作的舆论宣传及先进经验的总结和推广等工作，积极推动安全生产标准化工作的开展。

2. 分类指导，重点推进

要针对水利行业的特点，加强工作指导，把水利工程建设、水库工程管理特别是病险水库和施工现场作为重点，着力解决影响安全生产的重大隐患、突出问题和管理漏洞，通过达标建设进一步增强人员安全素质、提高装备设施水平、改善作业环境、强化岗位责任落实，全面促进企业提高安全生产保障水平。要做到安全生产标准化建设与打击各类非法违法生产经营建设、安全生产专项整治和安全隐患排查治理相结合；与落实安全生产主体责任、安全生产基层和基础建设、提高安全生产保障能力相结合，推进安全生产长效机制

建设，有效防范生产安全事故发生。

3. 严抓整改，规范管理

严格安全生产市场准入制度，促进隐患整改。对达标单位，要深入分析二级与一级、三级与二级之间的差距，找准薄弱点，完善工作措施，推进达标升级；对未达标的单位，要盯住抓紧，督促加强整改，限期达标。通过水利行业安全生产标准化建设，促进相关单位不断查找管理缺陷，堵塞工作漏洞，建立水利生产经营单位、施工生产现场安全生产标准化体系，形成制度不断完善、工作不断细化、程序不断优化的持续改进机制，提高水利行业安全生产规范化、标准化水平。

4. 严格监督，加强宣传

各级水行政主管部门要加强对水利安全生产标准化建设工作的督促检查和规范管理，深入基层对重点地区和重点单位加强服务指导，及时发现解决标准化创建过程中出现的突出问题和薄弱环节，切实把安全生产标准化建设工作作为落实安全生产主体责任、健全安全生产规章制度、推广应用先进技术装备、强化安全生产监管、提高安全管理水平的重要途径和方式。要积极研究采取相关激励政策措施，促进提高达标建设的质量和水平。充分利用各类舆论媒体，积极宣传安全生产标准化建设的重要意义和具体标准要求，营造安全生产标准化建设的浓厚氛围。有关水行政部门要建立公告制度，定期发布安全生产标准化建设进展情况和达标单位，及时总结推广先进经验，积极培育典型，示范引导，推进水利安全生产标准化建设工作广泛深入、扎实有效开展。

三、《浙江省人民政府办公厅关于全面推行水利工程标准化管理的意见》

各市、县（市、区）人民政府，省政府直属各单位：

为提高全省水利工程管理水平，确保水利工程运行安全并长久充分发挥效益，经省政府同意，现就全面推行水利工程标准化管理提出如下意见：

（一）总体要求

以党的十八届五中全会精神和习近平总书记提出的新时期治水方针为指导，按照"五水共治"和标准强省建设的总体要求，围绕确保水利工程安全、持续、高效运行的目标，以落实水利工程管理责任和措施为核心，以全面建立水利工程标准化管理体系为基础，以深化水利工程管理体制机制改革为动力，坚持政府主导、社会参与、省定标准、分级实施，全面规划、稳步推进，全面落实水利工程标准化管理措施。到2017年年底，力争建立较完善的水利工程标准化管理体系和运行管理机制。到2020年年底，力争全省大中型水利工程、装机容量 1000kW 以上水电站、小型水库的标准化管理合格率达到100%；"屋顶山塘"等其他重要小型水利工程基本达到标准化管理要求；条件较好的水利工程管理单位通过省级或国家级水利工程管理单位考核验收；对不安全、不生态的水利工程逐步实行降等、报废处理。

（二）主要任务

1. 明确管理内容

水利工程标准化管理体系涵盖管理责任、安全评估、运行管理、维修养护、监督检查、隐患治理、应急管理、教育培训、制度建设、考核验收等各环节，具体包括：工程管理范围，管理的领导责任、监管责任、主体责任、岗位责任和人员职责，防汛和安全运行

管理目标，运行管理经费，管理设施设备配置和运行要求，日常监测检查、维修养护机制，运行管理人员岗位培训，生态环境绿化美化要求，管理信息化等内容。

2. 制定管理标准

省水利厅要针对不同类型的水利工程，制订全省水利工程分类管理标准体系目录，逐项编制并试行水利工程管理标准。省质监局要将可复制、可推广的水利工程管理标准制定为地方标准。各市、县（市、区）要根据省定标准制定具体实施办法和推进方案，并督促指导工程管理单位结合实际制订标准化管理操作手册。对年久失修、存在严重安全隐患或严重影响生态安全的水利工程，要根据相关规定及时进行降等、报废处理。

3. 落实管理主体

除国电系统水利工程外，其他分属不同系统管理的水利工程按照属地管理的原则，由各市、县（市、区）政府落实责任主体，理顺乡村两级事权，落实小型水利工程的管护主体和管理人员，制定本地区水利工程标准化管理 5 年实施方案和年度实施计划，按照先大后小、先重要后一般的原则，组织开展水利工程标准化管理。

4. 深化管理改革

按照集约化、专业化、物业化管理的思路，调整和延伸大中型水利工程管理单位的管理范围，推行"以大带小""以点带片""分片统管"等工程管理模式。大力推行管养分离、政府购买服务等形式，整合现有水利工程管理单位的资源，组建水利工程管理专业公司，扶持农民用水合作组织等民间自治组织，积极培育发展物业管理市场主体，鼓励发展不同形式的物业管理。引导和鼓励具有较强专业力量的工程设计施工、制造安装、维修养护等企业和行业协会、中介机构参与水利工程标准化管理。

5. 加强监督管理

对实施标准化管理的水利工程进行验收。非水库类大型水利工程和中型以上水库由省级水行政主管部门负责组织验收；非水库类中型水利工程和小（1）型水库由市级水行政主管部门负责组织验收；非水库类小型水利工程和小（2）型水库及"屋顶山塘"由县级水行政主管部门负责组织验收。省、市水行政主管部门对各县进行抽查复核，加强监督检查，发现问题要限期整改到位；没有整改到位的，要给予严肃问责，确保各项管理措施落实到位。

（三）保障措施

1. 加强组织领导

各级政府要坚持建管并重的原则，结合当地实际，完善工作机制，明确职责，落实任务，强化协调，及时解决水利工程标准化管理工作中的问题；将水利工程标准化管理工作列为水利工作年度考核的重要内容，并与"五水共治"考核、相关资金安排相结合，考核结果公开发布，接受社会公众监督。对水利工程标准化管理工作推进不力、任务未完成的，要进行督促指导，必要时约谈相关责任人。

2. 推进信息化管理

依托和整合现有水利信息资源，建立水利工程标准化管理运行平台，把水利工程的监测监控、预警预报、调度运行、维修养护和监督检查、考核评估等标准化管理内容逐项细化为管理人员职责、管理岗位职责和岗位工作规范，实现工程管理信息化和精细化，提高

工程管理效率。加强水利工程管理市场主体的信用信息管理，加强网上监督指导，督促管理主体落实各项管理措施和责任。

3. 强化经费保障

各级政府要加强水利工程标准化管理的经费保障工作，对公益性较强的水利工程实行标准化管理所需的经费，应按隶属关系列入本级公共财政预算；经营性为主的水利工程实行标准化管理所需的经费，由业主自行承担并按国家有关规定在其经营收入中计提，专款专用。省级水利建设与发展专项资金在按因素法分配时，将充分考虑各市、县（市、区）水利工程标准化管理的开展情况及实际绩效。

四、《中华人民共和国标准化法实施条例》

第一章　总　　则

第一条　根据《中华人民共和国标准化法》（简称《标准化法》）的规定，制定本条例。

第二条　对下列需要统一的技术要求，应当制定标准：

（一）工业产品的品种、规格、质量、等级或者安全、卫生要求；

（二）工业产品的设计、生产、试验、检验、包装、储存、运输、使用的方法或者生产、储存、运输过程中的安全、卫生要求；

（三）有关环境保护的各项技术要求和检验方法；

（四）建设工程的勘察、设计、施工、验收的技术要求和方法；

（五）有关工业生产、工程建设和环境保护的技术术语、符号、代号、制图方法、互换配合要求；

（六）农业（含林业、牧业、渔业，下同）产品（含种子、种苗、种畜、种禽，下同）的品种、规格、质量、等级、检验、包装、储存、运输以及生产技术、管理技术的要求；

（七）信息、能源、资源、交通运输的技术要求。

第三条　国家有计划地发展标准化事业。标准化工作应当纳入各级国民经济和社会发展计划。

第四条　国家鼓励采用国际标准和国外先进标准，积极参与制定国际标准。

第二章　标准化工作的管理

第五条　标准化工作的任务是制定标准、组织实施标准和对标准的实施进行监督。

第六条　国务院标准化行政主管部门统一管理全国标准化工作，履行下列职责：

（一）组织贯彻国家有关标准化工作的法律法规、方针、政策；

（二）组织制定全国标准化工作规划、计划；

（三）组织制定国家标准；

（四）指导国务院有关行政主管部门和省、自治区、直辖市人民政府标准化行政主管部门的标准化工作，协调和处理有关标准化工作问题；

（五）组织实施标准；

（六）对标准的实施情况进行监督检查；

（七）统一管理全国的产品质量认证工作；

（八）统一负责对有关国际标准化组织的业务联系。

第七条 国务院有关行政主管部门分工管理本部门、本行业的标准化工作，履行下列职责：

（一）贯彻国家标准化工作的法律法规、方针、政策，并制定在本部门、本行业实施的具体办法；

（二）制定本部门、本行业的标准化工作规划、计划；

（三）承担国家下达的草拟国家标准的任务，组织制定行业标准；

（四）指导省、自治区、直辖市有关行政主管部门的标准化工作；

（五）组织本部门、本行业实施标准；

（六）对标准实施情况进行监督检查；

（七）经国务院标准化行政主管部门授权，分工管理本行业的产品质量认证工作。

第八条 省、自治区、直辖市人民政府标准化行政主管部门统一管理本行政区域的标准化工作，履行下列职责：

（一）贯彻国家标准化工作的法律法规、方针、政策，并制定在本行政区域实施的具体办法；

（二）制定地方标准化工作规划、计划；

（三）组织制定地方标准；

（四）指导本行政区域有关行政主管部门的标准化工作，协调和处理有关标准化工作问题；

（五）在本行政区域组织实施标准；

（六）对标准实施情况进行监督检查。

第九条 省、自治区、直辖市有关行政主管部门分工管理本行政区域内本部门、本行业的标准化工作，履行下列职责：

（一）贯彻国家和本部门、本行业、本行政区域标准化工作的法律法规、方针、政策，并制定实施的具体办法；

（二）制定本行政区域内本部门、本行业的标准化工作规划、计划；

（三）承担省、自治区、直辖市人民政府下达的草拟地方标准的任务；

（四）在本行政区域内组织本部门、本行业实施标准；

（五）对标准实施情况进行监督检查。

第十条 市、县标准化行政主管部门和有关行政主管部门的职责分工，由省、自治区、直辖市人民政府规定。

第三章 标 准 的 制 定

第十一条 对需要在全国范围内统一的下列技术要求，应当制定国家标准（含标准样品的制作）：

（一）互换配合、通用技术语言要求；

（二）保障人体健康和人身、财产安全的技术要求；

（三）基本原料、燃料、材料的技术要求；

（四）通用基础件的技术要求；

（五）通用的试验、检验方法；

（六）通用的管理技术要求；

（七）工程建设的重要技术要求；

（八）国家需要控制的其他重要产品的技术要求。

第十二条　国家标准由国务院标准化行政主管部门编制计划，组织草拟，统一审批、编号、发布。

工程建设、药品、食品卫生、兽药、环境保护的国家标准，分别由国务院工程建设主管部门、卫生主管部门、农业主管部门、环境保护主管部门组织草拟、审批；其编号、发布办法由国务院标准化行政主管部门会同国务院有关行政主管部门制定。

法律对国家标准的制定另有规定的，依照法律的规定执行。

第十三条　没有国家标准而又需要在全国某个行业范围内统一的技术要求，可以制定行业标准（含标准样品的制作）。制定行业标准的项目由国务院有关行政主管部门确定。

第十四条　行业标准由国务院有关行政主管部门编制计划、组织草拟，统一审批、编号、发布，并报国务院标准化行政主管部门备案。

行业标准在相应的国家标准实施后，自行废止。

第十五条　对没有国家标准和行业标准而又需要在省、自治区、直辖市范围内统一的工业产品的安全、卫生要求，可以制定地方标准。制定地方标准的项目，由省、自治区、直辖市人民政府标准化行政主管部门确定。

第十六条　地方标准由省、自治区、直辖市人民政府标准化行政主管部门编制计划，组织草拟，统一审批、编号、发布，并报国务院标准化行政主管部门和国务院有关行政主管部门备案。

法律对地方标准的制定另有规定的，依照法律的规定执行。

地方标准在相应的国家标准或行业标准实施后，自行废止。

第十七条　企业生产的产品没有国家标准、行业标准和地方标准的，应当制定相应的企业标准，作为组织生产的依据。企业标准由企业组织制定（农业企业标准制定办法另定），并按省、自治区、直辖市人民政府的规定备案。

对已有国家标准、行业标准或者地方标准的，鼓励企业制定严于国家标准、行业标准或者地方标准要求的企业标准，在企业内部适用。

第十八条　国家标准、行业标准分为强制性标准和推荐性标准。

下列标准属于强制性标准：

（一）药品标准，食品卫生标准，兽药标准；

（二）产品及产品生产、储运和使用中的安全、卫生标准，劳动安全、卫生标准，运输安全标准；

（三）工程建设的质量、安全、卫生标准及国家需要控制的其他工程建设标准；

（四）环境保护的污染物排放标准和环境质量标准；

（五）重要的通用技术术语、符号、代号和制图方法；

（六）通用的试验、检验方法标准；

（七）互换配合标准；

（八）国家需要控制的重要产品质量标准。

国家需要控制的重要产品目录由国务院标准化行政主管部门会同国务院有关行政主管部门确定。

强制性标准以外的标准是推荐性标准。

省、自治区、直辖市人民政府标准化行政主管部门制定的工业产品的安全、卫生要求的地方标准，在本行政区域内是强制性标准。

第十九条　制定标准应当发挥行业协会、科学技术研究机构和学术团体的作用。

制定国家标准、行业标准和地方标准的部门应当组织由用户、生产单位、行业协会、科学技术研究机构、学术团体及有关部门的专家组成标准化技术委员会，负责标准草拟和参加标准草案的技术审查工作。未组成标准化技术委员会的，可以由标准化技术归口单位负责标准草拟和参加标准草案的技术审查工作。

制定企业标准应当充分听取使用单位、科学技术研究机构的意见。

第二十条　标准实施后，制定标准的部门应当根据科学技术的发展和经济建设的需要适时进行复审。标准复审周期一般不超过五年。

第二十一条　国家标准、行业标准和地方标准的代号、编号办法，由国务院标准化行政主管部门统一规定。企业标准的代号、编号办法，由国务院标准化行政主管部门会同国务院有关行政主管部门规定。

第二十二条　标准的出版、发行办法，由制定标准的部门规定。

第四章　标准的实施与监督

第二十三条　从事科研、生产、经营的单位和个人，必须严格执行强制性标准。不符合强制性标准的产品，禁止生产、销售和进口。

第二十四条　企业生产执行国家标准、行业标准、地方标准或企业标准，应当在产品或其说明书、包装物上标注所执行标准的代号、编号、名称。

第二十五条　出口产品的技术要求由合同双方约定。出口产品在国内销售时，属于我国强制性标准管理范围的，必须符合强制性标准的要求。

第二十六条　企业研制新产品、改进产品、进行技术改造，应当符合标准化要求。

第二十七条　国务院标准化行政主管部门组织或授权国务院有关行政主管部门建立行业认证机构，进行产品质量认证工作。

第二十八条　国务院标准化行政主管部门统一负责全国标准实施的监督。国务院有关行政主管部门分工负责本部门、本行业的标准实施的监督。

省、自治区、直辖市标准化行政主管部门统一负责本行政区域内的标准实施的监督。省、自治区、直辖市人民政府有关行政主管部门分工负责本行政区域内本部门、本行业的标准实施的监督。

市、县标准化行政主管部门和有关行政主管部门，按照省、自治区、直辖市人民政府规定的各自的职责，负责本行政区域内的标准实施的监督。

第二十九条　县级以上人民政府标准化行政主管部门，可以根据需要设置检验机构，或者授权其他单位的检验机构，对产品是否符合标准进行检验和承担其他标准实施的监督检验任务。检验机构的设置应当合理布局，充分利用现有力量。

国家检验机构由国务院标准化行政主管部门会同国务院有关行政主管部门规划、审查。地方检验机构由省、自治区、直辖市人民政府标准化行政主管部门会同省级有关行政主管部门规划、审查。

处理有关产品是否符合标准的争议，以本条规定的检验机构的检验数据为准。

第三十条　国务院有关行政主管部门可以根据需要和国家有关规定设立检验机构，负责本行业、本部门的检验工作。

第三十一条　国家机关、社会团体、企业事业单位及全体公民均有权检举、揭发违反强制性标准的行为。

第五章　法　律　责　任

第三十二条　违反《标准化法》和本条例有关规定，有下列情形之一的，由标准化行政主管部门或有关行政主管部门在各自的职权范围内责令限期改进，并可通报批评或给予责任者行政处分：

（一）企业未按规定制定标准作为组织生产依据的；

（二）企业未按规定要求将产品标准上报备案的；

（三）企业的产品未按规定附有标识或与其标识不符的；

（四）企业研制新产品、改进产品、进行技术改造，不符合标准化要求的；

（五）科研、设计、生产中违反有关强制性标准规定的。

第三十三条　生产不符合强制性标准的产品的，应当责令其停止生产，并没收产品，监督销毁或作必要技术处理；处以该批产品货值金额百分之二十至百分之五十的罚款；对有关责任者处以五千元以下罚款。

销售不符合强制性标准的商品的，应当责令其停止销售，并限期追回已售出的商品，监督销毁或作必要技术处理；没收违法所得；处以该批商品货值金额百分之十至百分之二十的罚款；对有关责任者处以五千元以下罚款。

进口不符合强制性标准的产品的，应当封存并没收该产品，监督销毁或作必要技术处理；处以进口产品货值金额百分之二十至百分之五十的罚款；对有关责任者给予行政处分，并可处以五千元以下罚款。

本条规定的责令停止生产、行政处分，由有关行政主管部门决定；其他行政处罚由标准化行政主管部门和工商行政管理部门依据职权决定。

第三十四条　生产、销售、进口不符合强制性标准的产品，造成严重后果，构成犯罪的，由司法机关依法追究直接责任人员的刑事责任。

第三十五条　获得认证证书的产品不符合认证标准而使用认证标志出厂销售的，由标准化行政主管部门责令其停止销售，并处以违法所得二倍以下的罚款；情节严重的，由认证部门撤销其认证证书。

第三十六条　产品未经认证或者认证不合格而擅自使用认证标志出厂销售的，由标准

化行政主管部门责令其停止销售，处以违法所得三倍以下的罚款，并对单位负责人处以五千元以下罚款。

第三十七条 当事人对没收产品、没收违法所得和罚款的处罚不服的，可以在接到处罚通知之日起十五日内，向作出处罚决定的机关的上一级机关申请复议；对复议决定不服的，可以在接到复议决定之日起十五日内，向人民法院起诉。当事人也可以在接到处罚通知之日起十五日内，直接向人民法院起诉。当事人逾期不申请复议或者不向人民法院起诉又不履行处罚决定的，作出处罚决定的机关申请人民法院强制执行。

第三十八条 本条例第三十二条至第三十六条规定的处罚不免除由此产生地对他人的损害赔偿责任。受到损害的有权要求责任人赔偿损失。赔偿责任和赔偿金额纠纷可以由有关行政主管部门处理，当事人也可以直接向人民法院起诉。

第三十九条 标准化工作的监督、检验、管理人员有下列行为之一的，由有关主管部门给予行政处分，构成犯罪的，由司法机关依法追究刑事责任：

（一）违反本条例规定，工作失误，造成损失的；

（二）伪造、篡改检验数据的；

（三）徇私舞弊、滥用职权、索贿受贿的。

第四十条 罚没收入全部上缴财政。对单位的罚款，一律从其自有资金中支付，不得列入成本。对责任人的罚款，不得从公款中核销。

第六章 附 则

第四十一条 军用标准化管理条例，由国务院、中央军委另行制定。

第四十二条 工程建设标准化管理规定，由国务院工程建设主管部门依据《标准化法》和本条例的有关规定另行制定，报国务院批准后实施。

第四十三条 本条例由国家技术监督局负责解释。

第四十四条 本条例自发布之日起施行。

第三节 施工企业安全生产标准化建设

为进一步落实水利水电工程施工企业安全生产主体责任，规范水利安全生产标准化的创建及评审工作，根据《国务院关于进一步加强企业安全生产工作的通知》《国务院安委会关于深入开展企业安全生产标准化建设的指导意见》和《水利行业深入开展安全生产标准化建设实施方案》，按水利部《水利安全生产标准化评审管理暂行办法》，把水利水电施工企业安全生产标准化的要求和标准表格化，便于对照并更有可操作性。

以下表格有关标准、元素以《企业安全生产标准化基本规范》（GB/T 33000—2016）的核心要求为基础，共设置13个一级项目、45个二级项目和127个三级项目，施工企业可据此创建、自评、整改、改进、提升。

1. 分值设置

本标准按1000分设置得分点，并实行扣分制。在三级项目内有多个扣分点的，可累计扣分，直到该三级项目标准分值扣完为止，不出现负分。

2. 得分换算

本标准按百分制设置最终标准化得分，其换算公式如下：评定得分＝[各项实际得分之和/（1000－各合理缺项分值之和）]×100，最后得分采用四舍五入，取整数。

企业安全生产标准化等级分为一级、二级和三级，依据自评得分确定，满分为100分。具体标准为：

（1）一级：评审得分90分以上（含），且各一级评审项目得分不低于应得分的70%。

（2）二级：评审得分80分以上（含），且各一级评审项目得分不低于应得分的70%。

（3）三级：评审得分70分以上（含），且各一级评审项目得分不低于应得分的60%。

（4）不达标：评审得分低于70分，或任何一项一级评审项目得分低于应得分的60%。

一、安全生产目标

安全生产目标评分细则见表5-1。

表5-1　　　　　　　　　　　安全生产目标（30分）

二级评审项目	三级评审项目	标准分值	评审方法及评分标准	自评/评审描述	实际得分
1. 目标制定（6分）	1.1　安全生产目标管理制度应明确目标的制定、分解、实施、考核等内容	3	查制度文本。 无该项制度，或未以正式文件颁发，不得分；缺少制定、分解、实施、绩效考核等内容，每项扣1分；未能明确相应责任，每项扣1分		
	1.2　制定包括人员伤亡、机械设备安全、交通安全、火灾事故及职业病等控制目标，安全生产隐患治理目标，以及安全生产管理目标等安全生产总目标和年度目标	3	查中长期安全工作规划和年度安全工作计划等相关文件。 无安全生产总目标或年度目标，或未以文件发布，不得分；各类事故控制目标、安全生产隐患治理目标，以及安全生产管理目标缺项，每项扣1分		
2. 目标落实（8分）	2.1　按所属基层单位和部门在安全生产中的职能，分解年度安全生产目标	3	查安全目标分解等相关文件。 年度安全生产目标未分解，不得分		
	2.2　逐级签订安全生产目标责任书，制定并落实安全目标保证措施	5	查安全生产目标责任书等相关文件。 未签订安全生产目标责任书，每少1个单位或部门，扣2分；未制定安全目标保证措施，每个单位扣1分		
3. 目标监控与考核（16分）	3.1　对安全生产目标的执行情况进行监督、检查，及时纠偏、调整安全生产目标实施计划	6	查相关文件和记录。 无安全生产目标实施情况的监督、检查记录，不得分；未及时纠偏、调整实施计划，不得分		
	3.2　年终对安全生产目标的完成效果进行考核奖惩	10	查考核奖惩的相关记录。 年终未对安全生产目标的完成效果进行考核奖惩，每少考核1个单位，扣2分；每少奖惩1个单位，扣2分；无考核奖惩记录视为未考核奖惩		
小计		30	得分小计		

二、组织机构与职责

组织机构与职责评分细则见表5-2。

表5-2　　　　　　　　　　组织机构与职责（50分）

二级评审项目	三级评审项目	标准分值	评审方法及评分标准	自评/评审描述	实际得分
1. 安全机构和人员配置（20分）	1.1　成立以主要负责人为领导，有领导班子成员及部门负责人参加的安全生产委员会或安全生产领导小组	4	查成立安全生产委员会或安全生产领导小组的文件。 未成立，或未以文件形式发布成立，不得分；视为未设立；参加的领导和部门负责人不全，每少1人扣1分；安全生产委员会成员发生变化，未及时调整，扣2分		
	1.2　按规定设置安全生产管理机构	6	查机构设置的文件和相关记录。 未按规定设置安全生产管理机构，不得分；项目部未按规定设置安全生产管理机构，每个项目部扣2分；无设置的文件视为未按规定设置		
	1.3　按规定配备安全生产管理人员，并形成纵向到底、横向到边的安全管理网络	10	查人员配备的文件和相关记录。 未按规定配备安全生产管理人员（包括分包单位），每少1人扣2分；配备的专职安全管理人员资质不符合规定，按表5-5的规定执行		
2. 安全职责（30分）	2.1　安全生产责任制度应明确各级单位、部门及人员的安全生产职责、权限和考核奖惩等内容	8	查制度文本。 无安全生产责任制，或未以正式文件颁发，不得分；缺少安全生产委员会或安全生产领导小组职责，不得分；每缺1个环节内容或缺1个单位、部门和人员安全生产责任制，扣1分		
	2.2　安全生产委员会或安全生产领导小组每季度召开1次，会议，总结分析本单位的安全生产情况，评估本单位存在的风险，研究解决安全生产工作中的重大问题，决策企业安全生产的重大事项，并形成会议纪要	4	查相关文件和活动记录。 安全生产委员会或安全生产领导小组会议每少1次，扣1分；重大、重要安全事项未经安委会研究确定，每项扣1分；无会议纪要，每次扣1分；未跟踪上次会议的措施和要求的落实情况，每次扣1分；上次会议的措施和要求未完成且无整改措施，每一项扣1分		
	2.3　各级、各岗位人员认真履行安全生产职责，严格落实安全生产规章制度	10	查安全工作相关记录并查看现场。 各级、各岗位人员未认真履行安全生产职责，严格落实安全生产规章制度，每人次扣2分		
	2.4　对安全生产责任制的落实情况进行检查	8	查相关记录。 未对安全生产责任制落实情况进行检查，不得分；检查不全面，每缺1个部门或单位，扣1分		
小计		50	得分小计		

三、安全生产投入

安全生产投入评分细则见表 5-3。

表 5-3　　　　　　　　　　　安全生产投入（50 分）

二级评审项目	三级评审项目	标准分值	评审方法及评分标准	自评/评审描述	实际得分
1. 安全生产费用管理（25 分）	1.1　安全生产的费用保障制度应明确提取、使用、管理的程序、职责及权限	3	查制度文本。 无该项制度，或未以正式文件颁发，不得分；制度中内容不全、不符合有关规定，每项扣 1 分		
	1.2　按照《企业安全生产费用提取和使用管理办法》（财企〔2012〕16 号）的规定足额提取安全生产费用；在编制投标文件时将安全生产费用列入工程造价	15	查安全生产费用使用台账和投标文件等。未足额提取，每项目扣 3 分；在编制投标文件时，未将安全生产费用列入工程造价，每项扣 3 分		
	1.3　根据安全生产需要编制安全生产费用计划，并严格审批序，建立安全生产费用使用台账。安全生产费用主要用于： （1）完善、改造和维护安全防护设施、设备支出，包括施工现场临时用电系统、洞口、临边、机械设备、高处作业防护、交叉作业防护、防火、防爆、防尘、防毒、防雷、防台风、防地质灾害、地下工程有害气体监测、通风、临时安全防护等设施设备支出。 （2）配备、维护、保养应急救援器材、设备和应急演练支出。 （3）开展重大危险源和事故隐患评估、监控和整改支出。 （4）安全生产检查、评价（不包括新建、改建、扩建项目安全评价）、咨询和标准化建设支出。 （5）配备和更新现场作业人员安全防护用品支出。 （6）安全生产宣传、教育、培训支出。 （7）安全生产适用的新技术、新标准、新工艺、新装备的推广应用支出。 （8）安全设施及特种设备检测检验支出。 （9）其他与安全生产直接相关的支出	7	查安全投入使用计划及实施的相关记录、台账。 无安全投入使用计划，不得分；审批程序不符合规定，扣 1 分；无安全生产费用使用台账，不得分		

二级评审项目	三级评审项目	标准分值	评审方法及评分标准	自评/评审描述	实际得分
2. 安全费用使用（25分）	2.1 落实安全生产费用使用计划，并保证专款专用	18	查安全生产费用使用证据和台账。 未按安全生产费用使用计划落实，每项扣3分；没有做到专款专用，每项扣2分；提取的安全生产专款不能满足要求，每项扣3分		
	2.2 每年对安全生产费用的落实情况进行检查、总结和考核	7	查检查、总结和考核的相关记录。 未按规定对安全生产费用的落实情况进行检查、总结和考核，不得分；未以适当方式披露安全生产费用提取和使用情况，扣2分		
小计		50	得分小计		

四、法律法规与安全管理制度

法律法规与安全管理制度及评分细则见表5-4。

表5-4 **法律法规与安全管理制度（70分）**

二级评审项目	三级评审项目	标准分值	评审方法及评分标准	自评/评审描述	实际得分
1. 法律法规、标准规范（12分）	1.1 建立识别、获取适用的安全生产法律法规、规程规范的办法，包括识别、获取、评审、更新等环节内容，明确职责和范围，确定获取的渠道、方式等要求	3	查办法文本。 无该项制度，或未以正式文件颁发，不得分；缺少环节要求，每项扣1分		
	1.2 职能部门和基层单位应定期识别、获取适用的安全生产法律法规与其他要求，主管部门每年发布1次适用的安全生产法律法规与其他要求清单	3	查安全生产法律法规与其他要求清单。 未定期识别、获取，不得分；未形成、及时发布或更新清单，扣2分		
	1.3 及时向员工传达适用的安全生产法律法规与其他要求，配备适用的安全生产法律法规、规程规范	6	查安全生产法律法规与其他要求文本及相关记录。 相关单位、部门、工作岗位每少配备1个安全生产法律法规、规程规范与其他要求文本或电子版，扣1分；未及时组织学习和贯彻实施，每项扣1分；使用失效、过期的法律法规、规程规范，每项次扣1分		

续表

二级评 审项目	三级评审项目	标准 分值	评审方法及评分标准	自评/评审 描述	实际 得分
2. 安全 规章制度 （19分）	2.1　建立健全安全生产规章制度，并及时将识别、获取的安全生产法律法规与其他要求转化为本单位规章制度，贯彻到日常安全生产管理工作中	15	查规章制度文本。 　规章制度未以文件发布，每项扣2分；规章制度中未包含安全生产目标管理，安全生产责任制管理，法律法规标准规范管理，安全投入管理，工伤保险，文件和记录管理，风险评估和控制管理，安全教育培训及持证上岗管理，施工机械和工器具（含特种设备）管理，安全设施和安全标志管理，交通安全管理，消防安全管理，防洪度汛安全管理，脚手架搭设、拆除、使用管理，施工用电安全管理，危险化学品管理，工程分包安全管理，相关方及外用工（单位）安全管理，安全技术（含安全技术交底）管理，职业健康管理，劳动防护用品（具）管理，安全检查及隐患排查治理，文明施工管理，安全生产预警预报和应急管理，信息报送及事故调查处理，安全绩效评定管理，安全生产考核奖罚等内容，每缺1项扣2分；未及时将识别、获取的安全生产法律法规与其他要求融入本单位规章制度，或与实际不符，每项扣2分		
	2.2　安全生产规章制度应发放到相关工作岗位，并组织员工学习	4	查文件发放和文件培训学习记录。 　未发放，不得分；每少发放1项制度或少发1个单位，扣1分；无培训学习记录，每项扣1分		
3. 安全 操作规程 （18分）	3.1　根据岗位、工种特点，引用或编制齐全、完善、适用的岗位安全操作规程	14	查安全操作规程文本。 　编制的安全操作规程未按规定审定或签发，每项扣2分；岗位安全操作规程不齐全，每缺1个扣2分；岗位安全操作规程不适用或有错误，每项扣2分		
	3.2　岗位安全操作规程应发放到相关班组、岗位，并对员工进行培训和考核	4	查操作规程发放记录并现场抽查。 　未发放，不得分；未发放至相关班组、岗位，每少发1个岗位，扣1分；无培训记录等资料，每项扣1分；发现员工不熟悉岗位安全操作规程，每人次扣1分		
4. 评估 （4分）	每年至少对安全生产法律法规、规程规范、规章制度、操作规程的执行情况进行1次检查评估	4	查检查评估的相关记录。 　未按时进行评估或无评估结论，不得分；评估结果与实际不符，扣2分		
5. 修订 （4分）	根据评估情况、安全检查反馈的问题、生产安全事故分析、绩效评定结果等，及时对安全生产规章制度和操作规程进行修订，确保其有效和适用	4	查规章制度、操作规程文本和相关记录。 　应修订而未组织修订，每项扣1分；修订安全生产规章制度、操作规程未按规定审批，每项扣1分		

续表

二级评审项目	三级评审项目	标准分值	评审方法及评分标准	自评/评审描述	实际得分
6. 文件和档案管理（13分）	6.1 建立文件管理制度，明确文件的编制、审批、标志、收发、评审、修订、使用、保管等要求，并严格管理	3	查制度文本和相关记录。 无该项制度，或未以文件发布，不得分；制度缺少编制、审批、标志、收发、评审、修订、使用、保管等环节内容，每项扣1分；未严格执行文件管理的编制、审批、标志、收发、评审、修订、使用、保管规定，每项扣1分		
	6.2 建立记录管理制度，明确记录的管理职责及记录的填写、收集、标志、储存、保护、检索、保留和处置要求，并严格执行	3	查制度文本和相关记录。 无该项制度，或未以文件发布，不得分；缺少记录填写、标志、收集、储存、保护、检索、保留和处置等环节内容，每项扣1分；未严格执行记录的填写、收集、标志、储存、保护、检索、保留和处置要求，每项次扣1分		
	6.3 按照档案管理规定对主要安全生产文件、记录进行管理	7	查相关记录档案。 主要安全生产文件，安全费用提取使用记录，劳动防护用品采购发放记录，技术文件及其编制、审批、发放记录，事故、事件记录及调查报告，危险源辨识、评价、控制记录，检查、整改记录，职业卫生检查与监护记录，检验、检测、校验记录，设备安全管理记录，安全设施管理记录，应急演练记录，对分包方和供应方监管记录，安全生产会议记录，安全活动记录，安全培训记录，人员资格证书，以及安全奖惩记录等不全，每缺少1类扣2分		
小计		70	得分小计		

五、教育培训

教育培训评分细则见表5－5。

表5－5 教育培训（70分）

二级评审项目	三级评审项目	标准分值	评审方法及评分标准	自评/评审描述	实际得分
1. 教育培训管理（10分）	1.1 安全教育培训制度应明确安全教育培训的对象与内容、组织与管理、检查等要求	3	查规章制度文本。 无该项制度，或未以正式文件颁发，不得分；未明确主管部门，不得分；未明确企业主要负责人、项目负责人、专职安全生产管理人员及其他管理人员，特种作业人员，新进单位人员，离岗后重新上岗人员，变换工种人员，采用新技术、新工艺、新材料、新装备、新流程时的安全教育培训要求，每缺少1类扣1分		

续表

二级评审项目	三级评审项目	标准分值	评审方法及评分标准	自评/评审描述	实际得分
1. 教育培训管理（10分）	1.2　定期识别安全教育培训需求，制定教育培训计划，保障教育培训场地、教材、教师等资源，按计划进行安全教育培训，建立教育培训记录、档案	7	查相关教育培训文件和记录。 无年度培训计划，不得分；未按计划进行培训，每项次扣1分；未进行教育培训效果评价，每项次扣1分；未根据评价结论进行改进，每项次扣1分；记录、档案资料不完整，每项次扣1分		
2. 安全管理人员教育培训（10分）	主要负责人、项目负责人、专职安全生产管理人员应具备与本单位所从事的生产经营活动相适应的安全生产知识、管理能力和资格，每年按规定进行再培训。主要负责人、项目负责人、专职安全生产管理人员初次安全培训时间不少于32学时，每年再培训时间不少于12学时	10	查资格证书和教育培训记录。 主要负责人未经水行政主管部门考核合格或未按规定进行复审培训，不得分；项目负责人和专职安全管理人员未经水行政主管部门考核合格或未按规定进行复审培训，每人扣2分；未按规定进行年度培训，每人扣1分；培训学时不符合规定，每人扣1分		
3. 岗位操作人员教育培训（30分）	3.1　新员工上岗前应接受三级安全教育培训，三级安全教育培训时间不少于24学时； 在新工艺、新技术、新材料、新装备、新流程投入使用前，对有关管理、操作人员进行有针对性的安全技术和操作技能培训；作业人员转岗、离岗一年以上重新上岗前，均需进行项目部（队、车间）、班组安全教育培训，经考核合格后上岗工作	12	查教育培训的相关记录。 无安全培训和考核记录等资料，不得分；缺安全培训和考核记录，每人次扣1分；未接受"三级"安全教育，每人次扣2分；安全教育培训内容不符合规定，每人次扣1分；在新工艺、新技术、新材料、新装备、新流程投入使用前，未对相关管理、作业人员进行专门安全教育培训，每人次扣2分；未按规定对转岗、离岗复工人员进行安全培训，每人次扣2分；未经安全培训考核合格就上岗，或发现员工不熟悉岗位安全操作规程，每人次扣2分		
	3.2　特种作业人员接受规定的安全作业培训，并取得特种作业操作资格证书后上岗作业；特种作业人员离岗6个月以上重新上岗，应经实际操作考核合格后上岗工作	13	查安全资格证书和相关记录。 无特种作业操作资格证书上岗作业，每人次扣2分；证书过期，每人次扣2分；离岗6个月以上未进行实际操作考核合格上岗工作，每人次扣2分；无特种作业人员档案资料，每人次扣1分		
	3.3　每年对在岗的作业人员进行不少于12学时的经常性安全生产教育和培训	5	查教育培训的相关记录。 每年未对在岗的人员进行不少于12学时的经常性安全生产教育和培训，每少10%扣2分		
4. 其他人员教育培训（12分）	4.1　督促分包单位对员工按照规定进行安全生产教育培训，经考核合格后进入施工现场；需持证上岗的岗位，不安排无证人员上岗作业	9	查对分包单位验证、备案和监督检查的记录资料。 承包单位无分包单位进场人员验证资料档案，不得分；分包单位未按照分工种进行入场安全生产教育培训，不得分；未进行安全培训考核，每人次扣2分；分包单位的安全管理人员、特种作业人员、岗位操作人员的持证上岗按（二）、（三）的规定执行		

续表

二级评审项目	三级评审项目	标准分值	评审方法及评分标准	自评/评审描述	实际得分
4. 其他人员教育培训（12分）	4.2 对外来参观、学习等人员进行有关安全规定、可能接触到的危险及应急知识等内容的安全教育和告知，并由专人带领做好相关监护工作	3	查相关记录。 对外来参观、学习等人员未进行有针对性的安全教育和危险告知，不得分；未提供相应劳保用品，不得分；无专人带领，不得分		
5. 安全文化建设（8分）	制定企业安全文化建设规划和计划，重视企业安全文化建设，营造安全文化氛围，形成企业安全价值观，促进安全生产工作。 采取多种形式的安全文化活动，形成全体员工所认同、共同遵守、带有本单位特点的安全价值观，形成安全自我约束机制	8	查安全文化建设相关文件和活动记录。 未制定规划和计划，不得分；未组织开展有特色的安全文化活动，扣3分；单位主要领导未参加安全活动，每次扣1分		
小计		70	得分小计		

六、施工设备管理

施工设备管理评分细则见表5-6。

表5-6　　　　　　　　　　施工设备管理（120分）

二级评审项目	三级评审项目	标准分值	评审方法及评分标准	自评/评审描述	实际得分
1. 设备基础管理（30分）	1.1 设备管理制度应包括设备租赁、安装（拆除）、验收、检测、使用、检查、保养维修、改造、报废等职责和流程	3	查制度文本。 无该项制度，或未以正式文件颁发，不得分；缺少内容或操作性差，每项扣1分		
	1.2 设置设备管理机构或配备设备管理专（兼）职人员，形成设备安全管理网络	4	查机构设置和人员配置文件。 无设备管理机构或未配备设备管理专（兼）职人员，不得分；未形成设备安全管理网络，每缺1个单位扣1分		
	1.3 特种设备安装（拆除）单位具备相应资质；安装（拆除）施工人员具备相应的能力和资格；安装（拆除）特种设备应编制技术方案，安排专人进行现场监督，安装完成后组织验收，并报请有关单位检验合格后投入使用	20	查设备管理的相关文件和记录，并查看现场。 特种设备安装（拆除）单位不具备相应资质，每项次扣5分；安装（拆除）施工人员不具备相应的能力和资格，每人次扣2分；特种设备安装（拆除）无技术方案，每台次扣3分；特种设备安装、拆除无人现场监督，每台次扣3分；特种设备安装未经验收，取得检定合格证书投入使用，每台次扣3分；特种设备未按要求进行定期检验，或检验不合格仍在使用，每台次扣3分		

续表

二级评审项目	三级评审项目	标准分值	评审方法及评分标准	自评/评审描述	实际得分
1. 设备基础管理（30分）	1.4　建立设备台账并及时更新；设备管理档案资料齐全、清晰，管理规范	3	查设备清单、管理档案及相关记录。 未建立设备台账，扣2分；设备台账信息未及时更新，扣1分；设备管理记录、档案资料填写不规范、收集不齐全，或设备相关证书等档案资料搜集不齐全、归档不及时，每项次扣1分		
2. 设备运行管理（75分）	2.1　设备检查：设备运行前应进行全面检查；运行过程中应按规定进行自检、巡检、旁站监督、专项检查、周期性检查，确保性能完好	10	查运行、检查记录并查看现场。 未按要求进行检查，每次扣2分		
	2.2　设备性能及运行环境：设备金属结构、运转机构、电气控制系统无缺陷，各部位润滑良好；安全保护装置齐全可靠；防护罩、盖板、梯子、护栏完备可靠；设备醒目的位置悬挂有标识牌、检验合格证及安全操作规程；设备干净整洁；基础、轨道符合要求；作业区域无障碍物，满足安全运行要求；同一区域有两台以上设备运行可能发生碰撞时，制定相应的安全措施	20	查相关记录并查看现场。 设备结构、运转机构、电气控制系统及重要零部件不符合安全要求，每项扣3分；安全保护装置不符合要求，每项扣3分；作业区域有不满足安全运行要求，每处扣3分；同一区域有两台以上设备运行可能发生碰撞，未制定相应的安全措施，每项扣3分		
	2.3　设备运行：设备操作人员严格按照操作规程运行设备，不带病运行，无违章操作，设备运行记录齐全	20	查相关记录并查看现场。 设备操作人员不按操作规程运行设备，每次扣3分；设备带病运行，每次扣3分；设备运行记录不齐全，每台次扣2分		
	2.4　设备维护保养：根据设备性能及安全状况对设备进行维修、保养；维修结束后应组织验收，合格后投入使用，并做好维修保养记录	10	查设备维护保养计划、相关记录并查看现场。 无设备维护保养计划，扣2分；不按规程或维修保养计划维修保养，每次扣2分；维修结束后未组织验收合格后投入使用，每次扣2分；无维修保养记录或记录不齐全，每项扣2分		
	2.5　租赁设备和分包单位的设备：设备租赁合同或工程分包合同中应明确双方的设备管理安全责任和设备技术状况要求等；租赁设备或分包单位的设备进入施工现场验收合格后投入使用；租赁设备或分包单位的设备应纳入本单位设备安全管理范围，按要求进行管理	15	查设备租赁合同或工程分包合同、相关记录并查看现场。 未签订合同，每台次扣3分；合同未明确双方安全责任，每项扣2分；进入施工现场的设备未组织验收合格后投入使用，每台次扣3分；未纳入本单位设备安全管理范围，扣3分		
3. 设备报废管理（15分）	设备报废：设备存在严重安全隐患，无改造、维修价值，或者超过规定使用年限，应当及时报废；已报废的设备及时拆除，退出施工现场	15	查设备台账、相关记录并查看现场。 设备存在严重安全隐患，无改造、维修价值的设备仍在现场使用，每台次扣3分；已报废的设备未及时拆除退出施工现场，每台扣3分		
小计		120	得分小计		

七、施工作业安全

施工作业安全评分细则见表5-7。

表5-7 施工作业安全（280分）

二级评审项目	三级评审项目	标准分值	评审方法及评分标准	自评/评审描述	实际得分
1. 现场管理和过程控制（130分）	1.1 施工现场管理 施工总体布局与分区合理，规范有序，符合国家安全文明施工、交通、消防、职业卫生、环境保护等有关规定。 施工道路完好通畅，消防设施齐全完好；施工、办公和生活用房严格按规范建造，无乱搭乱建；风、水、电管线，通信设施，施工照明等布置合理规范；现场材料、设备按规定定点存放，摆放有序，并符合消防要求；及时清除施工场所废料或垃圾，做到"工完、料尽、场地清"；设施设备、安全文明施工、交通、消防及紧急救护标志、标识清晰、齐全；施工现场卫生、急救、保健设施满足需求；施工生产区、生活区、办公区环境卫生符合有关规定	10	查相关图纸、文件及查看现场。 总体布局与区域划分违反安全生产、文明施工、交通安全、消防安全、职业卫生、环境保护等有关规定，每处扣2分；施工道路、消防设施不符合规定，每处扣1分；乱搭乱建施工、办公和生活用房，每处扣2分；风、水、电管线，通信设施，施工照明等不符合规定，每处扣1分；材料、设备摆放不规范，每处扣1分；施工场所废料或垃圾未及时清除，不符合环境卫生有关规定，每项扣1分；未设置清晰、齐全的标志、标识，每项扣2分；施工现场卫生、急救、保健设施不符合规定，每项扣2分		
	1.2 施工技术管理 对施工现场安全管理和施工过程的安全控制进行全面策划，编制安全技术措施，并进行动态管理；达到一定规模的危险性较大的工程应编制专项施工方案，超过一定规模的高边坡、深基坑、地下暗挖工程、高大模板工程等危险性较大工程编制的专项施工方案，应组织专家进行论证、审查；施工组织设计、施工方案等技术文件的编制、审核、批准、备案规范；施工前按规定分层次进行施工组织设计、施工方案交底，并在交底书上签字确认；专项施工方案实施时安排专人现场旁站、监督	30	查施工组织设计、施工方案文本和论证审查、交底、现场监督的记录并查看现场。 无安全技术措施，每项扣2分；施工组织设计，安全技术措施未按规定进行编制、审核、批准、备案，每项扣2分；未对危险源进行动态管理，每项工程扣3分；达到一定规模的险性较大的基坑支护与降水工程、土石方开挖工程、模板工程、起重吊装工程、脚手架工程、拆除与爆破工程、围堰工程及其他危险性较大的分部分项工程未编制专项施工方案，每项扣2分；超过一定规模的高边坡、深基坑、地下暗挖工程、高大模板工程等危险性较大工程的专项施工方案未组织专家进行论证、审查，每项扣2分；施工组织设计、施工方案未分级交底，或无书面交底记录或书面交底记录未履行签字手续，每项扣2分；专项施工方案实施无专人现场旁站、监督，每项扣2分		

二级评审项目	三级评审项目	标准分值	评审方法及评分标准	自评/评审描述	实际得分
1. 现场管理和过程控制（130分）	1.3 安全防护设施管理 临边、沟、坑、孔洞、交通梯道等危险部位的栏杆、盖板等设施齐全、牢固可靠；高处作业等危险作业部位按规定设置安全网等设施；施工通道稳固、畅通；垂直交叉作业等危险作业场所设置安全隔离棚；机械、传送装置等的转动部位安装可靠的防护栏、罩等安全防护设施；临水和水上作业有可靠的救生设施；暴雨、台风、暴风雪等极端天气前后组织有关人员对安全设施进行检查或重新验收	15	查相关记录并查看现场。 临边、沟、坑、孔洞、交通梯道等危险部位的栏杆、盖板等设施不齐全、牢固可靠，每项扣2分；高处作业等危险作业部位未按规定设置安全网等设施，每项扣2分；施工通道不稳固、畅通，每项扣2分；垂直交叉作业等危险作业场所未设置安全隔离棚，每项扣2分；机械、传送装置等的转动部位未安装可靠的防护栏、罩等安全防护设施，每项扣2分；临水和水上作业无可靠的救生设施，每项扣2分；暴雨、台风、暴风雪等极端天气前后未组织有关人员对安全设施进行检查或重新验收，每项扣2分		
	1.4 施工用电管理 按规定编制施工现场临时用电方案及安全技术措施，并经验收合格后投入使用；施工用电配电系统、配电箱、开关柜符合相关规定；自备电源与网供电源的连锁装置安全可靠；电气设备的金属外壳及铆工、焊工的工作平台和铁制的集装箱式办公室、休息室、工具间等均按规范装设接地或接零保护；轨道式起重机械的轨道较长时应每隔20m分段接地；施工现场内的起重机、井字架及龙门架等在相邻建筑物、构筑物的防雷装置的保护范围以外应设置防雷装置，防雷设施接地电阻满足相关要求；施工照明满足作业需要及规范要求；定期对接地、接零保护和防雷装置进行检测，对施工用电设施进行检查	15	查相关记录并查看现场。 未按规定编制施工用电专项方案及安全技术措施，每项扣2分；施工用电未经验收合格投入使用，每项扣2分；施工用电配电系统不符合"三级配电、两级保护"或"一机、一闸、一保护"要求，或用电线路架设不规范，或施工作业区照明不符合相关规程要求，每项扣2分；无可靠的自备电源与网供电源的连锁装置，不得分；未按规定设置接地或接零保护，每项扣2分；未按规定采取防雷措施，每项扣2分；未定期对防雷装置、接地、接零保护进行检测，对施工用电设施进行检查，每项扣2分		
	1.5 施工脚手架管理 制定脚手架搭设（拆除）、使用管理制度；大型脚手架、承重脚手架、特殊形式脚手架应经专门设计、方案论证，并严格执行审批程序；脚手架、脚手板的选材应符合规范要求；脚手架搭设（拆除）应按审批的方案进行交底；按审批的方案和规程规范搭设（拆除）脚手架，脚手架经验收合格后挂牌使用；在用的脚手架应定期检查和维护；在暴雨、台风、暴风雪等极端天气前后组织有关人员对脚手架进行检查或重新验收	15	查相关记录并查看现场。 无该项制度，或未以文件发布，扣3分；大型脚手架、承重脚手架、特殊形式脚手架未经专门设计、方案论证、审批，每项扣2分；脚手架、脚手板的选材不符合规范要求，每项扣2分；脚手架搭设（拆除）未按审批的方案进行交底，每项扣2分；脚手架未经验收合格后挂牌使用，每项扣2分；在用的脚手架未定期检查和维护，每项扣2分		

二级评审项目	三级评审项目	标准分值	评审方法及评分标准	自评/评审描述	实际得分
1. 现场管理和过程控制（130 分）	1.6 防洪度汛管理 有防洪度汛要求的工程应编制防洪度汛方案和超标准洪水应急预案；成立防洪度汛的组织机构和防洪度汛抢险队伍，配置足够的防洪度汛物资，并组织演练；施工进度应满足防洪度汛方案及超标准洪水应急预案要求；应开展防洪度汛专项检查，及时整改发现的问题；应建立畅通的水文气象信息渠道；应建立防洪度汛值班制度，并记录齐全	15	查相关记录并查看现场。 未按照设计要求和现场情况制定防洪度汛方案和应急预案，或未成立防洪度汛的组织机构，或未成立防汛抢险队伍，或未配置足够的防汛物资，不得分；汛前未组织演练，扣 2 分；施工进度不满足防洪度汛方案及应急预案要求，扣 2 分；未开展防洪度汛专项检查，及时整改发现的问题，扣 2 分；未建立水文气象信息渠道，或信息传递不及时，扣 2 分；未建立防汛值班制度，或防汛记录不齐全，扣 2 分		
	1.7 交通安全管理 制定交通安全管理制度；施工现场道路符合规范要求，交通安全防护设施齐全可靠，警示标志齐全完好；大型设备运输或搬运制定专项安全措施；定期对机动车辆检测和检验，保证机动车辆车况良好；现场机动车辆行驶时驾驶室外及车厢外不得载人，客用车辆不得超员行驶；车辆在施工区内应限速行驶；定期组织驾驶人员培训，严格驾驶行为管理	10	查相关记录并查看现场。 无该项制度，或未以文件发布，扣 3 分；施工现场道路不符合规范要求，每项扣 2 分；交通安全防护栏、防撞墩等设施不齐全可靠，每项扣 2 分；交通警示标志不齐全完好，每项扣 2 分；大型设备搬运未制定专项安全措施，每项扣 2 分；未定期对机动车辆进行检测和检验，每项扣 2 分；机动车辆驾驶室外及车厢外载人行驶或超载行驶，每人次扣 2 分；凡无证驾驶、或疲劳驾驶、或酒后驾驶机动车辆，或使用报废车辆，不得分		
	1.8 消防安全管理 制定消防管理制度，建立健全消防安全组织机构，落实消防安全责任制，建立防火重点部位或场所档案；仓库、宿舍、加工场地及重要设备旁配有足够的灭火器材等消防设施设备，并建立消防设施设备台账；消防设施设备有防雨、防冻措施，并定期进行检查、试验，确保设施完好；防火重点部位或场所以及禁止明火区需动火作业时，严格执行动火审批制度；组织开展消防培训和演练	10	查相关文件记录并查看现场。 无该项制度，或未以文件发布，扣 3 分；未建立健全消防安全组织机构、落实消防安全生产责任制，每项扣 2 分；未建立消防设施设备台账、防火重点部位或场所档案，每项扣 2 分；仓库、宿舍、加工场地及重要设备旁未配备足够的灭火器材等消防设施设备，每项扣 2 分；消防设施设备未定期进行检查、试验，每项扣 2 分；防火重点部位或场所以及禁止明火区动火作业时未严格执行动火审批制度，每项扣 2 分；未组织开展消防培训和演练，每项扣 2 分		

续表

二级评审项目	三级评审项目	标准分值	评审方法及评分标准	自评/评审描述	实际得分
1. 现场管理和过程控制（130 分）	1.9　易燃易爆危险化学品管理 易燃易爆危险化学品运输应符合相关规定；现场存放炸药、雷管等，得到当地公安部门的许可，并分别存放在专用仓库内，指派专人保管，严格领、退制度；氧气、乙炔、油品等危险品仓库屋面采用轻型结构，并设置气窗及底窗，门、窗向外开启；有避雷及防静电接地设施，并选用防爆电器；氧气瓶、乙炔瓶应放置平稳，不得靠近热源或在太阳下暴晒，并满足与明火的距离不小于 10m 的要求；运输易燃易爆等危险物品，应按当地公安部门的有关规定提出申请，经批准后方可进行	10	查相关记录并查看现场。 易燃易爆危险化学品运输不符合相关规定，每项扣 2 分；现场存放炸药、雷管等易燃易爆品未得到当地公安部门许可，不得分；易燃易爆危险化学品仓库结构或通风条件不满足要求，或未安装避雷及防静电接地设施，或未选用防爆电器，每项扣 2 分；炸药、雷管等易燃易爆品未分别存放在专用仓库内，每项扣 2 分；炸药、雷管等易燃易爆品未指派专人保管，每项扣 2 分；炸药、雷管等未严格执行领、退料制度，每项扣 2 分；现场有乙炔瓶卧放，或氧气瓶、乙炔瓶放置不平稳，或靠近热源或在太阳下曝晒，或不满足安全距离，每项扣 2 分；运输易燃易爆等危险物品，不符合规定，每项次扣 2 分		
2. 作业行为管理（90 分）	2.1　高边坡或基坑作业 施工前，在地面外围设置截、排水沟，并在开挖开口线外设置防护栏；排架、作业平台搭设稳固，底部生根，杆件绑扎牢固，跳板满铺，临空面设置防护栏杆和防护网；自上而下清理坡顶和坡面松碴、危石、不稳定物体，不在松碴、危石、不稳定物体上或下方作业；垂直交叉作业应设隔离防护棚，或错开作业时间；对断层、裂隙、破碎带等不良地质构造的高边坡，按设计要求采取支护措施，并在危险部位设置警示标志；严格按要求放坡，作业时随时注意边坡的稳定情况，发现问题及时加固处理；人员上下高边坡、基坑走专用爬梯；安排专人监护、巡视检查，并及时进行分析、反馈监护信息；高处作业人员同时系挂安全带和安全绳	10	查相关文件和记录并查看现场。 地面外围未设置截、排水沟，或未在开挖开口线外设置防护栏，每处扣 2 分；排架、作业平台不稳固，或底部未生根、或杆件绑扎不牢固、或跳板未满铺，或临空面未设置防护栏杆和防护网，每处扣 2 分；未按自上而下的原则清理坡顶和坡面松碴、危石、不稳定物体，或在松碴、危石、不稳定物体上或下方作业，每处扣 2 分；垂直交叉作业未设隔离防护棚，或未错开作业时间，每处扣 2 分；对断层、裂隙、破碎带等不良地质构造的高边坡，未按设计要求采取支护措施，危险部位未设置警示标志，每处扣 2 分；未按要求放坡，每处扣 2 分；未设置人员上下高边坡、基坑的专用爬梯，每处扣 2 分；未安排专人监护、巡视检查，并及时分析、反馈监护信息，每处扣 2 分；高处作业人员未系挂安全带或安全绳，每人次扣 2 分		

二级评审项目	三级评审项目	标准分值	评审方法及评分标准	自评/评审描述	实际得分
2. 作业行为管理（90分）	**2.2 洞室作业** 进洞前，做好坡顶排水系统；Ⅲ、Ⅳ类以上围岩开挖除对洞口进行加固外，应在洞口设置防护棚；洞口边坡上和洞室的浮石、危石应及时处理，并按设计要求及时支护；交叉洞室在贯通前优先安排锁口锚杆的施工；有防止水淹洞室的措施；洞内渗漏水应集中引排处理，排水通畅；有瓦斯等有害气体的防治措施；按设计要求布置安全监测系统，及时进行监测、分析、反馈观测资料，并按规定进行巡视检查；遇不良地质构造或易塌方地段，有害气体逸出及地下涌水等突发事件，立即停工，并撤至安全地点；洞内照明、通风、除尘满足规范要求	10	查相关文件和记录并查看现场。 Ⅲ、Ⅳ类围岩开挖未对洞口进行加固，或未在洞口设置防护棚，每处扣2分；洞口边坡上和洞室的浮石、危石未及时处理，或未按设计要求及时支护，每处扣2分；交叉洞室在贯通前未优先安排锁口锚杆施工，每处扣2分；未按设计要求布置安全检测系统，或未进行安全检测，每处扣2分；洞顶排水系统不完善，或洞内排水不通畅，每处扣2分；无防止水淹洞室的措施，不得分；无瓦斯等有害气体的防治措施，不得分；遇不良地质构造或易塌方地段，有害气体逸出及地下涌水等突发事件未及时处置，不得分；洞内照明、通风除尘不满足规范要求，每处扣2分		
	2.3 爆破作业 爆破作业前进行爆破试验和爆破设计，并严格履行审批手续；装药、堵塞、网络联结以及起爆，由爆破负责人统一指挥，爆破员按爆破设计和爆破安全规程作业；爆破影响区采取相应安全警戒和防护措施；爆破作业时操作人员持证上岗，并有专人现场监控	10	查相关文件和记录并查看现场。 爆破作业前爆破设计未通过审批，不得分；爆破影响区未采取相应安全警戒和防护措施，不得分；爆破作业未严格执行爆破设计和爆破安全规程，每人次扣2分；爆破作业人员无证上岗，每人次扣2分；爆破作业无专人现场监控，每项次扣2分		
	2.4 水上作业 施工船舶应取得合法的船舶证书和适航证书，并获得安全签证，在适航水域作业；水上作业有稳固的施工平台和梯道；临水、临边设置牢固可靠的栏杆和安全网；平台上的设备固定牢固，作业用具随手放入工具袋；作业平台上配齐救生衣、救生圈、救生绳和通信工具；作业人员正确穿戴救生衣、安全帽、防滑鞋、安全带；作业人员经培训考核合格后持证上岗，并定期进行体格检查；雨雪天气进行水上作业，采取防滑、防寒、防冻措施，水、冰、霜、雪及时清除；遇到六级以上强风等恶劣天气不进行水上作业，暴风雪和强台风后全面检查，消除隐患；施工平台、船舶设置明显标识和夜间警示灯	10	查相关记录并查看现场。 施工船舶未取得合法的船舶证书和适航证书，或未获得安全签证，每项扣2分；水上作业的施工平台或梯道不符合安全要求，或临水临边的栏杆和安全网不符合安全要求，每项扣2分；施工平台上的设备固定不牢固，或作业用具未放入工具袋，每项扣2分；作业平台上的救生衣、救生圈、救生绳、通信工具不符合安全要求，或作业人员未正确穿戴救生衣、安全帽、防滑鞋、安全带，每项扣2分；作业人员未持证上岗或未定期进行体格检查，每人次扣2分；雨雪天气进行水上作业，防滑、防寒、防冻措施不符合安全要求，或水、冰、霜、雪未及时清除，每项扣2分；六级以上强风等恶劣天气进行水上作业，或暴风雪和强台风后未全面检查，消除隐患，每项扣2分；施工平台和船舶未设置明显标识和夜间警示灯，每项扣2分		

续表

二级评审项目	三级评审项目	标准分值	评审方法及评分标准	自评/评审描述	实际得分
2. 作业行为管理（90分）	2.5　高处作业 　　高处作业人员体检合格后上岗作业，登高架设作业人员持证上岗；坝顶、陡坡、悬崖、杆塔、吊桥、脚手架、屋顶以及其他危险边沿进行悬空高处作业时，临空面搭设安全网或防护栏杆，且安全网随着建筑物升高而提高；登高作业人员正确佩戴和使用合格的安全防护用品；有坠落危险的物件应固定牢固，无法固定的应先行清除或放置在安全处；雨天、雪天高处作业，应采取可靠的防滑、防寒和防冻措施；遇有六级及以上大风或恶劣气候时，应停止露天高处作业；高处作业现场监护应符合相关规定	10	查相关记录并查看现场。 　　高处作业人员未经体检合格上岗，或登高架设人员无证上岗，每人扣2分；搭设的安全网或防护栏不规范，每处扣2分；有坠落危险的物件未固定牢固，或未先行清除或未放置在安全处，每项扣2分；雨天、雪天高处作业，未采取可靠的防滑、防寒和防冻措施，每项扣2分；登高作业人员未正确使用安全防护用品，每人扣2分；在6级及以上大风或恶劣气候条件下从事高处作业，扣3分；高处作业现场未按相关规定安排人员监护，扣2分		
	2.6　起重作业 　　起重作业前对设备、工器具进行认真检查，确保功能正常，满足安全要求；指挥和操作人员持证上岗，按操作规程作业，信号传递畅通；大件吊装办理审批手续，并有施工技术负责人在场指导；严禁以运行的设备、管道以及脚手架、平台等作为起吊重物的承力点；利用构筑物或设备的构件作为起吊重物的承力点时，应经核算；照明不足或恶劣气候或风力达到六级及以上时，不进行起吊作业	10	查相关记录并查看现场。 　　起重作业机械及工器具性能、功能不满足安全要求，每台套扣2分；起重作业指挥和操作人员无证上岗、未严格按操作规程作业或信号传递不畅通，每人次扣2分；大件吊装未办理审批手续，或无施工技术负责人现场指导，每项次扣2分；外部环境条件不足强行起吊，不得分；违反规程进行起重吊装作业，每次扣2分		
	2.7　临近带电体作业 　　作业前制定安全防护措施，办理安全施工作业票，安排专人监护；作业时施工人员、机械与带电线路和设备的距离必须大于最小安全距离，并有防感应电措施；当与带电线路和设备的作业距离不能满足最小安全距离的要求时，向有关电力部门申请停电，否则严禁作业	5	查相关记录并查看现场。 　　作业前未制定安全防护措施，或未办理审批，不得分；作业时现场无专人监护，或违反操作规程作业，每人次扣2分；作业时施工人员、机械与带电线路和设备的距离小于最小安全距离，不得分		
	2.8　焊接作业 　　焊接前对设备进行检查，确保性能良好，符合安全要求；焊接作业人员持证上岗，按规定正确佩戴个人防护用品，严格按操作规程作业；进行焊接、切割作业时，有防止触电、灼伤、爆炸和金属飞溅引起火灾的措施，并严格遵守消防安全管理规定；焊接作业结束后，作业人员清理场地、消除焊件余热、切断电源，仔细检查工作场所周围及防护设施，确认无起火危险后离开	10	查相关记录并查看现场。 　　焊接设备不符合安全要求，不得分；焊接作业人员未持证上岗，每人次扣2分；焊接作业人员未按规定正确佩戴个人防护用品，每人次扣2分；焊接作业人员未严格按操作规程作业，每人次扣2分；焊接、切割作业无防止触电、灼伤、爆炸和金属飞溅引起火灾的安全措施，每项扣2分；焊接作业结束后，未切断电源，仔细检查确认无起火危险后离开，每人次扣2分		

续表

二级评审项目	三级评审项目	标准分值	评审方法及评分标准	自评/评审描述	实际得分
2. 作业行为管理（90分）	2.9　交叉作业 制定协调一致的安全措施，并进行充分的沟通和交底，且应有专人监护；垂直交叉作业搭设严密、牢固的防护隔离设施；交叉作业时，不上下投掷材料、边角余料，工具放入袋内，不在吊物下方接料或逗留	10	查相关记录并查看现场。 未制定协调一致的安全措施，或未进行充分的沟通和交底，或无专人监护，每项扣2分；垂直交叉作业未采取安全隔离措施或其他安全措施，每项扣2分；交叉作业时，投掷工具、材料、边角余料，或在吊物下方接料或逗留，每项扣2分		
	2.10　纠正和预防 对施工生产过程中的不安全行为进行定期分类、汇总和分析，制定针对性控制措施	5	查相关记录。 未定期进行分类、汇总和分析，不得分；未制定针对性的控制措施，每项扣3分		
3. 警示标志（25分）	3.1　施工现场安全警示标志、标牌使用管理制度应包括安全警示标志、标牌的采购、制作、安装和维护等内容	3	查制度文本。 无该制度，或未以正式文件颁发，不得分；施工现场安全警示标志、标牌使用管理规定不符合《安全标志及其使用导则》（GB 2894—2008）标准的要求，不完善、有缺陷、操作性差，每项扣1分		
	3.2　在施工现场危险场所、危险部位设置明显的符合国家标准的安全警示标志、标牌，进行危险提示、警示，告知危险的种类、后果及应急措施等，危险处所夜间应设红灯示警；标志、标牌规范、整齐并定期检查维护，确保完好	15	查相关记录及查看现场。未按照标准在施工现场入口处、施工起重机械、临时供用电设施、脚手架、出入通道口、楼梯口、电梯井口、孔洞口、桥梁口、隧道口、基坑边缘、爆破物及有害危险气体和液体存放处等危险场所、部位设置明显的符合国家标准的安全标识、标志，或标识、标志设置有缺陷，每处扣2分；标志、标牌设置不规范，每处扣2分		
	3.3　在危险作业现场设置警戒区、安全隔离设施和醒目的警示标志，并安排专人现场监护	7	查看现场。爆破作业、大型设备设施安装、拆除等危险作业现场未设置警戒区域或安全隔离设施和警示标志，每处扣2分；未安排专人现场监护，每处扣2分		

二级评审项目	三级评审项目	标准分值	评审方法及评分标准	自评/评审描述	实际得分
4. 相关方管理（25分）	4.1　工程分包、劳务分包、设备物资采购、设备租赁管理制度应明确各管理层次和部门管理职责和权限，包括分包方的评价和选择、分包招标合同谈判和签约、分包项目实施阶段的管理、分包实施过程中或结束后的再评价等	3	查制度文本。 无该项制度，或未以正式文件颁发，不得分；制度不全面、操作性差，每项扣1分		
	4.2　对分包方进行全面评价和定期再评价，建立并及时更新合格分包方名录和档案	3	查承包合同、建设单位审批工程分包的批文、对分包方评价的资料档案和合格分包方目录等。 未建立或及时更新合格分包方名录和档案，扣1分；收集资料和评价的内容（包括经营许可和资质证明；专业能力；人员结构和素质；机具装备；技术质量、安全、施工管理的保证能力；工程业绩和信誉）缺少，每少1项扣1分		
	4.3　确认分包方具有相应资质和能力，按规定选择分包方；依法与分包方签订分包合同和安全生产协议，明确双方安全生产责任和义务	7	查分包合同、相关记录和资料。 工程分包未经建设单位允许，或将工程整体转包或将主体工程分包，或分包方将所承包的工程进行转包，不得分；分包方无企业施工资质证书或企业施工资质证书不在有效期内或承接的项目超出企业施工资质范围，不得分；分包方无安全生产许可证书或安全生产许可证书不在有效期内或安全生产许可证书被暂扣，不得分；分包合同未明确双方安全责任，不得分		
	4.4　对分包方进场人员和设备进行验证；督促分包方对进场作业人员进行安全教育，考试合格后进入现场作业；对分包方人员进行安全交底；审查分包方编制的安全施工措施，并督促落实；定期识别分包方的作业风险，督促落实安全措施	8	查分包过程控制的相关记录和资料。 无对分包方进场人员或设备进行验证的记录，每少1项扣2分；分包方项目经理、安全生产管理人员、操作人员不符合相应的安全资格管理要求，按五、教育培训的规定执行；分包方操作人员安全考试不合格者进入现场作业，每人次扣1分；无对分包方人员安全交底的记录，每项扣2分；未定期识别分包方的作业风险，督促落实安全措施，不得分		
	4.5　同一作业区域内有多个单位作业时，定期识别风险，采取有效的风险控制措施	4	查相关记录和资料并查看现场。 未定期进行风险评估，不得分；风险控制措施缺乏针对性、操作性，每个扣1分；未签订安全协议，每个项目扣1分（同一工程有多个承包单位共同施工时，按此要求考核）		

续表

二级评审项目	三级评审项目	标准分值	评审方法及评分标准	自评/评审描述	实际得分
5. 变更管理（10分）	5.1 组织机构、施工人员、施工方案、设备设施、作业过程及环境发生变化时，严格执行审批程序，及时制定变更实施计划	3	查相关文件和记录。 变更未履行变更审批或未及时制定变更实施计划，不得分		
	5.2 及时对变更后所产生的风险和隐患进行辨识、评价；根据变更内容制定相应的施工方案及措施，并对作业人员进行专门的交底；变更完工后应进行验收	7	查相关记录。 未对变更导致的风险或隐患进行辨识、评价，制定变更施工方案或措施，不得分；变更施工方案及措施未交底，每项扣2分；变更完工后未进行验收，每项扣2分		
小计		280	得分小计		

八、隐患排查和治理

隐患排查和治理评分细则见表5-8。

表5-8　　　　　　　　　隐患排查和治理（80分）

二级评审项目	三级评审项目	标准分值	评审方法及评分标准	自评/评审描述	实际得分
1. 隐患排查（35分）	1.1 安全检查及隐患排查制度应明确排查的责任部门和人员、范围、方法和要求等。范围包括所有与施工生产有关的场所、环境、人员、设备设施和活动；方式包括定期综合检查、专业专项检查、季节性检查、节假日检查、日常检查等	3	查制度文本。 无该项制度，或未以正式文件颁发，不得分；制度不全面、操作性差，每项扣1分		
	1.2 按照安全检查及隐患排查制度的规定，对所有与施工生产有关的场所、环境、人员、设备设施和活动组织进行定期综合检查、专业专项检查、季节性检查、节假日检查、日常检查等	22	查检查记录。 未按安全检查及隐患排查制度组织进行排查，不得分；无隐患排查方案，每次扣3分；隐患排查的范围每缺少1类或缺少1次，扣2分；缺少1类检查表扣2分；检查表无人签字或签字不全，每次扣1分；有隐患未排查出来，每处扣3分		
	1.3 对隐患进行分析评价，确定隐患等级，并登记建档	10	查评价记录和档案。 无隐患汇总登记台账，不得分；无隐患评价分级，不得分；隐患登记档案资料不全，每处扣2分		

续表

二级评审项目	三级评审项目	标准分值	评审方法及评分标准	自评/评审描述	实际得分
2. 隐患治理（35分）	2.1　危害和整改难度较小，发现后能够立即整改排除的一般事故隐患，应立即组织整改排除；重大事故隐患应制定隐患治理方案，治理方案内容包括目标和任务、方法和措施、经费和物资、机构和人员、时限和要求；重大事故隐患在治理前应采取临时控制措施并制订应急预案。隐患治理措施可包括工程技术措施、管理措施、教育措施、防护措施、应急措施等	25	查治理记录。一般事故隐患，未立即组织整改排除，每项扣2分；重大事故隐患无治理方案，每项扣5分；重大隐患治理前未采取临时控制措施并制订应急预案，每项扣5分		
	2.2　隐患治理完成后及时进行验证和效果评估	10	查隐患治理验收和评价记录。未及时进行验证，形成闭环管理，每项扣3分；未进行效果评估，每项扣2分		
3. 预测预警（10分）	3.1　采取多种途径及时获取水文、气象等信息，在接到自然灾害预报时，及时发出预警信息	5	查相关文件和记录。在接到暴雨、台风、洪水、滑坡、泥石流等自然灾害预报时未及时发出预警信息，每项次扣2分		
	3.2　每季、每年对本单位事故隐患排查治理情况进行统计分析，开展安全生产预测预警	5	查相关记录。未按规定对安全隐患排查等相关数据进行统计分析，不得分；未每季召开安全生产风险分析会，并通报安全生产状况及发展趋势，每次扣2分；未对反映的问题及时采取针对性措施，每项扣2分		
小计		80	得分小计		

九、重大危险源监控

重大危险源监控评分细则见表5－9。

表5－9　　　　　重大危险源监控（80分）

二级评审项目	三级评审项目	标准分值	评审方法及评分标准	自评/评审描述	实际得分
1. 辨识与评估（20分）	1.1　危险源管理制度应明确危险源辨识、评价和控制的职责、方法、范围、流程等要求	3	查制度文本。无该项制度，或未以正式文件颁发，不得分；制度不齐全、操作性差，每项扣1分		
	1.2　按规定进行施工安全、自然灾害等危险源辨识、评价，确定危险等级	17	查危险源辨识、评价的记录和清单。未进行危险源辨识、评价，不得分；辨识、评价有漏项或不准确，每处扣2分；未确定重大危险源，扣3分		

二级评审项目	三级评审项目	标准分值	评审方法及评分标准	自评/评审描述	实际得分
2. 登记建档与备案（10分）	2.1 对评价确认的重大危险源，及时登记建档	7	查危险源清单和档案资料。 无重大危险源档案资料，不得分；档案资料不全，每项扣1分		
	2.2 按规定，将重大危险源向主管部门备案	3	查报备案资料。 应备案未备案，不得分；备案资料不全，每个扣1分		
3. 监控与管理（50分）	3.1 明确危险源的各级监管责任人和监管要求，严格落实分级控制措施	12	查相关记录并现场抽查。 现场施工人员不清楚本岗位有关危险源及其控制措施，每人次扣2分；管理方案、施工技术方案、安全措施未实施，不得分；管理方案、施工技术方案、安全措施实施后未进行验收，每项扣2分；无监控责任人，每项扣2分		
	3.2 高边坡滑坡、洞室坍塌、泥石流等重大危险采取及时支护等预防措施，并专人巡视	22	查相关记录和查看现场。 未按要求及时支护，不得分；无专人巡视，每项扣2分		
	3.3 根据施工进展，对危险源实施动态的辨识、评价和控制	8	查相关记录。 未开展危险源动态辨识、评价和控制，不得分；辨识的危险源和控制措施未告知，每项扣2分		
	3.4 在危险性较大作业现场设置明显的安全警示标志和警示牌（内容包含名称、地点、责任人员、事故模式、控制措施等）	8	查看现场。 危险性较大作业现场无安全警示标志，不得分；内容不全，每处扣2分；警示标志污损或不明显，每处扣2分		
小计		80	得分小计		

十、职业健康管理

职业健康管理评分细则见表5-10。

表5-10 **职业健康管理（60分）**

二级评审项目	三级评审项目	标准分值	评审方法及评分标准	自评/评审描述	实际得分
1. 职业健康管理（30分）	1.1 职业健康管理制度应明确职业危害的监测、评价和控制的职责和要求；明确为员工配备相适应的劳动防护用品，教育并监督作业人员按照规定正确佩戴、使用个人劳动防护用品的职责和要求	3	查制度文本。 无该项制度，或未以正式文件颁发，不得分；制度不齐全、操作性差，每项扣1分		

续表

二级评审项目	三级评审项目	标准分值	评审方法及评分标准	自评/评审描述	实际得分
1. 职业健康管理（30分）	1.2 为从业人员提供符合职业健康要求的工作环境和条件，配备相适应的职业健康保护设施、工具和用品	6	查相关文件、个人防护用品台账、相关记录和检查现场。 施工环境和工作条件达不到标准要求（砂石料生产、岩石钻孔作业、混凝土生产等粉尘、噪声作业场所的防尘、降噪、隔音设施有缺陷；有化学伤害场所防护设施有缺陷；氨压系统等毒物危害场所的防护设施有缺陷；夏季高温作业无防暑降温措施；冬季高寒作业无防寒保暖措施、放射源等防护设施有缺陷等），每处扣2分；未为员工配备相适应的劳动防护用品，或员工在施工现场不按规定正确佩戴、使用劳动防护用品，或使用不合格劳动防护用品，每人次扣1分		
	1.3 制定职业危害场所检测计划，定期对职业危害场所进行检测，并将检测结果存档	3	查相关记录和档案。 未定期检测，不得分；检测的周期、地点、有毒有害因素等不符合要求，每项扣1分；结果未存档，每次扣1分		
	1.4 砂石料生产系统、混凝土生产系统、钻孔作业、洞室作业等场所的粉尘、噪声、毒物指标符合有关标准的规定	4	查监测记录并查看现场。 粉尘、噪声、毒物等指标不符合有关标准要求，每处扣1分		
	1.5 在可能发生急性职业危害的有毒、有害工作场所，设置报警装置，制定应急处置预案，配置现场急救用品	4	查相关记录和查看现场。 无报警装置，不得分；报警装置不能正常工作，每处扣1分；无应急处置方案，不得分；无急救用品、应急撤离通道，不得分		
	1.6 指定专人负责保管防护器具，并定期校验和维护，确保其处于正常状态	3	查相关记录和查看现场。 未指定专人保管，不得分；未定期校验和维护，每项次扣1分；校验和维护记录未存档，不得分		
	1.7 按规定安排相关岗位人员进行职业健康检查，建立健全职业卫生档案和员工健康监护（包括上岗前、岗中和离岗前）档案	4	查相关记录和档案。 无健康档案，不得分；员工入厂和离岗健康检查每少1人，扣1分；健康档案内容不全，每缺1项资料，扣1分		
	1.8 按规定给予职业病患者及时的治疗、疗养；患有职业禁忌症的员工，应及时调整到合适岗位	3	查相关记录和档案。 职业病患者未得到及时治疗、疗养，每人扣1分；患有职业禁忌症的员工没有及时调整到合适岗位，每人扣1分		

续表

二级评审项目	三级评审项目	标准分值	评审方法及评分标准	自评/评审描述	实际得分
2. 职业危害告知和警示（8分）	2.1　与员工订立劳动合同时，如实告知作业过程中可能产生的职业危害及其后果、防护措施等	4	查劳动合同和相关记录。 未在劳动合同中写明职业危害及其后果等或未签劳动合同，每人次扣1分		
	2.2　对存在严重职业危害的作业人员进行警示教育，使其了解施工过程中的职业危害、预防和应急处理措施；在严重职业危害的作业岗位，设置警示标志和警示说明，警示说明应载明职业危害的种类、后果、预防以及应急救治措施	4	查培训记录并查看现场。 存在严重职业危害的作业岗位，未设置警示标志和警示说明，每项扣1分；警示标志和警示说明不符合要求，每项扣1分		
3. 职业危害申报（6分）	按《作业场所职业危害申报管理办法》（国家安监总局第27号令）规定，及时、如实向安全生产监督管理部门申报生产过程存在的职业危害因素。发生变化后及时补报	6	查申报资料。 无申报材料，不得分；未及时补报，每次扣2分		
4. 工伤保险（16分）	4.1　按规定及时办理保险（工伤保险、意外伤害保险）	8	查企业为员工交纳保险凭证及相关记录。 未办理，不得分；无缴费相关资料，不得分；保险办理率不足100%，每低2%扣1分		
	4.2　受伤员工及时获得相应的保险待遇	8	查相关记录。 有关工伤保险评估、年费、返回资料、赔偿等资料不全，每缺1项扣2分；工伤等级鉴定每少1人，扣2分		
小计		60	得分小计		

十一、应急救援

应急救援评分细则见表5-11。

表5-11　　　　　　　　　应急救援（50分）

二级评审项目	三级评审项目	标准分值	评审方法及评分标准	自评/评审描述	实际得分
1. 应急机构和队伍（6分）	建立安全生产应急管理机构或指定专人负责安全生产应急管理工作；建立相适应的专（兼）职应急救援队伍或指定专（兼）职应急救援人员。必要时与当地具备能力的应急救援队伍签订应急支援协议	6	查相关文件和人员管理记录。 未设置应急管理机构或没有指定专人负责应急管理工作，不得分；未建立应急救援队伍或未明确应急救援人员，不得分		

续表

二级评审项目	三级评审项目	标准分值	评审方法及评分标准	自评/评审描述	实际得分
2. 应急预案（12分）	2.1 在危险源辨识、风险分析的基础上，根据《生产经营单位安全生产事故应急预案编制导则》（AQ/T 9002）的要求，建立健全生产安全事故应急预案体系（包括综合预案、专项预案、现场处置方案等），项目部的应急预案体系应与项目法人和地方政府的应急预案体系保持一致	8	查应急预案文本。 无应急预案，或未以正式文件颁发，不得分；应急预案不齐全，每缺1个扣2分；应急预案不完善、操作性差，每个扣1分；重点作业岗位无应急处置方案或措施，每个扣2分；有关人员不熟悉应急预案或应急处置方案措施，每人次扣1分		
	2.2 建立应急预案评审制度，并根据评审结果和实际情况进行修订和完善	4	查相关记录和应急预案文本。 未定期评审应急预案或无评审记录，不得分；未根据评审结果或实际情况的变化修订，每个扣1分；修订后未正式发布或培训，每个扣1分		
3. 应急设施、装备、物资（12分）	3.1 建立应急资金投入保障机制，妥善安排应急管理经费，储备应急物资，建立应急装备和应急物资台账，明确存放地点和具体数量	6	查相关记录和查看现场。 未建立应急资金投入保障机制，应急装备、物质不满足要求，每类扣2分；无台账扣2分；实际与台账不符，每处扣1分		
	3.2 对应急装备和物资进行经常性的检查、维护，确保其完好、可靠	6	查相关记录和查看现场。 无检查、维护记录，不得分；检查、维护、保养记录缺少，每项扣1分		
4. 应急演练（10分）	4.1 每年至少组织1次生产安全事故应急知识培训和演练，操作人员、专（兼）职应急救援人员掌握直接相关的应急知识	5	查培训演练的记录。 未组织培训演练，不得分；操作人员、专（兼）职应急救援人员不熟悉相关应急知识，每人次扣1分		
	4.2 对应急演练的效果进行评估，并根据评估结果，修订、完善应急预案	5	查相关记录。 无应急演练的效果评估报告，不得分；未根据评估的意见修订应急预案或应急处置措施，每项扣1分		
5. 事故救援（10分）	5.1 发生事故后，立即采取应急处置措施，启动相关应急预案，开展事故救援，必要时寻求社会支援	5	查相关记录。 发生事故未迅速启动应急预案，不得分；因应急指挥系统失灵或应急人员未履行职责等而导致事故扩大，未达到预案要求，每次扣2分		
	5.2 应急救援结束后，应尽快完成善后处理、环境清理、监测等工作，并总结应急救援工作	5	查相关记录。 无应急救援总结，不得分；未全面总结评价、改进应急救援工作，每次扣2分		
小计		50	得分小计		

十二、事故报告、调查和处理

事故报告、调查和处理评分细则见表 5 - 12。

表 5 - 12　　　　　　　事故报告、调查和处理（30 分）

二级评审项目	三级评审项目	标准分值	评审方法及评分标准	自评/评审描述	实际得分
1. 事故报告（10 分）	1.1　生产安全事故报告、调查和处理制度应明确事故报告、事故调查、原因分析、纠正和预防措施、责任追究、统计与分析等内容	3	查制度文本。 无该项制度，或未以正式文件颁发，不得分；制度内容不齐全、操作性差，每项扣 1 分		
	1.2　发生事故后按照有关规定及时、准确、完整的向有关部门报告	3	查事故上报的记录和相关记录档案。 未及时报告，不得分；报告事故的信息内容和形式与规定不相符，扣 1 分；有谎报、瞒报事故，不得评定为安全生产标准化企业		
	1.3　发生事故后，主要负责人或其代理人立即到现场组织抢救，采取有效措施，防止事故扩大，并保护事故现场及有关证据	4	查相关记录。 有一次未到现场组织抢救，不得分；有 1 次未采取有效措施，导致事故扩大，不得分；未有效保护现场及有关证据，不得分		
2. 事故调查和处理（20 分）	2.1　按照有关规定的要求，组织事故调查组或配合有关部门对事故进行调查，查明事故发生的时间、经过、原因、人员伤亡情况及直接经济损失等，并编制事故调查报告	6	查事故调查报告、相关文件及结案记录资料。 企业内部无调查报告，不得分；企业内部调查报告内容不全，每次扣 2 分；有关部门的调查报告未保存和公开，每次扣 2 分		
	2.2　按照"四不放过"的原则，对事故责任人员进行责任追究，落实防范和整改措施	6	查事故结案的文件、记录和资料。 未按"四不放过"的原则处理，不得分；责任追究不落实，每人次扣 2 分；未落实防范和整改措施，每次扣 2 分；对整改措施未进行验证，每次扣 2 分		
	2.3　妥善处理伤亡人员的善后工作，并按照《工伤保险条例》办理工伤，及时申报工伤认定材料，并保存档案	4	查相关文件记录和资料。 未及时办理工伤认定，不得分；工伤档案保存不完整，每人次扣 1 分		
	2.4　建立完善的事故档案和事故管理台账，并定期对事故进行统计分析	4	查事故档案和事故台账。 未建立事故管理档案，不得分；未定期进行事故统计分析，不得分；未建立事故管理台账，扣 1 分；事故档案或资料不全，每项扣 1 分；发生的事故与台账、档案不相符，每项扣 1 分		
	小计	30	得分小计		

十三、绩效评定和持续改进

绩效评定和持续改进评分细则见表 5 - 13。

表 5 - 13　　　　　　　　绩效评定和持续改进（30 分）

二级评审项目	三级评审项目	标准分值	评审方法及评分标准	自评/评审描述	实际得分
1. 绩效评定（15 分）	1.1　安全标准化绩效评定制度应明确评定的组织、时间、人员、内容与范围、方法与技术、报告与分析等要求	3	查制度文本。 无该项制度，或未以正式文件颁发，不得分；制度内容不全、针对性不强、操作性差，每项扣 1 分		
	1.2　每年至少组织 1 次安全标准化实施情况的检查评定，验证各项安全生产制度措施的适宜性、充分性和有效性，检查安全生产工作目标、指标的完成情况，提出改进意见，形成评定报告。发生死亡事故后，重新进行评定	6	查相关文件和记录。 每年 1 次的检查评定报告未形成正式文件，或主要负责人未组织和参与评定，不得分；无对上年度评定中提出的纠正措施落实效果的评价，扣 2 分；发生死亡事故后未及时重新进行检查评定，不得分		
	1.3　评价报告以企业正式文件下发，向所有部门、所属单位通报安全标准化工作评定结果	3	查相关文件记录和现场抽查。 未通报，不得分；有关部门人员对相关内容不清楚，每人次扣 1 分		
	1.4　将安全标准化工作评定结果，纳入单位年度安全绩效考评	3	查相关文件和记录。 未纳入年度绩效考评，不得分；年度考评结果未落实兑现，每个部门或单位，扣 1 分		
2. 持续改进（15 分）	根据安全标准化的评定结果，及时对安全生产目标、规章制度、操作规程等进行修改，完善安全标准化的工作计划和措施，实施 PDCA 循环，不断提高安全绩效	15	查相关文件记录和资料。 未根据评定结果及时完善安全标准化工作计划和措施，对安全生产目标、规章制度、操作规程等进行修改，每项扣 2 分		
小计		30	得分小计		

第四节　水利工程施工现场安全生产标准化建设

水利工程安全文明标准化工地创建工作（简称标化工地创建），是水利工程标准化管理中的重要组成部分。鉴于在建水利工程形式众多、工程规模差别大、参建单位参差不齐、政府监管层次不同、投融资机制渠道差异、所处地域差距以及工程社会效益、经济效益立项可行性不同等，标化工地创建工作十分繁重、不能搞"一刀切"。

浙江省多个地市为指导水利建设工程标化工地创建工作，提升安全文明生产管理水平，按照国家相关安全生产法律法规、水利技术规范等要求，结合地方水利实际，收集各方信息、资料，以部分水利工程标化工地创建的成功活动为范例，如温州市编制了《水利水电工程安全文明施工标准化工地创建指导手册》。温州市水利建设工程标化工地创建工作起步早、投入大，已取得初步成功及经验。本节以温州市水利水电工程标化工地创建为案例。

温州市水利局结合前期试点经验，并征求各县（市、区）水利局意见，于 2011 年制

定出台了《温州市水利水电工程安全文明施工标准化工地管理办法》《关于进一步加强水利建设工程安全文明施工标准化工地创建工作的实施意见》《温州市水利建设工程安全文明施工措施费使用管理暂行办法》等3个文件，为全面开展水利建设工程标化工地创建工作奠定了基础，也明确了创建目标、内容和具体做法。2011年温州市水利工程标化工地创建工作正式启动。

目前，温州市水利建设工程标化工地创建工作正在全面展开，并取得了阶段性的成效。各地水行政主管部门思想重视、精心组织，推广有力、全面开展各辖区内标化工地创建工作；各参建单位积极行动、各司其职，创建工程的施工现场和安全生产面貌显著改进；大部分参与标化工地创建的施工单位能及时制定工作计划、目标和措施，建立健全管理体系和管理机制，将创建目标层层分解落实，促进了施工现场管理水平的提高。

经过温州市在重点工程全面开展水利标化工地创建，进一步规范水利工程施工管理，现场安全文明施工水平和水利形象得到不断提升，涌现出一大批优质、示范工程，多项创建工程获"浙江省建筑安全文明标准化工地"和"水利部水利建设工程文明工地"荣誉称号。

一、工程建设管理

（一）工程建设实施符合基本建设程序

（1）工程建设过程严格按基建程序执行，工程建设各方主体市场行为规范。

（2）工程建设必须实行项目法人责任制、招标投标制、建设监理制和合同管理制等"四制"并严格规范执行。

（3）工程实施过程中，落实工程建设计划和资金，能严格按合同管理，合理控制投资、工期、质量，建设单位与监理、施工、设计单位关系融洽、协调，各阶段验收程序符合要求。

（二）标化工地创建管理工作

（1）项目法人及各参建单位建立创标化工地组织机构，落实责任，建立健全标化工地创建计划和相关制度，落实创建经费。

（2）项目法人与施工单位签订施工合同时约定标化工地创建的目标要求，明确安全文明施工措施费以及创建达标的奖惩条款。

（3）项目法人按规定计取和支付安全文明施工措施费，施工单位按规定使用安全文明施工措施费。

（4）监理单位将标化工地创建纳入监理范围，与工程质量、安全、进度和投资控制同步组织实施，并监督检查安全文明施工措施费的使用管理。

（三）工程建设质量管理有序，制度健全，执行严格

（1）工程质量管理体系及质量保证体系健全，制定和完善岗位质量规范、质量责任及考核办法，落实质量责任制。

（2）在施工过程中加强质量检验工作，施工工地必须配备必要的检测设备和有资格证书的检测人员，认真执行"三检制"。

（3）各种工程资料真实可靠，填写规范、完整，并收集齐全，及时归档。

（4）工程内在和外观质量优良，单元工程优良率达到70%以上，且从未发生过重大

质量事故。

（5）积极推行全面质量管理，采用先进的质量管理模式和管理手段，推广新技术、新工艺、新设备、新材料，促进科技进步。

（四）建设资金使用合法合规，财务管理制度健全

（1）财务机构设置合理，人员配备符合有关规定。

（2）内控制度健全有效，无挤占、挪用、截留建设资金等违纪、违规现象。

（3）工程建设资金筹措及时，价款结算程序规范，手续齐全，无拖欠工程款和农民工工资现象。

二、安全管理

（一）安全生产责任制

（1）项目法人、监理和施工单位必须建立健全各级、各职能部门及各类人员的安全生产责任制，装订成册，其中施工单位项目部管理人员安全生产责任制还应挂墙。

（2）施工单位总分包单位之间、企业和项目部均应签订安全生产目标责任书。工程各项经济承包合同中必须有明确的安全生产指标，安全生产目标责任书中必须有明确的安全生产指标、有针对性的安全保证措施、双方责任及奖惩办法。

（3）施工现场各工种安全技术操作规程齐全，装订成册。

（4）施工现场必须设置专职安全员。工程规模在中型水利水电工程以上的，必须设置2～3名专职安全员；大型枢纽工地，要按专业设置专职安全员，组成安全管理组，负责管理安全生产工作。

（5）施工单位必须建立项目部各级、各部门和各类人员安全生产责任考核制度，考核有书面记录。公司一级部门、人员和建造师（项目经理）安全生产责任制由施工单位安全管理部门每半年考核1次，项目部其他管理人员和各班组长安全生产责任制由项目部每季度考核1次。

（二）安全生产目标管理

（1）项目法人和参建单位必须实行安全生产目标管理，工程开工前应制定总的安全管理目标，包括伤亡事故指标、安全达标和文明施工目标以及采取的安全措施。

（2）项目法人与施工单位、施工单位项目部与施工管理人员和班组、班组与职工必须签订安全目标责任书，层层落实安全责任，以责任书形式把工地总的安全管理目标按照各自职责逐级分解。施工单位项目部制定安全目标责任考核规定，责任到人，每月考核，记录在册。

（3）各级签订的安全目标责任书内容应明确安全生产指标、双方责任、工作措施和考核及奖惩内容。

（三）施工组织设计

（1）施工企业（施工项目部）在编制施工组织设计（施工方案）时，必须根据工程的施工工艺和施工方法，编写较全面、具体、针对性强的安全技术措施。

（2）工程专业性较强的项目，如基坑支护与土方开挖、围堰、支拆模板、起重吊装、脚手架、临时施工用电、金属结构制作、机电设备安装、拆除爆破作业等均要编制专项的安全施工组织设计。

（3）安全技术措施和专项安全施工组织设计内容要有针对性，根据工程实际编写，能有效地指导施工。

（4）施工组织设计和专项安全施工组织设计必须由专业技术人员编制，经企业技术负责人及总监审查批准，签名盖公章后方可实施。危险性较大分部分项工程安全专项施工方案需专家论证和审查通过后实施。

（5）根据施工组织设计组织施工，严格督促落实安全措施。施工过程中更改方案的，必须经原审批人员同意并形成书面方案。

（四）分部（分项）工程安全技术交底

（1）建立安全技术交底制度。安全技术交底必须与下达施工任务同时进行。各工种各分部（分项）工程的安全技术交底，固定作业场所的工种可定期交底，非固定作业场所的工种可按每一分部（分项）工程或定期进行交底。新进场班组必须先进行安全技术交底再上岗。

（2）安全技术交底内容应包括工作场所的安全防护设施、安全操作规程、安全注意事项等，既要做到有针对性，又要简单明了。

（3）安全技术交底必须以书面形式进行，双方履行签字手续。

（五）度汛安全

（1）施工单位应当根据有关要求编制在建工程度汛方案，项目法人审查后报所在地水行政主管部门或防汛指挥机构批准。

（2）度汛方案应根据设计度汛标准，制定工程防洪、度汛、抢险目标和方案，并提出防汛抢险的安全措施。

（3）防汛期间，施工单位应及时掌握汛期水情信息，组织专人重点加强对防汛薄弱环节的巡查，发现险情，及时进行抢险加固。

（4）施工单位应加强与上级主管部门和地方政府防汛部门的联系，接受防汛部门的统一指挥。

（5）施工单位应成立相应的防汛抢险队伍，配置足够的防汛物资，随时做好防汛抢险的准备工作。

（六）安全检查

（1）项目法人、项目监理部、施工单位项目部必须建立定期安全检查制度，明确检查方式、时间、内容和整改、处罚措施等内容，特别要明确工程安全防范的重点部位和危险岗位的检查方式和方法。检查次数项目法人每月不少于1次，项目监理部每半月不小于1次，施工单位项目部每半月不少于1次，施工班组每星期不少于1次。

（2）各种安全检查（包括被检）做到每次有记录，对查出的事故隐患应做到定人、定时、定措施进行整改，并要有复查情况记录。被检的必须如期整改并上报检查部门，现场应有整改回执单。

（3）对重大事故隐患的整改必须如期完成，并上报公司和有关部门。

（七）安全教育

（1）施工单位必须建立企业和施工现场的安全培训教育制度和档案，明确教育岗位、教育人员、教育内容。

（2）建立现场职工安全教育卡。新进场工人须进行公司（15 学时）、项目部（15 学时）、班组（20 学时）的"三级"安全教育，经考核合格后才能进入操作岗位。

（3）安全教育培训多样化，内容必须具体，有针对性。

（4）施工单位待岗、转岗、换岗的职工，在重新上岗前，必须接受 1 次安全培训，时间不少于 20 学时，其中变换工种的进行新工种的安全教育。

（5）施工单位职工每年度接受安全培训，法定代表人、建造师（项目经理）培训时间不得少于 30 学时，专职安全管理人员不少于 40 学时，特种作业人员不少于 20 学时，可由企业注册地或工程所在地水行政主管主管部门组织培训；其他管理人员不少于 20 学时。

（6）二级以上资质水利施工单位应在所承包的施工项目部建立民工学校，建立办学制度，落实师资、场地和经费，切实做好民工学校建设和开展培训的各项工作。三级资质水利施工企业可委托有关单位对民工进行培训。

（7）专职安全员必须持证上岗，企业进行年度培训考核，不合格者不得上岗。

（八）班前安全活动

（1）施工现场应建立班组班前安全活动制度。

（2）班组应开展班前"三上岗"（上岗交底、上岗检查、上岗教育）和班后下岗检查，每月开展安全讲评活动。

（3）班组班前活动和检查、讲评活动等应有记录并有考核措施。

（九）特种作业

特种作业是指容易发生人员伤亡事故，对操作者本人、他人及周围设施的安全有重大危害的作业。涉及水利建设工程的特种作业范围包括电工作业、压力容器操作、起重机械作业、爆破作业、金属焊接（气割）作业、机动车辆驾驶、机动船舶驾驶、轮机操作、建筑登高架设作业等。

（1）施工单位在特种设备安装前应告知当地质量技术监督部门；特种设备安装工作结束后，应按设计要求和技术规范要求组织验收，并经地方质量技术监督部门检验合格后方准投入使用。

（2）施工现场必须按工程实际情况配备特种作业人员和中小型机械操作工，建立特种作业人员和中小型机械操作工花名册。

（3）特种作业人员必须经有关部门培训考试合格后持证上岗，操作证应按规定年限复审，不得超期使用。

（4）中小型机械操作工须经培训考核合格后持证上岗。

（5）特种作业人员更换工作单位的，必须有调动手续，与用人单位签订聘用合同。

（十）消防

（1）施工单位项目部应建立、健全消防责任制和管理制度，组建专职或义务消防队，并配备相应的消防设备，做好日常防火安全巡视检查，及时消除火灾隐患，经常开展消防宣传教育活动和灭火、应急疏散救护的演练。

（2）施工生产区应按消防的有关规定，设置相应消防池、消防栓、水管等消防器材，并保持消防通道畅通。

（3）消防用器材设备，应妥善管理，定期检验，及时更换过期器材，消防设备器材不

得挪作他用。

（4）施工生产中使用明火和使用易燃物品时应做好相应防火措施。

（5）油料、炸药、木材等常用的易燃易爆危险品存放场所、仓库，应有严格的防火措施和相应的消防设施，禁止明火和吸烟。

（十一）工伤事故处理

（1）施工现场实行工伤事故定期报告制度和记录。建立事故档案，每月要填写伤亡事故报表，无伤亡事故的需填写说明，伤亡事故报表由公司安全管理部门盖章认可。

（2）发生伤亡事故必须按规定进行报告，并认真按"四不放过"（事故原因调查不清不放过，事故责任不明不放过，事故责任者和群众未受到教育不放过，防范措施不落实不放过）的原则进行调查处理。

（十二）安全标志

（1）施工现场应有安全标志布置平面图。

（2）安全标志应按图挂设，特别是主要施工部位、作业点和危险区域及主要通道口均应挂设相关的安全标志。

（3）施工机械设备应随机挂设安全操作规程牌。

（4）各种安全标志应符合 GB 2894—2008 的规定，制作美观、统一。

（十三）安全台账

（1）建立健全安全台账，规范台账管理，落实专人整编资料，台账分类装订和存放，台账按要求填写工整规范、字迹清晰。

（2）安全台账应包括：安全生产管理制度台账，安全生产责任与目标管理台账，施工组织设计及专项方案台账，分部（分项）工程安全技术交底台账，安全检查及整改台账，安全宣传教育台账，班组安全活动、各类事故及处理台账，工地安全日记、施工许可证明和产品合格证、文明施工、分项工程安全技术要求和验收、设备运行管理台账，劳动防护与职业卫生台账等项目。

（3）安全台账要做到定期收集、记录及整理，实事求是登记填写，按规定报送安全报表及相关信息。

三、安全防护

（一）基本规定

（1）工程施工生产安全防护设施应符合《水电水利工程施工安全防护设施技术规范》（DL 5162—2013）的有关规定。

（2）道路、通道、洞、孔、井口、高出平台边缘等设置的安全防护栏杆应由上、中、下三道横杆和栏杆柱组成，高度不低于 1.2m，柱间距应不大于 2.0m。栏杆柱应固定牢固、可靠，栏杆底部应设置高度不低于 0.2m 的挡脚板。

（3）高处临边、临空作业应设置安全网，安全网距工作面的最大高度不应超过 3.0m，水平投影宽度应不小于 2.0m。安全网应挂设牢固，随工作面升高而升高。

（4）禁止非作业人员进出的场所（变电站、变压器、油库、炸药库等）应设置高度不低于 2.0m 的围栏或围墙，并设安全保卫值班人员。

（5）高边坡、基坑边坡应根据具体情况设置高度不低于 1.0m 的安全挡墙，阻挡边坡

落物滚石，挡墙应牢固。

（6）悬崖陡坡处的机动车道路、平台作业面等临空边缘应设置安全墩（墙），墩（墙）高度不低于 0.6m，宽度不小于 0.3m，宜采用混凝土或浆砌石修建。

（7）弃渣场、出料口的临空边缘应设置防护墩，其高度应不小于车辆轮胎直径的 1/3，且不低于 0.3m。宜用土石堆体、砌石或混凝土浇筑。

（8）高处作业、多层作业、隧道、隧洞出口、运行设备等可能造成落物的部位，应设置防护棚，所用材料和厚度应符合安全要求。

（9）隧洞作业，不良地质部位应采取钢、木、混凝土预制件支撑，或喷锚支护等措施。

（10）施工生产区域内使用的各种安全标志的图形、颜色应符合国家有关规定。

（11）夜间和隧洞内使用的标志，应配有灯光信号。

（12）危险作业场所、机动车道交叉路口、易燃易爆有毒危险物品存放场所、库房配电场所以及禁止烟火场所等应设置相应的禁止、指示、警示标志和危险源辨识牌。

（二）施工脚手架

（1）脚手架应根据施工荷载经设计确定，施工常规负荷量不得超过 3.0kPa。编制脚手架专项施工方案，脚手架搭成后，须经施工及使用单位技术、质检、安全部门按设计和规范检查验收合格，方准投入使用。

（2）脚手片须用不细于 18# 铅丝双股并联绑扎不少于 4 点，要求绑扎牢固，交接处平整，无探头板。脚手片完好无损，破损的要及时更换。

（3）脚手架外侧必须用合格的密目式安全网封闭，且应将安全网固定在脚手架外立杆里侧，不宜将网围在各杆件的外侧。安全网应用不小于 18# 铅丝张挂严密。

（4）脚手架外侧自第二步起必须设 1.2m 高同材质的防护栏杆和 30cm 高踢脚杆，顶排防护栏杆不少于 2 道，高度分别为 0.9m 和 1.3m。脚手架内侧形成临边的（如遇大开间门窗洞等），在脚手架内侧设 1.2m 高的防护栏杆和 30cm 高踢脚杆。

（5）脚手架搭设前应对架子工进行安全技术交底，交底内容要有针对性，交底双方履行签字手续。

（6）脚手架应进行定期和不定期检查，并按要求填写检查表，检查内容量化，履行检查签字手续。对检查出的问题应及时整改，项目部每半月至少检查 1 次。

（7）钢管脚手架应选用外径 48mm，壁厚 3.5mm 的 A3 钢管，表面平整光滑，无锈蚀、裂纹、分层、压痕、划道和硬弯，新用钢管有出厂合格证。搭设架子前应进行保养、除锈并统一涂色，颜色应力求环境美观。

（8）外脚手架吊物卸料平台和井架卸料平台应有单独的设计计算书和搭设方案。

（9）吊物卸料平台、井架卸料平台应按照设计方案搭设，应与脚手架、井架断开，有单独的支撑系统。

（10）从事脚手架工作的人员，必须熟悉各种架子的基本技术知识和技能，并持有国家特种作业主管部门考核的合格证。

（三）施工通道、栈桥

（1）施工场内人行及人力货运走道（通道）基础应牢固，走道表面保持平整、整洁、

畅通，无障碍堆积物，无积水。

（2）施工走道的临空（2m高度以上）、临水边缘应设有高度不低于1m的安全防护栏杆，临空下方有人施工作业或人员通行时，沿栏杆下侧应设有高度不低于0.2m的挡板。

（3）施工走道宽度一般不得小于1m。

（4）施工栈桥和栈道的搭设应根据施工荷载设计施工。

（5）跨度小于2.5m的悬空走道（通跳）可用厚7.5cm、宽15cm的方木搭设，超过2.5m的悬空走道搭设应经设计计算后施工。

（6）施工走道上方和下方有施工设施或作业人员通行时应设置大于通道宽度的隔离防护棚。

（四）基坑支护

（1）基础施工前必须进行地质勘探和了解地下管线情况，根据土质情况和基础深度编制专项施工方案。施工方案应与施工现场实际相符，能指导实际施工。其内容包括放坡要求或支护结构设计、机械类型选择、开挖顺序和分层开挖深度、坡道位置、坑边荷载、车辆进出道路、降水排水措施及监测要求等。对重要的地下管线应采取相应措施。

（2）坑槽开挖时设置的边坡符合安全要求。坑壁支护的做法以及对重要地下管线的加固措施必须符合专项施工方案和基坑支护结构设计方案的要求。

（3）基坑施工必须进行临边防护。深度不超过2m的临边可采用1.2m高栏杆式防护，深度超过2m的基坑施工还必须采用密目式安全网做封闭式防护。

（4）基坑支护结构应按照方案进行变形监测，并有监测记录。对毗邻建筑物和重要管线、道路应进行沉降观测，并有观测记录。

（五）施工围堰

（1）设计应在施工图与度汛设计报告中明确度汛标准、相应的围堰高程、是否过水、使用年限、结构设计等。

（2）施工单位应上报围堰的施工设计、施工方案，监理审核。对地基差、技术复杂、涉及面广的水闸围堰，根据需要编制围堰专项施工措施设计，必要时还应组织有关专家审查。

（3）施工单位、监理要加强围堰的日常维护和监测。

（六）安全防护用具

（1）安全帽、安全带、安全网等施工生产使用的安全防护用具，必须符合国家规定的质量标准，具有厂家安全生产许可证、产品合格证和安全鉴定合格证书，否则不准采购、发放和使用。

（2）安全防护用具应按规定要求正确使用，不得使用超过使用期限的安全防护用具。

（3）常用安全防护用具应经常检查和定期试验。

（4）高处临空作业应按规定架设安全网，作业人员使用安全带，应挂在牢固的物体上或可靠的安全绳上。拴安全带用的安全绳，不得过长，一般不应超过3m。

（5）安全防护用具，严禁作其他工具使用，并注意保管，安全带、安全帽应放在空气流通、干燥处，以免受潮。

（6）在有毒有害气体可能泄漏的作业场所，应配置必要的防毒护具，以备急用，并及时检查维修更换，保证其处在良好待用状态。

（7）电气操作人员必须根据工作条件选用适当的安全电工用具和防护用品，电工用具必须符合安全技术标准并定期检查，凡不符合技术标准要求的绝缘安全用具、登高作业安全工具、携带式电压和电流指示器以及检修中的临时接地线等，均不得使用。

四、文明施工

（一）场区管理

（1）施工生产区域原则上实行封闭管理，设置围挡，要求坚固、稳定、统一、整洁、美观，并设置进出口大门，制定门卫制度。

（2）主要进出口处应设有企业的"形象标志"，以及明显的施工警示标志和安全文明规定、禁令，与施工无关的人员、设施不应进入封闭区。在危险作业场所应设有事故报警及紧急疏散通道设施。

（3）进入施工生产区域的人员应遵守施工现场安全文明生产管理规定，正确穿戴、使用防护用品和佩戴标志；监理、施工单位现场所有管理人员必须佩戴身份牌子，包括姓名、单位名称以及岗位。

（4）施工现场应积极推行硬地坪施工，作业区、生活区主干道地面必须用一定厚度的混凝土硬化，场内其他次道路地面也应硬化处理。积极美化施工现场环境，根据季节变化，适当进行绿化布置。

（5）施工现场道路畅通、平坦、整洁，无散落物。施工现场设置排水系统，排水畅通，不积水。

（6）施工现场必须设有"五牌一图"，即工程概况牌、管理人员名单及监督电话牌、防汛消防保卫（防火责任）牌、安全生产牌、文明施工牌和施工现场平面图。标牌规格统一、位置合理、字迹端正、线条清晰、表示明确，并固定在现场内主要进出口处。

（7）施工现场应合理地设置宣传栏、读报栏、黑板报，营造安全氛围。

（8）施工现场的井、洞、坑、沟、升降口、漏斗口等危险处应加盖板或设置围栏，必要时设有明显警示标志，夜间有灯光警示标志。

（9）施工生产现场应设有专（兼）职安全人员进行值班安全检查，及时督促整改隐患，纠正违章行为。交通频繁的施工道路、交叉路口、开挖、倒渣场地应设专人指挥，并有警示标志或信号指示灯。

（10）爆破、高边坡与隧洞开挖、水上（下）、高处、多层交叉、大件起重运输、大型施工设备安装及拆除等危险作业应有专项安全防护措施，并有专人进行安全监护。

（11）施工设施、临时建筑、管道线路等设施的设置，均应符合防汛、防火、防砸、防风、防雷以及职业卫生等安全要求。

（二）生活（办公）设施

（1）施工现场作业区与办公（生活）区必须明显划分，确因场地狭窄不能划分的，要有可靠的隔离栏护措施。

（2）搭建办公（生活）区临时用房的，应使用砖墙房或定型轻钢材质活动房。临时用房应满足牢固、美观、保温、防火、通风、疏散等要求。

（3）办公（生活）区应设置办公室、会议室、医务室、食堂（饭厅）、淋浴间、厕所等房室，并应设置饮水点、盥洗池、密闭式垃圾容器等生活用设施，办公（生活）区应建立卫生责任制，设卫生保洁员，及时清理垃圾，保持清洁卫生。

（4）施工现场应设置食堂和茶水棚（亭）。食堂应有良好的通风和卫生保洁措施，保持卫生整洁。炊事员持健康证上岗。食堂内应功能分隔，特别是厨房和餐厅应分开。

（5）施工现场因地制宜，积极设置学习和文化娱乐场所，丰富职工业余生活，布置图书室、乒乓球、篮球场等文化活动场所，注重精神文明建设。

（6）医务室应配备药箱等急救器材，配备止血药、绷带、防感冒药等常用药品。落实具有一定医疗和急救经验的人员，负责医疗服务和经常性开展卫生防疫、健康宣传教育。

（三）现场住宿

（1）施工现场根据作业需要设置职工宿舍。宿舍应集中统一布置，严禁在厨房、作业区内住人。宿舍人均使用面积不小于 $2.5m^2$，每间居住人数不得超过 12 人。

（2）宿舍应确保主体结构安全，设施完好，禁止用钢管、毛竹及竹片等搭设的简易工棚作宿舍。

（3）宿舍建立室长卫生管理制度，且和宿舍人员名单一起上墙。宿舍内宜设置统一床铺和储物柜，室内保持通风、整洁，生活用品整齐堆放，禁止摆放作业工器具。

（4）宿舍内（包括值班室）严禁使用煤气灶、煤油炉、电饭煲、热得快、电炒锅、电炉等器具。

（5）生活区及宿舍周围环境应保持整洁、卫生、安全。

（四）建筑材料堆放

（1）建筑材料、构件、料具必须按施工现场总平面布置图堆放，布置合理。

（2）现场存放的设备、材料、半成品、成品应分类存放、标明名称、品种、规格数量等；标志清晰统一、稳固整齐、通道畅通，不准乱堆乱放。

（3）建立材料收发管理制度，仓库、工具间材料堆放整齐，易燃易爆物品分类存放，专人负责，确保安全。

（4）施工现场建立清理制度，落实到人，做到工完料尽、场地清，建筑垃圾及时清运，施工车辆进出场应有防污等清理措施。拌合站、钢筋加工厂和预制场按照"工厂化、集约化、专业化"要求进行建设。

五、施工用电

（1）施工单位应编制专项施工用电方案，明确安全技术措施。

（2）安装、维修或拆除临时用电工程，必须由主管部门专业培训考核持证的电工实施完成；非电工及无证人员禁止从事电气安装、维修工作。

（3）从事电气安装、维修作业的人员应掌握安全用电基本知识和所用设备的性能，按规定穿戴和配备好相应的劳动防护用品，定期进行体检。

（4）在建工程（含脚手架）、机动车道、旋转臂架式起重机等机械设备操作应与外电架空线路保持规定的安全操作距离。

（5）施工现场专用的中性点直接接地的电力线路中必须采用 TN－S 接零保护系统，并遵守有关规定。

（6）施工用的 10kV 及以下变压器装于地面时，一般应有 0.5m 的高台，高台的周围应装设栅栏，其高度不低于 1.7m，栅栏与变压器外廓的距离不得小于 1m，杆上变压器安装的高度应不低于 2.5m，并挂"止步、高压危险"的警示标志。变压器的引线应采用绝缘导线。

（7）架空线必须设在专用电杆上，严禁架设在树木、脚手架上。宜采用混凝土杆或木杆、混凝土杆不得有露筋、环向裂纹和扭曲；木杆不得腐朽，其梢径应不小于 130mm。

（8）架空线导线必须采用绝缘铜线或绝缘铝线，截面的选择应满足用电负荷和机械强度要求。

（9）动力配电箱与照明配电箱宜分别设置，如合置在同一配电箱内，动力和照明线路应分别设置。

（10）配电箱、开关箱及漏电保护开关的配置应实行"三级配电，两级保护"，配电箱内电器设置应按"一机一闸一漏"原则设置。

（11）配电箱、开工箱应采用铁板或优质绝缘材料制作，安装于坚固的支架上，固定式配电箱、开关箱的下底与地面的垂直距离应大于 1.3m、小于 1.5m，移动式分配电箱、开关箱的下底与地面的垂直距离宜大于 0.5m、小于 1.5m。

（12）选购的电动施工机械、手持电动工具和用电安全装置，符合相应的国家标准、专业标准和安全技术规程，并且有产品合格证和使用说明书。

（13）现场照明应采用高光效、长寿命的照明光源。对需要大面积照明的场所，应采用高压汞灯、高压钠灯或混光用的卤钨灯。

（14）施工照明及线路应符合下列要求：

1）露天施工现场应尽量采用高效能的照明设备。

2）施工现场及作业地点，应有足够的照明，主要通道应装设路灯。

3）照明灯具的悬挂高度应在 2.5m 以上，有车辆通过的，线路架设高度应不得小于 4.3m。

4）地下室，有高温、导电灰尘，且灯具离地面高度低于 2.5m 等场所的照明，电源电压应不大于 36V；在潮湿和易触及带电体场所的照明电源电压不得大于 24V；在特别潮湿的场所、导电良好的地面、锅炉或金属容器内工作的照明电源电压不宜大于 12V。

5）在存放易燃易爆物品场所或有瓦斯的巷道内，照明设备必须符合防爆要求。

6）临时照明线路应固定在绝缘子上，且距工作面高度不得小于 2.5m；穿过墙壁应套绝缘管。

六、爆破作业

（1）爆破作业和爆破器材的采购、运输、储存、加工和销毁，应按照《爆破安全规程》（GB 6722—2014）和《中华人民共和国民用爆炸物品管理条例》执行。

（2）未经专门培训并考试合格取得相应资质的人员，不得从事相应的爆破作业。

（3）从事爆破工作的单位，应建立爆破器材领发、清退制度，工作人员的岗位责任制，培训制度以及重大爆破技术措施的审批制度。

（4）爆破器材应储存于专用仓库内。除特殊情况下，经当地公安机关批准，派出所备案，宜在专业仓库以外的地点少量存放爆破器材。

（5）设置爆破器材库或露天堆放爆破材料时，仓库或药堆至外部各种保护对象的安全距离，应按有关规定严格执行。

（6）爆破器材库房的管理，应建立健全安全管理制度，岗位安全责任制，安全操作规程，爆破器材发放、领取、退库、治安保卫、防火、保密等制度。

（7）露天深孔爆破装药前，爆破工程技术人员应对第一排孔的最小抵抗线进行测定。洞室爆破前应进行安全评估。

（8）爆破前，应明确规定安全警戒线，制定统一的爆破时间和信号，并在指定地点设安全哨，执勤人员应有红袖章、红旗和口笛。

（9）装药前，非爆破作业人员和机械设备均应撤离至指定的安全地点或采取防护措施。撤离之前不得将爆破器材运到工作面。

（10）利用电雷管起爆的作业区，加工房以及接近起爆电源线路的任何人，不得携带不绝缘的手电筒和手机。

（11）爆破后炮工应检查所有装药孔是否全部起爆，如发现盲炮，应及时按照盲炮处理的规定妥善处理，未处理前，应在其附近设警戒人员看守，并设明显标志。

（12）暗挖放炮，自爆破器材进洞开始，即通知有关单位施工人员撤离，并在安全地点设警戒员。非爆破工作人员不得进入。

（13）爆破作业设计时，爆炸源与人员和其他保护对象之间的安全允许距离应按爆破各种有害效应（地震波、冲击波、个别飞石等）分别核定，并取最大值。

（14）拆除爆破作业前，应编制专门的施工方案和专项安全技术措施，经上级工程技术部门和地方相关部门批准后实施。拆除爆破工作应由具有资质的专业队伍承担作业，并有技术和安全人员在现场监护。

（15）拆除爆破应进行封闭施工，对爆破作业地段进行围挡，设置明显的警戒标志，并安排人员警戒。在作业地段张贴施工公告及发布爆破公告，接近交通要道和人行通道的部位，应设置防护屏障。规定封锁道路的地段和时间。

（16）在通航水域进行水下爆破时，应在3天前由港航监管部门会同公安部门发布爆破施工通告。

（17）爆破工作船及其辅助船舶，应按规定悬挂信号（灯号）；在危险水域边界上应设置警告标志、禁航信号、警戒船舶和岗哨等。

七、模板工程

（1）模板应根据混凝土结构物的特点及施工单位的材料、设备、工艺等条件，尽可能采用技术先进、经济合理的模板型式；大面积的平面支模宜选用大模板。

（2）模板及支架材料的种类、等级，应根据其结构特点、质量要求及周转次数确定；应选用钢材、胶合板等材料。

（3）模板及支架必须保证混凝土浇筑后结构物的形状、尺寸与相互位置符合设计规定；具有足够的稳定性、刚度和强度，尽量做到标准化、系列化，装拆方便，周转次数高，有利于混凝土工程的机械化施工。

（4）模板设计应提出对材料、制作、安装、使用及拆除工艺的具体要求。设计图纸应标明设计荷载和变形控制要求。模板设计应满足混凝土施工措施中确定的控制条件，如混

凝土的浇筑顺序、浇筑速度、浇筑方式、施工荷载等。

（5）支、拆模板时，不应在同一垂直面内立体作业。无法避免立体作业时，应设置专项安全防护设施。

（6）高处、复杂结构模板的安装与拆除，应按施工组织设计要求进行，应有专人指挥，并标出危险区；应实行安全警戒，暂停交通等安全措施。

（7）上下传送模板，应采用运输工具或绳子系牢后升降，不得随意抛掷，散放的钢模，应用箱架集装吊运，不得任意堆捆起吊。

（8）拆模时混凝土强度应达到相关规范要求，且能保证其表面及棱角不因拆模而损坏时，才能拆除。

（9）拆下的模板、支架及配件应及时清理、维修，并分类堆存，妥善保管。钢模应设仓库存放。大型模板堆放时，应垫平放稳，并适当加固，以免翘曲变形。

（10）安装和拆除大模板时，吊车司机、指挥、挂钩和装拆人员应在每次作业前检查索具、吊环。吊运过程中，严禁操作人员随大模板起落。

（11）大模板安装就位后，应焊牢拉杆、固定支撑。未就位固定前，不得摘钩，摘钩后不得再行撬动；如需调整撬动时，应重新固定。

（12）在大模板吊运过程中，起重设备操作人员不得离岗。模板吊运过程应平稳流畅，不得将模板长时间悬置空中。

（13）滑升机具和操作平台应按照施工设计的要求进行安装。平台四周应有防护栏杆和安全网。

（14）滑升过程中，应每班检查并调整水平、垂直偏差，防止平台扭转和水平位移。应遵守设计规定的滑升速度与脱模时间。

（15）钢模台车的各层工作平台应设防护栏杆及安全网，平台四周应设挡脚板，上下爬梯应有扶手，垂直爬梯应加护圈。

（16）在有坡度的轨道上及其周围有障碍物时，台车行走时应有监护。

八、水上施工作业

（1）水上施工必须严格按照《中华人民共和国水上水下施工作业通航安全管理规定》向当地海事部门申请办理《水上水下施工许可证》。施工船舶应持有有效的船舶国籍证书或船舶登记证书。

（2）施工船舶的适航区域要符合航区要求。所有的施工船舶，包括打桩、起重船、驳船、交通船、运输船等，都应持有船检部门签发的有效适航证书。

（3）施工船舶应按《中华人民共和国船舶最低安全配员规则》配备足以保证船舶安全的合格船员。船长、轮机长、驾驶员、轮机员、话务员必须持有合格的适任证书。

（4）施工作业前应向当地海事局申请办妥《水上水下施工作业许可证》。水上施工应设专用救生船，并有专人值班，各施工作业点应配备救生圈、救生衣等救生设备。在舱面作业时必须穿好救生衣，人员上下通道应挂设安全网，跳板要固定，水上工作平台四周要安装符合标准的栏杆和安全网。同时应做好防滑工作。

（5）严格执行《水上水下施工作业通航安全管理规定》及水上航运安全管理规定，谨慎操作，确保安全。严格按核准吨位转运货物。载货不得超高、超载，并须进行有效绑扎，防止因货物移动发生意外事故。

（6）随时与当地气象、水文站等部门保持联系，每日收听气象预报，并做好记录，随时了解和掌握天气变化和水情动态，以便及时采取应对措施。

（7）各作业队应选派有经验、责任心强的同志负责水上作业安全管理，保障人员、船舶、作业区和水域环境保护的各项管理制度和防范措施的落实。

（8）落实作业区安全施工管理制度，确保与施工作业无关的船舶、排筏、设施不准进入施工水域内，防止本工程施工作业船舶与其他的施工船舶间发生有碍正常施工的安全事故。

（9）认真落实施工作业区施工平台设施、桥桩、水底管线的安全警戒保护措施，不得擅自扩大水上施工安全作业区（施工水域）的范围，确保作业区人、船、物的安全。

（10）施工船舶在航行、锚泊或作业时，除应按规定的信号外，根据不同的施工状况，显示不同的信号。

（11）在各施工作业点，夜间应按规定显示警戒灯标或采用灯光照明，避免航行船舶碰撞水中桩墩。在显示灯光照明时应注意避免光直射水面，影响船舶人员的瞭望。

九、高边坡施工作业

（1）在进行高边坡作业前，必须制定安全保证措施。施工前应向所有作业人员进行安全、技术交底，否则不得进行施工。

（2）凡经医生诊断，患有高血压、心脏病、贫血、精神病以及其他不适于高处作业病症的人员，不得从事高边坡作业。

（3）在覆盖层施工前应按照设计要求清理完边坡的风化岩块、堆积物、残积物和滑坡体，并在适当位置修筑拦渣坎，保证下部施工安全。

（4）在覆盖层开挖前按设计要求完成截水、排水沟的施工，验证排水效果，防止地表水和地下水对施工的影响。

（5）坡面随开挖下降及时进行清坡，按设计要求或根据现场实际情况采取适当的措施加以支护，保证施工安全。支护主要采取锚固、护面和支挡几种形式。

（6）在覆盖层开挖过程中，如出现裂缝或滑移迹象，应立即暂停施工并将施工人员及设备撤至安全区域，在查清原因、采取可靠的安全措施后方可恢复施工。

（7）边坡石方开挖采取自上而下的开挖方式，同时应做好边坡开口线上下一定范围内的锁口和锚固工作。对于需要支护的边坡，采用边开挖边支护的方法，永久支护中的系统锚杆和喷混凝土与开挖工作面的高差不大于一个梯段高度，永久支护中的预应力锚索与开挖工作面的高差不大于两个梯段高度。

（8）对于边坡易风化破碎或不稳定的岩体，应先做好施工安全防护，边开挖边支护。在有断层和裂隙发育等地质缺陷的部位，在支护作业完成后才能进行下一层的开挖。

（9）在开挖面靠近马道或平台设计高程时，各级马道及平台预留 1.5~2m 的保护层，保护层开挖严格按照保护层开挖技术要求进行，并在马道或平台外侧，分别设置马道护栏及其他挡渣措施，以免石渣滑落。

（10）在靠近其他建筑物边沿或电杆、电缆、电线、风水管等附近开挖时，应由技术部门根据实际情况，制定出专门的安全防护措施。

（11）施工机械工作时，严禁一切人员在工作范围内停留；机械运转中人员不得上、下车；严禁施工机械（运输车辆）驾驶室内超载，出渣车车厢内严禁载人。

（12）挖掘机械工作位置要平整，工作前履带要制动，挖斗回转时不得从汽车驾驶室顶部通过，汽车未停稳不得装车。机械在靠近边坡作业时，距边沿应保持必要的安全距离，确保轮胎（履带）压在坚实的地基上。

（13）为了确保施工期的安全施工，应进行安全监测。监测的部位包括开挖结构面和开口线上部岩体，通过人工巡视检查和对观测数据进行整理、分析，掌握边坡岩体内部作用力和外部变形情况，评估和判断高边坡的稳定状况。

（14）施工期巡视检查应定期进行边坡的巡视检查工作，检查内容包括边坡是否出现裂缝以及裂缝的变化情况（裂缝的深度及宽度）、是否出现掉渣或掉块现象，坡表有无隆起或下陷，排、截水沟是否通畅，渗水量及水质是否正常等，并做好巡视记录。

十、施工设备安装与运行

（一）施工设备安装

（1）机械设备应有产品质量合格证、设计图纸、安装及维修使用说明书、适用的安全技术规范等资料，并符合有关规程规范的规定。

（2）设备安装必须按设计图纸、说明书施工，未经有关设计制造部门同意，不得任意修改。大型机械设备安装、拆卸应编制专门的施工方案和专项安全技术措施，安装、拆卸工作应由具相应资质的专业队伍承担。

（3）设备安装的基础必须稳固，装配、焊接、起重、配管、隔热，防腐和电气装置及配线等，必须分别遵守相关安全技术操作规程。

（4）设备转动、传动的裸露部分，必须安设防护装置。

（5）各型施工设备的安装，机座必须牢固。放置移动式设备时，场地应平整结实，防止移动和倾倒。

（6）安装设备时，不得将设备的拉线绑在脚手架上；没有经过专业技术负责人的批准，不得利用脚手架作为起重机和滑轮的支架。

（7）各种机械监测仪表（如电压、电流、压力、温度等）和安全装置（如制动机构、各种限位器、安全阀、闭锁装置、负荷指示器等）必须齐全、配套、灵敏可靠。

（8）施工用电线路及设备的绝缘必须良好，布线应整齐，标志清楚，带电的裸线只能装于不能被触及的处所。

（9）埋设的电缆应埋深 0.5～1.0m，车辆通行地区应穿管保护，地面应设置明显标志。架空敷设的电缆，应支绑牢固，其高度不低于 2m，交通要道及车辆通行处不低于 5m。

（10）露天使用的电气设备及元件，均应选用防水型或采取防水措施。

（11）在有易燃易爆气体的场所，电气设备及线路均应满足防爆要求，在大量蒸汽及粉尘的场所，应满足密封，防尘和防潮要求。

（12）电热器、碘钨灯、长弧氙灯等散发大量热量的电气设备，不得靠近易燃物安装，必要时应采取隔离、隔热措施。

（13）连接电动机械的电气回路应设开关或插座，并应有保护装置。移动电动机械应

使用软橡胶电缆，严格实行"一机、一闸、一漏、一箱"。

（14）电动机械设备拆除后，必须将电源切断，并且将线头绝缘。

（15）架空线路的路径应避开易撞、易碰、潮湿场所及热管道。

（16）机电设备安装完工，在交付使用前应按规定试运转并组织相关人员进行验收。

（二）施工设备运行

（1）机械设备操作人员，必须了解所操作设备的基本构造、原理，熟悉其性能、规格、保养方法和安全操作规程，经考试合格后，持证上岗。

（2）设备启动前，应检查基础是否牢固；润滑系统，制动器、离合器是否灵敏、可靠等，确认良好后，方可启动。联动机械应有明确的联系信号。

（3）设备运行时，如遇异常情况，应停车检查，在特殊情况下，操作者可采取紧急安全措施，并立即报告有关领导处理。

（4）设备上除规定的座位、走道外，其他部位不得坐立。

（5）施工设备在运转时，不得以手触摸转动或传动部分，更不得在运转中进行润滑或修理。外置式的传动装置（如皮带、齿轮、链条等传动）处应装有安全防护罩。

（6）施工设备不得超铭牌规定的技术要求运行，不准"带病工作"。停机时及时做好检查维修保养工作。

（7）重型设备通过桥、涵前，应对承重结构的承载能力进行校核。

（8）移动式机械的电缆应有转收装置，不得随意放在地面上拖拉，以免损坏绝缘。人工移动电缆时，必须戴绝缘手套、穿绝缘靴。

（9）各种机电设备必须按规定进行保养，定期检修。检修时，必须切断电源，加锁关闭，并在闸刀处挂有"禁止合闸"或"有人工作"等明显标志。

（10）大型机电设备的运行应实行机长负责制，并做好设备台班运行保养记录。

十一、环境保护、水土保持与职业卫生

（1）遵守国家有关劳动和环境保护的法律法规，有效地控制粉尘、噪声、固体废弃物、泥浆、强光等对环境的污染和危害。

（2）根据工程所在地区的地形、地质、土壤、植被以及施工特点，制定水土保持方案，落实工程建设区的水土保持措施，加强水土保持的监测。

（3）施工现场应控制施工生产废渣、废气、废水等污染物的排放，排放超过标准的，应当采取有效措施进行回收治理，严禁焚烧有毒、有害物质。

（4）弃渣场布置应满足环境保护、水土保持及卫生防护的要求。

（5）各区域应根据人群分布状况修建公共厕所或设置移动式公共厕所。

（6）各区域应有合理排水系统，沟、管、网排水畅通。

（7）对产生粉尘、噪声、有毒、有害物质及危害因素的施工生产作业场所，应制定职业卫生措施。

（8）密闭容器、构件及狭窄部位进行电焊作业时应加强通风，并佩戴防护电焊烟尘的防护用品。

（9）隧洞施工作业应有强制通风设施，确保洞内粉尘、烟尘、废气及时排出。

（10）砂石料的破碎、筛分、混凝土拌和楼、金属结构制作厂等噪声严重的施工设施，

不得布置在靠近居民区、工厂、学校、生活区。因条件限制时，应采取降噪措施，使运行时噪声排放符合规定标准。

（11）产生粉尘、噪声、毒物等危害因素的作业场所，应实行评价监测和定期监测制度，对超标的作业环境及时治理。

十二、水利工程施工智慧工地

针对目前安全监管和防范手段相对落后，水利行业施工企业信息化水平仍较低，信息化尚未深度融入安全生产核心业务的现状，温州水利工程建设管理及施工安全监控信息系统利用信息化对水利工程施工安全生产进行"智能化"监管。

系统可以实现管理手段智能化、监测数据实时化、监测手段多样化、生产作业标准化、施工现场文明化、施工环境优美化。

系统运行于互联网络上，系统采用 B/S 结构，部分事务逻辑在前端实现，主要事务逻辑在服务器端实现。

系统遵循水利水电工程安全文明施工标准化工地评分细则，为水利基层建设单位（施工单位）提供底层的业务处理功能，并通过事务管理系统、数据接收和传输模块，为项目管理平台提供项目管理各项业务的基础数据。

通过应用发达的网络系统、先进的计算机技术和传感技术，可以加强建筑工地施工现场安全防护管理，实时监测施工现场安全生产措施的落实情况，对施工操作工作面上的各安全要素实施有效监控，对相关人员到位进行实时跟踪管理，随时将上述各类信息提供给相关单位监督管理，及时消除施工安全隐患。

（一）实时监测

（1）应用无线传感网络对重要安全薄弱部位进行水位、泥土堆位移、未完工坝体变形状态进行实时监测，设置预警值，并随时通过短信、电话等形式通知相关人员，以便施工单位实时发现险情，及时进行抢险加固。

（2）建立隧道施工实时监测系统。用无线传感网络对施工隧道进行水位、有毒气体、围岩沉降、隧道施工人员的出入时间、施工位置等进行实时监测，并利用该系统建立人员紧急呼叫渠道，同时在隧道口设置 LED 显示屏将隧道内的相关信息实时显示于隧道口，以便进入隧道人员实时了解隧道内情况。

（3）实时监控易燃易爆有毒危险品存放场所。对易燃易爆有毒危险品存放场所进行 24 小时实时人工坐席监控，并建立门禁管理报警机制，对进入人员进行身份识别，严防无关人员非法入侵。

（4）配电箱漏电断电实时监测。利用无线传感网络技术，对所有配电柜建立漏电流实时监测系统，加强用电安全管理机制。

（二）施工设备、器械和防护设施实时监控

利用无线传感网络技术，对脚手架、基坑支护、塔吊等设施和设备进行三轴倾角和加速度数据实时监测，监测脚手架和基坑支护是否变形和振幅是否加大，监测塔吊等起重设备倾角是否超出安全值，同时在这些作业地段进行风速、雨量等气候状态的实时监测，以便在监测数据值大于预警值时根据预案及时撤离相关人员。

（三）智能手机终端图文采集分析系统

建立施工现场定期图片上传申报制度，施工方安排指定人员使用智能手机终端图文采集分析系统定期获取人员信息、监测点 GPS 位置信息和监测点图文数据信息。系统将采集到的数据以彩信（MMS）的方式通过 3G 无线网络上传数据到数据监测中心。图文信息如六牌一图、场地硬化、道路平整、现场封闭围护、机械设备存放、整洁、安全防护、警示标志、清洁卫生等。

（四）人脸识别系统

应用人脸识别技术对施工项目部、监理管理人员及其他需要实际到位的相关人员现场签到情况进行有效管理，杜绝代签代打卡等事件发生，并实时记录施工管理人员现场实际管理时间。

应用 GPS 技术，并开发 PDA 手持机（或智能手机）应用软件，对"三类"等相关人员到现场进行质量管理、安全检查等巡查到位情况进行实时跟踪，并由"三类"等相关管理人员利用 PDA 拍照系统对事故隐患、工程隐蔽部位等需要进行记录的事件或可疑点进行实时拍照记录，然后输入管理系统，由系统通报相关人员，并进行事件记录。

（五）安全施工费用管理

（1）施工费用申报制度。负责人每天将费用通过系统提交到中心，并将信息以邮件、传真或邮件方式提交到中心。

（2）费用审核制度。中心在收到提交申请后进行核对并确认。

（3）费用结算制度。在项目完结后，对项目及项目所产生的费用进行完结结算。

（六）在建水利工程安全信息化智慧管理系统

水利工程项目涉及管理对象众多，需要参建单位各方协同作业，其过程中沟通、协调成本巨大。同时，工程项目工序复杂，通过传统管理方式要实现标准化、精细化、规范化管理是非常困难的。必须要通过其他手段来辅助管理，信息化是最佳途径，也是帮助我们管理工程的现代化工具。

1. 信息共享

传统管理方式就是因为信息不及时，不一致，给我们管理工作带来很大困难。系统用户可覆盖建设、监理、施工单位、检测等参建单位，所有信息，无论哪个参建单位用户，录入系统的数据都能够第一时间共享，这就为我们管理人员提供了第一手信息，实现了全面一体化动态管理。

2. 工作协同

工程管理工作需要多方参与协同作业，不能够协同的系统就不能真正为工程管理服务。安全检查的流程可以：是从开展检查，到发送整改通知，到施工单位针对通知回复，到监理单位回复确认。流程中法人、监理、施工需要配合作业，达到了工作协同的目标。

3. 事件闭环

安全管理工作发现问题不是根本，也不是目的，问题整改掉，提升安全意识才是根本。系统能够对各个流程中各项操作进行记录，从发现问题到整改全过程都有记录，管理人员能够第一时间掌握整改情况，达到问题闭环的目的。

4. 智能辅助

系统可进行实时安全状况的判定，通过海恩法则，对隐患数量、整改及时度、隐患严重程度综合判断，当前安全状况处在哪个等级，通过亮灯的形式提醒管理人员，这是一个非常好的创新。

5. 提高效率

传统方式人管人，上了信息化慢慢要过渡到系统管人，系统能够起到辅助管理的作用。看到系统可设置有待办事项、提醒消息，管理人员进到系统里面就能够知道，我现在要干什么。同时，什么时候处理也会有记录，这样就督促工作人员及时做好相关工作。

6. 利于工作标准化

系统可实现台账自动生成，检查表格、复核程序格式化及规范化；法律法规、安全知识等可设置专门栏目，给工作人员提供一个学习的平台。

习　　题

一、单项选择题

1. 水利部《水利水电施工企业安全生产标准化评审标准（试行）》，企业安全生产标准化等级分为：（　　）。

　　A. 一级、二级和三级　　　　　　　　B. 一级、二级

　　C. 特级、一级、二级和三级　　　　　D. 一级、二级、三级和不达标

2. 水利部《水利水电施工企业安全生产标准化评审标准（试行）》共设置 13 个一级项目评分因素，下列 4 个一级项目中，哪个分值最高？（　　）

　　A. 施工作业安全　　　　　　　　　　B. 教育培训

　　C. 法律法规与安全管理制度　　　　　D. 绩效评定和持续改进

3. 文明施工，关于场区管理，要求施工现场必须设有"五牌一图"，一图是指（　　）。

　　A. 工程概况图　　　　　　　　　　　B. 施工现场平面图

　　C. 人员避险转移撤退图　　　　　　　D. 工程设计平面布置图

二、多项选择题

1. 水利工程安全文明标准化工地创建工作，工程建设管理合法合规是必要条件。应满足下列哪些条件的？（　　）

　　A. 工程建设实施符合基本建设程序　　B. 工程建设必须实行项目法人责任制

　　C. 招标投标制　　　　　　　　　　　D. 建设监理制

　　E. 合同管理制

2. 文明施工，关于场区管理，要求施工现场必须设有"五牌一图"，其中"五牌"包括以下的（　　）。

　　A. 工程概况牌　　　　　　　　　　　B. 管理人员名单及监督电话牌

　　C. 防汛消防保卫（防火责任）牌　　　D. 宣传标语牌

　　E. 文明施工牌

3. 文明施工的形象设计与创建应包括（　　）。

A. 施工场区管理　　　　　　　　B. 生活（办公）设施

C. 现场住宿　　　　　　　　　　D. 建筑材料堆放

三、判断题

1. 安全生产标准化建设是有效防范事故发生的重要手段。（　　）

2.《浙江省人民政府办公厅关于全面推行水利工程标准化管理的意见》（浙政办发〔2016〕4 号文），是关于对在建水利工程进行标准化建设的省政府文件。（　　）

3. 水利部《水利水电施工企业安全生产标准化评审标准（试行）》是按 100 分设置得分点，并实行扣分制。（　　）

四、简答题

请结合你管理水利工程施工的经历，谈谈对在建工程进行安全施工信息化建设的看法，有哪些优势？

第六章　水利工程施工职业健康与环境保护

> 本章从职业危害基本知识入手，介绍了水利工程施工常见的职业危害种类、性质及预防措施，阐述了水利工程施工前期职业健康预防和健康管理的内容，同时还介绍了水利工程施工环境影响和保护措施。

第一节　职业健康基础知识

一、职业健康的概念

职业健康，国外有些国家称之为工业卫生、劳动卫生或职业卫生等。2001 年 12 月，原国家经贸委、国家安全生产局修订《职业安全卫生管理体系试行标准》时，将"职业卫生"一词修订为"职业健康"，并正式发布《职业安全健康管理指导意见》和《职业安全管理体系审核规范》。目前，我国劳动卫生、职业卫生、职业健康三种说法并存，内涵相同。国家安监总局统一采用职业安全健康一词，简称职业健康。

卫生部公布的《职业卫生名词术语》（GBZ/T 224—2010）将职业健康的概念定义为对工作场所内产生存在的职业性有害因素及其健康损害进行识别、评估、预测和控制的一门科学，其目的是减少职业危害、改善作用环境、遏制特重大职业危害事故、保障劳动者健康。

在水利工程建设过程中，存在着粉尘、毒物、辐射线、噪声、振动及高温等职业危害因素，这些职业危害因素对劳动者的健康损害极大，极易引发各类疾病，产生安全事故，造成环境问题。

二、职业危害因素的影响及作用条件

（一）职业危害因素的影响

（1）身体外表的改变，称为职业特征，如野外作业人员的皮肤色素沉着等。

（2）对人生理、心理的影响，如噪声引起头晕、失眠、烦躁、焦虑，有害气体引起咳嗽等。降低身体对一般疾病的抵抗力，表现为患病率增高或病情加重等，称为职业性多发病（或工作有关疾病），如粉尘暴露场所工作人员易患尘肺病等。职业多发病具有三层含义：职业因素是该病发生和发展的因素之一，但不是唯一的直接病因；职业因素影响了健康，从而促使潜在的疾病显露或加重已有疾病的病程；通过改善工作条件，可以使所患疾病得到控制和缓解。

（3）造成特定的功能或器质性改变，进而引起职业病，如尘肺病、工业噪声引起的职业性耳聋等。

有害物质除对人体产生危害外，还对生产和环境造成影响，如粉尘会降低仪器设备的精度、加大零件的磨损和老化、降低光照度和能见度、造成空气污染，甚至有些粉尘在一定浓度、温度条件下会发生爆炸，造成人员伤亡和财产损失。

（二）职业危害的作用条件

职业危害是否能对人体造成职业性伤害，作用条件是非常重要的，造成职业危害的主要条件如下：

（1）接触时间。偶然地、短期地或长期地接触有害物质，可导致不同的后果。

（2）作用强度。作用强度主要指接触量，有害物质的浓度或强度越高，接触时间越长，则造成职业性损伤的可能性越大、后果越严重。

（3）接触方式。经呼吸道、皮肤和其他途径进入人体，或由于意外事故造成疾病。

（4）人的个体因素。人的个体因素如遗传因素、年龄、性别、对某些职业危害的敏感性、其他疾病和精神因素的影响、生活卫生习惯等。

三、职业危害分类

（一）按来源分类

（1）生产工艺过程中的危害因素，主要包括原料、中间产品、产品、机器设备的工业毒物、粉尘、噪声、振动、高温、电离辐射及非电离辐射、污染性因素等职业性危害因素。

（2）劳动过程中的职业有害因素，主要包括劳动组织和劳动制度不合理、劳动强度过大、过度精神或心理紧张、劳动时个别器官或系统过度紧张、长时间不良体位、劳动工具不合理等。

（3）生产环境中的有害因素，主要包括自然环境因素、厂房建筑或布局不合理、来自其他生产过程散发的有害因素造成的生产环境污染。

（二）按性质分类

职业危害因素按其性质可进行如下分类：

（1）化学性有害因素。各种有害物质可以多种形态（固体、液体、气体、蒸汽、粉尘、烟或雾）及各种形式（物料、中间产品、辅助材料、成品、副产品及废弃物等）出现，主要包括生产性毒物和生产性粉尘两类。生产性毒物种类繁多（如金属及类金属、有机溶剂、苯的氨基和硝基化合物、刺激性与窒息性气体、农药、高分子化合物等），在防护不良的情况下可引起各种职业中毒。生产性粉尘（如石棉尘、硅尘、有机尘等）都可危害人体健康，引起尘肺。

（2）物理性有害因素。物理性有害因素包括不良气候条件（如高低温、高湿、高低气压等）、噪声、振动、非电离辐射（如紫外线、红外线、激光等）等。

（3）生物性有害因素。生物性有害因素主要指某些微生物或寄生虫，如咽喉、口腔疾病等。

（4）与劳动过程有关的劳动生理、劳动心理方面的因素，以及与环境有关的环境因素。

（三）按有关规定分类

国家卫生计生委、国家安全监管总局、人力资源社会保障部和全国总工会关于印发

《职业病分类和目录》的通知（国卫疾控发〔2013〕48号），将职业危害因素分为十大类，包括引起职业性尘肺病及其他呼吸系统疾病类因素、职业性皮肤病因素、职业性眼病因素、职业性耳鼻喉口腔疾病因素、职业性化学中毒因素、物理因素所致职业病因素、职业性放射性疾病因素、职业性传染病因素、职业性肿瘤因素以及引起其他职业病因素等。

四、水利工程施工常见职业危害

水利工程职业病危害因素繁多、复杂，既有粉尘、噪声、反射性物质和其他有毒有害物质等施工工艺过程的危害因素，又有高空作业、密闭空间作业、不良气候作业（高、低温，高、低压）等施工环境产生的有害因素，还存在作业时间长、强度大等施工劳动过程中的职业有害因素。水利工程的职业危害因素可能多种并存，比如：水利工程施工中的振动和噪声的共同作用，可加重听力损伤；粉尘在高温环境下可增加肺通气量，增加粉尘吸入等，加重危害程度。

水利工程施工受粉尘危害的工种主要有掘进工、风钻工、炮工、混凝土搅拌机司机、水泥上料工、钢模板校平工、河砂运料上料工等；受有毒物质影响的工种主要有驾驶员、汽修工、焊工、放炮工等；受辐射、噪声、振动危害的工种主要有电焊工、风钻工、模板校平工、推土机驾驶员、混凝土平板振动器操作工等。

第二节　水利工程施工职业危害分析

一、粉尘

能较长时间悬浮于空气中的固体物质微粒称为粉尘。生产性粉尘是指在生产过程中形成的、能较长时间悬浮于工作场所空气中的固体物质微粒，它是污染环境、影响劳动者身心健康的职业病危害因素之一，长期吸入生产性粉尘可引起包括尘肺在内的多种职业性肺部疾患。同时由于粉尘的荷电性，在一定条件下可引起爆炸，因此其还是安全生产的重要隐患。

生产性粉尘的来源很广，可归纳为如下方面：

（1）固体物质的机械性粉碎和研磨，如砂石料粉碎等。

（2）爆破或物质的不完全燃烧，如开凿隧道时的爆破等。

（3）物质加热，如各种电焊作业形成的电焊烟尘。

（4）粉末物质的包装、搬运、混合、搅拌、过筛及运输，如水泥包装及搬运，混凝土混合和搅拌等。

生产性粉尘引起的疾病主要包括尘肺、有机粉尘引起的肺部病变、呼吸系统肿瘤等。

二、毒物

生产性毒物是指在生产过程中产生的，存在于工作环境空气中的毒物。劳动者在生产过程中由于接触毒物所产生的中毒称为职业中毒，通常包括急性中毒、慢性中毒和亚急性中毒。

职业中毒的临床表现主要如下：

（1）神经系统。慢性中毒早期常见神经衰弱综合征和精神症状，多属功能性改变，脱

离毒物接触后可逐渐恢复。

（2）呼吸系统。一次大量吸入某些毒气突然引起中毒。长期吸入刺激性气体能引起慢性呼吸道炎症，如鼻炎、鼻中隔穿孔、咽炎、气管炎、支气管炎等。吸入大量的刺激性气体可引起严重的呼吸道病变——化学性肺水肿和化学性肺炎。

（3）血液系统。许多毒物能对血液系统造成损害，常表现为贫血、出血、溶血、高铁血红蛋白血症等。

（4）消化系统。毒物所致消化系统中毒症状有多种多样。由于毒物作用特点不同，可出现急性胃肠炎、腹绞疼；口腔征象，如齿龈炎等；亲肝性毒物引起急性或慢性肝病。

（5）中毒性肾病。汞、镉、铀、铅等可能引起肾损害，如急性肾功能衰竭、肾病综合症和肾小管综合症。

（6）其他。生产性毒物还可引起皮肤、眼损害及骨骼病变和烟尘热等。

三、红外、紫外辐射

非电离辐射作用于人体，通过对能量的吸收，导致分子的电离和激发，引起分子结构的改变以及生理、生化与代谢的改变，造成细胞及组织和器官损伤。

光辐射除对眼睛产生损害外，还对皮肤造成损害。波长小于 220nm 的紫外线，几乎全部被皮肤角化层吸收。波长在 297～320nm 的紫外线对皮肤损害最强。其主要的损害是使皮肤发红和灼伤，引起红斑反应。如遭受过强的紫外线照射可引起弥漫性红斑、发痒或烧灼感，并可形成小水泡或水肿。同时常伴有头痛、疲劳和周身不适等全身症状。

短波 1.5μm 以下的红外辐射，对皮肤最明显的损害是严重灼伤。反复照射时，局部可出现色素沉着。短波红外线辐射可透入皮下组织，使血液及深部组织加热。如果照射面积大或时间过长，机体可因过热而出现全身症状，重者还可发生中暑。

四、噪声

噪声对人体的作用，主要是听觉系统的特异性影响，一定强度的生产性噪声长期作用于人体的听觉器官，可引起感音系统慢性退行性病变，导致噪声性耳聋。

工业噪声按其产生来源分为以下类型：

（1）机械噪声。由于机械撞击、摩擦、转动等产生的，如机床、球磨机等发出的声音。

（2）空气动力噪声。由于气体压力发生突变，引起气体分子扰动而产生的，如通风机、空压机、锅炉排气发出的声音。

（3）电磁噪声。由电机中交变力相互作用而产生的，如发电机、变压器发出的声音。

噪声对人体的特异性损伤是双耳对称性听力损失，其主要表现为听力下降或听力损失，出现噪声性耳聋。在强烈的噪声环境中工作，除影响作业工人的听觉系统外，还会对神经系统、心血管系统、消化系统、内分泌系统等产生非特异性影响。

五、振动

随着科技的进步，机械化程度不断提高，从事振动的人数也日益增加，如防护不好，可引起振动病。人体接受振动的作用方式包括直接振动、间接振动、局部振动、全身

振动。

振动长期作用于人体，主要引起局部血管痉挛，造成局部缺血，使振动作业工人发生局部振动病。

六、异常气象条件

（一）异常气象条件下的作业类型

（1）高温作业。水利工程施工多为野外作业，易受太阳的辐射作用和地面及周围物体的热辐射。根据工作地点气象条件的特点，一般将高温作业分为高温、强热辐射作业，高温、高湿作业和夏季露天作业。

（2）低温作业。水利工程低温作业主要见于冬季寒冷地区的野外作业。低温（俗称寒冷）对机体有明显的影响，机体在低温条件下，首先产生生理性适应，然后继续接触低温，则失去代偿功能而发生明显危害，如极度疲劳、嗜睡、呼吸变弱、血流缓慢、反射迟钝、体温和血压下降等。

低温产生的危害集中体现为冻疮、冻伤和冻僵等与寒冷直接相关的疾病。

（3）高气压作业。水利工程施工高气压作业主要有潜水作业、沉箱作业、隧道作业等。在一般情况下，人体习惯于居住地区的大气压。同一地区气压变动较小，对正常人无不良影响，但在异常气压下工作，如高气压下的潜水或潜涵作业，低气压下的高原作业，不注意防护可能影响人体健康。

高气压作用于人体，若减压过速，可使组织或血液产生气泡引起血液循环障碍或组织损伤，如耳鸣、鼓膜压破、氮麻醉、减压病等。

（4）低气压作业。低气压作业主要见于高原地区作业。低气压作用于人体如高山作业，可使作业人员产生适应不全症，如呼吸、循环机能亢进等，出现的病症如急性高原病和慢性高原病。

（二）异常气象条件引起的职业病

（1）中暑。高温对人体的影响是多方面的，引起中暑的原因也是复杂的，通常可分为日射病、热痉挛和热射病三种类型。通常以下四种情况易诱发中暑：体质虚弱、睡眠不足或过度疲劳、连续长时间高温作业、气象因素的综合作用等。按病情轻重可分为先兆中暑、轻症中暑、重症中暑，其中重症中暑可出现昏倒或痉挛，皮肤干燥无汗，体温在40℃以上等症状。

（2）冻疮和冻伤。冻疮和冻伤都是在寒冷气候条件下引起的疾病。身体的全部或某一部分，在寒冷的作用下，发生广泛的损伤，其物质代谢发生障碍，机体发生病理改变，称为冻伤。全身性冻伤又叫冻僵。冻疮是在寒冷的作用下，局部皮肤的损伤。

（3）减压病。减压病是指当周围气压突然降低时引起的症状。减压病常见于潜水作业，当潜水者迅速上升，而减压过速所致的职业病，此时人体的组织和血液中产生气泡，导致血液循环障碍和组织损伤。

减压病的症状主要表现为皮肤奇痒、灼热感、大理石样斑纹；肌肉、关节与骨骼酸痛和针刺样剧烈疼痛，头痛、眩晕、失眠、听力减退等。

（4）高原病。高原病又称高原适应不全症，是发生于高原低氧环境下的一种疾病，可分为急性高原病和慢性高原病两大类。按照临床表现：①急性高原病分为三种类型，分别

为急性高原病反应、高原肺水肿和高原脑水肿；②慢性高原病分为五种类型，慢性高原反应、高原心脏病、高原红细胞增多症、高原高血压症和高原低血压症。

第三节 水利工程施工职业危害的预防控制

一、粉尘危害的预防控制措施

（一）组织措施

用人单位应设置或制定职业卫生管理机构或组织，配备专职或兼职的职业卫生专业人员负责本单位的粉尘治理工作。有条件的单位应设置专职测尘人员，按照规范定时、定点检测；并定期由取得资质认证的卫生技术机构进行检测，评价劳动条件的改善情况和技术措施的效果；加强职业安全卫生知识的培训，指导并监督工人正确使用有效的个人防护用品；制定卫生清扫制度，防止二次污染，从组织上保证防尘工作的经常化。

（二）技术措施

（1）做好预评价和控制效果评价工作。职业病防治法中预防为主、防治结合的方针，要求防尘工作从基础做起，防护设备的投资列入项目预算，并与主体工程同时设计、同时施工、同时投入生产和使用。

（2）革新工艺、革新生产设备。在投资防尘设备时，要做到安全有效，切不可为节省投资而降低设备性能。此外，主要工作地点和操作人员多的工段置于车间内通风与空气较为清洁的上风向，有严重粉尘逸散的工段置于车间内下风向。

（3）湿式作业。它是一种经济易行、安全有效的防尘措施，在生产和工艺条件允许下，应首先考虑采用。

（4）设备除尘。对于不能采用湿式作业的粉尘或产尘部位应采用设备除尘，包括密闭措施和通风除尘措施。

（三）卫生保健措施

（1）个人防护和个人卫生。在工作场所粉尘浓度不能达到国家标准的要求时，加强防护和个人卫生是防尘的一个重要辅助措施。粉尘相关工作人员按规定佩戴符合技术要求的防尘口罩、面具、头盔和防护服等防护用品，这是防止粉尘进入人体的最后一道防线。此外，还需要注意个人卫生。

（2）职业健康监护。职业监护工作是对劳动者的身体状况及受职业病危害因素影响后健康状况的动态观察，对职业危害的早期发现、早期预防和早期治疗具有重要意义。其包括上岗前健康检查、定期健康检查、离岗前健康检查和应急健康检查。

（四）档案管理工作

用人单位应建立健全劳动者健康监护档案。这些档案资料不仅是反映工作场所粉尘危害程度、作业工人健康状况的重要资料，也是评价用人单位落实职业病防治法和防尘工作的依据。

二、生产性毒物危害的预防控制措施

生产性毒物种类繁多，接触面广，接触人数庞大，职业中毒在职业病中占有较大比

例。作业环境中的生产性毒物是职业中毒的病因，因此，预防职业中毒必须采取综合治理措施，从根本上消除、控制或尽可能减少毒物对职工的侵害。应遵循"三级预防"原则，推行"清洁生产"，重点做好"前期预防"。

具体预防措施可概括如下：

（1）用无毒或低毒原料代替有毒或高毒原料。

（2）尽量减少与有害化学品的接触时间和程度。

（3）对使用或产生有毒物质的作业，尽可能采取密闭生产或采用自动化操作。

（4）采用通风排毒技术或湿式作业等。

（5）建筑布局和生产设备布局合理，符合国家《工业企业设计卫生标准》（GBZ 1—2002）的要求。

（6）对接触有毒有害工作的工人，应定期进行筛查和卫生检测，通过健康监护及时发现高危人群，及早预防。做好个人防护和个人卫生。

（7）建立健全职业卫生管理制度。对生产部门领导和车间工程技术人员及作业工人进行职业卫生教育和上岗前培训。加强安全卫生管理，防止生产过程中有毒物质的跑、冒、滴、漏。

三、防红外辐射措施

（1）工人佩戴能吸收热量的特制防护眼镜，如红外线防护眼镜、双层镀铬 GRB 套镜。

（2）注意对早期红外线白内障工人定期随访治疗。

四、防紫外辐射措施

（1）建立安全生产制度，合理使用防护用品。

（2）改进生产工艺，采用自动焊接、无光焊接或半自动焊接。

（3）采用能吸收紫外线的防护面罩及眼镜，绿色镜片可同时防紫外、红外及可见光线。

（4）为防止其他工种的作业工人受紫外线照射，应设立专用焊接作业区或车间。

（5）在电焊作业车间，室内墙壁及屏蔽上涂黑色或深色的颜色，吸收或减少紫外线的反射。

（6）对不发射可见光的人工紫外线辐射源安装警告信号。

五、噪声危害的控制

对观察对象和轻度听力损伤者，应加强防护措施，一般不需要调离噪声作业环境。对中度听力损伤者，可考虑安排对听力要求不高的工作，对重度听力损伤及噪声聋者应调离噪声环境。对噪声敏感者应考虑调离噪声作业环境。

控制生产性噪声危害的措施可概括如下：

（1）具有生产性噪声的车间应尽量远离其他作业车间、行政区和生活区。噪声大的设备应尽量将噪声源与操作人员隔开；工艺允许远距离控制的，可设置隔声操作室。

（2）消除、控制噪声源。采用无声或低声设备代替高噪声的设备，合理配置生源，避免高、低噪声源的混合配置。

（3）控制噪声传播。采用吸声、隔声、消声、减振的材料和装置，阻止噪声的传播。

（4）个人防护。对生产现场的噪声控制不理想或特殊情况下的高噪声作业，个人防护用品是保护听觉器官的有效措施。如防护耳塞、耳罩、头盔等。

（5）健康监护。每工作日8h暴露等效于声级大于85dB的职工，应当进行基础听力测定和定期跟踪听力测定。对在岗职工进行定期的体检，以便在早期发现听力损伤。

（6）听力保护培训。企业应当每年对每工作日8h暴露等效于声级大于85dB作业场所的职工进行听力保护培训，包括噪声对健康的危害、听力测试的目的和程序、噪声实际情况及危害控制一般方法、使用护耳器的目的等。

六、防止振动危害措施

防止振动危害的主要措施如下：

（1）从工艺和技术上消除或减少振动源。

（2）限制接触振动的强度和时间。

（3）改善环境和作业条件。

（4）加强个人防护和健康管理。

七、防暑降温措施

（一）技术措施

（1）工艺流程的设计宜使操作人员远离热源，同时根据其具体条件采取必要的隔热降温措施。

（2）对高温厂房的平面、朝向、结构进行合理设计，加强通风效果。

（3）采取合理的通风，主要有自然通风和机械通风两种方式。

（二）保健措施和个人防护

（1）供给饮料和补充营养。由于高温作业工人大量排汗，应为工人供应含盐清凉饮料。

（2）加强健康监护。对高温作业工人加强健康监护、合理安排作息制度。

（3）加强个人防护，包括头罩、面罩、眼镜、衣裤和鞋袜等。提高工人的身体素质，控制和消除中暑，并减少高温对健康的远期作用。

（三）组织措施

严格执行高温作业卫生标准，合理安排作息，进行高温作业前的热适应锻炼。

八、异常气压危害的预防

（一）高气压危害预防

（1）技术革新，采取新工艺、新方法，以便工人可在水面上工作而不必进入高压环境。

（2）加强安全生产教育，使潜水员了解发病的原因及预防方法，使其严格遵守减压规程。

（3）切实遵守潜水作业制度，必须做到潜水技术保证、潜水供气保证和潜水医务保证，三者要密切配合。

（4）保健措施，工作前防止过度劳累，严禁饮酒，加强营养。作业前做好定期及潜水员下潜前的体格检查。

（二）低气压危害预防

（1）加强适应性锻炼，实施分段登高，逐步适应，出入高原者应减少体力劳动，以后视情况逐步增加。

（2）需供应高糖、多种维生素和易消化饮食，多饮水。

（3）对进入高原地区的人员，应进行全面体格检查。

第四节　水利工程施工职业健康管理

一、组织机构与规章制度建设

水利工程施工各单位最高决策者应承诺遵守国家有关职业病防治的法律法规；设立职业健康管理机构；配备专职或兼职职业健康管理员；职业病防治工作纳入法人目标管理责任制；制定职业健康年度计划和实施方案；在岗位操作规程中列入职业健康相关内容；建立健全劳动者职业健康监护档案；建立健全作业场所职业危害因素监测与评价制度；确保职业病防治必要的经费投入；进行职业危害申报。

二、前期预防管理

（一）职业危害申报

2012 年，国家安全生产监督管理总局颁布《职业病危害项目申报办法》（国家安监总局令第 48 号）要求用人单位（煤矿除外）工作场所存在职业病目录所列职业病的危害因素的，应当及时、如实向所在地安全生产监督管理部门申报危害项目，并接受安全生产监督管理部门的监督管理。

职业病危害项目申报工作实行属地分级管理的原则。中央企业、省属企业及其所属用人单位的职业病危害项目，向其所在地设区的市级人民政府安全生产监督管理部门申报。此外的其他用人单位的职业病危害项目，向其所在地县级人民安全生产监督管理部门申报。

申报职业病危害时，应当提交《职业病危害项目申报表》和以下有关资料：

（1）用人单位的基本情况。

（2）工作场所职业病危害因素种类。

（3）法律法规和规章规定的其他文件、资料。

（二）建设项目职业健康"三同时"管理

新建、改建、扩建的工程建设项目和技术改造、技术引进项目可能产生职业危害的，项目法人应当按照有关规定，在可行性论证阶段向安全生产监督管理部门提交职业病危害预评价报告。职业病危害预评价报告应当对建设项目可能产生的职业病危害因素及其对工作场所和劳动者健康的影响作出评价，确定危害类别和职业病防护措施。

建设项目的职业危害防护设施与主体工程同时设计、同时施工、同时投入生产和使用，职业危害防护设施所需费用应当纳入建设项目工程预算。职业病危害严重的建设项目的防护设施设计，应当经安全生产监督管理部门审查，符合国家职业卫生标准和卫生要求的，方可施工。建设项目在竣工验收前，建设单位应当进行职业病危害控制效果评价。建

设项目竣工验收时，其职业病防护设施经安全生产监督管理部门验收合格后，方可投入正式生产和使用。

三、建设过程中的防护与管理

（一）材料与设备管理

材料与设备管理的主要工作内容如下：

（1）优先采用有利于职业病防治和保护劳动者健康的新技术、新工艺和新材料。

（2）不使用国家明令禁止使用的可能产生职业危害的设备材料。

（3）不采用有危害的技术、工艺和材料，不隐瞒其危害。

（4）在可能产生职业危害的设备醒目位置，设置警示标志和中文警示说明。

（5）使用可能产生职业危害的化学品，要有中文说明书。

（6）使用放射性同位素和含有放射性物质、材料的，要有中文说明书。

（7）不将职业危害的作业转嫁给不具备职业病防护条件的单位和个人。

（8）不接受不具备防护条件的有职业危害的作业。

（二）作业场所管理

作业场所管理的主要工作内容如下：

（1）指定专人负责职业健康的日常监测，维护监测系统处于正常运行状态。

（2）对存在粉尘、有害物质、噪声、高温等职业危害因素的场所和岗位，应制定专项防控措施，并按规定进行专门管理和控制；明确具有职业危害的有关场所和岗位，制定专项防控措施，进行专门管理和控制。

（3）制定职业危害场所检测计划，定期对职业危害场所进行检测，并将检测结果公布、归档。

（4）对可能发生急性职业危害的工作场所，应设置报警装置、标识牌、应急撤离通道和必要的泄险区，制定应急预案，配置现场急救用品、设备。

（5）施工区内起重设施、施工机械、移动式电焊机及工具房、水泵房、空压机房、电工值班房等应符合职业卫生、环境保护要求。

（6）定期对危险作业场所进行监督检查并做好记录。

（三）作业环境管理和职业危害因素检测

作业环境管理和职业危害因素检测的主要管理工作内容如下：

（1）按规定定期对作业场所职业危害因素进行检测与评价。

（2）检测、评价的结果存入职业卫生档案。

（四）防护设备设施和个人防护用品

防护设备设施和个人防护用品主要管理工作内容如下：

（1）严格劳动保护用品的发放和使用管理。

（2）对现场急救用品、设备和防护用品进行经常性检维修、检测。

（3）设置与职业危害防护相适应的卫生设施。

（4）施工现场的办公、生活区与作业区分开设置，并保持安全距离。

（五）履行告知义务

（1）订立劳动合同时，应如实告知本单位从业人员作业过程中可能产生的职业危害及

其后果、防护措施等，并对从业人员及相关方进行宣传教育，使其了解生产过程中的职业危害、预防和应急处理措施，降低或消除危害后果。

（2）对存在严重职业危害的作业岗位，应设置警示标志、警示说明和报警装置。警示说明应载明职业危害的种类、后果、预防和应急救治措施。

（六）职业健康监护

职业健康监护是职业危害防治的一项主要内容。通过健康监护不仅起到保护员工健康、提高员工健康素质的作用，而且也便于早期发现职业病病人，使其早期得到治疗。

职业健康监护的主要管理工作内容如下：

（1）按职业卫生有关法规标准的规定组织接触职业危害的作用人员进行上岗前的职业健康检查。

（2）按规定组织接触职业危害的作业人员进行在岗期间职业健康体检。

（3）按规定组织接触职业危害的作业人员进行离岗职业健康体检。

（4）禁止有职业禁忌症的劳动者从事其所禁忌的职业活动。

（5）调离并妥善安置有职业健康损害的作业人员。

（6）未进行离岗职业健康体检，不得解除或终止劳动合同。

（7）职业健康监护档案应符合要求，并妥善保管。

（8）无偿为劳动者提供职业健康监护档案复印件。

《职业健康监护技术规范》（GBZ 188—2007）对接触各种职业危害因素的作业人员职业健康体检周期和体检项目给出了具体规定。

（七）职业健康培训

（1）主要负责人、管理人员应接受职业健康培训。

（2）对上岗劳动者进行职业健康培训。

（3）定期对劳动者进行在岗期间的职业健康培训。

（八）职业危害事故的应急救援、报告与处理

（1）建立健全职业危害应急救援预案。

（2）应急救援设施应完好。

（3）定期进行职业危害事故应急救援预案的演练。

（4）发生职业危害事故时，应当及时向所在地安全生产监督管理部门和有关部门报告，并采取有效措施，减少或消除职业危害因素，防止事故扩大。

（5）对遭受职业危害的从业人员，及时组织救治，并承担所需费用。

四、职业病诊断与病人保障

职业病诊断与病人保障主要管理工作内容如下：

（1）发现职业病病人或者疑似职业病病人时，应当及时向所在地卫生行政部门和安全生产监督管理部门报告。

（2）确诊为职业病的，用人单位还应当向所在地劳动保障行政部门报告。

（3）及时安排对疑似职业病病人进行诊断。

（4）安排职业病病人进行治疗、康复和定期检查。

（5）对不适宜继续从事原工作的职业病病人，应当调离原岗位，并妥善安置。

（6）对从事接触职业病危害作业的劳动者，应当给予适当岗位津贴。

（7）如实向职工提供职业病诊断书证明及鉴定所需要的资料。

（8）用人单位在发生分立、合并、解散、破产等情形时，应当对从事接触职业病危害作业的劳动者进行健康检查，并按照国家有关规定妥善安置职业病病人。

第五节　水利工程施工环境影响和保护措施

一、水利工程施工环境影响

（一）对水环境的影响

1. 废水排放污染水源

水利工程施工期对水源的污染主要来自生产废水和生活污水。生产废水主要来源于砂石骨料冲洗废水、基坑排水、混凝土拌和系统冲洗废水和施工机械、车辆维修系统含油废水；生活污水主要来源于工程管理人员和施工人员的生活排水。

2. 传统护岸工程对水生生态环境的影响

护岸工程产生的弃土、岸系疏浚物对水生生物有直接影响，包括水生生物卵、苗及幼体的危害；岸系爆破产生强烈的冲击波对水生生物有直接致命作用，影响程度取决于炸药量，一般影响范围在 $300\sim500m$；工程中造成的底质上浮还会引起水体浊度变化，直接或间接影响水生植物的光合作用，使水体溶解氧量有一定下降。

垂直的硬化护岸措施在影响水生动物、水生植物及昆虫等多种生物生长的同时，还限制了人们"进水、入水、利用水面"等亲水活动，河流景观也附上了人为烙印，丧失了自然色彩。

（二）对大气环境的影响

水利工程施工对大气环境的影响主要来源于机械燃油、施工土石方开挖、爆破、混凝土拌和、筛分及车辆运输等施工活动。污染物主要有粉尘和扬尘，尾气污染成分主要有二氧化硫（SO_2）、一氧化碳（CO）、二氧化氮（NO_2）和烃类。

1. 机械燃油污染物

施工机械燃油废气具有流动和分散排放的特点。机械燃油污染物排放具有流动、分散、总排放量不大的特点。施工场地开阔，污染物扩散能力强，加之水利工程施工工地人口密度较小，一般不至于对环境空气质量和功能造成明显的影响。

2. 施工粉尘

施工粉尘主要来自于工程土石方爆破、砂石料开采和破碎、混凝土搅拌以及车辆运输等。

水利工程施工土石方开挖量一般较大，短期内产尘量较大，局部区域空气含尘量大，对现场施工人员身心健康将产生影响。

施工爆破一般是间隙性排放污染物，对环境空气造成的污染有限。

砂石料加工和混凝土拌和过程产生的粉尘，可以根据类比工程现场实测数据，推算粉尘排放浓度和总量。

根据施工区地形、地貌、空气污染物扩散条件、环境空气达标情况，预测施工期空气

污染扩散方式及影响范围。

施工运输车辆卸载砂石土料产生的粉尘，施工开挖和填筑产生的土尘是影响施工区域及附近地区环境空气质量的主要影响源。

交通运输产生的粉尘主要来自于两个方面：一是汽车行驶产生的扬尘；另一方面是装载水泥、粉煤灰等在行进中防护不当导致物料失落或飘洒，对公路两侧的环境造成污染。

（三）对声环境的影响

水利工程施工产生的噪声主要包括：固定、连续式的钻孔和施工机械设备产生的噪声；定时爆破产生的噪声；车辆运输产生的流动噪声。

根据施工组织设计，按最不利情况考虑。选取施工噪声源强、持续时间长的多个主要施工机械噪声源作为多点混合声源同时运行，待声能叠加后，得出在无任何自然声障的不利情况下的每个施工区域施工机械的声能叠加值。分别预测施工噪声对声环境敏感点的影响程度和范围。

（四）对地质条件的影响

水利工程尤其大型水利工程，在施工过程中，因大坝、电厂、引水隧道、道路、料场、弃渣场等在内的工程系统的修建，会使地表的地形地貌发生巨大改变。而对山体的大规模开挖，往往使山坡的自然休止角发生改变，山坡前缘出现高陡临空面，造成边坡失稳。另外，大坝的构筑以及大量弃渣的堆放，也会因人工加载引起地基变形。这些都极易诱发崩塌、滑坡、泥石流等灾害。

二、水利工程绿色施工评价

绿色施工是指在保证质量、安全等基本要求的前提下，通过科学管理和技术进步，最大限度地节约资源，减少对环境的负面影响，实现"四节一环保"（节能、节材、节水、节地和环境保护）的水利工程施工活动。

水利工程绿色施工评价以水利工程施工过程为对象进行评价。施工项目应符合如下规定：

（1）建立绿色施工管理体系和管理制度，实施目标管理。

（2）根据绿色施工要求进行图纸会审和深化设计。

（3）施工组织设计及施工方案应有专门的绿色施工要求，绿色施工的目标明确，内容涵盖"四节一环保"要求。

（4）工程技术交底应包括绿色施工内容。

（5）采用符合绿色施工要求的新材料、新技术、新工艺、新机具进行施工。

（6）建立绿色施工培训制度，并有实施记录。

（7）根据检查情况，制定持续改进措施。

（8）采集和保存过程管理资料、见证资料和自检评价记录等绿色施工资料。

（9）在评价过程中，应采集反映绿色施工水平的典型图片或影像资料。

发生下列事故之一，不得评为绿色施工合格项目：

（1）发生安全生产死亡责任事故。

（2）发生重大质量事故，并造成严重影响。

（3）发生群体传染病、食物中毒等责任事故。

（4）施工中因"四节一环保"问题被政府管理部门处罚。

（5）违反国家有关"四节一环保"的法律法规，造成严重社会影响。

（6）施工扰民造成严重社会影响。

（一）评价方法

（1）控制性指标，必须全部满足，如现场施工标牌应包括环境保护内容，施工现场应在醒目位置设环境保护标志等。控制项评价方法见表 6 - 1。

表 6 - 1　　　　　　　　　　控 制 项 评 价 方 法

评 分 要 求	结 论	说 明
措施到位，全部满足考评指标要求	符合要求	进入评分流程
措施不到位，不满足考评指标要求	不符合要求	一票否决，为非绿色施工项目

（2）一般项指标，应根据实际发生项执行的情况计分，如施工作业区和生活办公区应分开布置，生活设施应远离有毒有害物质，深井、密闭环境、防水和室内装修施工应有自然通风或临时通风设施等。一般项计分标准见表 6 - 2。

表 6 - 2　　　　　　　　　　一 般 项 计 分 标 准

评 分 要 求	评分	评 分 要 求	评分
措施到位，满足考评指标要求	2	措施不到位，不满足考评指标要求	0
措施基本到位，部分满足考评指标要求	1		

（3）优选项指标，应根据实际的执行情况加分，如施工作业面应设置隔声设施，现场应有医务室，人员健康应急预案应完善等。优选项加分标准见表 6 - 3。

表 6 - 3　　　　　　　　　　优 选 项 加 分 标 准

评 分 要 求	评分	评 分 要 求	评分
措施到位，满足考评指标要求	1	措施不到位，不满足考评指标要求	0
措施基本到位，部分满足考评指标要求	0.5		

（4）要素评价得分规定如下：

1）一般项要素评价得分应按百分制折算，其计算公式为

$$A=\frac{B}{C}\times100$$

式中　A——折算分；

　　　B——实际发生项目实得分之和；

　　　C——实际发生项目应得分之和。

2）优选项加分应按优选项实际发生条目加分求和 D。

3）要素评价得分，即

$$F=A+D$$

式中　F——要素评价得分；

A——一般项折算分；

D——优选项加分。

4）工程评价得分，即

$$W=\sum(G\times 权重系数)$$

其中

$$G=\frac{\sum E}{评价批次数}$$

$$E=\sum(F\times 权重系数)$$

式中　G——阶段评价得分；

E——批次评价得分；

F——要素评价得分。

绿色施工评价框架体系见图6-1。

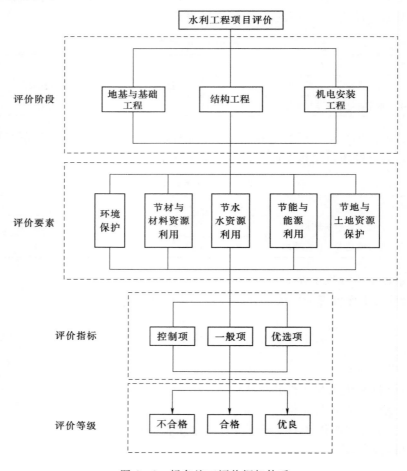

图6-1　绿色施工评价框架体系

工程绿色施工等级应按系列规定进行判定：

（1）有下列情况之一者为不合格：①控制项不满足要求；②单位工程总得分小于 60 分；③结构工程得分小于 60 分。

（2）满足以下条件为合格：①控制性全部满足要求；②单位工程总得分不小于 60 分且小于 80 分，结构工程得分不小于 60 分；③至少每个评价要素各有一项优选项得分，优选项总分不小于 5 分。

（3）满足以下条件者为优良：①控制项全部满足要求；②单位工程总得分不小于 80 分，结构工程得分不小于 80 分；③至少每个评价要素各有一项优选项得分，优选项总分不小于 10 分。

（二）评价组织和程序

单位工程施工批次评价应由施工单位组织，项目建设单位和监理单位参加，评价结果应由建设、监理、施工单位三方签认。项目部会同建设和监理单位应根据绿色施工情况，制定改进措施，由项目实施改进。

单位工程绿色施工评价应由施工单位书面申请，在工程竣工前进行评价。

三、水利工程环境保护措施

（一）水环境污染防治

水利工程施工期间产生的施工废水和生活污水，都是暂时性的，随着工程的建设其污染源也将消失。施工营地的生活污水采用化粪池处理；施工生产的废水设小型蒸发池收集；施工结束后将这些污水池清理掩埋。为减少护岸对水生生态环境的影响，要求尽可能采用绿色施工技术或生态护岸工程措施。

（二）空气污染防治

空气污染来源于工程施工开挖产生的粉尘与扬尘、水泥粉煤灰运输途中的泄漏、生产混凝土产生的扬尘、制砂产生的粉尘、燃煤烟尘、各种燃油机械设备在运行过程中产生的污染物。

空气污染的主要防治措施如下：

（1）增加烟囱高度，调整生产与生活区之间的卫生防护距离，在拌合楼里生产混凝土并安装防尘设备。

（2）干法制砂。采用新的汽车能源，采用新燃料或对现有燃料进行改进。

（3）在发动机外安装废气净化装置。

（4）控制油料蒸发排放。

（5）加强施工作业船舶、车辆的清洗、维修和保养。

（6）在运输多尘物料时，应对物料适当加湿或用帆布覆盖，运送散装水泥的储罐车辆应保持良好的密封状态，运送袋装水泥必须覆盖封闭。

（7）在施工场地临时道路行驶的车辆应减速。

（8）在车流量大，靠近生活区、办公区的临时道路应进行洒水。

（9）坝基开挖、导流洞施工采用湿式除尘法。

（10）在较密集区域的施工场地无雨天时应采用人工洒水降尘等。

（三）噪声污染防治

水利工程施工主要噪声源有：以砂石料系统和混凝土拌和系统为主的固定、连续式的

噪声源；以大吨位运输系统为主的移动、间断式的噪声源；挖掘机、推土机、装载机以及大量的钻孔、振捣、焊接、爆破等噪声源。

噪声污染的主要防治措施如下：

（1）详尽调查隧道周围的工程地质构造，研究选择适当的爆破方法，实行全程跟踪量测，实现爆破信息化施工。

（2）采用噪声低、振动小的施工方法及机械。

（3）采用声学控制措施，例如对声源采用消声、隔振和减振措施，在传播途径上增设吸声、消声等措施。

（4）限制冲击式作业，缩短振动时间。

（5）对各种车辆和机械进行强制性的定期保护维修，以减少因机械故障产生的附加噪声和振动。

（6）通过动力机械设计降低汽车及机械设备的动力噪声。

（7）通过改善轮胎的样式降低轮胎与路面的接触噪声。

（8）禁鸣喇叭等。

（四）地貌保护措施

水利工程施工对施工迹地和弃渣场有较大的地貌环境影响，主要防治措施包括：

（1）施工迹地的景观恢复和绿化措施。

（2）施工开挖土石方除用于填筑外，所余弃渣的堆放必须要有详细的规划，不得对景观、江河行洪、水库淤积及坝下游水位抬升等造成不良影响。

（3）对土石方开挖坡面，应视地质、土壤条件，决定采取工程及生物保护措施，防止边坡滑塌和水土流失，并促进景观恢复和改善。

思　考　题

1. 职业危害因素的影响有哪些？

2. 职业危害的作用条件是什么？

3. 职业危害因素按性质分类，可分为哪几类？

4. 水利工程施工过程中主要有哪些职业危害？

5. 水利工程施工受粉尘危害的工种主要有哪些？

6. 水利工程施工受有毒物质影响的工种主要有哪些？

7. 水利工程施工受辐射、噪声、震动危害的工种主要有哪些？

8. 防止粉尘危害的主要措施有哪些？

9. 防止有毒物质危害的主要措施有哪些？

10. 防止红外、紫外辐射的主要措施有哪些？

11. 防止噪声危害的主要措施有哪些？

12. 防止震动危害的主要措施有哪些？

13. 如何减少异常气象条件作业的危害？

14. 进行职业危害申报时，应提交哪些材料？

15. 水利工程施工的职业健康管理工作应从哪几方面进行?

16. 水利工程施工的环境影响主要有哪几方面?

17. 水利工程施工水环境防治主要措施有哪些?

18. 水利工程施工空气污染防治主要措施有哪些?

19. 水利工程施工地貌保护主要措施有哪些?

第七章 水利工程施工应急管理

本章主要介绍了应急管理的基本知识、应急救援体系、应急具体措施和应急预案、事故报告和处理以及工程有关保险等内容。

水利工程涉及工序及内容多，容易发生各类安全事故，一旦发生安全事故后，现场的应急处置则成为影响事故造成的影响因素之一。做好安全生产应急管理有助于提高事故防范和应急处置能力，采取积极有效的措施能够减小损失。应急管理应遵循预防为主原则，当事故发生时，及时启动安全生产应急预案，可以及时采取各类有效措施，而事故发生后，应按照具体的流程进行上报和处理。

第一节 应急管理基本概念与任务

一、基本概念

"应急管理"是指政府、企业以及其他公共组织，为了保护公众生命财产安全，维护公共安全、环境安全和社会秩序，在突发事件事前、事发、事中、事后所进行的预防、响应、处置、恢复等活动的总称。

近几十年，在突发事件应对实践中，世界各国逐渐形成了现代应急管理的基本理念，主要包括如下十大理念。

理念一：生命至上，保护生命安全成为首要目标。

理念二：主体延伸，社会力量成为核心依托。

理念三：重心下沉，基层一线成为重要基石。

理念四：关口前移，预防准备重于应急处置。

理念五：专业处置，岗位权力大于级别权力。

理念六：综合协调，打造跨域合作的拳头合力。

理念七：依法应对，将应急管理纳入法制化轨道。

理念八：加强沟通，第一时间让社会各界知情。

理念九：注重学习，发现问题并总结经验更重要。

理念十：依靠科技，从"人海战术"到科学应对。

这些理念代表了目前应急管理的发展方向，对水利工程的应急管理有着重要的启发作用。

2003年"非典"之后，我国更加注重应急管理，2006年国务院出台了《关于全面加强应急管理工作的意见》，2007 年 8 月出台了《中华人民共和国突发事件应对法》。此外，《中华人民共和国安全生产法》《建筑工程安全管理条例》等均对应急管理有明确的规定。

二、基本任务

（1）预防准备。应急管理的首要任务是预防突发事件的发生，要通过应急管理预防行动和准备行动，建立突发事件源头防控机制，建立健全应急管理体制、制度，有效控制突发事件的发生，做好突发事件应对准备工作。

（2）预测预警。及时预测突发事件的发生并向社会预警是减少突发事件损失的最有效措施，也是应急管理的主要工作。采取传统与科技手段相结合的办法进行预测，将突发事件消除在萌芽状态。一旦发现不可消除的突发事件，及时向社会预警。

（3）响应控制。突发事件发生后，能够及时启动应急预案，实施有效的应急救援行动，防止事件的进一步扩大和发展，是应急管理的重中之重。特别是发生在人口稠密区域的突发事件，应快速组织相关应急职能部门联合行动，控制事件继续扩展。

（4）资源协调。应急资源是实施应急救援和事后恢复的基础，应急管理机构应在合理布局应急资源的前提下，建立科学的资源共享与调配机制，有效利用可用的资源，防止在应急过程中出现资源短缺的情况。

（5）抢险救援。确保在应急救援行动中，及时、有序、科学地实施现场抢救，安全转送人员，以降低伤亡率、减少突发事件损失，这是应急管理的重要任务。尤其是突发事件具有突然性，发生后的迅速扩散以及波及范围广、危害性大的特点，要求应急救援人员及时指挥和组织群众采取各种措施进行自身防护，并迅速撤离危险区域或可能发生危险的区域，同时在撤离过程中积极开展公众自救与互救工作。

（6）信息管理。突发事件信息的管理既是应急响应和应急处置的源头工作，也是避免引起公众恐慌的重要手段。应急管理机构应当以现代信息技术为支撑，如综合信息应急平台，保持信息的畅通，以协调各部门、各单位的工作。

（7）善后恢复。善后虽然在应急管理中占有的比重不大，但是非常重要，应急处置后，应急管理的重点应该放在安抚受害人员及其家属、清理受灾现场、尽快使工程及时恢复或者部分恢复上，并及时调查突发事件的发生原因和性质，评估危害范围和危险程度。

第二节 应 急 救 援 体 系

随着社会的发展，生产过程中涉及的有害物质和能量不断增大，一旦发生重大事故，很容易导致严重的生命、财产损失和环境破坏，由于各种原因，当事故的发生难以完全避免时，建立重大事故应急救援管理体系，组织及时有效的应急救援行动，已成为抵御风险的关键手段。应急救援体系实际是应急救援队伍体系和应急管理组织体系的总称，而应急救援队伍体系是由应急救援指挥体系和应急救援执行体系构成的。

一、基本概况

我国现有的应急救援指挥机构基本是由政府领导牵头、各有关部门负责人组成的临时性机构，但在应急救援中仍然具有很高的权威性和效率性。应急救援指挥机构不同于应急

委员会和应急专项指挥机构，它具有现场处置的最高权力，各类救援人员必须服从应急救援指挥机构命令，以便统一步调，高效救援。

应急救援执行体系包括武装力量、综合应急救援队伍、专业应急救援队伍和社会应急救援队伍，而在水利工程施工过程中，专业应急救援队伍和综合应急救援队伍是必不可少的，必要时还可以向社会求助，组建由各种社会组织、企业以及各类由政府或有关部门招募建立的有成年志愿者组成的社会应急救援队伍。在突发事件多样性、复杂性形势下，仅靠单一救援力量开展应急救援已不适应形式需要。大量应急救援实践表明，改革应急救援管理模式、组建一支以应急救援骨干力量为依托、多种救援力量参与的综合应急救援队伍势在必行。

突发事件的应对是一个系统工程，仅仅依靠应急管理机构的力量是远远不够的。需要动员和吸纳各种社会力量，整合和调动各种社会资源共同应对突发事件，形成社会整体应对网络，这个网络就是应急管理组织体系。

水利水电工程建设项目应将项目法人、监理单位、施工企业纳入到应急组织体系中，实现统一指挥、统一调度、资源共享、共同应急。

各参建单位中，以项目法人为龙头，总揽全局，以施工单位为核心，监理单位等其他单位为主体，积极采取有效方式形成有力的应急管理组织体系，提升施工现场应急能力。同时需要积极加强同周围的联系，充分利用社会力量，全面提高应急管理水平。

二、应急管理体系建设的原则

（1）统一领导，分级管理。对于政府层面的应急管理体系应从上到下在各自的职责范围内建立对应的组织机构，对于工程建设来说，应按照项目法人责任制的原则，以项目法人为龙头，统一领导应急救援工作，并按照相应的工作职责分工，各参建单位承担各自的职责。施工企业可以根据自身特点合理安排项目应急管理内容。

（2）条块结合，属地为主。项目法人及施工企业应按照属地为主原则，结合实际情况建立完善安全生产事故灾难应急救援体系，满足应急救援工作需要。救援体系建立以就近为原则，建立专业应急救援体系，发挥专业优势，有效应对特别重大事故的应急救援。

（3）统筹规划，资源共享。根据工程特点、危险源分布、事故灾难类型和有关交通地理条件，对应急指挥机构、救援队伍以及应急救援的培训演练、物资储备等保障系统的布局、规模和功能等进行统筹规划。有关企业按规定标准建立企业应急救援队伍，参建各方应根据各自的特点建立储备物资仓库，同时在运用上统筹考虑，实现资源共享。对于工程中建设成本较高，专业性较强的内容，可以依托政府、骨干专业救援队伍、其他企业加以补充和完善。

（4）整体设计，分步实施。水利工程建设中可以结合地方行业规划和布局对各工程应急救援体系的应急机构、区域应急救援基地和骨干专业救援队伍、主要保障系统进行总体设计，并根据轻重缓急分期建设。具体建设项目，要严格按照国家有关要求进行，注重实效。

三、应急救援体系的框架

水利水电工程建设应急救援体系主要由组织体系、运作机制、保障体系、法规制度等

部分组成。

（一）应急组织体系

水利工程建设项目应将项目法人、监理单位、施工企业等各参建单位纳入到应急组织体系中，实现统一指挥、统一调度、资源共享、统一协调。

项目法人作为龙头积极组织各参建单位，明确各参建单位职责，明确相关人员职责，共同应对事故，形成强有力的水利水电工程建设应急组织体系，提升施工现场应急能力。同时，水利水电工程建设项目应成立防汛组织机构，以保证汛期抗洪抢险、救灾工作的有序进行，安全度汛。

（二）应急运行机制

应急运行机制是应急救援体系的重要保障，目标是实现统一领导、分级管理、分级响应、统一指挥、资源共享、统筹安排，积极动员全员参与，加强应急救援体系内部的应急管理，明确和规范响应程序，保证应急救援体系运转高效、应急反应灵敏，取得良好的抢救效果。

应急救援活动分为预防、准备、响应和恢复这4个阶段，应急机制与这4个阶段的应急活动密切相关。涉及事故应急救援的运行机制众多，但最关键、最主要的是统一指挥、分级响应、属地为主和全员参与等机制。

统一指挥是事故应急活动的最基本原则。应急指挥一般可分为集中指挥与现场指挥，或场外指挥与场内指挥，不管采用哪一种指挥系统，都必须在应急指挥机构的统一组织协调下行动，有令则行，有禁则止，统一号令，步调一致。

分级响应要求水利水电工程建设项目的各级管理层充分利用自己管辖范围内的应急资源，尽最大努力实施事故应急救援。

属地为主是强调"第一反应"的思想和以现场应急指挥为主的原则，应急反应就近原则。

全员参与机制是水利水电工程建设应急运作机制的基础，也是整个水利水电工程建设应急救援体系的基础，是指在应急救援体系的建立及应急救援过程中要充分考虑并依靠参建各方人员的力量，使所有人员都参与到救援过程中来，人人都成为救援体系的一部分。在条件允许的情况、在充分发挥参建各方的力量之外，还可以考虑让利益相关方各类人员积极参与其中。

（三）应急保障体系

应急保障体系是体系运转必备的物质条件和手段，是应急救援行动全面展开和顺利进行的强有力的保证。应急保障一般包括通信信息保障、应急人员保障、应急物资装备保障、应急资金保障、技术储备保障以及其他保障。

1. 通信信息保障

应急通信信息保障是安全生产管理体系的组成部分，是应急救援体系基础建设之一。事故发生时，要保证所有预警、报警、警报、报告、指挥等行动的快速、顺畅、准确，同时要保证信息共享。通信信息是保证应急工作高效、顺利进行的基础。信息保障系统要及时检查，确保通信设备24h正常畅通。

应急通信工具有：电话（包括手机、可视电话、座机电话等）、无线电、电台、传真

机、移动通信、卫星通信设备等。

水利水电工程建设各参建单位应急指挥机构及人员通信方式应在应急预案中明确体现，应当报项目法人应急指挥机构备案。

2. 应急人员保障

建立由水利水电工程建设各参建单位人员组成的工程设施抢险队伍，负责事故现场的工程设施抢险和安全保障工作。

人员组成可以由参建单位组成的勘察、设计、施工、监理等单位工作人员，也可以聘请其他有关专业技术人员组成专家咨询队伍，研究应急方案，提出相应的应急对策和意见。

3. 应急物资设备保障

根据可能突发的重大质量与安全事故性质、特征、后果及其应急预案要求，项目法人应当组织工程有关施工企业配备充足的应急机械、设备、器材等物资设备，以保障应急救援调用。

发生事故时，应当首先充分利用工程现场既有的应急机械、设备、器材。同时在地方应急指挥机构的调度下，动用工程所在地公安、消防、卫生等专业应急队伍和其他社会资源。

4. 应急资金保障

水利水电工程建设项目应明确应急专项经费的来源、数量、使用范围和监督管理措施，制定明确的使用流程，切实保障应急状态时应急经费能及时到位。

5. 技术储备保障

加强对水利水电工程事故的预防、预测、预警、预报和应急处置技术研究，提高应急监测、预防、处置及信息处理的技术水平，增强技术储备。水利水电工程事故预防、预测、预警、预报和处置技术研究和咨询依托有关专业机构进行。

6. 其他保障

水利水电工程建设项目应根据事故应急工作的需要，确定其他与事故应急救援相关的保障措施，如交通运输保障、治安保障、医疗保障和后勤保障等其他社会保障。

四、应急法规制度

水利水电工程建设应急救援的有关法规制度是水利水电工程建设应急救援体系的法制保障，也是开展事故应急管理工作的依据。我国高度重视应急管理的立法工作，目前，对应急管理有关工作作出要求的法律法规、规章、标准主要有：《中华人民共和国安全生产法》（主席令第 13 号）、《中华人民共和国突发事件应对法》（主席令第 60 号）、《中华人民共和国防洪法》（主席令第 18 号）、《生产安全事故报告和调查处理条例》（国务院令第 493 号）、《水库大坝安全管理条例》（国务院令第 78 号）、《中华人民共和国防汛条例》（国务院令第 441 号）、《生产安全事故应急预案管理办法》（国家安监总局令第 88 号）、《突发事件应急预案管理办法》（国办发〔2013〕101 号）等。

第三节　应急救援具体措施

应急救援一般是指针对突发、具有破坏力的紧急事件采取预防、预备、响应和恢复的活动与计划。根据紧急事件的不同类型，分为卫生应急、交通应急、消防应急、地震应急、厂矿应急、家庭应急等不同的应急救援。

一、事故应急救援的任务

事故应急救援的基本任务：①立即组织营救受害人员；②迅速控制事态发展；③消除危害后果，做好现场恢复；④查清事故原因，评估危害程度。

事故应急救援以"对紧急事件做出的；控制紧急事件发生与扩大；开展有效救援，减少损失和迅速组织恢复正常状态"为工作目标。救援对象主要是突发性和后果与影响严重的公共安全事故、灾害与事件。这些事故、灾害或事件主要来源于重大水利水电工程等突发事件。立即组织营救受害人员，组织撤离或者采取其他措施保护危险危害区域的其他人员；迅速控制事态，并对事故造成的危险、危害进行监测、检测，测定事故的危害区域、危害性质及维护程度；消除危害后果，做好现场恢复；查明事故原因，评估危害程度。

二、现场急救的基本步骤

（1）脱离险区。首先要使伤病员脱离险区，移至安全地带，如将因滑坡、塌方砸伤的伤员搬运至安全地带；对急性中毒的病人应尽快使其离开中毒现场，转移至空气流通的地方；对触电的患者，要立即脱离电源等。

（2）检查病情。现场救护人员要沉着冷静，切忌惊慌失措。应尽快对受伤或中毒的伤病员进行认真仔细的检查，确定病情。检查内容包括：意识、呼吸、脉搏、血压、瞳孔是否正常，有无出血、休克、外伤、烧伤，是否伴有其他损伤等。检查时不要给伤病员增加无谓的痛苦，如检查伤员的伤口，切勿一见病人就脱其衣服，若伤口部位在四肢或躯干上，可沿着衣裤线剪开或撕开，暴露其伤口部位即可。

（3）对症救治。根据迅速检查出的伤病情，立即进行初步对症救治。对于外伤出血病人，应立即进行止血和包扎；对于骨折或疑似骨折的病人，要及时固定和包扎，如果现场没有现成的救护包扎用品，可以在现场找适宜的替代品使用；对那些心跳、呼吸骤停的伤病员，要分秒必争地实施胸外心脏按压和人工呼吸；对于急性中毒的病人要有针对性地采取解毒措施。在救治时，要注意纠正伤病员的体位，有时伤病员自己采用的所谓舒适体位，可能促使病情加重或恶化，甚至造成不幸死亡，如被毒蛇咬伤下肢时，要使患肢放低，绝不能抬高，以减缓毒液的扩延；上肢出血要抬高患肢，防止增加出血量等。救治伤病员较多时，一定要分清轻重缓急，优先救治伤重垂危者。

（4）安全转移。对伤病员，要根据不同的伤情，采用适宜的担架和正确的搬运方法。在运送伤病员的途中，要密切注视伤病情的变化，并且不能中止救治措施，将伤病员迅速而平安地运送到后方医院做后续抢救。

三、紧急伤害的现场急救

（一）高空坠落急救

高空坠落是水利水电工程建设施工现场常见的一种伤害，多见于土建工程施工和闸门安装等高空作业。若不慎发生高空坠落伤害，则应注意以下方面：

（1）去除伤员身上的用具和衣袋中的硬物。

（2）在搬运和转送伤者过程中，颈部和躯干不能前屈或扭转，而应使脊柱伸直，绝对

禁止一个人抬肩另一个人抬腿的搬法，以免发生或加重截瘫。

（3）应注意摔伤及骨折部位的保护，避免因不正确的抬送，使骨折错位造成二次伤害。

（4）创伤局部妥善包扎，但对疑似颅底骨折和脑脊液渗漏患者切忌作填塞，以免导致颅内感染。

（5）复合伤要求平仰卧位，保持呼吸道畅通，解开衣领扣。

（6）快速平稳地送医院救治。

（二）物体打击急救

物体打击是指失控的物体在惯性力或重力等其他外力的作用下产生运动，打击人体而造成的人身伤亡事故。发生物体打击应注意如下方面：

（1）对严重出血的伤者，可使用压迫带止血法现场止血。这种方法适用于头、颈、四肢动脉大血管出血的临时止血。即用手或手掌用力压住比伤口靠近心脏更近部位的动脉跳动处（止血点）。四肢大血管出血时，应采用止血带（如橡皮管、纱巾、布带、绳子等）止血。

（2）发现伤者有严重骨折时，一定要采取正确的骨折固定方法。固定骨折的材料可以用木棍、木板、硬纸板等，固定材料的长短要以能固定住骨折处上下两个关节或不使断骨错动为准。

（3）对于脊柱或颈部骨折，不能搬动伤者，应快速联系医生，等待携带医疗器材的医护人员来搬动。

（4）抬运伤者，要多人同时缓缓用力平托，运送时，必须用木板或硬材料，不能用布担架，不能用枕头。怀疑颈椎骨折的，伤者的头要放正，两旁用沙袋夹住，不让头部晃动。

（三）机械伤害急救

机械伤害主要指机械设备运动（静止）部件、工具、加工件直接与人体接触引起的夹击、碰撞、剪切、卷入、绞、碾、割、刺等形式的伤害。各类转动机械的外露传动部分（如齿轮、轴、履带等）和往复运动部分都有可能对人体造成机械伤害。若不慎发生机械伤害，则应注意以下方面：

（1）发生机械伤害事故后，现场人员不要害怕和慌乱，要保持冷静，迅速对受伤人员进行检查。急救检查应先查看神志、呼吸，接着摸脉搏、听心跳，再查看瞳孔，有条件者测血压。检查局部有无创伤、出血、骨折、畸形等变化，根据伤者的情况，有针对性地采取人工呼吸、心脏按压、止血、包扎、固定等临时应急措施。

（2）遵循"先救命、后救肢"的原则，优先处理颅脑伤、胸伤、肝、脾破裂等危及生命的内脏伤，然后处理肢体出血、骨折等伤害。

（3）让患者平卧并保持安静，如有呕吐同时无颈部骨折时，应将其头部侧向一边以防止噎塞。不要给昏迷或半昏迷者喝水，以防液体进入呼吸道而导致窒息，也不要用拍击或摇动的方式试图唤醒昏迷者。

（4）如果伤者出血，进行必要的止血及包扎。大多数伤员可以按常规方式抬送至医院，但对于颈部、背部严重受损者要慎重，以防止其进一步受伤。

（5）动作轻缓地检查患者，必要时剪开其衣服，避免突然挪动增加患者痛苦。

（6）事故中伤者发生断肢（指）的，在急救的同时，要保存好断肢（指），具体方法是：将断肢（指）用清洁纱布包好，不要用水冲洗，也不要用其他溶液浸泡，若有条件，可将包好的断肢（指）置于冰块中，冰块不能直接接触断肢（指），将断肢（指）随同伤者一同送往医院进行修复。

（四）塌方伤急救

塌方伤是指包括塌方、工矿意外事故或房屋倒塌后伤员被掩埋或被落下的物体压迫之后的外伤，除易发生多发伤和骨折外，尤其要注意挤压综合症问题，即一些部位长期受压，组织血供受损，缺血缺氧，易引起坏死。故在抢救塌方多发伤的同时，要防止急性肾功能衰竭的发生。

急救方法：将受伤者从塌方中救出，必须紧急送医院抢救，及时采取防治肾功能衰竭的措施。

（五）触电伤害急救

在水利水电工程建设施工现场，常常会因员工违章操作而导致被触电。触电伤害急救方法如下：

（1）先迅速切断电源，此前不能触摸受伤者，否则会造成更多的人触电。若一时不能切断电源，救助者应穿上胶鞋或站在干的木板凳上，双手戴上厚的塑胶手套，用干木棍或其他绝缘物把电源拨开，尽快将受伤者与电源隔离。

（2）脱离电源后迅速检查病人，如呼吸心跳停止应立即进行人工呼吸和胸外心脏按压。

（3）在心跳停止前禁用强心剂，应用呼吸中枢兴奋药，用手掐人中穴。

（4）雷击时，如果作业人员孤立地处于空旷暴露区并感到头发竖起，应立即双腿下蹲，向前曲身，双手抱膝自行救护。

处理电击伤伤口时应先用碘酒纱布覆盖包扎，然后按烧伤处理。电击伤的特点是伤口小、深度大，所以要防止继发性大出血。

（六）淹溺急救

淹溺又称溺水，是人淹没于水或其他液体介质中并受到伤害的状况。水充满呼吸道和肺泡引起缺氧窒息；吸收到血液循环的水引起血液渗透压改变、电解质紊乱和组织损害；最后造成呼吸停止和心脏停搏而死亡。淹溺急救方法如下：

（1）发现溺水者后应尽快将其救出水面，但施救者不了解现场水情，不可轻易下水，可充分利用现场器材，如绳、竿、救生圈等救人。

（2）将溺水者平放在地面，迅速撬开其口腔，清除其口腔和鼻腔异物，如淤泥、杂草等，使其呼吸道保持通畅。

（3）倒出腹腔内吸入物，但要注意不可一味倒水而延误抢救时间。倒水方法：将溺水者置于抢救者屈膝的大腿上，头部朝下，按压其背部迫使呼吸道和胃里的吸入物排出。

（4）当溺水者呼吸停止或极为微弱时，应立即实施人工呼吸法，必要时施行胸外心脏按压法。

（七）烧伤或烫伤急救

烧伤是一种意外事故。一旦被火烧伤，要迅速离开致伤现场。衣服着火，应立即倒在地上翻滚或翻入附近的水沟中或潮湿地上。这样可迅速压灭或冲灭火苗，切勿喊叫、奔跑，以免风助火威，造成呼吸道烧伤。最好的方法是用自来水冲洗或浸泡伤患，可避免受伤面扩大。

肢体被沸水或蒸汽烫伤时，应立即剪开已被沸水湿透的衣服和鞋袜，将受伤的肢体浸于冷水中，可起到止痛和消肿的作用。如贴身衣服与伤口粘在一起时，切勿强行撕脱，以免使伤口加重，可用剪刀先剪开，然后慢慢将衣服脱去。

不管是烧伤或烫伤，创面严禁用红汞、碘酒和其他未经医生同意的药物涂抹，而应用消毒纱布覆盖在伤口上，并迅速将伤员送往医院救治。

（八）中暑急救

（1）迅速将病人移到阴凉通风的地方，解开衣扣、平卧休息。

（2）用冷水毛巾敷头部，或用30％酒精擦身降温，喝一些淡盐水或清凉饮料，清醒者也可服人丹、十滴水、藿香正气水等。昏迷者用手掐人中或立即送医院。

四、主要灾害紧急避险

（一）台风灾害紧急避险

浙江地处沿海，经常遭遇台风，台风由于风速大，会带来强降雨等恶劣天气，再加上强风和低气压等因素，容易使海水、河水等强力堆积，潮位水位猛涨，风暴潮与天文大潮相遇，将可能导致水位漫顶，冲毁各类设施。具体防范措施如下：

（1）密切关注台风预报，及时了解台风路径及预测登陆地点，储备必需的物资，做好各项防范措施。

（2）根据台风响应级别，及时启动应急预案。及时安排船只等回港避风、固锚；及时将人员、设备等转移到安全地带。

（3）严禁在台风天气继续作业，同时人员撤离前及时加固各类无法撤离的机械设备。

（4）台风警报解除前，禁止私自进入施工区域，警报解除后应先在现场进行特别检查，确保安全后方可恢复生产。

（二）山洪灾害

水利水电工程较多处于山区，因为暴雨或拦洪设施泄洪等原因，在山区河流及溪沟形成暴涨暴落洪水及伴随发生的各类灾害。山洪灾害来势凶猛，破坏性强，容易引发山体滑坡、泥石流等现象。在水利水电工程建设期间，对工程及参建各方均有较大影响，应采取以下方式进行紧急避险：

（1）在遭遇强降雨或连续降雨时，需特别关注水雨情信息，准备好逃生物品。

（2）遭遇山洪时，一定保持冷静，迅速判断周边环境，尽快向山上或较高地方转移。

（3）山洪暴发，溪河洪水迅速上涨时，不要沿着行洪道逃生，而要向行洪道的两侧快速躲避；不要轻易涉水过河。

（4）被困山中，及时与110或当地防汛部门取得联系。

（三）山体滑坡紧急避险

当遭遇山体滑坡时，首先要沉着冷静，不要慌乱。然后采取必要措施迅速撤离到安全

地点。

（1）迅速撤离到安全的避难场地。避难场地应选择在易滑坡两侧边界外围。遇到山体崩滑时要朝垂直于滚石前进的方向跑。切记不要在逃离时朝着滑坡方向跑。更不要不知所措，随滑坡滚动。千万不要将避难场地选择在滑坡的上坡或下坡，也不要未经全面考察，从一个危险区跑到另一个危险区。同时，要听从统一安排，不要自择路线。

（2）跑不出去时应躲在坚实的障碍物下。遇到山体崩滑且无法继续逃离时，应迅速抱住身边的树木等固定物体。可躲避在结实的障碍物下，或蹲在地坎、地沟里。应注意保护好头部，可利用身边的衣物裹住头部。立刻将灾害发生的情况报告单位或相关政府部门，及时报告对减轻灾害损失非常重要。

（四）火灾事故应急逃生

在水利水电工程建设中，有许多容易引起火灾的客观因素，如现场施工中的动火作业以及易燃化学品、木材等可燃物，而对于水利水电工程建设现场人员的临时住宅区域和临时厂房，由于消防设施缺乏，都极易酿成火灾。发生火灾时，应采取以下措施：

（1）当火灾发生时，如果发现火势并不大，可采取措施立即扑灭，千万不要惊慌失措地乱叫乱窜，置小火于不顾而酿成大火灾。

（2）突遇火灾且无法扑灭时，应沉着镇静，及时报警，并迅速判断危险地与安全地，注意各种安全通道与安全标志，谨慎选择逃生方式。

（3）逃生时经过充满烟雾的通道时，要防止烟雾中毒和窒息。由于浓烟常在离地面约30cm处四散，可向头部、身上浇凉水或用湿毛巾、湿棉被、湿毯子等将头、身裹好，低姿势逃生，最好爬出浓烟区。

（4）逃生要走楼道，千万不可乘坐电梯逃生。

（5）如果发现身上已着火，切勿奔跑或用手拍打，因为奔跑或拍打时会形成风势，加速氧气的补充，促旺火势。此时，应赶紧设法脱掉着火的衣服，或就地打滚压灭火苗；如有可能跳进水中或让人向身上浇水，喷灭火剂效果更好。

（五）有毒有害物质泄漏场所紧急避险

发生有毒有害物质泄漏事故后，假如现场人员无法控制泄漏，则应迅速报警并选择安全逃生。

（1）现场人员不可恐慌，应按照平时应急预案的演练步骤，各司其职，有序地撤离。

（2）逃生时要根据泄漏物质的特性，佩戴相应的个体防护用品。假如现场没有防护用品，也可应急使用湿毛巾或湿衣物捂住口鼻进行逃生。

（3）逃生时要沉着冷静确定风向，根据有毒有害物质泄漏位置，向上风向或侧风向转移撤离，即逆风逃生。

（4）假如泄漏物质（气态）的密度比空气大，则选择往高处逃生，相反，则选择往低处逃生，但切忌在低洼处滞留。

（5）有毒气泄漏可能的区域，应该在最高处安装风向标。发生泄漏事故后，风向标可以正确指导逃生方向。还应在每个作业场所至少设置2个紧急出口，出口与通道应畅通无阻并有明显标志。

第四节　水利工程应急预案

应急预案是对特定的潜在事件和紧急情况发生时所采取措施的计划安排，是应急响应的行动指南。应急预案应形成体系，针对各级各类可能发生的事故和所有危险源制定专项应急预案和现场应急处置方案，并明确事前、事中、事后的各个过程中相关部门和有关人员的职责。

一、应急预案的基本要求

单位主要负责人负责组织编制和实施本单位的应急预案，并对应急预案的真实性和实用性负责；各分管负责人应当按照职责分工落实应急预案规定的职责。生产经营单位组织应急预案编制过程中，应当根据法律法规、规章的规定或者实际需要，征求相关应急救援队伍、公民、法人或其他组织的意见。具体应符合如下要求：

（1）符合性。应急预案的内容是否符合有关法规、标准和规范的要求。

（2）适用性。应急预案的内容及要求是否符合单位实际情况。

（3）完整性。应急预案的要素是否符合评审表规定的要素。

（4）针对性。应急预案是否针对可能发生的事故类别、重大危险源、重点岗位部位。

（5）科学性。应急预案的组织体系、预防预警、信息报送、响应程序和处置方案是否合理。

（6）规范性。应急预案的层次结构、内容格式、语言文字等是否简洁明了，便于阅读和理解。

（7）衔接性。综合应急预案、专项应急预案、现场处置方案以及其他部门或单位预案是否衔接。

二、应急预案的内容

根据《生产安全事故应急预案管理办法》（安监总局令第88号），应急预案可分为综合应急预案、专项应急预案和现场处置方案3个层次。

（1）综合应急预案是指生产经营单位为应对各种生产安全事故而制定的综合性工作方案，是本单位应对生产安全事故的总体工作程序、措施和应急预案体系的总纲。综合应急预案包括应急组织机构及职责、应急预案体系、事故风险描述、预警及信息报告、应急响应、保障措施、应急预案管理等内容。

（2）专项应急预案是指生产经营单位为应对某一种或者多种类型的生产安全事故，或者针对重要生产设施、重大危险源、重大活动防止生产安全事故而制定的专项性工作方案。专项应急预案主要包括事故风险分析、应急指挥机构及职责、处置程序和措施等内容。

（3）现场处置方案是指生产经营单位根据不同的生产安全事故类型，针对具体场所、装置或者设施所制定的应急处置措施。其主要包括事故风险分析、应急工作职责、应急处置和注意事项等内容。

项目法人应当综合分析现场风险，应急行动、措施和保障等基本要求和程序，组织参

建单位制定本建设项目的生产安全事故应急救援的综合应急预案，项目法人领导审批，向监理单位、施工企业发布。

监理单位与项目法人分析工程现场的风险类型（如人身伤亡），起草编写专项应急预案，相关领导审核，向各施工企业发布。

施工企业应编制水利水电工程建设项目现场处置方案，并由监理单位审核，项目法人备案。

三、应急预案的工作流程

应急预案工作流程分为编制与管理两个阶段，具体编制应参照《生产经营单位生产安全事故应急预案编制导则》（GB/T 29639—2013），管理应参照《生产安全事故应急预案管理办法》（国家安监总局令第 88 号），预案操作流程大致可分为下列 6 个步骤（图 7-1）。

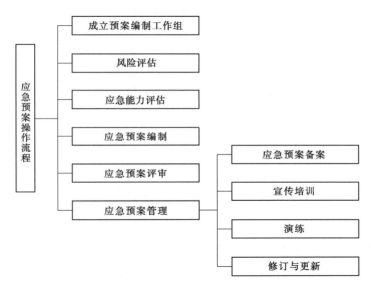

图 7-1 应急预案操作流程框图

（一）成立预案编制工作组

根据工程实际情况成立由本单位主要负责人任组长，工程相关人员作为成员，尤其是需要吸收有现场处置经验的人员积极参与其中，增加可操作性，也可以吸收与应急预案有关的水行政主管等职能部门和单位的人员参加，同时可以根据实际情况邀请本单位欠缺的医疗、安全等方面专家参与其中。工作组应及时制定工作计划，做好工作分工，明确编制任务，积极开展编制工作。

（二）风险评估

水利工程风险评估就是要对工程施工现场的各类危险因素分析、进行危险源辨识，确定工程建设项目的危险源、可能发生的事故后果，进行事故风险分析，并同时指出事故可能产生的次生、衍生事故及后果形成分析报告，同时要针对目前存在的问题提出具体的防范措施。

（三）应急能力评估

应急能力评估主要包括应急资源调查等内容。应急资源调查，是指全面调查本地区、本单位第一时间可以调用的应急资源状况和合作区域内可以请求援助的应急资源状况，并结合事故风险评估结论制定应急措施的过程。应急资源调查应从"人、财、物"三个方面进行调查，通过对应急资源的调查，分析应急资源基本情况，同时对于急需但工程周围不具备的，应积极采取有效措施予以弥补。

应急资源一般包括：应急人力资源（各级指挥员、应急队伍、应急专家等）、应急通信与信息能力、人员防护设备（呼吸器、防毒面具、防酸服、便携式一氧化碳报警器等）、消灭或控制事故发展的设备（消防器材等）、防止污染的设备、材料（中和剂等）、检测、监测设备、医疗救护机构与救护设备、应急运输与治安能力、其他应急资源。

（四）应急预案编制

依据生产经营单位风险评估以及应急能力评估结果，组织编制应急预案。应急预案编制应注重系统性和可操作性，做到与相关部门和单位应急预案相衔接。应急预案的编制格式和要求应按照如下进行：

1. 封面

应急预案封面主要包括应急预案编号、应急预案版本号、生产经营单位名称、应急预案名称、编制单位名称、颁布日期等内容。

2. 批准页

应急预案应经生产经营单位主要负责人（或分管负责人）批准方可发布。

3. 目次

应急预案应设置目次，目次中所列的内容及次序如下：

——批准页；

——章的编号、标题；

——带有标题的条的编号、标题（需要时列出）；

——附件，用序号表明其顺序。

4. 印刷与装订

应急预案推荐采用 A4 版面印刷，活页装订。

针对工作场所、岗位的特点，编制简明、实用、有效的应急处置卡。

应急处置卡应当规定重点岗位、人员的应急处置程序和措施，以及相关联络人员和联系方式，便于从业人员携带。

（五）应急预案评审

《生产经营单位生产安全事故应急预案编制导则》（GB/T 29639—2013）、《生产安全事故应急预案管理办法》（国家安监总局令第 88 号）等提出了对应急预案评审的要求，即应急预案编制完成后，应进行评审或者论证。内部评审由本单位主要负责人组织有关部门和人员进行；外部评审由本单位组织外部有关专家进行，并可邀请地方政府有关部门、水行政主管部门等有关人员参加。应急评审合格后，由本单位主要负责人签署发布，并按规定报有关部门备案。

水利工程建设项目应参照《生产安全事故应急预案管理办法》（国家安监总局令第88

号）及《生产经营单位生产安全事故应急预案评审指南（试行）》（安监总厅应急〔2009〕73号）组织对应急预案进行评审。

1. 评审方法

应急预案评审分为形式评审和要素评审，评审可采取符合、基本符合、不符合3种方式简单判定。对于基本符合和不符合的项目，应提出指导性意见或建议。

（1）形式评审。依据有关规定和要求，对应急预案的层次结构、内容格式、语言文字和制定过程等内容进行审查。形式评审的重点是应急预案的规范性和可读性。

（2）要素评审。依据有关规定和标准，从符合性、适用性、针对性、完整性、科学性、规范性和衔接性等方面对应急预案进行评审。要素评审包括关键要素和一般要素。为细化评审，可采用列表方式分别对应急预案的要素进行评审。评审应急预案时，将应急预案的要素内容与表中的评审内容及要求进行对应分析，判断是否符合表中要求，发现存在的问题及不足。

2. 评审程序

应急预案编制完成后，应在广泛征求意见的基础上，采取会议评审的方式进行审查，会议审查规模和参加人员根据应急预案涉及范围和重要程度确定。

（1）评审准备。应急预案评审应做好下列准备工作：成立应急预案评审组，明确参加评审的单位或人员。通知参加评审的单位或人员具体的评审时间。将被评审的应急预案在评审前送达参加评审的单位或人员。

（2）会议评审。会议评审可按照下列程序进行：介绍应急预案评审人员构成，推选会议评审组组长。应急预案编制单位或部门向评审人员介绍应急预案编制或修订情况。评审人员对应急预案进行讨论，提出修改和建设性意见。应急预案评审组根据会议讨论情况，提出会议评审意见。讨论通过会议评审意见，参加会议评审人员签字。

（3）意见处理。评审组组长负责对各评审人员的意见进行协调和归纳，综合提出预案评审的结论性意见。按照评审意见，对应急预案存在的问题以及不合格项进行分析研究，并对应急预案进行修订或完善。反馈意见要求重新审查的，应按照要求重新组织审查。

（六）应急预案管理

1. 应急预案备案

依照《生产安全事故应急预案管理办法》（国家安监总局令第88号），对已报批准的应急预案备案。

中央管理的总公司（总厂、集团公司、上市公司）的综合应急预案和专项应急预案，报国务院国有资产监督管理部门、国务院安全生产监督管理部门和国务院有关主管部门备案；其所属单位的应急预案分别抄送所在地的省、自治区、直辖市或者设区的市人民政府安全生产监督管理部门和有关主管部门备案。其他单位按照相应的管理权限备案。

水利水电工程建设项目参建各方申请应急预案备案，应当提交下列材料：

（1）应急预案备案申报表。

（2）应急预案评审或者论证意见。

（3）应急预案文本及电子文档。

（4）风险评估结果和应急资源调查清单。

受理备案登记的安全生产监督管理部门及有关主管部门应当对应急预案进行形式审查，经审查符合要求的，予以备案并出具应急预案备案登记表；不符合要求的，不予备案并说明理由。

2. 应急预案宣传与培训

水利工程建设参建各方应采取不同方式开展安全生产应急管理知识和应急预案的宣传和培训工作。对本单位负责应急管理工作的人员以及专职或兼职应急救援人员进行相应知识和专业技能培训，同时，加强对安全生产关键责任岗位员工的应急培训，使其掌握生产安全事故的紧急处置方法，增强自救互救和第一时间处置事故的能力。在此基础上，确保所有从业人员具备基本的应急技能，熟悉本单位的应急预案，掌握本岗位事故防范与处置措施和应急处置程序，提高应急水平。

3. 应急预案演练

应急预案演练是应急准备的一个重要环节。通过演练，可以检验应急预案的可行性和应急反应的准备情况；通过演练，可以发现应急预案存在的问题，完善应急工作机制，提高应急反应能力；通过演练，可以锻炼队伍，提高应急队伍的作战能力，熟悉操作技能；通过演练，可以教育参建人员，增强其危机意识，提高安全生产工作的自觉性。为此，预案管理和相关规章中都应有对应急预案演练的要求。

4. 应急预案修订与更新

应急预案必须与工程规模、机构设置、人员安排、危险等级、管理效率及应急资源等状况相一致。随着时间的推移，应急预案中包含的信息可能会发生变化。因此，为了不断完善和改进应急预案并保持预案的时效性，水利水电工程建设参建各方应根据本单位实际情况，及时更新和修订应急预案。

应就下列情况对应急预案进行定期和不定期的修改或修订：

（1）日常应急管理中发现预案的缺陷。

（2）训练或演练过程中发现预案的缺陷。

（3）实际应急过程中发现预案的缺陷。

（4）组织机构发生变化。

（5）原材料、生产工艺的危险性发生变化。

（6）施工区域范围的变化。

（7）布局、消防设施等发生变化。

（8）人员及通信方式发生变化。

（9）有关法律法规标准发生变化。

（10）其他情况。

应急预案修订前，应组织对应急预案进行评估，以确定是否需要进行修订以及哪些内容需要修订。通过对应急预案的更新与修订，可以保证应急预案的持续适应性。同时，更新的应急预案内容应通过有关负责人认可，并及时通告相关单位、部门和人员；修订的预案版本应经过相应的审批程序，并及时发布和备案。

5. 应急预案的响应

依据突发事故的类别、危害的程度、事故现场的位置及事故现场情况分析结果设定预

案的启动条件。接警后，根据事故发生的位置及危害程序，决定启动相应的应急预案，在总指挥的统一指挥下，发布突发事故应急救援令，启动预案，各应急小组依据预案的分工、机构设置赶赴现场，采取相应的措施。并报告当地水利等有关部门。

四、应急预案的编制提纲

（一）综合应急预案

（1）总则。总则包括编制目的、编制依据、适用范围、应急预案体系、应急预案工作原则等。

（2）事故风险描述。

（3）应急组织机构及职责。

（4）预警及信息报告。

（5）应急响应。应急响应包括响应分级、响应程序、处置措施、应急结束等。

（6）信息公开。

（7）后期处置。

（8）保障措施。保障措施包括通信与信息保障、应急队伍保障、物资装备保障、其他保障等。

（9）应急预案管理。应急预案管理包括应急预案培训、应急预案演练、应急预案修订、应急预案备案、应急预案实施等。

（二）专项应急预案

（1）事故风险分析。针对可能发生的事故风险，分析事故发生的可能性以及严重程度、影响范围等。

（2）应急指挥机构及职责。根据事故类型，明确应急指挥机构总指挥、副总指挥以及各成员单位或人员的具体职责。应急指挥机构可以设置相应的应急救援工作小组，明确各小组的工作任务及主要负责人职责。

（3）处置程序。明确事故及事故险情信息报告程序和内容、报告方式和责任人等内容。根据事故响应级别，具体描述事故接警报告和记录、应急指挥机构启动、应急指挥、资源调配、应急救援、扩大应急等应急响应程序。

（4）处置措施。针对可能发生的事故风险、事故危害程度和影响范围，制定相应的应急处置措施，明确处置原则和具体要求。

（三）现场处置方案

（1）事故风险分析。事故风险分析主要包括：事故类型；事故发生的区域、地点或装置的名称；事故发生的可能时间、事故的危害严重程度及其影响范围；事故前可能出现的征兆；事故可能引发的次生、衍生事故。

（2）应急工作职责。根据现场工作岗位、组织形式及人员构成，明确各岗位人员的应急工作分工和职责。

（3）应急处置。应急处置主要包括以下内容：

1）事故应急处置程序。根据可能发生的事故及现场情况，明确事故报警、各项应急措施启动、应急救护人员的引导、事故扩大及同生产经营单位应急预案衔接的程序。

2）现场应急处置措施。针对可能发生的火灾、爆炸、危险化学品泄漏、坍塌、水患、

机动车辆伤害等,从人员救护、工艺操作、事故控制,消防、现场恢复等方面制定明确的应急处置措施。

3)明确报警负责人以及报警电话及上级管理部门、相关应急救援单位联络方式和联系人员,事故报告基本要求和内容。

(4)注意事项。注意事项主要包括以下内容:

1)佩戴个人防护器具方面的注意事项。

2)使用抢险救援器材方面的注意事项。

3)采取救援对策或措施方面的注意事项。

4)现场自救和互救注意事项。

5)现场应急处置能力确认和人员安全防护等事项。

6)应急救援结束后的注意事项。

7)其他需要特别警示的事项。

(5)附件。附件中列出应急工作中需要联系的部门、机构或人员的多种联系方式,当发生变化时及时进行更新。应急物资装备的名录或清单:列出应急预案涉及的主要物资和装备名称、型号、性能、数量、存放地点、运输和使用条件、管理责任人和联系电话等。规范化格式文本:应急信息接报、处理、上报等规范化格式文本。关键的路线、标识和图纸主要包括以下内容:

1)警报系统分布及覆盖范围。

2)重要防护目标、危险源一览表、分布图。

3)应急指挥部位置及救援队伍行动路线。

4)疏散路线、警戒范围、重要地点等的标识。

5)相关平面布置图纸、救援力量的分布图纸等。

(6)有关协议或备忘录。列出与相关应急救援部门签订的应急救援协议或备忘录。

第五节　水利工程建设应急培训与演练

一、应急培训

生产经营单位应当组织开展本单位的应急预案、应急知识、自救互救和避险逃生技能的培训活动,使有关人员了解应急预案内容,熟悉应急职责、应急处置程序和措施。应急培训的时间、地点、内容、师资、参加人员和考核结果等情况应当如实记入本单位的安全生产教育和培训档案。

(一)应急培训方式

培训应当以自主培训为主;也可以委托具有相应资质的安全培训机构(具备安全培训条件的机构),对从业人员进行安全培训。不具备安全培训条件的生产经营单位,应当委托具有相应资质的安全培训机构(具备安全培训条件的机构),对从业人员进行安全培训。应急培训可以纳入至安全教育培训,具体按照培训流程进行。

(二)应急培训实施过程

按照制定的培训计划,合理利用时间,充分利用各类不同的方式积极开展安全生产应

急培训工作，让所有的人员能够了解应急基本知识，了解潜在危害和危险源，掌握自救及救人知识，了解逃生方式方法。

（三）应急培训目的

应急培训的最主要目的在于能够具有实用性，其效果反馈除了可以通过一般的考试、实际操作的考核方式外，还可以通过应急演练的方式来进行，针对应急演练中发现的问题，及时进行查漏补缺，增强重点内容，不断增加培训的效果。应急培训完成后，应尽可能进行考核，真正达到应急培训的目的。

（四）应急培训的基本内容

应急培训包括对参与应急行动所有相关人员进行的最低程度的应急培训与教育，要求应急人员了解和掌握如何识别危险、如何采取必要的应急措施、如何启动紧急情况警报系统、如何安全疏散人群等基本操作。不同水平的应急者所需接受培训的共同内容如下所述。

1. 报警

使应急人员了解并掌握如何利用身边的工具最快最有效地报警，比如用手机电话、寻呼、无线电、网络或其他方式报警。使应急人员熟悉发布紧急情况通告的方法，如使用警笛、警钟、电话或广播等。当事故发生后，为及时疏散事故现场的所有人员，应急人员应掌握如何在现场贴发警报标志。

生产安全事故受伤人员除了本单位紧急抢救外，应迅速拨打"120"电话请求急救中心急救。

发生火灾爆炸事故时，立即拨打"119"电话，应讲清起火单位名称、详细地点及着火物质、火情大小、报警人电话及姓名。

发生道路交通事故拨打"122"，讲清事故发生地点、时间及主要情况，如有人员伤亡，及时拨打"120"。

遇到各类刑事、治安案件及各类突发事件，及时拨打"110"报警。

2. 疏散

为避免事故中不必要的人员伤亡，对应急人员在紧急情况下安全、有序地疏散被困人员或周围人员进行培训与教育。对人员疏散的培训可在应急演练中进行，通过演练还可以测试应急人员的疏散能力。

3. 火灾应急培训与教育

由于火灾的易发性和多发性，对火灾应急的培训与教育显得尤为重要，要求应急人员必须掌握必要的灭火技术以便在起火初期迅速灭火，降低或减小发展为灾难性事故的危险，掌握灭火装置的识别、使用、保养、维修等基本技术。由于灭火主要是消防队员的职责，因此，火灾应急培训与教育主要也是针对消防队员开展的。

4. 防汛防台应急措施

（1）实施防汛防台工作责任制，落实应急防汛责任人。参建各方按照规定储备足够的防汛物资，组织落实抗灾抢险队。

（2）应急人员在汛期前加强检查工地防汛设施和工程施工对邻近建筑物的影响。

（3）指挥部成员在汛期值班期间保持通信24h畅通，加强值班制度、检测检查和排险

工作。

（4）汛情严重或出现暴雨时，由指挥部总指挥组织全面防汛防风及抢险救灾工作，做好上传下达，分析雨情、水情、风情，科学调度，随时做好调集人力、物力、财力的准备。

（5）视安全情况，发出预警信号，应急人员及时安排受灾群众和财产转移到安全地带，把损失减小到最低程度。

二、应急演练

应急演练是对应急能力的综合考验，开展应急演练，有助于提高应急能力，改进应急预案，及时发现工作中存在的问题，及时完善。

（一）演练的目的和要求

1. 演练目的

应急演练的目的包括：检验预案，通过开展应急演练，进而提高应急预案的可操作性；完善准备，检查应对突发事件所需应急队伍、物资、装备、技术等方面的情况；同时锻炼队伍，提高人员应急处置能力；完善应急机制，进一步明确相关单位和人员的分工；宣传教育，能够对相关人员有一个比较好的普及作用。

2. 演练原则

（1）符合相关规定。按照国家有关法律法规、规章来开展演练。

（2）契合工程实际。应按照当前工作实际情况，按照可能发生的事故以及现有的资源条件开展演练。

（3）注重能力提高。以提高指挥协调能力，应急处置能力为主要出发点开展演练。

（4）确保安全有序。精心策划演练内容，科学设计演练方案，周密组织演练活动，严格遵守有关安全措施，确保演练参与人员安全。

（二）演练的类型

根据演练组织方式、内容等可以将演练类型进行分类，按照演练方式可分为桌面演练和现场演练，按照演练内容可分为单项演练和综合演练。

1. 桌面演练

桌面演练是指由应急组织的代表或关键岗位人员参加的，按照应急预案及其标准运作程序讨论紧急情况时应采取的演练活动。桌面演练的主要特点是对演练情景进行口头演练，一般是在会议室内举行非正式的活动。其主要目的是锻炼演练人员解决问题的能力，以及解决应急组织相互协作和职责划分的问题。

桌面演练只需要展示有限的应急响应和内部协调活动，事后一般采取口头评论形式收集演练人员的建议，并提交一份简短的书面报告，总结演练活动，并提出有关改进应急相应工作的建议。

2. 现场演练

现场演练是利用实际设备、设施或场所，设定事故情景，依据应急预案进行演练，现场演练是以现场操作的形式开展的演练活动。参演人员在贴近实际情况和高度紧张的环境下进行演练，根据演练情景要求，通过实际操作完成应急响应任务，以检验和提高应急人员的反应能力，加强组织指挥、应急处置和后勤保证等应急能力。

3. 单项演练

单项演练是涉及应急预案中特定应急响应功能或现场处置方案中一系列应急响应功能的演练活动。注重针对一个或少数几个参与单位的特定环节和功能进行检验。其主要目的是针对应急响应功能，检验应急响应人员以及应急组织体系的策划和响应能力。例如指挥和控制功能的演练，其目的是检测、评价应急指挥机构在一定压力情况下的应急运行和及时响应能力，演练地点主要集中在若干个应急指挥中心或现场指挥所举行，并开展有限的现场活动，调用有限的外部资源。

4. 综合演练

综合演练针对应急预案中全部或大部分应急响应功能，检验、评价应急组织应急运行能力的演练活动。综合演练一般要求持续几个小时，采取交互方式进行，演练过程要求尽量真实，调用更多的应急响应人员和资源，并开展人员、设备及其他资源的实战性演练，以展示相互协调的应急响应能力。

（三）演练的组织实施

根据国家安全监督管理总局发布的《突发事件应急演练指南》（AQT 9007—2001），将应急演练的过程分为演练计划、演练准备、演练实施3个阶段。

1. 演练计划

演练计划应包括演练目的、类型（形式）、时间、地点，演练主要内容、参加单位和经费预算等。

2. 演练准备

（1）成立演练组织机构。综合演练通常应成立演练领导小组，下设策划组、执行组、保障组、评估组等专业工作组。根据演练规模大小，其组织机构可进行调整。

（2）编制演练文件。

1）演练工作方案。演练工作方案内容主要包括：应急演练的目的及要求；应急演练事故情景设计；应急演练规模及时间；参演单位和人员主要任务及职责；应急演练筹备工作内容；应急演练主要步骤；应急演练技术支撑及保障条件；应急演练评估与总结。

2）演练脚本。根据需要，可编制演练脚本。演练脚本是应急演练工作方案具体操作实施的文件，帮助参演人员全面掌握演练进程和内容。演练脚本一般采用表格形式，主要内容包括：演练模拟事故情景；处置行动与执行人员；指令与对白、步骤及时间安排；视频背景与字幕；演练解说词等。

3）演练评估方案。演练评估方案通常包括：演练信息，主要指应急演练的目的和目标、情景描述，应急行动与应对措施简介等；评估内容，主要指应急演练准备、应急演练组织与实施、应急演练效果等；评估标准，主要指应急演练各环节应达到的目标评判标准；评估程序，主要指演练评估工作主要步骤及任务分工；附件，主要指演练评估所需要用到的相关表格等。

4）演练保障方案。针对应急演练活动可能发生的意外情况制定演练保障方案或应急预案并进行演练，做到相关人员应知应会，熟练掌握。演练保障方案应包括应急演练可能发生的意外情况、应急处置措施及责任部门，应急演练意外情况中止条件与程序等。

5）演练观摩手册。根据演练规模和观摩需要，可编制演练观摩手册。演练观摩手册

通常包括应急演练时间、地点、情景描述、主要环节及演练内容、安全注意事项等。

（3）演练工作保障。

1）人员保障。按照演练方案和有关要求，策划、执行、保障、评估、参演等人员参加演练活动，必要时考虑替补人员。

2）经费保障。根据演练工作需要，明确演练工作经费及承担单位。

3）物资和器材保障。根据演练工作需要，明确各参演单位所需准备的演练物资和器材等。

4）场地保障。根据演练方式和内容，选择合适的演练场地。演练场地应满足演练活动需要，避免影响企业和公众正常生产、生活。

5）安全保障。根据演练工作需要，采取必要的安全防护措施，确保参演、观摩等人员以及生产运行系统安全。

6）通信保障。根据演练工作需要，采用多种公用或专用通信系统，保证演练通信信息通畅。

7）其他保障。根据演练工作需要，提供其他保障措施。

3．演练实施

（1）熟悉演练任务和角色。组织各参演单位和参演人员熟悉各自参演任务和角色，并按照演练方案要求组织开展相应的演练准备工作。

（2）组织预演。在综合应急演练前，演练组织单位或策划人员可按照演练方案或脚本组织桌面演练或合成预演，熟悉演练实施过程的各个环节。

（3）安全检查。确认演练所需的工具、设备、设施、技术资料，参演人员到位。对应急演练安全保障方案以及设备、设施进行检查确认，确保安全保障方案可行，所有设备、设施完好。

（4）应急演练。应急演练总指挥下达演练开始指令后，参演单位和人员按照设定的事故情景，实施相应的应急响应行动，直至完成全部演练工作。演练实施过程中出现特殊或意外情况，演练总指挥可决定中止演练。

（5）演练记录。演练实施过程中，安排专门人员采用文字、照片和音像等手段记录演练过程。

（6）评估准备。演练评估人员根据演练事故情景设计以及具体分工，在演练现场实施过程中展开演练评估工作，记录演练中发现的问题或不足，收集演练评估需要的各种信息和资料。

（7）演练结束。演练总指挥宣布演练结束，参演人员按预定方案集中进行现场讲评或者进行有序疏散。

（四）应急演练总结及改进

应急演练结束后，在演练现场，评估人员或评估组负责人对演练中发现的问题、不足及取得的成效进行口头点评。

评估人员针对演练中观察、记录以及收集的各种信息资料，依据评估标准对应急演练活动全过程进行科学分析和客观评价，并撰写书面评估报告。评估报告重点对演练活动的组织和实施、演练目标的实现、参演人员的表现以及演练中暴露的问题进行评估。

演练总结报告的内容主要包括：演练基本概要；演练发现的问题，取得的经验和教训；应急管理工作建议。

应急演练活动结束后，将应急演练工作方案以及应急演练评估、总结报告等文字资料，以及记录演练实施过程的相关图片、视频、音频等资料归档保存。根据演练评估报告中对应急预案的改进建议，由应急预案编制部门按程序对预案进行修订完善，并持续改进。

第六节　事故报告及处理

一、事故分级规定

《生产安全事故报告和调查处理条例》（国务院令第 493 号）根据生产安全事故（简称事故）造成的人员伤亡或者直接经济损失，事故一般可分为以下等级：

（1）特别重大事故，指造成 30 人以上死亡，或者 100 人以上重伤（包括急性工业中毒，下同），或者 1 亿元以上直接经济损失的事故。

（2）重大事故，指造成 10 人以上 30 人以下死亡，或者 50 人以上 100 人以下重伤，或者 5000 万元以上 1 亿元以下直接经济损失的事故。

（3）较大事故，指造成 3 人以上 10 人以下死亡，或者 10 人以上 50 人以下重伤，或者 1000 万元以上 5000 万元以下直接经济损失的事故。

（4）一般事故，指造成 3 人以下死亡，或者 10 人以下重伤，或者 1000 万元以下直接经济损失的事故。

事故等级划分中"以上"包括本数，"以下"不包括本数。

二、事故分类

（1）高处坠落。操作者在高度基准面 2m 以上的作业，称为高处作业，其在高处作业时造成的坠落称为高处坠落。高处作业的范围是相当广泛的，比如：在建筑物或构筑物结构范围以内的各种形式的洞口与临时性质的作业，悬空与攀登作业，操作平台与立体交叉作业，在主体结构以外的场地上和通道旁的各类洞、坑、沟、槽等的作业，脚手架、井字架（龙门架）、施工用电梯、模板的安装拆除、各种起重吊装作业等，都易发生高处坠落。

（2）物体打击。在施工过程中，施工现场经常会有很多物体从上面落下来，打到了下面或旁边的作业人员，即产生了物体打击事故。凡在施工现场作业的人，都有受到打击的可能，特别是在一个垂直面的上下交叉作业，最易发生打击事故。

（3）触电事故。电是施工现场中各种作业的主要动力来源，各种机械、工具等主要依靠电来驱动，即使不使用机械设备，也还要使用各种照明。触电事故主要是由于设备、机械、工具等漏电，电线老化破皮或违章使用电气用具，以及在施工现场周围盲目搭接不明外来电路等造成。

（4）机械伤害。施工现场使用的机械和工具包括：木工机械，如电平刨、圆盘锯等；钢筋加工机械，如拉直机、弯曲机等；电焊机、搅拌机、各种气瓶及手持电动工具等。以上各种机械工具在使用中因缺少防护和保险装置，易对操作者造成伤害。

（5）坍塌事故。在土方开挖或是深基础施工中，造成土石方坍塌；拆除工程、在建工程及临时设施等的部分或整体坍塌。

（6）火灾爆炸。施工现场乱扔烟头、焊接与切割动火及用火、用电，使用易燃易爆材料等不慎造成的火灾、爆炸。

（7）淹溺。淹溺是指因大量水经口、鼻进入肺内，造成呼吸道阻塞，发生急性缺氧而窒息死亡的事故，适用于船舶、排筏、设施在航行、停泊、作业时发生的落水事故。"设施"是指水上、水下各种浮动或固定的建筑、装置、管道、电缆和固定平台。"作业"是指在水域及其岸线进行装卸、勘探、开采、测量、建筑、疏浚、爆破、打捞、救助、捕捞、养殖、潜水、流放木材排除故障以及科学实验和其他水上、水下施工。

三、事故报告

工伤事故报告的作用对于很多出现工伤的人来说很重要，因为在具体的发展过程中工伤的鉴定需要报告，这样才能够更好地进行分析和鉴定，整体的鉴定结果才会是准确的，这也充分说明了工伤事故报告的作用。在具体写报告的时候就需要详细进行描述和说明，这样整体的价值和实际的作用才会是更好的。

（一）事故报告的时限及流程

根据事故发生后，事故现场有关人员应当立即向本单位负责人报告；单位负责人接到报告后，应当于 1h 内向事故发生地上级主管单位和县级以上水行政主管部门报告，情况紧急时，事故现场有关人员可以直接向事故发生地县级以上人民政府安全生产监督管理部门和负有安全生产监督管理职责的有关部门报告。事故报告后出现新情况的，应当及时补报。自事故发生之日起 30 日内，事故造成的伤亡人数发生变化的，应当及时补报。道路交通事故、火灾事故自发生之日起 7 日内，事故造成的伤亡人数发生变化的，应当及时补报。

安全生产监督管理部门和水行政主管部门接到事故报告后，应当依照下列规定上报事故情况，并通知公安机关、劳动保障行政部门、工会和人民检察院。

（1）特别重大事故、重大事故逐级上报至国务院安全生产监督管理部门和负有安全生产监督管理职责的有关部门。

（2）较大事故逐级上报至省（自治区、直辖市）人民政府安全生产监督管理部门和负有安全生产监督管理职责的有关部门。

（3）一般事故上报至设区的市级人民政府安全生产监督管理部门和负有安全生产监督管理职责的有关部门。

安全生产监督管理部门和负有安全生产监督管理职责的有关部门依照前款规定上报事故情况，应当同时报告本级人民政府。国务院安全生产监督管理部门和负有安全生产监督管理职责的有关部门以及省级人民政府接到发生特别重大事故、重大事故的报告后，应当立即报告国务院。必要时，安全生产监督管理部门和负有安全生产监督管理职责的有关部门可以越级上报事故情况。

（二）报告内容及格式

报告事故应当包括事故发生单位概况、事故发生的时间、地点以及事故现场情况、事故的简要经过、事故已经造成或者可能造成的伤亡人数（包括下落不明的人数）和初步估

计的直接经济损失、已经采取的措施和其他应当报告的情况。事故报告应当遵照完整性的原则，尽量能够全面地反映事故情况。

1. 事故发生单位概况

事故发生单位概况应当包括单位的全称、所处地理位置、所有制形式和隶属关系、生产经营范围和规模、持有各类证照的情况、单位负责人的基本情况以及近期的生产经营状况等。

2. 事故发生的时间、地点以及事故现场情况

报告事故发生的时间应当具体，并尽量精确到分钟。报告事故发生的地点要准确，除事故发生的中心地点外，还应当报告事故所波及的区域。报告事故现场总体情况、现场的人员伤亡情况、设备设施的毁损情况以及事故发生前的现场情况。

3. 事故的简要经过

事故的简要经过是对事故全过程的简要叙述。描述要前后衔接、脉络清晰、因果相连。

4. 人员伤亡和经济损失情况

对于人员伤亡情况的报告，应当遵守实事求是的原则，不作无根据的猜测，更不能隐瞒实际伤亡人数。对直接经济损失的初步估算，主要指事故所导致的建筑物的毁损、生产设备设施和仪器仪表的损坏等。由于人员伤亡情况和经济损失情况直接影响事故等级的划分，并因此决定事故的调查处理等后续重大问题，在报告这方面情况时应当谨慎细致，力求准确。

5. 已经采取的措施

已经采取的措施主要是指事故现场有关人员、事故单位负责人、已经接到事故报告的安全生产管理部门为减少损失、防止事故扩大和便于事故调查所采取的应急救援和现场保护等具体措施。

四、调查与处理

（一）事故调查

事故调查处理应当坚持实事求是、尊重科学的原则，及时、准确地查清事故经过、事故原因和事故损失，查明事故性质，认定事故责任，总结事故教训，提出整改措施，并对事故责任者依法追究责任。

特别重大事故由国务院或者国务院授权有关部门组织事故调查组进行调查。重大事故、较大事故、一般事故分别由事故发生地省级人民政府、设区的市级人民政府、县级人民政府负责调查。省级人民政府、设区的市级人民政府、县级人民政府可以直接组织事故调查组进行调查，也可以授权或者委托有关部门组织事故调查组进行调查。未造成人员伤亡的一般事故，县级人民政府也可以委托事故发生单位组织事故调查组进行调查。

（二）事故处理

事故发生单位应当认真吸取事故教训，落实防范和整改措施，防止事故再次发生。防范和整改措施的落实情况应当接受工会和职工的监督。安全生产监督管理部门和负有安全生产监督管理职责的有关部门应当对事故发生单位落实防范和整改措施的情况进行监督检查。事故发生单位负责人接到事故报告后，应当立即启动事故相应的应急预案，或者采取

有效措施，组织抢救，防止事故扩大，减少人员伤亡和财产损失。有关单位和人员应当妥善保护事故现场以及相关证据，任何单位和个人不得破坏事故现场、毁灭相关证据。因抢救人员、防止事故扩大以及疏通交通等原因，需要移动事故现场物件的，应当做出标志，绘制现场简图并做出书面记录，妥善保存现场重要痕迹、物证。

事故处理遵循四不放过原则：即事故原因未查明不放过、责任人未处理不放过、整改措施未落实不放过、有关人员未受到教育不放过。

（三）具体处罚

根据《中华人民共和国安全生产法》第九十二条规定，生产经营单位的主要负责人未履行本法规定的安全生产管理职责，导致发生生产安全事故的，由安全生产监督管理部门依照下列规定处以罚款：

（1）发生一般事故的，处上一年年收入百分之三十的罚款。

（2）发生较大事故的，处上一年年收入百分之四十的罚款。

（3）发生重大事故的，处上一年年收入百分之六十的罚款。

（4）发生特别重大事故的，处上一年年收入百分之八十的罚款。

第九十四条规定，未按照规定制定生产安全事故应急救援预案或者未定期组织演练的；责令限期改正，可以处五万元以下的罚款；逾期未改正的，责令停产停业整顿，并处五万元以上十万元以下的罚款，对其直接负责的主管人员和其他直接责任人员处一万元以上二万元以下的罚款。

第一百零九条规定，发生生产安全事故，对负有责任的生产经营单位除要求其依法承担相应的赔偿等责任外，由安全生产监督管理部门依照下列规定处以罚款：

（1）发生一般事故的，处二十万元以上五十万元以下的罚款。

（2）发生较大事故的，处五十万元以上一百万元以下的罚款。

（3）发生重大事故的，处一百万元以上五百万元以下的罚款。

（4）发生特别重大事故的，处五百万元以上一千万元以下的罚款；情节特别严重的，处一千万元以上二千万元以下的罚款。

五、事故统计分析

（一）事故统计分析的目的

事故统计分析的目的是通过合理地收集事故相关的资料、数据，并应用科学的统计方法，对大量重复显现的数字特征进行整理、加工、分析和推断，找出事故发生的规律和原因。对水利工程建设安全事故进行统计分析，是掌握水利水电工程建设安全事故发生的规律性趋势和各种内在联系的有效方法，既对加强水利水电工程建设安全管理工作具有很好的决策和指导作用，又对加强水利安全生产体质机制建设，对事故预防工作有重大作用。

（二）事故统计分析的作用

做好事故统计分析有助于提高安全管理水平，主要表现在以下方面：

（1）从事故统计报告和数据分析中掌握事故发生的原因和规律，针对安全生产工作中的薄弱环节，有的放矢地采取避免事故发生的对策。

（2）通过事故的调查研究和统计分析，反映出安全生产业绩，统计的数据是检验安全工作好坏的一个重要标志。

（3）通过事故的调查研究和统计分析，为制定有关安全生产法律法规、标准规范提供科学依据。

（4）通过事故的调查研究和统计分析，让广大员工受到深刻的安全教育。吸取教训，提高安全自觉性，让企业安全管理人员提高对安全生产重要性的认识，从而提高安全管理水平。

（5）通过事故的调查研究和统计分析，使领导机构及时、准确、全面地掌握本系统的安全生产状况，发现问题并做出正确的决策。

（三）事故统计分析的步骤

事故统计分析一般分为 3 个步骤，具体如下：

（1）资料收集。对大量原始数据进行技术分组，收集事故相关的各类资料。

（2）资料整理。将收集的事故资料进行审核、汇总，并根据事故统计的目的汇总有关数据。

（3）综合分析。综合分析是将汇总整理的资料及有关数值，进行统计分析，使资料系统化、条理化、科学化。

（四）事故统计分析的方法

事故统计分析就是运用数理统计的方法，对大量的事故资料进行加工、整理和分析，从中揭示事故发生的某些必然规律，为预防事故发生指明方向。常见的事故统计分析方法有综合分析法、主次图分析法、事故趋势图分析法等。

第七节　工程相关保险

保险是指投保人根据合同约定向保险人支付保险费，保险人对合同约定的可能发生的事故所造成的损失承担赔偿保险金责任，或者当保险人死亡、伤残、疾病或者达到合同约定的年龄、期限时承担给付保险金责任的商业保险行为。与水利工程建设直接相关的保险主要有工伤保险、意外伤害险、工程一切险（包含建筑工程一切险、安装工程一切险）、第三者责任险、其他设备等单独险种等。其中建筑工程一切险及安装工程一切险是物质损失保险范畴，其余均是针对人员的保险；工伤保险属于强制性保险，其他的均是商业保险，为非强制性保险。现主要介绍工伤保险、意外伤害险、工程一切保险和第三者责任险。

一、工伤保险

（一）工伤保险职能

工伤保险亦称职业伤害保险，是通过社会统筹的办法集中用人单位缴纳的工伤保险费，建立工作保险基金，对劳动者在工作中或在规定的特殊情况下，遭受意外伤害或患职业病导致暂时或永久丧失劳动能力以及死亡时，劳动者或其遗属从国家和社会获得物质帮助的一种社会保险制度。

实行工伤保险的基本目的在于防止工伤事故，补偿职业伤害带来的经济损失，保障工伤职业及其家属的基本生活水准、减轻企业负担，同时保障社会经济秩序的稳定。

《工伤保险条例》（国务院令第 586 号）第二条规定：中华人民共和国境内的企业、事

业单位、社会团体、民办非企业单位、基金会、律师事务所、会计师事务所等组织和有雇工的个体工商户（以下称用人单位）应当依照本条例规定参加工伤保险，为本单位全部职工或者雇工（以下称职工）缴纳工伤保险费。中华人民共和国境内的企业、事业单位、社会团体、民办非企业单位、基金会、律师事务所、会计师事务所等组织的职工和个体工商户的雇工，均有依照本条例的规定享受工伤保险待遇的权利。

（二）工伤保险认定范围

（1）《工伤保险条例》（国务院令第586号）第十四条规定认定工伤的类型包括：

1）在工作时间和工作场所内，因工作原因受到事故伤害的。

2）工作时间前后在工作场所内，从事与工作有关的预备性或者收尾性工作受到事故伤害的。

3）在工作时间和工作场所内，因履行工作职责受到暴力等意外伤害的。

4）患职业病的。

5）因公外出期间，由于工作原因受到伤害或者发生事故下落不明的。

6）在上下班途中，受到非本人主要责任的交通事故或者城市轨道交通、客运轮渡、火车事故伤害的。

7）法律、行政法规规定应当认定为工伤的其他情形。

（2）《工伤保险条例》（国务院令第586号）第十五条规定视同工伤的类型主要如下：

1）在工作时间和工作岗位，突发疾病死亡或者在48h之内经抢救无效死亡的。

2）在抢险救灾等维护国家利益、公益利益活动中受到伤害的。

3）职工在军队服役，因战、因公负伤致残，已取得革命伤残军人证，到用人单位后旧伤复发的。

（三）工伤保险鉴定流程

按照《工伤保险条例》（国务院令第586号），工伤保险的申报和认定流程见图7-2。

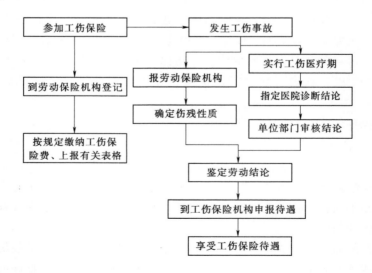

图7-2　工伤保险的申报和认定流程

按照《工伤保险条例》（国务院令第 586 号）第十七条规定，职工发生事故伤害或者按照职业病防治法规定被诊断、鉴定为职业病，所在单位应当自事故伤害发生之日或者被诊断、鉴定为职业病之日起 30 日内，向统筹地区社会保险行政部门提出工伤认定申请。遇有特殊情况，经报社会保险行政部门同意，申请时限可以适当延长。用人单位未按前款规定提出工伤认定申请的，工伤职工或者其近亲属、工会组织在事故伤害发生之日或者被诊断、鉴定为职业病之日起 1 年内，可以直接向用人单位所在地统筹地区社会保险行政部门提出工伤认定申请。

按照本条第一款规定应当由省级社会保险行政部门进行工伤认定的事项，根据属地原则由用人单位所在地设区的市级社会保险行政部门办理。

用人单位未在本条第一款规定的时限内提交工伤认定申请，在此期间发生符合本条例规定的工伤待遇等有关费用由该用人单位负担。

第二十条规定：社会保险行政部门应当自受理工伤认定申请之日起 60 日内作出工伤认定的决定，并书面通知申请工伤认定的职工或者其近亲属和该职工所在单位。社会保险行政部门对受理的事实清楚、权利义务明确的工伤认定申请，应当在 15 日内作出工伤认定的决定。作出工伤认定决定需要以司法机关或者有关行政主管部门的结论为依据的，在司法机关或者有关行政主管部门尚未作出结论期间，作出工伤认定决定的时限中止。

社会保险行政部门工作人员与工伤认定申请人有利害关系的，应当回避。

工伤保险待遇及其部分待遇项目包含的主要内容见图 7 - 3。

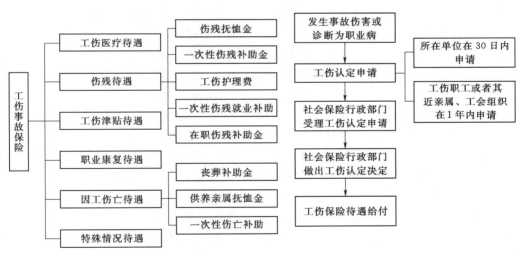

图 7 - 3 工伤保险待遇及其部分待遇项目主要内容

二、意外伤害险

意外伤害险即意外伤害保险，简称意外险，是以被保险人的身体作为保险标准的，以被保险人因遭受意外伤害而造成的死亡、残疾、医疗费用支出或暂时丧失劳动能力为给付保险金条件的保险。

《建设工程安全生产管理条例》（国务院令第 393 号）第三十八条规定：施工单位应当为施工现场从事危险作业的人员办理意外伤害保险。意外伤害保险费由施工单位支付。实行施工总承包的，由总承包单位支付意外伤害保险费。意外伤害保险期限自建设工程开工之日起至竣工验收合格止。

（一）意外伤害险的分类

意外伤害险分为个人意外伤害险和团体意外伤害险。

1. 个人意外伤害险

个人意外伤害险主要针对企业职工个人面临的意外伤害的保险。具体包括身故保险金，被保险人发生意外伤害，并自意外伤害发生之日起 180 日内以该意外伤害为直接原因导致身故的，我们按保险单所载保险金额给付身故保险金，本合同终止。具体包括以下内容：

（1）身故保险金。被保险人发生意外伤害，并自意外伤害发生之日起 180 日内以该意外伤害为直接原因导致身故的，按保险单所载保险金额给付身故保险金，合同终止。

（2）残疾保险金。被保险人发生意外伤害，并自意外伤害发生之日起 180 日内以该意外伤害为直接原因导致残疾的，我们按保险单所载保险金额及该项身体残疾所对应的给付比例给付残疾保险金。如治疗仍未结束，按意外伤害发生之日起第 180 日时的身体情况进行鉴定，并据此给付保险金。被保险人因同一意外伤害造成两项及以上身体残疾时，给付对应项残疾保险金之和。但不同残疾项目属于同一肢时，仅按较严重项目给付一项残疾保险金。

2. 团体意外伤害险

团体意外伤害保险是以团体方式投保的人身意外保险，其保险责任、给付方式与个人意外伤害保险相同。由于意外伤害保险的保险费率与被保险人的年龄和健康无关，而是取决于被保险人的职业，而一个团体的成员从事风险性质相同或相近的工作，所以与人寿保险、健康保险相比，意外伤害保险最有条件采用团体方式投保。

团体意外伤害保险赔付内容和范围同个人意外伤害保险类似。

（二）意外伤害险的特点

（1）短期性。意外伤害保险是短期险；通常以一年期为多，也有几个月或更短的。如各种旅客意外伤害保险，保险期限为一次旅程；出差人员的平安保险，保险期限为一个周期；游泳者平安保险期限更短，其保险期限只有一个场次。

（2）灵活性。人身意外伤害保险中，很多是经当事人双方签订协议书，保险金额亦是经双方协商议定的（不超过最高限额），保险责任范围也相对灵活。投保手续也十分简便，当场付费签名即生效，无需被保险人参加体检，只要有付费能力，一般人均可参加。

（3）保费低廉。一般不具备储蓄功能，在保险期终止后，即使没有发生保险事故，保险公司也不退还保险费。所以一般保费较低，保障较高。

（三）意外伤害险的判定

（1）外来的伤害。外来的伤害是指伤害是由被保险人自身以外的原因造成的。

（2）非本意的伤害。非本意的伤害是指伤害的发生是被保险人没有预见到的或违背其主观愿望的。

（3）突发的伤害。突发的伤害是指在极短的时间内形成来不及预防的事故。

（4）非疾病的。因为疾病的发生是一种来自身体内部的因素，故不在意外伤害保险责任范围之内。

（四）保障项目

（1）死亡给付。被保险人遭受意外伤害造成死亡时，保险人给付死亡保险金。死亡给付是全部给付。

（2）残疾给付。被保险人因遭受意外伤害造成残疾时，保险人按残疾程度大小分级给付残疾险金。残疾给付是部分给付，最高以死亡给付为限。

（3）医疗给付。被保险人因遭受意外伤害支出医疗费时，保险人根据实际情况酌情给付。医疗给付规定有最高限额，且意外伤害医疗保险一般不单独承保，而是作为意外伤害死亡残疾的附加险承保。

（4）住院津贴。被保险人因遭受意外伤害暂时丧失劳动能力，不能工作时，保险人给付停工保险金。

（5）赔付金额。根据投保金额大小来定。

三、工程一切险

工程一切险包括建筑工程一切险、安装工程一切险两类。建筑工程一切险承保各类民用、工业和公用事业建筑工程项目，包括道路、水坝、桥梁、港埠等，在建造过程中因自然灾害或意外事故而引起的一切损失。安装工程一切险承保工程中的安装工程项目。

工程一切险一般要求投标人办理保险时以项目法人、施工企业双方名义共同投保。

1. 责任范围

在保险期限内，若保险单明细表中分项列明的被保险财产在列明的工地范围内，因此保险单除外责任以外的任何自然灾害或意外事故造成的物质损坏或灭失（以下简称"损失"），保险公司按此保险单的规定负责赔偿。

自然灾害：指地震、海啸、雷电、飓风、台风、龙卷风。风暴、暴雨、洪水、水灾、冻灾、冰雹、地崩、山崩、雪崩、火山爆发、地面下陷下沉以及其他人力不可抗拒的破坏力强大的自然现象。

意外事故：指不可预料的以及被保险人无法控制并造成物质损失或人身伤亡的突发性事件，包括火灾和爆炸。

对经保险单列明的因发生上述损失所产生的有关费用，保险公司亦可负责赔偿。保险公司对每一保险项目的赔偿责任均不得超过保险单明细表中对应列明的分项保险金额以及保险单特别条款或批单中规定的其他适用的赔偿限额。但在任何情况下，保险公司在保险单项下承担的对物质损失的最高赔偿责任不得超过保险单明细表中列明的总保险金额。

2. 除外责任

保险公司对下列各项不负责赔偿：

（1）设计错误引起的损失和费用。

（2）自然磨损、内在或潜在缺陷、物质本身变化、自燃、自热、氧化、锈蚀、渗漏、鼠咬、虫蛀、大气（气候或气温）变化、正常水位变化或其他渐变原因造成的保险财产自身的损失和费用。

（3）因原材料缺陷或工艺不善引起的保险财产本身的损失以及为换置、修理或矫正这

些缺点错误所支付的费用。

（4）非外力引起的机械或电气装置的本身损失，或施工用机具、设备、机械装置失灵造成的本身损失。

（5）维修保养或正常检修的费用。

（6）档案、文件、账簿、票据、现金、各种有价证券、图表资料及包装物料的损失。

（7）盘点时发现的短缺。

（8）领有公共运输行驶执照的，或已由其他保险予以保障的车辆、船舶和飞机的损失。

（9）除非另有约定，在保险工程开始以前已经存在或形成的位于工地范围内或其周围的属于被保险人的财产损失。

（10）除非另有约定，在保险单保险期限终止以前，被保险财产中已由工程所有人签发完工验收证书或验收合格或实际占有或使用或接收的部分。

3. 保险期限

保险公司的保险责任自保险工程在工地动工或用于保险工程的材料、设备运抵工地之时起始，至工程所有人对部分或全部工程签发完工验收证书或验收合格，或工程所有人实际占有或使用或接收该部分或全部工程之时终止，以先发生者为准。但在任何情况下，建筑期保险期限的起始或终止不得超出保险单明细表中列明的建筑期保险生效日或终止日。

4. 赔偿处理

对保险财产遭受的损失，保险公司可选择以支付赔款或以修复、重置受损项目的方式予以赔偿，但对被保险财产在修复或重置过程中发生的任何变更、性能增加或改进所产生的额外费用，保险公司不负责赔偿。

在发生保险单物质损失项下的损失后，保险公司按下列方式确定赔偿金额：

（1）可以修复的部分损失，以将保险财产修复至其基本恢复受损前状态的费用扣除残值后的金额为准。但若修复费用等于或超过被保险财产损失前的价值时，则按下列第（2）项的规定处理。

（2）全部损失或推定全损，以保险财产损失前的实际价值扣除残值后的金额为准，但本公司有权不接受保险人对受损财产的委付。

（3）发生损失后，被保险人人为减少损失而采取必要措施所产生的合理费用，保险公司可予以赔偿，但本项费用以保险财产的保险金额为限。

被保险人的索赔期限，从损失发生之日起，不得超过两年。

四、第三者责任险

该项保险是指由于施工原因导致项目法人和承包人以外的第三人受到财产损失或人身伤害的赔偿。第三者责任险的被保险人也应是项目法人和承包人共同投保，该险种一般附加在建筑工程（安装工程）一切险中，属于承包商或者业主在工地的财产损失，其公司和其他承包商在现场从事与工作有关的职工伤亡不属于第三者责任险的赔偿范围，而属于工程一切险和人身意外伤害险的范围。

（一）责任范围

（1）在保险期限内，因发生与本保险单所承保工程直接相关的意外事故引起工地内及

邻近区域的第三者人身伤亡、疾病或财产损失，依法应由被保险人承担的经济赔偿责任，保险公司按条款的规定负责赔偿。

（2）对被保险人因上述原因而支付的诉讼费用以及事先经保险公司书面同意而支付的其他费用，保险公司亦负责赔偿。

（3）保险公司对每次事故引起的赔偿金额以法院或政府有关部门根据现行法律裁定的应由被保险人偿付的金额为准。但在任何情况下，均不得超过保险单明细表中对应列明的每次事故赔偿限额。在保险期限内，保险公司在保险单项下对上述经济赔偿的最高赔偿责任不得超过保险单明细表中列明的累计赔偿限额。

（二）除外责任

保险公司对以下各项不负责赔偿：

（1）保险单物质损失项下或本应在该项下予以负责的损失及各种费用。

（2）由于振动、移动或减弱支撑而造成的任何财产、土地、建筑物的损失及由此造成的任何人身伤害和物质损失。

（3）工程所有人、承包人或其他关系方或他们所雇佣的在工地现场从事与工程有关工作的职员、工人以及他们的家庭成员的人身伤亡或疾病。

（4）工程所有人、承包人或其他关系方或他们所雇佣的职员、工人所有的或由其照管、控制的财产发生的损失。

（5）领有公共运输行驶执照的车辆、船舶、飞机造成的事故。

（6）被保险人根据与他人的协议应支付的赔偿或其他款项，但即使没有这种协议，被保险人仍应承担的责任不在此限。

（三）赔偿金额

第三者责任赔偿部分的赔偿金额即为被保险人支付给受害人的赔偿金额加被保险人在取得保险人的承认后支付的诉讼费、律师费、仲裁、和解或调停所需费用，但应扣除保单中规定的免赔额。

（四）保险期限

自保险工程在工地动工或工程的材料、设备运抵工地之时起始，至工程所有人对部分或全部工程签发完工验收证书或验收合格，或工程所有人实际占有或使用或接收该部分或全部工程之时终止，以先发生者为准。但在任何情况下，建筑期保险期限的起始或终止不得超出保险单明细表中列明的建筑期保险生效日或终止日。

（五）赔偿处理

保险人的赔偿以下列方式之一确定被保险人的赔偿责任为基础：

（1）被保险人和向其提出损害赔偿请求的索赔方协商并经保险人确认。

（2）仲裁机构裁决。

（3）人民法院判决。

（4）保险人认可的其他方式。

在保险期间内发生保险责任范围内的损失，保险人按以下方式计算赔偿：

（1）对于每次事故造成的损失，保险人在每次事故责任限额内计算赔偿，其中对每人人身伤亡的赔偿金额不得超过每人人身伤亡责任限额。

（2）在依据本条第（1）项计算的基础上，保险人在扣除本保险合同载明的每次事故免赔额后进行赔偿，但对于人身伤亡的赔偿不扣除每次事故免赔额。

（3）在依据本条第（1）项计算的基础上，保险人在扣除按本保险合同载明的每次事故免赔率计算的每次事故免赔额后进行赔偿，但对于人身伤亡的赔偿不扣除每次事故免赔额。

（4）保险人对多次事故损失的累计赔偿金额不超过本保险合同列明的累计赔偿限额。

保险人对被保险人给第三者造成的损害，可以依照法律的规定或者本保险合同的约定，直接向该第三者赔偿保险金。

被保险人给第三者造成损害，被保险人对第三者应负的赔偿责任确定的，根据被保险人的请求，保险人应当直接向该第三者赔偿保险金。被保险人怠于请求的，第三者有权就其应获赔偿部分直接向保险人请求赔偿保险金。被保险人给第三者造成损害，被保险人未向该第三者赔偿的，保险人不得向被保险人赔偿保险金。

习　题

一、选择题

1. 重大事故，是指造成（　　）死亡，或者 50 人以上 100 人以下重伤，或者 5000 万元以上 1 亿元以下直接经济损失的事故。

A. 10 人以上，30 人以下　　B. 10 人以下　　C. 30 人以上　　D. 3 人以上

2. 事故发生后，事故现场有关人员应当立即向本单位负责人报告；单位负责人接到报告后，应当于（　　）内向事故发生地上级主管单位和县级以上水行政主管部门报告。

A. 3 小时　　　　　　B. 2 小时　　　　C. 1 小时　　　D. 半小时

3. 事故应急管理的最基本原则是（　　）？

A. 统一指挥　　　　　B. 积极协调　　　C. 资源共享　　　D. 积极汇报

4. 触电事故发生后应首先（　　）。

A. 迅速检查病人　　　B. 迅速切断电源 C. 及时报警　　D. 及时汇报领导

5. ［多选］根据《生产安全事故应急预案管理办法》（安监总局令第 88 号），应急预案可分为（　　）3 个层次。

A. 综合应急预案　　　　B. 专项应急预案　　　　　C. 现场处置方案

D. 专门应急预案　　　　E. 行业应急预案

6. 发生交通事故的报警电话是（　　）。

A. 120　　　　　　　　B. 110　　　　　　C. 122　　　　　D. 119

7. 按照《工伤保险条例》（国务院令第 586 号）第十七条规定职工发生事故伤害或者按照职业病防治法规定被诊断、鉴定为职业病，所在单位应当自事故伤害发生之日或者被诊断、鉴定为职业病之日起（　　）日内，向统筹地区社会保险行政部门提出工伤认定申请。

A. 15 日　　　　　　　B. 20 日　　　　　C. 30 日　　　　D. 3 个月

8. 意外伤害保险期限自（　　）。

A. 开工之日起至竣工验收合格止 　　　　B. 开工之日起至完工之日起

C. 没有规定 　　　　D. 开工之前

二、问答题

1. 应急管理体系建设应遵循的原则？

2. 事故应急救援的基本任务？

3. 现场急救的基本步骤？

4. 浙江省主要灾害紧急避险包含哪些方面的灾害？

5. 演练的类型有哪些？

6. 按照事故原因分类，有哪些事故？

7. 事故处理遵循的"四不放过"原则有哪些？

8. 与水利工程有关的保险险种主要有哪些？

第八章　水利工程施工安全技术

本章主要介绍了土石方工程安全技术、模板工程安全技术、混凝土工程安全技术、安装工程安全技术、拆除工程安全技术、脚手架施工安全技术、机械安全技术、特种设备安全技术、施工排水安全技术、施工用电安全技术、防火防爆安全技术、危险化学品安全技术、常见作业安全技术等内容。

第一节　土石方工程安全技术

一、土石方开挖安全防护技术

（一）土石方明挖

（1）土石方明挖施工应符合以下要求：

1）作业区应有足够的设备运行场地和施工人员通道。

2）悬崖、陡坡、陡坎边缘应有防护围栏或明显的警告标志。

3）施工机械设备颜色鲜明，灯光、制动、作业信号、警示装置齐全可靠。

4）凿岩钻孔宜采用湿式作业，若采用干式作业必须有捕尘装置。

5）供钻孔用的脚手架，必须设置牢固的栏杆，开钻部位的脚手板必须铺满绑牢，架子结构应符合有关规定。

（2）在高边坡、滑坡体、基坑、深槽及重要建筑物附近开挖，应有相应可靠的防止坍塌的安全防护和监测措施。

（3）在土质疏松或较深的沟、槽、坑、穴作业时应设置可靠的挡土护栏或固壁支撑。

（4）坡高大于 5m，小于 100m，坡度大于 45°的低、中、高边坡和深基坑开挖作业，应符合以下规定：

1）清除设计边线外 5m 范围内的浮石、杂物。

2）修筑坡顶截水天沟。

3）坡顶应设置安全防护栏或防护网，防护栏高度不得低于 2m，护栏材料宜采用硬杂圆木或竹跳板，圆木直径不得小于 10cm。

4）坡面每下降一层台阶应进行一次清坡，对不良地质构造应采取有效的防护措施。

（5）坡高大于 100m 的超高边坡和坡高大于 300m 的特高边坡作业，还应符合以下规定：

1）边坡开挖爆破时应做好人员撤离及设备防护工作。

2）边坡开挖爆破完成 20min 后，由专业炮工进入爆破现场进行爆后检查，存在哑炮

及时处理。

3）在边坡开挖面上设置人行及材料运输专用通道。在每层马道或栈桥外侧设置安全栏杆，并布设防护网以及挡板。安全栏杆高度要达到2m以上，采用竹夹板或木板将马道外缘或底板封闭。施工平台应专门设置安全防护围栏。

4）在开挖边坡底部进行预裂孔施工时，应用竹夹板或木板做好上下立体防护。

5）边坡各层施工部位移动式管、线应避免交叉布置。

6）边坡施工排架在搭设及拆除前，应详细进行技术交底和安全交底。

7）边坡开挖、甩渣、钻孔产生的粉尘浓度按规定进行控制。

（6）爆破施工应按《爆破安全规程》（GB 6722）规定执行，同时还应符合以下规定：

1）工程施工爆破作业周围300m区域为危险区域，危险区域内不得有非施工生产设施。对危险区域内的生产设施设备应采取有效的防护措施。

2）爆破危险区域边界的所有通道应设有明显的提示标志或标牌，标明规定的爆破时间和危险区域的范围。

3）区域内设有有效的音响和视觉警示装置，使危险区内人员都能清楚地听到和看到警示信号。

（7）土石围堰拆除施工应符合以下要求：

1）水上部分围堰拆除时，应设有交通和警告标志，围堰两侧边缘应设防坍塌警戒线及标志。

2）围堰混凝土部分采用爆破拆除时，应符合爆破作业的有关规定，必要时应进行覆盖防护。

3）水下部分围堰拆除，必须配有供作业人员穿戴的救生衣等防护用品。

4）围堰水下开挖影响通航时，应按航道主管部门要求设置临时航标或灯光信号标示等。

（二）土石方填筑

（1）土石方填筑机械设备的灯光、制动、信号、警告装置应齐全可靠。

（2）水下填筑应符合以下要求：

1）截流填筑应设置水流流速监测设施。

2）向水下填掷石块、石笼的起重设备，必须锁定牢固，人工抛掷应有防止人员坠落的措施和应急施救措施。

3）自卸汽车向水下抛投块石、石渣时，应与临边保持足够的安全距离，应有专人指挥车辆卸料，夜间卸料时，指挥人员应穿反光衣。

4）作业人员应穿戴救生衣等防护用品。

（3）土石方填筑坡面碾压、夯实作业时，应设置边缘警戒线，设备、设施必须锁定牢固，工作装置应有防脱、防断措施。

（4）土石方填筑坡面整坡、砌筑应设置人行通道，双层作业设置遮挡护栏。

（三）洞室开挖

1. 隧洞洞口施工要求

（1）有良好的排水措施。

（2）应及时清理洞脸，及时锁口。在洞脸边坡外侧应设置挡渣墙或积石槽，或在洞口设置网或木构架防护棚，其顺洞轴方向伸出洞口外长度不得小于 5m。

（3）洞口以上边坡和两侧岩壁不完整时，应采用喷锚支护或混凝土永久支护等措施。

2．洞内施工规定

（1）在松散、软弱、破碎、多水等不良地质条件下进行施工对洞顶、洞壁应采用锚喷、预应力锚索、钢木构架或混凝土衬砌等围岩支护措施。

（2）在地质构造复杂、地下水丰富的危险地段和洞室关键地段，应根据围岩监测系统设计和技术要求，设置收敛计、测缝计、轴力计等监测仪器。

（3）进洞深度大于洞径 5 倍时，应采取机械通风措施，送风能力必须满足施工人员正常呼吸需要 $[3m^3/(人·min)]$，并能满足冲淡、排除爆炸施工产生的烟尘需要。

（4）凿岩钻孔必须采用湿式作业。

（5）设有爆破后降尘喷雾洒水设施。

（6）洞内使用内燃机施工设备，应配有废气净化装置，不得使用汽油发动机施工设备。

（7）洞内地面保持平整、不积水、洞壁下边缘应设排水沟。

（8）应定期检测洞内粉尘、噪声、有毒气体。

（9）开挖支护距离：Ⅱ类围岩支护滞后开挖 10～15m，Ⅲ类围岩支护滞后开挖 5～10m，Ⅳ类、Ⅴ类围岩支护紧跟掌子面。

（10）相向开挖的两个工作面相距 30m 放炮时，双方人员均应撤离工作面。相距 15m 时，应停止一方工作，单向开挖贯通。

（11）水平或垂直相邻的两个工作面相距 30m 放炮时，双方人员均应撤离工作面。相距 15m 时，应停止一方工作。

（12）爆破作业后，应安排专人负责及时清理洞内掌子面、洞顶及周边的危石。遇到有害气体、地热、放射性物质时，必须采取专门措施并设置报警装置。

3．斜、竖井开挖要求

（1）及时进行锁口。

（2）井口设有高度不低于 1.2m 的防护围栏。围栏底部距 0.5m 处应全封闭。

（3）井壁应设置人行爬梯。爬梯应锁定牢固，踏步平齐，设有拱圈和休息平台。

（4）施工作业面与井口应有可靠的通信装置和信号装置。

（5）井深大于 10m 应设置通风排烟设施。

（6）施工用风、水、电管线应沿井壁固定牢固。

4．正井法施工规定

（1）井壁应设置待避安全洞或移动式安全棚。

（2）竖井上口应设置可靠的工作平台，斜井下部设置接渣遮栏。

（3）提升机械设置可靠的限位装置、限速装置、断绳保护装置和稳定吊斗装置。

5．反井法施工规定

（1）反井下部井口应有足够的存渣场地，设有足够的照明。

（2）出渣场地外侧应用石渣堆筑高度不小于 1.2m 的防护栏和警告标志。

（3）利用爬罐、吊罐作业时，罐内应备有氧气袋。

6. 洞内瓦斯地层段施工规定

（1）进入瓦斯地层段施工的全部人员必须经过瓦斯预防专项安全培训，掌握瓦斯地段施工技术操作知识后，才能上岗工作。

（2）应采用 TSP 地震波超前预报技术，提前预防，超前排放。在瓦斯地层段应加强瓦斯监测，瓦斯浓度超标时，立即停止施工，严禁人员进入洞内。

（3）严禁洞内明火，严禁易燃易爆物品进洞，严禁在施工操作过程中摩擦或碰撞出火花。

（4）严格按照瓦斯地段爆破规定执行：采用湿钻、电起爆、连续装药，采用毫秒微差起爆且雷管放在炸药的最外节。

（5）洞内通风应达到 24h 不间断，最小风速不小于 1m/s。应采用防爆型风机和专用的抗静电、阻燃型风筒布，风管口到开挖工作面的距离应不小于 5m，风管百米漏风率不应大于 2%。

（6）施工用电设施应采用防爆电缆、防爆灯具、防爆开关，动力电机应进行同型号、等功率的防爆改造。接地网上任一保护接地点的接地电阻值不得大于 2Ω，高压电网的单项接地电容电流不得大于 20A。开挖工作面附近的固定照明灯具必须采用 ExdⅠ型矿用防爆照明灯，移动照明必须使用矿灯。

（7）采用无轨运输，必须对作业机械进行防爆改装，改装中使用的零部件必须具有瓦斯防爆合格证。应安装车载式甲烷断电仪，在柴油机进气、排气系统中应安装阻焰器和排气火花消除器，在机械摩擦发热部件上应安装过热保护装置和温度检测警报装置。

（四）土石方工程安全注意事项

（1）土石方开挖施工前，应掌握必要的工程地质、水文地质、气象条件、环境因素等勘测资料，根据现场的实际情况，制定施工方案。施工中应遵循各项安全技术规程和标准，按施工方案组织施工，在施工过程中注重加强对人、机、物、料、环境等因素的安全控制，保证作业人员、设备的安全。

（2）开挖施工前，应根据设计文件复查地下构造物（电缆、管道等）的埋设位置和走向，并采取防护或避让措施。施工中如发现危险物品及其他可疑物品时，应立即停止开挖，报请有关部门处理。

（3）开挖过程中应充分重视地质条件的变化，遇到不良地质构造和存在事故隐患的部位应及时采取防范措施，并设置必要的安全围栏和警示标志。

（4）开挖过程中，应采取有效的截水、排水措施，防止地表水和地下水影响开挖作业和施工安全。

（5）开挖程序应遵循自上而下的原则，并采取有效的安全措施。

（6）应合理确定开挖边坡坡比，及时制定边坡支护方案。

（五）边坡开挖作业

（1）人工挖掘土方应遵守以下规定：

1）开挖土方的操作人员之间，应保持足够的安全距离，横向间距不小于 2m，纵向间

距不小于 3m。

2）开挖应遵循自上而下的原则，不应掏根挖土和反坡挖土。

（2）高陡边坡处作业应遵守下列规定：

1）作业人员应按规定系好安全带。

2）边坡开挖中如遇地下水涌出，应先排水，后开挖。

3）开挖工作应与装运作业面相互错开，应避免上、下交叉作业。

4）边坡开挖影响交通安全时，应设置警示标志，严禁通行，并派专人进行交通疏导。

5）边坡开挖时，应及时清除松动的土体和浮石，必要时应进行安全支护。

（3）施工过程当中应密切关注作业部位和周边边坡、山体的稳定情况，一旦发现裂痕、滑动、流土现象，应停止作业，撤出现场作业人员。

（4）滑坡地段的开挖，应从滑坡体两侧向中部自上而下进行，不应全面拉槽开挖，弃土不应堆在滑动区域内。开挖时应有专职人员监护，随时注意滑动体的变化情况。

（5）已开挖的地段，不应顺土方坡面流水，必要时坡顶应设置截水沟。

（6）在靠近建筑物、设备基础、路基、高压铁塔、电杆等构筑物附近挖土时，应制订防坍塌的安全措施。

（7）开挖基坑（槽）时，应根据土壤性质、含水量、土的抗剪强度、挖深等要素，设计安全边坡及马道。

（8）在不良气象条件下，不应进行边坡开挖作业。

（9）当边坡高度大于 5m 时，应在适当高程设置防护栏栅。

（六）有支撑的土方明挖作业

（1）挖土不按规定改坡时，应采取固壁支撑的施工方法。

（2）在土壤正常含水量下所挖掘的基坑（槽），如系垂直边坡，其最大挖深，在松软土质中不应超过 1.2m，在密实土质中不应超过 1.5m，否则应设固壁支撑。

（3）操作人员上下基坑（槽）时，不应攀登固壁支撑，人员通行应设通行斜道或搭设梯子。

（4）雨后、春、秋冻融以及处于爆破区放炮以后，应对支撑进行认真检查，发现问题，及时处理。

（5）拆除支撑前应检查基坑（槽）帮情况，并自下而上逐层拆除。

（6）土方挖运作业。

1）人工挖土应遵守下列规定：①工具应安装牢固；②在挖运时，开挖土方作业人员之间的安全距离，不应小于 2m；③在基坑（槽）内向上部运土时，应在边坡上挖台阶，其宽度不宜小于 0.7m，不应利用挡土支撑存放土、石、工具或站在支撑上传运。

2）人工挖土、配合机械吊运土方时，机械操作人员应遵守《水利水电工程施工作业人员安全操作规程》（SL 401—2007）的规定，并配备有施工经验的人员统一指挥。

3）采用大型机械挖土时，应对机械停放地点、行走路线、运土方式、挖土分层、电源架设等进行实地勘察，并制定相应的安全措施。

4）大型设备通过的道路、桥梁或工作地点的地面基础，应有足够的承载力，否则应采取加固措施。

5）在对铲斗内积存物料进行清除时，应切断机械动力，清除作业时应有专人监护，机械操作人员不应离开操作岗位。

（七）土方水力开挖作业

开挖前，应对水枪操作人员、高压水泵运行人员，进行冲、采作业安全教育，并对全体作业人员进行安全技术交底。

（1）利用冲采方法形成的掌子面不宜过高，最终形成的掌子面高度一般不宜超过5m，当掌子面过高时可利用爆破法或机械开挖法，先使土体坍落，再布置水枪冲采。

（2）水枪布置的安全距离（指水枪喷嘴到开始冲采点的距离）不宜小于3m，同层之间距离保持在20～30m，上、下层之间枪距保持在10～15m。

（3）冲土应充分利用水柱的有效射程（不宜超过6m）。作业前，应根据地形、地貌，合理布置输泥渠槽、供水设备、人行安全通道等，并确定每台水枪的冲采范围、冲采顺序以及有关技术安全措施。

（4）冲采过程中应遵守以下规定：

1）水枪设备定置要平稳牢固，不得倾斜。转动部分应灵活，喷嘴、稳流器不应堵塞。

2）枪体不应靠近输泥槽，分层冲土的多台水枪应上下放在一条线上。与开采面应留有足够的安全距离，防止坍塌压伤人员和设备。

3）水枪不应在无人操作的情况下启动。

4）水枪射程范围内，不应有人通行、停留或工作。

5）冲采时，水柱不应与各种导线接触。

6）结冰时，宜停止冲采施工。

7）每台水枪应由两人轮换操作，其中一人观察土体崩坍、移动等情况，并随时转告上、下、左、右枪手，不应一人操作，一人不在场。

8）冲采时，应有专职安全人员进行现场监护。

9）停止冲采时，应先停水泵，然后将水枪口向上停置。

二、土方暗挖作业安全注意事项

（1）土方暗挖作业应按施工组织设计和安全技术措施规定的开挖顺序进行施工。

（2）作业人员到达工作地点时，应首先检查工作面是否处于安全状态，并检查支护是否牢固，如有松动的石、土块或裂缝应先予以清除或支护。

（3）工具应安装牢固。

（4）土方暗挖应遵循"管超前、严注浆、短开挖、强支护、快封闭、勤量测、速反馈"的施工原则。

（5）开挖过程中，如出现整体裂缝或滑动迹象时，应立即停止施工，将人员、设备尽快撤离工作面，视开裂或滑动程度采取不同的应急措施。

（6）土方暗挖的循环应控制在0.5～0.75m内，开挖后应及时喷素混凝土形成拱圈，在安全受控的情况下，方可进行下一循环的施工。

（7）站在土堆上作业时，应注意土堆的稳定，防止滑坍伤人。

（8）土方暗挖作业面应保持地面平整、无积水、洞壁两侧下边缘应设排水沟。

（9）洞内使用内燃机施工设备，应配有废气净化装置，不应使用汽油发动机施工设

备。进洞深度大于洞径 5 倍时，应采取机械通风措施，送风能力应满足施工人员正常呼吸需要［3m³/（人·min）］，并能满足冲淡、排除燃油发动机和爆破烟尘的需要。

三、石方明挖作业安全注意事项

1. 高边坡作业

（1）高边坡施工搭设的脚手架、排架平台等应符合设计要求，满足施工负荷，操作平台应满铺牢固，临空边缘应设置挡脚板，并应经验收合格后，方可投入使用。

（2）上下层垂直交叉作业的中间应设有隔离防护棚或者将作业时间错开，并应有专人监护。

（3）高边坡开挖每梯段开挖完成后，应进行一次安全处理。

（4）对断层、裂隙、破碎带等不良地质构造的高边坡，应按设计要求及时采取锚喷或加固等支护措施。

（5）在高边坡底部、基坑施工作业上方边坡上应设置安全防护措施。

（6）高边坡施工时应有专人定期检查，并应对边坡稳定进行监测。

（7）高边坡开挖应边开挖、边支护，确保边坡稳定和施工安全。

2. 撬挖作业

（1）严禁站在石块滑落的方向撬挖或上下层同时撬挖。

（2）在撬挖作业的下方严禁通行，并应有专人监护。

（3）撬挖人员应保持适当间距，在悬崖、35°以上陡坡上作业应系好安全绳、佩戴安全带，严禁多人共用一根安全绳。撬挖作业应在白天进行。

3. 石方挖运作业

（1）挖装设备的运行回转半径范围内严禁人员停留。

（2）电动挖掘机的电缆应有防护措施，人工移动电缆时，应佩戴绝缘手套和穿绝缘靴。

（3）爆破前，挖掘机应退出危险区避炮，并做好必要的防护。

（4）弃渣地点靠边沿处应有挡轮木和明显标志，并设专人指挥。

四、石方暗挖作业安全注意事项

（一）洞室开挖

（1）洞室开挖的洞口边坡上不应存在浮石、危石及倒悬石。

（2）作业施工环境和条件相对较差时，施工前应制定全方位的安全技术措施，并对作业人员进行交底。

（3）洞口削坡，应按照明挖要求进行。不应上下同时作业，并应做好坡面、马道加固及排水等工作。

（4）进洞前，应对洞脸岩体进行察看，确认稳定或采取可靠措施后方可开挖洞口。

（5）洞口应设置防护棚。其顺洞轴方向的长度，可依据实际地形、地质和洞型断面选定，不宜小于 5m。

（6）自洞口计起，当洞挖长度在 15～20m 时，应依据地质条件、断面尺寸，及时作好洞口永久性或临时性支护。支护长度不宜小于 10m。当地质条件不良全部洞身应进行支

护时，洞口段则应进行永久性支护。

（7）暗挖作业中，遇到不良地质构造或易发生塌方地段，有害气体逸出及地下涌水等突发事件时，应即令停工，作业人员撤至安全地点。

（8）暗挖作业设置的风、水、电等管道线路应符合相关安全规定。

（9）每次放炮后，应立即进行全方位的安全检查，并清除危石、浮石，若发现非撬挖所能排除的险情时，应果断地采取其他措施进行处理。洞内进行安全处理时，应有专人监护，及时观察险石动态。

（二）冒顶或边墙滑脱等现象的处理

（1）应查清原因，制定具体施工方案及安全防范措施，迅速处理。

（2）地下水十分活跃的地段，应先治水后治塌。

（3）应准备好畅通的撤离通道，备足施工器材。

（4）处理工作开始前，应先加固好塌方段两端未被破坏的支护或岩体。

（5）处理坍塌，宜先处理两侧边墙，然后再逐步处理顶拱。

（6）施工人员应位于有可靠的掩护体下进行工作；作业的整个过程应有专人现场监护。

（7）应随时观察险情变化，及时修改或补充原定措施计划。

（8）开挖与衬砌平行作业时的距离，应按设计要求控制，但不宜小于30m。

（三）斜井、竖井开挖

（1）斜井、竖井的井口附近，应在施工前做好修整，并在周围修好排水沟、截水沟，防止地面水侵入井中。竖井井口平台应比地面至少高出0.5m。在井口边应设置不低于1.4m规定高度的防护栏，挡脚板高应不小于35cm。

（2）在井口及井底部位应设置醒目的安全标志。

（3）当工作面附近或井筒未衬砌，部分发现有落石、支撑发生响动或大量涌水等其他失稳异常表现时，工作面施工人员应立即从安全梯或使用提升设备撤出井外，并报告处理。

（4）斜井、竖井采用自上而下全断面开挖方法时应遵守下列规定：①井深超过15m时，上下人员宜采用提升设备；②提升设施应有专门设计方案；③应锁好井口，确保井口稳定，应设置防护设施，防止井台上弃物坠入井内；④漏水和淋水地段，应有防水、排水措施。

（5）竖井采用自上而下先打导洞再进行扩挖时应遵守下列规定：①井口周边至导井口应有适当坡度，便于扒渣；②爆破后必须认真处理浮石和井壁；③采取有效措施，防止石渣砸坏井底棚架；④扒渣人员应系好安全带，自井壁边缘石渣顶部逐步下降扒渣；⑤导井被堵塞时，严禁到导井口位置或井内进行处理，以防止石渣坠落砸伤。

（四）不良地质地段开挖

（1）根据设计工程地质资料制定施工技术措施和安全技术措施，并应向作业人员进行交底。作业现场应有专职安全人员进行监护作业。

（2）不良地质地段的支护应严格按施工方案进行，应待支护稳定并验收合格后方可进行下一工序的施工。

（3）当出现围岩不稳定、涌水及发生塌方情况时，所有作业人员应立即撤至安全地带。

（4）施工作业时，岩石既是开挖的对象，又是成洞的介质，为此施工人员应充分了解围岩性质，合理运用洞室体型特征，以确保施工安全。

（5）施工时应采取浅钻孔、弱爆破、多循环，尽量减少对围岩的扰动。应采取分部开挖，及时进行支护。每一循环掘进应控制在 0.5～1.0m。

（6）在完成一个开挖作业循环时，应全面清除危石，及时支护，防止落石。

（7）在不良地质地段施工，应做好工程地质、地下水类型和涌水量的预报工作，并设置排水沟、积水坑和充分的抽排水设备。

（8）在软弱、松散破碎带施工，应待支护稳定后方可进行下一段施工作业。

（9）在不良地质地段施工应按所制定的临时安全用电方案实施，设置漏电保护器，并有断电、停电应急措施。

（五）石方机械挖运

（1）洞内严禁使用汽油机为动力作为石方挖运设备。机械挖运设备，应有废气净化措施。

（2）机械设备操作人员须经培训考试取证上岗，操作人员在工作中不应擅离岗位，不应操作与操作证不符合的机械，不应将机械设备交给无本工种操作证的人员操作。

（3）操作人员应按照本机说明书规定，严格执行工作前的检查制度。工作中注意观察，工作后形成检查保养制度。

（4）机械运转中其他人员不应登车，必须上下时应通知司机停车。

（5）挖运前应清理危石，在确保安全的情况下方可进行挖运。

（6）挖运现场应有足够的照明。

（7）掌子面挖掘时，应采用先上后下、先左后右或从左向右挖掘，以保持掌子面的稳定。

（8）出渣道路应保持平整通畅，并应设置排水沟。

（9）出渣地点应有明显标志，并应设专人指挥。

（10）采用装载机挖装时，装载机应低速铲切，不应采用加大油门高速猛冲的方式。

（11）要根据掌子面的情况，采用不同的铲掘方法，严禁铲斗载荷不均或单边受力，铲掘时铲斗切入不宜过深。

（12）装载机装车时严禁装偏，卸渣应缓慢。

（13）装载机工作地点四周严禁人员停留，装载机在后退时应连续鸣号，以免伤人。

（14）人工装运时，作业人员应按规定穿戴好劳动保护用品，严禁把手伸入车内或放在斗车帮上，以免将手砸伤。重量超过 50kg 的石块不应用人力装斗。

（六）机车牵引石方运输作业

（1）出渣线路应随开挖面的进展而延伸，尽头距工作面不应超过 3m。

（2）出渣车速小于 1.5m/s 时，线路曲线半径不应小于斗车最大轴距的 7 倍；当车速大于 1.5m/s 时或偏转角大于 90°时，不应小于轴距的 15 倍，洞外部分曲线半径不应小于 30m。

（3）轨距的允许误差，宽不应大于 4mm，窄不应超过 2mm。

（4）弯道或岔道处应加护轨，以防掉道。洞内轨道的坡度，使用机车牵引不应超过 2%。

（5）机车在洞内行驶的时速不应超过 10km，在调车或人员稠密地段行驶应减至 5km；通过弯道、道岔视线不良地区时时速不应超过 3km。

1. 轨道养护

（1）为保持行车安全，应设专人清理轨道上的土石及其他杂物。

（2）要经常检查枕木的情况，如有腐烂折断应及时更换。

（3）路基不平或下陷时应及时整修。

（4）线路、道岔上的连接零件松动时，应及时紧固。

（5）尖轨的密贴情况、线路的纵坡、水平、轨距、轨向等，发现不符合规范要求时，应及时整修。

2. 机车运行

（1）指挥人员未给信号或信号不明，机车不应开动，严禁擅自行车。

（2）机车司机应确认前方道路、道岔位置正确，方能开车。

（3）机车运行到岔道或瞭望条件不良地段，应在 20m 外开始鸣号，复线地段两车相会时也应鸣号示警。

（4）机车前部应有光亮充足的照明灯，车尾应安置红灯。

（5）机车司机在运行中发现线路异常、危及人身安全时，应连续鸣号示警，必要时应减速、停车。

（6）摘挂钩的工人不应站在弯道内侧。

（7）行车信号应设专人管理，其他人员不应乱动。

（8）无论道坡大小，所有停用车辆均应采取措施，切实防止滑动或溜车。

（9）挂钩工人应注意检查钩头、车链、挂环、插销及有关设备，如发现有损坏或故障时，应立即通知有关人员修理。

（10）机车车辆正在开动或将要停住时，不应挂钩或摘车。

（11）机车行驶时，严禁任何人上下。

3. 卷扬机牵引

（1）卷扬机用钢丝绳应按抗拉极限强度进行选择，其安全系数应大于 5。

（2）在绳索的全部运行范围内，应设置托辊，托辊的间距以不使绳索拖地为宜，在绳索变换方向处，应安设导向轮。

（3）斗车与钢丝绳或斗车与斗车之间，应用可摘卸的连接器连接，在有坡度道运行时，应用双重连接。连接设备应以最大牵引负荷值验算。

（4）遇到紧急刹车或其他原因使钢丝绳骤然被拉紧时，司机应停止运转，检查钢丝绳有无损伤。

（5）卷扬机牵引斗车运行速度最大不应超过 5km/h（相当于 1.39m/s），牵引荷载不应超过卷扬机额定牵引力，不应降低钢丝绳及连接设备的安全系数。

（6）卷扬机筒外沿到最外一层钢丝绳外边的距离，应不小于钢丝绳直径的 2.5 倍。

（7）钢丝绳应穿过滚筒上的绳眼固定牢靠，在放绳时滚筒上应至少留三圈钢丝绳。

（8）卷扬机工作时应有专人指挥，各种信号应预先加以明确规定。

（9）卷扬机应设置工作制动和保险制动装置。电源开关应设在司机操作室内，并应设保护箱。

（10）当斗车在斜坡终点端以及线路中部均应安设挡车设备，每次通车应及时开启和关闭。

（11）应经常检查钢丝绳的断裂情况，当某一捻距内钢丝绳的断裂根数达总根数的5%时，则应更换。

（12）每天应对钢丝绳进行详细检查和鉴定，检查钢丝绳时卷扬机运行速度不应超过0.3m/s。

4. 通风及排水

（1）洞井施工时，应及时向工作面供应 $3m^3/（人·min）$ 的新鲜空气。

（2）洞深长度大于洞径 3～5 倍时，应采取通风措施，否则严禁继续施工。

（3）应采用自然通风，并应尽快打通导洞。导洞未打通前应有临时通风措施；工作面风速不应小于 0.15m/s。最大风速：洞井斜井为 4m/s，运输洞通风处为 6m/s，升降人员与器材的井筒为 8m/s。

（4）通风机吸风口，应设铅丝护网。

（5）通风采用压风时，风管端头应距开挖工作面在 10～15m；若采取吸风时，风管端宜为 20m。

（6）通风管路宜靠岩壁吊起，不应阻碍人行车辆通道，架空安装时，支点或吊挂应牢固可靠。

（7）严禁在通风管上放置或悬挂任何物体。

（8）施工场地，施工前应充分考虑施工用水和外部影响的渗水量，妥善安排排水能力，以利于施工机械设备、工作人员在正常条件下进行施工。

（9）暗挖排水应遵守《水利水电施工通用安全技术规程》（SL 398）中 4.8 节的有关规定。

5. 施工安全监测

（1）应根据工程地质与水文地质资料、设计文件，结合工程实际，确定具体的安全施工监测方案。

（2）施工安全监测布置应包括如下重点：

1）洞内。Ⅲ～Ⅴ类围岩地段、地下水较丰富地段、断层破碎带、洞口及岔口地段、埋深较浅地段、受邻区开挖影响较大地段及高地应力区段等。

2）洞外。埋深较浅的软岩或软土区段。

（3）施工安全监测应包括如下主要内容：

1）洞内。围岩收敛位移、围岩应力应变、顶拱下沉、底拱上抬、支护结构受力变形、爆破振动、有害气体和粉尘等。

2）洞外。地面沉降、建筑物倾斜及开裂、地下管线破裂受损等。

（4）大型洞室安全监测应包括如下重点：

1）垂直纵轴线的典型洞室断面。

2）贯穿于高边墙的小型隧洞口及其洞口内段。

3）岩壁梁的岩台（尤其是下方有小洞室）部分。

4）相邻洞室间的薄体岩壁。

不利于地质构造面组合切割的不稳定体。

（5）施工安全监测时，应注重监测对施工安全的不可代替性，为监测工作提供必要的方便和支持，并保护好现场仪器设施。

（6）监测仪器钻孔注浆后20h内不应进行近区爆破作业。重新爆破前应做好仪器的保护措施，以免飞石破坏。

（7）监测重点巡视地点应包括：

1）爆破后隧洞掌子面围岩及前沿支护状态。

2）大小洞室群体的交叉段、洞口段、洞室岩壁及拱座地段。

3）软弱围岩地段及支护结构状态。

4）外洞口边坡与不稳定山体，洞上方地面与受影响建筑物，洞口防汛设施等。

（8）当围岩与支护结构具备以下变化特征时，可初步判别其变形将趋向稳定：

1）随着开挖面的远离，测值变化速率有逐渐减缓的趋势。

2）测值总量已达到最大回归值的80%以上。

3）位移增长速率小于0.1～0.3mm/d（软岩取大值）。

（9）监测中发现下述任一情况时，应以险情对待，应跟踪监测，并应及时预警预报：①开挖面在逐渐远离或停止不变，但测值变化速率无减缓趋势或有加速增长趋势；②围岩出现间歇性落石的现象；③支护结构变形过大过快，有受力裂缝在不断发展等。

（10）当监测中发现测值总量或增长速率达到或超过设计警戒值时，则认为不安全，应报警。

（11）在施工安全监测管理中应建立监测信息反馈流程，提高信息化施工水平。

五、石方爆破作业安全注意事项

（一）现场运送运输爆破器材

（1）在竖井、斜井运输爆破器材时应遵守如下规定：

1）应事先通知卷扬机司机和信号工。

2）在上、下班或人员集中的时间内，不应运输爆破器材。

3）除爆破人员和信号工外，其他人员不应与爆破器材同罐乘坐。

4）用罐笼运输硝铵类炸药，装载高度不应超过车厢厢高；运输硝酸甘油类炸药或雷管，不应超过两层，层间应铺软垫。

5）用罐笼运输硝化甘油类炸药或雷管时，升降速度不应超过2m/s；用吊桶或斜坡卷扬运输爆破器材时，速度不应超过1m/s；运输电雷管时应采取绝缘措施。

6）爆破器材不应在井口房或井底车场停留。

（2）用矿用机车运输爆破器材时应遵守以下规定：

1）机车前后应设"危险"警示标志。

2）采用封闭型的专用车厢，车内应铺软垫，运行速度不应超过2m/s。

3）在装爆破器材的车厢与机车之间，以及装炸药的车厢与装起爆器材的车厢之间，应用空车厢隔开。

4）用架线式电力机车运输，在装卸爆破器材时，机车应断电。

（3）在斜坡道上用汽车运输爆破器材时应遵守以下规定：

1）行驶速度不应超过 10km/h。

2）不应在上、下班或人员集中时运输。

3）车头、车尾应分别安装特制的蓄电池红灯作为危险标志。

4）应在道路中间行驶，会车、让车时应靠边停车。

（4）用人工搬运爆破器材时应遵守以下规定：

1）在夜间或井下，应随身携带完好的矿用蓄电池灯、安全灯或绝缘手电筒。

2）严禁一人同时携带雷管和炸药；雷管和炸药应分别放在专用背包（木箱）内，不应放在衣袋里。

3）领到爆破器材后，应直接送到爆破地点，不应乱丢乱放。

4）不应提前班次领取爆破器材，不应携带爆破器材在人群聚集的地方停留。

5）一人一次运送的爆破器材数量应不超过：雷管 5000 发；拆箱（袋）搬运炸药 20kg；背运原包装炸药 1 箱（袋）；挑运原包装炸药 2 箱（袋）。

6）用手推车运输爆破器材时，载重量不应超过 300kg，运输过程中应采取防滑、防摩擦和防止产生火花等安全措施。

（二）露天爆破

（1）在爆破危险区内有两个以上的单位（作业组）进行露天爆破作业时，应由有关部门和发包方组织各施工单位成立统一的爆破指挥部，指挥爆破作业。各施工单位应建立起爆掩体，并采用远距离起爆。

（2）同一区段的二次爆破，应采用一次点火或远距离起爆。

（3）松软岩土或砂床爆破后，应在爆区设置明显标志，并对空穴、陷坑进行安全检查，确认无塌陷危险后，方可恢复作业。

（4）露天爆破需设避炮掩体时，掩体应设在冲击波危险范围之外并构筑坚固紧密，位置和方向应能防止飞石和炮烟的危害；通往避炮掩体的道路不应有任何障碍。

（5）裸露药包爆破时应遵守如下规定：

1）在人口密集区、重要设施附近及存在有气体、粉尘爆炸危险的地点，不应采用裸露药包爆破。

2）裸露药包爆破，应使炸药与被爆体有较大接触面积，炸药裸露面用水袋或黄泥土覆盖，覆盖材料中不应含有碎石、砖瓦等容易产生远距离飞散的物质。

3）安排裸露药包起爆顺序时，应保证先爆药包产生的飞石空气冲击波不致破坏后爆药包，否则应采取齐发爆破。

4）除非采取可靠的安全措施，并经爆破工作负责人批准，否则不应将药包直接塞入石缝中进行爆破。

5）在旋回、漏斗等设备、设施中的裸露包爆破，应在停电、停机状态下进行，并应采取相应的安全措施。

6）在沟谷中及特殊气象条件下进行裸露爆破时，应考虑空气冲击波反射、绕射的影响，加大相应方向的安全距离。

（6）浅孔爆破时应遵守以下规定：

1）露天浅孔爆破宜采用台阶法爆破。

2）在台阶形成之前进行爆破应加大警戒范围。

3）采用导火索起爆、非电导爆管雷管秒延时起爆，应保证先爆炮孔不会显著改变后爆炮孔的最小抵抗线。否则应采用齐爆或毫秒延时爆破。

4）装填的炮孔数量，应以一次爆破为限。如在高坡和陡坡上不宜采用导火索点火起爆。

5）露天采区二次爆破时，起爆前应将机械设备撤至安全地点。

（7）深孔爆破时应遵守以下规定：

1）验孔时，应将孔口周围 0.5m 范围内的碎石、杂物清除干净，孔口岩壁不稳者，应进行维护。

2）水孔应使用抗水爆破器材。

3）深孔验收标准应为：孔深为 ±0.5m，间距为 ±0.3m，方位角和倾角为 ±1°30′；发现不合格时应酌情采取补孔、补钻、清孔、填塞孔等处理措施。

4）应采用非电导爆管雷管或导爆索起爆；采用地表延时非电导爆管网路时，孔内宜装高段位雷管，地表宜装低段位雷管。

5）爆破工程技术人员在装药前应对第一排各钻孔的最小抵抗线进行测定，对形成反坡或有大裂隙的部位应考虑调整药量或间隔填塞。底盘抵抗线过大的部位，应及时进行清理，使其符合设计要求。

6）爆破员应按爆破设计说明书的规定进行操作，不应自行增减药量或改变填塞长度；如确需调整，应征得现场爆破工程技术人员同意并做好变更记录。

7）在装药和填塞过程中，应保护好起爆网络，如发生装药阻塞，严禁用钻杆捣捅药包。

（8）预裂爆破、光面爆破时应遵守以下规定：

1）临近永久边坡和堑沟、基坑、基槽爆破，应采用预裂爆破或光面爆破技术，并在主炮孔和预裂孔（光面孔）之间布设缓冲孔；运用该技术时，验孔、装药等应在现场爆破工程技术人员指导监督下由熟练的爆破员操作。

2）预裂孔、光面孔应按照设计图纸的要求钻凿在一个布孔面上，钻孔偏斜误差不应超过 1°。

3）布置在同一平面上的预裂孔、光面孔，宜用导爆索连接并同时起爆，如环境限制单段药量时，也可以分段起爆。

4）预裂爆破、光面爆破均应采用不耦合装药，缓冲炮孔可采用不耦合装药和间隔装药。若采用药串结构药包，在加工和装药过程中应防止药卷滑落；若设计要求药包装于孔轴线，则应使用专门的定型产品。

5）预裂爆破、光面爆破都应按设计进行填塞。

（9）药壶和蛇穴爆破时应遵守以下规定：

1）扩壶爆破和药壶、蛇穴爆破，应由有经验的爆破员操作。

2）扩壶时，应清除孔口附近的碎石、杂物。

3）用硝铵类炸药扩壶，每次爆破后应等待 15min 或满足设计确定的等待时间，才可重新装药；用导火索引爆扩壶药包时，导火索的长度应保证作业人员撤到 50m 以外所需的时间；深孔扩壶时，不应向孔内投掷起爆药包；孔深超过 5m 时，不应使用导火索引爆扩壶药包。

4）扩壶完成后，应实测最小抵抗线及药壶间距，计算每个药壶的爆破方量和装药量，不应超量装药。

5）蛇穴爆破应实测最小抵抗线，按松动爆破设计药量，每个蛇穴的装药量应控制在 200kg 之内，并应按设计的位置和药量装药。

6）药壶及蛇穴爆破，应严格按设计要求进行填塞。

7）两个以上药壶爆破或蛇穴爆破，应采用齐发爆破或毫秒延时爆破；如用导火索起爆或秒延时雷管起爆，先爆药包不应改变后爆药包最小抵抗线的方向与大小。

8）起爆网路连接应由有经验的爆破员和爆破工程技术人员进行，并经现场爆破和设计负责人检查验收。

9）爆破有害效应的监测应按有关规定执行，对于 B 级及其以下级别工程爆破可能引起民房及其他建（构）筑物损伤时，还应做好相关有害效应的监测工作。

（三）洞室爆破

（1）洞室爆破的设计，应按设计委托书的要求，并按规定的设计程序、设计深度分阶段进行。

（2）洞室爆破设计应以地形测量和地质勘探文件为依据。

（3）洞室爆破设计文件由设计说明书和图纸组成。

（4）洞室爆破工程开工之前，应由施工单位根据设计文件和施工合同编制施工组织设计。

（5）参加爆破工程施工的临时作业人员，应经过爆破安全教育培训，经口试或笔试合格后，方可参加装药填塞作业。但装起爆体及敷设爆破网路的作业，应由持证爆破员或爆破工程技术人员操作。

（6）A 级、B 级、C 级洞室爆破和爆破环境复杂的 D 级洞室爆破，洞室开挖施工期间应成立工程指挥部，负责开挖工程和爆破准备工作；爆破之前应成立爆破指挥部。

（7）洞室爆破使用的炸药、雷管、导爆索、导爆管、连接头、电线、起爆器、量测仪表，均应经现场检验，检验合格方可使用。

（8）不应在洞室内和施工现场改装起爆体和起爆器材。

（9）在爆破作业场地附近，应按《爆破安全规程》（GB 6722）的要求设置爆破器材临时存放场地，场内应清除一切妨碍运药和作业人员通行的障碍物。

（10）爆破指挥部应了解当地气象情况，应使装药、填塞、起爆的时间避开雷电、狂风、暴雨、大雪等恶劣天气。

（11）洞室爆破平洞设计开挖断面不宜小于 1.5m×0.8m，小井设计断面不宜小于 1m²。

（12）平洞设计应考虑自流排水，井下药室中的地下水应沿横巷自流到井底的积水坑内。

（13）装药之前应由指挥长或爆破工作领导人组织对掘进工程进行检查、检测和验收。

（14）验收前应把平洞（小井）口0.7m范围内的碎石、杂物清除干净，并检查支护情况；应清除导洞和药室中一切残存的爆破器材、积渣和导电金属。

（15）验收时应检查井、巷、药室的顶板和边壁，发现药室顶板、边壁不稳固时，应加强支护。

（16）当药室有渗水和漏水时，应将药室顶板和边壁用防水材料搭成防水棚，导水至底板，由排水沟或排水管排出。如果药室底板积水不多，可设积水坑积水，并在其上铺盖木板。

（17）如采用电爆网路起爆，应在洞内检测杂散电流且其值不应大于30mA，否则应采取相应措施。

（18）各药室之间的施工道路应清除浮石，斜坡的通道宽度不应小于1.2m；当坡度大于30°时，应设置梯子或栏杆。

（19）应通过测量和地质测绘提交准确的药室竣工资料。资料中应详细注明药室的几何尺寸、容积、中心坐标，影响药室爆破效果的地质构造及其与药室中心、药包最小抵抗线的关系等数据。经测量药室中心坐标的误差不应超过±0.3m，药室容积不应小于设计要求。

（四）洞室掘进

（1）在开始掘进前，应做好防止落石及塌方的施工准备工作：

1）小井开挖前，应将井口周围1m以内的碎石、杂物清除干净；在土质或比较破碎的地表掘进小井，应支护井口，支护圈应高出地表0.2m。

2）平洞开挖前，应将洞口周围的碎石清理干净，并清理洞口上部山坡的石块和浮石；在破碎岩层处开洞口，洞口支护的顶板至少应伸出洞口0.5m。

（2）导洞及小井掘进每循环进深在5m以内，爆破时人员撤离的安全允许距离，应由设计确定。

（3）小井掘进超过3m后，应采用电力起爆或导爆管起爆，爆破前井口应设专人看守。

（4）每次爆破后再进入工作面的等待时间不应少于15min；小井深度大于7m，平洞掘进超过20m时，应采用机械通风；爆破后无论时隔多久，在工作人员下井之前，均应用仪表检测井底有毒气体的浓度，浓度不应超过地下爆破作业点有害气体允许浓度规定的允许值，工作人员才可下井。

（5）掘进时若采用电灯照明，其电压不应超过36V。

（6）掘进工程通过岩石破碎带时，应加强支护；每次爆破后均应检查支护是否完好，清除井口或井壁的浮石，对平洞则应检查清除平洞顶板、边壁及工作面的浮石。

（7）掘进工程中地下水量过大时，应设临时排水设备。

（8）小井深度大于5m时，工作人员不应使用绳梯上下。

（五）洞室爆破现场混制炸药

（1）在爆破现场混制炸药，应事先征得主管部门同意，并办理必要的审批手续。

（2）爆破现场混制炸药的品种，应限于多孔粒状铵油炸药和重铵油炸药。

（3）现场混制炸药原料的质量应遵守如下规定：

1）多孔粒状硝酸铵：堆密度为 $0.8\sim0.85g/cm^3$，吸油率不小于 7%，净含量（以干基计）不小于 99.5%。

2）柴油：应采用国家标准《普通柴油》（GB 252）所规定的适合当地环境温度要求的轻柴油。

3）乳胶基质：应采用取得生产许可证的乳化炸药生产厂生产的有产品合格证的乳胶基质。

4）多孔粒状硝酸铵与柴油应分开存放。

（4）混制场地应配有有经验的工程技术人员 1 名，负责正常的生产及管理；同时应设安全员 1 名，负责检查加工场地的安全设施并对操作人员定期进行安全教育。

（5）现场混制场地应选择在周围 200m 内无居民区及铁路、公路、高压线路、重要公共设施及特殊建（构）筑物、文物等需要保护的场所。

（6）混制场地内应分为原料库区、混制区和成品库区，其间距不应小于 20m。

（7）混制场地 50m 范围内，应设置 24h 警戒，非操作人员不应随意进入。

（8）混制的主体设备应布置在不易燃的工棚或厂房内。

（9）混制工棚（房）应有防雷和防风雨设施，场内有消防水源和灭火器等消防设施。

（10）库区和生产区应设排水沟，以保证混制场地内不积水。

（11）混制设施应遵守如下规定：

1）工棚（房）内的照明灯具、电器开关和混制设备所用电机，均应采用防爆型。

2）电气设备应设保护接地系统，并应定期检查其是否完好、接地电阻是否合格；不符合要求的应及时处理。

3）检修设备前应切断电源并将残药彻底清洗干净。

4）新混制设备和检修后的设备投入生产前，应清除焊渣、毛刺及其他杂物。

（12）采用人工搅拌混制炸药时，不应使用能产生火花的金属工具。

（13）混制场内严禁吸烟，严禁存在明火；同时，严禁将火柴、打火机等带入加工场地。

（14）起爆体应在专门的场所，由熟练的爆破员加工；加工起爆体时，应 1 人操作，1 人监督，在周围 50m 以外设置警戒，无关人员不应进入。

（15）加工起爆体使用的雷管应逐个挑选；装入起爆体内的电雷管脚线长度应为 20～30cm，起爆体加工完后应重新测量电阻值；加工好的起爆体上应标明药包编号、雷管段别和电雷管起爆体装配电阻值。

（16）置于起爆体内的电雷管与连接线接头，应严密包扎，不应有药粉进入接头中，接头不应在搬运和连线时承受拉力。

（17）起爆体外壳宜用木箱或硬纸箱制成，其内装满经选择的优质炸药，每个起爆体炸药量不宜超过 20kg。

（18）应在起爆体（箱子端面）开口引出导线（管）和导爆索，并将其在开口处锁定，拉动导线和导爆索时箱内雷管不应受力。

（19）起爆雷管应与导爆索结、电线连接头紧密捆绑，且固定在木箱中央。

（20）起爆体包装应有防潮、防水措施。

（21）每个导洞口或小井口应设专门标志，标明以下内容：导洞或小井的编号、各药室的编号、设计炸药品种和数量、起爆体雷管段别。应有专人负责记录实际装入各药室的炸药品种、数量和起爆体雷管段别，与设计数量核对无误后，方可填卡、签字或盖章，交爆破工程技术人员或爆破工作负责人。爆破工程技术人员或爆破工作负责人，应随时检查、核实各洞室的装药量和起爆体雷管段别及其安放和连接是否正确。

（六）洞室爆破作业

（1）药室的装药作业，应由爆破员或由爆破员带领经过培训的人员进行。安装、连接起爆体的作业，应由爆破员进行，安装前应再次确认起爆体的雷管段别是否正确。

（2）洞室装药，应使用 36V 以下的低压电源照明，照明线路应绝缘良好，照明灯应设保护网，灯泡与炸药堆之间的水平距离不应小于 2m。装药人员离开洞室后，应将照明电源切断。装有电雷管的起爆药包或起爆体运入前，应切断一切电源，拆除一切金属导体，并应采用蓄电池灯、安全灯或绝缘手电筒照明。装药和填塞过程中不应使用明火照明。

（3）夜间装药，洞外可采用普通电洒、照明。照明灯应设保护网，线路应采用绝缘胶线，灯具和线路与炸药堆和洞口之间的水平距离应大于 20m。

（4）洞室内有水时，应进行排水或对非防水炸药采取防水措施。潮湿的洞室，不应散装非防水炸药。

（5）洞室装药应将炸药成袋（包）码放整齐，相互密贴，威力较低的炸药放在药室周边，威力较高的炸药放置在正、副起爆体和导爆索的周围，起爆体应按设计要求安放。

（6）用人力往导洞或小井口搬运炸药时，每人每次搬运量不应超过两箱（袋）；搬运时，走平路时人与人之间应保持 1m 以上的间距，上、下坡时应保持 5m 以上的间距；往洞室运送炸药时，不应与雷管混合运送；起爆体、起爆药包或已经接好的起爆雷管，应由爆破员携带运送。

（7）填塞工作开始前，应在导洞或小井口附近备足填塞材料。

（8）平洞填塞，应在导洞内壁上标明按设计规定的填塞位置和长度。

（9）填塞时，药室口和填塞段各端面应采用装有砂、碎石的编织袋堆砌，其顶部用袋料码砌填实不应留空隙。

（10）在有水的导洞和药室中填塞时，应在填塞段底部留一排水沟，并应随时注意填塞过程中的流水情况，防止排水沟堵塞。

（11）填塞时，应保护好从药室引出的起爆网路，保证起爆网路不受损坏。填塞完毕，应有专人负责进行验收。

（12）洞室爆破应采用复式起爆网路，装药连线时操作人员应佩戴标志，未经爆破工作领导人批准，一切人员严禁进入爆破现场。

（13）电力起爆网路的所有导线接头，均应按电工接线法连接，并确保其对外绝缘；

在潮湿有水的地区，应避免导线接头接触地面或浸泡在水中。

（14）电力起爆网路的导线不宜使用裸露导线和铝芯线。

（15）电力起爆网路洞内导线应用绝缘性能良好的铜芯线。

（16）洞室爆破时，所有穿过填塞段的导线、导爆索和导爆管，均应采取保护措施，以防填塞时损坏。非填塞段如有塌方或洞顶掉块的情况，还应对起爆网路采取保护措施。

（17）装入起爆体前、后，以及填塞过程中每填塞一段，均应进行电阻值检测；当发现电阻值有较大的变化时，应立即清查，排除故障后才可进行下一施工工序。

（18）敷设导爆索起爆网路时，不应使导爆索互相交叉或接近；否则，应用缓冲材料将其隔离，且相互间的距离不应少于10cm。

（19）每个起爆体的雷管数不应少于4发，起爆网路连接时应复核雷管段别。

（20）连接网路人员应持起爆网路图，按从后爆到先爆、先里后外的顺序连接；所有导爆管雷管与接力雷管，在接点部位应有明显段别标志；接头用胶布包紧，并不少于3层，然后再用绳扎紧。

（21）采用导爆管和导爆索混合起爆网路时，宜用双股导爆索连成环形起爆网路，导爆管与导爆索宜采用单股垂直连接。

（22）起爆网路应用电雷管或导爆管雷管引爆，不应用火雷管引爆；应在爆破工作领导人下达准备起爆命令后，方可向主起爆线上连接起爆雷管。

（23）电爆网路的连接应遵守以下规定：

1）起爆网路连接应有专人负责；网路连接人应持有网路示意图和历次检查各药室及支路电阻值的记录表，以便随时供爆破工程技术人员、爆破工作领导人查阅。

2）网路连接，应按从里到外（工作面到电源）的顺序进行。

3）电力起爆网路连接前，应检查各洞口引出线的电阻值，经检查确认合格后，方可与区域线连接；只有当各支路电阻均检查无误时，方可与主线连接。

4）电爆网路的主线应设中间开关。

5）指挥长（或爆破工作领导人）下达准备起爆命令前，电爆网路的主线不应与起爆器、电搋开关和电源线连接；电源的开关应设保护装置并直接由起爆站站长（或负责起爆的人员）监管。

（24）应在无关人员已全部撤离，爆破工作领导人下达准备起爆命令后，方可打开开关箱，并将主线接入电源线的开关上或起爆器的接线柱上。

（25）起爆网路检查与防护应遵守以下规定：

1）网路连好后，应由联网技术负责人进行检查，鉴别联网方式与段别等是否有误；确认无误后再进行防护。

2）起爆网路可用线槽或对开竹竿合扎进行防护，接头及交叉点用编织袋包裹好，悬挂在导洞上角；也可将起爆网路束紧后用编织袋作整体外包扎，安置在导洞下角的砂包上，上部再用砂包压实。

（七）洞室爆破后的检查

（1）是否完全起爆。洞室爆破发生盲炮的表征是：爆破效果与设计有较大差异；爆堆

形态和设计有较大的差别；现场发现残药和导爆索残段；爆堆中留有岩坎陡壁。

（2）有无危险边坡、不稳定爆堆、滚石和超范围塌陷。

（3）最敏感、最重要的保护对象是否安全。

（4）爆区附近有隧道、涵洞和地下采矿场时，应对这些部位进行毒气检查，在检查结果明确之前，应进行局部区域封锁。

（5）如果发现或怀疑有拒爆药包，应向指挥长汇报，由其组织有关人员作进一步检查；如果发现有其他不安全因素，应尽快采取措施进行处理；在上述情况下，不应发出解除警戒信号。

（八）水下岩塞爆破的规定

（1）应根据岩塞爆破产生的冲击波、涌水等对周围需保护的建（构）筑物的影响进行分析论证。

（2）岩塞厚度小于 10m 时，不宜采用洞室爆破法。

（3）导洞开挖应遵守以下规定：

1）每次循环进尺不应超过 0.5m，每孔装药量不应大于 150g，每段起爆药量不应超过 1.5kg；导洞的掘进方向朝向水体时，超前孔的深度不应小于炮孔深度的 3 倍。

2）应用电雷管或非电导爆管雷管远距离起爆。

3）引爆前所有人员均必须撤出隧洞。

4）离水最近的药室不应超挖，其余部位应严格控制超挖、欠挖。

5）每次爆破后应及时进行安全检查和测量，对不稳定围岩进行锚固处理，应在确认安全无误后，方可继续开挖。

（4）装药工作开始之前，应将距岩塞工作面 50m 范围内的所有电气设备和导电器材全部撤离。

（5）装药堵塞时照明应遵守以下规定：

1）药室洞内必须用绝缘手电照明，应由专人管理。

2）距岩塞工作面 50m 范围内，应用探照灯远距离照明。

3）距岩塞工作面 50m 以外的隧洞内，宜用常规照明。

（6）装药堵塞时应进行通风。

（7）电爆网路的主线，应采用防水性能好的胶套电缆，电缆通过堵塞段时，应采用可靠的保护措施。

六、土石方填筑安全注意事项

（1）土石方填筑应按施工组织设计进行施工，不应危及周围建筑物的结构或施工安全，不应危及相邻设备、设施的安全运行。

（2）填筑作业时，应注意保护相邻的平面、高程控制点，防止碰撞造成移位及下沉。

（3）夜间作业时，现场应有足够照明，在危险地段设置明显的警示标志和护栏。

（4）陆上填筑应遵守以下规定：

1）用于填筑的碾压、打夯设备，应按照厂家说明书规定操作和保养，操作者应持有效的上岗证件。进行碾压、打夯时应有专人负责指挥。

2）装载机、自卸车等机械作业现场应设专人指挥，作业范围内不应有人平土。

3）电动机械运行，应严格执行"三级配电、两级保护"和"一机、一闸、一漏、一箱"的要求。

4）人力打夯精神应集中，动作应一致。

5）基坑（槽）土方回填时，应先检查坑、槽壁的稳定情况，用小车卸土不应撒把，坑、槽边应设横木车挡。卸土时，坑槽内不应有人。

6）基坑（槽）的支撑，应根据已回填的高度，按施工组织设计要求依次拆除，不应提前拆除坑、槽内的支撑。

7）基础或管沟的混凝土、砂浆应达到一定的强度，当其不致受损坏时方可进行回填作业。

8）已完成的填土应将表面压实，且宜做成一定的坡度以利排水。

9）雨天不应进行填土作业。如需施工，应分段尽快完成，且宜采用碎石类土和砂土、石屑等填料。

10）基坑回填应分层对称，防止造成一侧压力不平衡，破坏基础或构筑物。

11）管沟回填，应从管道两边同时进行填筑井夯实。填料超过管顶0.5m厚时，方可用动力打夯，不宜用振动辗压实。

（5）水下填筑应遵守以下规定：

1）所有施工船舶航行、运输、驻位、停靠等应参照水下开挖中船舶相关操作规程的内容执行。

2）水下填筑应按设计要求和施工组织设计确定施工程序。

3）船上作业人员应穿救生衣、戴安全帽，并经水上作业安全技术培训。

4）为了保证抛填作业安全及抛填位置的准确率，宜选择在风力小于3级、浪高小于0.5m的风浪条件下进行作业。

5）水下基床填筑应遵守以下规定：

a. 定位船及抛石船的驻位方式，应根据基床宽度、抛石船尺度、风浪和水流确定，定位船参照所设岸标或浮标，通过锚泊系统预先泊位，并由专职安全管理人员及时检查锚泊系统的完好情况。

b. 采用装载机、挖掘机等机械在船上抛填时，宜采用400t以上的平板驳，抛填时为避免船舶倾斜过大，船上块石应在测量人员的指挥下，对称抛入水中。

c. 人工抛填时，应遵循由上至下，两侧块石对称抛投的原则抛投；严禁站在石堆下方，掏取石块，以免石堆坍塌造成事故。

d. 抛填时宜顺流抛填块石，且抛石和移船方向应与水流方向一致，避免块石抛在已抛部位而超高，增加水下整理工作量。

e. 有夯实要求的基床，其顶面应由潜水员作适当平整，为确保潜水员水下平整作业的安全，船上作业人员应服从潜水员和副手的统一指挥，补抛块石时，需通过透水的串筒抛投至潜水员指定的区域，严禁不通过串筒直接将块石抛入水中。

f. 潜水员在水下作业时，应处在已抛块石的顶部，面向水流方向按序进行水下基床整平作业。

g. 潜水员水下作业应严格遵守《潜水员水下用电安全操作规程》（GB 17869）。

h. 基床重锤夯实作业过程中，周围100m范围之内不应进行潜水作业。

i. 夯锤宜设计成低重心的扁式截头圆锥体，中间设置排水孔，选择铸钢链、卡环、连接环和转动环的能力时，安全系数宜取5～6，且4根铸钢链按3根进行受力计算。此外，吊钩应设有封钩装置，以防止脱钩。

j. 打夯操作手工作时，注意力要高度集中，严禁锤在自由落下的过程中紧急刹车。

k. 经常检查钢丝绳、吊臂等有无断丝、裂缝等异常情况，若有异常应及时采取措施进行处理。

6) 重力式码头沉箱内填料作业时应遵守以下规定：

a. 沉箱内填料，宜采用砂、卵石、渣石或块石。填料时应均匀抛填，各格舱壁两侧的高差宜控制在1m以内，以免造成沉箱倾斜、格舱壁开裂。

b. 为防止填料砸坏沉箱壁的顶部，在其顶部要覆盖型钢、木板或橡胶保护。

c. 沉箱码头的减压棱体（或后方回填土）应在箱内填料完成后进行。扶壁码头的扶壁若设有尾板，在填棱体时应防止石料进入尾板下而失去减小前趾压力的作用。抛填压脚棱体应防止其向坡脚滑移。

d. 为保证箱体回填时不受回填产生的挤压力而导致结构位移及失稳，减压棱体和倒滤层宜采用民船或方驳于水上进行抛填。对于沉箱码头，为提高抛填速度，可考虑从陆上运料于沉箱上抛填一部分。抛填前，发现基床和岸坡上有回淤和塌坡，应按设计要求进行清理。

e. 水下埋坡时，船上测量人员和吊机应配合潜水员，按"由高至低"的顺序进行埋坡作业。

七、施工支护安全注意事项

（1）施工支护前，应根据地质条件、结构断面尺寸、开挖工艺、围岩暴露时间等因素进行支护设计，制定详细的施工作业指导书，并向施工作业人员进行交底。

（2）施工人员作业前，应认真检查施工区的围岩稳定情况，需要时应进行安全处理。

（3）作业人员应根据施工作业指导书的要求，及时进行支护。

（4）开挖期间和每茬炮后，都应对支护进行检查维护。

（5）对不良地质地段的临时支护，应结合永久支护进行，即在不拆除或部分拆除临时支护的条件下，进行永久性支护。

（6）施工人员作业时，应佩戴防尘口罩、防护眼镜、防尘帽、安全帽、雨衣、雨裤、长筒胶靴和乳胶手套等劳保用品。

（7）锚喷支护应遵守以下规定：

1) 施工前，应通过现场试验或依工程类比法，确定合理的锚喷支护参数。

2) 锚喷作业的机械设备，应布置在围岩稳定或已经支护的安全地段。

3) 喷射机、注浆器等设备，应在使用前进行安全检查，必要时应在洞外进行密封性能和耐压试验，满足安全要求后方可使用。

4) 喷射作业面，应采取综合防尘措施降低粉尘浓度，采用湿喷混凝土。有条件时，可设置防尘水幕。

5) 岩石渗水较强的地段，喷射混凝土之前应设法把渗水集中排出。喷后应钻排水孔，

防止喷层脱落伤人。

6）凡锚杆孔的直径大于设计规定的数值时，不应安装锚杆。

7）锚喷工作结束后，应指定专人检查锚喷质量，若喷层厚度有脱落、变形等情况时，应及时处理。

8）砂浆锚杆灌注浆液时应遵守以下规定：

a. 作业前应检查注浆罐、输料管、注浆管是否完好。具体检查如下：

b. 注浆罐有效容积应不小于 $0.02m^3$，其耐力不应小于 $0.8MPa$（$8kg/cm^2$），使用前应进行耐压试验。

c. 作业开始（或中途停止时间超过 30min）时，应用水或 0.5～0.6 水灰比的纯水泥浆润滑注浆罐及其管路。

d. 注浆工作风压应逐渐升高。

e. 输料管应连接紧密、直放或大弧度拐弯不应有回折。

f. 注浆罐与注浆管的操作人员应相互配合，连续进行注浆作业，罐内储料应保持在罐体容积的 1/3 左右。

9）喷射机、注浆器、水箱、油泵等设备，应安装压力表，使用过程中如发现破损或失灵时，应立即更换。

10）施工期间应经常检查输料管、出料弯头、注浆管以及各种管路的连接部位，如发现磨薄、击穿或连接不牢等现象，应立即处理。

11）带式上料机及其他设备外露的转动和传动部分，应设置保护罩。

12）施工过程中进行机械故障处理时，应停机、断电、停风；在开机送风、送电之前应预先通知有关的作业人员。

13）作业区内严禁在喷头和注浆管前方站人；喷射作业的堵管处理，应尽量采用敲击法疏通，若采用高压风疏通时，风压不应大于 $0.4MPa$（$4kg/cm^2$），并将输料管放直，握紧喷头，喷头不应正对有人的方向。

14）当喷头（或注浆管）操作手与喷射机（或注浆器）操作人员不能直接联系时，应有可靠的联系手段。

15）顶应力锚索和锚杆的张拉设备应安装牢固，操作方法应符合有关规程的规定。正对锚杆或锚索孔的方向严禁站人。

16）高度较大的作业台架安装，应牢固可靠，设置栏杆；作业人员应系安全带。

17）竖井中的锚喷支护施工应遵守以下规定：

a. 采用溜筒运送喷混凝土的干混合料时，井口溜筒喇叭口周围应封闭严密。

b. 喷射机置于地面时，竖井内输料钢管宜用法兰连接，悬吊应垂直固定。

c. 采取措施防止机具、配件和锚杆等物件掉落伤人。

18）喷射机应密封良好，从喷射机排出的废气应进行妥善处理。

19）宜适当减少锚喷操作人员连续作业时间，定期进行健康体检。

（8）构架支撑包括木支撑、钢支撑、钢筋混凝土支撑及混合支撑，其架设应遵守以下规定：

1）采用木支撑的应严格检查木材质量。

2）支撑立柱应放在平整岩石面上，应挖柱窝。

3）支撑和围岩之间，应用木板、模块或小型混凝土预制块塞紧。

4）危险地段，支撑应跟进开挖作业面；必要时，可采取超前固结的施工方法。

5）预计难以拆除的支撑应采用钢支撑。

6）支撑拆除时应有可靠的安全措施。

7）支撑应经常检查，发现杆件破裂、倾斜、扭曲、变形及其他异常征兆时，应仔细分析原因，采取可靠措施进行处理。

第二节　模板工程安全技术

一、木模板施工安全技术

木模板施工时有以下基本规定：

（1）支、拆模板时，不应在同一垂直面内立体作业。无法避免立体作业时，应设置专项安全防护设施。

（2）高处、复杂结构模板的安装与拆除，应按施工组织设计要求进行，应有安全措施。

（3）上、下传送模板，应采用运输工具或用绳子系牢后升降，不应随意掷扔。

（4）模板的支撑，不应支撑在脚手架上。

（5）支模过程中，如需中途停歇，应将支撑、搭头、柱头板等连接牢固。拆模间歇时，应将已活动的模板、支撑等拆除运走并妥善放置，以防扶空、踏空导致事故。

（6）模板上如有预留孔（洞），安装完毕后应将孔（洞）口盖好。混凝土构筑物上的预留孔（洞），应在拆模后盖好孔（洞）口。

（7）模板拉条不应弯曲，拉条直径不小于14mm，拉条与锚环应焊接牢固；割除外露螺杆、钢筋头时，不应任其自由下落，应采取安全措施。

（8）混凝土浇筑过程中，应设专人负责检查、维护模板，发现变形走样，应立即调整、加固。

（9）拆模时的混凝土强度，应达到《水工混凝土施工规范》（SL 677—2014）所规定的强度。

（10）高处拆模时，应有专人指挥，并标出危险区；应实行安全警戒，暂停交通。

（11）拆除模板时，严禁操作人员站在正拆除的模板上。

（12）拆除高度在5m以上的模板时，宜搭设脚手架，并设操作平台，不得上、下在同一垂直面操作。

（13）拆除模板应用长撬棒，拆除拼装模板时，操作人员不应站在正在拆除的模板上。

（14）拆模时必须设置警戒区域，并派人监护。

（15）拆模操作人员应佩戴安全带、保险绳等双保险措施。安全带、保险绳不得系挂在正在拆除的模板上。

二、木模板加工厂（车间）

（1）车间厂房与原材料储堆之间应留不小于10m的安全距离。

（2）储堆之间应设有路宽不小于 3.5m 的消防车道，进出口畅通。

（3）车间内设备与设备之间、设备与墙壁等障碍物之间的距离不得小于 2m。

（4）设有水源可靠的消防栓，车间内配有适量的灭火器。

（5）场区入口、加工车间及重要部位应设有醒目的"严禁烟火"的警告标志。

（6）加工厂内配置不少于两台泡沫灭火器，0.5m³ 沙池，10m³ 水池和消防桶。消防器材不应挪作他用。

（7）木材烘干炉池建在指定位置，远离火源，并安排专人值班、监督。

三、木材加工机械安装运行

（1）每台设备均装有事故紧急停机单独开关，开关与设备的距离应不大于 5m，并设有明显的标志。

（2）刨车的两端应设有高度不低于 0.5m，宽度不少于轨道宽 2 倍的木质防护栏杆。

（3）应配备有锯片防护罩、排屑罩、皮带防护罩等安全防护装置，锯片防护罩底部与工件的间距不应大于 20mm，在机床停止工作时防护罩应全部遮盖住锯片。

（4）锯片后离齿 10～15mm 处安装齿形楔刀。

（5）电刨子的防护罩不得小于刨刀宽度。

（6）应配备足够供作业人员使用的防尘口罩和降噪耳塞。

四、钢模板施工安全技术

（1）钢模板安装与拆除应参照上述"木模板"支、拆的相关内容。

（2）对拉螺栓拧入螺帽的丝扣应有足够长度，两侧墙面模板上的对拉螺栓孔应平直相对，穿插螺栓时，不应斜拉硬顶。

（3）钢模板应边安装边找正，找正时不应用铁锤猛敲或撬棍硬撬。

（4）高处作业时，连接件应放在箱盒或工具袋中，严禁散放；扳手等工具应用绳索系挂在身上，以免掉落伤人。

（5）组合钢模板装拆时，上、下应有人接应，钢模板及配件应随装拆随转运，严禁从高处扔下。中途停歇时，应把活动件放置稳妥，防止坠落。

（6）散放的钢模板，应用箱架集装吊运，不应任意堆捆起吊。

（7）用铰链组装的定型钢模板，定位后应安装全部插销、顶撑等连接件。

（8）架设在钢模板、钢排架上的电线和使用的电动工具，应使用安全电压电源。

五、大模板施工安全技术

（一）大模板和预制构件的存放

（1）大模板和预制构件，应按施工组织设计的规定分区堆放，各区之间保持一定的距离。存放场地必须平整夯实，不得存放在松土和坑洼不平的地方。

（2）各种类型大模板，应按设计制造。每块大模板应设有操作平台、上下梯道、防护栏杆以及存放小型工具和螺栓的工具箱。出厂前应认真检查，必须符合安全要求。

（3）大模板存放，必须将地脚螺栓提上去，使自稳角成为 70°～80°，下部应垫通长方木。长期存放的大模板，应用拉杆连接绑牢。存放在楼层时，须在大模板横梁上挂钢丝绳或花篮螺栓，钩在楼板吊钩或墙体钢筋上。

（4）没有支撑或自稳角不足的大模板，要存放在专用的堆放架内或卧倒平放，不应靠在其他模板或构件上。

（5）外墙壁板、内隔墙板应放置在金属插放架内，下端垫通长方木，两端用木楔紧。插放架的高度应为构件高度的 2/3 以上，上面要搭设宽 30cm 的走道和上下梯道，便于挂钩。

（6）现场搭设插放架，立杆埋入地下 50cm，立杆中间要绑扎剪刀撑，上下水平拉杆、支撑和方垫木必须绑扎成整体，稳定牢固。

（7）靠放架一般宜采用金属材料制作，使用前要认真检查和验收。内外墙板靠放时，下端必须压在与靠放架相连的垫木上，只允许靠放同一规格型号的墙板，两面靠放应平稳，吊装时严禁从中间抽吊，防止倾倒。

（二）大模板安装和拆除

（1）安装和拆除大模板，吊车司机与安装人员应经常检查索具，密切配合，做到稳起、稳落、稳就位，防止大模板大幅度摆动，碰撞其他物体，造成倒塌事故。

（2）大模板安装和拆除时，应先内后外对号就位。单项模板就位后，用钢筋三角支架插入板面螺栓眼上支撑牢固。双面模板就位后，用拉杆和螺栓固定。未就位固定前不得摘钩。

（3）吊装大模板时，如有防止脱钩装置，可吊运同一房间的两块，但禁止隔着墙同时吊运一面一块。

（4）有平台的大模板起吊时，平台上禁止存放任何物体。里外角模和临时摘、挂的板面与大模板必须连接牢固，防止脱开和断裂坠落。

（5）分开浇灌纵横墙混凝土时，可在两道横墙的模板平台上搭设临时走道或其他安全措施。禁止操作人员在外墙上行走。

（6）拆模板应拆穿墙螺栓和铁件等，并使模板面与墙面脱离，方可慢速起吊。

（7）清扫模板和刷隔离剂时，必须将模板支撑牢固，两板中间保持不少于 60cm 的走道。

（8）大模板放置时，下面不得压有电线和气焊管线。采用电热法养护混凝土时，必须将模板串联并与避雷网接通，防止漏电。

（三）内外墙板、大楼板预制构件安装

（1）各种预制构件安装必须按施工顺序对号就位，应保持垂直稳起。就位后，立即将构件的拉杆和支撑焊牢或锚固，方可摘钩。禁止站在外墙板边沿探身推拉钩件。

（2）从插放架起吊墙板应用卡环卡牢，垂直稳起，墙板必须超过障碍物允许高度方可回转臂杆。

（3）上、下层壁板就位后，应将预留钢筋立即焊牢，禁止下层壁板未焊牢前安装上层构件。

（4）分流水段施工，流水段端头的外墙板，一侧与横墙连接，另一侧必须用铁管和带有花篮螺栓的钢丝绳，把外墙板与楼板临时拉牢，直到与下一流水段钢筋套环串好加固后方可拆掉。

（5）墙板就位固定后不得撬动，需要撬动调整时，应重新挂钩。墙板安装过程中，禁

止拆移支撑和拉杆。

（6）外墙为砖砌体，内墙浇灌混凝土前，必须将外墙加固，防止墙体外涨。在拆除时，禁止把加固材料悬挂在墙体上和直接下扔。

（7）阳台板安装就位必须逐层支设临时支柱，连续支顶不得少于三层，并应与墙体拉结牢固。阳台板预留的拉结筋与圈梁钢筋应及时焊接。

（8）阳台栏板和楼梯栏杆，应随楼层安装，如不能及时安装，必须在外侧搭设防护栏杆。

（9）预制构件就位焊接牢固后，应立即将吊环割掉，防止绊脚。

六、滑动模板施工安全技术

（1）滑升机具和操作平台，应按照施工设计的要求进行安装。平台四周应有防护栏杆和安全网。

（2）操作平台应设置消防、通信和供人上、下的设施，雷雨季节应设置避雷装置。

（3）操作平台上的施工荷载应均匀对称，严禁超载。

（4）操作平台上所设的洞孔，应有标志明显的活动盖板。

（5）施工电梯，应安装柔性安全卡、限位开关等安全装置，并规定上、下联络信号。

（6）施工电梯与操作平台衔接处，应设安全跳板，跳板应设扶手或栏杆。

（7）滑升过程中，应每班检查并调整水平、垂直偏差，防止平台扭转和水平位移。应遵守设计规定的滑升速度与脱模时间。

（8）模板拆除应均匀对称，拆下的模板、设备应用绳索吊运至指定地点。

（9）电源配电箱，应设在操纵控制台附近，所有电气装置均应接地。

（10）冬季施工采用蒸汽养护时，蒸汽管路应有安全隔离设施。暖棚内禁止明火取暖。

（11）液压系统如出现泄露时，应停车检修。

（12）滑模安装使用应符合以下规定：

1）滑模卷扬机必须通过安全计算设置安全配重。

2）操作平台的宽度不宜小于0.8m，临空边缘设置防护栏杆，下部悬挂水平防护宽度不小于2m的安全网，操作平台上所设的孔洞，应有标志明显的活动盖板。

3）操作平台应设有联络通信信号装置和供人员上、下的设施。

4）提升人员或物料的简易罐笼与操作平台衔接处，应设有宽度不小于0.8m的安全跳板，跳板应设扶手或钢防护栏杆。

5）独立建筑物滑模在雷雨季节施工时，应设有避雷装置，接地电阻不宜大于10Ω。

七、钢模台车施工安全技术

（1）钢模台车的各层应设有宽度不小于0.5m的操作平台，平台外围应设有钢防护栏杆和挡脚板，上、下爬梯应有扶手，垂直爬梯应加设护圈。

（2）钢模台车运行的轨道必须采用膨胀螺栓或插筋固定。

（3）钢模台车行走时，必须在前后15m的范围外设置安全警示带，禁止行人通行，并挂"台车行走工作，禁止施工车辆、非工作人员通行"的标示牌。

八、模板工程施工安全注意事项

（1）进入施工现场人员必须戴好安全帽，高空作业人员必须佩带安全带，并应系牢。

（2）经医生检查认为不适宜高空作业的人员，不得进行高空作业。

（3）工作前应先检查使用的工具是否牢固，扳手等工具必须用绳链系挂在身上，钉子必须放在工具袋内，以免掉落伤人。工作时要思想集中，防止钉子伤脚和空中滑落。

（4）安装与拆除5m以上的模板，应搭脚手架，并设防护栏杆，防止上、下在同一垂直面操作。

（5）高空、复杂结构模板的安装与拆除，事先应有扎实的安全措施。

（6）遇6级以上的大风时，应暂停室外的高空作业，雪雨后应先清扫施工现场，略干不滑时再进行工作。

（7）两人抬运模板时要互相配合，协同工作。传递模板应用运输工具或绳子系牢后升降，不得乱抛。组合钢模板装拆时，上、下应有人接应。钢模板及配件应随装拆随运送。

（8）不得在脚手架上堆放大批模板等材料。

（9）支撑、牵杠等不得搭在门窗框和脚手架上。通道中间的斜撑、拉杆等应设在1.8m高以上。

（10）支模过程中，如需中途停歇，应将支撑、搭头、柱头等钉牢。拆模间歇时，应将已活动的模板、牵杠、支撑等运走或妥善堆放，防止因踏空、扶空而坠落。

（11）模板上有预留洞者，应在安装后将洞口盖好，混凝土板上的预留洞，应在模板拆除后即将洞口盖好。

（12）拆除模板一般用长撬棒，人不许站在正在拆除的模板上，在拆除楼板模板时，要注意整块模板掉下，尤其是用定型模板做平台模板时，更要注意，拆模人员要站在门窗洞口外拉支撑，防止模板突然全部掉落伤人。

（13）在组合钢模板上架设的电线和使用的电动工具，应用36V低压电源或采取其他有效的安全措施。

（14）装、拆模板时禁止使用2×4″木材、钢模板作立人板。

（15）高空作业要搭设脚手架或操作台，上、下要使用梯子，不许站立在墙上工作；不准站在大梁底模上行走。操作人员严禁穿硬底鞋作业。

（16）装拆模板时，作业人员要站立在安全地点进行操作，防止上、下在同一垂直面工作；操作人员要主动避让吊物，增强自我保护和相互保护的安全意识。

（17）拆模必须一次性拆清，不得留下无撑模板。拆下模板要及时清理，堆放整齐。

（18）拆除平台底模时，不得一次将顶撑全部拆除，应分批拆下顶撑，然后按顺序拆下搁栅、底模，以免发生模板在自重荷载下一次性大面积脱落。

（19）在模板垂直运输时，吊点必须符合扎重要求，以防坠落伤人。模板顶撑排列必须符合施工荷载要求，尤其遇地下室吊装，地下室顶模板、支撑还另需考虑大型机械行动因素，每平方米支撑数，必须根据载荷要求。拆模时，临时脚手架必须牢固，不得用拆下的模板作脚手板。脚手板必须牢固平整，不得有空心板，以防踏空坠落。混凝土板上的预留孔，应在施工组织设计时就做好技术交底（预设钢筋网架），以免操作人员从孔中坠落。

（20）封柱子模板时，不准从顶部往下套。

第三节　混凝土工程安全技术

一、混凝土拌合系统安装与运行安全技术

混凝土拌合系统一般由拌合楼、胶凝材料储运系统、骨料储运系统、外加剂系统、空压机系统、制冷系统等组成，将骨料、胶凝材料及外加剂等按照规定配合比拌制成混凝土。混凝土拌合系统工艺简图见图 8-1。

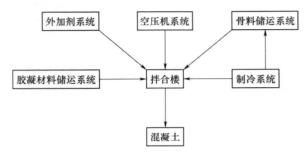

图 8-1　混凝土拌合系统工艺简图

（一）制冷机械设备安装运行

（1）压力容器需经国家专业部门检验合格。

（2）设备、管道、阀门、容器密封良好，无滴、冒、跑、漏现象。

（3）装有检验合格的安全阀并定期进行校验。

（4）机械设备的传动、转动等裸露部位，设带有网孔的钢防护罩，孔径不大于 5mm。

（5）电气绝缘可靠，接地电阻不大于 4Ω。

（6）装有性能良好、可靠的泄压、排污装置。

（二）拌合站（楼）的布设

（1）场地应平整，基础稳固、坚实。

（2）应设有人员行走通道和车辆装停倒车场地。

（3）各层之间应设有钢扶梯或通道。

（4）各平台的边缘设有防护栏杆或墙体。

（5）拌合机械设备周围应设有宽度不小于 0.6m 的巡视检查通道。

（6）拌合机械设备的传动、转动部位应设有网孔尺寸不大于 10mm×10mm 的钢防护罩。

（7）应设有合格的避雷装置和系统消防设施或足够的消防器材并保持良好有效，楼内严禁存放易燃易爆物品，严禁明火取暖。

（8）电力线路应绝缘良好，不应使用裸线；电气接地、接零应良好，接地电阻不大于 4Ω。

（三）拌合站（楼）安装运行

（1）压力容器、安全阀、压力表等应经专业部门检验合格并定期进行校验，不应有漏风、漏气现象。

（2）各操作岗位之间应设有准确的音响、灯光等操作联系和指示信号。

（3）开动拌合系统前，应对离合器、制动器、倾倒机构进行检查，发现问题及时处理。

（4）拌合机的加料斗升起时，严禁任何人在料斗下通过停留。工作完毕后应将料斗

锁好。

（5）拌合机运转时，严禁将工具伸入搅拌筒内，严禁向旋转部位加油，严禁进行清扫、检修等工作。

（6）检修时，应切断相应的电源、气和油路，并悬挂"有人工作、严禁合闸"的标示牌。进入搅拌筒内工作时，应将其固定，同时外面应有专人监护。

（7）拌合系统临时停电或停工时，应拉闸、上锁，并安排专人值守。

（8）机械、电气设备不应带"病"相超负荷运行。

（9）在料仓或外部高处检修时，应遵守高处作业安全操作规程的有关规定。

（四）拌合站（楼）防尘、除尘、降噪装置

（1）设有独立的隔音、防尘操作（控制）室，运行时操作室内的粉尘平均浓度不大于 $2mg/m^3$，噪声值不大于 85dB（A）。

（2）水泥、粉煤灰的输送进料、配料装置密封良好，无泄漏。

（3）进料、配料、拌和等除尘装置有效，作业粉尘浓度符合要求。

（4）操作人员配有防尘口罩、防噪耳塞（罩）。

（五）水泥和粉煤灰库、罐储存运行

（1）水泥、粉煤灰罐体、管道、阀门应严密，不泄漏。

（2）水泥、粉煤灰罐顶部应设置不小于顶部面积 1/2 的平台，平台周围设置高度不低于 1.2m 的栏杆，顶部平台至地面建筑物、道路设施之间应设置枝桥、扶梯和钢防护栏杆，找桥应进行专门设计。

（3）水泥、粉煤灰罐内应设有破拱装置和从上至下的爬梯。

（4）水泥库的袋装水泥拆包时，应设置有效的除尘装置。

（5）应配有供作业人员使用的防尘口罩等防护用品。

（六）制冷车间

（1）车间应为基础稳固、轻型屋面的独立建筑物。

（2）门窗应向外开，墙的上、下部应设有气窗，通风良好。

（3）设备与设备、设备与墙之间的距离不应小于 1.5m，设有巡视检查通道并保持畅通。

（4）车间设备（设施）多层布置时，应设有上、下连接的通道或扶梯。

（5）应配有足够有效的消防器材、专用防毒面具和急救药物，并设有人员应急清洗装置。

二、混凝土生产与浇筑安全技术

（一）混凝土生产安全技术

1. 混凝土配料

（1）作业前，应检查所使用的工具牢固可靠。

（2）作业前应校正磅秤，根据混凝土配料单定好磅秤。

（3）使用机械推送砂石料时，应有专人指挥，卸料口应设相应的挡坎或警戒线。

（4）料堆上不得站人。

（5）地弄、料口、料斗、磅秤等发生故障时，应立即停止作业进行处理。

（6）料口、秤料口下料应匀速，非作业人员不应停留。

（7）带式输送机运料作业时，应遵守带式输送机运行安全操作规程，并应经常清扫撒落的砂石料。

（8）应定期检查地垄、拌合机台架等建筑的结构稳定情况，发现问题及时处理。

2. 混凝土拌合

（1）混凝土搅拌应符合下列要求：

1）拌合机工应经过专业培训，并经考试合格后方可上岗操作。

2）拌合机安装应牢固，机身应平稳，确保安全才可使用。

3）拌合机的齿轮及皮带盘等传动部分，应设置防护罩，电动机应接地良好。

4）作业前，应进行空车运转，检查拌合机的运转方向和各部件工作应正常，检查操作部分应灵活，并应加清水使拌合筒内壁湿润。

5）作业前，应检查传动离合器、制动器、气泵等灵活可靠，钢丝绳应无断丝受损。

6）在机械运转中，严禁用铁锹、木棒等物伸入拌合机内。

7）拌合机的运转部分，应定期加润滑油进行保养。

8）应经常检查拌合机的运行转数，其转数应和规定的转数一致。

9）每次拌合量不应超过机械铭牌规定的允许范围。

10）作业结束后，应对拌合机进行清洗，然后切断电源。

（2）混凝土拌合机安全技术。

1）拌合机应安置在坚实的地方，用支架或支脚筒架稳，不得以轮胎代替支撑。

2）外露的齿轮、链轮等转动部位应设防护装置，电动机应接地良好。

3）开动拌合机前，应检查离合器、制动器、钢丝绳、倾倒机构是否良好。搅拌筒应用清水冲洗干净，不得有异物。

4）在作业期间，操作人员不应私自离开工作岗位，不应随意让其他人员代替自己操作。

5）拌合机的机房、平台、梯道、栏杆应牢固可靠，机房内应配备吸尘装置。

6）拌合机的加料斗升起时，严禁任何人在料斗下通过或停留。工作完毕后应将料斗锁好，并检查一切保护装置。

7）检查保护装置。

8）运转时，严禁将工具伸入搅拌筒内；不得向旋转部位加油；不得进行清扫、检修等工作。

9）未经上级主管部门的允许，严禁拉闸、合闸和进行电气维修。

10）现场检修时，应固定好料斗，切断电源。进入搅拌筒工作时，外面应有人监护。

（3）混凝土拌合楼（站）安全技术。

1）混凝土拌合楼（站）机械转动部位的防护设施，应在每班前进行检查。

2）电气设备和线路应绝缘良好，电动机应接地。临时停电或停工时，应拉闸、上锁。

3）压力容器应定期进行压力试验，不应有漏风、漏水、漏气等现象。

4）楼梯和挑出的平台，应设安全护栏；马道板应加强维护，不应出现腐烂、缺损。

（二）混凝土浇筑安全技术

1. 混凝土平仓振捣

（1）浇混凝土前，应全面检查仓内排架、支撑、拉条、模板及平台、漏斗、溜筒等是否安全可靠。

（2）仓内脚手架、支撑、钢筋、拉条、埋设件等不应随意拆除、撬动，如果需要拆除、撬动时，应经施工负责人同意。

（3）平台上所预留的下料孔，不用时应封盖。平台除出入口外，四周均应设置栏杆和挡脚板。

（4）仓内人员上、下应设靠梯，不应从模板或钢筋往上攀登。

（5）吊罐卸料时，仓内人员应注意避开，不应在吊罐正下方停留或工作。接近下料位置时，应减慢吊罐下降速度。

（6）人工平仓时，作业人员动作应协调一致，使用的铁锹和拉绳应牢固。

（7）机械平仓时，操作人员应经专业培训合格后上岗作业，作业前应检查设备，确认完好后再进行作业。平仓时应安排专人指挥和监护，与模板应保持相应的安全距离。

（8）浇筑较高或特殊仓面时，不应随意更改和调整拉杆及支撑的位置。

（9）浇筑无板框架结构梁柱混凝土时，应搭设临时脚手架、作业平台，并设防护栏杆，不应站在模板上或支撑上操作。

（10）浇筑梁板时，应搭设临时浇筑平台，不应乱踩钢筋，并防止钢筋钩挂。

（11）浇筑圈梁、挑檐、阳台、雨罩等混凝土时，外部应设安全网或其他防护措施。

（12）浇筑拱形结构，应自两边拱脚处对称下料振捣。

（13）凡现支模板浇筑混凝土时，应派专人查看承重支撑杆件，发现异常时，应立即停止浇筑，撤离人员应采取措施处理。

（14）平仓振捣时，仓内作业人员思想应集中，应互相关照。浇筑高仓位时，应防止工具和混凝土骨料掉落仓外，更不应将大石块抛向仓外，以免伤人。

（15）吊运平仓机、振捣臂、仓面吊等大型机械设备时，应检查吊索、吊具、吊耳是否完好，吊索角度是否正当。

（16）冬季仓内用火盆保温时，应明确专人管理，谨防失火。

（17）下料溜筒被混凝土堵塞时，应停止下料，立即处理。处理时不应直接在溜筒上攀登。

（18）电气设备的安装、拆除或在运转过程中的故障处理，均应由电工进行。

2. 混凝土振捣器的使用

（1）电动插入式振捣器使用应遵守以下规定：

1）操作人员应经过必要的用电安全教育，作业人员应穿绝缘鞋（胶鞋）、戴绝缘手套。

2）使用振捣器前，应经电工检验确认安全后方可使用，开关箱内应装设触漏电保护器，插座插头应完好无损，电源线不应破皮漏电。

3）电缆线应满足操作所需的长度，电缆线上不应堆压物品和让车辆碾轧，不应用电缆线拖拉或吊挂振动器。

4）使用前应检查各部件并确认连接牢固，旋转方向正确。

5）振捣器不应在初凝的混凝土、地板、脚手架和干硬的地面上进行试振。在检修或作业间断时应断开电源。

6）作业时，振捣棒软管的弯曲半径不应小于50cm，操作时，应将振捣棒垂直地沉入混凝土，不应用力硬插、斜推或让钢筋夹住棒头，也不应全部插入混凝土中，插入深度不应超过棒长的3/4，不宜触及钢筋、芯管、预埋件和模板。

7）振捣棒软管不得出现断裂，当软管使用过久长度增加时，应及时修复或更换。

8）作业停止需移动振捣器时，应先关闭电动机，再切断电源，不应用软管拖拉电机。

9）作业完毕应将电机（含变频机组）软管振捣棒清理干净，并应按规定要求进行保养作业。振捣器存放时不应堆压软管，应平直放好，并应对电机（含变频机组）采取防潮措施。

（2）风动插入式振捣器应遵守以下规定：

1）使用风动振捣器前，应先检查风管及接头，风管接头应牢固，风管本身应无破损，如有问题应及时处理；风管中的水分，应事先吹净；风压应满足要求。

2）接上振捣器，应拧紧丝套，再将开关慢慢打开，使振捣器转动起来。振捣器使用间断时，应及时关上风门。

3）使用振捣器时，振捣棒不得插入过深，应防止振捣器与岩石、钢筋、模板、预埋件等碰撞。

（3）附着式、平板式振捣器应遵守以下规定：

1）附着式、平板式振捣器轴承不应承受轴向力，在使用时电动机应保持水平状态。

2）在一个模板上同时使用多个附着式振捣器时，各振捣器的频率应保持一致，相对面的振捣器应错开安装。

3）安装时，振捣器底板安装螺孔的位置应准确，应防止底脚螺栓安装扭斜而使机壳受损，底脚螺栓应紧固，各螺栓孔的紧固程度应一致。

4）作业前，应对附着式振捣器进行检查和试振，试振不应在干硬或硬质物体上进行。

5）使用时，引出电缆线不应拉得过紧，更不应断裂。作业时应随时观察电器设备的漏电保护器和接地或接零装置并确认合格。

6）附着式振捣器安装在混凝土模板上时，每次振动时间不应超过1min，当混凝土在模内泛浆流动或成水平状时即可停振，不应在混凝土初凝状态时再振。

7）装置振动器的构件模板应坚固牢靠，其面积应与振捣器额定振动面积适应。

8）平板式振捣器作业时，应使平板与混凝土保持接触，使振波有效地振实混凝土，待表面泛浆，不再下沉后，即可缓慢向前移动，移动速度应能保证混凝土振实出浆。在振的振捣器，不应搁置在已凝或初凝的混凝土上。

（三）水下混凝土安全技术

（1）在浇筑水下混凝土过程中，必须采取防止导管进水和阻塞、埋管、坍孔的措施；一旦发生上述情况，应判明原因，改进操作，并及时处理。坍孔严重时必须立即停止浇筑混凝土，提出导管和钢筋骨架，并按技术要求回填。

（2）提升导管的设备能力应能克服导管和导管内混凝土的自重与导管埋入部分内外壁

与混凝土之间的粘接阻力，并有一定的安全储备；导管埋入混凝土的深度应符合技术规定。

（3）吊装导管、混凝土应采用起重机进行，现场作业应符合以下要求：

1）吊装时，吊臂、吊钩运行范围内严禁人员进入；吊装中严禁超载。

2）作业场地应平整、坚实，地面承载力不能满足起重机作业要求时，必须对地基进行加固处理，并经验收确认合格。

3）吊装作业必须设信号工指挥；指挥人员必须检查吊索具、环境等状况，确认安全。

4）现场配合吊运的全体作业人员应站立于安全的地方，待吊钩和所吊运的材料离就位点距离 50cm 时方可靠近作业，严禁位于起重机臂下。

5）构件吊装就位，必须待构件稳固后，作业人员方可离开现场。

6）吊运作业前应划定作业区，设护栏和安全标志，严禁非作业人员入内。

7）作业前施工技术人员应了解现场环境、电力和通信等架空线路、附近建（构）筑物等状况，选择适宜的起重机，并确定对吊装影响范围的架空线、建（构）筑物采取了挪移或保护措施。

8）现场及其附近有电力架空线路时应设专人监护。

9）吊装中遇地基沉陷、机体倾斜、吊具损坏或吊装困难等状况时，必须立即停止作业，待处理并确认安全后方可继续作业；正式起吊前应先试吊，确认正常后方可正式起吊。

10）浇筑混凝土作业必须由作业组长指挥；浇筑前作业组长应检查各项准备工作，确认合格后，方可发布浇筑混凝土的指令。

11）架设漏斗的平台应根据施工荷载、台高和风力经施工设计确定，搭设完成，经验收合格形成文件后，方可使用。

12）水下混凝土必须连续浇筑，不得中断；水下混凝土浇筑过程中，溢出的泥浆应引流至规定地点，不得随意漫流；浇筑水下混凝土结束后，顶混凝土低于现状地面时，应设护栏和安全标志。

13）浇筑水下混凝土漏斗的设置高度应依据孔径、孔深、导管内径等确定；浇筑水下混凝土的导管宜采用起重机吊装，就位后必须临时固定牢固方可摘钩。

（四）碾压混凝土安全技术

（1）碾压混凝土铺筑前，应全面检查仓内排架、支撑、拉条、模板等是否安全可靠。

（2）自卸汽车入仓时，入仓口道路宽度、纵坡、横坡以及转弯半径应符合所选车型的性能要求。洗车平台应做专门的设计，应满足有关的安全规定。自卸汽车在仓内行使时，车速应控制在 5km/h 以内。

（3）真空溜管入仓时，应遵守以下规定：

1）真空溜管应做专门的设计，包括受料斗、下料口、溜管管身、出料口以及各部分的支撑结构，并应满足有关的安全规定。

2）支撑结构应与边坡锚杆焊接牢靠，不得采用铅丝绑扎。

3）出料口应设置垂直向下的弯头，以防碾压混凝土料飞溅伤人。

4）真空溜管盖带破损修补或者更换时，应遵守高处作业的安全规定。

（4）皮带机入仓时应遵守有关规定。

（5）采用核子水分/密度仪进行无损检测时，应遵守以下规定：

1）操作者在操作前应接受有关核子水分/密度仪安全知识的培训和训练，只有合格者方可进行操作。应给操作者配备防护铅衣、裤、鞋、帽、手套等防护用品。操作者应在胸前佩戴胶片计量仪，每1～2月更换一次。胶片计量仪一旦显示操作者达到或超过了允许的辐射值，应立即停止操作。

2）严禁操作者将核子水分/密度仪放在自己的膝部，不得企图以任何方式修理放射源，不得无故暴露放射源，不得触动放射源，操作时不得用手触摸带有放射源的杆头等部位。

3）应派专人负责保管核子水分/密度仪，并应设立专台档案。每隔半年应把仪器送有关单位进行核泄露情况检测，仪器储存处应牢固地张贴"放射性仪器"的警示标志。

4）一旦核子水分/密度仪受到破坏，或者发生放射性泄露，应立即让周围的人离开，并远离出事场所，直到核专家将现场清除干净。

5）一旦核子水分/密度仪被盗或被损坏，应及时报告公安部门、制造厂家或者代理商，以便妥善处理。

（6）卸料与摊铺。

1）仓号内应派专人指挥、协调各类施工设备。指挥人员应采用红、白旗和口哨发出指令。应由施工经验丰富、熟悉各类机械性能的人员担当指挥人员。

2）采用自卸卡车直接进仓卸料时，宜采用退铺法依次卸料；应防止在卸料过程中溜车，应使车辆保证一定的安全距离。自卸车在起大箱时，应保证车辆平稳并观察有无障碍后，方可卸车。卸完料，大箱应落回原位后，方可起架行驶。

3）采用吊罐入仓时，卸料高度不宜大于1.5m，并应遵守吊罐入仓的安全规定。

4）搅拌车运送入仓时，仓内车速应控制在5km/h以内，距离临空面应有一定的安全距离，卸料时不得用手触摸旋转中的搅拌筒和随动轮。

5）多台平仓机在同一作业面作业时，前后两机相距不应小于8m，左右相距应大于1.5m。两台平仓机并排平仓时，两平仓机刀片之间应保持20～30cm的间距。平仓前进应以相同速度直线行驶；后退时，应分先后，防止互相碰撞。

6）平仓机上、下坡时，其爬行坡度不得大于20°；在横坡上作业，横坡坡度不得大于10°；下坡时，宜采用后退下行，严禁空挡滑行，必要时可放下刀片作辅助制动。

（7）碾压。

1）振动碾机型的选择，应考虑碾压效率、起振力、滚筒尺寸、振动频率、振幅、行走速度、维护要求和运行的可靠性与安全性。建筑物的周边部位，应采用小型振动碾压实。

2）振动碾的行走速度应控制在1.0～1.5km/h以内。

3）应在振动碾前后、左右无障碍物和人员时才能启动。

4）变换振动碾前进或者后退方向应待滚轮停止后进行。不得利用换向离合器作制动用。

5）两台以上振动碾同时作业时，其前后间距不得小于3m；在坡道上纵队行驶时，其

间距不得小于 20m。上坡时变速应在制动后进行，下坡时不得脱挡滑行。

6）起振和停振应在振动碾行走时进行；在老混凝土面上行走，不得振动；换向离合器、起振离合器和制动器的调整，应在主离合器脱开后进行，不得在急转弯时用快速挡；不得在尚未起振情况下调节振动频率。

（8）养护。

1）养护过程中，碾压混凝土的仓面采用柱塞泵喷雾器等设备保持湿润，应遵守这些喷雾设备的相关安全技术规定；应对电线和各种带电设备采用防水措施进行保护。

2）其他养护参照有关规定执行。

（五）沥青混凝土安全技术

1. 面板、心墙施工安全技术

（1）乳化（稀释）沥青加工采用易挥发性溶剂时，宜将熔化的沥青以细流状缓缓加入溶剂中，沥青温度控制在 100℃左右，防止溅出伤人，并应特别注意防火。

（2）沥青洒布机作业应遵守如下规定：

1）工作前应将洒布机车轮固定，检查高压胶管与喷油管连接是否牢固，油嘴和节门是否畅通，机件有无损坏。检查确认完好后，再将喷油管预热，安装喷头，经过在油箱内试喷后，方可正式喷洒。

2）装载热沥青的油桶应坚固，不应漏油，其装油量应低于桶口 10cm。向洒布机油箱注油时，油桶应靠稳，在油箱口缓慢向下倒油，不应猛倒。

3）喷洒沥青时，手握的喷油管部分应加缠旧麻袋或石棉绳等隔热材料。操作时，喷头严禁向上。喷头附近不应站人，不应逆风操作。

4）压油时，速度应均匀，不应突然加快。喷油中断时，应将喷头放在洒布机油箱内，固定好喷管，不应滑动。

5）移动洒布机，油箱中的沥青不应过满。

6）喷洒沥青时，如发现喷头堵塞或其他故障，应立即关闭阀门，等修理完好后再行作业。

（3）沥青混凝土运输。

1）采用自卸汽车运输时，大箱卸料口应加挡板（运输时挡板应拴牢），顶部应盖防雨布；运输道路应满足施工组织设计的要求；在社会公共道路上行驶时，驾驶员应熟悉运行区域内的工作环境，严禁酒后、超速、超载及疲劳驾驶车辆。

2）斜坡运输，宜采用专用斜坡喂料车；当斜坡长度较短或者工程规模较小时，可由摊铺机直接运料；或者用缆索等机械运输。但均应遵守相应机械设备的安全技术规定。

3）少量部位采用人工运料时，应穿防滑鞋，坡面应设防滑梯。

4）斜坡上沥青混凝土面板施工应设置安全绳或其他防滑措施。施工机械由坝顶下放至斜坡时，应有安全措施，并建立安全制度。对牵引机械（可移式卷扬台车、卷扬机等）和钢丝绳、刹车等，应经常检查、维修。卷扬机应锚碇牢靠，防止倾翻。

（4）沥青混合料摊铺。

1）应自下至上进行摊铺。

2）驾驶台及作业现场应视野开阔，清除一切有碍工作的障碍物。作业时无关人员不

应在驾驶台上逗留。驾驶员不应擅离岗位。

3）运料车向摊铺机卸料时，应协调动作，同步行进，防止互撞。

4）换挡应在摊铺机完全停止时进行，不应强行挂挡，不应在坡道上换挡或空挡滑行。

5）熨平板预热时，应控制热量，防止因局部过热而变形。加热过程中，应有专人看管。

6）驾驶力求平稳，熨平装置的端头与障碍物边缘的间距不应小于 10cm，以免发生碰撞。

7）用柴油清洗摊铺机时，不应接近明火。

8）沥青混合料宜采用汽车配保温料罐运输，由起重机吊运卸入模板内或者由摊铺机自身的起重机吊运卸入摊铺机内。应严格遵守起重机的安全技术规定。

9）由起重机吊运卸入模板内的沥青混凝土，应由人工摊铺整平，应有防高温、防烫伤措施。

10）在已压实的心墙上继续铺筑前，应采用压缩空气喷吹清除（风压 0.3～0.4MPa），清理干净结合面时，应严格遵守空压机的安全技术规定。如喷吹不能完全清除，可用红外线加热器烘烤玷污面，使其软化后铲除。应遵守红外线加热器的安全技术规定。

11）采用红外线加热器加热，沥青混凝土表面温度低于 70℃ 时，应遵守红外线加热器的安全技术规定。采用火滚或烙铁加热时，应使用绝热或隔热手把操作，并应戴手套以防烫伤，不应在火滚滚筒上面踩踏。滚筒内的炉灰不应外泄，工作完毕后炉灰应用水浇灭再运往弃渣场。

（5）沥青混凝土碾压。

1）不应在振动碾没有熄火、下无支垫三角木的情况下，进行机下检修。

2）振动碾应停放在平坦、坚实并对交通及施工作业无妨碍的地方。停放在坡道上时，前后轮应置垫三角木。

3）振动碾前后轮的刮板，应保持平整良好。碾轮刷油或洒水的人员应与司机密切配合，应跟在碾轮行走的后方。

4）多台振动碾同时在一个工作面作业时，前后左右应保持一定的安全距离，以免发生碰撞。

5）振动碾碾压时，应上行时振动，下行时不振动。

6）机械由坝顶下放至斜坡时，应有安全措施，并建立安全制度。对牵引机械和钢丝绳刹车等，应经常检查、维修。

7）各种施工机械和电器设备，均应按有关安全操作规程操作和养护维修。

（6）拆模。心墙钢模宜采用机械拆模，采用人工拆除时，作业人员应有防高温、防烫伤、防毒气的安全防护装置。钢模拆除出后应将表面黏附物清除干净，用柴油清洗时，不应接近明火。

2. 现浇式沥青混凝土施工安全技术

（1）现浇式沥青混凝土的浇筑宜采用钢模板施工，模板的制作与架设应牢固、可靠。

（2）应采用汽车配保温料罐运输沥青混凝土，由起重机吊运卸入模板内。应严格按照

保温料罐入仓和起重机吊运的安全技术规定进行操作。

（3）现浇式沥青混凝土的浇筑温度应控制在140~160℃。应由低到高依次浇筑，边浇筑边采用插针式捣固器捣实。仓内作业人员应有"三防"措施。

3. 沥青混凝土路面施工安全技术

沥青洒布车作业应遵守以下规定：

（1）检查机械、洒布装置及防护、防火设备是否齐全有效。

（2）采用固定式喷灯向沥青箱的火管加热时，应先打开沥青箱上的烟囱口，并在液态沥青淹没火管后，方可点燃喷灯。加热喷灯的火焰过大或扩散蔓延时应立即关闭喷灯，待多余的燃油烧尽后再行使用。喷灯使用前，应先封闭吸油管及进料口，手提喷灯点燃后不应接近易燃品。

（3）满载沥青的洒布车应中速行驶。遇有弯道、下坡时应提前减速，避免紧急制动。行驶时不应使用加热系统。

（4）驾驶员与机上操作人员应密切配合，操作人员应注意自身的安全。作业时在喷洒沥青方向10m以内不应有人停留。

（5）沥青洒布机作业、摊铺机作业、振动碾压作业安全技术要求参照上述"三、面板、心墙施工安全技术"相关内容。

4. 房屋建筑沥青施工安全技术

（1）房屋建筑屋面板的沥青混凝土施工，属于高空作业，应遵守高处作业的规定。

（2）高处作业、屋面的边沿和预留孔洞应设置安全防护装置。

（3）屋面板沥青混凝土采用人工摊铺、刮平，用火滚滚压时，作业人员应使用绝热或隔热手把进行操作，并戴好手套、口罩，穿好防护衣、防护鞋，

（4）在坡度较大的屋面运油，应穿防滑鞋，设置防滑梯清扫屋面上的砂粒。油桶下设桶垫，应放置平稳。

（5）运输设备及工具应牢固，竖直提升时，平台的周边应有防护栏杆。提升时应拉牵引绳，防止油桶晃动，吊运时油桶下方10m半径范围内严禁站人。

（6）配置、储存和涂刷冷底子油的地点严禁烟火，严禁30m以内进行电焊气焊等明火作业。

（六）混凝土季节施工安全技术

1. 混凝土雨季施工

（1）混凝土施工应尽量避免在雨天进行。大雨和暴雨天不得浇筑混凝土，新浇混凝土应覆盖，以防雨水冲刷。防水混凝土严禁雨天施工。

（2）雨季施工，在浇筑混凝土时，可根据实际情况调整坍落度。

（3）雨季期间应随时测定砂、石含水率，及时调整混凝土配合比，严格控制水灰比。雨天浇筑混凝土应减小坍落度，必要时可将混凝土标号提高半级或一级。

（4）雨季施工时，应保证现场运输道路的畅通。经常打扫路面，清除积水。

（5）雨季施工现场应有可靠的排水设施，雨季来临前，应对原有的排水系统进行检查、疏浚、修补、加固，必要时增加排水设施。

（6）有关物资存放仓库要有防潮设施。

（7）雨季施工到来之前，应对每个配电箱、用电设备进行一次检查，都必须采取相应的防雨措施，防止短路造成起火事故。

2. 混凝土夏季施工

（1）高温季节露天作业宜搭设休息凉棚，供应清凉饮料，现场应有中暑急救措施。施工生产应避开高温时段或采取降温措施。

（2）夏季施工应采取防暴雨、防雷击、防大风等措施。沿海地带施工应制定预防台风侵袭的应急预案。

（3）大风来临之前，应对脚手架进行加固处理，尽量增加与结构的连接点；大风过后检查脚手架立杆支撑是否松动，以便及时整改。

（4）混凝土浇筑应尽量避开高温时间段，另外混凝土搅拌站要定期测定砂、石的含水率，及时调整混凝土配合比。高温天气对混凝土用湿草包覆盖养护，浇水次数适当增加，用草包保持湿润。夏季施工要加强混凝土的养护，砌筑砂浆在规定时间用完。

3. 混凝土冬季施工

昼夜平均气温低于5℃或最低气温低于−3℃时，应编制冬季施工作业计划，并应制定防寒、防毒、防滑、防冻、防火、防爆等安全措施。

（1）进行蒸气法施工时，应有防护烫伤措施，所有管路应有防冻措施。

（2）对分段浇筑的混凝土进行电气加热时，其未浇筑混凝土的钢筋与已加热部分相联系时应作接地，进行养护浇水时应切断电源。

（3）采用电热法施工，应指定电工参加操作，非有关人员严禁在电热区操作。工作人员应使用绝缘防护用品。

（4）电热法加热，现场周围均应设立有警示标志和防护栏杆，并有良好照明及信号。加热的线路应保证绝缘良好。

（5）如采用暖棚法时，暖棚宜采用不易燃烧的材料搭设，并应制定防火措施，配备相应的消防器材，并加强防火安全检查。

三、混凝土运输安全技术

（一）混凝土水平运输安全技术

1. 用汽车运送混凝土

（1）运输道路应满足施工组织设计要求。

（2）不应超载、超速、酒后及疲劳驾车，应谨慎驾驶，应熟悉运行区域内的工作环境。

（3）不应在陡坡上停放，需要临时停车时，应打好车塞，驾驶员不应远离车辆。

（4）驾驶室内不应乘坐无关的人员。

（5）搅拌车装完料后严禁料斗反转，斜坡路面满足不了车辆平衡时，不应卸料。

（6）装卸混凝土的地点，应有统一的联系和指挥信号。

（7）车辆直接入仓卸料时，卸料点应有挡坎，应防止在卸料过程中溜车，应有安全距离。

（8）自卸车应保证车辆平稳、观察有无障碍后，方可卸车；卸料大箱落回原位后，方可起架行驶。

（9）自卸车卸料不干净时，作业人员不应爬上未落回原位的车厢上进行处理。

（10）夜间行车，应适当减速，并应打开灯光信号。

2. 采用轨道运输方式、使用机车牵引装运混凝土

（1）机车司机必须经过专门的技术培训，并经过考试合格后方可驾驶。

（2）装卸混凝土时应听从信号员的指挥，运行途中应按沿途标志操作运行。信号不清、路况不明时，应停止行驶。

（3）通过桥梁、道岔、弯道、交叉路口、复线段会车和进站时应加强瞭望，不应超速行驶。

（4）在栈桥上限速行驶，栈桥的轨道端部应设信号标志和车挡等挡车装置。

（5）两辆机车在同一轨道上同向行驶时，均应加强瞭望，特别是位于后面的机车应随时准备采取制动措施，行驶时两车相距不得小于 60m；两车同用一个道岔时，应等对方车辆驶出并解除警示后或驶离道岔 15m 以外双方不致碰撞时，方可驶进道岔。

（6）交通频繁的道口，应设专人看守道口两侧，应设移动式落地栏杆等装置防护，危险地段应悬挂"危险"或"禁止通行"警示标志，夜间应设红灯示警。

（7）机车和调度之间应有可靠的通信联络，轨道应定期进行检查。

（8）机车通过隧洞前，应鸣笛警示。

3. 混凝土泵输送入仓

（1）混凝土泵应设置在场地平整、坚实、具有重型车辆行走条件的地方，应有足够的场地保证混凝土供料车的卸料与回车。

（2）混凝土泵的作业范围内，不应有障碍物、高压电线，应有高处作业的防范措施。

（3）安置混凝土泵车时，应将其支腿安全伸出，并插好安全栓。软弱场地应在支腿下垫枕木，以防止混凝土泵的移动或倾翻。

（4）混凝土输送泵管架设应稳固，泵管出料口不应直接正对模板，泵头宜接软管或弯头。应按照混凝土泵使用安全规定进行全面检查，符合要求后方能运转。

（5）溜槽、溜管给泵卸料时应有信号联系，垂直运输设备给泵卸料时宜设卸料平台，不得采用混凝土蓄能罐直接给料。卸料应均匀，卸料速度应与泵输出速度相匹配。

（6）设备运行人员应遵守混凝土泵安全操作规程，供料过程中泵不应回转，进料网不应拆卸，不得将棉纱、塑料等杂物混入进料口，不得用手清理混凝土或堵塞物。混凝土输送管道应定期检查（特别是弯管和锥形管等部位的磨损情况），以防爆管。

（7）当混凝土泵出现压力升高且不稳定，油温升高、输送管有明显振动等现象，致使泵送困难时，应立即停止运行，并采取措施排除。检修混凝土泵时，应切断电源并有人监护。

（8）混凝土泵运行结束后，应将混凝土泵和输送管清洗干净。在排除堵塞物、重新泵送或清洗混凝土泵前，混凝土泵的出口应朝安全方向，以防堵塞物或废浆高速飞出。

4. 塔（顶）带机入仓

（1）塔带机和皮带机输送系统基础应做专门的设计。

（2）塔带机的运行、操作与维修人员，须经专门技术培训，了解塔（顶）带机构造性能，熟悉操作方法、保养规程和起重作业信号规则，具有相当熟练的操作技能，经考试合

格后，方可独立操作，严禁无证上岗。

（3）报话指挥人员，应熟悉起重安全知识和混凝土浇筑、布料的基本知识。做到指挥果断，吐词清晰，语言规范。

（4）机上应配备相应的灭火器材，工作人员应会正确地检查和使用。当发现火情时，应立即切断电源，用适当的灭火器材灭火。

（5）机上禁止使用明火。检修须焊、割时，周围应无可燃物，并有专人监护。

（6）塔带机运行时，与相邻机械设备、建筑物及其他设施之间应有足够的安全距离，无法保证时应采取安全措施。司机应谨慎操作，接近障碍物前减速运行，指挥人员应严密监视。

（7）当作业区的风速有可能连续 10min 达 14m/s 左右，或大雾、大雪、雷雨时，应暂停布料作业，将皮带机上混凝土卸空，并转至顺风方向。当风速大于 20m/s 时，暂停进行布料和起重作业，并应将大臂和皮带机转至顺风方向，把外布料机置于支架上。

（8）应依照维护保养周期表，做好定期润滑、清理、检查及调试工作。

（9）严禁在运转过程中，对各转动部位进行检修或清理工作。

（10）在塔机工况下进行起重作业时，应遵守起重作业的安全操作规程。

（11）塔带机和皮带机输送系统各主要部位作业人员，不得缺岗。

（12）开机前，应检查设备的状况以及人员到岗等情况。如果正常，应按铃 5s 以上警示后才能开机。停机前，应把受料斗、皮带上混凝土卸完，并清洗干净。

5. 胎带机入仓

（1）设备放置位置应稳定、安全，支撑应牢固、可靠。

（2）驾驶、运行、操作与维修人员，须经技术培训，了解本机构造性能，熟悉驾驶规定、操作方法、保养规程和作业信号规则，具有相当熟练的操作技能，经考核合格后，方可操作，严禁无证上岗。

（3）设备从一个地点转移到另一个地点，折叠部分和滑动部分应放回原位，并定位锁紧。不应超速行驶。

（4）在胎带机支腿撑开之前，胎带机应处于"行走状态"（伸缩臂和配重臂都缩回）。

（5）在伸展配重臂和伸缩臂之前，应撑开承力支腿。

（6）胎带机输送机的各部分应与电源保持一定的距离。

（7）伸缩式皮带机和给料皮带机不应同时启动，辅助动力电动机和发动机不应同时启动，以免发电机过载。

（8）胎带机各部位回转或运行时，应有人监护、指挥。

（9）应避免皮带重载启动。皮带启动前应按铃 5s 以上示警。

（10）一旦有危险征兆出现（包括雷、电、暴雨等），应即刻中断胎带机的运行。正常停机前，应把受料斗内、皮带上混凝土卸完，并清洗干净。

6. 布料机入仓

（1）布料机布置位置应平整，基础应牢固，安装、运行时应遵守该设备的安全操作技术规程。

（2）布料机覆盖范围内应无障碍物、高压线等危险源的影响。

（3）布料机的操作控制柜（台）应布置在布料机附近的安全位置，电缆摆放应规范、整齐。

（4）布料机下料时，振捣人员应离下料处一定距离。待布料机旋转离开后，方可振捣混凝土。

（5）布料机在伸缩或在旋转过程中，应有专人负责指挥。皮带机正下方不得有人活动，以免皮带机上掉下的骨料伤人。

（二）混凝土垂直运输安全技术

1. 无轨移动式起重机（轮胎式、履带式）

（1）操作人员应身体健康，无精神病、高血压、心脏病等疾病。

（2）操作人员应经过专业技术培训，经考试合格后持证上岗，熟悉所操作设备的机械性能及相关要求，遵守无轨移动式起重机的安全操作规程。

（3）轮胎式起重机应配备上盘、下盘司机各1名。

（4）应保证起重机内部各零件、总成的完整，如有丢失应补全或恢复。

（5）起重机上配备的变幅指示器、重量限制器和各种行程限位开关等安全保护装置不应随意拆封，不应以安全装置代替操作机构进行停车。

（6）起重机吊运混凝土时，司机不应从事与操作无关的事情或闲谈。

（7）夜间浇筑时，机上及工作地点应有充足的照明。

（8）遇上6级以上大风或雷雨、大雾天气，应停止作业。

（9）轮胎式起重机在公路上行驶时，应执行汽车的行驶规定。

（10）轮胎式起重机进入作业现场，应检查作业区域和周围的环境。应放置在作业点附近平坦、坚实的地面上，支腿应用垫木垫实。作业过程中不应调整支腿。

（11）变幅应平稳，不应猛起臂杆。臂杆可变倾角不应超过制造厂家的安全规定值；如无规定时，最大倾角不应超过78°。

（12）应定期检查起吊钢丝绳及吊钩的状况，如果损坏或磨损严重，应及时更换。

2. 轨道式（固定式）起重机（门座式、门架式、塔式、桥式）

（1）轨道式（固定式）起重机轨道基础应做专门的设计，并应满足相应型号设备的安全技术要求。轨道两端应设置限位装置，距轨道两端3m外应设置碰撞装置。轨道坡度不应超过1/1500，轨距偏差和同一断面的轨面高差均不应大于轨距的1/1500，每个季度应采用仪器检查一次。轨道应有良好的接地，接地电阻不应大于10Ω。

（2）司机应身体健康，经检查合格，证明无心脏病、高血压、精神不正常等疾病，并具备高空作业的身体条件。须经专门技术训练，了解机械设备的构造性能，熟悉操作方法、保养规程和起重工作的信号规则，具有相当熟练的操作技能，并经考试合格后，持证方可操作。

（3）新机安装、搬迁以及修复后投入运转时，应按规定进行试运转，经检查合格后方可正式使用。

（4）起重机不应吊运人员及易燃易爆等危险物品。

（5）起吊物件的重量不应超过本机的额定起重量，严禁斜吊、拉吊和起吊埋在地下或与地面冻结以及被其他重物卡压的物件。

（6）变幅指示器应灵活、准确。

（7）当气温低于零下15℃或遇雷雨大雾和6级以上大风时，不应作业。大风前，吊钩应升至最高位置，臂杆落至最大幅度并转至顺风方向，锁住回转制动踏板，台车行走轮应采用防爬器卡紧。

（8）机上严禁用明火取暖，用油料清洗零件时不应吸烟。废油及擦拭材料不应随意泼洒。

（9）机上应配置合格的灭火装置。电气失火时，应立即切断有关电源，应用绝缘灭火器进行灭火。

（10）各电气安全保护装置应处于完好状态。高压开关柜前应铺设橡胶绝缘板。电气部分发生故障，应由专职电工进行检修，维修使用的工作灯电压应在36V以下。各保险丝（片）的额定容量不应超过规定值，不应任意加大，不应用其他金属丝（片）代替。

（11）夜间工作，机上及作业区域应有足够的照明，臂杆及竖塔顶部应有警戒信号灯。

（12）司机饮酒后以及非本机司机均严禁登机操作。

（13）设备安装各个结构部分的螺栓扭紧力矩应达到设备规定的要求。焊缝外观及无损检测应满足规范要求。塔机的连接销轴应安装到位并装上开口销。

（14）司机应听从指挥员（信号员）指挥，得到信号后方可操作。操作前应鸣号，发现停车信号（包括非指挥人员发出的停车信号）应立即停车。

（15）设备应配置备用电源或其他的应急供电方式，以防起重机在浇筑过程中突然断电而导致吊罐停留在空中。

（16）两台臂架式起重机同时运行时，应有专门人员负责协调，以免臂杆相碰。

（17）设备安装完毕后应每隔2～3年重新刷漆保护一次，以防金属结构锈蚀破坏。

（18）各设备的运行区域应遵守所在施工现场的安全管理规定及其他安全要求。

3．缆机（平多式、辐射式、摆塔式）

（1）缆机轨道基础应做专门的设计，并应满足相应型号设备的安全技术要求。轨道两端应设置限位器。

（2）司机应经过专门技术培训，熟悉掌握操作技能，熟悉本机性能、构造和机械、电气、液压的基本原理及维修要求，经考试合格，取得起重机械操作证，持证上岗。

（3）工作时应精力集中，听从指挥。不应擅离岗位，不应从事与工作无关的事情，不应用机上通信设备进行与施工无关的通话。

（4）严禁酒后或精神、情绪不正常的人员上机工作。

（5）严禁从高处向下丢抛工具或其他物品，不应将油料泼洒在塔架、平台及机房地面上。高空作业时，应将工具系牢，以免坠落。

（6）机上的各种安全保护装置，应配置齐全并保持完好，如有缺损，应及时补齐、修复。否则，不应投入运行。

（7）应定期作好缆机的润滑、检查及调试、保养工作。

（8）司机应与地面指挥人员协同配合，听从指挥人员信号。但对于指挥人员违反安全操作规程和可能引起危险事故的信号及多人指挥，司机应拒绝执行。

（9）起吊重物时，应垂直提升，严禁倾斜拖拉。

（10）严禁超载起吊和起吊埋在地下的重物，不应采用安全保护装置来达到停车的目的。

（11）不应在被吊重物的下部或侧面另外吊挂物件。

（12）夜间照明不足或看不清吊物或指挥信号不清的情况下，不应起吊重物。

4. 吊罐入仓

（1）使用吊罐前，应对钢丝绳、平衡梁（横担）、吊锤（立罐）、吊耳（卧罐）、吊环等起重部件进行检查，如有破损，严禁使用。

（2）吊罐的起吊、提升、转向、下降和就位，应听从指挥。指挥人员应由受过训练的熟练工人担任，指挥人员应持证上岗。指挥信号应明确、准确、清晰。

（3）起吊前，指挥人员应得到两侧挂罐人员的明确信号，才能指挥起吊；起吊时应慢速，并应吊离地面 30～50cm 时进行检查，在确认稳妥可靠后，方可继续提升或转向。

（4）吊罐吊至仓面，下落到一定高度时，应减慢下降、转向，并避免紧急刹车，以免晃荡撞击人体。应防止吊罐撞击模板、支撑、拉条和预埋件等。吊罐停稳后，人员方可上罐卸料，卸料人员卸料前应先挂好安全带。

（5）吊罐卸完混凝土，应立即关好斗门，并将吊罐外部附着的骨料、砂浆等清除后，方可吊离。摘钩吊罐放回平板车时，应缓慢下降，对准并旋转平衡后方可摘钩；对于不摘钩吊罐放回时，挡壁上应设置防撞弹性装置，并应及时清除搁罐平台上的积渣，以确保罐的平稳。

（6）吊罐正下方严禁站人。吊罐在空间摇晃时，不应扶拉。吊罐在仓内就位时，不应斜拉硬推。

（7）应定期检查、维修吊罐，立罐门的托辊轴承、卧罐的齿轮，应定期加油润滑。罐门把手、震动器固定螺栓应定期检查紧固，防止松脱坠落伤人。

（8）当混凝土在吊罐内初凝，不能用于浇筑时，可采用翻罐方式处理废料，但应采取可靠的安全措施，并由带班人在场监护，以防发生意外。

（9）吊罐装运混凝土，严禁混凝土超出罐顶，以防坍落伤人。

（10）气动罐、蓄能罐卸料弧门拉绳不宜过长，并应在每次装完料、起吊前整理整齐，以免吊运途中挂上其他物件而导致弧门打开、引起事故。严禁罐下串吊其他物件。

5. 溜槽（桶）入舱

（1）溜槽搭设应稳固可靠，架子应满足安全要求，使用前应经技术与安全部门验收。溜槽旁应搭设巡查、清理人员的行走马道与护栏。

（2）溜槽坡度最大不宜超过 60°，超过 60°时应在溜槽上加设防护罩（盖），以防骨料飞溅。

（3）溜桶使用前，应逐一检查溜桶、挂钩的状况。磨损严重时，应及时更换，溜筒宜采用钢丝绳、铅丝或麻绳连接牢固。

（4）用溜槽浇筑混凝土，每罐料下料开始前，在得到同意下料信号后方可下料。溜槽下部人员应与下料点有一定的安全距离，以避免骨料滚落伤人。溜槽使用过程中，溜槽底部不应站人。

（5）下料溜筒被混凝土堵塞时，应停止下料，及时处理。处理时应在专设爬梯上进

行，不应在溜筒上攀爬。

（6）搅拌车下料应均匀，自卸车下料应有受料斗，卸料口应有控制设施。垂直运输设备下料时不应使用蓄能罐，应采用人工控制罐供料，卸料处宜有卸料平台。

（7）北方地区冬季，不宜使用溜槽（桶）方式入仓。

第四节　安装工程安全技术

一、施工用具及专用工具安全技术

施工用具及专用工具是指水利水电工程永久性或建设用的塔式起重机、门座起重机、缆索起重机、桥式起重机、门式起重机及升船机等及其专用工具（电动工具、起吊工具等）。

（一）一般规定

（1）起重机的强度、刚性、稳定性，结构件材料的抗脆性破坏的要求，结构件在腐蚀性工作环境下的最小尺寸，抗倾覆稳定性及防风抗滑安全性能等，应满足《起重机设计规范》（GB/T 3811—2008）、《塔式起重机设计规范》（GB/T 13752—1992）的规定。

（2）起重机制造商所提供的产品应在其资质的核准范围内；起重机制造商应对所提供产品的质量和安全技术性能负责。

（3）起重机制造商应按照 GB/T 3811—2008、GB 60671—2010 的规定向用户提供起重机的使用维护说明文件。起重机操作手册应符合 GB/T 17909.1—1999 的规定，起重机维护手册应符合 GB/T 18453.1—2001 的规定。

（二）气候环境条件

（1）起重机的使用维护说明文件如果没有明确的规定，则其工作环境的气候环境条件应满足：

1）工作环境温度为 $-20\sim+40℃$。

2）露天工作的起重机所允许的最大风压或风速应满足表 8-1 的规定。

表 8-1　　　　　　　　露天工作的起重机所允许的最大风压或最大风速

起重机的用途及使用区域		工作状态		非工作状态	
		风压/($N \cdot m^{-2}$)	风速/($m \cdot s^{-1}$)	风压/($N \cdot m^{-2}$)	风速/($m \cdot s^{-1}$)
一般用途的起重机	内陆	150	15.6	500	28.3
	沿海	250	20.2	600	31.0
起吊水闸或水库溢洪道工作门或事故门的专用起重机	内陆	400	25.5	800	35.8
	沿海	600	31.3	1200	43.8

注　1. 本表中的风速为空旷地区离地 10m 高的阵风风速，即 3s 时距的平均瞬时风速。工作状态的阵风风速，其取值为 10min 时距平均风速的 1.5 倍；非工作状态的阵风风速，其取值为 10min 时距平均风速的 1.4 倍。

　　2. 在非工作状态风载下，起重机应采取抗风防滑措施；当风载超过本表规定时，起重机应采取锚固抗风措施。

3）周围空气温度在 $+40℃$ 时，其相对湿度不超过 50%，在较低温度下相对湿度可以提高（例如在 $+20℃$ 时提高为 90%），但应预防因温度变化可能偶然发生的凝露。周围空气温度在不超过 $+25℃$ 时，其相对湿度允许短时高达 100%。

（2）起重机移地安装使用，当安装使用地点的海拔超过 1000m 时，应根据当地气象资料提供的环境温度对起重机的起重能力、各电动机容量及电气设备作出校核修正，并由起重机制造商负责确认。

二、金属结构制作与安装安全技术

（一）生产场地

（1）生产场地应按产品制造工艺流程划分作业区，并应设有明显的区域标识和隔离带，如原材料堆放区、下料区、单件组装区、部件组装区、焊接区、总拼区、半成品、成品区等。

（2）车间内主通道宽度不应小于 2m，各作业区间应有安全通道，其宽度不应小于 1m，两侧应用宽 80mm 的黄色油漆标明，通道内不应堆放物品。

（3）架空设置的设备平台、人行道及高空作业的安全走道的底板应为防滑钢板，临边应设置带有挡脚板等钢防护栏杆。

（4）车间及作业区照明应充足，架空的通道、地面主要安全通道、进出口、楼梯口等处宜设置自动应急灯。

（5）露天作业场的布置应根据场地交通及起吊设备能力进行设计布局，以确保大件产品的吊装及装卸运输。

（6）各作业区应有明显标识，其周围严禁堆放杂物。

（7）露天场地应有合理的地面排水系统和通畅的运输道路网，为施工创造好的环境。

（8）施工场地除布置通用照明外，作业部位还应设置照度足够的临时工作照明。

（二）施工设施

（1）机械设备、电气盘柜和其他危险部位应悬挂安全指示标志和安全操作规程。

（2）车间及厂区内应布置接地网，各种用电设备、电气盘柜、钢板铺设的平台的接地或接零装置应与地面可靠连用。接地电阻不应大于 4Ω，保护零线的重复撞地电阻不应大于 10Ω。

（3）电焊机等施工设备应合理布置，并应有专用平台。平台的高度离地面不应小于 300mm，并应有可靠的防雨措施。

（4）电焊机、加热设备应采用强立电源并装有漏电保护器。设备外壳应有可靠的接地和接零保护。

（5）施工时地面设置的临时地锚、挡桩、支墩等在施工结束后应及时清除。

（三）钢闸门制作

1. 钢闸门

钢闸门下料应符合以下要求：

（1）钢板吊运时宜采用平吊，严禁采用厚板卡子吊薄板或厚板卡子中加垫板吊薄板，严禁超负荷使用吊具。

（2）下料应采用专用切割平台。当采用栅格式切割平台时，固定栅条的卡板应与平台骨架焊牢。地面切割时其割嘴应离地面 0.2m 以上。

（3）使用氧、乙炔等气体下料应遵守 SL 398—2007 的有关安全规定。使用平板机、油压机、剪板机、冲剪机、刨边机等机械设备进行下料、加工、矫正等工序作业时，应遵

守相关机械设备安全操作规程。

（4）铆工、焊工、切割工在切割后使用扁铲、角向磨光机进行清理打磨时应佩戴防护眼镜，严禁使用受潮或有裂纹的砂轮片。进行等离子切割时操作人员还应佩戴防护面罩。

（5）加热后的材料应定点存放，搬动前应做滴水试验，待冷却后，方可用手搬动。

（6）零件下料后应按区域要求分类码放整齐并标识。切割后留下边角余料应集中放置，不应随意摆放。

（7）用地炉加工热工件时，应注意周围有无电线或易燃物品，熄灭地炉时，浇水前应将风门打开，熄灭后应仔细检查。

2. 钢闸门组装焊接

钢闸门组装焊接应符合以下要求：

（1）大小锤、平锤、冲子及其他承受锤击的工具顶部严禁淬火，应无毛刺及伤痕，锤把应无裂纹。

（2）零部件吊装就位时，起重指挥信号应明确，起重吊具应根据工件大小、重量正确选择和使用。

（3）工件就位时各工种应协调配合，统一指挥。手脚不应探入组合面内。工件在没有可靠固定前，在其可能倾倒覆盖范围内严禁进行与之无关的其他作业。

（4）工件就位临时固定应采用定位挡板、倒链等，找正后应及时进行加固点焊；需进行焊接预热的焊缝，点固焊时也应进行预热。

（5）打大锤时，严禁戴手套，锤头运动前后方严禁站人。

（6）箱梁及空间较小的构件内焊接时应采取通风措施，使用行灯照明，当构件内部温度超过40℃时，应进行轮换作业或采取其他保护措施，并应设专人监护。

（7）电焊工因空间较小，必须跪姿或卧姿进行施焊时，所使用的铺垫应为干燥的木板或其他绝缘材料。

（8）使用砂轮机、角向磨光机、风铲等工具进行打磨、清理的操作人员应佩戴平光防护眼镜。

3. 钢闸门总拼装

钢闸门总拼装应符合以下规定：

（1）总拼装应编制技术方案、安全技术措施，并应经有关部门审批后方可实施。

（2）脚手架搭设方案应由技术部门设计、审批，经有关部门验收后方可使用，作业平台应铺设完整并可靠固定，护栏应符合安全标准。

（3）排架作业面及行走通道应清理干净，作业人员严禁穿硬底鞋。

（4）作业使用的千斤顶、楔子板、大锤、扳手等工器具应放置妥当，千斤顶严禁叠摞使用。严禁空中投掷传递工具等物。

（5）交叉作业时，应设置安全有效的隔离措施。

（6）氧气、乙炔气等燃气瓶安全间距应大于5m，水平距离火源点不应小于10m。乙炔气瓶应立置，冬季及夏季施工气瓶应有防冻、防晒措施。

（7）起重人员在起吊构件时应保证构件重心与吊钩在同一垂线上。

（8）拆除作业一般应按照拼装流程的倒序进行作业；对于难度大、危险性大的拆除作

业应制定专项拆除方案和安全技术措施，并应经审批后方可施工。

（四）平面闸门安装

1. 平面闸门现场拼装与安装

（1）闸门安装前，应对门槽埋件进行复测，并应对可能影响闸门启闭的障碍物进行全面清除。

（2）闸门拼装的支承梁应牢固可靠。临时加固件或缆风绳应固定在专门埋设件上。

（3）闸门拼装作业应符合下列规定：

1）闸门起吊前，应将闸门区格内、边梁筋板等处的杂物清扫干净。

2）闸门翻身，宜采取抬吊方式，在没有采取可靠措施时，严禁单车翻身。闸门立放时，应采取可靠防倾翻措施。

3）吊装作业时，重物下面不应有人，只有当部件接近接合面时才可用手扶正。

4）闸门吊装过程中，门叶上严禁站人。闸门入槽下落时，作业人员严禁站在门槽底槛范围内或在下面穿行。

5）严禁在已吊起的构件设备上从事施工作业。未采取稳定措施前，严禁在已竖立的闸门上徒手攀登。

6）所吊构件没有落放平稳和采取加固措施前，不应随意摘除吊钩。

7）多台千斤顶同时工作时，其轴心载荷作用线方向应一致。

8）采用简易起重运输，应根据现场实际情况，制定可靠的安全技术方案，并执行《水利水电工程施工通用安全技术规范》（SL 398—2007）的相关规定。

（4）闸门起吊前，应在确认起重机吊钩与闸门可靠连接并初步受力后，方可拆除临时支撑和缆风绳。

（5）使用启闭机起吊闸门入槽时，吊钩或抓梁轴销应穿到位。

（6）闸门拼装完成后，应及时清理拼装场地。

（7）闸门入槽时，作业人员严禁在底槛附近逗留或穿行，临时悬挂的作业和检查用爬梯、活动平台应牢固可靠。

2. 水封与附件安装

（1）水封现场粘接作业应按照说明书和作业指导书进行施工，使用模具对接头处固定和加热时，应采取防止烫伤和灼伤的保护措施。

（2）水封接头清洗或粘接用的化学易燃物品，应注意妥善保存，严禁随地泼洒。作业时应远离火源。

（3）水封螺栓孔加工，作业时应将水封可靠固定，并在下部垫上木板加以保护，严禁用手脚对钻孔部位进行定位固定。

（4）水封装配时，应使用结实的麻绳捆绑牢固。

（5）滑块等附件吊装，应使用带螺栓固定的吊具，不应直接使用绳具捆绑。

（6）滑块、平压阀座等附件就位时，严禁将手伸进组合面或轴孔内。

（五）弧形闸门安装

弧形闸门安装应参照"平面闸门"安装的相关规定，并符合支铰座与支臂、门叶与附件等的安装要求。

1．支铰座与支臂安装

（1）安装前，对安装临时悬空作业用的悬挑式钢平台、起吊钢梁以及滑车组及钢丝绳等应进行刚度、强度校核，并应经主管技术部门批准，检查验收合格后，方可交付使用。

（2）设计固定铰座锚栓架作业平台时，应考虑土建作业荷载平台下悬挂安全网，平台四周设防护栏杆。

（3）吊装固定铰座时，作业人员应在铰座基本靠近锚固螺栓时，才可进入作业部位。调整用的千斤顶应拴挂安全绳。

（4）应在固定铰座上穿入螺栓，并将四角的四个螺帽紧固后才能摘除吊钩。

（5）活动、固定铰座孔内壁的错位测量，应在两铰座静止状态下进行，严禁调整过程中用手探摸。

（6）支臂、铰座连接螺栓紧固，应按照设计图纸和说明书，遵照施工程序逐步进行，紧固力矩应符合设计要求。

（7）支臂吊装前，宜将相互连接的纵向杆件先吊入，卧放于下支臂梁格内，且应可靠固定。

2．门叶与附件安装

（1）门叶现场安装时，宜遵循从下至上，逐节吊装、组装的顺序，下节门叶没有组装或连接好之前，不得吊装上一节门叶。

（2）弧门吊装作业结束后，孔口上部仍有作业时，应在门叶顶部搭设安全隔离平台，设置安全网，并应悬挂安全警示标志。

（3）侧、顶水封安装作业时，所使用的工具（如扳手、千斤顶等）应系安全保险绳。

（4）底止水水封安装作业，宜在弧门与启闭机连门后进行。门叶开启离底槛约 1.0m 左右时，应停机并对启闭机的锁定状况进行检查，确认无误后，方可开始底止水水封的装配作业。

（5）底水封作业时，应安排专人监护启闭机，并随时与作业人员保持联系，机房内应悬挂安全警示标志，严禁任何人启动。作业人员不应在门叶底部穿行。

（六）人字闸门安装

1．埋件安装

（1）安装前，应在闸墙顶部敷设栏杆及防杂物滚落的帷幔，作业时，应派专人在闸墙顶部监护。

（2）人字门底枢吊装就位时，不应用手伸入配合面扶持。

（3）蘑菇头安装就位后，应进行遮盖保护。

（4）镗制顶枢轴孔时，作业人员严禁戴手套作业，严禁用手清除镗刀附近的铁屑。

（5）顶枢楔块装配时，手指不应伸入配合面。

2．门叶安装

（1）门叶吊装。

1）门叶拼装专用支承座或梁、施工脚手架应经技术部门审批、验收合格后，方可交付使用。使用的悬挂作业平台的挂钩耳板应焊接牢固可靠，外侧布设栏杆高度不应小于 1.2m，并应拴上安全保险绳。

2）土建施工时，应在门龛闸墙壁上埋设符合规定的铁板凳，以便门叶立拼时的加固，保证立拼作业安全。

3）门叶调整应使用四台千斤顶，四个支点中心应与门叶重心重合，调整作业时，应统一指挥，保证行程均匀。

4）门叶就位临时固定应采用倒链等防止倾倒，调整合格后，应及时进行加固点焊，需进行焊接预热的焊缝，点焊时也应进行预热。

5）每节门叶焊接完成后，应将其与闸墙之间采用型钢可靠加固，然后吊装其他门叶。

（2）门叶焊接。

1）现场施工设施应合理布置。焊机和热处理等施工设备应离地面 0.3m 放置，且有可靠的防雨措施，应使用单独的配电盘供电，设备应有良好的接地保护。

2）门叶节间焊缝焊接时，一个梁格内只宜安排一人作业。

3）焊接作业区域通风不良时，应采用风机加强空气流动，改善作业环境。夏季焊接作业时，还应采取防暑降温措施。

4）焊缝热处理作业时，应在现场悬挂安全警示标志，严禁无关人员进入。

5）采用电加热进行热处理作业时，加热板应可靠固定。

（3）附件安装与门体调整。

1）应在顶枢安装工作完成且经确认顶枢与门叶可靠连接后，方可拆除门体底部支承千斤顶及门体与闸墙间的横向加固构件，进行人字门的调整作业。

2）拆除门体背后与闸墙间的横向加固件时，应从上至下，逐层进行，割除构件时，作业人员不应倚靠其上，作业区下方不应有人工作和穿行；拆除支撑前，应对顶枢连接进行反复确认，稳支撑拆除应按先侧向后底部的顺序进行。

3）门叶跳动量调整时，应由专人指挥，无关人员不应靠近或从门底部穿行。

4）背拉杆应采用平衡梁多点或抬吊吊装。

5）主、副背拉杆应逐级张拉，张拉作业时应采用专用张拉工具，严禁用脚蹬。使用特制扳时，应用力平稳，严禁使用猛力。

6）支、枕垫块吊装应使用特制的螺栓吊环，螺栓应可靠紧固。构件吊入枕槽时，手指不伸入。

7）门体合拢操作时，应清除门体活动范围内的障碍物，且安排专人全程监视，任何人员不进入门叶转动范围内，严禁手脚伸入支、枕垫块及导卡等配合面，更不应进入门轴柱上、下游侧。

（4）填料灌注作业。

1）作业人员应掌握填料各组分材料的基本性能，熟悉灌注工艺。填料配制和灌注时，应按照操作程序和安全规程进行，作业前应进行技术及安全交底。

2）各组分材料应视其各自性能要求分别堆放，专人保管，应放置在低温、避光、通风良好、远离火源的库房内。易燃或腐蚀品应有专人保管，用剩的填料应注意及时回收处理，严禁随处泼洒。

3）使用易爆、有毒和易腐蚀的化学材料，应采取有效的安全防护措施。

4）熬制环氧等动火作业时，应有专人监护，操作人员不应擅离岗位，必须准备好湿

麻袋、砂土和铁锹等消防设施。

5）熬制环氧的人员下班前，应将火熄灭，检查无余火残存时，方可离开现场。遇 6 级以上大风时，应立即停止作业。

6）填料灌注作业时，作业人员应穿戴好专用工作服和劳动保护用具，传递填料时应小心谨慎。出现漏浆时应立即停止灌注。

（5）水封安装。底水封（或防撞装置）安装时，门体应处于全关（或全开）状态，启闭机应挂停机牌，并应派专人值守，严禁擅自启动。

（七）启闭机安装工程安全技术

1. 固定式启闭机安装

（1）液压启闭机安装。

1）液压启闭机吊装。油缸采用双机抬吊翻立或采用平衡梁抬吊就位时，应根据两吊车在抬吊工况下的许用起重能力，计算布置抬吊点，合理分配荷载；油缸若采用单机翻立时，其下支点宜采用铰支形式。成批液压油管应采用装箱方式起吊。

2）机房、泵站设备及液压管路安装调试。①高空配管时，管件应用安全绳拴挂，拴挂位置应安全可靠；②管件进行酸洗钝化时，应穿戴防护用品，配制酸、碱溶液的原料应明确标识妥善保管，酸洗废液不应随意排放，应统一回收处理；③酒精、丙酮、油品、抹布等易燃物，不应存放在机房、泵房内；④机房、泵房内严禁吸烟，并应按消防安全规定配置消防器材；⑤机房、泵房应设专人值班，值班人员不应在机房、泵房内用碘钨灯或电炉；⑥机房、泵房不应擅自动火作业，必须动火时应执行动火审批制度，并采取可靠的防火措施；⑦管路进行循环冲洗时，冲洗设备操作人员不应擅离职守；⑧对于压力继电器、溢流阀、调速阀、仪表、电气自动化组件等安全保护装置应按设计要求检测；⑨严禁在启闭机运行过程中调整压力继电器、溢流阀、调速阀、仪表、电气自动化组件等安全保护装置；⑩所有常开、常闭手动阀及电源开关应挂警示标志，严禁非操作人员启闭；⑪管路或系统试压时，不应近距离察看或用手触摸检查高压油管渗漏情况。当打开排气阀时，人应站在侧面；⑫当系统发生渗漏或局部喷泄现象时，应立即停机处理，严禁用手或物品去堵塞；⑬对于有渗漏的管件，应先停机泄压后，将其拆下并将管内存油排放干净，在机房、泵房以外的安全地方进行焊补作业；⑭联门调试运行中应有专人监视安全保护装置、仪器、仪表，启闭闸门时的压力变化应在设计范围内。

（2）卷扬式启闭机安装。

1）启闭机基础应牢固可靠，其基础承压接触面的标高、水平应符合设计要求。

2）机房、配电室、电气盘柜等设备周围应按消防安全规定配置消防器材。

3）严禁将易燃易爆物品存放机房、电气室、操作室内。

4）在卷筒与滑轮组之间进行钢丝绳穿绕时应设专人指挥，信号清晰，指挥明确，参加施工人员应服从指挥，统一行动。钢丝绳穿绕中的临时拴挂、引绳与钢丝绳的连接均应牢固可靠，钢丝绳尾端固结应符合设计要求。

5）行程开关、过载限制器、仪表、电气自动化组件等设施应正常可靠；电子秤的灵敏度及制动器的调整应符合设计要求。

6）空负荷调试及联门启闭时，应有专人监视各安全保护装置、仪表、卷筒排绳等工

作，启闭力应在设计允许范围内。

2. 移动（门）式启闭机安装

（1）轨道安装。

1）轨道安装前宜采用压力机进行校正，当采用自制工具、装置校正时，夹具应安全可靠，支顶应对中，支垫应平稳。

2）轨道应采用专用吊具或捆绑方式吊装，不应兜吊。

3）固定轨道的压板应牢固，垫片不应窜动。

（2）门架安装。

1）启闭机安装部位的轨道混凝土应达到龄期。大车行走机构台车吊装就位后，应可靠支撑。

2）门腿安装应符合下列要求：①门腿如采用抬吊翻立，应根据两吊车在抬吊工况下的许用起重能力，布置抬吊点；②吊装就位后，应在完成螺栓连接、门腿垂直度调整就位、各方向缆风绳或型钢支撑张力平衡后，方可摘钩；③缆风绳应采用倒链进行调整，型钢支撑应采用螺旋拉紧器调整，调整时应由专人统一指挥；④组装好的门腿，宜增设刚性支撑将上、下游门腿临时连接成稳定的构架。

3）大梁安装应符合下列要求：①门机大梁应在门腿间横梁完成安装、各项检测指标符合要求后吊装；②连接部位配合面的清扫应在地面进行，清洗和打磨作业应遵守有关安全作业的规定；③大梁采用双机抬吊就位前，应根据起吊设备许用起重能力、作业位置等情况，结合大梁结构特点布置吊点，抬吊作业应遵守相关规定，当采用单机吊装时，在梁两端应系防止大梁摆动的拉绳；④大梁与门腿组装部位的作业平台应与门腿可靠连接，脚手板、栏杆、安全网应固定牢固；⑤大梁靠近门腿就位时，起吊高度应高出门腿 0.5m，门腿上部作业平台上应有专人监视、指挥，在地面辅助拉绳人员的配合下，使大梁初步就位，然后调整到安装位置；⑥高空作业人员应将安全绳拴牢于门腿上，在吊车起吊大梁调整至落下的过程中，身体不得随意高出门腿顶面，不应用手强行推拉大梁就位。就位时，头部和手严禁伸入组合面；⑦连接部位调整、对位时使用的工器具等应用绳索拴牢或采取其他防坠落措施。

4）小车安装应符合下列要求：①小车预组拼时，拼装平台必须稳定牢固；②小车安装前，轨道及其两端车挡应安装完毕，轨道附近所有杂物应清理干净；③除影响吊车作业的部位外，梁顶面的永久安全防护栏杆已安装；小车安装部位下方应设置安全防护网；④小车吊装到位后，应采取固定措施；⑤门机大车夹轨器未投入前，应采取可靠措施防止门机在风荷载作用下移动；⑥回转吊臂杆吊装后应采取措施防止其在风载荷作用下转动。

3. 桥式启闭机安装

（1）轨道安装。桥式启闭机轨道安装应符合移动（门）式启闭机轨道安装相关要求，并应符合以下规定：

1）轨道安装多层作业时，应设置安全防护网，并采取防坠落措施，安排生产时宜减少多层作业。

2）轨道安装施工应执行高处作业的有关规定，在轨道梁上安装作业时，临空面应布设临时安全防护栏杆。

3）大车轨道未全部安装前，需临时动用桥机时，应在工作区段轨道上增设临时限位器装置。

（2）桥梁安装。

1）轨道大梁吊装前应将安装部位杂物清理干净。

2）桥机大梁应在行走台车安装调整完毕并可靠支撑后吊装。

3）轨道大梁及桥机大梁吊装应符合"移动（门）式启闭机安装工程"相关内容。

4）露天布置的桥式启闭机的大梁、端梁组装完成后，应采取可靠措施防止桥机移动。

5）小车安装应符合"移动（门）式启闭机安装工程"相关内容。

（八）引水钢管安装工程安全技术

1. 钢管吊装与组装

（1）钢管吊装。

1）起吊前应先清理起吊地点及运行通道上的障碍物，并在工作区域设置警示标志，通知无关人员避让，工作人员应选择恰当的位置及随物护送的路线。

2）钢管吊运时，应计算出其重心位置，确认吊点位置；应计算、校核所用吊具。用钢丝绳吊装时，应将钢丝绳绕钢管一圈后锁紧，或焊上经过计算和检查合格的专用吊耳起吊，严禁用钢丝绳兜钢管内壁起吊。钢管起吊前应先试吊，确认可靠后方可正式起吊。

3）吊运时如发现捆绑松动或吊装工具发生异常响声，应立即停车进行检查。

4）翻转时应先放好旧轮胎或木板等垫物，工作人员应站在重物倾斜方向的对面。翻转时应采取措施防止冲击。

5）大型钢管抬吊时，应有专人指挥，专人监控，且信号明确清晰。

6）利用卷扬机吊装井内钢管时，除执行起重安全技术规范外，还应符合下列要求：①井口上、下应有清楚的联系信号和通信设备；②卷扬机房和井内应装设示警灯、电铃；③听从指挥人员的信号，信号不明或可能引起事故时，应暂停作业，待弄清情况后方可继续操作。操作司机不应在精神疲乏下工作；④卷扬机运行时，严禁跨越或用手触摸钢丝绳；⑤竖井工作人员应将所有工具放置工具袋内或安全位置。

（2）钢管调整与组装。

1）工作中使用的千斤顶及压力架等，应拴牢或采用其他防坠落、翻倒等措施。

2）钢管吊装对缝时，严禁将头、手、脚伸入或放在管口上。

3）钢管上临时焊接的脚踏板、挡板、压码、支撑架、扶手、栏杆、吊耳等，焊后应认真检查，确认牢固后方可使用。

2. 钢管焊接

（1）钢管焊接作业。

1）焊接的场所应设有消防设施。

2）焊接的工作场所应光线良好，夜间作业应照明良好。

3）使用风动工具时，应先对风管接头进行检查，风管接头应牢固，选用的工具应完好无损。

4）在钢管内进行焊接时，应采用36V的安全照明，并保证通风良好和设置防尘设施。

5）焊接场所周围应设挡光屏。

6）清除焊渣、飞溅物时，应戴平光镜，并应避免对着有人的方向敲打。

7）露天作业遇下雨时，应采取防雨措施，不应冒雨作业。

8）在钢管内焊接时，其内部温度超过 40℃时，应实行轮换作业和采取其他防暑降温措施。

9）在深井焊接时，应首先检查有无积聚的可燃气体或一氧化碳气体，如有应排除并保持其通风良好。

10）工作时严禁将焊把线缠在或搭在身上或踏在脚下，当电焊机处于工作状态时严禁触摸导电部分。

11）操作自动焊、半自动焊、埋弧焊的焊工应穿绝缘鞋和戴皮手套。

12）气体保护焊弧光强，工作人员应穿白色工作服，戴皮手套和防护面罩。

13）装有气体的气瓶不应在阳光下曝晒或接近高温。

（2）无损探伤。

1）作业时探伤器具应放置平稳可靠。

2）射线探伤操作区域应规定安全范围，设置警告牌，并有人警戒，限制非作业人员进入警戒区内。

3）在现场进行 γ 射线透照时，应保持安全距离，并设置铅屏隔离防护。

4）射线探伤人员应根据工作情况，穿戴防护用品，包括工作服、口罩、手套、铅玻璃眼镜等。防护用品使用前应检查，使用后应清洗。

5）操作中不应饮食、吸烟。如发现头昏等现象应及时通风、治疗。工作完毕后应及时清洗手、脸或淋浴。

6）现场探伤时，工作场所应有足够的照明，射线机配电盘应装有指示灯，高处作业时，应遵守高处作业的相关规定。

（3）钢管现场焊缝防腐涂装。

1）各类油漆和其他易燃、有毒材料，应存放在专用库房内，库房应根据存放物品的特性配备消防器材。库房内不应住人，施工现场不应存储大量油漆。

2）调制、制作有毒性的或挥发性强的材料，应根据材料性质佩戴相应的防护用品。室内应保持通风或经常换气，严禁吸烟、饮食。

3）在坡度大的钢管上涂装，应设置活动板梯、防护栏杆和安全网，应戴安全带并挂在牢固的地方。

4）在封闭的钢管内防腐时，应佩戴防毒面具。

（九）钢网架安装工程安全技术

1. 钢网架现场组装安全技术

钢网架现场组装包括厂房钢网架及其他钢网架的组装，应符合以下规定：

（1）钢网架的现场组装应在专用平台或牢固的支墩上进行。

（2）钢网架组装的螺栓和焊接连接部位应符合施工图样和有关标准的规定。

（3）用于高空作业的悬挂平台或吊篮应与网架连接可靠，安全绳与安全网应绑扎牢固。

2. 地面厂房钢网架安装安全技术

（1）钢网架安装，应按规定完成其支承立柱或支墩埋件安装，混凝土应达到设计要求的龄期，严禁在钢网架安装后进行基础螺栓二期混凝土的浇筑。

（2）钢网架吊装与厂房其他专业存在交叉作业时，安装区域下方作业人员应全部撤离至安全区域。在网架就位后，在作业部位下方及时设置水平安全网或安全隔离平台。

（3）钢网架安装时，除严防本作业面火灾发生外，还应对焊接和气割作业部位采取安全隔离措施。

（4）钢网架宜组装成稳定的单元进行安装。

（5）吊装前应对吊装单元刚度进行校核，对刚度不够的，应在采取加固措施后方能起吊。

（6）对于受施工条件所限而不能采取上述方案的，应先将单跨网架组装成整体进行吊装，应在就位固定后方可摘除吊钩。

（7）对于跨度较大、钢网架或单榀屋架刚度较小的，吊装时应采用专用吊架或平衡梁。

3. 地下厂房钢网架安装安全技术

地下厂房钢网架安装工程除应符合上述"地面厂房钢网架安装工程安全技术"的规定外，还应符合以下规定：

（1）采用临时天车进行屋架吊装前，应先进行负荷试验或试吊，以检验锚吊的可靠性。

（2）采用厂房内桥机作为钢网架安装施工的转运手段或在其上搭设作业平台的，正式使用前应全行程通行检查，与墙或岩壁应留有 0.5m 以上的安全距离。

（3）作业过程中，应有专人巡回监视厂房顶拱等处的岩体，如发现岩爆或碎裂现象应及时停工，应在险情妥善排除后方可恢复施工。

三、机电设备安装安全技术

（一）水轮机安装

1. 设备清扫

（1）设备清扫时，应防止损坏设备表面。使用脱漆剂或汽油等清扫设备时，作业人员应戴口罩、防护眼镜和防护手套，严防溅落在皮肤和眼睛上。清扫现场应配备灭火器。

（2）露天场所清扫组装设备，应搭设临时工棚。工棚应满足设备清扫组装时的防雨、防尘及消防等要求。

（3）进入转轮体内或轴孔内清扫时，连续工作时间不宜过长，应设置通风设备，并应派专人监护。

2. 设备组合

（1）设备组合前应对螺栓及螺母的配合情况进行检查。对于精制螺纹应按照编号装配或选配，螺母、螺栓应能灵活旋入，不应用锤击或强力振动的方法进行装配。

（2）组合分瓣大件时，先将一瓣调平垫稳，支点不应少于 3 点。组合第二瓣时，应防止碰撞组合面，工作人员手脚不应伸入组合面，应对称拧紧组合螺栓的个数不应少于 4 个，垫稳后，才能松开吊钩。

（3）设备翻身时，设备下方应设置方木或垫层予以保护。翻身过程中，设备下方不应有人逗留。

（4）用大锤紧固组合螺栓时，扳手应靠紧，与螺帽配合尺寸应一致。锤击人员与拿扳手的人应错开一个角度，锤击应准确。高处作业时，应有牢固的工作平台，扳手应用绳索系住。

（5）用加热法紧固组合螺栓时，作业人员应戴电焊手套，严防烫伤。直接用加热棒加热螺栓时，工件应做好接地保护，作业人员应戴绝缘手套。

（6）用液压拉伸工具紧固组合螺栓时，操作前应阅读设备使用说明书，检查液压泵、高压软管及接头应完好。拉伸器活塞应压到底，承压座应接触良好。升压应缓慢，如发现渗漏，应立即停泵，操作人员应避开喷射方向。升压过程中，应观察螺栓伸长值和活塞行程，严防活塞超过工作行程。操作人员应站在安全位置，严禁头手伸到拉伸器上方。

（7）有力矩要求的螺栓连接时，应使用配套的力矩扳手或专用工具进行连接。严禁使用呆扳手或配以加长杆的方法进行拧紧。

（二）发电机安装

1. 基础埋设

（1）在发电机机坑内工作，应遵守高处作业有关安全技术规定。

（2）下部风洞盖植、下机架及风闸基础埋设时，应架设脚手架、工作平台或安全防护栏杆，与水轮机室应有隔离防护措施。

（3）向机坑中传送材料或工具时，应用绳子或吊篮传送，严禁抛扔传送。

（4）严禁将工具、混凝土渣等杂物掉入水轮机室，不应向水轮机室排放试压用水和污物，以保证水轮机室的良好工作环境。

（5）在机坑中进行电焊、气割作业时，应有防火措施；检查水轮机室及以下是否有汽油、破布和其他易燃物，应设专人监护。

（6）修凿混凝土时，应戴防护眼镜，手锤、钢钎应拿牢，严禁戴手套工作。掉入水轮机室的杂物应及时予以清除。

2. 定子安装

（1）分瓣定子组装。

1）定子基础清扫及测定时，应制定和遵守机坑作业安全技术要求，以及防止落物或坠落的安全措施。

2）定子起吊前应检查起吊工具是否可靠，钢丝绳是否完好，定子吊运应有专人负责和专人指挥。

3）分瓣定子组合，第一瓣定子就位时，应临时固定牢靠，经检查确认垫稳后，才能松开吊钩。此后每吊一瓣定子与前一瓣定子组合成整体，组合螺栓全部套上，均匀地拧紧1/3以上的螺栓，并应支垫稳妥后，才能松开吊钩，直到组合成整体。

4）定子在安装间进行组装时，组装场地应整洁干净。在机坑内组装时，机坑外围应设置安全栏杆，栏杆高度应满足要求。机坑内工作平台应牢固，孔洞应封堵，并应设置安全网和警示标志。

5）定子在安装间组合时，临时支墩应垫平稳牢固，调整用楔子板有2/3的接触面，

测圆架的中心基础板应埋设密实、牢靠。

6）在机坑内组装定子，使用测圆架调整定子中心和圆度时，测圆架的基础应有足够的刚度，并应与工作平台分开设置，工作平台应有可靠的梯子和栏杆。

7）定子组合时，上、下定子应设置梯子，严禁踩踏线圈，紧固组合螺栓时，应有可靠的工作平台和栏杆。

8）定子组合时，工作人员的手不应伸进组合面之间。

9）对定子机座组合缝进行打磨时，工作人员应戴防护镜。

10）在定子的任何部位施焊或气割时，应遵守焊接安全操作规程并派专人监护，严防火灾。

（2）铁芯叠装。

1）定位筋安装调整过程中，千斤顶、C形夹等调整工具应固定牢靠。安装定位筋的工作平台应固定牢靠，并连接成整体。

2）定子铁芯叠装及整形时，工作人员应戴防护手套。铁芯整形安装过程中使用的整形棒、通槽棒、槽样棒，应用橡胶或环氧锤轻轻敲击，不应使用金属器具直接锤击。叠装过程应防止硅钢片受损和漆膜脱落。

3）定子铁芯叠装时，应搭设牢固的工作平台，工作平台内侧应有栏杆，在工作平台上压紧铁芯，如使用扳手时，扳手的手把上应系有安全绳。

4）定子铁芯组装完成后，在定子连接件上进行焊接作业时，应对铁芯进行接地保护。

5）有热压要求的定子铁芯，加热设备及电缆应可靠固定，加热前应检查。

（3）定子下线。

1）使用机械手下线时，机械手应固定可靠，经试验可靠后，方能使用。用手工下线时，工作平台内侧应设有扶手栏杆。

2）采用无尘下线时，宜采用防尘工作棚。工作棚内应有防潮设施及通风设备，保持工作棚内温度及湿度符合要求。

3）易燃化学品应单独存放，并应由专人保管。库房应保持通风并配有消防器材。

4）配制环氧复合物时，场地应通风良好。环氧树脂等化学材料不应用明火直接加温。当工作中使用化学物品时应戴上手套、防护镜、防护衣和防护鞋。工作完后应洗手。

5）打槽楔时，精力应集中，防止伤手或手锤脱落伤人，不应击伤线圈及铁芯。

6）焊头前，应戴防护眼镜、手套和脚盖。中频焊接时，应使用硬云母片将感应圈和电接头隔离开。

7）喷漆作业周围不应有明火，场地应通风良好。

8）铁芯磁化试验时，现场应配备足够的消防器材；定子周围应设临时围栏，挂警示标志，并应派专人警戒。定子机座、测温电阻接地应可靠，接地线截面积应符合规范要求。

9）励磁电源、开关柜、电缆应经核算满足试验容量要求。励磁电缆与铁芯凸棱之间应可靠衬垫，衬垫物采用橡皮，且其厚度不应小于10mm。

10）铁芯磁化试验时，现场试验人员应服从统一指挥和安排，应穿绝缘鞋。定子周围的检测人员不应携带除测试仪器以外的金属品，如钥匙、手表、手机等；不应用手触摸穿

芯螺杆，不应用双手同时触摸铁芯。

11）耐电压试验时，应有专人指挥，升压操作应有监护人监护。操作人员应穿绝缘鞋。现场应设临时围栏，挂警示标志，并应派专人警戒。

12）使用高压试验设备时，外壳应接地。接地线应采用截面积不应小于 $4mm^2$ 的多股软铜线，接地应良好可靠。

13）定子内部介质冷却的线棒，在与冷却介质的管路连接以前，在线棒两端应临时密封，严防杂物进入内冷线棒和管道。

14）发电机定子线圈干燥时，应按下列措施进行：①定子线圈的上、下端部及铁芯的每个通风墙（孔）应经专人分段负责检查，并经复查无金属及其他杂物后，方可用无水、无油污的压缩空气进行彻底清扫。②采用定子线圈内部通电并辅以电热器辅助配合干燥时，保温用的篷布，应与电热器保持一定的安全距离。③利用铁损法进行定子线圈干燥时，在定子铁芯上敷设励磁绕组时，应在绕组与铁芯接触部位垫绝缘材料。④采用温度计测温时，应使用酒精温度计，不应使用水银温度计。⑤加温过程中，严禁在发电机风洞内各基础面进行任何工作。⑥应配备相应灭火器。

（4）定子安装与调整。

1）定子吊装应成立专门的组织机构，由专人负责统一指挥。

2）定子安装调整时，测量中心的求心器装置，应装在发电机层。测量人员所在机坑内的工作平台，应有一定的刚度要求，且应有上下梯子、走道及栏杆等。

3）使用千斤顶调整定子高程、中心时，应选择机座上合适的受力部位，使机座受整量较大时，应逐步小量调整。

4）定子调整过程中，对定子上、下端绕组应进行防尘、防杂物进入绕组之间和采取防止电焊或气割飞溅烧伤绕组的保护措施。

5）定子在机坑调整过程中，应在孔洞部位搭设安全网，作业人员应系安全带。

3．机架安装

（1）机架组装。

1）机架各部件应平放、有序。

2）组装场地应平整，支撑基础应稳固可靠。

3）机架组装时，中心体应支撑平稳牢固，并基本调平。机架支腿应对称挂装。待支腿垫平、放稳穿入 4 个以上螺栓，并初步拧紧后才能松去吊钩。

4）在较窄的机架支腿上行走和作业时应采取防滑和防坠落措施。

5）对机架组合缝进行打磨时，工作人员应戴防护镜。对机架组合缝进行焊接时，应遵循焊接有关规定。

（2）机架安装调整。

1）机架吊装前应清除支腿各区间的杂物，所有焊缝的药皮等氧化物应敲打干净，并应用压缩空气将金属微粒及尘土等彻底吹净方能起吊就位。

2）机架应在焊接与气割工作做完后再吊装，必须在机坑内进行焊接与气割时，应采取相应保护措施，并应派专人监护，严防火花或割下来的铁块等物掉入发电机定子与转子的各部位。

3）上机架盖板、上挡风板、灭火水管等，应在上机架吊装前组装焊接完毕。

4）上机架吊装后，应做好防止杂物掉入发电机空气间隙的保护措施。

4. 转子组装

（1）轮毂热套。

1）采用轮毂套轴时，主轴垂直度找正后应用螺栓将主轴紧固在基础上，轮毂的起重绳应有足够的安全裕度。当采用轴插轮毂时，轮毂找正后，应采取措施将轮毂固定在基础地面混凝土上。

2）采用电热器或涡流铁损法加热时，瓷套管与铁支撑架间应有良好的绝缘。轮毂下部的各个电热器，按圆周排列顺序编号，其电气接线应分组，分别控制加温。

3）保温箱应采用钢结构制作，周围用阻燃材料隔热，同时应配备一定的消防器材。一旦发生意外，应先切断电源，再进行灭火。

4）控制总电源的导线应有足够的截面积，以保持送电安全可靠，并应由专业维护电工作业。

5）采用涡流铁损法加温，所用的通电裸导线与轮毂间应垫以耐高温绝缘材料。控制线与电热器的电源线，均应采用绝缘导线。绝缘导线在保温箱内的部分应有良好的隔热层覆盖。

6）闸刀开关操作应戴绝缘手套，穿绝缘胶鞋，不应正对电源开关操作。

7）加温过程中应有两名电工值班，监视控制温升。值班人员应坚守工作岗位，不应擅离职守。

8）进入保温箱内校核轮毂孔径实际膨胀量时，应切断箱内电源，测量人员应穿戴防高温灼伤的防护用品，方能进入箱内做短时间的测量工作，并应指定专人监护。

（2）转子主架组装和焊接。

1）使用化学溶剂清洗转子中心体时，场地应通风良好，周围不应有火种，并应有专人监护，现场配备灭火器材。

2）中心体、支臂焊缝坡口打磨时，操作人员应戴口罩、防护镜。

3）支臂挂装时，中心体应先调平并支撑平稳牢固。支臂应对称挂装，待支臂垫平、放稳，穿入4个以上螺栓，并初步拧紧后才能松去吊钩。

4）作业人员上、下转子支架应设置爬梯。

5）在专用临时棚内焊接转子支架时，应遵守相关规范规定。

6）轮臂连接或圆盘组装时，其轮臂或圆盘支架的扇形体，应对称挂装。同时应穿上组合螺栓或与中心体连接可靠并垫平稳后，才能松开吊钩。

7）转子焊接时，应设置专用引弧板，引弧部位材质应与母材相同。严禁在工件上引弧。焊接完成后，割除引弧板并对焊接接口部位进行打磨。

8）对焊缝进行探伤检查时，应设置警戒线和警示标志。

（3）磁轭堆积。

1）转子铁片清扫场地应地面平整，照明适宜，通风良好，并应设围栏及配置消防器材。

2）铁片清扫时，作业人员应戴口罩及手套。

3）使用铁片清洗机工作时，操作人员应遵守铁片清洗机安全操作规程。

4）铁片堆放应整齐，不应歪斜，堆放高度不应大于1.2m，底部应有足够的支撑点，各堆之间应有不小于0.5m的通道。

5）转子铁片堆积，应有可靠的专用钢支墩，钢支墩应能承受转子重量与安装可能出现的最大负荷。

6）铁片堆积时应沿转子外围搭设宽度不小于1.2m的工作平台，外侧应设有栏杆，上、下应有牢固的梯子。如为轮臂结构，轮臂上平面之间应用木板或钢板铺平；作业人员应防止压伤手脚。

7）使用铁片堆积机堆积铁片时，应制订相应安全技术操作规程。

8）堆积铁片用的扳手、垫圈、套管、螺栓等工具及零件，应放在工具箱内指定地点，不可随便放置。

9）磁轭铁片的压紧和压紧力应遵守制造厂的规定，压紧力不宜过大，严防拉紧螺杆损伤。使用风动扳手、电动扳手、液压拉伸器紧固铁片螺栓时，应遵守设备安全操作规定。

10）转子周围宜设围栏，非工作人员不应进入。

11）参加铣孔的作业人员应戴安全帽及佩戴防护眼镜。铣孔时应按铣削量逐步加大铣刀等级。使用气锤铣孔时，气锤应悬吊平稳，不应用手直接扶持接力冲杆；用桥机对T形槽或轮环螺孔拉铣时，钢丝绳应对正垂直，不应歪斜，提升应缓慢。

12）磁轭热套应采取下列安全措施：①转子磁轭热套应遵守上述"轮毂热套"的规定；②在转子磁轭上布置的热电耦、电线及测量元件应固定牢靠，并应进行对地绝缘电阻测量，做好安全防护；③在磁轭上布置电加热器、加热风机时，应采取防止与磁轭直接接触的保护措施；④工作人员不应直接用手触摸高温磁轭；⑤热打键或安装胀量垫片前，应对胀量进行测量。

（4）磁极挂装及试验。

1）磁极竖立与挂装应使用专用工具，磁极挂装时，磁极下部T形槽内应用千斤顶撑牢，磁极中心找正后，将磁极键打紧后，方能松开专用工具与吊钩。

2）使用大锤打键时，工作人员严禁戴手套工作。当两人工作时，不应面对面工作。

3）使用拔键器拔磁板键时，桥机吊钩中心应与键中心保持一致，同时键应用麻绳系住。

4）磁极干燥应采用下列措施：①检查磁极线圈周围及轮环上下部、通风洞等处应无金属工器具、铁屑及其他杂物，并用干燥的压缩空气彻底清扫后，才能开始加温工作；②用直流电焊机或硅整流屏直接对磁极线圈通电加温时，裸铝母线应与磁轭垫有良好的绝缘；③以电热器作辅助配合磁极通电加温时，应遵守上述"轮毂热套"的规定；④磁极通电后，转子周围应划分有磁场区域的界限，设置围栏，悬挂"有磁"警示标志；⑤加温过程中，应有相应的防火措施，并配备足够的消防器材。发生意外火灾时，应先切断电源，再用相应的灭火器灭火。

5）磁极试验时，应采取下列措施：①试验区域应设置围栏，并应挂警示标志，无关人员不应进入试验区域；②所有试验设备外壳应可靠接地，所有非被试磁极也应可靠接

地；③电源开关应设专人值守，遇紧急情况时，应立即跳闸断电。在试验接线过程中，严禁合电源开关；④在进行高压线操作时，应将主电源及控制电源全部断开，并在高压端挂临时接地线，待操作完毕后，再取下临时接地线。

（5）喷漆。

1）转子喷漆前应对转子进行彻底清扫，转子上不应有任何灰尘、油污或金属颗粒，对非喷漆部位应进行防护。

2）涂料存放场、喷漆场地应通风良好，并应配备相应的灭火器材，设置明显的防火安全警示标志。

3）操作人员应穿戴工作服、防护眼镜、防毒口罩或防毒面具，并遵守下列规定：①转子、定子喷漆前应将定子上、下通风沟槽（孔）内用干燥无油的压缩空气清扫干净；②喷漆时应戴口罩或防毒面具；③喷漆时附近严禁烟火或电焊和气割作业；④工作场地应配备有灭火器等防火器材；⑤喷漆前应了解所用材料、设备对油漆的要求、油漆的性能等；⑥工作时照明应装防爆灯，闸刀及开关的带电部分不应裸露；⑦所用的溶剂、油漆取用后容器应及时盖严。油漆、汽油、酒精、香蕉水等以及其他易燃有毒材料，应在专门储藏室内密封存放，应专人保管，严禁烟火；⑧用剩的油漆应将同一类和同一颜色的合并，过滤后覆盖密闭，分类堆放整齐，妥善处理；⑨工作结束后，应整洁工器具，将工作场地及储藏室清理干净，如发现遗留或散落的危险易燃品，应及时清除干净。

5. 主要部件吊装

（1）主要部件吊装前，桥机和吊具应进行全面检查，制动系统应重新进行调整试验。采用两台桥机或两台小车进行吊装时，应进行并车试验，检查两台桥机的同步性。起吊时电源应可靠。

（2）主要部件吊装时，应制定安全技术措施和进行安全技术交底，成立临时专门组织机构负责统一指挥。

（3）主要部件吊装前，应对部件本身和即将吊入的部位彻底清扫干净。

（4）定子在非自身机坑中组装，在定子吊装时，应采用专用吊具。吊具安装完后，应经过认真检查，确认安全后，方可进行吊装。

（5）主要部件起吊时应检查桥机起升和下降、大车和小车行走情况和制动器试验。起升的刹车制动试验在部件起升 0.1～0.3m 时进行，确认制动器工作正常后，再正式起吊。

（6）定子吊装时，水轮机机坑中，应暂时停止作业，人员撤离。

（7）转子吊装需符合下列规定：

1）转子吊装应计算好起吊高度。吊具安装时应使平衡梁推力轴承中心与转子中心基本同心。

2）当转子完成试吊并提升到一定高度后，可清扫法兰、制动环等转子底部各部位，如需用扁铲或砂轮机打磨时，应戴防护眼镜，需要采用电火焊作业时，应及时清除汽油、酒精、抹布等易燃物后再进行，还应有专人监护。

3）当转子吊进定子时，应缓慢下降。定子上方派人手持木板条插入定子、转子空气间隙中，并不停上、下抽动，预防定子、转子碰撞挤伤。站在定子上方的人员应选择合适的站立位置，不应踩踏定子绕组。

4）转子未落到安装位置时，除指挥者外，其他人员不应在转子上随意走动或工作。

5）当转子靠近法兰止口时，应派专人进行检查。检查人员不应将手伸入组合面之间。

6. 轴瓦研刮

（1）镜板、轴瓦开箱后，包装废弃物应堆放整齐，铁钉应拔下或打弯，所有镜板的包装布（纸）及清7扫用的白布、酒精等，应集中按防火要求堆放，并远离火源。

（2）镜板、轴瓦的吊运翻身应平稳可靠，放置时瓦面应垫毛毡或泡沫塑料遮盖，镜板面应用白布或泡沫塑料保护。

（3）轴瓦研刮场地应防尘、清洁干燥、通风良好、照明适宜，其上空严禁进行其他作业，周围5m内不应有明火。

（4）使用脱漆剂、汽油等化学溶剂清扫导轴瓦时，工作人员应戴口罩和手套，工作场所严禁进行任何易产生高温火花的作业活动，清扫后的污油应进行妥善处理。

（5）对导轴承轴颈进行研磨时，所使用的研磨剂应符合质量要求，并应进行检查或过滤。

（6）推力瓦和导轴瓦进行研刮时，镜板、推力瓦、导轴瓦、轴颈摩擦面应用无水酒精或甲苯擦拭干净。无水酒精和甲苯以及擦拭的自布及其他材料应妥善保管，废旧材料应集中处理，严禁乱堆乱放。

（7）导轴瓦研刮时，主轴应放置平稳，轴颈处应搭设工作平台，且平台四周应搭设栏杆，并应有不小于1m的通道。

（8）镜板和轴在轴瓦的研磨部位，应设限位装置，人工刮瓦时应有两人以上工作，严防轴瓦滑下，机械研磨时，事先应对机械进行检验，确认可靠后才能进行。

（9）研磨部位，宜有灵活的起吊轴瓦装置。

（10）吊运推力瓦、导轴瓦时，应使用软绳或软布包扎的钢丝绳，吊耳应安全可靠。

7. 推力轴承及导轴承安装安全技术

（1）油槽做煤油渗漏试验时，附近严禁明火作业，作业人员应穿不易产生静电的服饰，现场应有专人值班负责监护，同时应配有消防器材。

（2）在油槽内工作的人员，应穿戴专用工作服、工作鞋、工作帽及口罩等。

（3）油槽内各部件表面应用酒精擦拭，并用面团粘起细小杂物。油循环管路应用白布蘸汽油反复拖拉，保证内壁清洁无异物。轴承安装期间，无人工作时油槽应临时封闭。油槽封闭前，应全面清扫，检查确认油槽清洁、无杂物后才能封闭油槽。

（4）推力头热套应采用下列安全措施：

1）推力头热套前，应校核轴承部件安装高度满足热套要求。

2）进行推力头胀量测量时，施工人员及测量工具应采取防止高温灼伤和损坏工具的安全防护措施。

3）当推力头吊离地面1.0m左右时，应用白布蘸酒精擦拭推力头内孔和底面，并应在孔内涂一层薄薄的润滑剂。套装过程中，若发生卡阻现象，应果断拔除，查明原因后再进行套装。

4）卡环安装应在推力头温度降至室温后进行，卡环与推力头之间间隙不应进行加垫处理。

（5）推力轴承强迫建立油膜的高压油顶起装置的油系统管路装配好后，应检查，确认接头和法兰已连接牢靠，止回阀已作耐压试验后，方可充油；经检查无渗漏现象，才能进行高压油顶起试验。

（6）安装与试验用的压力表，应经校验合格。

（7）推力瓦或导轴瓦就位后，在机组内进行电焊工作时，焊接部位应搭设专用地线，严禁在没有专用地线的情况下进行电焊作业；若采用直流焊接应负极接地或地线绝缘良好，并应做好防护措施。

（8）在机组内部采用盘车方法刮推力瓦时，推入与拉出推力瓦应小心，手不应放进瓦架滚轮与推力瓦之间。两人以上作业时，动作应协调。

（9）有绝缘要求的导轴瓦或上端轴，安装前后应对绝缘进行检查。试验时应对试验场所进行安全防护，应设置安全警戒线和警示标志。

（10）导轴承油槽上端盖安装完成后，应对密封间隙进行防护。

8. 制动闸试验与安装

（1）制动闸分解清扫时，各零部件应垫平放稳。皮碗、压环应调整到与活塞保持同心，并应将压环紧固螺丝垫片锁牢。

（2）耐压试验工具应经计算和试验。

（3）制动闸做耐压试验时，如果发现有缺陷，应在消除压力后才能进行处理，严禁在有压力的情况下处理缺陷。

9. 机组轴线调整与机组内部作业

（1）机组盘车前应对机组转动部位进行全面清理，对定转子气隙、转轮迷宫环及轴密封装置等部位，均应进行认真检查，确认其干净后，方能进行盘车。

（2）采用高压油顶起状况下人工盘车时，高压油顶起装置应清扫干净，油槽已经渗漏试验合格，高压油顶起装置已具备充油升压条件，方能进行盘车。

（3）采用电动盘车，应采用合适的电气装置和材料，并由电气工作人员安装、维护和操作，所有电气设备应设围栏，并应挂警示标志。

（4）采用机械盘车，对所选用的滑轮、钢丝绳及预埋的地锚，应进行详细计算，经审查后方能使用，使用前还应进行实际检查。

（5）机组盘车应在统一指挥下进行。应设置专用电话、电铃或对讲机进行联系。联络、信号、操作和记录等均应分工明确。

（6）机组盘车时，地锚、钢丝绳及滑车附近，不应站人或停留。

（7）制动闸使用前，应进行检查，管道系统应试验完毕，油泵压力表经校验合格，安全阀经调试动作可靠，并有专人操作，油泵电源闸刀应加强控制。

（8）进入发电机内工作时，与工作无关的东西不应带入。需要携带的工器具及材料应进行检查和出入登记。

（9）在发电机内进行电焊、气割时应做好消防措施，并严禁四周放有汽油、酒精、油漆等易燃物品。擦拭过的棉纱头、破布等应放在带盖的铁桶内，并应及时带出机组。

（10）在发电机转动部分或固定部分上进行电焊作业时，应在焊接部位搭接专用地线。

（11）在发电机内进行钻孔、铣孔工作时，工作场所应配备充足的照明。电器设备的

电线、电缆应绝缘良好。钻铣出的铁屑应及时进行清理。

（12）发电机内应始终保持清洁，每班作业应将杂物清理干净，做到工完场清。

（三）辅助设备安装

1. 调速系统安装

（1）安装与调试。

1）调速系统设备具备安装条件时，应将施工部位周围建筑垃圾清理干净，运输道路应清理畅通，施工照明应按使用要求进行布置。

2）根据设备布置，应先在一期混凝土浇筑时埋设吊装、转运锚钩，锚钩材质、规格应按设备重量5倍进行强度计算后选择。

3）设备吊装时应按设备重量选择吊装设备及吊装器具。

4）在集油箱、压油罐内部清扫、补漆时，应派专人在罐外监护；罐内作业人员应经常轮换，并戴专用防毒面具，穿专用工作服和工作鞋，并应采取通风措施。

5）调速系统分解清扫，应在专用房间或场地内进行。拆装应小心，零件应放平垫稳。

6）调速系统各部的调整试验，应有单项安全技术措施或作业指导书。作业人员应熟悉调速系统动作原理，并应了解设备布置情况。

7）调速系统充油、充气前，各部阀门应处于正确位置，各活动部位应无杂物，无人工作，并应挂警示标志，一切就绪后方可充油、充气。

8）调速系统充气、充油前，漏油装置应具备自动运行条件。

9）压油罐耐压试验前，应将油罐上安全阀、压力变送器等全部拆除后利用标准堵板封堵，罐顶应留待罐内试验介质注满后封堵。耐压试验时分阶段平稳缓慢地上升至试验压力，严禁使用永久电动油泵直接升压。

10）调速系统调整试验前，油压装置应调试完毕，并应投入自动运行状态。调速系统调试时，应派人监视压油罐油面。

11）调速系统调试动作时，应装设专用电铃和电话，各部位联系应畅通及时，统一指挥，各活动部位（活动导叶之间、控制环、双联臂、拐臂等处），严禁有人工作或穿行。水轮机室及蜗壳内应有足够的照明，严禁将头、手脚伸入活动导叶间，各活动部位应有专人监护和悬挂警示标志。

12）调速系统和自动化液压系统充油时，压力升高应逐段缓慢进行，只有在低压阶段一切正常的情况下，才可继续升压。升压过程中，严禁工作人员站在阀门或堵板对面。

13）调试过程中，个别零件需检修时，应在降压和排油后进行。在有压力存储时，严禁乱动或随意拆除阀门和零部件。

14）测绘接力器行程与导水叶开度关系曲线时，调速器操作及监护人员应坚守岗位，认真监护设备，操作前应与导水叶开度测量人员电话联系，确认他们也撤到安全位置后，方可操作。

15）调试中断或需离开工作岗位时，应切除油压，并中断电源，挂上"严禁操作"警示标志。在试验过程中，工作人员不应擅离岗位。

16）压油装置油泵试运转，应逐级升压，无异常情况时，才能升到额定压力。需检修或调试阀组时，应停泵降压至零后进行。

（2）透平油过滤。

1）油罐清扫刷漆应执行容器内部施工安全技术有关规定。

2）滤油场地应设置防火设备，严禁吸烟。地面保持干净，无易燃物，滤油纸等材料应存放在小库房内，设备布置应有条理，通道应畅通。

3）工作人员应穿专用工作服和耐油工作鞋。

4）使用电热鼓风干燥箱，应遵守下列规定：①该箱应安放在室内干燥处，水平放置；②供电线路中，应装专用闸刀开关，并用比电源线截面积大一倍的导线做接地线；③通电前检查干燥箱的电气性能，绝缘应良好，炉丝摆放应整齐；④应待一切准备就绪后，再放入试品，关上箱门，在箱顶排气孔内插入温度计，并将排气阀旋开约 10mm，然后通电工作。在干燥滤油纸过程中，应定期检查温度变化情况，一旦箱内着火时，首先应切断电源，进行灭火；⑤不应任意卸下侧门，扰乱或改变线路，如有故障，应由电气维修工进行检查；⑥严禁将易燃易挥发的物品放入干燥箱内。

5）滤油机的电动机绝缘应良好，供电线路中应接启动器和闸刀开关。油路接通前，电动机转向应正确，外壳应接地。

6）滤油用管路和管件应完好，不应漏油。

7）在滤油过程中，工作人员应坚守岗位加强巡视。如有漏油，应停机断电、关闭阀门后进行处理。

2. 供排气系统设备安装

（1）设备安装前，应将施工部位清理干净，保证运输道路畅通和足够的施工照明以及必要的消防设施，并应使施工区符合环保要求。

（2）应根据设备布置事先在一期混凝土浇筑时埋设吊装、转运锚钩，锚钩材质、规格应按设备重量 5 倍进行强度计算后选择。

（3）设备吊装时应按设备重量选择吊装设备及吊装器具。

（4）检查设备内部，应用安全行灯或手电筒，严禁使用明火。拆卸设备部件应放置稳固，装配时严禁用手插入连接面或探摸螺孔，取放垫铁时应防止手指压伤。

（5）设备清扫分解时，场地应清洁，并有良好的通风，使用的清洗有机溶剂应妥善保管，使用后的溶剂应立即回收，用过的棉纱、布头、油纸等应收集在有盖的金属容器中。清扫区域应设置警示标志，严禁明火或在清扫区域焊接或切割作业。

（6）对出厂已装配调整好的部件不应拆卸，可拆卸部分应放平放稳，对精密易损件应加以保护。

（7）设备试运转应按照单项安全技术措施进行。运转时，不应擦洗和修理。

（8）压力气罐安全阀应按设计要求整定合格后进行铅封，然后进行安装。

（9）气罐上压力表计、压力传感器以及控制盘柜上的自动化组件等应经校验合格后方能进行试运行。

（10）空压机试运行时，试验人员应至少两人。

（11）空压机试运转前，应检查系统设备和管路以及系统阀门开启或关闭的正确性，并应将空压机安全卸载阀调至卸荷状态。空压机启动后，应使其在空载状态下运转正常后再逐步调整使其缓慢上升至额定压力，试验过程中应派专人监护气罐和控制盘柜上的仪表

及自动化组件。

3. 供排油系统设备安装

供排油系统设备安装应遵守上述"供排气系统设备安装"第（1）～（6）款的规定，并应符合以下要求：

（1）油系统管路焊接宜采用氩弧焊封底，手工电弧焊盖面。在打磨钍、钨棒的地点，应保持良好的通风，打磨时应戴口罩、手套等个人防护用品。

（2）油系统管路需酸洗时，在配制酸洗和钝化液时应戴口罩、防护镜、防酸手套，穿好防酸胶鞋等防护用品。配制时，应先加清水后加酸。用酸清洗管子时，应穿戴好防护用品，酸、碱液槽应加盖，并应设明显的警示标志。

（3）油罐内部清扫刷漆应派专人在罐外监护，罐内作业人员应经常轮换，并应戴专用防毒面具，穿专用工作服和工作鞋。

（4）油处理设备试运转前，首先应调整安全卸载阀至卸荷状态，使设备在空载状态下运转正常后，再逐步调整使其缓慢上升至额定压力，试验过程中应派专人进行监护。

（5）系统充油前，应检查系统各阀门开启或关闭位置的正确性，准备漏油处理的各种容器和器具。充油时应统一指挥，沿线派专人进行监护，出现漏油时应立刻停止充油。

（6）管路循环冲洗应派专人巡回监护，冲洗区应设明显警示标志，严禁在油冲洗区进行电焊作业，并应配备一定数量的消防器材。

4. 供排水系统设备安装安全技术

供排水系统设备安装应遵守上述"供排气系统设备安装"第（1）～（6）款的规定，并应符合以下要求：

（1）设备运输至厂房后，可利用厂内桥机将设备从发电机吊物孔吊至设备安装层，吊装时吊点应选择合适，吊装器具应符合设备重量要求。设备从安装层利用运输小车转运至安装部位时，装车重量不应超过小车的运输载荷。设备在运输车上应放置平稳，绑扎应牢固，运输途中人不应站在小车的侧面。

（2）对泵类、滤水器、电动阀、减压阀、管件等，其重量超过80kg以上的，应采用三角扒杆配合手拉葫芦进行吊装。对三角扒杆和手拉葫芦等应进行定期和不定期检查，吊装过程中三角扒杆扒角应符合安全吊装要求。

（3）排水盘形阀类设备在一期混凝土浇筑时，应在盘形阀接力器操作坑顶部埋设吊装锚钩，吊装锚钩的材质、规格应按盘形阀的最大吊装重量的5倍核算强度后进行选择。

（4）盘形阀操作杆的吊装专用工具和卡具应按最大吊装重量的5倍核算强度后进行加工，吊装过程中应随时进行检查。

（5）排水深井泵吊装前应检查起吊专用设备和器具，检查和核对厂家到货的专用工具及夹具，泵组及扬水管吊装组对手拉葫芦链条应锁死。

（6）潜水排污泵泵座安装时应将集水井底部积水抽干，建筑垃圾清理干净；潜水排污泵导向装置应在泵座安装合格后自下而上进行安装。搭设的脚手架应牢固可靠，侧面应有栏杆，脚手架铺设的跳板应结实，两端应绑在脚手架上。在井内施工时，应设置专用通风排烟装置。

（7）集水井底部作业，应使用36V以下安全照明灯。

（8）泵类设备试运转前应检查转动部分是否灵活，驱动机转向是否与泵的转向一致，试运转过程中调试人员至少应有两人，并应派专人对各指示仪表、安全保护装置以及电控装置进行监护。

5. 采暖通风系统设备安装

采暖通风系统设备安装应遵守上述"供排气系统设备安装"第（1）～（6）款的规定，并应符合下列要求。

（1）通风机的搬运和吊装应符合以下规定：

1）整体安装的风机，搬运和吊装的绳索不应捆缚在转子和机壳或轴承盖的吊环上。

2）现场组装的风机，绳索的捆缚不应损伤机件表面，转子、轴颈和轴封等处均不应作为捆缚部位。

3）输送特殊介质的通风机转子和机壳内涂有保护层，应严加保护，不应损伤。

（2）大型风机使用滚杠转运时，其两端不宜超出物体底面过长，摆滚杠的人不应站在重物倾斜方向一侧，不应用手直接调整滚杠。

（3）无吊装手段就位时，可利用千斤顶将设备四周对称顶升至略高于安装基础平面，顶升时千斤顶应同时均匀上升，保持高度一致。底部枕木应垫平、垫稳后才能拆除千斤顶。

（4）风机底部需要加垫调整时，不可将手伸入风机底部。

（5）皮带传动的风机在风机和电机安装调整符合要求后，应及时安装皮带罩。

（6）通风设备安装时作业平台应搭设牢固，并应有安全防护措施，设备的支、吊架按设计要求固定牢固后才能吊装通风设备。个人防护用品应佩戴齐全；安全带、安全绳应挂在安全可靠的固定物体上。

（7）在建筑物顶部平台安装组合式空调机组，起吊设备的选择应根据设备的吊装重量、高度、安装位置进行选择和布置。

（8）室外机安装时，作业起升吊篮机构应经有关部门审批后方能使用，作业过程中使用的电动工具及绝缘等级应符合规范要求；安装支、吊架应按设计要求固定牢固后才能进行室外机安装。

（9）用手拉葫芦吊起设备清洗时，应将链条锁死。

（10）暖通设备试运转过程中，调试人员至少应有两人，并应派专人对各指示仪表、安全保护装置以及电控装置进行监护。

（11）通风系统管路检漏灯应使用 36V 以下带保护罩的安全照明灯。

6. 消防系统设备安装安全技术

消防系统设备安装应遵守上述"供排气系统设备安装"第（1）～（7）款的规定，并应符合下列要求：

（1）消防给水设备安装采用三角扒杆配合手拉葫芦进行吊装时，三角扒杆支撑夹角应符合安全吊装要求。

（2）消防给水设备启动试运行前应对转动部分进行手动盘车，检查消防管路系统各控制阀门的正确性。首次启动试运行时，调试人员至少应有两人，并应派专人对各指示仪表、安全保护装置以及电控装置进行监护。

（3）消防喷嘴待系统管路冲洗合格后才能进行安装，喷嘴安装高度高于 2.5m 以上时应搭设临时脚手架平台，脚手架平台应搭设牢固。在高凳或梯子上作业时，高凳或梯子应放稳，梯脚应有防滑装置。

（4）消防给水系统通水试验应通知消防主管部门参加，应统一指挥，派专人进行监护。

（5）消防灭火器材应按设计要求高度进行安装，移动式消防灭火器材应待工程完工具备移交时按设计布置要求进行摆放。移交前应做好消防灭火器材设备的保管措施。

（6）气体消防灭火系统设备安装时应对钢瓶、钢瓶阀组及自动控制组件进行保护。

（7）气体消防灭火系统管路压力试验时应统一指挥，制定详细的单项安全技术措施，并通知现场监理工程师参加。压力试验过程中，试验区严禁站人，试压应分阶段缓慢升压。检查时不应正对连接、焊接、封堵部位；发现渗漏应立即卸压，将试验介质排尽后，方能进行处理。

（8）管路焊缝进行射线探伤检查时应设置警戒线，所有非工作人员不应进入射线探伤区，并应符合以下规定：

1）从事放射工作的人员和单位应向放射防护监督部门申请和领取《放射工作人员证》后方可从事放射性作业。

2）射线探伤作业应遵守相关射线探伤作业的安全技术规定的要求，以及无损探伤工的安全操作规定。操作场所的安全防护设施应符合《放射性同位素与射线装置安全和防护条例》（中华人民共和国国务院令第 449 号）的要求。

（9）消防系统安装、试验完工后，应报请当地公安消防部门、监理检查验收。

（四）电气设备安装

1. 主变压器与带油电抗器安装

（1）基础埋设。

1）在进行设备受力基础埋件（如基础板、拉锚）和油池内排油管道安装前，应先对埋件安装点及施工现场进行清理、检查，其结果应符合安装要求。

2）埋件在安装前，应对其埋件几何尺寸进行检查、校正。安装过程中，应先初定位，待检查方位、高程、中心符合要求后，最终用钢筋加固焊牢。

3）埋件安装过程中，作业人员应戴防护手套；电焊作业人员应按焊接安全进行防护。

4）埋件浇筑完成，应待全部模板拆完后再进行检查，检查时应戴防护手套。

（2）变压器、电抗器现场搬运。

1）变压器、电抗器的装卸及运输，应对运输路径及两端的装卸条件充分调查，制订出相应的安全措施，并经批准后执行。工作前，应向所有参与作业人员进行安全技术交底。

2）在运输前，对运输的路况应进行检查，所有的路况都应符合设备的运输条件，否则应按要求进行处理。

3）变压器、电抗器在运输过程中的速度（包括加速度）、倾斜度都应限制在允许的范围内，运输道路上如有带电裸导线，应采取相应安全措施。

4）利用机械方法牵引变压器、电抗器本体时，牵引点的布置和牵引的坡度均应满足

设备运输要求。当坡度不能满足要求时应采取相应的措施。

5）使用滚杠运输时，道木接缝应错开，搬动滚杠、道木时应防止碾压手脚。

6）搭设卸车（卸船）平台时应考虑车、船卸载时下沉或上浮的位差情况及船体的倾斜情况。

7）使用两种不同速度的牵引机械卸车（卸船）时应采取措施使变压器、电抗器受力均匀、牵引速度一致，牵引的着力点应符合设备厂家的要求。

8）变压器在运输过程中应有防冲击振动的措施，并应安装冲击记录仪，记录沿途受振情况。

（3）变压器、电抗器器身检查。

1）起吊前应先由专业技术人员制定安全技术措施，并进行安全技术交底。

2）吊运工作应有专人统一指挥，指挥信号应清晰、明确。

3）在变压器顶部捆绑钢丝绳时，作业人员应穿防滑鞋，站位应正确可靠。

4）起吊前应检查桥机、起吊工具及索具质量是否良好，不符合要求的，严禁使用。

5）起吊时绑扎应正确牢固。起吊后，变压器外罩吊离底座近 10cm 时，应停机复查，确认安全可靠后，方可继续起吊。

6）充氮变压器在充分排氮，通入干燥空气，并测定含氮浓度降低到要求值后，作业人员才能进入变压器箱体内。作业人员进入变压器箱内时，变压器箱外应有相应的人员进行安全监护。

7）吊罩检查时，在未移开外罩或做可靠支撑前，严禁在铁芯上进行任何工作。

8）进入变压器、电抗器内检查工作时，应穿无扣及金属制品的耐油工作服、耐油鞋，戴头套，袖口、裤脚应扎紧。对工作人员带入的所有工器具、材料等应登记，工作完后应全部带出并检查。

9）主变压器、电抗器进行器身检查宜在晴天进行，环境相对湿度及器身暴露的时间应满足规范的要求。

10）松大罩法兰螺栓时，应对称分次拧松。

11）检查变压器铁芯时，使用的梯子应安全可靠。

12）变压器铁芯（或变压器罩、上盖）吊离箱体后，应用枕木垫平、放稳。

13）处理引线时，应采取绝热和隔离措施。

14）设备检查现场，应消除一切火源，并设置消防器材。

15）进行各项电气试验时，应设立警戒线，悬挂警示标志。

（4）附件安装及电气试验。

1）应检查起重机械是否灵活、可靠，绳索是否牢固，检查固定式吊锚、吊筋、吊具是否牢固可靠。

2）吊装高压套管时，应绑扎正确、牢固，对套管瓷质部件应采取防护措施。套管吊装应缓慢垂直起降。

3）套管与引线连接时，负责拉引线的工作人员应系好安全带，在箱体内的配合人员应防止挤手。

4）在变压器顶部安装附件时，随身不应携带任何无关物品，使用的工具应用白布带

系在变压器外壳上。

5）变压器附件如有缺陷需进行焊接时，应运至安全地点焊接；当无法将被焊件运至安全地点时，焊接前应采取相应的防火措施。

6）在变压器顶部的工作人员，应注意防滑，必要时系安全带。

7）使用高压试验设备时，外壳应接地，接地线应采用截面不小于 $4mm^2$ 的多股软铜线，接地应符合安全要求。

8）现场高压试验区应设遮栏，并悬挂警示标志，设警戒线，派专人看护。

9）高压试验受试设备通电前，应复查接线是否正确，调压器应置于零位。

10）做完直流高压试验后，应先用带电阻的接地棒放电，然后再直接接地。

（5）安装就位。

1）应检查变压器轨道两侧空间有无障碍物。

2）搬运工作应有专人统一指挥，指挥信号应清晰明确。

3）变压器在轨道上行走时，应有至少两人对运输情况进行监视，防止出现卡轨或脱轨现象。

4）搬运时，严禁跨越钢丝绳和用手接触绳索及传动机械。

5）搬运中途暂停时，应有专人监护，并采取停止牵引装置、卡牢钢丝绳、楔住滚轮等安全措施。

6）变压器转向或停止时，使用千斤顶应随时注意用垫物支承牢固。

7）变压器安装调整定位后，应及时安装前后的卡轨器或焊接挡块，并将外壳进行可靠接地。

（6）变压器干燥。

1）变压器干燥前，应制定安全技术措施。

2）干燥用的电源、导线和设备的容量应满足干燥要求，并设置负荷保护和温度报警装置。

3）干燥过程中，应设值班人员。操作时应戴绝缘手套并设专人监护。

4）用涡流干燥时，应使用绝缘线。使用裸线时，应是低压电源，并应有可靠的安全绝缘措施。

5）用抽真空方法干燥时，对被抽壳体应采取可靠的安全监视措施。

6）干燥现场不应放置易燃物品，并应备有相应的消防器材。

7）变压器干燥现场周围应设遮栏，挂警示标志。

8）干燥过程中的温度监视装置应齐全、可靠，并装设在便于观察的位置。

（7）绝缘油过滤。

1）滤油机及金属管道应接地良好。

2）滤油机开机前应检查电气部分工作状态，其主电源导线应满足负荷值，并设置过负荷保护。

3）滤油场所应采取防尘、防雨、防雷措施。

4）进行热油过滤或用热油循环加热器身时，应先开启油泵，后投入加热器。停机时，操作程序相反。

5) 火源及烤箱应和滤油设备隔离，并配备相应的消防器材。

6) 滤油纸烘干过程中应经常检查，严防温升过高起火。

7) 滤油场地应保持清洁，废弃物应及时清理。严禁吸烟及使用明火。出现漏油或其他异常现象时应及时处理。

2. 构架、铁塔安装

(1) 构架、铁塔的安装应制定专项的安全技术措施，经批准后执行，施工前应进行安全技术交底。

(2) 高空作业应设专职（或兼职）安全监护人员。

(3) 雷雨、暴雨、浓雾、冰雪及 6 级以上的大风天气严禁进行杆塔的起吊和高空作业。

(4) 构架、铁塔安装使用的保护用具应定期检查或试验，存在安全隐患的用具不得使用。

(5) 高处作业的人员应定期检查身体。患有高血压、心脏病等的人员严禁从事高处作业。

(6) 高处作业人员的衣袖、裤脚应扎紧，系好安全带，并应穿布底鞋或胶底鞋。构架竖立后，尚未固定前，无安全措施严禁攀登。

(7) 设备上的爬梯、步道应一次安装焊接完毕，未经检查验收，严禁使用。

(8) 构架上的垂直爬梯，应单人顺序上下，严禁多人同时上下。

(9) 高处作业区附近有带电体时，传递绳应用干燥麻绳或尼龙绳，严禁使用金属线。传递绳暂时不用时下端应临时固定。

3. 高压开关安装

(1) 分解清扫。

1) 瓷质件吊装时应按设备厂家指定的吊装点，用专用的配套工具进行吊装。

2) 组件翻身、移位时，应有专人统一指挥。

(2) 安装调试。

1) 起吊组件时，应捆绑牢靠，确认无误后，方可起吊。

2) 起吊时应有专人指挥，信号应明确、清晰。

3) 脚手架应牢靠，脚手板应固定牢固，爬梯应方便可靠，平台周围应设防护栏杆和挡脚板。移动式作业车底部应垫平稳。

4) 安装上部组件时，应采取措施防止扳手滑脱发生事故。

5) 对于液压、气动及弹簧操作机构，严禁在存有应力及弹簧储能的状态下进行拆装检修工作。

6) 空气开关初次动作时，应从低气压开始，工作人员应与空气开关保持一定的安全距离，或设防护措施。

7) 调整开关时，应将跳闸机构锁住。

8) 对 SF_6 开关进行充气时，其容器及管道应干燥，清除 SF_6 容器中的吸附物时，作业人员应戴手套和口罩。

9) 在带电设备附近调试时，应有完善的接地措施。

10）回收 SF₆ 气体时，应使用专用的气体回收装置，严禁排入大气。

11）试验区域应有安全警戒线和明显的安全警示标志。被试物的金属外壳应可靠接地。

12）试验接线应经过检查无误后，方可开始试验，未经监护人同意严禁任意拆线。雷雨时，应停止高压试验。

4. 母线安装安全技术

（1）软母线安装。

1）在与高电压工程或邻近带高电压区施工时，应在规定的安全距离设安全防护栏栅，在作业或高空作业时，应防止绳或长物件超过安全距离电击伤人。

2）需骑行在软母线上工作时，应系安全带，并应检查金具连接是否良好，横梁是否牢固。

3）母线架设前，应检查金具材料是否符合要求，构架横梁是否牢固。

4）母线安装时，作业区下方严禁有人站立或行走。

5）紧线时应缓慢升起，并观察导线有无碰挂现象。严禁人员跨越正在拉紧的导线。

6）切割导线时，两侧应固定。

7）搭接母线用的油压机应有完好的压力表。油压机严禁超负荷使用，并严禁在夹盖卸下的状态下使用。

8）母线爆接时，应符合下列规定：①进行母线爆破压接的操作人员应经专门训练并考试合格，持证上岗。②炸药、导爆索及雷管应分别存放，并应设专人管理，用毕后多余器材应立即如数退库。③药包应在专用的房间内制作。填捣炸药时，严禁用铁器，药包安放雷管作业应在爆破前进行。④施爆时，应事先通知周围作业人员，并设警戒。遇有瞎炮，应待 15min 后，方可去处理。

（2）硬母线、封闭母线安装。

1）母线切割时应戴防护眼罩，搬运时应戴防护手套。

2）母线吊运时应捆绑牢固，封闭母线应按设备厂家规定的吊点及吊装方法进行吊装。

3）母线焊接或进入母线筒内检查时，工作处应使用安全电压照明，通风良好，工作人员应戴口罩。进入母线筒内检查时，不应少于两人。

4）母线焊接时，设备应可靠接地。

5）安装在同一区域的瓷件，应按由上而下的顺序进行。

6）安装母线时，有力矩要求的，应使用力矩扳手，并应采取防止扳手滑脱的措施。

7）母线与母线、母线与设备对接时谨防手指挤伤。

8）在高空安装硬母线时，工作人员应系好安全带，并设置安全警戒线及警示标志。

5. 开关站设备安装

（1）室外开关站设备安装。

1）使用的吊具，应经检查无误后，方能使用，宜优先使用设备厂家提供的专用吊具。

2）进入运行区域内施工的作业人员应办理工作票，并应采取安全措施。

3）在调整、检修开关设备及传动装置时，应有防止开关意外脱扣伤人的安全措施，工作人员应避开开关可动部分的动作空间。

4）安装瓷件时，法兰螺栓应按对称受力顺序均匀反复拧紧。有力矩要求时，应使用力矩扳手，并应防止扳手滑脱。

5）对于液压、气动及弹簧操作机构，严禁在存有应力及储能状态下进行拆装检修工作。

6）放松、拉紧开关的返回弹簧及自动释放机构的弹簧时，应用专用工具，严禁快速释放。

7）凡可慢分慢合的开关，初次动作严禁快分快合，如有手动装置应用手动装置分合。

8）在运行的变电所及室内高压配电室，搬动梯子、升降式作业车、线材等长物时，应放倒搬运或降至最低，并应与带电设备保持安全距离；在移动物件时应有一人作监视。

9）两人严禁同时使用一个梯子，梯子上有人时，严禁移动。

10）高度在 4m 以内的工作可使用靠梯，超过 4m 时，应采取辅助措施。梯子应结实，不缺挡，底部应有防滑措施，放置角度应在 $60°\sim50°$ 之间，人字梯应有限制张开角度的拉绳。

11）严禁攀登和在互感器、断路器、避雷器等电气设备上作业。

12）油开关注油时，应注意防火，注油人员应防止滑倒伤人。

13）SF_6 开关检漏时，检漏人员应防止滑倒伤人。

14）测量开关的分合闸时间，应在手动调整后进行，并应有专人指挥。开关分合闸时，作业人员应离开传动机构。

15）试验接线应经过检查无误后，方能合闸。未经监护人同意严禁任意拆线。

16）隔离开关采用三相组合吊装时，应检查基础框架是否符合起吊要求，否则应加固。

（2）户内开关站设备安装。

1）户内开关站室内通风、照明应良好，安装 SF_6 气体绝缘组合封闭式电气设备时，应在房间下部安装排风量达到设计要求的通风设备。

2）进入 SF_6 气室（箱、壳）以前，应首先确认室（箱、壳）内 SF_6 气体已排尽，在室（箱、壳）内工作时室外应有专人监护。

3）SF_6 气体应排放至专用的 SF_6 气体回收装置，严禁直接向大气排放。

4）设备吊装及移动时应走运输通道。

5）绝缘子、导体、外壳安装、对接、调整时严禁用手在连接缝隙中调整密封胶垫（圈）。

6）户内与户外设备连接或户内设备穿出户外安装时，户内、户外都应设有专人监护，并统一指挥，户内、户外都应设置安全设施。

7）严禁在设备表面上行走或直接作为脚手平台。

8）地面、室顶的孔洞、沟坑应用临时封盖进行封堵，吊物孔洞应设置安全围栏。

9）设备或系统进行高压试验或测试、测量时，应按试验、测试大纲设置安全设施。

6. 厂用电系统设备安装安全技术

（1）设备基础处理。

1）在墙面或地板上开沟或打孔时，应采取防止往孔洞内掉落工具、杂物等的措施。

2）开凿孔洞时，施工人员应戴防护眼镜，把握凿子的手应戴手套。

（2）设备开箱检查搬运。

1）设备开箱时，撬棍不宜插入过深。撬开的箱体应将有钉子尖锐的一端朝下并及时清理。

2）设备开箱后，应检查其元器件固定有无松动。

3）搬运设备时，应找出重心，起吊和运输过程中，用绳索绑扎牢固。行走应缓慢，放置应平稳。

（3）盘柜安装。

1）移动盘柜就位时，应防止倾倒伤人，位置狭窄处应防止挤伤人。

2）盘底加垫时，严禁将手、脚伸入盘底。多面盘并列安装时，应防止挤手。

3）对重心偏移一侧的盘，在未固定以前，应有防止倾倒的措施。

4）装于墙上的箱体，应做好临时支撑，埋入混凝土的基础螺丝，待二期混凝土强度达到标准后，方能紧固并拆除临时支撑。

5）在已装仪表的盘上补开孔时，应先将精密仪表卸下，并应防止铁屑散落到其他设备及端子上。

（4）元器件安装及配线。

1）安装盘面及安装盘内较大较重的零部件时，应有人扶持，待固定好后，方可松手。

2）屏盘内的熔断器，凡竖立布置的，应一律上端连接电源，下端连接负荷。

3）盘上小母线在未与运行盘上的小母线接通前，应有隔离措施。在配电盘上工作时，配电盘应有可靠的接地措施。

4）在部分带电盘上工作时，应符合以下规定：①由工作负责人办理工作票后，方可工作。②应了解盘内带电的情况，处理好工作区域与带电区域的关系，并做好有效隔离。③应穿绝缘鞋，必要时戴绝缘手套。④使用的工具应有绝缘手柄。

（5）监视屏监视器及其他终端安装。

1）设备安装前应依据设备安装对环境的要求，对其安装部位、区域或房间进行检查，尤其是土建装修应已完成。

2）移动设备就位时，应有足够的人力，防止倾倒伤人；位置狭窄处应防止挤伤人。

3）设备加垫时，严禁将手、脚伸入盘底。多面盘并列安装时，应防止挤手。

4）对重心偏移一侧的盘，在未固定以前，应有防止倾倒的措施。

5）装于墙上或抬架上的设备（如监视器），应做好临时支撑。埋入混凝土的基础螺丝，应待二期混凝土强度达到标准后，方能紧固并拆除临时支撑。

（6）设备间配线及连线。

1）设备间配线及连线时应按实际需要设专人配合。

2）在有电区间或房间施工前应做好高压电的隔离措施，即将施工的设备的基架应可靠接地。

3）盘上小母线在未与运行盘上的小母线接通前，应有隔离措施。在配电盘上工作时，配电盘应有可靠的接地措施。

7. 电缆安装

（1）基础埋设。电缆管、电缆架基础埋设时，需符合以下规定：

1）电缆架去锈、刷漆时，应戴口罩、手套。

2）弯制电缆管时，应正确使用弯管机。

3）高处作业应搭设脚手架、使用高处作业平台或采用其他可靠安全措施。

4）电缆管的吊装就位应有专人指挥，管子安装合格后应立即电焊牢固，在高处作业时，应拴好安全带。

（2）电缆敷设。

1）用电吹风和其他方式清理电缆管道时，电缆管道的另一端不允许有人靠近管口。

2）电缆的敷设通道，应保持畅通并有照明设施。通道沿线的沟坎孔洞应设围栏、挂警示标志。

3）超高压电缆敷设前应制定详细的技术和安全措施，并经批准，且应在敷设前进行技术、安全交底。

4）各锚固装置在使用前应按要求做试验，试验合格后才能投入使用。

5）放电缆时，应有专人指挥。

6）由高处向低处部位敷设电缆时，应采取防下滑措施。

7）严禁从车上直接推下电缆盘。破损的电缆盘严禁滚运。

8）参加敷设电缆的工作人员应戴手套、穿绝缘鞋。

9）应选用合适的电缆放线架，并架设在稳固的位置。

10）电线、电缆通过孔洞、管子时，对侧应设监护人，人员不应接近洞口、管口，更不应用头部接近洞口、管口。

11）电缆拐弯处，作业人员应站在外侧，手不应放在拐弯的尖角处。

12）在路口、过道敷设电缆时，应及时整理排列并设警示标志。

13）电缆敷设完毕，端头应妥善处理。

14）电缆穿入带电的盘柜时，盘上应有专人接引，严防电缆触及带电部位。

15）在已经投入运行的电缆沟或廊道内敷设电缆时，应采取安全措施防止损伤运行电缆造成漏电事故。

（3）电缆头制作。

1）制作电缆头时，应有防火措施。

2）熔化焊锡的容器和工具应干燥，严防水滴带入熔锅引起爆溅伤人。

3）搪锡的作业人员，应戴防护眼镜、手套、鞋盖，并穿长袖工作服及使用其他必要防护用品。

4）制作环氧树脂电缆头时，应在通风良好的地方进行，操作人员应戴防毒口罩、手套。环氧树脂应采用间接加温，严禁用明火直接加温。

5）高压电缆头的制作场应清洁、无尘，环境温度及空气湿度等应满足制造厂技术文件的要求。

6）现场高压试验区应设围栏，挂警示标志，并应设专人监护。

7）用兆欧表测定绝缘电阻时，应采取措施防止人体与被试物接触，试验后被试物应

放电。

8. 电气试验安全技术

（1）试验区应设围栏、拉警戒线并悬挂警示标志，将有关路口和有可能进入试验区域的通道临时封闭，并应安排专人看守。

（2）涉及其他施工面或带电区域的试验应执行工作票制度，采用切实可行的安全措施，并在试验期间与其他施工面保持及时联系。

（3）带电试验前，检查试验设备应符合要求，试验接线应正确。

（4）所有带电试验应有两人及两人以上参加，严禁一个人进行带电电气试验。

（5）高压试验装置的电源开关，应使用带明显断口的刀闸，试验装置的低压回路中应有不少于两处的断开点，且有过载保护装置。

（6）在进行高压试验和试送电时，应由一人统一指挥，并派专人监护。高压试验装置的金属外壳应可靠接地。

（7）试验结束以后，设备应进行充分的放电处理，及时拆除试验中所用的各种临时短路接线、绝缘物等，恢复设备试验前的正常状态。

9. 全厂接地系统测试安全技术

（1）试验区应设围栏或拉警戒线，悬挂警示标志，将有关路口和有可能进入试验区域的通道临时封闭，并应安排专人看守。

（2）涉及其他施工面或带电区域的试验应执行工作票制度，采用切实可行的安全措施，并在试验期间与其他施工面保持及时联系。

（3）带电试验前，检查试验设备应符合要求，试验接线应正确，特别注意串电和短路情况。

（4）所有带电试验应有两人及两人以上参加，严禁一个人进行带电电气试验。

（5）试验装置的电源开关，应使用带明显断口的刀闸。试验装置的低压回路中应有不少于两处的断开点，且有过载保护装置。

（6）进行系统接地电阻测量需打接地极时，打桩人员应防铁锤伤人。

（7）借用高压架空线（或新装架空线）进行测量，应对高压架空线进行检查和验电，确认无电后才能开始作业。作业时应将未使用的导线接地。高处作业时应执行高处作业的安全规范。

（8）无论是在对系统进行接地电阻测量还是对区域或设备进行跨步电压测量、接触电压测量，试验和试送电时，应由一人统一指挥，并派专人监护。

（9）试验结束以后，设备及线路应进行充分的放电，及时拆除试验中所用的各种临时接线、绝缘物等，恢复线路试验前的状态。

第五节　拆除工程安全技术

一、基本规定

（1）拆除工程在施工前，施工单位应对拆除对象的现状进行详细调查，编制施工组织设计，经合同指定单位批准后，方可施工。

（2）拆除工程在施工前，应对施工作业人员进行安全技术交底。

（3）拆除工程的施工应根据现场情况，设置围栏和安全警示标志，并设专人监护，防止非施工人员进入拆除现场。

（4）拆除工程在施工前，应将电线、瓦斯管道、水道、供热设备等干线通向该建筑物的支线切断或者迁移。

（5）工人从事拆除工作的时候，应站在脚手架或者其他稳固的结构部分上操作。

（6）拆除时应严格遵守自上至下的作业程序，高空作业应严格遵守登高作业的安全技术规程。

（7）在高处进行拆除作业，应遵守《水利水电工程施工通用安全技术规程》（SL 398—2007）有关高处作业的相关规定。应设置流放槽（溜槽），以便散碎废料顺槽流下。拆下较大的或者过重的材料，要用吊绳或者起重机械稳妥吊下或及时运走，严禁向下抛掷。拆卸下来的各种材料要及时清理。

（8）拆除旧桥（涵）时，应先建好通车便桥（涵）或搜渡口。在旧桥的两端应设置路栏，在路栏上悬挂警示灯，并在路肩上竖立通向便桥或渡口的指示标志。

（9）拆除吊装作业的起重机司机，应严格执行操作规程。信号指挥人员应按照《起重吊运指挥信号》（GB 5082—1985）的有关规定作业。

（10）应按照现行国家标准《安全标志及其使用导则》（GB 2894—2008）的规定，设置相关的安全标志。

二、一般建（构）筑物拆除安全技术要求

（1）采用机械或人工方法拆除建筑物时，应严格遵守自上而下的作业程序进行，严禁数层同时拆除。当拆除某一部分的时候，应防止其他部分发生坍塌。

（2）采用机械或人工方法拆除建筑物不宜采用推倒方法，遇有特殊情况必须采用推倒方法的时候，应遵守以下规定：

1）砍切墙根的深度不能超过墙厚的1/3，墙的厚度小于两块半砖的时候，不应进行掏掘。

2）为防止墙壁向掏掘方向倾倒，在掏掘前应有可靠支撑。

3）建筑物推倒前，应发出警示信号，待全体工作人员避至安全地带后，才能进行。

（3）采用人工方法拆除建筑物的栏杆、楼梯和楼板等，应和整体拆除进程相配合，不能先行拆除。建筑物的承重支柱和横梁，要等待它所承担的全部结构拆掉后才可以拆除。

（4）用爆破方法拆除建筑物的时候，应该遵守《爆破安全规程》（GB 6722—2014）的有关规定。用爆破方法拆除建筑物部分结构的时候，应该保证其他结构部分的良好状态。爆破后，如果发现保留的结构部分有危险征兆，要采取安全措施后，才能进行工作。

（5）拆除建筑物的时候，楼板上不应有多人聚集和堆放材料。

（6）拆除钢（木）屋架时，应采用绳索将其拴牢，待起重机吊稳后，方可进行气焊切割作业。吊运过程中，应采用辅助绳索控制被吊物处于正常状态。

（7）建筑基础或局部块体的拆除宜采用静力破碎方法进行拆除。当采用爆破法、机械和人工方法拆除时，应参照有关的规定执行。

1）采用静力破碎作业时，操作人员应戴防护手套和防护眼镜。孔内注入破碎剂后，

严禁人员在注孔区行走，并应保持一定的安全距离。

2）严禁静力破碎剂与其他材料混放。

3）在相邻的两孔之间，严禁钻孔与注入破碎剂施工同步进行。

4）拆除地下构筑物时，应了解地下构筑物情况，切断进入构筑物的管线。

5）建筑基础破碎拆除时，挖出的土方应及时运出现场或清理出工作面，在基坑边沿1m内严禁堆放物料。

6）建筑基础暴露和破碎时，发生异常情况，应即时停止作业。查清原因并采取相应措施后，方可继续施工。

（8）拆除旧桥（涵）时，应先拆除桥面的附属设施及挂件、护栏，宜采用爆破法、机械和人工的方法进行桥梁主体部分的拆除。

（9）钢结构桥梁拆除应按照施工组织设计选定的机械设备及吊装方案进行施工，不应超负荷作业。

（10）施工支护拆除应遵守以下规定：

1）喷护混凝土拆除时，应自上至下、分区分段进行。

2）用铺凿除喷护混凝土时，应并排作业，左右间距应不少于2m，不应面对面使镐。

3）用大锤砸碎喷护混凝土时，周围不应有人站立或通行。锤击钢钎，抢锤人应站在扶钎人的侧面，使锤者不应戴手套，锤柄端头应有防滑措施。

4）风动工具凿除喷护混凝土应遵守下列规定：①各部管道接头应紧固，不漏气；胶皮管不应缠绕打结，并不应用折弯风管的办法作断气之用，也不应将风管置于跨下；②风管通过过道，应挖沟将风管下埋；③风管连接风包后要试送气，检查风管内有无杂物堵塞；送气时，要缓慢旋开阀门，不应猛开；④风铺操作人员应与空压机司机紧密配合，及时送气或闭气；⑤钎子插入风动工具后不应空打；⑥利用机械破碎喷护混凝土时，应有专人统一指挥，操作范围内不应有人。

三、围堰、临建设施拆除安全技术要求

（一）围堰拆除

（1）围堰拆除一般应选择在枯水季节或枯水时段进行。特殊情况下，需在洪水季节或洪水时段进行时，应进行充分的论证。只有论证可行，并经合同指定单位批准后方可进行拆除。

（2）在设计阶段，应对必须拆除或破除的围堰进行专项规划和设计。

（3）围堰拆除前，施工单位应向有关方面获取以下资料：

1）待拆除围堰的有关图纸和资料。

2）待拆除围堰涉及区域的地上、地下建筑及设施分布情况资料。

3）当拆除围堰建筑附近有架空线路或电缆线路时，应与有关部门取得联系，采取防护措施，确认安全后方可施工。

（4）施工单位应依据拆除围堰的图纸和资料，进行实地勘察，并应编制施工组织设计或方案和安全技术措施。

（5）围堰拆除应制订应急预案，成立组织机构，并应配备抢险救援器材。

（6）当围堰拆除对周围建筑安全可能产生危险时，应采取相应保护措施，并应对建筑

内的人员进行撤离安置。

（7）在拆除围堰的作业中，应密切注意雨情、水情，如发现情况异常，应停止施工，并应采取相应的应急措施。

（8）机械拆除应遵守以下规定：

1）拆除土石围堰时，应从上至下、逐层、逐段进行。

2）施工中应由专人负责监测被拆除围堰的状态，并应做好记录。当发现有不稳定状态的趋势时，应立即停止作业，并采取有效措施，消除隐患。

3）机械拆除时，严禁超载作业或任意扩大使用范围作业。

4）拆除混凝土围堰、岩坎围堰、混凝土心墙围堰时，应先按爆破法破碎混凝土（或岩坎、混凝土心墙）后，再采用机械拆除的顺序进行施工。

5）拆除混凝土过水围堰时，宜先按爆破法破碎混凝土护面后，再采用机械进行拆除。

6）拆除钢板（管）桩围堰时，宜先采用振动拔桩机拔出钢板（管）桩后，再采用机械进行拆除。振动拔桩机作业时，应垂直向上，边振边拔；拔出的钢板（管）桩应码放整齐、稳固；应严格遵守起重机和振动拔桩机的安全技术规程。

（9）爆破法拆除应遵守以下规定：

1）一、二、三级水利水电枢纽工程的围堰、堤坝和挡水岩坎的拆除爆破，设计文件除按正常设计之外还应经过以下论证：①爆破区域与周围建（构）筑物的详细平面图，爆破对周围被保护建（构）筑物和岩基影响的详细论证。②爆破后需要过流的工程，应有确保过流的技术措施，以及流速与爆渣关系的论证。

2）一、二、三级水电枢纽工程的围堰、堤坝和挡水岩坎需要爆破拆除时，宜在修建时就提出爆破拆除的方案或设想，收集必要的基础资料和采取必要的措施。

3）从事围堰爆破拆除工程的施工单位，应持有爆破资质证书。爆破拆除设计人员应具有承担爆破拆除作业范围和相应级别的爆破工程技术人员作业证。从事爆破拆除施工的作业人员应持证上岗。

4）围堰爆破拆除工程应根据周围环境条件、拆除对象类别、爆破规模，并应按照现行国家标准《爆破安全规程》（GB 6722—2014）分级。围堰爆破拆除工程施工组织设计应由施工单位编制并上报合同指定单位和有关部门审核，做出安全评估，批准后方可实施。

5）一、二级水利水电枢纽工程的围堰、堤坝和挡水岩坎的爆破拆除工程，应进行爆破振动与水中冲击波效应观测和重点被保护建（构）筑物的监测。

6）采用水下钻孔爆破方案时，侧面应采用预裂爆破，并严格控制单响药量以保护附近建（构）筑物的安全。

7）用水平钻孔爆破时，装药前应认真清孔并进行模拟装药试验，填塞物应用木模模紧。

8）围堰爆破拆除工程起爆，宜采用导爆管起爆法或导爆管与导爆索混合起爆法，严禁采用火花起爆方法，应采用复式网路起爆。

9）为保护临近建筑和设施的安全，应限制单段起爆的用药量。

10）装药前，应对爆破器材进行性能检测。爆破参数试验和起爆网路模拟试验应选择

安全部位和场所进行。

11）在水深流急的环境应有防止起爆网路被水流破坏的安全措施。

12）围堰爆破拆除的预拆除施工应确保围堰的安全和稳定。

13）在紧急状态下，需要尽快炸开围堰、堤坝分洪时，可以由防汛指挥部直接指挥爆破工程的设计和施工，不必履行正常情况下的报批手续。

14）爆破器材的购买、运输、使用和保管应遵守《水利水电工程施工通用安全技术规程》（SL 398—2007）第 8 章的有关规定。

15）围堰爆破拆除工程的实施应成立爆破指挥机构，并应按设计确定的安全距离设置警戒。

16）围堰爆破拆除工程的实施除应符合本节的要求外，应按照 GB 6722—2014 的规定执行。

（10）围堰拆除施工采用的安全防护设施，应由专业人员搭设。应由施工单位安全主管部门按类别逐项查验，并应有验收记录。验收合格后，方可使用。

（二）临建设施拆除

（1）对有倒塌危险的大型设施拆除，应先采用支柱、支撑、绳索等临时加固措施；用气焊切割钢结构时，作业人员应选好安全位置，被切割物必须用绳索和吊钩等予以紧固。

（2）施工栈桥拆除，应遵守本章第 13 节有关高处作业的有关规定。

（3）施工脚手架拆除，应遵守 SL 398—2007 和 SL 400—2007 有关施工脚手架拆除的规定，具体如下。

1）拆除前应完成以下准备工作：①全面检查脚手架的扣件连接、连墙件、支撑体系应符合安全要求；②根据检查结果，补充完善排架拆除方案，并经主管部门批准后方可实施；③三级、特级及悬空高处作业使用的脚手架拆除时，应事先制定出拆除安全技术措施，并经单位技术负责人批准后方可进行拆除；④拆除安全技术措施应由单位工程负责人逐级进行技术交底；⑤应先行拆除或加以保护脚手架上的电气设备和其他管路、线路、机械设备等；⑥清除脚手架上杂物及地面障碍物。

2）拆除应符合下列要求：①脚手架拆除时，应统一指挥。拆除顺序应逐层由上而下进行，严禁上下同时拆除或自下而上拆除；严禁用将整个脚手架推倒的方法进行拆除；②所有连墙件应随脚手架逐层拆除，严禁先将连墙件整层或数层拆除后再拆除脚手架；分段拆除高差不应大于 2 步，如高差大于 2 步，应增设连墙件加固；③当脚手架拆至下部最后一根长钢管的高度（约 7.5m）时，应先在适当位置搭临时抛撑加固，再拆连墙件；④当脚手架采取分段、分立面拆除时，对不拆除的脚手架两端，应先设置连墙件和横向支撑加固。

3）卸料应符合下列要求：①拆下的材料，严禁往下抛掷，应用绳索捆牢逐根放下（小型构配件用袋、篓装好运至地面）或用滑车、卷扬机等方法慢慢放下，集中堆放在指定地点；②拆除脚手架的区域内，地面应设围栏和警示标志，并派专人看守，严禁非操作人员入内，在交通要道处应设专人警戒；③运至地面的构配件应按规定的要求及时检查整修和保养，并按品种、规格随时码堆存放，置于干燥通风处。

（4）大型施工机械设备拆除应遵守以下规定：

1）大型施工机械设备拆除，应制定切实可行的技术方案和安全技术措施。

2）大型施工机械设备拆除现场，应具有足够的拆除空间，拆除空间与输电线路的最小距离，应符合 DL 5162—2013 中 4.2.15 条有关规定。

3）拆除现场的周围应设有安全围栏或色带隔离，并设警告标志。

4）在拆除现场的工作设备及通道上方应设置防护棚。

5）对被拆除的机械设备的行走机构，应有防止滑移的锁定装置。

6）待拆的大型构件，应设有缆风绳加固，缆风绳的安全系数不应小于 3.5。与地面夹角应为 30°～40°。

7）在高处拆除构件时，应架设操作平台，并配有足够的安全绳、安全网等防护用品。

8）采用起重机械拆除时，应根据机械设备被拆构件的几何尺寸与重量，选用符合安全条件的起重设备。

9）施工机械设备的拆除程序是该设备安装的逆程序，应遵守 SL 398—2007 第 7 章的相关安全技术规定。

10）施工机械设备的拆除应遵守该设备维修、保养的有关规定，边拆除、边保养，连接件及组合面应及时编号。

（5）特种设备和设施的拆除，如门塔机、缆机等，应遵守特种设备管理和特殊作业的有关规定。

（6）特种设备和设施的拆除应由有相应资质的单位和持特种作业操作证的专业人员来执行。

第六节　脚手架施工安全技术

一、脚手架的分类

脚手架是为建设工程施工而搭设的上料、堆料以及施工作业用的临时结构架。

（1）按所用的材料可分为木脚手架、钢脚手架和软梯。

（2）按是否可移动。分为移动脚手架和固定脚手架。

（3）按搭接形式和使用用途可分为以下几种：

1）单排脚手架（单排架）：只有一排立杆，横向水平杆的一端搁置在墙体上的脚手架。

2）双排脚手架（双排架）：由内外两排立杆和水平杆等构成的脚手架。

3）悬挑脚手架：用于设备安装或检修悬挑作业的脚手架。

4）模板支架：用于支撑模板、采用脚手架材料搭设的架子。

（4）按遮挡大小可分为以下几种：

1）敞开式脚手架：仅设有作业层栏杆和挡脚板，无其他遮挡设施的脚手架。

2）局部封闭脚手架：遮挡面积小于 30％的脚手架。

3）半封闭脚手架：遮挡面积占 30％～70％的脚手架。

4）全封闭脚手架：沿脚手架外侧全长和全高封闭的脚手架。

5）开口型脚手架：沿建筑周边非交圈设置的脚手架。

6）封圈型脚手架：沿建筑周边交圈设置的脚手架。

（5）其他。

1）移动挂梯、挂篮：可以移动的固定梯子或挂篮，一般在顶部设挂钩或设滑道，挂在牢固的部位。

2）软梯：横杆用短木棍或钢管，绳子绑在横杆上，使用时在顶部做固定，催化大烟道、斜管、反应器、再生器等检修时常使用。

二、脚手架的搭设与使用安全技术

（一）基本要求

（1）脚手架应根据施工荷载经设计确定，施工常规负荷量不应超过3kPa。脚手架搭成后，须经施工及使用单位技术、质检、安全部口按设计和规程检查验收合格，方准投入使用。

（2）高度超过25m和特殊部位使用的脚手架，应专门设计并报建设单位（监理）审核、批准，并进行技术交底后，方可搭设和使用。

（3）脚手架基础应牢固，禁止将脚手架固定在不牢固的建筑物或其他不稳定的物件之上，在楼面或其他建筑物上搭设脚手架时，均应验算承重部位的结构强度。

（4）脚手架安装搭设应严格按设计图纸实施，遵循自下而上、逐层搭设、逐层加固、逐层上升的原则。

（5）从事脚手架工作的人员，应熟悉各种架子的基本技术知识和技能，并应持有国家特种作业主管部门考核的合格证。

（二）搭设与使用

1. 脚手架的搭设

（1）各种材质的脚手架，其立杆、大横杆及小横杆的间距应符合表8-2的规定。

表8-2　　　　　　　　　脚手架各杆的间距　　　　　　　　　单位：m

脚手架类别	立杆	大横杆	小横杆
钢脚手架	2.0	1.2	1.5
木脚手架	1.5	1.2	1.0
竹脚手架	1.3	1.2	0.75

（2）脚手架的外侧、斜道和平台，应搭设1m高的防护栏杆和钉18cm高的挡脚板或防护立网。在洞口、牛腿、挑檐等悬臂结构搭设挑架（外伸脚手架），斜面与墙面夹角不宜大于30°，并应支撑在建筑物的牢固部分，不应支撑在窗台板、窗檐、线脚等地方。墙内大横杆两端都应伸过门窗洞两侧不少于25cm。挑架所有受力点都应绑双扣，同时应绑防护杆。

（3）斜道板、跳板的坡度不应大于1：3，宽度不得小于1.5m，防滑条的间距不应大于30cm。

（4）木、竹立杆和大横杆应错开搭接，搭接长度不得小于1.5m。绑扎时小头应压在大头上，绑扣不应少于三道。立杆与大横杆、小横杆相交时，应先绑两根，再绑第三根，不应一扣绑三根。

（5）单排脚手架的小横杆伸入墙内不应少于24cm；伸出大横杆外不应少于10cm，通过门窗口和通道时，小横杆的间距大于1m应绑吊杆，间距大于2m时吊杆下应加设顶撑。

（6）18cm厚的砖墙、空斗墙和砂浆强度等级在10号以下的砖墙，不应用单排脚手架。

（7）井架、门架和烟囱、水塔等脚手架，凡高度10～15m的应设一组缆风绳（4～6根），每增高10m加设一组。在搭设时应先设临时缆风绳，待固定缆风绳设置稳妥后，再拆除临时缆风绳。缆风绳与地面的夹角应为45°～60°，且应单独牢固地拴在地锚上，并用花篮螺栓调节松紧，调节时应对角交错进行。缆风绳严禁拴在树木或电杆等物上。

（8）搭建完成的脚手架，未经主管人员同意，不应任意改变脚手架的结构和拆除部分杆件。

（9）因其他施工作业改变脚手架的结构和拆除部分杆、扣件时，应进行加固，并经单位技术负责人检查同意后方可进行架上作业。对改变或拆除部位，在加固前应悬挂安全警示标志。

（10）搭设作业，应按下列要求做好自我保护和作业现场人员的保护。

1）高度在2m及以上时，在脚手架上作业人员应绑裹腿、穿防滑鞋和配挂安全带，保证作业的安全。脚下应铺设必要数量的脚手板，并应铺设平稳，且不应有探头板。当暂时无法铺设落脚板时，用于落脚或抓握、把（夹）持的杆件均应为稳定的构架部分，着力点与构架节点的水平距离应不大于0.8m，垂直距离应不大于1.5m。位于立杆接头之上的自由立杆（尚未与水平杆连接的立杆）不应用作把持杆。

2）脚手架上作业人员应做好分工配合，传递杆件应掌握好重心、平稳传递，用力不应过猛。对每完成的一道工序，应相互询问并确认后，才能进行下一道工序。

3）作业人员应佩戴工具袋，工具用完后装于袋中，不应放在脚手架上。

4）架上材料应随上随用。

5）每次收工以前，所有上架的材料应全部搭设完，不应存留在脚手架上，应形成稳定的构架，不能形成稳定构架的部分应采取临时撑拉措施予以加固。

6）在搭设作业进行中，地面上的配合人员应避开可能落物的区域。

2. 脚手架的使用

（1）作业前应注意检查作业环境安全可靠，安全防护设施应齐全有效，确认无误后方可作业。

（2）作业时应注意清理落在架面上的材料，保持架面上规整清洁，不得乱放材料、工具。

（3）在进行撬、拉、推等操作时应注意采取正确的姿势，站稳脚跟，或一手把持在稳固的结构或支持物上。在脚手架上拆除模板时，应采取必要的支托措施。

（4）当架面高度不够，需要垫高时，应采用稳定可靠的垫高办法，且垫高不得超过50cm；当垫高超过50cm时，应按搭设规定升高铺板层并相应加高防护设施。

（5）在架面上运送材料应轻搁稳放，不应采用倾倒、猛磕或其他匆忙卸料方式。

（6）严禁在架面上打闹戏耍、退着行走或跨坐在外防护栏杆上休息。

（7）脚手架上作业时，不应随意拆除基本结构杆件或连墙件，因作业时需要应拆除某

些杆件或连墙件时，应取得施工主管和技术人员的同意，并采取可靠的加固措施后方可拆除。

（8）在脚手架上作业时，不应随意拆除安全防护设施，未有设置或设置不符合要求时，应补设或改善后，才能上架作业。

第七节　机械安全技术

一、机械设备的危险和危害因素、危险部位

（一）机械设备的危险和危害因素

1. 机械的危害

（1）运动部件的危害。这种危害主要来自机械设备的危险部位，包括：

1）旋转的部件，如旋转的轴、凸块和孔，旋转的连接器、芯轴，以及旋转的刀夹具、风扇叶、飞轮等。

2）旋转部件和成切线运动部件间的咬合处，如动力传输皮带和它的传动轮，链条和链轮等。

3）相同旋转部件间的咬合处，如齿轮、轧钢机、混合轮等。

4）旋转部件和固定部件间的咬合处，如旋转搅拌机和无保护开口外壳搅拌机装置等。

5）往复运动或滑动的危险部位，如锻锤的锤体、压力机械的滑块、剪切机的刀刃、带锯机边缘的齿等。

6）旋转部件与滑动件之间的危险，如某些平板印刷机面上的机构、纺织机构等。

（2）静止的危害因素。包括静止的切削刀具与刀刃，突出的机械部件，毛坯、工具和设备的锋利边缘及表面粗糙部分，以及引起滑跌坠落的工作台平面等。

（3）其他危害因素。包括飞出的刀具、夹具、机械部件，飞出的切屑或工件，运转着的加工件打击或绞轧等。

2. 非机械的危害

（1）电击伤。指采用电气设备作为动力的机械以及机械本身在加工过程中产生的静电引起的危险。

1）静电危险如在机械加工过程中产生的有害静电，将引起爆炸、电击伤害事故。

2）触电危险如机械电气设备绝缘不良，错误地接线或误操作等原因造成的触电事故。

（2）灼烫和冷危害。如在热加工作业中被高温金属体和加工件灼烫的危险，或与设备的高温表面接触时被灼烫的危险，在深冷处理或与低温金属表面接触时被冻伤的危险。

（3）振动危害。指在机械加工过程中使用振动工具或机械本身产生的振动所引起的危害，按振动作用于人体的方式，可分为局部振动和全身振动。

1）全身振动。由振动源通过身体的支持部分将振动传布全身而引起的振动危害。

2）局部振动。如在以手接触振动工具的方式进行机械加工时，振动通过振动工具、振动机械或振动工件传向操作者的手和臂，从而给操作者造成振动危害。

（4）噪声危害。指机械加工过程或机械运转过程所产生的噪声而引起的危害。机械引起的噪声包括以下几种：

1）机械性噪声。由于机械的撞击、摩擦、转动而产生的噪声，如球磨机、电锯、切削机床在加工过程中发出的噪声。

2）电磁性噪声。由于电机中交变力相互作用而发生的噪声，如电动机、变压器等在运转过程中发出的噪声。

3）流体动力性噪声。由于气体压力突变或流体流动而产生的噪声、如液压机械、气压机械设备等在运转过程中发出的噪声。

（5）电离辐射危害。指设备内放射性物质、x 射线装置、γ 射线装置等超出国家标准允许剂量的电离辐射危害。

（6）非电离辐射危害。非电离辐射是指紫外线、可见光、红外线、激光和射频辐射等，当超出卫生标准规定剂量时引起的危害。如从高频加热装置中产生的高频电磁波或激光加工设备中产生的强激光等非电磁辐射危害。

（7）化学物危害。指机械设备在加工过程中使用或产生的各种化学物所引起的危害，包括：

1）易燃易爆物质的灼伤、火灾和爆炸危险。

2）工业毒物的危害是指机械加工设备在加工过程中使用或产生的各种有毒物质引起的危害。工业毒物可能是原料、辅助材料、半成品、成品、也可能是副产品、废弃物、夹杂物，或其中含有毒成分的其他物质。

3）酸、碱等化学物质的腐蚀性危害，如在金属的清洗和表面处理时产生的腐蚀性危害。

（8）粉尘危害。指机械设备在生产过程中产生的各种粉尘引起的危害。粉尘来源包括：

1）某些物质加热时产生的蒸汽在空气中凝结或被氧化所形成的粉尘，如熔炼黄铜时，锌蒸汽在空气中冷凝、氧化形成氧化锌烟尘。

2）固体物质的机械加工或粉碎，如金属的抛光、石墨电极的加工。

3）铸造加工中，清砂时或在生产中使用的粉末状物质，在混合、过筛、包装、搬运等操作时产生的以及沉积的粉尘，由于振动或气流的影响再次浮游于空气中的粉尘（二次扬尘）。

4）有机物的不完全燃烧，如木材、焦油、煤炭等燃烧时所产生的烟。

5）焊接作业中，由于焊药分解、金属蒸发所形成的烟尘。

（9）生产环境，指异常的生产环境。

1）照明。工作区照度不足，照度均度不够，亮度分布不当，光或色的对比度不当，以及存在频闪效应、眩光效应。

2）气温。工作区温度过高、过低或急剧变化。

3）气流。工作区气流速度过大、过小或急剧变化。

4）湿度。工作区湿度过大或过小。

（二）危险部位

操作人员易于接近的各种可动零部件都是机械的危险部位，机械加工设备的加工区也是危险部位。常见的危险零部件有以下几种：

（1）旋转轴。

（2）相对传动部件如啮合的明齿轮。

（3）不连续的旋转零件，如风机叶片、成对带齿滚筒。

（4）皮带与皮带轮，链与链轮。

（5）旋转的砂轮。

（6）活动板和固定板之间靠近时的压板。

（7）往复式冲压工具如冲头和模具。

（8）带状切割工具如带锯。

（9）蜗轮和蜗杆。

（10）高速旋转运动部件的表面如离心机转鼓。

（11）连接杆与链环之间的夹子。

（12）旋转的刀具刃具。

（13）旋转的曲轴和曲柄。

（14）旋转运动部件的凸出物，如键、定位螺丝。

（15）旋转的搅拌机、搅拌翅。

（16）带尖角、锐边或利棱的零部件。

（17）锋利的工具。

（18）带有危险表面的旋转圆筒如脱粒机。

（19）运动皮带上的金属接头（皮带扣）。

（20）飞轮。

（21）联轴节上的固定螺丝。

（22）过热过冷的表面。

（23）电动工具的把柄。

（24）设备表面上的毛刺、尖角、利棱、凹凸。

（25）机械加工设备的工作区。

二、混凝土机械、钢筋机械操作注意事项

（一）混凝土机械

1. 一般要求

（1）作业场地应有良好的排水条件，机械近旁应有水源，机棚内应有良好的通风、采光及防雨、防冻设施，并不得有积水。

（2）固定式机械应有可靠的基础，移动式机械应在平坦坚硬的地坪上用方木或撑架架牢，并应保持水平。

（3）当气温降到5℃以下时，管道、水泵、机内均应采取防冻保温措施。

（4）作业后，应及时将机内、水箱内、管道内的存料、积水放尽，并应清洁、保养机械，清理工作场地，切断电源，锁好开关箱。

（5）装有轮胎的机械，转移时拖行速度不得超过15km/h。

2. 混凝土搅拌机

（1）固定式搅拌机应安装在牢固的台座上。当长期固定时，应埋置地脚螺栓；在短期

使用时，应在机座上铺设木枕并找平放稳。

（2）固定式搅拌机的操纵台，应使操作人员能看到各部工作情况。电动搅拌机的操纵台，应垫上橡胶板或干燥木板。

（3）移动式搅拌机的停放位置应选择平整坚实的场地，周围应有良好的排水沟渠。就位后，应放下支腿将机架顶起达到水平位置，使轮胎离地。当使用期较长时，应将轮胎卸下妥善保管，轮轴端部用油布包扎好，并用枕木将机架垫起支牢。

（4）对需设置上料斗地坑的搅拌机，其坑口周围应垫高夯实，应防止地面水流入坑内。上料轨道架的底端支承面应夯实或铺砖，轨道架的后面应采用木料加以支承，应防止作业时轨道变形。

（5）料斗放到最低位置时，在料斗与地面之间，应加一层缓冲垫木。

（6）作业前，应先启动搅拌机空载运转。应确认搅拌筒或叶片旋转方向与筒体上箭头所示方向一致。对反转出料的搅拌机，应使搅拌筒正、反转运转数分钟，并应无冲击抖动现象和异常噪声。

（7）作业前，应进行料斗提升试验，应观察并确认离合器、制动器灵活可靠。

（8）应检查并校正供水系统的指示水量与实际水量的一致性；当误差超过2％时，应检查管路的漏水点，或应校正节流阀。

（9）应检查骨料规格并应与搅拌机性能相符，超出许可范围的不得使用。

（10）搅拌机启动后，应使搅拌筒达到正常转速后进行上料。上料时应及时加水，每次加入的拌合料不得超过搅拌机的额定容量并应减少物料黏罐现象。加料的次序应为石子→水泥→砂子→水泥→石子。

（11）进料时，严禁将头或手伸入料斗与机架之间。运转中，严禁用手或工具伸入搅拌筒内扒料、出料。

（12）搅拌机作业中，当料斗升起时，严禁任何人在料斗下停留或通过；当需要在料斗下检修或清理料坑时，应将料斗提升后用铁链或插入销锁住。

（13）向搅拌筒内加料应在运转中进行，添加新料应先将搅拌筒内原有的混凝土全部卸出后方可进行。

（14）作业中，应观察机械运转情况，当有异常或轴承温升过高等现象时，应停机检查；当需检修时，应将搅拌筒内的混凝土清除干净，然后再进行检修。

（15）加入强制式搅拌机的骨料最大粒径不得超过允许值，并应防止卡料。每次搅拌时，加入搅拌筒的物料不应超过规定的进料容量。

（16）强制式搅拌机的搅拌叶片与搅拌筒底及侧壁的间隙，应经常检查并确认符合规定，当间隙超过标准时，应及时调整。当搅拌叶片磨损超过标准时，应及时修补或更换。

（17）作业后，应对搅拌机进行全面清理；当操作人员需进入筒内时，必须切断电源或卸下熔断器，锁好开关箱，挂上"禁止合闸"标牌，并应有专人在外监护。

（18）作业后，应将料斗降落到坑底，当需升起时，应用链条或插销扣牢。

（19）冬季作业后，应将水泵、放水开关、量水器中的积水排尽。

（20）搅拌机在场内移动或远距离运输时，应将进料斗提升到上止点，用保险铁链或插销锁住。

3. 混凝土拌合站（楼）

（1）混凝土搅拌站的安装，应由专业人员按出厂说明书规定进行，并应在技术人员主持下组织调试，在各项技术性能指标全部符合规定并经验收合格后，方可投产使用。

（2）与搅拌站配套的空气压缩机、皮带输送机及混凝土搅拌机等设备，应按空气压缩机、皮带输送机及混凝土搅拌机的相关标准规定执行。

（3）作业前检查项目应符合以下要求：

1）搅拌筒内和各配套机构的传动，运动部位及仓门、斗门、轨道等均无异物卡住。

2）各润滑油箱的油面高度符合规定。

3）打开阀门排放气路系统中气水分离器的过多积水，打开贮气筒排污螺塞放出油水混合物。

4）提升斗或拉铲的钢丝绳安装、卷筒缠绕均正确，钢丝绳及滑轮符合规定，提升料斗及拉铲的制动器灵敏有效。

5）各部螺栓已紧固，各进、排料阀门无超限磨损、各输送带的紧张度适当，不跑偏。

6）称量装置的所有控制和显示部分工作正常，其精度符合规定。

7）各电气装置能有效控制机械动作，各接触点和动、静触头无明显损伤。

（4）应按搅拌站的技术性能准备合格的砂、石骨料，粒径超出许可范围的不得使用。

（5）机组各部分应逐步启动，启动后，各部件运转情况和各仪表指示情况应正常，油、气、水的压力应符合要求，方可开始作业。

（6）作业过程中，在贮料区内和提升斗中，严禁人员进入。

（7）搅拌筒启动前应盖好仓盖。机械运转中，严禁将手、脚伸入料斗或搅拌筒探摸。

（8）当拉铲被障碍物卡死时，不得强行起拉，不得用拉铲起吊重物，在拉料过程中，不得进行回转操作。

（9）搅拌机满载搅拌时不得停机，当发生故障或停电时，应立即切断电源，锁好开关箱，将搅拌筒内的混凝土清除干净，然后排出故障或等待电源恢复。

（10）搅拌站各机械不得超载作业；应检查电动机的运转情况，当发现运转声音异常或温升过高时，应立即停机检查；电压过低时不得强制运行。

（11）搅拌机停机前，应先卸载，然后按顺序关闭各部开关和管路。应将螺旋管内的水泥全部输送出来，管内不得残留任何物料。

（12）作业后，应清理搅拌筒、出料门及出料斗，并用水冲洗，同时冲洗附加剂及其供给系统，称量系统的刀座、刀口应清洗干净，并应确保称量精度。

（13）冰冻季节，应放尽水泵、水箱及附加剂箱内的存水，并应启动水泵和附加剂泵运转 1～2min。

（14）当搅拌站转移或停用时，应将水箱、附加剂箱、水泥以及砂、石存贮料斗和称量斗内的物料排净，并清洗干净。转移中，应将杆杠秤表头平衡砣秤杆固定，传感器应卸载。

4. 混凝土泵

（1）混凝土泵应安放在平整、坚实的地面上，周围不得有障碍物，在放下支腿并调整后应使机身保持水平和稳定，轮胎应楔紧。泵送管道的敷设应符合以下要求：

1）水平泵进管道宜直线敷设。

2）垂直泵送管道不得直接装接在泵的输出口上，应在垂直管前端加装长度不小于20m 的水平管，并在水平管近泵处加装逆止阀。

3）敷设向下倾斜的管道时，应在输出口上加装一段水平管，其长度不应小于倾斜管高低差的 5 倍。当倾斜度较大时，应在坡度上端装设排气活阀。

4）泵送管道应有支承固定，在管道和固定物之间应设置木垫作缓冲，不得直接与钢筋或模板相连，管道与管遭闸应连接牢靠；管道接头和卡箍应扣牢密封，不得蒲浆；不得将已磨损管道装在后端高压区。

5）泵邀管道敷设后，应进行耐压试验。

（2）砂石粒径、水泥标号及配合比应按出厂规定，满足泵机可泵性的要求。

（3）作业前应检查并确认泵机各部螺栓紧固，防护装置齐全可靠，各部位操纵开关、调整手柄、手轮、控制杆、旋塞等均在正确位置，液压系统正常无泄漏，液压油符合规定，搅拌斗内无杂物。上方的保护格网完好无损并盖严。

（4）输送管道的管壁厚度应与泵送压力匹配，近泵处应选用优质管子。管道接头、密封髓及弯头等应完好无损。高温烈日下应采用湿麻袋或湿草袋遮盖管路，并应及时浇水降温，寒冷季节应采取保温措施。

（5）应配备清洗管、清洗用品、接球器及有关装置。开泵前，无关人员应离开管道周围。

（6）启动后应空载运转，观察各仪表的指示值、检查泵和搅拌装置的运转情况，确认一切正常后，方可作业。泵送前应向料斗加入 10L 清水和 0.3m³ 的水泥砂浆润湿泵及管道。

（7）泵送作业中，料斗中的混凝土平面应保持在搅拌轴轴线以上。料斗格网上不得堆满混凝土，应控制供料流量，及时清除超粒径的骨料及异物，不得随意移动格网。

（8）当进入料斗的混凝土有离析现象时应停泵，待搅拌均匀后再泵送。当骨料分离严重，料斗内灰浆明显不足时，应剔除部分骨料，另加砂浆重新搅拌。

（9）泵送混凝土应连续作业。当因供料中断被迫暂停时，停机时间不得超过 30min。暂停时间内应每隔 5～10min（冬季 3～5min）做 2～3 个冲程反泵—正泵运动，再次投料泵送前应先将料搅拌。当停泵时间超限时，应排空管道。

（10）垂直向上泵进中断后再次泵进时，应先进行反向推送，使分配阀内混凝土吸回料斗，经搅拌后再正向泵送。

（11）泵机运转时，严禁将手或铁锹伸入料斗或用手抓握分配阀。当需在料斗或分配阀上工作时，应先关闭电动机和消除蓄能器压力。

（12）不得随意调整液压系统压力。当油温超过 70℃时，应停止泵送，但仍应使搅拌叶片和风机运转，待降温后再继续运行。

（13）水箱内应储满清水，当水质混浊并有较多砂粒时，应及时检查处理。

（14）泵送时，不得开启任何输送管道和液压管道；不得调整、修理正在运转的部件。

（15）作业中，应对泵送设备和管路进行观察，发现隐患应及时处理。对磨损超过规定的管子、卡箍、密封圈等应及时更换。

（16）应防止管道堵塞。泵送混凝土应搅拌均匀，控制好坍落度；在泵送过程中，不得中途停泵。

（17）当出现输送管堵塞时，应进行反泵运转，使混凝土返回料斗；当反泵几次仍不能消除堵塞，应在泵机卸载情况下，拆管排除堵塞。

（18）作业后，应将料斗内和管道内的混凝土全部输出，然后对泵机、料斗、管道等进行冲洗。当用压缩空气冲洗管道时，进气阁不应立即开大，只有当混凝土顺利排出时，方可将进气阀开至最大。在管道出口端前方 10m 内严禁站人，并应用金属网篮等收集冲出的清洗球和砂石粒。对凝固的混凝土，应采用刮刀清除。

（19）作业后，应将两侧活塞转到清洗室位置，并涂上润滑油。各部位操纵开关、调整手柄、手轮、控制杆、旋塞等均应复位，液压系统应卸载。

（二）钢筋机械

1. 一般规定

（1）钢筋加工机械以电动机、液压为动力，以卷扬机为辅机者，应按有关规定执行。

（2）机械的安装必须坚实稳固，保持水平位置。固定式机械应有可靠的基础，移动式机械作业时应楔紧行走轮。

（3）室外作业应设置机棚，机旁应有堆放原料、半成品的场地。

（4）加工较长的钢筋时，应有专人帮扶，并听从操作人员指挥，不得任意推拉。

（5）作业后，应堆放好成品。清理场地，切断电源，锁好电闸箱。

2. 钢筋调直切断机

（1）料架、料槽应安装平直，对准导向筒、调直筒和下切刀孔的中心线。

（2）用手转动飞轮，检查传动机构和工作装置，调整间隙，紧固螺栓，确认正常后，启动空运转，检查轴承应无异响，齿轮啮合良好，待运转正常后，方可作业。

（3）按调直钢筋的直径，选用适当的调直块及传动速度。经调试合格，方可送料。

（4）在调直块未固定、防护罩未盖好前不得送料。作业中严禁打开各部防护罩及调整间隙。

（5）当钢筋送入后，手与曳轮必须保持一定距离，不得接近。

（6）送料前应将不直的料头切去，导向筒前应装一根 1m 长的钢管，钢筋必须先穿过钢管再送入调直前端的导孔内。

（7）作业后，应松开调直筒的调直块并回到原来位置，同时预压弹簧必须回位。

3. 钢筋切断机

（1）接送料工作台面应和切刀下部保持水平，工作台的长度可根据加工材料长度决定。

（2）启动前，必须检查切刀应无裂纹，刀架螺栓紧固，防护罩牢靠。然后用手转动皮带轮，检查齿轮啮合间隙，调整切刀间隙。

（3）启动后，先空运转，检查各传动部分及轴承运转正常后，方可作业。

（4）机械未达到正常转速时不得切料。切料时必须使用切刀的中下部位，紧握钢筋对准刃口迅速送入。

（5）不得剪切直径及强度超过机械铭牌规定的钢筋和烧红的钢筋。一次切断多根钢筋

时，总截面积应在规定范围内。

（6）剪切低合金钢时，应换高硬度切刀，直径应符合铭牌规定。

（7）切断短料时，手和切刀之间的距离应保持 150mm 以上，如手握端小于 400mm 时，应用套管或夹具将钢筋短头压住或夹牢。

（8）运转中，严禁用手直接清除切刀附近的断头和杂物。钢筋摆动周围和切刀附近非操作人员不得停留。

（9）发现机械运转不正常，有异响或切刀歪斜等情况时，应立即停机检修。

（10）作业后，用钢刷清除切刀间的杂物，进行整机清洁保养。

4．钢筋弯曲机

（1）工作台和弯曲机台面要保持水平，并准备好各种芯轴及工具。

（2）按加工钢筋的直径和弯曲半径的要求装好芯轴、成型轴、挡铁轴或可变挡架，芯轴直径应为钢筋直径的 2.5 倍。

（3）检查芯轴、挡块、转盘应无损坏和裂纹，防护罩紧固可靠，经空运转确认正常后，方可作业。

（4）作业时，将钢筋需弯的一头插在转盘固定销的间隙内，另一端紧靠机身固定销，并用手压紧，检查机身固定销子确实安在挡住钢筋的一侧，方可开动。

（5）作业中，严禁更换芯轴、销子和变换角度以及调速等作业，亦不得加油或清扫。

（6）弯曲钢筋时，严禁超过本机规定的钢筋直径、根数及机械转速。

（7）弯曲高强度或低合金钢筋时，应按机械铭牌规定换算最大限制直径并调换相应的芯轴。

（8）严禁在弯曲钢筋的作业半径内和机身不设固定销的一侧站人。弯曲好的半成品应堆放整齐，弯钩不得朝上。

（9）转盘换向时，必须在停稳后进行。

5．钢筋冷拉机

（1）根据冷拉钢筋的直径，合理选用卷扬机，卷扬钢丝绳应经封闭式导向滑轮并和被拉钢筋方向成直角。卷扬机的位置必须使操作人员能见到全部冷拉场地，距离冷拉中线不少于 5m。

（2）冷拉场地在两端地锚外侧设置警戒区，装设防护栏杆及警告标志。严禁无关人员在此停留。操作人员在作业时必须离开钢筋至少 2m 以外。

（3）用配重控制的设备必须与滑轮匹配，并有指示起落的记号，没有指示记号时应有专人指挥。配重框提起时高度应限制在离地面 300mm 以内，配重架四周应有栏杆及警告标志。

（4）作业前，应检查冷拉夹具，夹齿必须完好，滑轮、拖拉小车润滑灵活，拉钩、地锚及防护装置均应齐全牢固，确认良好后，方可作业。

（5）卷扬机操作人员必须看到指挥人员发出信号，并待所有人员离开危险区后方可作业。冷拉应缓慢、均匀地进行，随时注意停车信号或见到有人进入危险区时，应立即停拉，并稍稍放松卷扬钢丝绳。

（6）用延伸率控制的装置，必须装明显的限位标志，并要有专人负责指挥。

（7）夜间工作照明设施，应设在张拉危险区外，如必须装设在场地上空时，其高度应超过 5m，灯泡应加防护罩，导线不得用裸线。

（8）作业后，应放松卷扬钢丝绳，落下配重，切断电源，锁好电闸箱。

第八节　特种设备安全技术

一、特种设备的定义及类别

（一）定义

特种设备是指涉及生命安全、危险性较大的锅炉、压力容器（含气瓶，下同）、压力管道、电梯、起重机械、客运索道、大型游乐设施和场（厂）内专用机动车辆。其中锅炉、压力容器（含气瓶）、压力管道为承压类特种设备；电梯、起重机械、客运索道、大型游乐设施为机电类特种设备。

（二）类别

1. 承压类特种设备

（1）锅炉，是指利用各种燃料、电或者其他能源，将所盛装的液体加热到一定的参数，并通过对外输出介质的形式提供热能的设备。其范围规定为设计正常水位容积大于或者等于 30L，且额定蒸汽压力大于或者等于 0.1MPa（表压）的承压蒸汽锅炉；出口水压大于或者等于 0.1MPa（表压），且额定功率大于或者等于 0.1MW 的承压热水锅炉；额定功率大于或者等于 0.1MW 的有机热载体锅炉。

（2）压力容器，是指盛装气体或者液体，承载一定压力的密闭设备。其范围规定为最高工作压力大于或者等于 0.1MPa（表压）的气体、液化气体和最高工作温度高于或者等于标准沸点的液体、容积大于或者等于 30L 且内直径（非圆形截面指截面内边界最大几何尺寸）大于或者等于 150mm 的固定式容器和移动式容器；盛装公称工作压力大于或者等于 0.2MPa（表压），且压力与容积的乘积大于或者等于 1.0MPa·L 的气体、液化气体和标准沸点等于或者低于 60℃液体的气瓶；氧舱。

（3）压力管道，是指利用一定的压力，用于输送气体或者液体的管状设备。其范围规定为最高工作压力大于或者等于 0.1MPa（表压），介质为气体、液化气体、蒸汽或者可燃、易爆、有毒、有腐蚀性、最高工作温度高于或者等于标准沸点的液体，且公称直径大于或者等于 50mm 的管道。公称直径小于 150mm，且其最高工作压力小于 1.6MPa（表压）的输送无毒、不可燃、无腐蚀性气体的管道和设备本体所属管道除外。其中，石油天然气管道的安全监督管理还应按照《安全生产法》《石油天然气管道保护法》等法律法规实施。

2. 机电类特种设备

（1）电梯，是指动力驱动，利用沿刚性导轨运行的箱体或者沿固定线路运行的梯级（踏步），进行升降或者平行运送人、货物的机电设备，包括载人（货）电梯、自动扶梯、自动人行道等。非公共场所安装且仅供单一家庭使用的电梯除外。

（2）起重机械，是指用于垂直升降或者垂直升降并水平移动重物的机电设备。其范围规定为额定起重量大于或者等于 0.5t 的升降机；额定起重量大于或者等于 3t（或额定起重力矩大于或者等于 40t·m 的塔式起重机，或生产率大于或者等于 300t/h 的装卸桥），

且提升高度大于或者等于 2m 的起重机；层数大于或者等于 2 层的机械式停车设备。

（3）客运索道，是指动力驱动，利用柔性绳索牵引箱体等运载工具运送人员的机电设备，包括客运架空索道、客运缆车、客运拖牵索道等。非公用客运索道和专用于单位内部通勤的客运索道除外。

（4）大型游乐设施，是指用于经营目的，承载乘客游乐的设施。其范围规定为设计最大运行线速度大于或者等于 2m/s，或者运行高度距地面高于或者等于 2m 的载人大型游乐设施。用于体育运动、文艺演出和非经营活动的大型游乐设施除外。

（5）场（厂）内专用机动车辆，是指除道路交通、农用车辆以外仅在工厂厂区、旅游景区、游乐场所等特定区域使用的专用机动车辆。

（6）特种设备包括其所用的材料、附属的安全附件、安全保护装置和与安全保护装置相关的设施。

二、门座式、塔式、桥式、轮胎式、履带式起重机械、缆机安全技术

（一）门座式起重机

1. 施工操作要求

（1）启动前检查与准备。

1）行走轨道、回转盘及各种传动机械、开式齿轮啮合面上应无障碍物。

2）取掉台车行走轮的防爬器和松开大车固定的夹轨器。

3）各主要结构连接螺栓应无松动。

4）寒冷季节应清扫扶梯和平台上的霜雪。

5）按润滑周期表的规定对各部位进行润滑。

6）检查起重及变幅钢丝绳端头的紧固情况，发现扭曲、挤压变形、磨损和断丝时，应立即停止运行，并报告机电设备和安全管理部门。

7）各接触器应完好、各位置限位开关齐全，动作灵敏可靠。

8）电缆无破裂漏电现象，各导线绝缘表层无明显损坏。

9）电源电压应符合规定，其变动范围不得超出规定。

10）合闸前各操作手柄置于零位。

11）吊钩防脱装置完好有效。

（2）启动后检查（空载）。

1）各传动机构齿轮啮合正常，无异常声响。

2）各仪表指针位置正确，接触器、限位开关及制动器动作灵活可靠。

3）各机构联合运转 5～7min，确认各部分机构正常灵敏可靠后方可投入作业。

（3）停机操作。

1）将臂杆升至最大幅度位置，并转至顺风方向。空钩升至距臂杆顶端 5～6m 处。

2）将起重机开至安全无干扰的地方。

3）将各控制操作手柄置于零位，并应切断电源。

4）按规定做好各部位的日常保养工作，清点工具，做好防火检查。

5）如停机时间长，应将夹轨装置投入或将大车行走轮用防爬器锁定。回轮机构脚踏制动器应用重锤制动住。变幅机构开式齿轮中间应用木楔塞住。检查无误后，应关门上

锁、断开外部电源。

2．施工操作注意事项

（1）司机应做到"十不吊"。即在有下列情况之一发生时，操作人员应拒绝吊运：

1）捆绑不牢、不稳的货物。

2）吊运物品上有人。

3）起吊作业需要超过起重机的规定范围时。

4）斜拉重物。

5）物体重量不明或被埋压。

6）吊物下方有人时。

7）指挥信号不明或没有统一指挥时。

8）作业场所不安全，可能触及输电线路、建筑物或其他物体。

9）吊运易燃易爆品没有安全措施时。

10）起吊重要大件或采用双机抬吊，没有安全措施，未经批准时。

（2）司机在操作中遇下列情况应鸣铃：

1）起升、落下物件，开动大小车时。

2）起吊物件从视界不清处通过时，应连续鸣铃。

3）门机在同一层或另一层接近跨内另一台门机时。

4）吊运货物接近人时。

5）在其他紧急情况时。

3．日常保养

（1）检查各减速箱的油量和油质，按规定对各润滑部位加添润滑油。润滑油脂应保持清洁，型号符合要求。

（2）检查各传动机械基础部位和各结构部位的连接螺栓，如发现松动应按照规定力矩及时紧固。

（3）检查各制动器的间隙及效能。

（4）检查并保持各限位开关等安全保护装置的灵活性与可靠性。

（5）检查钢丝绳，其断丝根数、磨损量或其他损坏是否达到或超过报废标准，如达到应立即更换。检查卷筒钢丝绳应无窜槽或叠压现象，固定压板牢固可靠。

（6）检查竖塔顶部滑轮、臂杆顶部滑轮和吊钩滑轮的运转情况，如有卡阻、颤动响声或磨损达到报废标准时应立即检修或更换；检查吊钩磨损程度和防脱钩装置的可靠性。

（7）电气设备如发现异常情况，应由专业电工及时进行检修。

（8）检查行走轨道基础，接地装置应保持良好。

（9）做好全机的清洁工作，保持整洁。

（10）设备大修后投入使用，应按磨合期的有关规定进行保养。

（二）塔式起重机

1．施工操作要求

（1）启动前检查和准备。

1）大车行驶轨道不应有下沉情况，轨道固定部位应牢固完好。

2）应松开夹轨器，清除轨道上及周围的障碍物。

3）电源电线不应有损伤和漏电现象。

4）寒冷季节，应清扫扶梯和平台上的霜雪。

5）各主要部位的连接螺栓不应有松动现象，各主要部位焊缝无开裂。

6）各转动部位不应有异物；滑轮、托滚、卷筒情况正常，钢丝绳端头卡压紧固，钢丝绳无扭曲、挤压现象；吊钩防脱装置完好有效。

7）各制动轮表面（主要是起升机构的）应保持清洁。

8）应按保养规定，对各有关部位进行润滑。

9）各接触器应完好，各限位开关齐全，位置准确，动作可靠。

10）各操作手柄应处于零位。电源电压应正常，其变动范围不应超过规定值。

11）臂架回转及其他转动部位不应有人员作业或停留。

12）启动前应通知车上、车下有关人员，然后发出启动信号。

（2）运行程序与检查。

1）运行程序。①合上动力电源开关及操作回路开关；②接通司机室内总控制柜的空气开关；③操纵控制器手柄，即可进行作业。

2）运行检查（空载）。①各传动机构齿轮啮合应正常，无异常音响；②应检查各仪表指针位置正常，各接触器、限位开关及制动器动作灵活可靠；③各机构联合运转数分钟，确认各部位动作正常可靠，方可正式投入作业。

（3）停机操作。

1）将臂杆转至顺风方向，小车移至塔头处。吊钩升至极限位置、不应悬挂重物。

2）将起重机开至安全无干扰的地方，锁紧夹轨器。

3）各控制器操纵手柄置于零位。断开司机室内总控制柜的空气开关。

4）按规定做好各部位的日常保养和清洁工作，做好防火检查。

5）检查完毕后，切断电源。如长时间停机应关门上锁。

2．施工注意事项

（1）司机应做到"十不吊"。

（2）起升、下降操作。

1）起吊物件的重量不应超过制造厂规定的额定起重量。物件吨位不明时，应在检查确认后，方可起吊。

2）操纵控制器时，应从停止点（零位）转动到第一挡，然后逐级增加速度，严禁超级操作；在变换电动机旋转方向时，应将控制器指针转向零位，待电动机静止后，再转向另一方向，不应直接变换运转方向，操作时应力求平稳，严禁急开急停。各型号规格的塔式起重机应按该塔吊的有关规定进行操作。

3）在吊钩提升到接近高度限位开关或起重机行走到接近行走限位开关时，应分别降速至停止位置。

4）起吊重物越过障碍物时，应先将重物起升到超过障碍物最高点的1.5m以上后，方可越过。

5）起吊时不应用吊钩直接吊挂重物，应用绳索绑扎牢固或用吊笼装吊。作业时，如遇停电停工应将重物放下，不应悬挂在空中，吊起的重物严禁自由下落，并避免下落过程中紧急刹车。落下重物时，应用手制动器或短时间内脚踏刹车缓慢下降。

6）司机接班后，首次起吊重物应先将重物吊离地面 30cm 左右，确认制动可靠，方可继续作业。

7）正常作业，宜先将重物吊离地面 30cm 左右，由地面作业人员检查被吊重物绑扎的牢固和稳定性，认定可靠后再继续起升。

8）起吊接近满负荷时，在吊离地面 10cm 左右后，停机检查起重机的稳定性，制动器的可靠性和钢丝绳的受力情况，确认正常后，方可继续起吊。

9）吊钩下降到最低位置时，卷筒上应至少留 3 圈的钢丝绳（不包括压板下面部分）。

（3）回转操作。

1）上回转式塔式起重机作业时，不应顺一个方向连续回转。

2）遇到大逆风回转时，应用第"Ⅰ"挡缓慢启动，并不应快速进挡。

3）遇顺风且风力较大时，应先在第"Ⅰ"挡位停留 2s 后，再进至第"Ⅱ"挡位。

（4）小车变幅操作。

1）起吊物件的重量，不应超过制造厂规定的在不同幅度变化时的允许值。

2）更换大、小吊钩作业时，应注意检查钢丝绳在卷筒上的排列情况。

（5）大车行走操作。

1）应接通主司机室和下司机室的紧急开关。

2）无论在主或副司机室操作时，都应相互接通转换开关。

3）行走发生事故时，应立即断开紧急开关。

4）行走台车有一台或两台电动机发生故障时，可切断大车控制屏上的控制刀闸，可仅用前支架两台电动机或仅用后支架两台电动机运行（但不可经常使用）。不应用前、后支架各一台电动机进行运行。

5）大车行走因故发生偏移时，可断开控制闸刀进行短暂的单边运行，用以纠偏。

6）大车行走时臂杆应转至轨道方向，严禁回转与行走同时进行。大车行走时，地面应由专人负责注意电缆的收放和大车的运行情况，发现问题应及时通知司机停车或手动断开大车行程开关。起重机停车时离轨道端头不应少于 3m。

（三）桥（龙门）式起重机

1. 安全检查

（1）开车前应检查电源供电情况，其变动范围不应超出规定值。

（2）桥（龙门）式起重机运行期间应做好以下安全检查：

1）应做好防火巡视检查。

2）应检查各减速箱的油量及油质，按规定对各润滑部位加添润滑油。

3）检查起升机构，电气传动部分的基础螺栓和主要结构部位的连接螺栓。如发现松动应及时紧固。

4）应检查制动器的间隙及效能。

5）应检查各安全保护装置的灵活性与可靠性。

6) 应检查各电气设备运转应正常，如发现异常情况，应及时由专业检修人员检修。

7) 应检查桥机轨道紧固情况，并定时检查轨道梁与厂房柱（或地下厂房岩锚梁）裂变移位现象。如有移变应及时向有关部门报告。

2. 操作注意事项

（1）司机应做到"十不吊"。

（2）开车前应将所有的控制手柄扳至零位，并将登车门开关及端梁上登车门开关合上，鸣铃示警后方可开车，起车应平稳，逐挡加速。

（3）每班第一次起吊物件时，或重吨位物件起吊时，应将物件吊离地面 30cm；然后停下，以试验制动器的可靠性；再进行正常作业。注意，并不应同时进行这三种操作。

（4）对接近额定负荷的物件可二挡试吊，若二挡吊不起，严禁用高速挡直接起吊。

（5）在电压显著下降或中断送电情况下，应断开主开关，把所有的控制器扳到零位。此时司机不应离开驾驶室。

（6）两台桥机同时起吊一物件时，应按桥机额定载重量合理分配，两机均不超载，并应统一指挥，步调一致，采用平衡梁（或专用吊具）拴挂连接时可靠。

（7）厂房内多台桥机布置，运行时，桥机相互之间应保持安全距离；厂房上、下层布置桥机，两层桥机应协调配合，严防碰撞。

（8）桥（龙门）式司机应听从地面起重信号工的指挥，但对任何人发出的紧急停车信号，都应立即停车。

（9）运行时，严禁有人上下桥机。严禁带负荷进行检修和调整机件（特别是制动抱闸）。

（10）吊起物件严禁从人头上越过，严禁吊起重物在空中长时间停留；吊运路线应走指定的通道。

（11）作业完毕，应把桥机开到指定的地点并把小车开到桥机的跨端。吊钩升起，把所有的控制器手柄扳到零位，切断主电源。

（四）轮胎式起重机

1. 作业准备

（1）应熟悉所使用的起重机的主要技术参数，掌握起重机特性曲线的使用方法，根据特性曲线允许的工作范围来起吊物品，根据现场条件（物品重量、作业半径、起升高度）选择滑轮组倍率，起重臂长及仰角。

（2）作业前，应检查起重机各部位的安全装置灵敏、齐全、可靠，未经允许不应任意拆除或调整安全装置。

（3）各操纵杆应置于空挡位置，并锁住制动器踏板。

（4）发动机应在中速下接合输出动力，使液压油及各齿轮箱的润滑油预热 15～20min，寒冷季节可适当延长预热时间。

（5）起重机进入现场应检查作业区域周围的环境条件，起重机应在平坦坚实的基础上放支腿作业，并应全部伸出水平支腿，严禁在未伸出状态下从事起吊作业。支腿不应支撑在有暗沟涵洞及地下不明构筑物上面和松软泥土地面。

（6）汽车式起重机支腿时应使机身处于水平状态，轮胎不可接触地面。放支腿时，应

先放后支腿，后放前支腿；收支腿时，应先收前支腿，后收后支腿。

（7）作业时，不应扳动支腿操作机构。如需调整支腿时，应将重物放至地面，臂杆转至正前方或正后方，再进行调整。

2．主臂操作

（1）变幅应平稳，严禁猛然起落臂杆。

（2）作业时，臂杆可变倾角不应超过制造厂规定；如制造厂无规定时，最大倾角不应超过 78°。

（3）作业时，不应在起吊负荷时进行伸缩臂作业（除厂家另有规定外）。

（4）变幅角度或回转半径应与起重量相适应。

（5）回转前应观察周围情况，回转前方和吊车尾部不应有人和障碍物。

（6）应在被吊物体停止晃动后，方可改变转向。当不再作回转时，应锁紧回转制动器。

（7）起吊作业应在起重机的侧向和后向进行，向前回转时，臂杆中心线不应越过前支腿中心。

（8）臂杆向外伸时，第二、第三节应同步，如其中一节发生迟缓现象，应即予调整。第四节臂杆只有在第二、第三节全部伸出后才允许伸到需要的长度。

（9）臂杆向外延伸时，应充分下降吊钩。

（10）臂杆向外延伸，当限制器发生报警时，应立即停止不应强行继续外伸。

（11）当臂杆外伸或降到最大作业位置时，应防止超负荷。

（12）在缩回时，臂杆的仰角不得太小，应先缩回第四节，然后再将第二、第三节缩回。

3．副杆延伸与收回

（1）延伸副杆时，工作范围内应无任何障碍物。

（2）延伸或收副杆时，各支腿应完全伸出。

（3）副杆需外伸时，应将第一节臂杆稍低于水平，插入副杆根部与第四节相连的旋转轴销后，取出与第一节相连的拴挂轴销，由人工旋转副杆与第四节相对接并插入另一侧连接的固定销。

（4）收存时，应根据指挥信号拆卸或存放副吊钩。在操作中力矩限制器可能会使起重机停止动作。此时，应操作力矩限制器释放扭矩，以便收存工作继续进行。

（5）收存时应特别注意不可将钢丝绳绞得太紧。

4．提升与降落操作

（1）起吊前，应根据该起重机特性曲线表来确定臂杆长度、臂杆倾角、回转半径及允许负荷间的相互关系，每一数据都应在规定的范围以内。

（2）应定期检查起吊钢丝绳及吊钩的完好情况，保证有足够的强度。

（3）起吊前，检查力矩限制器、上升极限位置限制器、过卷扬警报、断路装置、幅度指示器等应灵敏可靠。

（4）为防止作业时离合器突然脱开，应将离合器操纵杆加以锁紧。

（5）正式起吊时，应先将重物吊离地面 20～30cm，然后停机检查重物绑扎的牢固性

和平稳性、制动的可靠性、起重机的稳定性，确认正常后，方可继续操作。

（6）作业中如突然发生故障，应立即卸载，停止作业，进行检查和修理。严禁在作业时，对运转部位进行修理、调整、保养等工作。

（7）当重物悬在空中时，司机不应离开操作室。

（8）起吊钢丝绳从卷筒上放出时，剩余量不应少于3圈。

5．停机操作

（1）停车时应低速运转几分钟后再熄火，寒冷季节应放净未加防冻液的冷却水。

（2）起重机收班时应停在指定的停车库房（场）位置。路途应停靠在安全平坦、不妨碍交通的地方（或指定的停车位置），应拉紧手刹车，挂入低速挡。在坡道停车，车头向上坡时应挂一挡，车头向下坡时应挂倒挡，并用三角木把车轮塞死。

（3）作业终了停车，应按规定进行保养。

（五）履带式起重机

（1）作业前检查起重机的回转范围内应无障碍物。

（2）起重机停放地点和行驶路线应与道路边缘、沟渠、基坑等保持安全距离。在新填土堤作业时应特别注意地基的稳定性。

（3）起重机应在平坦坚实的地面上进行起重作业。如地面松软，应夯实后用枕木在履带板横向垫实，或用钢板支垫履带板后再进行起重作业。

（4）加注燃油时严禁吸烟和接近明火，如油料着火后应用灭火器或砂土扑灭，严禁浇水。

（5）起吊前应根据现场条件（物品重量、安装位置、起升高度）选配滑轮组倍率、起重臂长及仰角。起吊物体重量不明时，不应起吊。

（6）严禁吊钩、钢丝绳在不垂直的状态下进行起吊或直接起吊埋在地下的不明物体。

（7）提升重物时，提升速度应均匀平稳，落下重物时，应低速轻放，不应忽快忽慢和突然制动。

（8）吊重物时，应先吊离地面 $10\sim30cm$，检查起重机的稳定性、制动可靠性，各部分情况正常后方可继续提升。

（9）起重机回转时应控制起重臂的幅度和回转速度，严禁快速回转，回转应平稳进行，不应使用紧急制动或在重物没停稳前作反向旋转。

（10）起重机在满负荷或接近满负荷时，严禁同时进行两种动作。

（11）起重机起吊重物行走时，被吊物的重量不应超过该工况容许起重量的2/3，并且重物应在起重机行驶的正前方向，物件应下落接近地面并用绳索牵引缓慢行驶。

（12）严禁利用限位装置替代应进行的正常操作动作。

（13）起重机行驶转弯不应过急，如转弯角度过大，应分数次磨转。上坡时，应有防滑措施。

（14）起吊重物未放下前，驾驶员不应离开工作岗位。

（15）在起吊工作中发现不正常现象或故障时，应放下重物，停止各部运转后进行保养、调整和修理。

（16）起重机工作完毕后应将吊钩升起，吊杆放至 $40°\sim60°$，各制动器处于工作状态，操纵杆放在空挡位置，并将驾驶室门窗闭锁。

（六）缆索起重机

1. 作业准备

（1）应检查各仪表盘指针位置及通信系统。

（2）检查各制动抱闸应正常。

（3）滑轮和索道系统如有冰雪时，应以一挡速度牵引空载小车在索道上来回各两次，同时用一挡速度提升和下降空钩若干距离，以碾除索道和滑轮上的冰雪。

（4）提升与下降操作。

1）提升或下降应逐挡加速或减速，操作应平稳。严禁越挡变速，严禁运转中突然改变运转方向。

2）严禁斜吊重物及埋在地下或与地面冻结、压住、卡住的重物。应经常注意吊钩上、下限位置，在接近极限位置时，应及时减速。

3）吊钩下落到最低位置时，缠绕在卷筒上的钢丝绳最少不应少于 3 圈，提升负荷时钢丝绳在卷筒上应排列整齐。

4）重物提升至高过障碍物顶点 3m 以上，方可水平跨越。宜先减速后制动，避免急速下降，紧急制动。

2. 小车牵引操作

（1）牵引小车应逐挡减、加速，然后推至零位。严禁越挡变速，严禁突然改变小车运转方向。

（2）小车在主索两端，距塔架有一段非作业范围，不应吊重。空载小车靠近塔架时，应将吊钩升至最高处，用一挡速度缓慢靠近。

（3）除进行检修和维护保养等工作外，小车严禁搭乘人员。

3. 塔架移行操作

（1）塔架移行前应排除轨道上和基础平台上各种障碍物，并先发信号通知主塔行走机构助手和副塔助手，警告塔架附近人员注意安全。

（2）严禁吊物放在地面，未经脱钩就移行塔架。

（3）应经常注意主、副塔架位差指示，当位差超出厂家规定数值时应及时调整。

（4）当塔架接近轨道尽头时，司机和助手应密切注意限位开关的动作，当限位开关已动作，而移行电机仍不停止工作时，应立即切断移行电机电源，使塔架停止移行。事后应查明原因，恢复正常。

（5）当多台缆机立体布置，上层缆机将跨越下层缆机时，应卸除负荷，将吊钩升至最高位置后，方可移行跨越。

（6）多台缆机布置在同一轨道上，作业中应保持相应的安全距离，移动塔架时，应用低挡操作，严防发生两机塔架相撞事故。

4. 停机操作

（1）停机前应卸除负荷，并将小车牵引至主塔停靠。

（2）停机时应将各操纵杆置于零位。停机时间较长时应断开电机的主开关。

（3）停机后司机与助手共同做好台班保养和机器设备的清洁工作。助手应清理好工

具、润滑油料及擦拭材料。

三、吊篮、施工电梯安全技术

(一) 吊篮

1. 定义

用钢丝绳从建筑物顶部，通过悬挂机构，沿立面悬挂着的作业平台能够上下移动的一种悬挂式设备。

2. 一般要求

(1) 产品中的自制零部件必须进行检验，检验合格后方可装配。

(2) 标准件、外购件、外协件应备有合格证书。制造厂应进行抽样检测，确认合格后进行装配。

(3) 吊篮应在下列环境下正常工作。

1) 环境温度 $-20 \sim +40℃$。

2) 环境相对湿度不大于 90%（25℃）。

3) 电源电压偏离额定值 $\pm 5\%$。

4) 工作处阵风风速不大于 10.8m/s（相当于 6 级风力）。

(4) 吊篮的电器系统应有可靠地接零装置，接零电阻应不大于 0.1Ω，在接零装置处应有接零标志。电器控制部分应有防水、防震、防尘措施。其元件应排列整齐，连接牢固，绝缘可靠。电控柜门应装锁。

(5) 吊篮上应有 220V 电源插头，并应有接零装置。

(6) 吊篮应确保操作者在使用中不触电和不触及旋转机件。

(7) 控制用按钮开关的外露部分由绝缘材料制成。应能承受 50Hz 实际正弦波形，1000V 电压，为时 60s 的耐压试验。

(8) 带电零件与机体间的绝缘电阻应不低于 $2m\Omega$。

3. 安全要求

(1) 安全要求应符合 JG 5027 规定。

(2) 结构安全系数。

1) 吊篮所用承载的结构零部件为塑性材料时，按材料的最低屈服强度值计算，其安全系数应不小于 2。

2) 吊篮所用承载的结构零部件为非塑性材料（如铸铁、玻璃纤维）时，按材料的最低强度极限值计算，其安全系数应不小于 5。确定结构安全系数时所用的设计应力，是吊篮在额定载荷下按照操作规程工作时结构件内产生的最大应力。

3) 吊篮在结构设计时，还应考虑风载荷。平台从地面提升到 30m 高时，承受基本风压值不低于 950Pa，每增高 30m 风压值增加 120Pa，悬挂机构结构设计基本风压值还应增大 50%。地理位置及使用条件不同时其风压值不同。可根据 GBJ 9、GB 3811 取值计算。

(3) 吊篮必须配备制动器，根据结构的不同一般应有两套独立的制动器——主制动器及辅助制动器。每套均可使带有 125% 额定载荷的平台停止运行，并在不大于 100mm 滑移距离内停住。

(4) 吊篮必须安装行程限位装置和同时发出的报警信号装置。

（5）吊篮必须设置安全钢丝绳并装有安全锁或相同作用的独立安全装置。在正常运行时，安全钢丝绳应能顺利通过安全锁，当平台运行速度达到安全锁锁绳速度时，安全锁应迅速锁住钢丝绳，使平台可靠地停住。安全锁不可自动复位。

（6）吊篮应设超载保护装置。

（7）吊篮应设防倾斜装置。

（8）吊篮应设有在断电时使平台平稳下降的装置，对卷扬式提升机构，应设有手动卷扬装置。

（9）在正常工作状态下，吊篮的悬挂机构应配置足够质量的配重，配重力矩与前倾力矩的比值不得小于2。

（10）吊篮所有外露传动部分，应装有防护装置。

（二）施工电梯

1. 基本规定

施工总承包单位进行的工作应包括下列内容：

（1）向安装单位提供拟安装设备位置的基础施工资料，确保施工升降机进场安装所需的施工条件。

（2）审核施工升降机的特种设备制造许可证、产品合格证、起重机械制造监督检验证书、备案证明等文件。

（3）审核施工升降机安装单位、使用单位的资质证书、安全生产许可证和特种作业人员的特种作业操作资格证书。

（4）审核安装单位制定的施工升降机安装、拆卸工程专项施工方案。

（5）审核使用单位制定的施工升降机安全应急预案。

（6）指定专职安全生产管理人员监督检查施工升降机安装、使用、拆卸情况。

2. 升降机的安装

（1）施工升降机地基、基础应满足使用说明书的要求。对基础设置在地下室顶板、楼面或其他下部悬空结构上的施工升降机，应对基础支撑结构进行承载力验算。

（2）施工升降机安装前应对各部件进行检查。对有可见裂纹的构件应进行修复或更换，对有严重锈蚀、严重磨损、整体或局部变形的构件必须进行更换，符合产品标准的有关规定后方能进行安装。

（3）安装作业前，应对辅助起重设备和其他安装辅助用具的机械性能和安全性能进行检查，合格后方能投入作业。

（4）安装作业前，安装技术人员应根据施工升降机安装、拆卸工程专项施工方案和使用说明书的要求，对安装作业人员进行安全技术交底，并由安装作业人员在交底书上签字。在施工期间内，交底书应留存备查。

（5）有下列情况之一的施工升降机不得安装使用：

1）属国家明令淘汰或禁止使用的。

2）超过由安全技术标准或制造厂家规定使用年限的。

3）经检验达不到安全技术标准规定的。

4）无完整安全技术档案的。

　　5）无齐全有效的安全保护装置的。

　　（6）施工升降机必须安装防坠安全器。防坠安全器应在一年有效标定期内使用。

　　（7）施工升降机应安装超载保护装置。超载保护装置在载荷达到额定载重量的110%前应能中止吊笼启动，在齿轮齿条式载人施工升降机载荷达到额定载重量的90%时应能给出报警信号。

　　（8）附墙架附着点处的建筑结构承载力应满足施工升降机使用说明书的要求。

　　（9）安装前应做好施工升降机的保养工作。

　　3．安装作业

　　（1）安装单位的专业技术人员、专职安全生产管理人员应进行现场监督。

　　（2）施工升降机的安装作业范围应设置警戒线及明显的警示标志。非作业人员不得进入警戒范围。任何人不得在悬吊物下方行走或停留。

　　（3）当遇到大雨、大雪、大雾或风速大于13m/s（相当于6级）等恶劣天气时，应停止安装作业。

　　（4）施工升降机金属结构和电气设备金属外壳均应接地，接地电阻不应大于4Ω。（接地装置不得与金属结构焊接）

　　（5）安装时应确保施工升降机运行通道内无障碍物。

　　（6）安装作业时必须将按钮盒或操作盒移至吊笼顶部操作。当导轨架或附墙上有人员作业时，严禁开动施工升降机。

　　（7）安装作业过程中安装作业人员和工具等总载荷不得超过施工升降机的额定安装载重量。

　　（8）当安装吊杆上有悬挂物时，严禁开动施工升降机。严禁超载使用安装吊杆。

　　（9）层站应为独立受力系统，不得搭设在施工升降机附墙架的立杆上。

　　（10）当需安装导轨架加厚标准节时，应确保普通标准节和加厚标准节的安装部位正确，不得用普通标准节替代加厚标准节。

　　（11）导轨架安装时，应对施工升降机导轨架的垂直度进行测量校正。其垂直度偏差应符合使用说明书的要求。

　　（12）每次加节完毕后，应对施工升降机的垂直度进行校正，且按规定及时重新设置行程开关和极限开关，经验收合格后方能运行。

　　（13）连接件和连接件之间的防松防脱件应符合使用说明数的规定，不得用其他物代替。对有预紧力要求的连接螺栓，应使用扭力扳手或专用工具，按规定的拧紧次序将螺栓准确地紧固到规定的扭矩值。安装标准节螺栓时，宜螺杆在下，螺母在上。若螺母在下，螺杆在上，则当螺母脱落后螺杆仍然在原位，不易被检查人员发现，进而导致施工升降机安全事故的发生。

　　（14）当发现故障或危及安全的情况时，应立刻停止安装作业，采取必要的安全防护措施，应设置警示标志并报告技术负责人。在故障或危险未排除之前，不得继续安装作业。

　　（15）当遇到意外情况不能继续安装作业时，应使已安装的部件达到稳定状态并固定牢靠，经确认合格后方能停止作业。作业人员下班离岗时，应采取必要的防护措施，并应设置明显的警示标志。

（16）安装完毕后应拆除为安装作业而设置的所有临时设施，清理施工场地上作业时所用的索具、工具、零配件等。

4. 安装自检和验收

（1）施工升降机安装完毕且经调试后，安装单位应按本规范要求及使用说明书的有关要求对安装质量进行自检，并向使用单位进行安全使用说明。

（2）安装单位自检合格后，应有相应资质的检验检测机构监督检验。

（3）检验合格后，使用单位应组织租赁单位、安装单位和监理单位等进行验收。实行施工总承包的，由施工总承包单位组织验收。

（4）严禁使用未经验收或验收不合格的施工升降机。

（5）安装自检表、检测报告和验收记录等应纳入设备档案。

5. 施工升降机的使用

（1）使用前准备工作。

1）施工升降机司机应持有建筑施工特种作业操作资格证书，不得无证操作。

2）使用单位应对施工升降机司机进行书面安全技术交底，交底资料应留存备查。

3）使用单位应按使用说明书的要求对需润滑部件进行全面润滑。

（2）操作使用。

1）严禁使用超过有效标定期（1年）的防坠安全器。

2）施工升降机额定载重量、额定乘员数标牌应置于吊笼醒目位置。［额定载重量1t以下（含1t）的载人施工升降机单次载人不得超过2人，额定载重量1t以上的载人施工升降机单次载人不得超过9人。］严禁在超过额定载重量或额定乘员数的情况下使用施工升降机。

3）当建筑物超过2层时，施工升降机地面通道上方应搭设防护棚。当建筑物高度超过24m时，应设置双层防护。

4）当遇到大雨、大雪、大雾、施工升降机顶部风速大于20m/s（8级）或导轨架、电缆表面结有冰层时，不得使用施工升降机。

5）严禁用行程开关作为停止运行的控制开关。

6）施工升降机基础周边5m以内，不得开挖井沟，不得堆放易燃易爆物品及其他杂物。

7）施工升降机运行通道内不得有障碍物。不得利用施工升降机的导轨架、横竖支撑、层站等牵拉或悬挂脚手架、施工管道、绳缆标语、旗帜等。

8）安装在阴暗处或夜班作业的施工升降机，应在全行程装设明亮的楼层标号标志灯。

9）层门门栓设置在靠施工升降机一侧，且层门应处于常闭状态。未经施工升降机司机许可，不得启闭层门。

10）施工升降机司机严禁酒后作业。

11）实行多班作业的施工升降机，应执行交班制度，填写交接班记录表。接班司机应进行班前检查，确认无误后，方能开机作业。

12）施工升降机每天第一次使用前，司机应将吊笼升离地面1～2m，停车试验制动器的可靠性。施工升降机每3个月应进行1次1.25倍额定载重量的超载试验，确保制动器

性能安全可靠。

13）当在施工升降机运行中发现异常情况时，应立即停机，直至排除故障后方能继续运行。当在施工升降机运行中由于断电或其他原因中途停止时，可进行手动下降。吊笼手动下降速度不得超过额定运行速度。

14）作业结束后应将施工升降机返回最底层停放，将各控制开关拨到零位，切断电源，锁好开关箱、吊笼门和地面防护围栏门。

15）吊笼上的各类安全装置应保持完好有效。经过大雨、大雪、台风等恶劣天气后应对各安全装置进行全面检查，确认安全有效后方能使用。

四、压力容器、气瓶的使用与储存安全技术

（一）压力容器

1. 压力容器的制造、安装

（1）压力容器的制造、安装应符合中华人民共和国国务院令〔2003〕第 373 号《特种设备安全监察条例》及相关规范的规定。

（2）压力容器制造、组装单位，应严格按照经审查批准的图纸和技术要求施工，如改变受压元件材料、结构、强度时，应征得原设计单位的同意并取得证明文件，方可改变。改动的部位应做详细记载。

（3）制造、安装压力容器的有关工种，应分别遵守各工种安全技术操作规程进行施工。

（4）压力容器制成后，应进行耐压试验。除设计规定外，不应用气体代替液体进行耐压试验。

（5）在耐压试验压力下，任何人不应接近容器，待降到设计压力后，方可进行各项检查。需要进行气密性试验的压力容器，要在液压试验合格后进行。

（6）压力容器耐压试验和气密试验的压力应符合设计要求，且不小于表 8-3 压力容器耐压试验和气密试验压力规定的。

表 8-3　　　　　　　　压力容器耐压试验和气密试验压力

容器名称	压力等级	耐压试验压力 $P_T=\eta P$		气密试验压力
		液（水）压	气压	
非铸造容器	低压	1.25P	1.20P	1.00P
	中压	1.25P	1.15P	1.00P
	高压	1.25P		1.00P
	超高压	1.25P		1.00P

注　1. 低压容器做耐压试验时，对不是按内压强度计算公式决定壁厚的容器，应适当提高耐压试验的压力。

2. 对壁温不小于 200℃的压力容器，耐压试验压力为 P_T，再乘以比值 $(\sigma)/(\sigma)'$，即

$$P'_T=P_T(\sigma)/(\sigma)'=\eta P(\sigma)/(\sigma)'$$

式中　(σ)——试验温度材料的许用应力；

$(\sigma)'$——设计温度 T 材料的许用应力；

P'_T——耐压试验压力（大于或等于200℃）；

P_T——耐压试验压力（常温下）；

η——耐压试验系数；

P——容器的设计压力 $(\sigma)/(\sigma)'$ 比值大于 1.8 时取 1.8。

（7）压力容器耐压试验符合下列情况时可认为合格：

1）容器和各部焊缝无渗漏。

2）容器无可见的异常变形。

3）经返修、焊补深度大于 9mm 或大于壁厚一半的高强钢制容器，焊补部位按原探伤方法进行，复查无超过原定标准的缺陷。

4）设计要求进行残余变形测定的容器，在耐压试验同时应作残余变形测定，其合格标准为径向残余变形率不超过 0.03％或容积残余变形率不超过 10％。

2. 使用管理

（1）凡使用的压力容器，均应有安全技术操作规程，操作规程至少应包括：

1）操作工艺指标、最高工作压力，最高或最低工作温度。

2）操作方法、程序及注意事项。

3）运行中重点检查项目和部位，可能出现的异常现象和防止措施。

4）停用时检修，封存和保养方法。

（2）使用单位不应任意修改压力容器的工艺条件。严禁超压、超温运行。

（3）压力容器运行使用时，发生下列异常现象之一时，操作人员有权立即采取紧急措施，并及时报告有关部门：

1）工作压力、介质温度或壁温超过许用值。虽经采取各种措施仍不能使之下降时。

2）主要受压元件发生裂缝、鼓包、变形、泄漏等缺陷，危及安全时。

3）安全附件失效，接管端断裂，紧固件损坏，难以保证安全运行时。

4）发生其他异常情况如火灾等，直接威胁安全运行时。

（4）压力容器内部有压力时，不应对主要受压元件进行任何修理或紧固工作，进入压力容器内工作时，要通风良好，照明电压不超过 12V，并与其他使用的设备隔开，采取防火、防毒、防爆等措施。

（5）压力容器的修理或技术改造，应保证受压元件的原有强度和制造质量要求，并应按规定报有关主管部门同意。

（6）使用压力容器的单位，对容器应定期进行检验，检验时除执行国家有关规定外，并应由主管设备的技术人员、主管容器的安全技术人员和检验人员共同负责进行。

（7）压力容器有严重缺陷，难以保证安全运行时，操作人员应及时向单位领导报告。如单位领导不及时采取安全措施，则操作人员或主管容器安全技术人员有权越级上报。

（8）有关安全装置的要求应按照 SL 398 中第 10 节的有关规定执行。

3. 压力表安装与使用

（1）低压容器上装设的压力表精度应不低于 1.5 级，中压以上容器应不低于 1.5 级。

（2）压力表盘刻度极限值应为容器最高工作压力的 1.5～3.0 倍，最好取 2 倍。在刻度盘上应划有红线，标出容器最高工作压力。

（3）装设压力表位置应便于操作人员观察，且应避免受到辐射热、冻结及震动的影响。

（4）压力容器最高工作压力低于压源处压力时，在通向容器进口的管通上应装置减压阀，并在低压侧装安全阀和压力表。

（5）压力表与容器间应装设三通旋塞式针型阀。盛装蒸汽的压力容器，其间应有存水弯管。盛装高温、强腐蚀性介质的容器，其间应有隔离缓冲装置。

（6）压力表的装设、校验和维护应符合有关规定。未经校验合格和铅封的压力表不应使用。在使用过程中发现失灵、刻度不清、表盘玻璃破裂、泄压后指针不回零位、铅封损坏等情况，均应立即更换，压力表应定期检验，每半年至少一次。

4. 压力表检验

（1）压力容器的检验周期应根据使用情况确定，但每年至少进行一次外部检验，每3年进行一次内、外部检验，每6年进行一次全面检验，但有下列情况之一时，投入使用前，应作内、外部检验，必要时做全面检验：

1）新装、移装或停止使用2年以上，需恢复使用的。

2）由外单位拆卸调入，准备安装使用的。

3）改变或修理容器主体结构，影响强度的。

4）更换容器衬里的。

5）对容器状况有怀疑，应进行检验时。

（2）压力容器外部检查的项目应包括：

1）容器的防腐、保温层及设备铭牌是否完好。

2）容器表面有无裂纹、变形、局部过热等不正常现象。

3）容器的连接焊缝、封头过渡区、受压元件等有无断裂、裂纹和泄漏现象。

4）各种安全附件、仪表是否齐全、灵敏、可靠，指示是否正常。

5）紧固螺栓是否完好，基础有无下沉、倾斜等异常现象。

（3）容器内、外部检验的项目应包括：

1）外部检查的全部项目。

2）容器内外表面，开孔接管处有无介质腐蚀或冲刷损坏等现象。

3）所有焊缝、封头过渡区和其他应力集中的部位有无断裂和裂纹。

4）有衬里的容器，衬里是否有凸起、开裂及其他损坏现象。

5）发现筒体、封头等处有腐蚀等现象时，应测壁厚，必要时做强度核算。

6）容器内壁如由于温度、压力、介质腐蚀作用而可能引起金属材料金相组织或连续性破坏时，必要时还应作金相检验和硬度测定。

7）高压、超高压容器的主要紧固螺栓，应逐个检查是否有裂纹。

（4）容器全面检查的项目应包括：

1）外部检查和内、外部检验的全部项目。

2）对主要焊缝进行无损探伤抽查。

3）超声波或射线探伤抽查，应符合超声波或射线探伤的有关规定。

（5）属于下列情况的压力容器，定期检验期限应予缩短：

1）有强烈腐蚀介质和运行中发现有严重缺陷的压力容器，每年至少应进行一次内部检验。

2）由于结构的原因，确认无法进行内部检验的压力容器，每3年甚至更少应进行一次耐压试验。

3）使用期达 15 年的压力容器，介质对压力容器材料的腐蚀情况不明，材料焊接性能差或制造时曾产生过多次裂纹的压力容器，投产使用满一年的，应进行第一次内部检验。

（6）经过定期检验的压力容器应作出检验报告，说明压力容器可否继续使用或应采取降压操作、特殊监测等措施。

（二）气瓶

1. 一般规定

（1）气瓶的防护装置，如瓶帽、瓶帽上的泄气孔及气瓶上应有两个防震圈，且完整、可靠。

（2）气瓶的制造要求和涂料颜色，应符合《气瓶安全监察规定（修订）》（国家质量监督检验检疫总局〔2015〕第 166 号令）的规定，并有产品合格证和批量检验质量证明书。

（3）气瓶内外表面不应有裂纹和重皮等影响强度的缺陷。

（4）气瓶应逐个经过水压试验和气密性试验，逐个测定实际重量和容积。

（5）气瓶的运输单位，应严格遵守国家危险品运输的有关规定。

2. 气瓶储存规定

（1）旋紧瓶帽，放置整齐，留有通道，妥善固定；气瓶卧放应防止滚动，头部朝向一方，高压气瓶堆放不应超过 5 层。

（2）盛装有毒气体的气瓶，或所装介质互相接触后能引起燃烧爆炸的气瓶，应分室储存，并在附近设有防毒用具或灭火器材。

（3）盛装易于起聚合反应的气体气瓶，应规定储存期限。

3. 乙炔气瓶储存规定

（1）在使用乙炔瓶的现场，储存量不应超过 5 瓶。

（2）储存间与明火或散发火花地点的距离，不应小于 15m，且不应设在地下室或半地下室内。

（3）储存应有良好的通风、降温等设施，要避免阳光直射，要保证运输道路畅通，应设有足够的消防栓和干粉或二氧化碳灭火器（严禁使用四氯化碳灭火器）。

（4）乙炔瓶应保持直立位置，并应有防止倾倒的措施。

（5）严禁与氯气瓶、氧气瓶及易燃物品同间储存。

（6）储存间应有专人管理，在醒目的地方应设置"乙炔危险""严禁烟火"等警示标志。

4. 气瓶的使用规定

（1）严格按照有关安全使用规定正确使用气瓶。

（2）不应对气瓶瓶体进行焊接和更改气瓶的钢印或者颜色标记。

（3）不应使用已报废的气瓶。

（4）不应将气瓶内的气体向其他气瓶倒装或直接由罐车对气瓶进行充装。

（5）不应自行处理气瓶内的残液。

（6）禁止敲击、碰撞。

（7）瓶阀冻结时，不应用火烘烤。

（8）气瓶不应靠近热源。可燃、助燃性气体气瓶，与明火的距离不应小于 10m。

（9）不应用电磁起重机搬运。

（10）夏季要防止日光曝晒。

（11）瓶内气体不可用尽，应留有剩余压力。

（12）盛装易起聚合反应的气体气瓶，不应置于有放射性射线的场所。

（13）使用乙炔瓶时应装设专用的减压器、回火防止器，开启时，操作者应站在阀口的侧后方，动作要轻缓。

（14）使用乙炔瓶时，严禁铜、银、汞等及其制品与乙炔接触，应使用铜合金器具时，含铜量应低于70%。

（15）乙炔瓶内气体严禁用尽，应留有不低于表8-4环境温度与剩余压力对照表的剩余压力。

表8-4　　　　　　　　　　　　　环境温度与剩余压力对照表

环境温度/℃	<0	0~15	15~25	25~40
剩余压力/MPa	0.05	0.1	0.2	0.3

（16）乙炔瓶减压器出口与乙炔皮管，应用专用扎头扎紧，不应漏气。其他部分漏气应进行处理。

五、场（厂）内专用机动车辆（挖掘机、自卸汽车、装载机等）安全技术

（一）挖掘机

（1）挖掘机司机应经专业培训，并经考试合格持证上岗操作。

（2）给设备加油时周边应无明火，严禁吸烟。

（3）发动机启动后，任何人员不应站在铲斗和履带上。

（4）挖掘机在作业时，应做到"八不准"。

1）不准有一轮处于悬空状态，用以"三条腿"的方式进行作业。

2）不准以单边铲斗斗牙来硬啃岩体的方式进行作业。

3）不准以强行挖掘大块石和硬啃固石、根底的方式进行作业。

4）不准用斗牙挑起大块石装车的方式进行作业。

5）铲斗未撤出掌子面，不准回转或行走。

5）运输车辆未停稳前不准装车。

7）铲斗不准从汽车驾驶室上方越过。

8）不准用铲斗推动汽车。

（5）严禁铲斗在满载物料悬空时行走。装料中回转时，不应采用紧急制动。

（6）铲斗应在汽车车厢上方的中间位置卸料，不应偏装。卸料高度以铲斗底板打开后不碰及车厢为宜。

（7）挖掘机在回转过程中，严禁任何人上下机和在臂杆的回转范围内通行及停留。

（8）运转中应随时监听各部件应无异常声响，并监视各仪表指示应在正常范围。

（9）运转中严禁在转动部位进行注油、调整、修理或清扫工作。

（10）严禁用铲斗进行起吊作业，操作人员离开工作岗位应将铲斗落地。

（11）严禁利用挖掘机的回转作用力来拉动重物和车辆。

（12）挖掘机不宜进行长距离行驶，最长行走距离不应超过5km。

（13）在行走前，应对行走机构进行全面保养。查看好路面宽度和承载能力，扫除路上障碍，与路边缘应保持适当距离。行走时，臂杆应始终与履带同一方向，提升、推压、回转的制动闸均应在制动位置上。铲斗控制在离地面 0.5～1.5m 为宜。行走过程每隔45min 应停机检查行走机构并加注滑润油。电动挖掘机还应检查行走电动机的运转情况。

（14）上、下坡道时，严禁中途变速或空挡滑行。

（15）当转弯半径较小时，应分次转弯，不应急拐。

（16）通过桥涵时，应了解允许载重吨位并确认可靠后方可通行。

（17）行走中通过风、水、管路及电缆等明设线路和铁道时，应采取加垫等保护措施。

（18）冬季行走遇冰冻、雪天时，轮胎式挖掘机行车轮应采取加装防滑链等防滑措施。

（19）电动挖掘机应遵守以下规定：

1）严禁非作业人员接近带电的设备。

2）挖掘机行走时，应检查行走电动机运行温度情况和电缆有无损坏，人力挪移电缆时，人员应穿绝缘胶鞋和戴绝缘手套。

3）所有的电气设备，应由专业电气人员进行操作。

4）处于接通电源状态的电器装置，严禁进行任何检修工作。

5）电器装置跳闸时，不应强行合闸，应待查明原因排除障碍后方可合闸。

6）应定期检查设备的电器部分、电磁制动器、安全装置是否灵敏可靠。

7）在有水的工作面挖渣时，应防止电源接线盒进水，接线盒距离水面的高度不应少于 20cm。

（20）停机应遵守以下规定：

1）挖掘机应停放在坚实、平坦、安全的地方，严禁停在可能塌方或受洪水威胁的地段。

2）停放就位后，将铲斗落地，起重臂杆倾角应降至 40°～50°位置。

3）以内燃机为动力的挖掘机，停机前应先脱开主离合器，空转 3～5min，待发动机逐渐减速后再停机。当气温在 0℃以下时，应放净未加防冻液的冷却水。

4）长时间停车时，应做好一次性维护保养工作。对发动机各润滑部位应加注润滑油，堵严各进排气管口和各油水管口。

5）上述作业完毕应进行一次全面检查，确认妥当无误后将门窗关闭加锁。

（二）自卸汽车

（1）自卸汽车应保持顶升液压系统完好，工作平稳，操纵灵活，不得有卡阻现象，各节液压缸表面应保持清洁。

（2）非顶升作业时，应将顶升操纵杆放在空挡位置；顶升前，应拔出车厢固定销。作业后，应插入车厢固定销。

（3）配合挖装机械装料时，自卸汽车就位后应拉紧手制动器，在铲斗需越过驾驶室时，驾驶室内严禁有人。

（4）卸料前，车厢上方应无电线或障碍物，四周应无人员来往。卸料时，应将车停稳，不得边卸边行驶。举升车厢时，应控制内燃机中速运转，当车厢升到顶点时，应降低内燃机转速，减少车厢振动。

（5）向坑洼地区卸料时，应和坑边保持安全距离，防止塌方翻车，严禁在斜坡侧向倾斜。

（6）卸料后，应及时使车厢复位，方可起步，不得在倾斜情况下行驶，严禁在车厢内载人。

（7）车厢举升后需进行检修、润滑等作业时，应将车厢支撑牢靠后，方可进入车厢下面工作。

（8）装运混凝土或黏性物料后，应将车厢内外清洗干净，防止凝结在车厢上

（三）装载机

（1）装载机驾驶员必须经过专业培训，考核合格，持证上岗。严禁酒后驾车。

（2）上岗应正确穿戴好合格的劳动保护用品。

（3）每班开机前严格点检传动、制动、照明系统。检查刹车、方向、喇叭、照明、液压系统等装置是否灵敏、可靠。

（4）起步前和运行中应对工作场地及行使路面做充分的检查估计。观察四周是否有人，尤其是倒车时更应加强观察，同时应观察装载机上是否有其他物品，围栏、安全防护装置是否齐全完好。对作业场所的视线、地形地势、立体交叉作业等进行确认，周围无隐患，宽敞无障碍，视线良好，场地能满足安全运行。确认安全后，应低速、平稳起步。

（5）作业时应选择适宜的作业路线，应能保证车辆无下陷、倾覆等危险。在作业过程中，操作工必须经常对设备和作业场所不利于安全作业的因素进行确认。

（6）作业面不能太滑和太陷，推运或倒运的料堆不能高于5m。禁止装载机挖掘高于5m以上的危险工作场面。

（7）在能见度较低的场所作业，必须保证视线良好或有专人统一指挥。

（8）作业场所存在立体交叉作业，要错时作业或有专人统一指挥再作业。

（9）夜间作业时，现场应有良好的照明。

（10）装载机在作业时，严禁人员上下。运行中装载机驾驶室外的其他部位禁止有人。

（11）装载机下坡行驶时，不得将发动机熄火。

（12）装载机铲运物料时，严禁超载。铲斗离地面约400mm，推铲物料时严禁单桥受力。

（13）装载物料时，应选择平整地面，严禁陡坡、斜坡装车，装车时严禁铲斗在卡车驾驶室顶通过。

（14）对装载机进行保养、检修时，一定要装折腰固定杆，作业时动臂、铲斗下面禁止有人停留。

（15）停放装载机时，应选择平坦、安全的地面，如需要停放在坡道上时，应把车轮垫牢，并合上手制动，铲斗平放地面，并向下施加压力。

（16）对装载机进行保养检修时，必须安排2人以上配合作业。

第九节 施工排水安全技术

一、施工区域排水系统的规划设计

施工区域排水系统应进行规划设计，并应按照工程所在地的气象、地形、地质、降水量等情况，以及工程规模、排水时段等，确定相应的设计标准，作为施工排水规划设计的

基本依据。

二、施工场地排水设施和备用设备的配置、安装、使用及维护

（1）应考虑施工场地的排水量、外界的渗水量和降水量，配备相应的排水设施和备用设备。

（2）排水系统设备供电应有独立的动力电源（尤其是洞内排水），必要时应有备用电源。

（3）施工排水系统的设备、设施等安装完成后，应分别按相关规定逐一进行检查验收，合格后方可投入使用。

（4）排水系统的机械、电气设备应定期进行检查维护、保养，排水沟、集水井等设施应经常进行清淤与维护，排水系统应保持畅通。

三、土方开挖施工排水安全技术

土方开挖应注重边坡和坑槽开挖的施工排水，要特别注意对地下水的排水处理，并应符合以下要求：

（1）坡面开挖时，应根据土质情况，间隔一定高度设置戗台，台面横向应为反向排水坡，并在坡脚设置护脚和排水沟。

（2）坑槽开挖施工前，应做好地面外围截、排水设施，防止地表水流入基坑（槽），冲刷边坡发生明塌事故。

（3）进行地下水较为丰富的坑槽开挖时，应在坑槽外设置临时排水沟和集水井，将基坑水位降低至坑槽以下再进行开挖。

（4）场地狭窄、土层自稳性能和防冲刷性能较差，明沟难以形成时可采取埋管排水。

四、边坡工程排水安全技术

边坡工程排水设施，应遵守以下规定：

（1）周边截水沟，一般应在开挖前完成，截水沟深度及底宽不宜小于 0.5m，沟底纵坡不宜小于 0.5％；长度超过 500m 时，宜设置纵排水沟、跌水或急流槽。

（2）急流槽的纵坡不宜超过 1∶1.5；急流槽过长时宜分段，每段不宜越过 10m；土质急流槽纵度较大时，应设多级跌水。

（3）边坡排水孔宜在边坡喷护之后施工，坡面上的排水孔宜上倾 10％左右，孔深 3～10m，排水管宜采用塑料花管。

（4）挡土墙宜设有排水设施，防止墙后积水形成静水压力，导致墙体坍塌。

（5）采用渗沟排除地下水措施时，渗沟顶部宜设封闭层，寒冷地区、沟顶回填土层小于冻层厚度时，宜设保温层；渗沟施工应边开挖、边支撑、边回填，开挖深度超过 6m 时，应采用框架支撑；渗沟每隔 30～50m 或平面转折和坡度由陡变缓处宜设检查井。

五、基坑排水安全技术

（1）采用明沟排水方法时，应符合以下要求：

1）坡面过长或有集中渗水时，应增加一级排水沟和集水井。

2）基坑集水井的位置，应低于开挖工作面，并根据水量大小、基坑长度、基建面地形布置一个或多个集水井。

3）基坑排水，宜由基坑水泵排至两岸坡开挖（或不砌筑）的排水渠排出基坑外，或

在坝上设置排水槽引出。

4）应根据基坑边界条件计算排水量，必要时可通过抽水试验验证，排水设备、供电容量和排水渠的大小应留有裕量。

（2）采用深井（管井）排水方法时，应符合以下要求：

1）管井水泵的选用应根据降水设计对管井的降深要求和排水量来选择，所选择水泵的出水量与扬程应大于设计值的 20%～30%。

2）管井宜沿基坑或沟槽一侧或两侧布置，井位距基坑边缘的距离应不小于 1.5m，管埋置的间距应为 15～20m。

（3）采用井点排水方法时，应满足以下要求：

1）井点布置应选择合适方式及地点。

2）井点管距坑壁不应小于 1.0～1.5m，间距应为 1.0～2.5m。

3）滤管应埋在含水层内并较所挖基坑底低 0.9～1.2m。

4）集水总管标高宜接近地下水位线，且沿抽水水流方向应有 2‰～5‰的坡度。

六、砂石料场排水安全技术

（1）应根据料场地形、降雨特点等情况，确定合理的排水标准，并进行排水规划布置。

（2）料场周围布置排水沟，排水沟应有足够过流断面。

（3）顺场地布置排水沟时，应辅以支沟。

（4）排水系统与进场道路布置在相协调，主要道路两栅均应设排水沟，道路与水沟交叉处设管涵。

（5）当料场低于地平面时，应设水泵进行排水。

第十节　施工用电安全技术

一、电气危险因素及事故种类

（一）电气危险因素

电气危险因素有：触电危险、电气火灾爆炸危险、静电危险、雷电危险、射频电磁辐射危害和电气系统故障等。

（二）电气事故种类

电气事故按发生灾害的形式，可以分为人身事故、设备事故、电气火灾和爆炸事故等；按发生事故时的电路状况，可以分为短路事故、断线事故、接地事故、漏电事故等；按事故的严重性，可以分为特大性事故、重大事故、一般事故等；按伤害的程度，可以分为死亡、重伤、轻伤三种。一般常见的电气事故有五种：触电事故、电磁辐射危害事故、雷电事故、静电事故和电路故障事故。

1. 触电事故

触电事故就是人体触及带电体所发生的事故。触电事故分为电击和电伤。电流通过人体造成内部伤害的触电叫做电击。电流的热效应、化学效应或有机械效应对人体外部造成

的局部伤害叫做电伤。

在高压触电事故中，往往不是人体触及带电体，而是由于带电体周围一定范围内的空气介质被击穿形成放电造成的伤害。还有一种跨步电压也会使人体有电流通过（这里大地就是带电体）。因此严格地讲，电流伤害就是人体有电流通过并由此造成人体伤害的现象。

2. 电磁辐射伤害事故

人体在电磁场作用下，吸收辐射能量会受到不同程度的伤害（注意到：吸收辐射能量），电磁场伤害主要是引起中枢神经系统功能失调、表现为神经经衰弱症候群。如头痛、头晕、乏力、睡眠失调，记忆力减退等，还对心血管的正常工作有一定影响。

3. 雷击事故

雷击是一种自然灾害。但在某些方面并不是不可抗力的。雷电的电场电压千万伏至上亿伏，电场内的电压梯度 $25\sim30kV/cm$，电流达几万至几十万安培，电流梯度可达 $10kA/\mu s$。雷电电流通道的温度可达 $6000\sim10000℃$ 或更高。雷击可能造成建筑物设施毁坏，伤及人畜，也可能引起易燃易爆物品的火灾和爆炸。

4. 静电事故

静电事故指在生产过程中产生的有害静电酿成的事故。如石油、化工、橡胶行业，静电放电能引起爆炸性混合物发生爆炸。

5. 电路故障事故

电能在传递、分配、转换过程中，由于失去控制而造成的事故。线路和设备故障不但威胁人身安全，而且也会严重损坏电气设备。

以上五种电气事故，以触电事故最为常见。但无论哪种事故，都是由于各种类型的电流、电荷、电磁场的能量不适当释放或转移而造成的。

二、接地（接零）与防雷

（一）接地（接零）

（1）保护零线除应在配电室或总配电箱处作重复接地外，还应在配电线路的中间处和末端处作重复接地。保护零线每一重复接地装置的接地电阻值应不大于 10Ω。

（2）每一接地装置的接地线应采用两根以上导体，在不同点与接地装置作电气连接。不应用铝导体作接地体或地下接地线。垂直接地体宜采用角钢、铜管或圆钢，不宜采用螺纹钢材。

（3）电气设备应采用专用芯线作保护接零，此芯线严禁通过工作电流。

（4）手持式用电设备的保护零线，应在绝缘良好的多股铜线橡皮电缆内。其截面不应小于 $1.5mm^2$，其芯线颜色为绿/黄双色。

（5）Ⅰ类手持式用电设备的插销上应具备专用的保护接零（接地）触头。所用插头应能避免将导电触头误作接地触头使用。

（6）施工现场所有用电设备，除作保护接零外，应在设备负荷线的首端处设置有可靠的电气连接。

（二）防雷

（1）施工现场内的起重机、井字架及龙门架等机械设备，若在相邻建筑物、构筑物的防雷装置的保护范围以外，应按表 8-5 施工现场内机械设备需安装防雷装置的规定的规定安装防雷装置。

表 8-5 施工现场内机械设备需安装防雷装置的规定

地区年平均雷暴日/d	机械设备高度/m
≤15	≥50
15~40	≥32
40~90	≥20
≥90 及雷害特别严重的地区	≥12

（2）防雷装置应符合以下要求：

1）施工现场内所有防雷装置的冲击接地电阻值不应大于 30Ω。

2）各机械设备的防雷引下线可利用该设备的金属结构体，但应保证电气连接。

3）机械设备上的避雷针（接闪器）长度应为 1~2m。

4）安装避雷针的机械设备所用动力、控制、照明、信号及通信等线路，应采用钢管敷设。并将钢管与该机械设备的金属结构体作电气连接。

三、施工用电配电系统、配电箱及开关箱设置

（一）配电箱、开关箱等安装使用

（1）电箱、开关箱及漏电保护开关的配置应实行"三级配电，两级保护"，应严格执行"一机一箱一闸一漏"的配电原则。必须安装漏电保护器。

（2）配电箱、开关箱内的工作零线应通过接线端子板连接，并应与保护零线接线端子板分设。金属箱体、金属电器安装板以及箱内电器的不应带电金属底座、外壳等应保护接零，保护零线应通过接线端子板连接。

（3）配电箱、开关箱应采用铁板或优质绝缘材料制作，安装于坚固的支架上，固定式配电箱、开关箱的下底与地面的垂直距离应大于 1.30m、小于 1.50m，移动式分配电箱、开关箱的下底与地面的垂直距离宜大于 0.60m、小于 1.50m。

（4）配电箱与开关箱的距离不得超过 30m。开关箱与其控制的固定式用电设备的水平距离不宜超过 3.00m。

（5）配电箱、开关箱内的开关电器（含插座）应选用合格产品，并按其规定的位置安装在电器安装板上，不得歪斜和松动。箱内的连接线应采用绝缘导线，接头不得松动，不得有外露带电部分。

（6）配电箱、开关箱应装设在干燥、通风及常温场所，设置防雨、防尘和防砸设施。不应装设在有瓦斯、烟气、蒸汽、液体及其他有害介质环境中，不应装设在易受外来固体物撞击、强烈振动、液体浸溅及热源烘烤的场所。

（7）配电箱、开关箱周围应有足够两人同时工作的空间和通道，不得堆放妨碍操作、维修的物品，不得有灌木、杂草。

（二）配电箱、开关箱等的维护

（1）所有配电箱均应标明其名称、用途，作出分路标记，并应由专人负责。

（2）所有配电箱、开关箱应每月进行检查和维修一次。检查、维修时应按规定穿绝缘鞋、戴绝缘手套，使用电工绝缘工具；应将其前一级相应的电源开关分闸断电，并悬挂停电标志牌，严禁带电作业。

（3）所有配电箱、开关箱的使用应遵守以下操作顺序：

1）送电操作顺序为：总配电箱—分配电箱—开关箱。

2）停电操作顺序为：开关箱—分配电箱—总配电箱（出现电气故障的紧急情况除外）。

（4）施工现场停止作业 1h 以上时，应将动力开关箱断电上锁。

（5）配电箱、开关箱内不应放置任何杂物，并应经常保持整洁；更换熔断器的熔体时，严禁用不符合原规格的熔体代替。

（6）配电箱、开关箱的进线和出线不得承受外力，严禁与金属尖锐断口和强腐蚀介质接触。

四、自备电源与网供电源的联锁装置设置要求

联锁即联动和锁定。将两套锁定装置控制电路交叉连接，即：一个打开另一个锁定，或者是只有在一个打开时另一个才能打开，这都叫联锁。在自动化控制中，继电器联锁起到的作用是防止电气短路，防止运行中的设备超出设定范围和动作按设定顺序完成。在配电柜上是防止操作人员误操作，或者误入带电区域触电。自备电源与网供电源的联锁装置设置要求如下：

（1）常、备用电源切换操作装置，原则上应安装于同一变电室内。

（2）高压双电源供电的，电源侧的刀闸应尽量采用机械闭锁装置。

（3）供电可靠性有特殊要求的，可采用电气联锁，保证在任何情况下，只有一路电源投入运行而无误并列的可能。

（4）低压双电源供电的，应在双电源进线端（包括零线），装设四极双投刀闸，由此转换电源。如双电源的进户点距离过远，四极双投刀闸前的电源进线，应采用电缆，防止误接用电设备而造成电源倒送。

（5）自备发电机作为备用电源的，不得同时使用电网电源和自备发电机电源。如发电机装设地点较远，应采用电缆布线，严禁在四极双投刀闸前接用任何电器设备。

五、现场照明要求

（1）现场照明应采用高光效、长寿命的照明光源。对需要大面积照明的场所，宜采用高压汞灯、高压钠灯或混光用的卤钨灯。照明器具选择应符合以下规定：

1）正常湿度时，选用开启式照明器。

2）潮湿或特别潮湿的场所，应选用密闭型防水、防尘照明器或配有防水灯头的开启式照明器。

3）含有大量尘埃但无爆炸和火灾危险的场所，应采用防尘型照明器。

4）对有爆炸和火灾危险的场所，应按危险场所等级选择相应的防爆型照明器。

5）在振动较大的场所，应选用防振型照明器。

6）对有酸碱等强腐蚀的场所，应采用耐酸碱型照明器。

7）照明器具和器材的质量均应符合有关标准、规范的规定，不得使用绝缘老化或破损的器具和器材。

（2）一般场所宜选用额定电压为 220V 的照明器，对以下特殊场所应使用安全电压照明器：

1）地下工程，有高温、导电灰尘，且灯具距地面高度低于 2.5m 等场所的照明，电

源电压不应大于 26V。

2）在潮湿和易触及带电体场所的照明电源电压不应大于 24V。

3）在特别潮湿的场所、导电良好的地面、锅炉或金属容器内工作的照明电源电压不应大于 12V。

（3）使用行灯应符合以下要求：

1）电源电压不超过 36V。

2）灯体与手柄连接坚固、绝缘良好并耐热、耐潮湿。

3）灯头与灯体结合牢固，灯头无开关。

4）灯泡外部有金属保护网。

5）金属网、反光罩、悬吊挂钩固定在灯具的绝缘部位上。

六、移动式电动机械与手持电动工具使用

（一）移动式电动机械使用

（1）应装设防溅型漏电保护器。其额定漏电动作电流不应大于 15mA，额定漏电动作时间应小于 0.1s。

（2）负荷线应采用耐气候型的橡皮护套铜芯软电缆。

（3）使用电动机械人员应按规定穿戴绝缘用品，应有专人调整电缆。电缆线长度应不大于 50m。严禁电缆缠绕、扭结和被移动机械跨越。

（4）多台移动式机械并列工作时，其间距不应小于 5m；串列工作时，不应小于 10m。

（5）移动机械的操作扶手应采取绝缘措施。

（二）手持电动工具使用

（1）一般场所应选用Ⅱ类手持式电动工具，并应装设额定动作电流不大于 15mA、额定漏电动作时间小于 0.1s 的漏电保护器。若采用Ⅰ类手持式电动工具，还应作保护接零。

（2）露天、潮湿场所或在金属构架上操作时，应选用Ⅱ类手持式电动工具，并装设漏电保护器。严禁使用Ⅰ类手持式电动工具。

（3）狭窄场所（锅炉、金属容器、地沟、管道内等），宜选用带隔离变压器的Ⅰ类手持式电动工具；若选用Ⅱ类手持式电动工具，应装设防溅的漏电保护器。把隔离变压器或漏电保护器装设在狭窄场所外面，工作时应有人监护。

（4）手持电动工具的负荷线应采用耐气候型的橡皮护套铜芯软电缆，并不应有接头。

（5）手持式电动工具的外壳、手柄、负荷线、插头、开关等应完好无损，使用前应作空载检查，运转正常后方可使用。

第十一节　防火防爆安全技术

一、防火防爆基本知识

（一）燃烧与爆炸

1. 燃烧

（1）定义。燃烧是可燃物（气体、液体或固体）与助燃物（氧或氧化剂）发生的伴有

放热和发光的一种激烈的化学反应。它具有发光、发热、生成新物质三个特征。最常见、最普通的燃烧现象是可燃物在空气或氧气中燃烧。

燃烧必须同时具备下述三个条件：可燃物、助燃物、点火源。如图8-2燃烧的三要素，每一个条件要有一定的量，相互作用，燃烧方可产生。

（2）分类。根据可燃物状态的不同，燃烧分为气体燃烧、液体燃烧和固体燃烧三种形式。根据燃烧方式的不同，燃烧分为扩散燃烧、预混燃烧、蒸发燃烧、分解燃烧和表面燃烧。根据燃烧发生瞬间的特点，燃烧分为闪燃、着火和自燃三种形式。

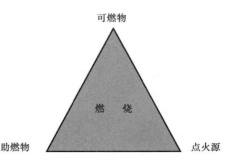

图8-2 燃烧的三要素

2．爆炸

（1）定义。当物质在极短的时间内完成燃烧反应，燃烧产生巨大的热量与气体，气体受高热作用猛烈膨胀，造成压力波，具有极大的冲压力，这个现象就是爆炸。爆炸也有三个条件：可燃物、助燃物和有一定温度（如火源、火焰、火花、高温的灼热物）。

（2）分类。

1）爆炸按产生的原因可分为三种：物理性爆炸、化学性爆炸和核爆炸。其中，化学性爆炸按爆炸时所发生的化学变化又可分为三类：简单分解爆炸、复杂分解爆炸、爆炸性混合物爆炸。

2）爆炸按物态区分，可以分为4种：①气体、蒸汽爆炸；②雾滴爆炸；③粉尘、纤维爆炸；④炸药爆炸。其中：前三种是可燃物质与空气或氧均匀混合后才能爆炸，称为分散相爆炸；第四种是不需与空气混合的固体或半液体的爆炸，又称凝聚相爆炸。

（3）爆炸极限。可燃气体、蒸汽或粉尘（含纤维状物质）与空气混合后，达到一定的浓度，遇着火源即能发生爆炸，这种能够发生爆炸的浓度范围，称为爆炸极限。能够发生爆炸的最低浓度称为该气体、蒸汽或粉尘的爆炸下限。同样，能够发生爆炸的最高浓度，称为爆炸上限。

（4）爆炸极限的影响因素。

1）温度。混合物的原始温度越高，则爆炸下限降低，上限增高，爆炸极限范围扩大。

2）氧含量。混合物中含氧量增加，爆炸极限范围扩大，尤其爆炸上限提高得更多。

3）惰性介质。在爆炸混合物中掺入不燃烧的惰性气体，随着比例增大，爆炸极限范围缩小，惰性气体的浓度提高到某一数值，可使混合物变成不能爆炸。

4）压力。原始压力增大，爆炸极限范围扩大，尤其是上限显著提高。原始压力减小，爆炸极限范围缩小。在密闭的设备内进行减压操作，可以免除爆炸的危险。

5）容器。容器直径越小，混合物的爆炸极限范围越小。

3．燃烧与爆炸的区别

燃烧与爆炸的区别在于氧化速度的不同，决定氧化速度的重要因素是在点火前可燃物质与助燃气体（物质）是否混合均匀。例如，汽油在敞口容器里能爆炸；又如煤块可以安全地燃烧，而煤尘却能爆炸。

燃烧和爆炸关系十分密切，有时难以将它们完全分开。在一定条件下，燃烧可以引起爆炸，爆炸也可以引起燃烧。

（二）防火防爆措施

1. 防止发生火灾爆炸事故的基本原则

根据物质燃烧爆炸原理，防止发生火灾爆炸事故的基本原则是：

（1）控制可燃物和助燃物的浓度、温度、压力及混触条件，避免物料处于燃爆的危险状态。

（2）消除一切足以导致起火爆炸的点火源。

（3）采取各种阻隔手段，阻止火灾爆炸事故灾害的扩大。

2. 控制可燃物的措施

控制可燃物，就是使可燃物达不到燃爆所需要的数量、浓度，或者使可燃物难燃化或用不燃材料取而代之，从而消除发生燃爆的物质基础。

（1）控制气态可燃物：加大浓度、密闭通风、隔离、置换检测等。

（2）控制液态可燃物：替代、稀释、加阻聚剂等。

（3）控制固态可燃物：替代、防火涂料等。

3. 控制助燃物的措施

控制助燃物，就是使可燃性气体、液体、固体、粉体物料不与空气、氧气或其他氧化剂接触，或者将它们隔离开来，即使有点火源作用，也因为没有助燃物参混而不致发生燃烧、爆炸。

（1）密闭设备系统：连接形式、密封、管材、气密试验等。

（2）惰性气体保护：氮气保护（惰性化保护控制浓度通常比最低氧含量低 4%，如最低氧含量为 10%，则将氧气控制在 6%左右）。

（3）隔绝空气：遇空气或受潮、受热极易自燃的物品，可以隔绝空气进行安全储存。

（4）隔离储存：混触会发生的物质要隔离储存。

4. 控制点火源的措施

（1）冷却法，降低燃烧物质的温度。冷却法是根据可燃物质能够持续燃烧的条件之一就是它们在火焰或热的作用下达到了各自的燃点这个条件，将灭火剂直接喷洒在燃烧着的物体上，使可燃物的温度降低到燃点以下，从而使燃烧停止。例如直流水的灭火机理主要就是冷却作用。另外，二氧化碳灭火时，其冷却的效果也很好。

（2）窒息法，减少空气中氧的浓度。窒息法是根据可燃物质的燃烧都必须在其最低氧气浓度以上进行，否则燃烧不能持续进行这一条件，通过降低燃烧物周围的氧气浓度可以起到灭火的作用。

（3）隔离法，隔离与着火物相近的可燃物质。隔离法就是根据发生燃烧必须具备可燃物这一条件，把可燃物与火源隔离开来，燃烧反应就会自动中止。火灾中，关闭有关阀门，切断流向着火区的可燃气体和液体的通道；打开有关阀门，使已经发生燃烧的容器或受到火势威胁的容器中的液体可燃物通过管道导致安全区域；拆除与火源相连的设备或易燃建筑物，造成阻止火焰蔓延的空间地带；设法筑堤阻拦已燃的可燃或易燃的液体外流，

阻止火势蔓延，都是隔离灭火的措施。

（4）抑制法，消除燃烧过程中的游离基。抑制法就是通过灭火剂参与燃烧的链式反应过程，使燃烧过程中产生的活泼游离基消失，形成稳定分子或低活性的游离基，从而使燃烧链式反应中断，燃烧停止。常用的干粉灭火剂、卤代烷灭火剂的主要灭火机理就是化学抑制作用。

二、施工现场防火防爆安全技术要求

施工现场防火防爆安全技术要求如下：

（1）各单位应建立、健全各级消防责任制和管理制度，组建专职或义务消防队，并配备相应的消防设备，做好日常防火安全巡视检查，及时消除火灾隐患，经常开展消防宣传教育活动和灭火、应急疏散救护的演练。

（2）根据施工生产防火安全需要，应配备相应的消防器材和设备，存放在明显易于取用的位置。消防器材及设备附近、严禁堆放其他物品。

（3）根据施工生产防火安全的需要，合理布置消防通道和各种防火标志，消防通道应保持通畅，宽度不应小于3.5m。消防用器材设备，应妥善管理，定期检验，及时更换过期器材，消防汽车、消防栓等设备器材不应挪作他用。

（4）易燃易爆物品的存放应遵守以下规定：

1）宿舍、办公室、休息室内严禁存放易燃易爆物品，未经许要不得使用电炉。利用电热的车间、办公室及住室，电热设施应有专人负责管理。

2）油料、炸药、木材等常用的易燃易爆危险品存放使用场所、仓库，应有严格的防火措施和相应的消防设施，严禁使用明火和吸烟。

3）闪点在45℃以下的桶装、罐装易燃液体不应露天存放，存放处应有防护栅栏，通风良好。

4）挥发性的易燃物质，不应装在开口容器及放在普通仓库内。装过挥发油剂及易燃物质的空容器，应及时退库。

5）施工区域需要使用明火时，应将使用区进行防火分隔，消除动火区域内的易燃、可燃物，配置消防器材，并应有专人监护。

6）易燃易爆危险物品的采购、运输、储存、使用、回收、销毁应有相应的防火消防措施和管理制度。

（5）施工生产作业区与建筑物之间的防火安全距离，应遵守以下规定：

1）用火作业区距所建的建筑物和其他区域不应小于25m。

2）仓库区、易燃、可燃材料堆集场距所建的建筑物和其他区域不应小于20m。

3）易燃品集中站距所建的建筑物和其他区域不应小于30m。

（6）加油站、油库应遵守以下规定：

1）独立建筑，与其他设施、建筑之间的防火安全距离不应小于50m。

2）周围应设有高度不低于2.0m的围墙、栅栏。

3）库区内道路应为环形车道，路宽应不小于3.5m，应设有专门消防通道，保持畅通。

4）罐体应装有呼吸阀、阻火器等防火安全装置。

5）应安装覆盖库（站）区的避雷装置，且应定期检测，其接地电阻不应大于 10Ω。

6）罐体、管道应设防静电接地装置，接地网、线用截面积为 40mm×4mm 的扁钢或直径 10mm 圆钢埋设，且应定期检测，其接地电阻不应大于 30Ω。

7）主要位置应设置醒目的禁火警示标志及安全防火规定标志。

8）应配备相应数量的泡沫、干粉灭火器和砂土等灭火器材。

9）应使用防爆型动力和照明电器设备。

10）库区内严禁一切火源，严禁吸烟及使用手机。

11）工作人员应熟悉使用灭火器材和消防常识。

12）运输使用的油罐车应密封，并有防静电设施。

（7）木材加工厂（场、车间）应遵守以下规定：

1）独立建筑与周围其他设施、建筑之间的安全防火距离不应小于 20m。

2）安全消防通道保持畅通。

3）原材料、半成品、成品堆放整齐有序，并留有足够的通道，保持畅通。

4）木屑、刨花、边角料等弃物及时清除，严禁置留在场内，保持场内整洁。

5）设有 10m³ 以上的消防水池、消防栓及相应数量的灭火器材。

6）作业场所内禁止使用明火和吸烟。

7）明显位置设置醒目的禁火警示标志及安全防火规定标志。

第十二节　危险化学品安全技术

一、危险化学品的主要危险特性

危险化学品系指 GB 13690 中规定的爆炸品、压缩气体和液化气体、易燃液体、易燃固体、自燃物品和遇湿易燃物品、氧化剂和有机过氧化物、有毒品和腐蚀品等的单质、化合物或混合物，以及有资料表明其危险的化学品。

危险化学品的主要危险特性包括爆炸性、易燃性、毒害性、腐蚀性、放射性等。

二、危险化学品事故的预防措施

（1）仓库应有严格的保卫制度，人员出入应有登记制度。

（2）储存危险化学品的仓库内严禁吸烟和使用明火，对进入库区内的机动车辆应采取前火措施。

（3）严格执行有毒有害物品入库验收、出库登记和检查制度。

（4）各种物品包装要完整无损，如发现破损、渗漏等，须立即进行处理。

（5）装过危险化学品的容器，应集中保管或销毁。

（6）销毁、处理危险化学品，应采取安全措施并征得所在地环境保护、公安等有关部门同意。

（7）使用危险化学品的单位，应根据化学危险品的种类、性质，设置相应的通风、防火、防爆、防毒、监测、报警、降温、防潮、避雷、防静电、隔离操作等安全设施。

（8）危险化学品仓库四周，应有良好的排水，设置刺网或围墙，高度不小于 2m，与仓库保持规定距离，库区内严禁有其他可燃物品。

（9）消防安全重点应履行以下消防安全职责：

1）建立防火档案，确定消防安全重点部位，设置防火标志，实行严格管理。

2）实行每日防火巡查，并建立巡查记录。

3）对职工进行消防安全培训。

4）制定灭火和应急疏散预案，定期组织演练。

三、危险化学品的储存与运输安全技术

（一）储存

（1）危险化学品应分类分项存放，堆垛之间的主要通道应有安全距离，不应超量储存。

（2）遇水、遇潮容易燃烧、爆炸或产生有毒气体的化学危险物品，不应在露天、潮湿、漏雨和低洼容易积水的地点存放；库房应有防潮、保温等措施。

（3）受阳光照射容易燃烧、爆炸或产生有毒气体的化学危险物品和桶装、罐装等易燃液体、气体应存放在温度较低、通风良好的场所，设专人定时测温，必要时应采取降温及隔热措施，不应在露天或高温的地方存放。

（4）化学性质或防护、灭火方法相互抵触的危险化学品，不应在同一仓库内存放。

（二）运输

（1）国家对危险化学品的运输实行资质认定制度，未经资质认定，不得运输危险化学品。

（2）托运危险物品必须出示有关证明，在指定的铁路、交通、航运等部门办理手续。托运物品必须与托运单上所列的品名相符，托运未列入国家品名表内的危险物品，应附交上级主管部门审查同意的技术鉴定书。

（3）危险物品的装卸人员，应按装运危险物品的性质，佩戴相应的防护用品，装卸时必须轻装、轻卸，严禁摔拖、重压和摩擦，不得损毁包装容器，并注意标志，堆放稳妥。

（4）危险物品装卸前，应对车（船）搬运工具进行必要的通风和清扫，不得留有残渣，对装有剧毒物品的车（船），卸车后必须洗刷干净。

（5）装运爆炸、剧毒、放射性、易燃液体、可燃气体等物品，必须使用符合安全要求的运输工具：禁止用电瓶车、翻斗车、铲车、自行车等运输爆炸物品。运输强氧化剂、爆炸品及用铁桶包装的一级易燃液体时，没有采取可靠的安全措施，不得用铁底板车及汽车挂车；禁止用叉车、铲车、翻斗车搬运易燃易爆液化气体等危险物品；温度较高地区装运液化气体和易燃液体等危险物品，要有防晒设施；放射性物品应用专用运输搬运车和抬架搬运，装卸机械应按规定负荷降低 25%；遇水燃烧物品及有毒物品，禁止用小型机帆船、小木船和水泥船承运。

（6）运输爆炸、剧毒和放射性物品，应指派专人押运，押运人员不得少于 2 人。

（7）运输危险物品的车辆，必须保持安全车速，保持车距，严禁超车、超速和强行会车。运输危险物品的行车路线，必须事先经当地公安交通管理部门批准，按指定的路线和时间运输，不可在繁华街道行驶和停留。

（8）运输易燃易爆物品的机动车，其排气管应装阻火器，并悬挂"危险品"标志。

（9）运输散装固体危险物品，应根据性质，采取防火、防爆、防水、防粉尘飞扬和遮阳等措施。

（10）禁止利用内河以及其他封闭水域运输剧毒化学品。通过公路运输剧毒化学品的，托运人应当向目的地的县级人民政府公安部门申请办理剧毒化学品公路运输通行证。办理剧毒化学品公路运输通行证时，托运人应当向公安部门提交有关危险化学品的品名、数量、运输始发地和目的地、运输路线、运输单位、驾驶人员、押运人员、经营单位和购买单位资质情况的材料。

（11）运输危险化学品需要添加抑制剂或者稳定剂的，托运人交付托运时应当添加抑制剂或者稳定剂，并告知承运人。

（12）危险化学品运输企业，应当对其驾驶员、船员、装卸管理人员、押运人员进行有关安全知识培训。驾驶员、装卸管理人员、押运人员必须掌握危险化学品运输的安全知识，并经所在地设区的市级人民政府交通部门考核合格，船员经海事管理机构考核合格，取得上岗资格证，方可上岗作业。

四、危险化学品泄漏源控制与销毁处置技术

危险化学品的泄漏，容易发生中毒或转化为火灾爆炸事故。要成功地控制化学品的泄漏，必须事先进行计划，并且对化学品的化学性质和反应特性有充分的了解。

泄漏事故控制一般分为泄漏源控制和泄漏物处置两部分。

1. 泄漏处理注意事项

（1）进入现场人员必须配备必要的个人防护器具。

（2）如果泄漏物化学品是易燃易爆的，应严禁火种。扑灭任何明火及任何其他形式的热源和火源，以降低发生火灾爆炸危险性。

（3）应急处理时严禁单独行动，要有监护人，必要时用水枪、水炮掩护。

（4）应从上风、上坡处接近现场，严禁盲目进入。

2. 泄漏源控制

如果有可能的话，可通过控制化学品的溢出或泄漏来消除化学品的进一步扩散。这可通过以下方法：

（1）通过关闭有关阀门、停止作业或通过采取改变工艺流程、物料走副线、局部停车、打循环、减负荷运行等方法。

（2）容器发生泄漏后，应采取措施修补和堵塞裂口，制止化学品的进一步泄漏，对整个应急处理是非常关键的。能否成功地进行堵漏取决于几个因素：接近泄漏点的危险程度、泄漏孔的尺寸、泄漏点处实际的或潜在的压力、泄漏物质的特性。

3. 泄漏物处置

泄漏被控制后，要及时将现场泄漏物进行覆盖、收容、稀释、处理使泄漏物得到安全可靠的处置，防止二次事故的发生。地面上泄漏物处置主要有以下方法：

（1）如果化学品为液体，泄漏到地面上时会四处蔓延扩散，难以收集处理。为此需要筑堤堵截或者引流到安全地点。对于贮罐区发生液体泄漏时，要及时关闭雨水阀，防止物料沿明沟外流。

（2）对于液体泄漏，为降低物料向大气中的蒸发速度，可用泡沫或其他覆盖物品覆盖

外泄的物料，在其表面形成覆盖层，抑制其蒸发。或者采用低温冷却来降低泄漏物的蒸发。

（3）为减少大气污染，通常是采用水枪或消防水带向有害物蒸汽云喷射雾状水，加速气体向高空扩散，使其在安全地带扩散。在使用这一技术时，将产生大量的被污染水，因此应疏通污水排放系统。对于可燃物，也可以在现场施放大量水蒸气或氮气，破坏燃烧条件。

（4）对于大型液体泄漏，可选择用隔膜泵将泄漏出的物料抽入容器内或槽车内；当泄漏量小时，可用沙子、吸附材料、中和材料等吸收中和，或者用固化法处理泄漏物。

（5）将收集的泄漏物运至废物处理场所处置。用消防水冲洗剩下的少量物料，冲洗水排入含油污水系统处理。

第十三节　常见作业安全技术要求

一、爆破作业安全技术要求

（1）在火炮作业点炮前，爆破工应记清分管炮位上的导火索数量，清点炮孔数目，并应事先选好进入避炮地点的线路。

（2）爆破人员在起爆前，应迅速撤离至安全坚固牢靠的避炮掩蔽体处，所撤退道路上不应有障碍物。

（3）对于火炮作业进行炮孔分组爆破或一次点燃数目超过 5 个炮时，点炮应明确分工，并应指定专人负责指挥。

（4）严禁用明火点燃导火索，应使用香或专用点火器来进行点火。

（5）用于潮湿工作面的起爆药包，在放入雷管的药卷端口部，应涂防潮剂。在潮湿地点采用电力方法起爆时，应使用防水绝缘材料的雷管起爆。

（6）爆破 5min 后，方可进入爆破作业地点检查，如不能确认有无盲炮，应经过 15min 后才可进入爆区检查。

（7）所有装好的电炮，应一次合闸同时起爆。

（8）电力起爆宜使用闸刀开关，装置盒均应装箱上锁，从进入现场装药至起爆的全部时间内，应指定专人负责看管。应听从统一信号来控制合闸时间。

（9）如果通上电流而未起爆，则应将母线从电源上解下连成短路，锁上电闸箱，待母线断 5min 后，沿母线进入工地检查拒爆原因。

（10）爆破工在爆后应检查确认：有无盲炮；有无危坡、坠石；地下爆破有无冒顶、危石存在，支撑是否被破坏，炮烟是否排除。

二、高处作业安全技术要求

高处作业是指在坠落高度基准面 2m 以上（含 2m）有可发生坠落的高处作业。

（1）凡经医生诊断，患高血压、心脏病、精神病等不适于高处作业病症的人员，不应从事高处作业。

（2）高处作业下方或附近有煤气、烟尘及其他有害气体，应采取排除或隔离等措施，

否则不应施工。

（3）高处作业前，应检查排架、脚手板、通道、马道、梯子和防护设施，符合安全要求方可作业。高处作业使用的脚手架平台，应铺设固定脚手板，临空边缘应设高度不低于1.2m的防护栏杆。

（4）在坝顶、陡坡、屋顶、悬崖、杆塔、吊桥、脚手架以及其他危险边沿进行悬空高处作业时，临空面应搭设安全网或防护栏杆。

（5）安全网应随建筑物升高而提高，安全网距离工作面的最大高度不应超过3m。安全网搭设外侧应比内侧高0.5m，长面拉直拴牢在固定的架子或固定环上。

（6）在带电体附近进行高处作业时，距带电体的最小安全距离，应满足表8-6高处作业时与带电体的安全距离的规定，如遇特殊情况，应采取可靠的安全措施。

表8-6　　　　　　　　　高处作业时与带电体的安全距离

电压等级/kV	10及以下	20～35	44	60～110	154	220	330
工器具、安装构件、接地线等与带电体的距离/m	2.0	3.5	3.5	4.0	5.0	5.0	6.0
工作人员的活动范围与带电体的距离/m	1.7	2.0	2.2	2.5	3.0	4.0	5.0
整体组立杆塔与带电体的距离/m	带电体的距离应大于倒杆距离（自杆塔边缘到带电体的最近侧为塔高）						

（7）高处作业使用的工具、材料等，不应掉下，严禁使用抛掷方法传送工具、材料。小型材料或工具应该放在工具箱或工具袋内。

（8）在2m以下高度进行工作时，可使用牢固的梯子、高凳或设置临时小平台，严禁站在不牢固的物件（如箱子、铁桶、砖堆等物）上进行工作。

（9）从事高处作业时，作业人员应系安全带。高处作业的下方，应设置警戒线或隔离防护棚等安全措施。

（10）高处作业时，应对下方易燃易爆物品进行清理和采取相应措施后，方可进行电焊、气焊等动火作业，并应配备消防器材和专人监护。

（11）高处作业人员上下使用电梯、吊篮、升降机等设备的安全装置应配备齐全，灵敏可靠。

（12）霜雪季节高处作业，应及时清除各走道、平台、脚手板、工作面等处的霜、雪、冰，并采取防滑措施，否则不应施工。

（13）高处作业使用的材料应随用随吊，用后及时清理，在脚手架或其他物架上，临时堆放物品严禁超过允许负荷。

（14）上下脚手架、攀登高层构筑物，应走斜马道或梯子，不应沿绳、立杆或栏杆攀爬。

（15）高处作业时，不应坐在平台、孔洞、井口边缘，不应骑坐在脚手架栏杆、躺在脚手板上或安全网内休息，不应站在栏杆外的探头板上工作和凭借栏杆起吊物件。

（16）特殊高处作业，应有专人监护，并应有与地面联系信号或可靠的通信装置。

（17）在石棉瓦、木板条等轻型或简易结构上施工及进行修补、拆装作业时，应采取可靠的防止滑倒、踩空或因材料折断而坠落的防护措施。

（18）在电杆上进行作业前，应检查电杆埋设是否牢固，强度是否足够，并应选符合杆型的脚扣，系好合格的安全带，严禁用麻绳等代替安全带登杆作业。在构架及电杆上作业时，地面应有人监护、联络。

（19）高处作业周围的沟道、孔洞井口等，应用固定盖板盖牢或设围栏。

（20）遇有 6 级及以上的大风，严禁从事高处作业。

（21）进行三级、特级、悬空高处作业时，应事先制定专项安全技术措施。施工前，应向所有施工人员进行技术交底。

三、廊道及洞室作业安全技术要求

（1）进入廊道及洞室内工作的人员，必须是两名以上，并配备手电筒，不得一人单独工作。

（2）在廊道及洞室内施工之前应检查周边孔洞的盖板、安全防护栏杆应安全牢固，否则必须立即整改，达到安全要求方许开始施工。

（3）在廊道及洞室内进行运输作业时，两侧应规划便于人员通行的安全通道，其宽度不得小于 0.5m。岔道处应设置交通安全标示牌。

（4）地下洞室内存在有塌方等安全隐患的部位，应及时处理，应悬挂安全警示牌，严禁无关人员进入。

（5）施工廊道应视其作业环境情况，设置安全可靠的照明、通风、除尘、排水和必要的消防等设施，运行人员应坚守岗位。

四、起重与运输作业安全技术要求

（1）起重运输作业应严格执行《水利水电工程施工通用安全技术规程》（SL 398—2007）中 7.1～7.3 节的相关规定，以及《水利水电工程施工作业人员安全操作规程》（SL 401—2007）中起重工的安全操作规程。

（2）金属结构制造、安装、机电设备安装过程中的起重运输作业应分别遵守本章中的具体规定和要求。

（3）重大精密设备和有特殊运输要求设备的运输、吊装以及重大件的土法运输、吊装作业，应按程序要求编制安全管理方案和作业指导书，经业主（监理）审批后实施。施工前，应成立专项安全协调监管机构，并进行详细的分工和安全技术措施交底。

五、焊接与气割作业安全技术要求

（1）凡从事焊接与气割的工作人员，应熟知本标准及有关安全知识，并经过专业培训考核取得操作证，持证上岗。

（2）从事焊接与气割的工作人员应严格遵守各项规章制度，作业时不应擅离职守，进入岗位应按规定穿戴劳动防护用品。

（3）焊接和气割的场所，应设有消防设施，并保证其处于完好状态。焊工应熟练掌握其使用方法，能够正确使用。

（4）凡有液体压力、气体压力及带电的设备和容器、管道，无可靠安全保障措施禁止焊割。

（5）对储存过易燃易爆及有毒容器、管道进行焊接与切割时，要将易燃物和有毒气体

放尽，用水冲洗干净，打开全部管道窗、孔，保持良好通风，方可进行焊接和切割，容器外要有专人监护，定时轮换休息。密封的容器、管道不应焊割。

（6）禁止在油漆未干的结构和其他物体上进行焊接和切割。禁止在混凝土地面上直接进行切割。

（7）严禁在储存易燃易爆的液体、气体、车辆、容器等的库区内从事焊割作业。

（8）在距焊接作业点火源 10m 以内，在高空作业下方和火星所涉及范围内，应彻底清除有机灰尘、木材木屑、棉纱棉布、汽油、油漆等易燃物品。如有不能撤离的易燃物品，应采取可靠的安全措施隔绝火星与易燃物接触。对填有可燃物的隔层，在未拆除前不应施焊。

（9）焊接大件须有人辅助时，动作应协调一致，工件应放平垫稳。

（10）在金属容器内进行工作时应有专人监护，要保证容器内通风良好，并应设置防尘设施。

（11）在潮湿地方、金属容器和箱型结构内作业，焊工应穿干燥的工作服和绝缘胶鞋，身体不应与被焊接件接触，脚下应垫绝缘垫。

（12）在金属容器中进行气焊和气割工作时，焊割炬应在容器外点火调试，并严禁使用漏燃气的焊割炬、管、带，以防止逸出的可燃混合气遇明火爆炸。

（13）严禁将行灯变压器及焊机调压器带入金属容器内。

（14）焊接和气割的工作场所光线应保持充足。工作行灯电压不应超过 36V，在金属容器或潮湿地点工作行灯电压不应超过 12V。

（15）风力超过 5 级时禁止在露天进行焊接或气割。风力 5 级以下、3 级以上时应搭设挡风屏，以防止火星飞溅引起火灾。

（16）离地面 1.5m 以上进行工作应设置脚手架或专用作业平台，并应设有 1m 高防护栏杆，脚下所用垫物要牢固可靠。

（17）工作结束后应拉下焊机闸刀，切断电源。对于气割（气焊）作业则应解除氧气、乙炔瓶（乙炔发生器）的工作状态。要仔细检查工作场地周围，确认无火源后方可离开现场。

（18）使用风动工具时，先检查风管接头是否牢固，选用的工具是否完好无损。

（19）禁止通过使用管道、设备、容器、钢轨、脚手架、钢丝绳等作为临时接地线（接零线）的通路。

（20）高空焊割作业时，还应遵守以下规定：

1）高空焊割作业须设监护人，焊接电源开关应设在监护人近旁。

2）焊割作业坠落点场面上，至少 10m 以内不应存放可燃或易燃易爆物品。

3）高空焊割作业人员应戴好符合规定的安全帽，应使用符合标准规定的防火安全带，安全带应高挂低用，固定可靠。

4）露天下雪、下雨或有 5 级大风时严禁高处焊接作业。

（21）从事施工现场金属结构安装和机电设备安装的焊接工作，应遵守本章相关焊接要求和规定。

（22）焊条电弧焊、埋弧焊、二氧化碳气体保护焊、手工钨极氩弧焊（其他气体保护焊的安全规定可以参照二氧化碳气体保护焊及手工钨极氩弧焊的有关条款）、碳弧气刨、

气焊与气割的安全操作应严格执行《水利水电工程施工通用安全技术规程》（SL 398—2007）中 9.2～9.7 节相关规定。

（23）大型金属结构生产厂区，氧气、乙炔气用量大而集中的安装现场宜采用氧气、乙炔气集中供气，并应严格执行《水利水电工程施工通用安全技术规程》（SL 398—2007）中 9.8 节相关规定。

六、水上作业安全技术要求

（1）在船舶通航的大江、大河、大海区域进行水上施工作业前，必须按《中华人民共和国水上水下施工作业通航安全管理规定》的程序，在规定的期限内向施工所在地海事部门提出施工作业通航安全审核申请，批准并取得水上水下施工许可证后，方可施工。

（2）水上作业施工前，应了解江、河、海域铺设的各种电缆、光缆、管道的走向，按规定采取有效措施予以保护，防止电缆、光缆及水下管道遭到损坏。

（3）项目要制订水上作业各分项工程安全实施方案和细则，对参加水上施工作业人员必须进行水上作业的安全知识教育和专项技术培训，并做好安全交底工作。

（4）水上施工必须在作业人员必经的栈桥、浮箱、交通船、水上工作平台、临时码头上配备安全防护装置和救生设施。

（5）进行水上夜间施工时，要有充足的灯光照明，尽量避免单人操作，特别是电焊作业时，最少安排两人相互监护。

（6）要与地方气象部门、海事部门建立工作联系，及时了解和掌握施工水域的气候、涌潮、浪况、潮汐、台风等气象信息，正确指导安全施工。

（7）作业人员进入水上作业时，必须穿好救生衣，戴好安全帽，乘坐交通船上下班时，必须等船停稳后，方可从指定的通道上下船。严禁从船上往下跳跃，防止拥挤、推拉、碰撞、摔伤或滑落水中。

（8）在浮箱上作业时，要注意来往船只航行时引起的涌浪造成浮箱颠簸，致作业人员摔伤或被移位物体碰撞、打击，造成伤害。

（9）遇有 6 级以上大风、大浪等恶劣天气时，应停止水上作业。

（10）水上进行吊装、混凝土浇筑、振桩等各项作业时，必须严格施工工艺和程序，要有专人指挥。由于天气变化或其他原因造成停工停产时，应对有可能造成倾倒、滑动、移位的设施和构造物采取临时加固措施。

（11）参加水上施工的船舶（打桩船、浮吊、驳船、拖轮、交通船）必须证照齐全，按规定配备足够的船员，船舶机械性能良好，能满足施工要求，并及时到海事监督部门签证。

（12）乘坐交通船必须有序上下，乘员必须穿救生衣入仓。航行途中乘船人员不得随意走动或倚靠船舷，严禁打闹、嬉戏及随意动用交通船上的救生用具和消防器材，交通船严禁超员超载。

（13）施工船舶在水上作业，需临时停泊或避台风所选择的避风港，其水深和河床地质等，必须符合船舶锚固的安全要求。

（14）使用轮胎或履带吊车在船上进行打桩、起重作业时，必须先进行稳定计算，满足稳定性要求，船体按施工要求加固，并在吊车轮胎（或履带）下加铺垫板，支撑牢固。

（15）拌合船必须严格按照安全操作规程进行操作，加强值班制度，作业时，随时检

查拌合船的整体和锚具受力情况是否变化，防止走锚。

（16）对拌合船的机械、设备，必须经常性地进行检查和保养，使其保持最佳状态，拌合船体整体符合安全生产的要求。

（17）水上打桩船的荷载，横向稳定，抗风能力等必须满足要求，起吊桩体时要缓慢，并以溜绳控制其摇摆，桩体离开甲板后，防止滑动和倾斜。

（18）沉桩作业必须专人指挥，上下配合协调，作业时不得攀登桩锤、桩帽等，不得用手脚触摸运行中的滑轮。

（19）在水上搭建施工平台所使用的钢管桩必须符合施工组织设计要求，并经质检合格后方可使用。

（20）施工平台上必须按设计要求合理划分办公区，施工区和材料堆放区，并设置专门卫生间、吸烟室。平台上必须设置救生、消防设施。

（21）施工平台上的所有设施、设备和机械必须采取有效的固定措施，防止倾斜和倒塌。

（22）水上施工平台应于上下游各设置一套可靠、方便的平台爬梯，脚踏板应用麻袋包扎，以防作业人员踩脱滑倒，施工平台上应配备应急软梯。

（23）航道水域上下游各布置一警示标牌，警示过往船舶不得随意进入施工航道。临时施工栈桥设置警示防雾灯，通航口位置设置导航灯，防止过往船舶撞击。

思 考 题

1. 有边坡的土方明挖作业应注意哪些安全事项？
2. 洞室挖石方应符合哪些安全要求？
3. 木模板支模、拆模施工应注意哪些安全问题？
4. 混凝土运输包括哪几种方式？运输时应采取哪些安全措施？
5. 塔式起重机起升与下降过程中应注意哪些问题？
6. 脚手架搭设应符合哪些要求？
7. 脚手架上作业时，为保证安全应符合哪些要求？
8. 钢筋机械弯曲应符合哪些安全要求？
9. 施工现场用电线路的敷设应符合哪些要求？
10. 施工现场防火检查包括哪些内容？
11. 危险化学品的储存与运输应注意哪些问题？
12. 高处作业时，为保证安全应符合哪些要求？

习 题

一、单项选择题

1. 根据施工生产防火安全的需要，消防通道应保持通畅，宽度不得小于（　　）m。
A. 1. 5　　　　　　B. 2. 5　　　　　　C. 3. 5　　　　　　D. 4. 5

2. 旋转臂架式起重机的任何部位或被吊物边缘与 10kV 以下的架空线路边线最小水平距离不得小于（　　）m。

　　A. 2　　　　　　　B. 3　　　　　　　C. 4　　　　　　　D. 5

3. 在电压等级为 220kV 的带电体附近进行高处作业时，工作人员的活动范围距带电体的最小安全距离为（　　）m。

　　A. 2　　　　　　　B. 3　　　　　　　C. 4　　　　　　　D. 5

4. 气温低于（　　）℃运输易冻的硝酸甘油炸药时，应采取防冻措施。

　　A. 10　　　　　　　B. 12　　　　　　　C. 14　　　　　　　D. 16

5. 水利工程施工期度汛前，应由（　　）提出工程度汛标准、工程形象面貌及度汛要求。

　　A. 建设单位　　　　B. 设计单位　　　　C. 监理单位　　　　D. 施工单位

6. 施工生产区内机动车辆临时道路的最小转弯半径不得小于（　　）m。

　　A. 5　　　　　　　B. 15　　　　　　　C. 25　　　　　　　D. 35

7. 闪点在（　　）℃以下的桶装、罐装易燃液体不得露天存放。

　　A. 45　　　　　　　B. 55　　　　　　　C. 65　　　　　　　D. 75

8. 施工现场的机动车道与外电架空 35kV 线路交叉时，架空线路的最低点与路面的垂直距离应不小于（　　）m。

　　A. 6　　　　　　　B. 7　　　　　　　C. 8　　　　　　　D. 9

9. 地下工程，有高温、导电灰尘，且灯具离地面高度低于 2.5m 等场所的照明，电源电压应不大于（　　）V。

　　A. 12　　　　　　　B. 36　　　　　　　C. 220　　　　　　　D. 380

10. 在特别潮湿的场所、导电良好的地面、锅炉或金属容器内工作的照明电源电压不得大于（　　）V。

　　A. 12　　　　　　　B. 36　　　　　　　C. 48　　　　　　　D. 60

11. 行灯的电源电压不得超过（　　）V。

　　A. 12　　　　　　　B. 36　　　　　　　C. 48　　　　　　　D. 60

12. 凡在坠落高度基准面（　　）m 及以上有可能坠落的高处进行作业称为高处作业。

　　A. 2　　　　　　　B. 3　　　　　　　C. 4　　　　　　　D. 5

13. 特级高处作业是指高度在（　　）m 以上时的作业。

　　A. 20　　　　　　　B. 30　　　　　　　C. 40　　　　　　　D. 50

14. 遇有（　　）级及以上的大风，禁止从事高处作业。

　　A. 3　　　　　　　B. 4　　　　　　　C. 5　　　　　　　D. 6

15. 新安全带使用（　　）月后应抽样试验。

　　A. 3　　　　　　　B. 6　　　　　　　C. 9　　　　　　　D. 12

16. 运输爆破材料的汽车在弯多坡陡、路面狭窄的山区行驶时，时速不得超过（　　）km/h。

　　A. 5　　　　　　　B. 10　　　　　　　C. 20　　　　　　　D. 30

17. 一人连续单个点火的火炮，明挖不得超过（　　）个。

　　A. 5　　　　　　　B. 10　　　　　　　C. 15　　　　　　　D. 20

二、多项选择题

1. 施工生产作业区与建筑物之间的防火安全距离，应遵守下列规定（　　）。

A. 用火作业区距所建的建筑物和其他区域不得小于 25m

B. 用火作业区距所建的建筑物和其他区域不得小于 50m

C. 仓库区，易燃、可燃材料堆集场距所建的建筑物和其他区域不小于 20m

D. 易燃品集中站距所建的建筑物和其他区域不小于 30m

E. 易燃品集中站距所建的建筑物和其他区域不小于 60m

2. 施工现场的加油站、油库，应遵守下列规定（　　）。

A. 与其他设施、建筑之间的防火安全距离应不小于 30m

B. 周围应设有高度不低于 2.0m 的围墙、栅栏

C. 库区内道路应为环形车道，路宽应不小于 3.5m

D. 罐体应装有呼吸阀、阻火器等防火安全装置

E. 运输使用的油罐车应密封，并有防静电设施

3. 下列属于特殊高处作业的有（　　）。

A. 强风高处作业

B. 异温高处作业

C. 雪天高处作业

D. 悬空高处作业

E. 作业高度超过 50m 的高处作业

4. 下列工作面上，禁止采用火花起爆的有（　　）。

A. 深孔

B. 竖井

C. 倾角大于 30°的斜井

D. 有瓦斯和粉尘爆炸危险的工作面

E. 潮湿的坑道

5. 下列不能用于点燃导火索的工具有（　　）。

A. 香　　　　　　B. 专用点火工具　　　　　C. 火柴

D. 香烟　　　　　E. 打火机

参 考 文 献

［1］ 水利部安全监督司，水利部建设管理与质量安全中心. 水利水电工程建设安全生产管理［M］. 北京：中国水利水电出版社，2014.

［2］ 刘建军. 水利水电工程环境保护设计［M］. 武昌：武汉大学出版社，2008.

［3］ 贾树队，郝兰英，崔尚聪. 物理因素职业危害与预防［M］. 天津：天津科学技术出版社，1993.

［4］ 顾慰慈. 工程项目职业健康安全与环境管理［M］. 北京：中国建材工业出版社，2007.

［5］ 张建国，熊茂林. 建筑施工企业管理体系实施手册—质量、环境、职业健康安全［M］. 北京：中国建筑工业出版社，2003.

［6］ 季永成，李金星，周敬文. 职业病危害的预防与控制［M］. 郑州：黄河水利出版社，2004.

［7］ GB/T 13861—2009 生产过程危险和有害因素分类与代码［S］. 北京：中国标准出版社，2009.

［8］ DL/T 1004—2006 质量、职业健康安全和环境整合管理体系规范及使用指南［S］. 北京：中国电力出版社，2006.

［9］ GB/T 50640—2010 建筑工程绿色施工评价标准［S］. 北京：中国建筑工业出版社，2010.

［10］ SL 721—2015 水电工程施工安全管理导则［S］. 北京：中国水利水电出版社，2015.

［11］ GB/T 33000—2016 企业安全生产标准化基本规范［S］. 北京：中国标准出版社，2016.

［12］ JGJ 146—2013 建设工程施工现场环境与卫生标准［S］. 北京：中国建筑工业出版社，2013.

［13］ DL 5162—2013 水电水利工程施工安全防护设施技术规范［S］. 北京：中国电力出版社，2013.

［14］ GB 50870—2013 建筑施工安全技术统一规范［S］. 北京：中国计划出版社，2013.

［15］ 刘建军. 水利水电工程环境保护设计［M］. 武昌：武汉大学出版社，2008.

［16］ 贾树队，郝兰英，崔尚聪. 物理因素职业危害与预防［M］. 天津：天津科学技术出版社，1993.

［17］ 顾慰慈. 工程项目职业健康安全与环境管理［M］. 北京：中国建材工业出版社，2007.

［18］ 张建国，熊茂林. 建筑施工企业管理体系实施手册——质量、环境、职业健康安全［M］. 北京：中国建筑工业出版社，2003.

［19］ GB/T 50905—2014 建筑工程绿色施工规范［S］. 北京：中国建筑工业出版社，2014.

［20］ 温州市水利局，浙江水利水电学院. 水利水电工程安全文明施工标准化工地创建指导［M］. 北京：中国水利水电出版社，2016.

［21］ 中华人民共和国水利部. 水利水电施工企业安全生产标准化评审标准（试行）［R］. 2014.